中国科学院科学出版基金资助出版

"十二五"国家重点图书出版规划项目

材料科学技术著作丛书

金属材料固-液成形理论与技术

Theory and Technology of Solid-liquid Metal Materials Processing

罗守靖　姜巨福　陈　强　李远发　编著

科学出版社

北　京

内 容 简 介

本书共5篇20章，涵盖金属材料固-液成形理论及应用技术两部分。理论部分包括金属材料固-液成形流变学、固-液成形高压凝固学及固-液成形塑性力学等内容；应用技术部分包括金属材料固-液成形学、工程应用学及质量控制等。重点给出了液态模锻、液态挤压、半固态成形及双控成形等金属材料成形工艺的原理、工艺选择、应用范围及应用实例。

本书可作为金属材料成形专业本科生、研究生学习专业课时的辅助教材；对于从事成形加工的专业人员，也是一部开阔视野的参考书。

图书在版编目(CIP)数据

金属材料固-液成形理论与技术＝Theory and Technology of Solid-liquid Metal Materials Processing/罗守靖等编著. —北京：科学出版社，2013.7
(材料科学技术著作丛书)
ISBN 978-7-03-038062-3

Ⅰ.①金…　Ⅱ.①罗…　Ⅲ.①金属材料-成形-研究　Ⅳ.①TG39

中国版本图书馆CIP数据核字（2013）第141198号

责任编辑：吴凡洁　孙静慧／责任校对：张怡君
责任印制：徐晓晨／封面设计：耕者设计工作室

科学出版社出版
北京东黄城根北街16号
邮政编码：100717
http://www.sciencep.com
北京厚诚则铭印刷科技有限公司 印刷
科学出版社发行　各地新华书店经销
*
2013年8月第 一 版　开本：B5（720×1000）
2020年1月第二次印刷　印张：34 3/4
字数：673 000

定价：148.00元

（如有印装质量问题，我社负责调换）

罗守靖教授与 Flemings 教授合影

（Flemings 系美国麻省理工学院教授、半固态加工技术创始人）

前　言

金属材料固-液成形与金属材料凝固和塑性成形一起，构成了一个开式的金属成形链条。链条的首尾是材料最基础、最古老、最成熟的加工方法，但又是充满变革、不断变化的工艺。其中最明显的是，无论是凝固成形，还是塑性成形，都不断地向固-液成形领域推进，以弥补其工艺的软肋。由于金属固-液加工对象是固相和液相的混合体，加工本身是凝固与塑性变形共存，因而兼有两种工艺的特征：与凝固成形比，加工温度低，可以成形形状复杂、性能要求高的制件；与塑性成形比，成形力较低，可以一次成形大型复杂制件。

金属材料固-液成形的发展轨迹，展示了应用与理论研究相互推进的过程。其中枝晶结构固-液研究得最早。枝晶固-液成形包括液态模锻、液态挤压和液态轧制等。在 20 世纪 70 年代，又出现了非枝晶固-液成形，即所谓半固态成形。两种类型成形研究，构成了金属固-液成形理论和应用框架。

1990 年，作者曾出版《钢质液态模锻》，系统阐述了钢质液态模锻成形理论，首次把液态模锻理论划分成两部分：高压凝固理论和力学成形理论。前部分主要根据苏联学者阐明的金属和合金压力下结晶凝固理论，从热力学模型、高压凝固机制和组织性能特征三方面，进行深入阐述和分析；后部分对液态模锻力学现象给出理论分析及实验验证。2007 年，作者在《液态模锻与挤压铸造技术》一书中对液态模锻理论作了进一步阐述。特别是，作者从 1992 年开始申请国家自然科学基金，先后获得八次支持，重点研究了液态挤压、金属基复合材料成形和半固态金属成形相关理论与应用，出版了《复合材料液态挤压》(2002 年)、《轻合金半固态成形技术》(2007 年)、《半固态金属流变学》(2011 年)，首次提出金属材料固-液成形理论由三部分构成：高压凝固理论、流变学理论和力学成形理论。其中高压凝固理论是最基本的。正像液态凝固成形和固态塑性成形，前者凝固成形是基本，后者塑性成形是基本一样，两者也涉及流变学理论。而固-液成形中，还涉及力学成形理论，它是确保固-液成形中高压凝固实现所必需的。本书的内容含高压凝固学理论、流变学理论及力学成形理论三部分，在此基础上，给出了金属材料固-液成形主要工艺过程、具体制件成形过程及质量控制。应该说本书是作者多年研究学术成果的凝聚和升华。同时，作者研究的领路人霍文灿教授，合作者何绍元教授、王尔德教授、张锦升教授等功不可没；还有和我并驾齐驱的研究者以及我的众多学生的开拓进取，都是本书得以完成的不可缺少的基石，在这里一并致以最诚挚的谢意。另外，国家自然科学基金委员会鼎力资助(项目编号：59075171、59275020、59475029、59775050、

59975023、50075018、50375035、50475029、50605015、51075099)是本书所涉及的创新成果(固-液成形研究成果获国家技术发明奖二等奖一项,省部级科技进步奖一等奖两项、二等奖四项)获得的根本保证。本书出版还得到香港嘉瑞集团*的资助,在这里一并表示衷心感谢!嘉瑞集团是一家香港上市企业,其产品涵盖镁、铝、锌合金的3C零部件、汽车零部件及消费类产品。为了提高产品质量,降低产品废品率,改善劳动环境,公司除以液态压铸为主要科技攻关方向外,还开展镁、铝合金铸锻双控成形和半固态双控成形技术研究和应用,是一家充满创新意识、在国内外富有竞争力的企业,对金属材料固-液成形技术应用起到率先作用。

全书共20章,罗守靖著第1～4,13,16,19章;姜巨福著第5,7～11,20章;陈强著第6,12,17,18章;李远发著第14,15章。

出版本书的宗旨在于推进金属材料固-液成形技术开发和应用,其中有些学术观点的提出,可能不妥,就当做抛砖引玉,吸引同行注目和研究,使金属材料固-液成形理论日臻完善。

作　者

2013年2月24日元宵节于哈尔滨

---

* 嘉瑞集团于1980年在香港挂牌成立。多年来,为财富500强及当地领航企业,提供从产品设计、专业生产直至付运的一站式专业服务。位于中国内地的现代化生产基地在香港业内率先通过ISO9001、ISO/TS16949、ISO14001等国际认证。通过ISO/IEC17025认证的中央实验室,具备为第三方提供国际质量检测的能力。

目　　录

第二篇　金属材料高压凝固学

第四篇 金属材料固-液成形学

第五篇　工程应用学及质量控制

第1章 绪 论

1.1 金属材料加工分类

金属材料从固态向液态或从液态向固态的转换过程中，均经历着固-液态阶段。特别对于结晶温度区间宽的合金，尤为明显。由于上述三个阶段中，金属材料呈现出不同特性，利用这些特性，产生了塑性加工、凝固加工和固-液态加工等多种热加工成形方法。

凝固加工利用了液态金属呈现良好的流动性，以完成成形过程中的充填、补缩，直至凝固的结束。为了提高制件的质量和尺寸精度，不断向快速、精密、高压方向发展，先后出现了高速连续铸造、差压铸造、压力铸造及双柱塞精密压铸法。其发展趋势是采用机械压力替代重力充填，从而改善制件内部质量和尺寸精度。但从凝固机理角度看，铸造加工要想完全消除制件内部缺陷是极其困难的。

塑性加工利用了固态金属在高温下，呈现较好的塑性流动性，以完成成形过程充填。采用塑性加工生产的制件，其质量远高于铸造方法生产的制件。但固态金属变形抗力高，需要消耗较多的能源。对于稍复杂的零件，往往需要多道工步或工序成形才能完成。因此降低能耗和成本，减小变形抗力，提高制件的尺寸精度，保证制件的质量，就成为塑性加工的发展方向。因而先后出现了精密模锻、等温锻造、超塑性加工等。

固-液态加工利用了金属从液态向固态或固态向液态过渡(即固-液共存)时的特性，综合了凝固加工和塑性加工的长处，即加工温度比较低，如铝合金，与凝固加工相比，加工温度可降低120℃；变形抗力小，可一次加工形状复杂且精度要求高的零件。因此，固-液态加工的科学含义是利用金属材料从固态向液态，或从液态向固态的转换过程中具有的固-液态特性所实现的加工。很明显，这是一个温度概念，而现实的加工是在固-液态温度区间内完成，并没有涉及材料处于固-液态的某种特性，即所谓流变性和触变性，如图1-1所示。20世纪70年代初，美国麻省理工学院Spencer等在自制的高温黏度计中测量Sn-15%(质量分数)Pb合金高温黏度时，发现了金属在凝固过程中的特殊力学行为[1]，即金属在凝固过程中进行强力搅拌，使枝晶破碎，得到一种液态金属母液中均匀地悬浮着一定固相组分的固-液混合浆料(固相组分的体积分数甚至可高达60%)，具有很好的流动性，易于通过普通加工方法制成产品，并冠以半固态加工[1,2]，一直沿用至今。这样的半固态加工,不仅与温度有关,还与金属本身结构特性有关。作者在文献[3]中提出了一种分类方法,即把固-液态加工分成枝晶材料(the SSP of the dentritic materials)和非枝晶材料加工(the SSP of the non-dentritic materials)两种。

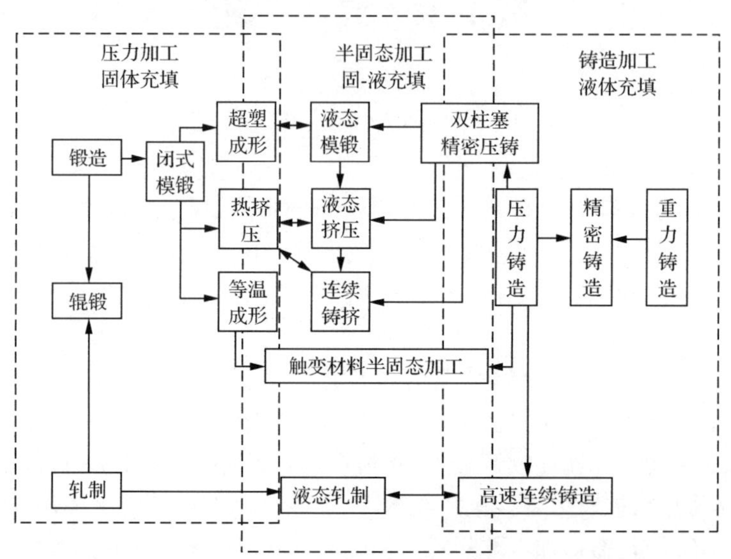

图 1-1 高温下固态、固-液态和液态成形方法分类

1.1.1 枝晶材料固-液态加工

在固-液态温度下,由于材料存在搭接的枝晶,不具备良好的流变性或触变性,其流动应力较大。由于加工对象获得的途径不一样,又可分为半凝固法和半熔融法两种。

1. 半凝固法

半凝固法包括液态模锻(liquid forging) [3,4]和液态轧制(liquid rolling)[4]等。这两种方法的共同特点是:成形开始于液态金属,即和凝固加工一样,利用液态金属流动性好的特点,在压力下进行充填,实现高压下凝固和塑性变形过程,这是凝固加工所没有的。这个从液态经固-液态到固态的转换过程,是一个连续过程,不同的工艺呈现不同特征。

1) 液态模锻

液态模锻的力学成形特点如图 1-2 所示。在冲头压力下,液态金属封闭在已凝固的硬壳内。外力通过硬壳塑性变形传递至固-液区,固-液区随之也发生塑性变形,最后待凝固区金属承受等静压。因此,其固-液态区是随时间由外向里推移。也可以设置这样一种条件:液态金属注入模具后,让其镇静缓冷至固-液态,再进行合模施压，以造成典型的液态模锻固-液态加工过程。理论研究可以，实际生产却很难达到。

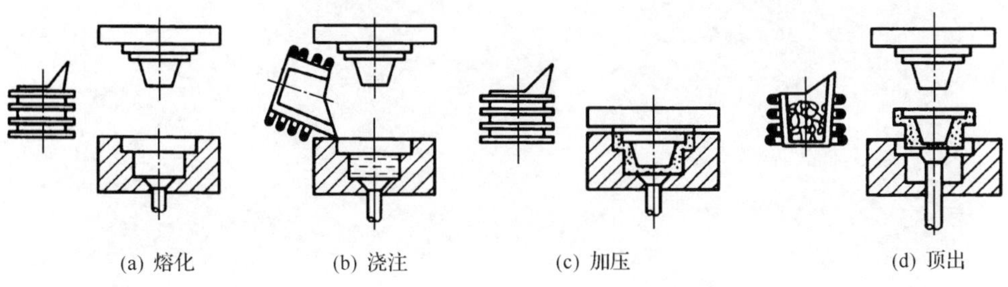

图 1-2　液态模锻成形图[4]

2）液态轧制

图 1-3 为液态轧制示意图。液态金属直接注入两轧辊(起结晶器作用)组成的辊缝之间，并且随轧辊旋转带入变形区，实现固-液态轧制。

3）实际应用

新的工艺从提出、研究到应用，经历许多阶段，甚至反复。关键在其实际应用前景如何。液态模锻发展至今已有 80 余年，但其应用仍然方兴未艾，目前正在向汽车、摩托车和航天器上扩展。最有代表性的是汽车铝轮毂。日本丰田汽车公司就有 15 000～18 000kN，14 台设备服役。一只铝轮毂用时少于 2min，从浇注到取件均用计算机控制，全自动化操作。我国 1997 年建成液态模锻铝轮毂生产厂，可形成年生产 18 万只规模。图 1-4(a)为该厂生产的铝轮毂实物照片。更可喜的是，液态模锻正逐步向军工领域渗透。图 1-4(b)为哈尔滨工业大学为中国兵器工业总公司某院研制的液态模锻装甲车负重轮毂。

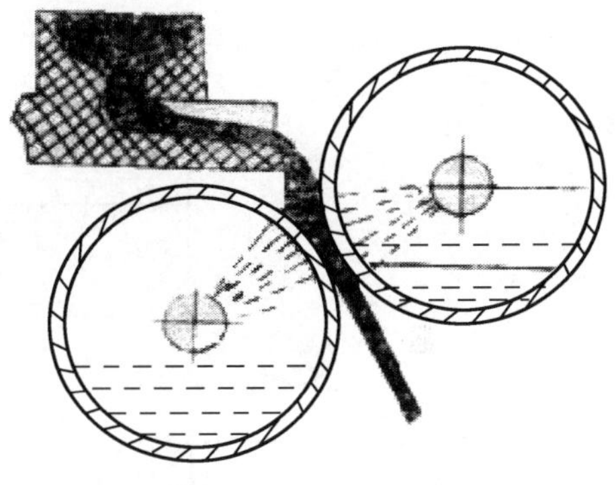

图 1-3　液态轧制示意图[4]

液态模锻在生产中的应用仅是开始，其在金属复合材料管、型材成形中有潜在的应用前景；至于连续铸挤，英国某公司已应用到生产，而我国还处在研究阶段。液态轧制，在我国 20 世纪 50 年代就已进行过低碳钢板液态轧制实验，并取得进展；铝合金液态轧制已应用到生产。

2. 半熔融法

半熔融法[3]是将铸坯或将已变形的锻坯加热至固-液态，即毛坯内部固相与液相处于稳定共存状态时，直接施加外力，使其发生变形、流动充填、压入等过程，从

(a) 铝合金汽车轮毂　　(b) 铝合金装甲车负重轮毂

图 1-4　液态模锻制件照片

而获得一定形状和尺寸的制件的加工方法。固态加热至熔融态,可进行挤压(图 1-5)、模锻、轧制。

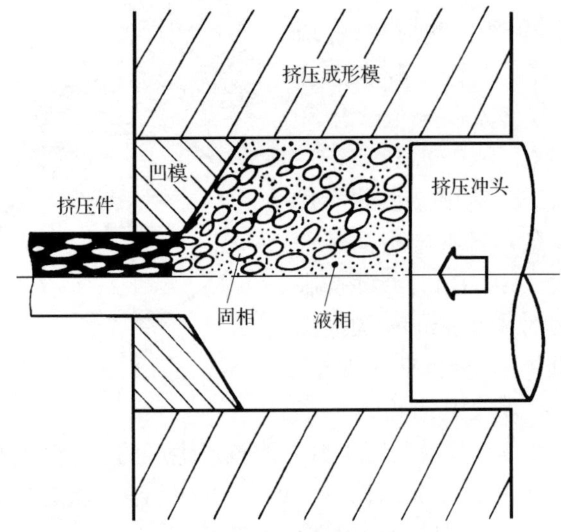

图 1-5　半熔融模锻法[3]

该过程主要特点是:①金属不需要加热至熔化状态,减少气体吸入,净化了材质。液相存在,坯料与工具间产生润滑作用。②加工耗能与固态比大大降低,同时,大大改善工具的工作条件(包括温度和受力),提高了模具寿命。③制件组织性能好,尺寸精度高,同时比较容易实现难加工材料成形。

半熔融方法中加热可有三种形式:

(1) 同时加热。将坯料直接置于安装在压力机上的模具中,两者均加热,待坯料至固-液态后,直接施压,实现固-液态加工。

(2) 半同时加热。将坯料与模具局部(如可更换的凹模块)在模具外加热至固-液态,然后置于模具中,实现固-液态加工。

(3) 简单加热。在模具外将坯料加热至固-液态,然后移入模具中,实现固-液态加工。

图 1-6 为半熔融挤压力-位移曲线[3],表明变形力在相同固相体积分数下,随挤压比增大而增加。

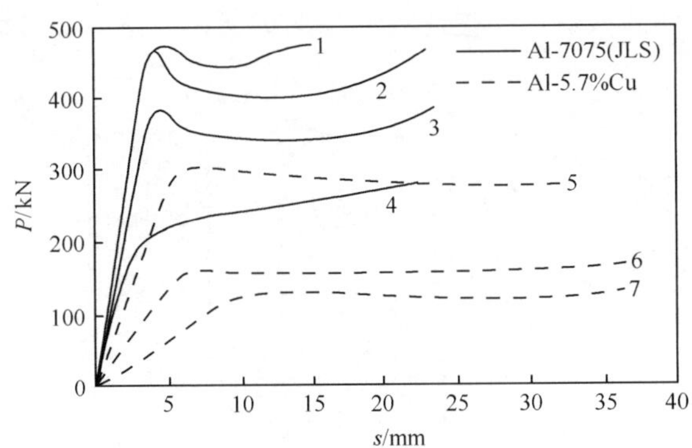

图 1-6 半熔融挤压力-位移曲线[3]

1-φ=88.5%,ϕ2×4mm(宽×长);2-φ=88.5%,ϕ2×8mm(宽×长);3-φ=88.5%,ϕ6×12mm(宽×长);4-φ=88.5%,ϕ10×30mm(宽×长);5-φ=100%,ϕ10×10mm(宽×长);6-φ=90%,ϕ10×30mm(宽×长);7-φ=80%,ϕ10×30mm(宽×长)

半熔融挤压尚未达到实用程度,有许多技术难点还有待解决。其中固相体积分数很关键,一般主要控制温度。温度取合金液相线和固相线温度中间值为好。另外,坯料高温氧化问题,也应重视,应采用保护气体加热或快速加热来解决。

1.1.2 非枝晶材料半固态加工

非枝晶材料半固态加工,即目前文献称谓的半固态加工(以后沿用此名),其工艺实质是将凝固过程中的合金进行强力搅拌,使其预先凝固的树枝状初生固相破碎而获得一种由细小、球形、非枝晶初生相与液态金属共同组成的液固混合浆料,即半固态浆料,将这种流变浆料直接进行成形加工,称为半固态金属流变成形(rheoforming);而将这种浆料先凝固成铸锭,再根据需要将金属铸锭分切成一定大小,使其重新加热至固-液相温度区间而进行的加工称为触变成形(thixoforming)[5-9]。

1. 流变成形

流变成形包括流变压铸、流变注射和流变锻造。流变压铸方法,由于直接获得的半固态金属浆液的保存和输送很不方便,因此实际应用较少,Shibata 等[5]直接在压铸机压射室中用电磁搅拌方法制备半固态浆料，而后将其挤入模腔成形。

美国 Cornell 大学的 Wang 等[7]，将半固态金属流变铸造与塑料注射成形(injection moulding)结合起来，形成了一种称为"流变注射成形(rheomoulding)"半固态金属加工新工艺，所发明的流变注射成形机(rheomoulding machine)的结构如图 1-7 所示。其工作原理是：液态金属依靠重力从保温炉中进入搅拌筒体，在螺旋的搅拌作用下(螺旋没有向下的推进压力)冷却至半固态，积累至一定的半固态金属液后，注射装置注射成形。上述过程全在保护气体下进行。该设备的控制精度

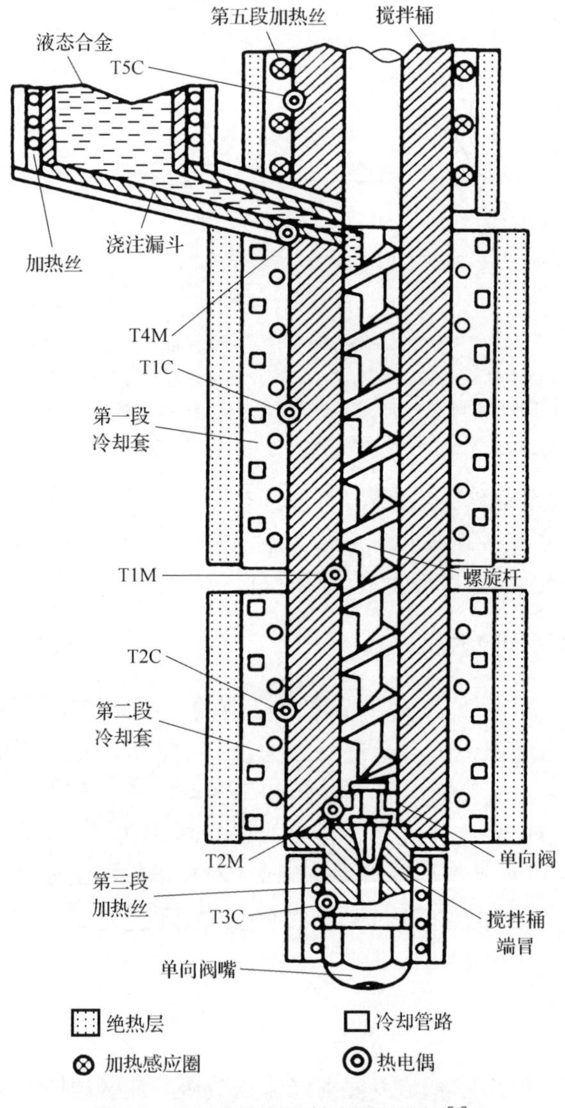

图 1-7　Wang 流变注射成形机原理[7]

可高达±1℃。这种方法的不足之处是:注射设备的材料性能要求较高(高温下的耐磨耐蚀性能等),设备的生产循环也存在某些问题;且由于搅拌螺旋没有类似于泵的推进作用,所以设备必须垂直安放;另外,由于螺旋搅拌产生的半固态浆料速率不高,这种方法尚没有用于工业生产。

Kono也发明了一种半固态金属注射成形系统[8],如图1-8所示。其工作过程是:金属液被送入给料器内保温搅拌,开启给料阀时,金属液被送入筒体内,在搅拌器的作用下推进并冷却至半固态;球阀有选择的开关,使半固态金属浆料在累积室内积累到一定量后,由液压缸活塞完成零件的注射成形。对于半固态Mg合金,采用控制温度为(550～580)℃±1℃。它与Wang流变注射成形机的主要区别在于:采用叶片式搅拌装置(搅拌叶片具有类似于泵的作用),搅拌筒体的前端为半固态浆料累积室,并在筒体与半固态浆料累积室之间设有一球形控制阀。该控制阀有选择地打开和关闭,可以适应或调节搅拌筒体与半固态浆料累积室之间的压力变化。但设备的构造材料的性能要求仍然较高,叶片搅拌产生的速率也不高,目前尚处于实验室研究阶段。

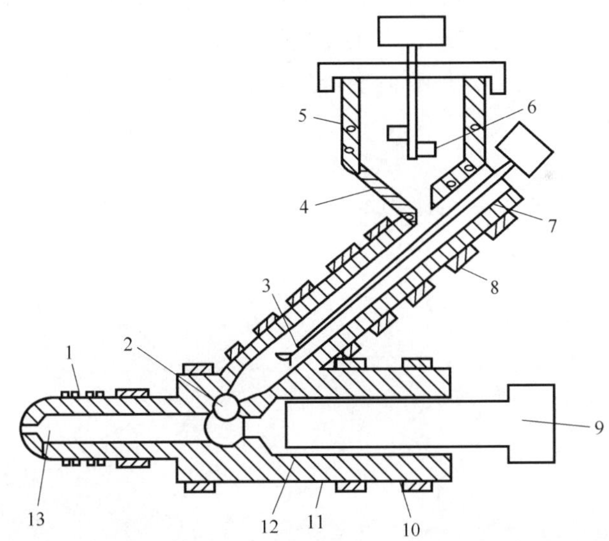

图1-8 Kono流变射注成形原理图[8]

1-加热元件;2-球阀;3-搅拌器Ⅰ;4-金属液给料器;5-加热元件;6-搅拌器Ⅱ;7-筒体;8-加热元件;9-活塞;10-加热元件;11-缸体;12-密封圈;13-半固态金属累积室

英国Brunel大学的Fan等[9]在以上基础上开发了一种双螺旋半固态金属流变注射成形机,如图1-9所示。用Sn-15%(质量分数)Pb和Mg-30%(质量分数)Zn合金进行初步实验表明,它比单螺旋的结构能够获得更细小、更不容易团聚在一起的球形晶粒。

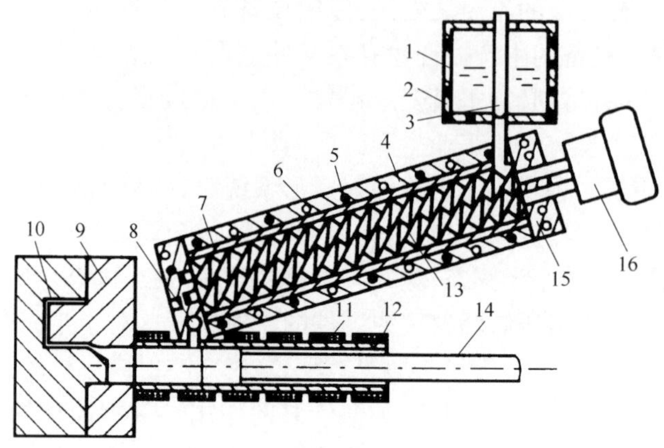

图 1-9　Fan 等的双螺旋流变注射机原理图

1-加热元件;2-坩埚;3-流量控制杆;4-筒体;5-加热元件;6-冷却水道;7-机筒内套;8-输送阀;9-模具;10-型腔;11-加热元件;12-压射腔;13-双螺旋;14-压射活塞;15-尾盖;16-驱动系统

虽然金属半固态流变成形技术应用很少,但是与触变成形相比,流变成形更节省能源、流程更短、设备更紧凑,因此流变成形技术仍然是未来金属半固态加工技术的一个重要发展方向。既然有流变铸造,也应该有流变锻造,如图 1-10 所示。

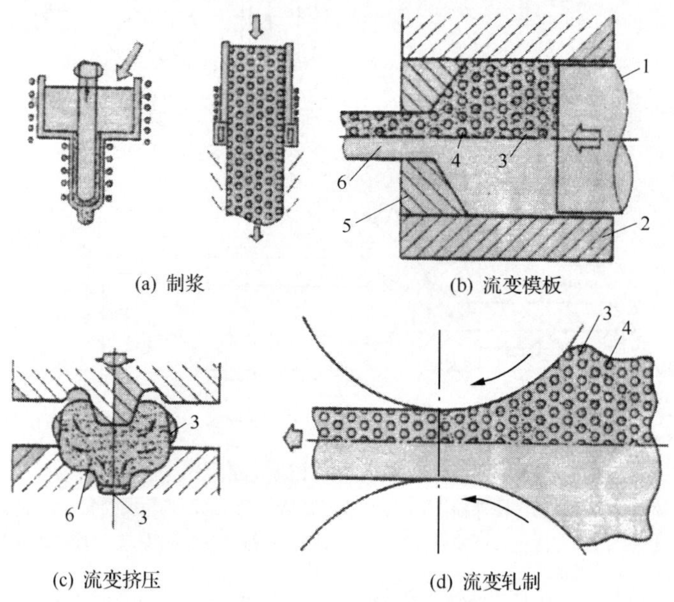

(a) 制浆　(b) 流变模板

(c) 流变挤压　(d) 流变轧制

图 1-10　流变锻造成形图

1-挤压冲头;2-挤压凹模;3-液相;4-固相;5-凹模;6-制件

但现在对于流变锻造的研究较少。作者以为，它和液态模锻过程基本一样，将制备好的半固态浆料，不经冷却，直接注入模具内，进行半固态铸造，包括模锻、挤压和轧制等。

2. 触变成形

触变成形[10,11]与流变成形相比较更为实际可行，解决了半固态金属浆料制备与成形设备相衔接的问题。由于半固态金属及合金坯料的加热、输送很方便，并易于实现再自动化操作，因此半固态金属触变压铸(thinxodie-casting)和触变锻造(thixoforging)是当今金属半固态成形中主要的工艺方法，成形设备主要是压铸机和压力机，并配有机器人用来搬运坯料和抓取毛坯。

半固态触变锻造分为半固态触变挤压、半固态触变模锻、半固态触变轧制，如图 1-11 所示。很显然，触变锻造有两个过程，第一个过程是半固态坯料在力作用下，黏度降低，以小能量消耗完成流动充填，第二个过程是密实过程。前者是成形的需要，后者则是产品质量的需要。因此，触变锻造比触变压铸能获得较高的产品性能。

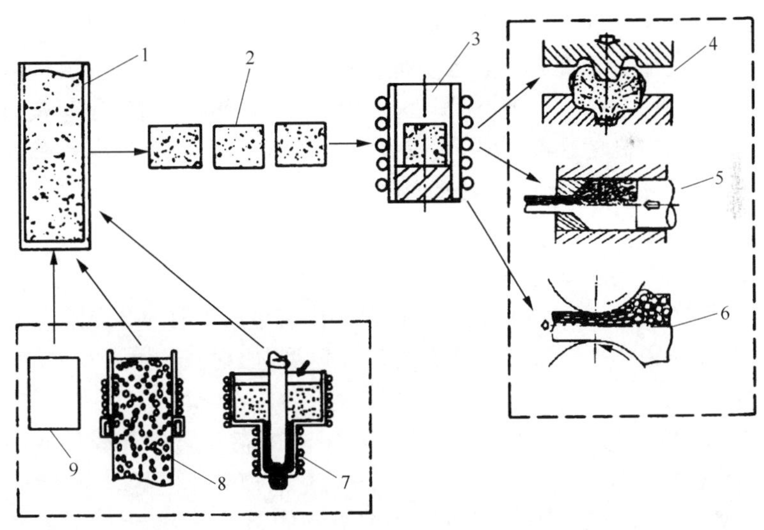

图 1-11 半固态触变锻造

1-凝固；2-坯料；3-加热；4-模锻；5-挤压；6-轧制；7-机械搅拌；8-电磁搅拌；9-SIMA 法

目前，对触变锻造研究不多，公布的材料极少。触变压铸研究较多，主要集中在 A356、A357 两种材料上。目前，镁合金半固态触变成形技术应用得比较成功的是半固态触变射铸成形(thixomoulding)，如图 1-12 所示[12]。

到目前为止，半固态触变射铸成形只适用于镁合金半固态生产。它类似于塑料注射成形法：将镁屑(通常为尺寸为 3～5mm)通过料斗送入高温圆筒内加热至

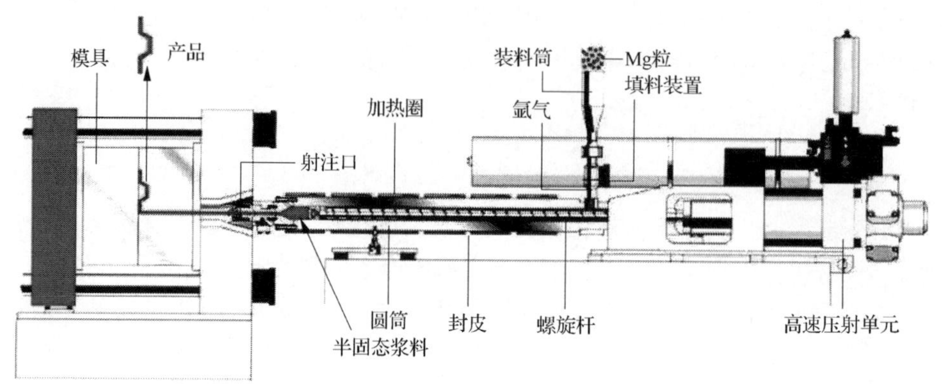

图 1-12　射铸成形图[12]

半熔化状态后，以混料螺旋杆为活塞，通过喷嘴高速射入压铸模具内。在加热区中，加热圈和螺旋杆共同作用，被加热的镁合金由颗粒变成含固相 60%以上半固态。系统通过温控装置使加热器内温度控制在半固态温度，合金处于氩气气氛中，使氧化得以控制。当螺旋杆前端有足够的半固态浆料时，高速压射单元推动剪切螺旋前进，把镁合金半固态浆料压入模腔。该装置具有以下特点：①加热系统经过特殊设计，能够克服剪切螺旋往复运动所引起的加料筒末端 200℃的波动，保持前端的温度波动不超过±2℃；②改进了加热圆筒和剪切螺旋材料，使其具有足够的高温强度，同时又有高的硬度，使剪切螺旋不会磨坏或碰伤筒壁；③高速压射单元可以使大量的合金达到很高的注射速率，并能在百万分之一秒内停下来。

3. 工艺特点

(1) 加工温度低。这是针对压铸而言。半固态金属中有 50%固体金属熔化潜热已散失，这就从根本上解决了液态金属对压铸型、压射室和冲头的热侵蚀，大大提高了模具寿命。

(2) 成形力低。这是针对锻造而言。由于半固态金属具有剪切变稀的触变性，充填时像流体一样，容易充填模膛。这与通常热模锻不一样，一般简单件需要经过镦挤的剧烈金属流动，不仅要克服金属流动的阻力，还要克服模膛壁的摩擦力。对于较复杂件，需要若干个工步才能完成。而对于复杂件，热模锻可能无能为力。所有这些均需要消耗大量能量和需要大的吨位设备。

(3) 制件质量大大高于铸造，且接近锻造。半固态金属具有一定黏性，因此，压铸时无湍流现象，卷入空气少，减少了疏松、气孔等缺陷。凝固收缩小，制件尺寸精度高。

(4) 应用半固态成形工艺，可以改善制备复合材料中非金属材料的飘浮、偏析及金属基体中不润湿的技术难题，为复合料制备和成形提供了一条有效的途径。

(5) 实行绿色生产。由于制坯与成形分离,专业程度高,容易实现全过程智能控制,减少了铸造和锻造对环境的污染,实现了绿色生产。

4. 适用范围及应用现状

半固态加工技术适用于有较宽液固相共存的合金体系。研究和生产表明,适用于半固态加工的金属有铝合金、镁合金、镍合金、铜合金、金属基复合材料以及钢铁合金等,其中铝合金、镁合金、铜合金已应用于工业生产。铝合金半固态加工技术主要应用于汽车零件制造方面,如汽车用刹车制动缸体和铝合金轮毂、空调设备部件、转向与传动系统零件、悬挂件、活塞等。图 1-13 所示是两种半固态加工的铝合金汽车零件。另外,在军事、航空、电子及消费品等方面也进行了产品开发,主要是镁、铝合金的半固态压铸、模锻及注射成形[11,12]。

(a) 悬挂支撑

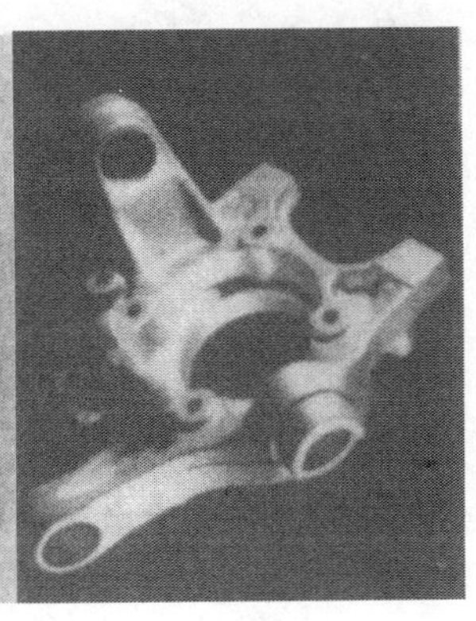

(b) 转向节

图 1-13 半固态加工的汽车零件[10]

在美国,AEMP(Alumax Engineered Metal Process)公司率先将此技术转化为生产力[13]。1978 年,该公司使用电磁成形搅拌技术生产出供触变成形用的原锭,随后建成了世界上第一条自动化的触变成形生产线,用于生产铝合金汽车零件,并且拥有相关专利 60 多项。从 1988 年开始,AMEP 公司为 Bendix 牌小轿车生产了 250 万件铝合金主气缸,为 Ford 汽车公司生产了 1500 万件铝合金压缩机活塞,其成品率几乎为 100%。1992 年 AEMP 公司与 Superior 工业公司合资在美国阿肯色州 Bentonville 生产大尺寸零件。该厂拥有 24 台铸压机,1997 年生产能力达到 2.3×10^4 t/a,生产零件达 2.5×10^7 件/年。另外,美国 Thixoma 公司使用半固态射注成形专利技术生产镁合金零件。Forcast 公司集中生产半固态合金小零件,质量小于 450g,合金种类有铝、铜合金及金属基复合材料。

在欧洲,意大利是半固态技术商业化应用最早的国家之一[14]。Stampal 公司能够生产直径为 90～110mm、长度达 4000mm 的锭坯,它也采用该技术为 Ford 汽车公司生产 Zeta 发动机油料注射挡块，生产率为 160 件/h。此外，还用于生产齿轮箱盖与摇臂等零件。Weber 公司从 1993 年开始用半固态技术为 Nuova Lancia Delta 公司生产油料注射挡块。瑞士 Alusuisse 公司和几个欧洲汽车制造商合作开发零件，1997～1998 年开始全面投产，产品主要是汽车悬挂系统和操纵转向节，并已成为其中两个汽车制造厂的供应商。另外，瑞士 Buhler 公司于 1993 年初设计制造出第一台适用于半固态金属压铸的 SC 卧式压铸机，该设备配有压射的实时液压控制及新型的型腔传感器系统来检测和确保工艺的稳定性。法国 Pechiney S. A. 公司电磁搅拌生产 A356、A357 以及 AlSi7Cu3Mg 合金，坯料规格为 $\phi127$ 和 $\phi152$；1996 年 9 月，Ormet 公司引入 Pechiney S. A. 工艺技术在美国正式投产，为美国一些公司提供半固态坯料。同时，德国的 EFU 公司利用半固态压铸的方法制造出铝合金汽车主连杆、具有交叉筋的厚壁件（500mm×90mm×2. 5mm）以及 A356 为基体的 SiC 颗粒增强复合材料的圆盘状零件。

日本于 20 世纪 80 年代后期成立了一家由 18 个成员组成的 Rheotech 公司，随后对半固态加工技术进行系统研究，同时加强与欧美著名大学和公司的联系。其公司成员包括三菱重工、神户制钢、川崎制铁、古河电气等 14 家钢铁企业和 4 家有色金属公司。在 1998 年 3 月至 1994 年 6 月共投资 30 亿日元进行研究开发，然后向工业应用转化。如 Hitachi 公司用 630t 立式压铸机进行半固态合金汽车零部件的生产，制件质量达 4. 9kg；Speed Star Wheel 公司 1994 年利用半固态技术生产出质量约为 5kg 轿车用铝合金轮毂。

1.2 金属材料加工链

1.2.1 固-液成形技术的工艺构成

在固、液之间，由于科学家的努力和探索，已经初步构造了一个新的加工技术。其主要内容包含高压凝固成形、半固态成形和精确成形（即在一个成形过程中先铸，使其精确充填，后锻，使其精确控性，以满足复杂构件成形精度和性能的需要），前者以高压凝固为主，兼有小量塑性变形，而后两者，高压凝固与大塑性变形共存。图 1-14 为固-液成形生成示意图。

1.2.2 金属材料成形发展路线

金属材料成形发展总趋势是精密、高效和低耗。铸和锻融合，适应了这一趋势。铸和锻既是古老的成形工艺，又是持续变革的新工艺。表面上看，铸和锻无论从成形机制，还是成形理论，毫无共同之处，表 1-1 列出了成形机制、成形理论和成形组织的比较。

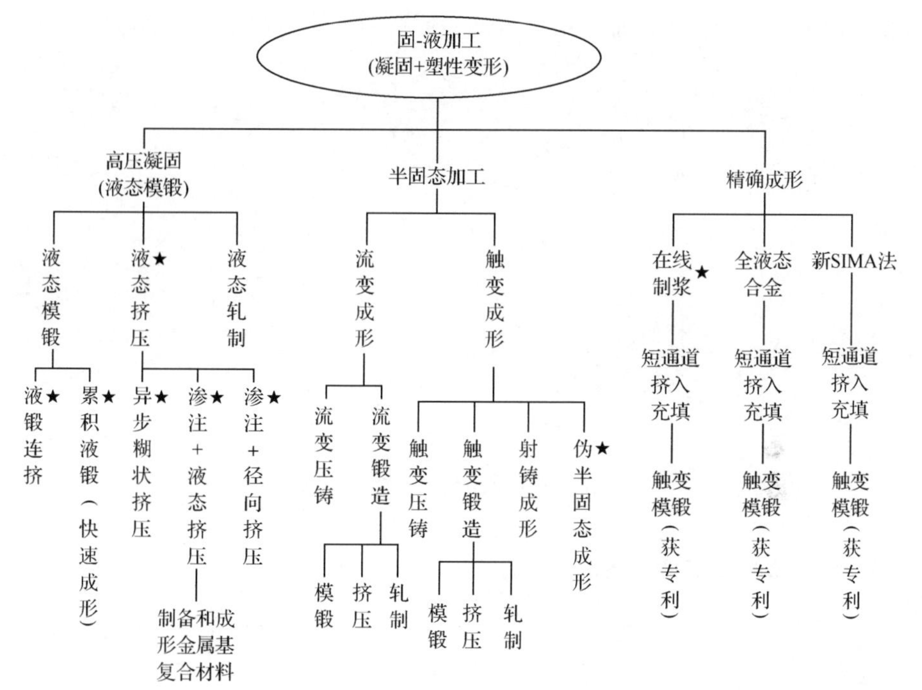

图 1-14　固-液成形生成示意图

★代表该方向受到国家自然科学基金资助

表 1-1　铸造和锻造成形方法的比较

工艺	成形机制		成形理论	成形组织
	充填	成形		
铸造工艺	液态充填	凝固理论	传热学、凝固（物理化学过程）	枝晶组织
锻造工艺	塑性流动充填	——	塑性成形（力学过程）	变形组织

显然，铸造含两个过程，而锻造只有一个过程，因为铸造充填后，液态是不能维持其制件形状的，必须凝固之后，才能保持制件外形，达到成形目的。而锻造只有一个过程，塑性流动充填后，成形即结束。因为塑性变形后，不可逆转地维持其充填时形状。

铸和锻有无共同点呢？应该是有的。图 1-15 表示一个二元金属材料状态图。显然，铸和锻仅是温度的函数。材料Ⅰ-Ⅰ有三个不同温度区，A 以上为液相区，属铸造加工区，B 以下是固相区，属塑性加工区。两个加工区，被 AB 固-液区间折断，取一种不连续状态。因此，铸和锻表现在一种材料上，属不同的加工温度范围。从这点上，它们是有联系的，至少被固-液区割断了。如果把固-液区与铸和锻相连，那就成为了一个完整的加工链。这就是铸锻融合的出发点和落脚点。

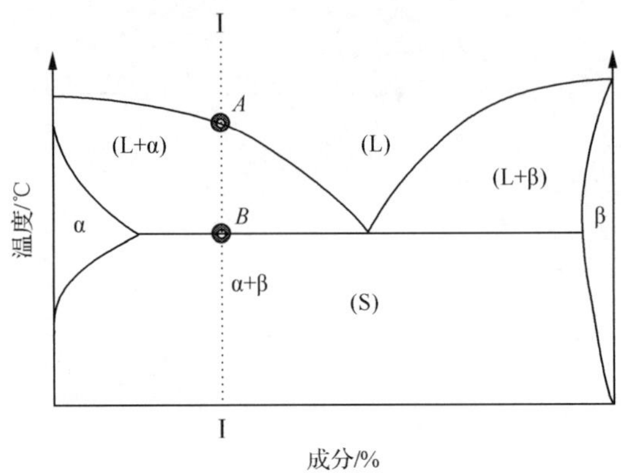

图 1-15　金属材料二元合金相图

1.2.3　金属材料加工链的生成

可以把铸和锻看成金属材料加工链上的一个环节，那么铸、固-液加工和锻就可以组成一个完整的加工链，如图 1-16 所示。

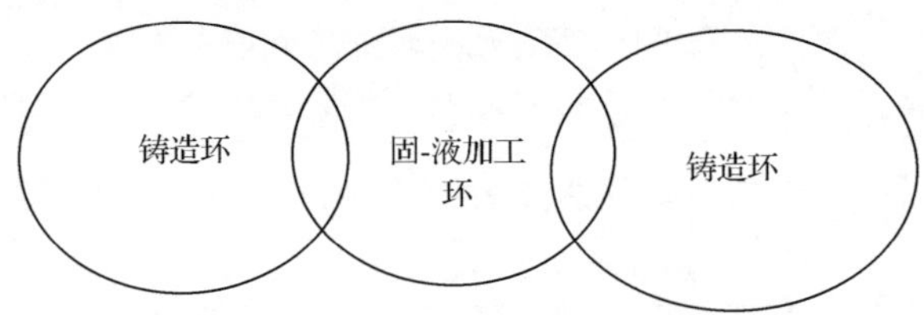

图 1-16　金属材料加工链示意图

1.2.4　金属加工链的物理意义

图 1-16 看来似乎是一种启示，一个思路，事实则不然。作者以为，可以表述为下列几点意义。

(1) 铸、锻融合，必须是固-液成形环节相连接，没有后者的研究和进展，很难说铸、锻融合。因为只有在固-液成形区内，才有可能认定凝固与塑性变形共存，即在流动充填中凝固，在凝固中塑性变形交融汇合，从而建立固-液成形理论，由此发展了铸、锻共生理论。

(2) 从学科发展看，铸和锻合并成“材料成型”，应该说不是 1＋1＝2 的简单混合，而应是 1＋1＞2 的融合，使材料成型体现液、液固和固三种状态加工的科学组合，成为一个完整的加工体系。

(3) 从成形上看，一种金属材料在不同温度下，可能处于三种状态(或两种，如共晶合金)，对应有三种加工方法，或铸，或锻，或铸、锻均不可为，只好寻求新的第三种加工方法，即固-液成形。因此，材料成形方法中，最基础的是铸、锻，而固-液成形也应是基础的一种补充，成为材料加工不可缺的一环，三环相连，即构成一个完整加工链。

1.3 金属材料固-液成形技术理论框架

1.3.1 理论框架

尽管固-液成形技术进入工业应用领域已有相当长的历史，国内学术会议每两年举行一次，纵观企业界对该技术的热情，有与日俱增的趋势，但是由于这一新技术的成形机理未能系统地揭示，以至诸多实际问题得不到根本解决。主要包括：①成形时温度区间的优化判据及控制；②成形时固-液相比率的优化判据及控制；③成形时初生晶形状、尺寸选择判据及控制；④成形时固-液相流动方向判据及控制；⑤成形时制件内外质量控制与模具设计依据。要科学、有效地选择上述工艺参数，必须从理论层面上去阐明过程的实质，即建立新的固-液成形理论，建立高压凝固学、固-液流变学和固-液塑性力学相互依存的理论体系，以达到有效、快捷、节能和精确成形的目的。图 1-17 给出了金属材料固-液成形理论框架及其应用时的瓶颈问题。

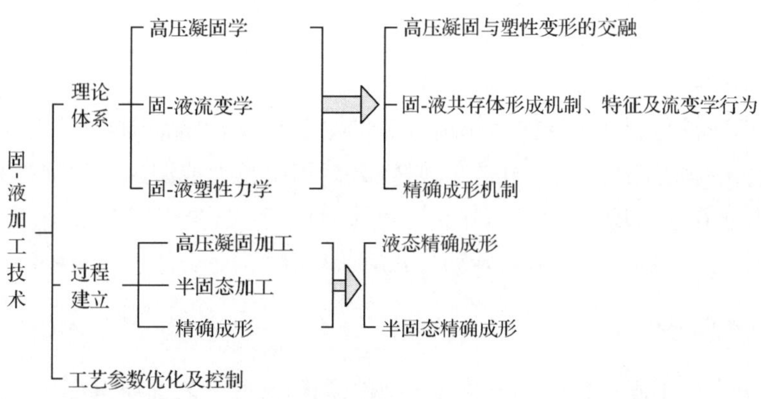

图 1-17 金属材料固-液成形理论框架及其应用时的瓶颈问题

1.3.2 三个科学问题

1. 固-液共存体流变充填过程

(1) 固-液共存体结构及形成机制。固-液共存体是种什么结构，目前仅通过将固-液共存体淬火观察其组织特征，显然远远不够。因为固相表现为晶体，液相表现为非晶体，而固-液共存，实质上是晶体和非晶体共存。所以，应研究其组织特征及其形成机制，以定性描述固相结构、液相引起的作用及其微粒形状因子的动力学效应，揭示其初生晶(固相)细化、球晶化机制。

(2) 唯象地表征固-液共存体的宏观特征。固-液共存体宏观特征表现在：触变强度(有限屈服应力)存在；固-液共存体的触变性，即固-液混合体在稳定剪切速率下，表现出明显剪切变稀及其剪切力快速瞬变显现出剪切变浓行为，以预报在真实加工条件下的实际流变行为。重在研究其固-液混合体非线性的伪塑性体力学响应，构建其本构方程。

(3) 固-液共存体流变行为的依时性。固-液共存体流变行为为固相体积分数和加工历史的严格函数。不同的变形速率影响其固-液共存体的结构，使其在解聚与构建两过程变换中，不断演变和改变其流变行为。重在研究变形速率对解聚速率和构建速率影响过程及对应的结构状态和流变行为，并体现其依时性。

2. 高压凝固与塑性变形融合成形过程

(1) 固-液共存体系中塑性变形。①塑性变形力学条件(本构方程)及力能参数；②固-液塑性变形流动机制，即液膜裹着固相团移动、转动，固相团破坏、修复机制。

(2) 凝固与变形共存和交融。①高压下，液膜裹着固相流动时的凝固机制；②凝固、变形与补缩交融演变机制；③三场(温度场、流场和力场)耦合作用下，质量迁移、热的传导、力的传递、应力应变分布及流动特征。

(3) 界面行为对组织性能的影响。①固-液界面结构特征和相容性，对界面变迁影响；②液-固界面的变迁，包括微观迁移(固相团长大或溶解)、宏观迁移(液相裹着固相团，在应力场的作用下，作长距离移动)及消失(凝固结束)的实现条件，及对制件最终组织性能的影响；③强韧化效应及机制。

3. 精确成形机制

(1) 液态或半固态精确充填及其对制件形状、尺寸和表面质量变化规律；塑性变形量及加压方式对形状精确控制和性能改善影响规律。

(2) 三场(温度场、流场和力场)耦合作用下，组织演变规律及控制；①合金浆(坯)料在短道充填过程中，质量的传输及流场特征；②合金浆(坯)料在短道充填过程中，力的传递及应力、应变的分布；③三场耦合作用下，合金浆(坯)料短道充填过程建立的热力学、运动学和动力学的研究，流变规律及工艺参数的优化。

(3) 精确成形全程工艺设计理论:①工艺参数选择原则;②充填与变形协调;③控制方法。

1.3.3 一个典型过程

一个典型过程指的是半固态合金短道充填-触变成形实时全程控制。

(1) 半固态合金微观组织形成:①研究搅拌制浆工艺参数,即搅拌功率、搅拌开始时间和持续时间、搅拌冷却速率对浆料组织形成的影响;②研究 SIMA 方法工艺参数,即模具结构和挤压路径对晶粒细化的影响规律;研究等温(晶粒球化)处理工艺对坯料微观组织影响规律。

(2) 半固态成形过程形状和尺寸精确控制的研究:①合金薄壁筒形件半固态短道充填规律与缺陷生成机制;②短道充填后,触变成形下缺陷消除机制;③合金薄壁筒形件精确成形过程中形状、尺寸与表面质量变化规律和控制方法。

(3) 触变工艺参数对制件最终组织性能的影响:①短道充填过程一旦结束,立即启动触变模锻过程,其机制在于:对于薄壁件,充填一点结束,凝固即结束,不存在触变模锻,而是固态模锻,可实现密实过程;②对于厚壁或壁厚不均匀件,充填结束后,制件还存在半固态区,启动触变模锻,可实现高压下结晶凝固和热模锻过程,可大大改善制件的组织性能;③其工艺参数包括模锻力、制件变形量(压下量)、触变模锻时间、模具温度和润滑等。根据不同制件进行优化,以获得最终组织性能优异的制件。

1.3.4 成形制件质量控制

(1) 半固态压铸、触变模锻、短通道挤入充填-模锻成形对材料、制件尺寸和形状适应性的研究,确立工艺的各自优势及适应范围。

(2) 依据缺陷的分析,提出质量控制方法,包括:①半固态浆(坯)料组织的控制;②二次加热重熔工艺对半固态坯料初晶球状、细晶组织形成及控制;③坯料转移时间、模具预热温度对半固态坯成形温度影响及控制;④半固态坯压挤、触变充填过程的固-液分离及控制;⑤充填结束与成形过程开始节拍衔接的控制;⑥成形过程力学参数及变形量确定及控制。

(3) 合金及其复合材料触变成形的数值模拟及成形工艺参数的优化,模拟仅对短通道挤入充填-模锻成形,其内容为:①压缩条件下本构方程的确立及材料参数的选定;②改善模拟软件,以满足触变成形特点;③附加模拟实验研究,以补充数值模拟不足;④确立最佳工艺参数。

1.4 历史与展望

1.4.1 发展历史

1. 三个阶段

固-液成形技术发展经历三个阶段。第一个阶段是高压凝固成形。其中以液态模锻为代表，它是全液态压铸基础上演变的产物。其理论研究比较充分[4,15]，工业应用在苏联、日本和中国具有相当规模[15]，其应用领域集中在汽车、摩托车和家电产品上。基于液态模锻研究，又演变多种加工工艺，如液态挤压、液锻连挤、累积液锻，如图 1-14 所示。图 1-18 为哈尔滨工业大学半固态加工研究室研制的钢质液态模锻件，图 1-19 为武汉理工大学液锻中心研制的金属液态模锻件。

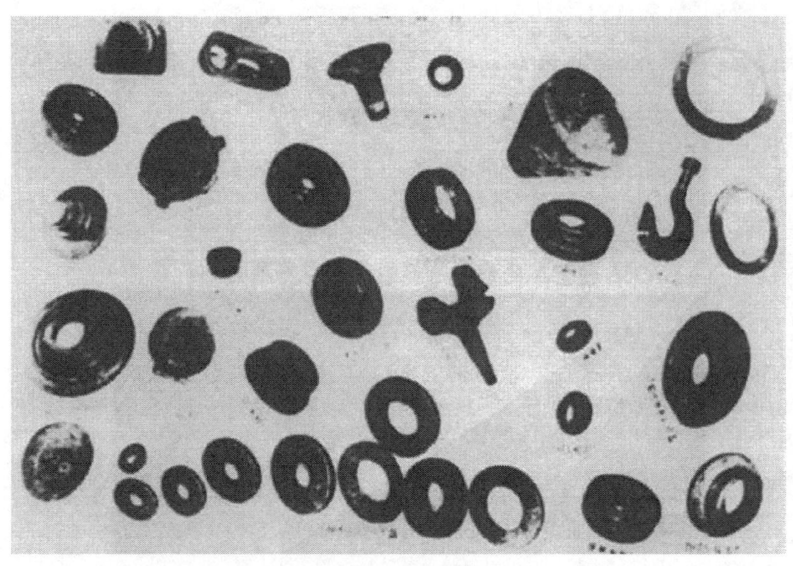

图 1-18 钢质液态模锻件(质量为 2～80kg)

第二阶段为半固态成形。就其本质讲，是经半固态组织处理(即初生晶球化)的合金，进行相应压铸或模锻的成形过程。从该技术提出，到理论研究和工业应用，不过三十多年，但已获得世界各国广泛关注[16,17]。国际学术会议(the International Conference on Semi-Solid Processing of Alloys and Composites)已开了 11 届，并且每两年一次递增。国内研究也呈活跃态势，表现为互相关项目得到国家自然科学基金、863 计划和 973 计划支持，先后举办了 5 次学术讨论会，这在国外是没有的。半固态加工技术的发展驱动力在于节省汽车能源，采用该技术生产的汽

图 1-19　铝合金液态模锻件

车零件包括汽车空调零件等。这些零件已应用于 Ford、Chrysler、Volvo、BMW、Fiat 等欧美品牌小汽车上，并出现集成一体化生产方式[11-13]。

第三阶段为精确成形。即利用液态和半固态在压力下易充填特性，实现制件精确充填，并给予一定塑性变形量，改善其组织特性，实现精确控性[18,19]。

2. 基础理论研究进展

固-液成形理论研究，首先从液态模锻开始。液态模锻实质是压力下凝固成形，少量塑性变形以实现无冒口补缩。在成形过程中，从外层到里层存在固相区、固-液区和液相区，最终成形阶段转化为固相区和固-液区。为此，作者建立过程组合体模型，并在苏联学者 Пляцкий 研究基础上对三个区从物理化学和力学两方面进行研究[4]。主要成果有：压力下组合体结晶参数的改变，三个热力学模型、凝固过程热力学和动力学条件及数学表达式，压力下凝固模型，协调方程，力学状态分析，变形力解析及密实方程。液态模锻基础理论研究给半固态加工基础理论研究奠定了坚实的基础。由于液态模锻开始于液态，而半固态加工开始于固-液态，而且其中固态（球晶）分布在液相内部，因而其充填过程不同：液态模锻表现是牛顿体紊流充填，半固态加工是非牛顿体剪切变稀层流充填，而随后压力下结晶凝固和塑性变形，有太多相似。因此，液态模锻基础理论的研究成果，完全可以向半固态加工推进。就目前讲，这个思路还没有被多数学者所理解。半固态加工基础理论研究，还停留在制浆（坯）方法的探索和球晶化理论及其剪切变稀流变理论以及过程数值模拟等研究上，虽然这方面也取得积极进展，但缺乏深度，更缺乏从坯料结构形成到剪切变稀充填和压力下凝固-塑性变形融合等基本过程的科学阐明和相互关联上,因而对工艺过程影响及控制等缺乏规律性认识。因此固-液基础理论研究,应以液态模锻基础研究为基础,推进半固态加工基础理论研究,以构建一个新型固-液理论体系,这就是研究的宗旨所在。

1.4.2　发展趋势与展望

1. 发展趋势

(1) 推进固-液成形理论研究和取得突破性进展。工艺参数科学、有效地选择,需要基础理论研究突破性进展的支持,包括固-液共存体形成和特征的认识及对充填过程的本质影响,高压凝固与塑性变形实现机制的认识等。人们期望在这方面获得突破。

(2) 液态模锻作为高压凝固成形的一种铸、锻复合工艺,总的趋势是,完善其基础理论研究,以替代部分要求有高致密性、高耐磨性及随后需要固溶处理的压制件,由原来压铸改用液态模锻进行生产。

(3) 在半固态成形研究中,把合金种类拓宽到较多铝、镁合金,并延伸到铜合金、铁合金、其他合金及金属基复合材料等。制件类型从汽车、摩托车制件、3C 产品,扩展到军工领域;坯(浆)料形成机制,涉及初晶球化高效生成机制及其方法;简化加工工艺流程,特别突出流变成形工艺的研究,以缩短加工周期,降低消耗;利用计算机技术,发展和充分运用于全部制件生产的数学模型[5]。

(4) 对制件,尤其是重大高性能的复杂制件,进行全过程的工艺和组织设计,使精确控形和精确控性,在固-液成形中获得完美融合。特别对于超大型复杂结构件,整体成形存在困难,有时甚至不可能成形(模具太大,或设备成形能太大),可以分部成形,最后采用半固态连接进行组合,这是一个存在发展潜力的趋势。

2. 展望

(1) 新时期我国要成为制造强国,其关键性标志:轻型、重型和新型装备制造能力缺一不可[20]。随着我国重大机械装备的自主创新设计与制造的发展,对于加工与成形技术提出了新的要求。传统的、单一形式的加工与成形技术已经不能胜任重大复杂结构件朝轻量化、结构复杂一体化和精密方向发展。因而从材料选取、加工方法优化,到满足性能要求,都要突破原有技术思路,方能取得满意的效果。就学科发展而言,传统的理论、方法与技术,不但单一,也有很大局限。铸、锻、焊、热处理都分而单列,忽视了加工对象的本质特征和内涵,也忽视了相互关联的诸多理论、方法与技术的综合集成。科学技术发展的现实:将原有的热加工理论、方法与技术提升、改善和集成组合,已成为科学发展的必然趋势。因此,寻求融合集成原有单一成形理论、方法与技术,既能控制制件形状,又能控制制件内在的和表面的质量,从而研究成形新理论、新方法和自主核心技术的重要性与必要性就显得十分迫切了。当前,金属材料固-液成形技术正是这一发展趋势的代表方向之一[21,22]。

(2) 固-液成形技术发展到今天,重点在"半固态成形技术"上[22,23]。在国外,该技术已应用生产,特别在汽车工业领域。在我国起步稍晚,但在理论研究方面,与国外不分高低。表 1-2 为 2006 年在韩国釜山举行第九届合金与复合材料国际半固态加工学术会议上各国发表文章的情况,我国处于前列,表 1-3 为第九届合金与复合材料国际半固态加工学术会议上我国各高校、研究机构发表文章的情况。但是,该技术在应用方面很有限。因此,大力支持企业与高校、研究机构合作,开展应用的研究势在必行。

表 1-2　第九届合金与复合材料国际半固态加工学术会议上各国家发表的论文数

顺序	国名	论文数	顺序	国名	论文数
1	韩国	59	13	法国	3
2	中国	36	14	印度	3
3	日本	10	15	俄罗斯	2
4	德国	18	16	南非	2
5	美国	4	17	澳大利亚	2
6	英国	3	18	泰国	2
7	伊朗	6	19	巴西	2
8	比利时	6	20	马来西亚	1
9	西班牙	4	21	塞浦路斯	1
10	瑞士	3	22	白俄罗斯	1
11	加拿大	3	23	波兰	1
12	意大利	3			

表 1-3　第九届合金与复合材料国际半固态加工学术会议上中国各高校和研究机构发表的论文数

顺序	单位	论文数	顺序	单位	论文数
1	哈尔滨工业大学	10	7	上海大学	2
2	北京科技大学	7	8	华中科技大学	1
3	北京有色金属研究总院	4	9	兰州大学	1
4	西北工业大学	3	10	南京科技大学	1
5	南昌大学	2	11	中国科学院沈阳金属研究所	1
6	哈尔滨理工大学	2			

参 考 文 献

[1]Spencer D B, Mehrabian R, Flemings M C. Rheological behavior of Sn-15 pct Pb in the crystallization range. Metallurgical Transactions,1972,3:1925-1932.

[2] Flemings M C. Behavior of metal alloys in the semi-solid. Metallurgical Transactions B,1991,22B: 269-293.

[3] 罗守靖,杜之明．半固态金属加工分类及新发展．热加工工艺,1999,(5):19-24.

[4] 罗守靖,何绍元,王尔德,等．钢质液态模锻．哈尔滨:哈尔滨工业大学出版社,1990.

[5] Shibata R. SSM activities in Japan. Proceedings of the International Conference on Semi-solid Processing of Alloys and Composites,Golden,1998:li-lvi.

[6] Lebeau S, Decker R. Microstructural design of thixomolded magnesium alloys. Proceedings of the Internationla Conference on Semi-solid Processing of Alloys and Composites, Golden,1998:387-396.

[7] Wang K K, Peng H, Wang N, et al. Method and apparatus for injection molding of semi-solid metals: US,5501266. 1996.

[8] Kono K. Method and apparatus for manufacturing light metal alloy: US, 5836372. 1998.

[9] Fan Z, Ji S, Bevis M J. Twin-screw rheomolding-a new semi-solid processing technology. Proceedings of the 5th International Conference on the Semi-solid Processing of Alloys and Composites, Turin, 2000: 61-66.

[10] 谢水生,黄声宏．半固态金属加工技术及应用．北京:冶金工业出版社,1999.

[11] 康永林,毛卫民,胡壮麟．金属材料半固态加工理论与技术．北京:科学出版社,2004.

[12] Jorstad J L. SSM processing—an overview. Proceedings of the 8th International Conference on the Semi-solid Processing of Alloys and Composites,Limassol,2004:15-24.

[13] Young K P. Advances in semis-solid metal (SSM) cast aluminum and magnesium components. Proceedings of the 4th International Conference on the Semi-solid Processing of Alloys and Composites,Shffield, 1996:229-233.

[14] Midson S P. The commercial status of semi-solid casting in the USA. Proceedings of the 4th International Conference on the Semi-solid Processing of Alloys and Composites,Shffield, 1996:251-255.

[15] 齐丕骧．国内外挤压铸造技术发展概况．特种铸造及有色合金,2002,(2):20-30.

[16] 赵祖德,罗守靖．轻合金半固态成形技术．北京:化学工业出版社,2007.

[17] 罗守靖,姜巨福,杜之明．半固态金属成形研究的新进展、工业应用及其思考．机械工程学报,2003,39(11):52-60.

[18] 李远发,苏平线．液态压铸锻造双控成形技术研究. 2005 年中国压铸、挤压铸造、半固态加工学术年会专刊,2005:112-114.

[19] 罗守靖,姜巨福,杜之明．半固态双控成形方法:中国,ZL200410043911. 9. 2004.

[20] 练元坚．制造科技与高技术融合集成．中国机械工程学会会讯,2004,(2):6.

[21] 罗守靖,田文彤．半固态加工技术及应用．中国有色金属学报,2000,10(6):765-773.

[22] Anacleto de Figueredo, Jorstad J, et al. Science and technology of semi-solid metal processing. Worcester:Worcester Polytechnic Institute, 2004.

[23] Hirt G,Kopp R. Thixoforming on Semi-Solid Metal Processing. New York: Wiley-VCH,2009.

第一篇 固-液态金属流变学

第 2 章　固-液态金属流变学基础

2.1　固-液态金属流变学类型

2.1.1　牛顿型流动

1. 简单剪切流动

图 2-1 表示简单剪切流动的力学关系，即流体随运动板在力 F 作用下，以 V_0 沿 x 方向运动，其流体内任一点速率 V 与 y 坐标成正比：

$$\left.\begin{aligned} V &= \dot{\gamma} y \\ \dot{\gamma} &= \frac{V}{y} = \frac{V_0}{h} = \tan\theta = \text{const} \end{aligned}\right\} \tag{2-1}$$

式中：$\dot{\gamma}$ 为剪切应变速率，s^{-1}。

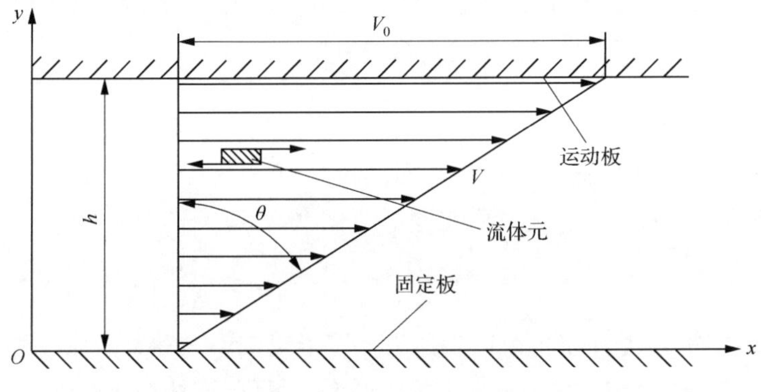

图 2-1　简单剪切流动示意图[1]

若平板面积为 A，平板作用在流体上的应力为

$$\tau = \frac{F}{A} \tag{2-2}$$

式中：τ 为剪切应力，Pa。

满足式(2-1)为简单剪切流动，其 τ 在流体内部分布是均匀的，$\dot{\gamma}$ 也是均匀的，流线呈直线。

2. 简单剪切形变

物体在外力或外力矩作用下，发生形状和尺寸的改变称为形变。形变可分为简单剪切、均匀拉伸和压缩、纯剪切、纯扭转、纯弯曲、热膨胀和冷收缩等。实际形变为几种复杂组合。半固态金属流动中，主要形变方式多为剪切、压缩或多种组合。

下面来考察弹性固体的剪切形变，如图 2-2 所示。

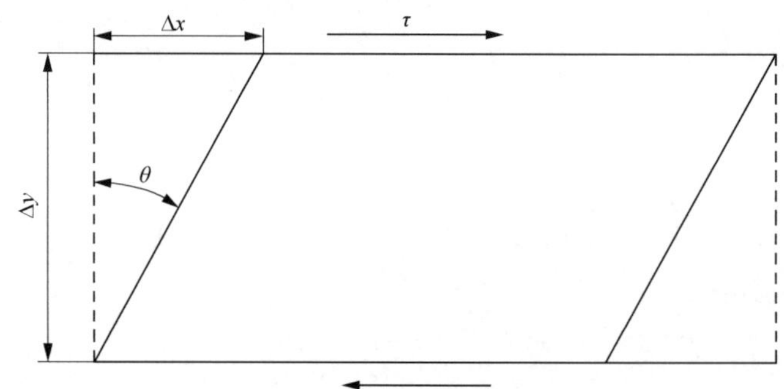

图 2-2　剪应变和剪应变速率[2]

在剪切应力 τ 作用下，上底产生位移 Δx，下底固定，剪切应变 γ 表达为

$$\gamma = \frac{\Delta x}{\Delta y} = \tan\theta \tag{2-3}$$

对于流体，显然不能用式(2-3)来表达。在切应力作用下，固体仅引起一定形变，并处于与外力平衡状态。流体则随时间推移，产生连续变形，即流动。在这里流动与变形结合起来了。剪应变随时间的变化率，称应变速率：

$$\dot{\gamma} = \frac{\mathrm{d}\gamma}{\mathrm{d}t} = \frac{\mathrm{d}}{\mathrm{d}t}\left(\frac{\mathrm{d}x}{\mathrm{d}y}\right) = \frac{\mathrm{d}}{\mathrm{d}y}\left(\frac{\mathrm{d}x}{\mathrm{d}t}\right) = \frac{\mathrm{d}V}{\mathrm{d}y} \tag{2-4}$$

由式(2-4)知，应变速率也可以表述为速度沿纵向(y 坐标)的速度梯度。在剪应力的作用下，固体产生形变，其大小可用形变来量度，流体产生流动，其快慢可用应变速率来表示。

3. 牛顿体流动

流体流动时，其内部抵抗流动的阻力称为黏度。这种抵抗流动的阻力表现为流体的内摩擦力。流体流动时，其黏度越大，内摩擦力越大，流动阻力越大，克服内摩擦阻力所消耗的功就越大。理想黏性流体的流动符合牛顿黏性定律，称为牛顿型流动，其剪切应力和剪切速率呈正比：

$$\tau = \eta\dot{\gamma} \tag{2-5}$$

式中：τ 为剪应力，Pa；$\dot{\gamma}$ 为剪切速率，s^{-1}；η 为黏度，Pa · s。

牛顿型流体的流动称为牛顿型流动，其流动曲线是通过原点的直线[图 2-3(a)中牛顿体线]，该直线与 $\dot{\gamma}$ 轴夹角 θ 的正切值是流体的牛顿黏度值(为常数)。

$$\eta = \frac{\tau}{\dot{\gamma}} = \tan\theta \tag{2-6}$$

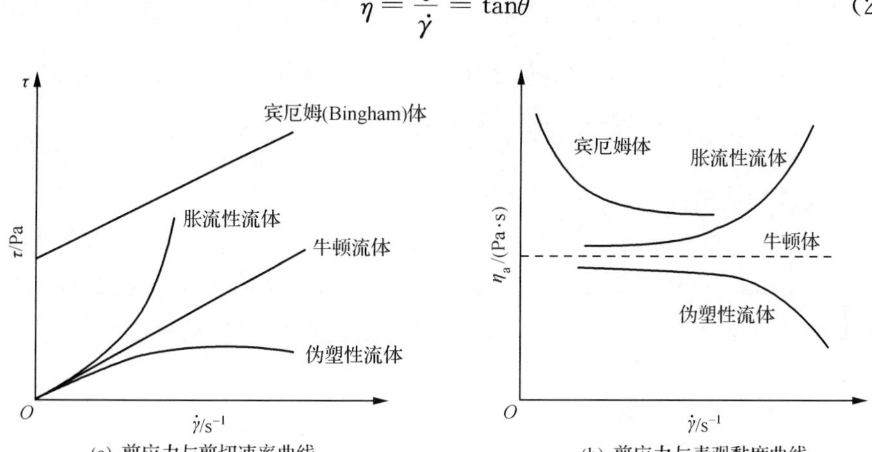

图 2-3　剪应力与剪切速率曲线和剪应力与表观黏度曲线

2.1.2　非牛顿型流动

1. 非牛顿型流动特征

1) 牛顿型流动特征

在恒温恒压下，牛顿型流动特征如下[3]：①在简单剪切流动中产生的唯一应力是剪切应力 τ，两个法向应力差均为零；②剪切黏度 η 不随剪切速率而变化；③黏度不随剪切时间而变化；④在不同类型形变测定的黏度彼此总是呈简单的比例关系。

2) 非牛顿型流动特征

偏离牛顿型流动特征的任何流体，均属非牛顿型流体。非牛顿型流体的流动称为非牛顿型流动，基本特征是，在一定的温度和压力下，其剪切应力与剪切速率不呈正比关系，其黏度不是常数，而是随剪切应力或剪切速率的变化而变化的[图 2-3(b)]。此时，剪切应力与剪切速率之间的关系一般呈非线性关系。为了表征非牛顿流体黏度，工程上常采用表观黏度概念，并定义为

$$\eta_a = \frac{\tau}{\dot{\gamma}} \tag{2-7}$$

式中：η_a 为表观黏度，Pa · s；$\dot{\gamma}$ 为剪切速率，s^{-1}；τ 为剪切应力，Pa。

2. 非牛顿型流体分类

依据表观黏度是否和剪切持续时间有关，可以把非牛顿型流体分为广义牛顿流体和依时性非牛顿型流体两大类。

1）广义牛顿型流体[2]

这类流体切应力仅与剪切变形速率有关，即表观黏度仅与应变速率（或切应力）有关，而与时间无关，可以用式(2-8)表示：

$$\eta_a = \eta_a(\dot{\gamma}) \tag{2-8}$$

式中：$\dot{\gamma}$ 为剪切速率，s^{-1}。

广义牛顿型流体包括伪塑性流体（pseudo plastic fluid），也称剪切变稀流体（shear thinning fluid）；胀流性流体（dilatant fluid），也称剪切变稠流体（shear thickening fluid）；宾厄姆流体（Bingham fluid），也称塑性流体（plastic fluid）。这三种流体的流动曲线如图 2-3(a)中曲线所示。

2）依时性非牛顿型流体[2]

这类流体的表观黏度不仅与应变速率有关，而且与剪切持续时间有关，即

$$\eta_a = \eta_a(\dot{\gamma}, t) \tag{2-9}$$

式中：t 为剪切持续时间，s。

依时性非牛顿型流体包括触变性流体（thixotropic fluid）、震凝性流体（rheopectic fluid）、黏弹性流体（viscoelastic fluid）。在一定的剪切变形速率下，触变性流体的表观黏度随时间而下降，而胀流性流体则相反。黏弹性流体兼有黏性和弹性的特征，与黏性流体的区别在于外力卸载后，产生部分应变回复（recoil），与弹性固体的主要区别是徐变（creep）。黏弹性流体除了与表观黏度、剪切持续时间有关外，还与剪切流动中表现出的法向应力差（normal stress difference）效应有关，高分子材料流变学与半固态金属流变学区别就在于此，即后者不考虑法向应力差效应。

2.1.3 广义牛顿型流体

1. 伪塑性流体

当固相体积分数较低，$f_S = 0.2 \sim 0.4$ 时，其半固态金属在剪切力作用下流动模型可用式(2-10)表征：

$$\tau = \begin{cases} \eta_0 \dot{\gamma}, & \dot{\gamma} < \dot{\gamma}_{c1} \\ \tau_y + K\dot{\gamma}^n, & \dot{\gamma}_{c1} < \dot{\gamma} < \dot{\gamma}_{c2} \end{cases} \tag{2-10}$$

式中：η_0 为零剪切黏度，Pa·s；$\dot{\gamma}_{c1}$ 为出现剪切变稀时剪切速率，s^{-1}；$\dot{\gamma}_{c2}$ 为出现“第二牛顿区”的剪切速率，s^{-1}；K 为幂定律因数；n 为能量法则系数；τ_y 为触变强度，Pa。

式(2-10)的意义在于:当剪切速率较小(或称流动很慢时)时,剪切黏度为常数;当剪切速率增大,超过 $\dot{\gamma}_{c1}$ 时,流动模型从牛顿型流体转变为非牛顿型流体,如图 2-4 所示。当剪切速率非常高,超过 $\dot{\gamma}_{c2}$ 时,剪切黏度又趋一定值,并称无穷剪切黏度 η_∞。

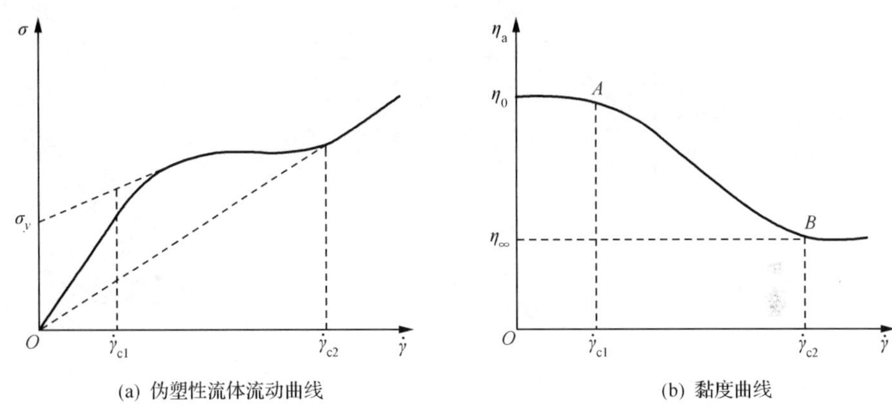

图 2-4　伪塑性流体流动曲线和黏度曲线[1]

2. 宾厄姆塑性体

宾厄姆塑性体流动,适用于固相体积分数较高的半固态合金加工时的流变行为,同样可用数学式表征:

$$\tau = \begin{cases} \tau_y + \eta_p \dot{\gamma}, & \tau \geqslant \tau_y \\ \tau_y + \eta_a \dot{\gamma}, & \tau \geqslant \tau_y \end{cases} \tag{2-11}$$

式中:τ_y 为流变强度,Pa;η_p 为塑性黏度,Pa·s;η_a 为表观黏度,Pa·s。

式(2-11)的意义在于:宾厄姆塑性体模型所表达的流动特征是存在一流变强度,即维系半固态体外形不改变的能力,可以用图 2-5 来表示。宾厄姆塑性体模型可以服从牛顿型流体流动(η_p 为常数),也可服从剪切变稀流动或剪切变稠流动,关键是与剪切速率的大小和半固态体本身结构的演变有关。

3. 胀流性流体

胀流性流体主要特征是:剪切速率低时,流动行为基本上同牛顿型流体;剪切速率超过某一临界值后,剪切黏度随 $\dot{\gamma}$ 增大而增大,呈剪切变稠效应。

胀流性流体与伪塑性流体相比很少见,只有在固相含量高的悬浮液中才能观察到。

Kumar 等[4]对半固态 Sn-15%(质量分数)Pb 合金的动态流变行为研究结果表明,该合金的表观黏度随剪切速率的增加而增加,表现出胀流性流体的流变特性。

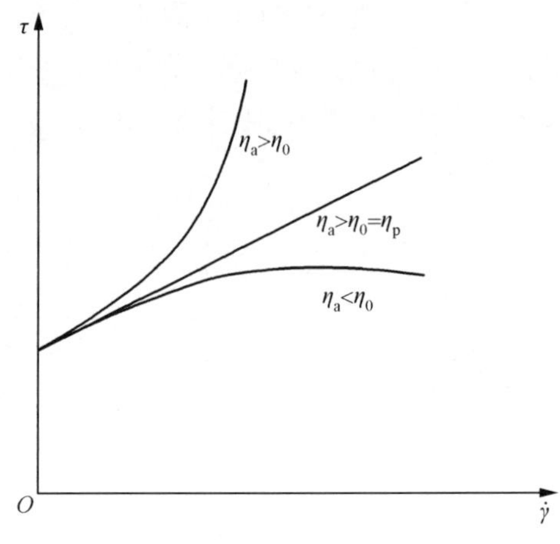

图 2-5 几种典型流体的流动曲线[1]

2.1.4 依时性非牛顿型流体

1. 触变性流体

以上讨论的广义牛顿型流体，其表观黏度只是变形速率的函数，与时间无关。其实质是变形速率改变后，流体内部结构是瞬时完成的，并立即获得与变形速率相对应的切应力和表观黏度，显现不出对时间的依赖性。而对于依时性非牛顿型流体则不然，变形速率一旦改变，与之相对应的结构调整缓慢，在结构调整的时段内，流体的流变性除取决于应变速率，还取决于时间的推移，直至新的平衡结构形成为止。旧结构破坏，新结构形成，这就是一个触变过程或反触变过程，两者速率相等，则达到一个新的动平衡，完成了一个触变过程或阶段。

具有触变性的流体，当作用在它上面的切应力一定时，其表观黏度随切变时间延长而降低，剪切应变速率不断增加；或当作用其上的剪切应变速率一定时，随着切变时间的延长，流体的表观黏度降低，表现为切应力逐步变小。当这种流体在切变一段时间以后，除去外力，黏度又逐步恢复到原来值。

图 2-6 是牛顿型流体、宾厄姆流体、触变性流体的表观黏度与时间的关系曲线。对牛顿型流体而言，只要剪切应变速率小于层流变紊流的极限值，其表观黏度不随时间而变化，表现为一常数；对于宾厄姆体而言，只要作用切应力超过流变极限值，在一定的剪切应变速率下，一开始流动（$t=0$），其表观黏度立即下降至一定值，而后不随时间发生变化，在 $t=t_1$ 时撤去切应力，流体表观黏度瞬间上升，并呈现固态的流变性，不随时间变化；对触变性体而言，在 $t=0$ 时施加一切应力，使其剪切应变速率不随时间而变化，则随时间推移，表观黏度按一定曲线下降，向某一值靠近，当在 $t=t_1$ 时撤去切应力，表观黏度又随时间延伸而逐步上升，向某一值靠近。

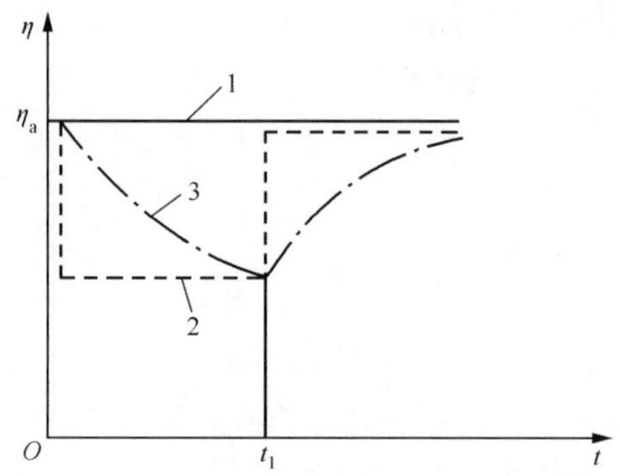

图 2-6　三种流体的表观黏度与时间关系曲线[5]

1-牛顿流体；2-宾厄姆流体；3-触变性流体

2. 震凝性流体

震凝性流体的流变特性与触变性流体相反，即流体在剪切应变速率不变下流动，其表观黏度或切应力随切变时间的延长而增大；或当切变应力一定时，流体的表观黏度或剪切应变速率随时间的延伸而增加。

应该指出，凡触变性流体均可视为伪塑性流体或宾厄姆流体，但伪塑性流体和宾厄姆流体未必是触变性流体；同样，震凝性流体可视为胀流性流体，但胀流性流体未必是震凝性流体，关键在“依时”或“非依时”上。

2.1.5　胡克弹性体的弹性流动

1. 胡克弹性体的弹性流动特征

弹性体指物体具有这样的流变特征，即向其施加一定载荷，在其中引起相应的应力，同时出现相应的变形量，而当载荷撤去后，变形随即消失，且产生形变时储存能量，形变恢复时还原能量，物体具有弹性记忆效应。此种可逆变形称为弹性变形，而恢复自己原有形状的能力称为弹性，最普遍的弹性体称为胡克体(Hooke body)。

2. 胡克弹性体的弹性流动行为

按经典弹性理论，在极限应力范围内，各向同性的理想弹性固体(理想晶体)的形变为瞬时发生的可逆形变，形变量一般很小，形变时无能量损耗，应力与应变呈线性关系，即胡克弹性定律，且应力与应变速率无关，可表述为

$$\sigma = \begin{cases} E\varepsilon \\ G\gamma \end{cases} \tag{2-12}$$

式中：ε,γ 分别为拉伸形变和剪切形变，%；E,G 分别为弹性模量和剪切模量，Pa，它们是不依赖于时间、变形量的材料常数。

E 与 G 的关系为

$$E = 9KG/(3K + G) \tag{2-13}$$

式中：K 为体积弹性模量，Pa。

K 的物理意义在于，一切材料，不管是何种状态，在力 F 的作用下，其流变性能很大程度上与胡克弹性相似，可用式(2-14)表示：

$$-F = K\varepsilon_V \tag{2-14}$$

式中：ε_V 为材料受压后的体积应变，%。

对不可压缩材料而言，$K = \infty$，式(2-14)简化为

$$E = 3G \tag{2-15}$$

需要指出，只有变形即刻反映相对应的应力的流变性能，才是胡克弹性体，并可用坐标曲线图(图 2-7)表示。图中 β 余切，即为 G、E 或 K。

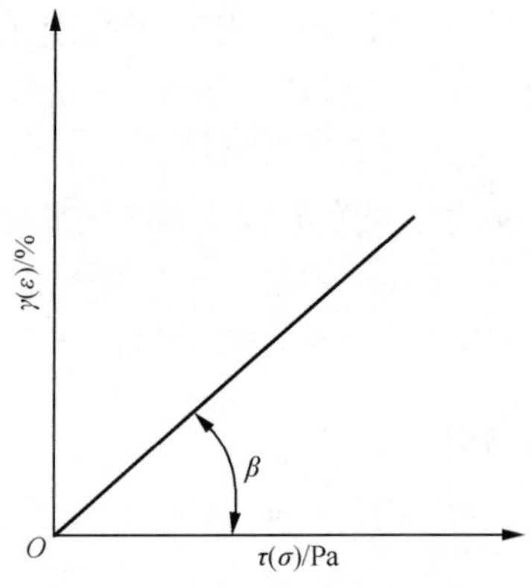

图 2-7 胡克弹性曲线图[5]

2.1.6 圣维南体的塑性流动

1. 塑性流动特征

圣维南体(Saint Venant body)塑性流动的特征如下：①存在一个临界值 τ_s，即对材料施加的应力小于 τ_s，材料不发生流动，而当达到 τ_s，材料就出现不可逆流动，其 τ_s 成为屈服值。②积累性，即材料流动过程中，其剪切应力不变，直至流动终止，最后获得一定的所需要的变形量，而这一变形量，是在塑性流动过程中逐渐积累的。③持续性。塑性流动是一个过程，过程意味着顺序性存在，即需要持续一段时间，以确保流动完成。与前面涉及的依时性相比，圣维南体不存在当外载荷去除后，有恢复形变功能。

2. 塑性体的流动规律

圣维南体的流动规律如下：

当切变时

$$\tau = \tau_s \tag{2-16}$$

当拉伸时

$$\sigma = \sigma_s \tag{2-17}$$

式中：τ_s 和 σ_s 均称为屈服极限值，Pa。

2.1.7　简单的流变模型

1. 牛顿型流体的机械模型

流变学中用黏壶[充满黏性液体的活塞缸，如图 2-8(a)所示]作为牛顿型流体的机械模型，黏壶两端作用拉力 P_N，模拟应力 τ 或 σ，活塞移动速率 Δl 模拟 $\dot{\gamma}$ 或 $\dot{\varepsilon}$，活塞移动过程中遇到的黏性阻力系数 η^* 模拟 η 或 λ，这种黏壶中活塞移动的速率服从式(2-18)：

$$\Delta l = P_N/\eta^* \tag{2-18}$$

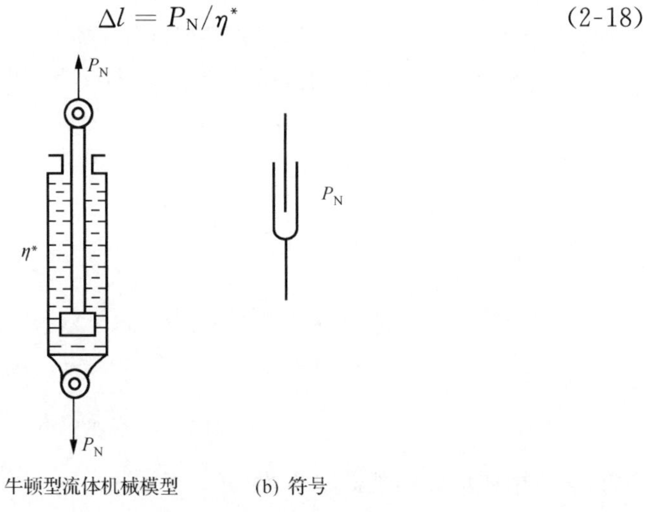

(a) 牛顿型流体机械模型　　(b) 符号

图 2-8　牛顿型流体机械模型及表示符号[5]

牛顿型流体机械模型通常采用如图 2-8(b)所示符号表示。

2. 胡克弹性体的机械模型

胡克弹性体流变性能的机械模型常采用弹簧表示，如图 2-9(a)所示。其中 P_H 表示作用在弹簧的拉力 τ、σ 或 $-P$；弹簧的刚度为 E^*，它模拟 G、E 或 K；弹簧的

变形量 Δl 模拟应变 γ、ε 或 ε_V。机械模拟弹簧的变形与应力之间的关系式为

$$P_{\mathrm{H}} = E^{*} \cdot \Delta l \tag{2-19}$$

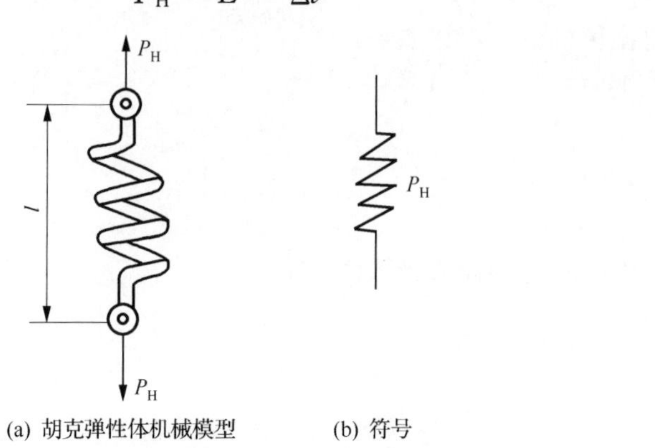

(a) 胡克弹性体机械模型 (b) 符号

图 2-9 胡克弹性体机械模型及表示符号[5]

3. 圣维南体的机械模型

圣维南体流变学的机械模型为干摩擦，如图 2-10(a)所示。载荷 P_{S} 模拟 τ 或 σ，而在摩擦面上的摩擦力 f_{S} 则模拟圣维南体的屈服极限 τ_{s} 或 σ_{s}。当作用在物体上的 P_{S} 增大至等于 f_{S} 时，物体做等速运动，即认为产生塑性流动

$$P_{\mathrm{S}} = f_{\mathrm{S}} \tag{2-20}$$

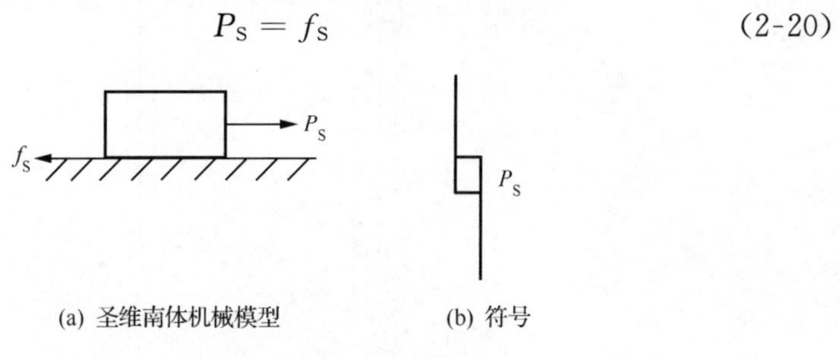

(a) 圣维南体机械模型 (b) 符号

图 2-10 圣维南体机械模型及表示符号[5]

通常，圣维南体机械模型采用图 2-10(b)表示。

2.2 网络结构模型

2.2.1 物质内部结构的网络特征

1. 非晶系列材料内部网络结构

在非晶系列材料的剪切试验中，当剪切应力逐渐增大时，材料的黏度不是逐渐

降低到零，而是降至恒定的极小值 η_m；速度梯度与剪切速率的相关曲线呈 S 形[3]，它的两条渐近线分别是内部结构未遭破坏时的黏度 η_0 及内部结构极度破坏时的黏度 η_m。这种现象表明物质内部存在有立体结构网。这种立体结构网称为网络。分子、大分子或分子团通过主价键而形成的一种立体网状排列称为网状结构。含有两个或更多个官能团的单体聚合时，官能团相互间以充分的交联键形成的一个大的具有立体网状结构的聚合物称为网状聚合物。

当无外力作用时，网络是各向等强的，如图 2-11(a)所示。当剪切应力作用时，首先破坏的是网络中最弱的键，并且在流动过程中，在速度梯度影响下，发生网络调整，这时整个结构网沿着较强横链的方向断裂，即沿着力的作用方向断裂，如图 2-11(b)所示。

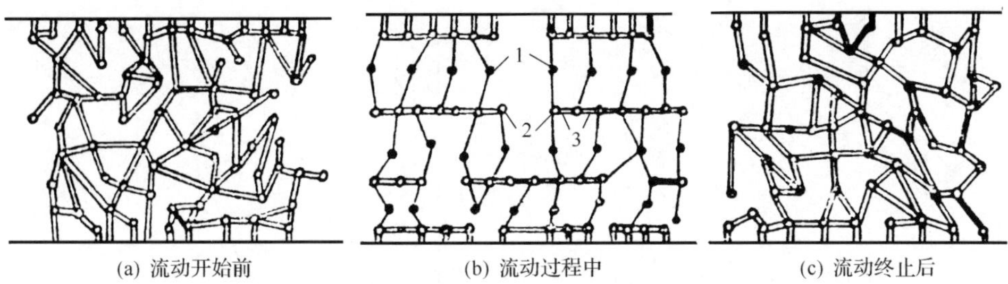

(a) 流动开始前　(b) 流动过程中　(c) 流动终止后

图 2-11　结构流体流动过程中内部结构变化历程[3]

1-大分子或胶体粒子；2-纵键；3-横链

应力取消后，横链上粒子的间距扩大，使得横链伸长并弯曲起来。在布朗力的影响下，组成这种弯曲链的粒子发生摆动，使链更加弯曲。在这种无序热运动中，组成横链的粒子和相邻链的个别连接点克服了溶剂化膜造成的斥力而接近起来，重新组成不规则的网络。根据链上粒子数量增多程度，链的自由度有着不同程度的减小，链上粒子卷入布朗运动的可能性也就减小。待形成接触点的动力逐渐消失后，整个网络恢复至形变前的初始态，具有触变特性，如图 2-11(c)所示。

可以推想，牛顿液体也具有网络，但这种网络是由在热运动中反复产生与破坏的活动开链结构所形成。这种弱相互作用形成的网络，其强度极低，故表现得很不明显。

显然，无论是在静止状态还是在剪切速率相当小的流动过程中，网络均容易恢复，因而这个过程表现为蠕变型连续流动。仅在流动速率很大的情况下，网络才发生显著破坏。即使在定常流动状态，这种破坏也是发展的，也不能进行到底。甚至在网络极度破坏时，也存在一定程度的恢复。可见，在任何变形速率下，物体内部结构同时发生着破坏和恢复两个过程，并一直延续到发生屈服或断裂。描述定常流动这两个过程间平衡状态的特性，可用的宏观量之一是有效黏度。当剪切应力很小，网络实际上未遭破坏时，有效黏度达最大值；如果在速度梯度相当大的情况下，仍保持层流，而网络极度破坏，则有效黏度达最小值。由此可知，若网络越来越强，则差值 $\eta_0 - \eta_m$ 越来越大。对于固体，由于它的 $\eta_0 \to \infty$，所以 $(\eta_0 - \eta_m) \to \infty$，说明物体具有显著的条件弹性极限。在条件弹性变形范围内的最大恒定黏度几乎无法测量，所以采用塑性黏度 η_0'，即

$$\eta_0' = \frac{\tau - \tau_{K1}}{\dot{\gamma}}, \quad \eta_m' = \frac{\tau - \tau_{K2}}{\dot{\gamma}} \tag{2-21}$$

式中：η_0' 和 η_m' 分别为最大塑性黏度和最小塑性黏度，Pa · s；$\dot{\gamma}$ 为剪切应变速率，s^{-1}；τ_{K1} 和 τ_{K2} 分别为静止力学流动临界应力和动力学流动临界应力，Pa。

在试验中获得许多物体的 $\dot{\gamma}(\tau)$ 曲线及相应的 $\eta(\tau)$ 曲线，如图 2-12 所示。

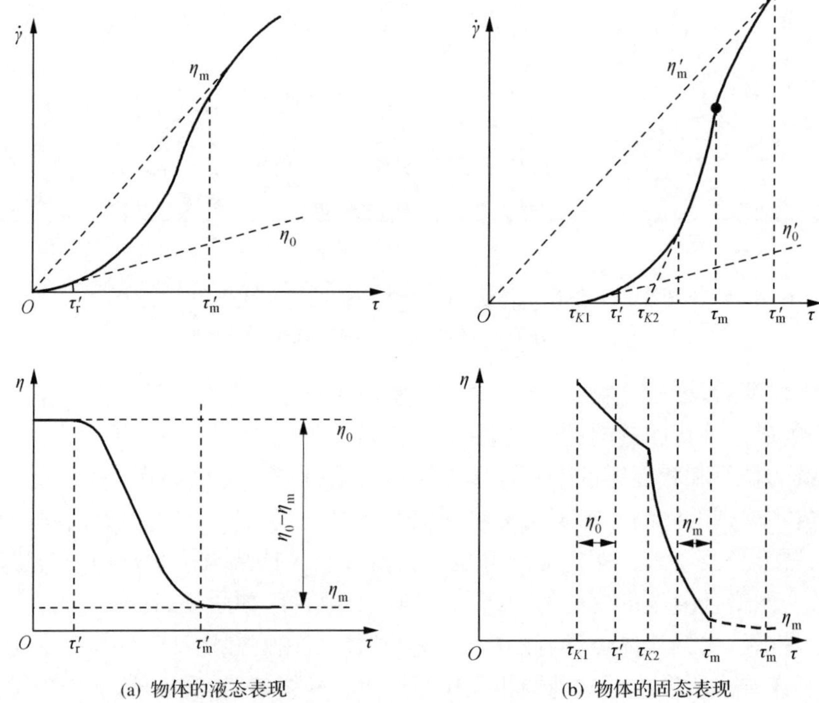

图 2-12　物态的流变响应曲线[3]

在液态系统，定常流动的每个 $\dot{\gamma}$ 都与网络的各个破坏程度相适应，而变形的大小却无限制，这点与固态系统显然不同。同时，该系统的物态特性可用取决于系统特定状态条件界限的临界剪切应力表征。对于结构未遭破坏范围，这种条件界限就是临界应力 τ_r'；对于结构极度破坏范围，则是 τ_m'，如图 2-12(a)所示。

固态系统的特点是具有流动极限 τ_K，而 τ_K 与弹性极限一致。所谓流动极限，就是 $\tau < \tau_K$ 时不出现流动现象，即在此范围的黏度和松弛时间都接近无限大。当

τ稍超过τ_K，就出现网络轻微破坏的缓慢蠕变现象，蠕变时期的长短取决于物体的变形极限。当达到变形极限以后，物体视结构类型而发生结构解体或整体破坏，即发生流动或屈服。所以，当$\tau > \tau_K$，表现在流动曲线上是呈直线线段；而在$\tau < \tau_K$时，物体仅产生弹性变形或高弹变形。

固体系统特性由图 2-12(b)表明：①当$\tau < \tau_{K1}$时，如果进行大于物体松弛时间的长时期观测也可以发现应力引起的不可逆变形，即可发现流动，只不过其黏度很高。这时$\tau(\dot{\gamma})$曲线呈直线，这一范围称为条件弹性范围。②当$\tau_{K1} < \tau < \tau'_r$时，曲线$\tau(\dot{\gamma})$也可呈直线，但在此范围内有效黏度逐渐降低，用最大塑性黏度的倒数$1/\eta'_0$可以表明这一范围内的结构破坏程度。③当$\tau'_r < \tau < \tau'_m$时，随作用应力增大而结构的破坏加剧，最终将导致物体的整体性破坏，这可用强度极限τ_m来表征。若破坏的加剧使得黏度增大很多，则可采用最小塑性黏度η'_m。④当$\tau > \tau'_m$时，结构已破坏的系统发生流动，同时具有最小恒定黏度η_m。

可见，当有效作用应力低于流动极限时，黏度接近无限大的现象，表明该固态系统是真弹塑性物体，它具有低于弹性极限的真弹性范围。若黏度是有限值，则该固态系统是具有条件弹性范围的条件塑性物体，它具有结构未破坏的蠕变型流动。当有效作用应力大于流动极限时，物体内部破坏过程迅速发展，黏度呈突变式的降低。

总之，根据有效黏度(或剪切应力)与松弛时间的关系，可将物体分为液态或固态。若造成应力的外力作用时间比液态物体固有的松弛时间要短，则在力作用的时间内物体来不及流动，因而这种液态物体就表现为符合胡克定律的弹性固体；相反，若造成应力的外力作用时间比固态物体固有的松弛时间要长，则在力作用的时间内物体将发生流动现象，而弹性应力迅速消失，这时的固态物体表现为符合牛顿定律的黏性液体。因此，物体划分成液态或固态是相对的、有条件的。它们在一定条件下是可以相互转化，而这一转化可用差值$\eta_0 - \eta_m$表征。此差值越小，流动极限就越不显著，物体也就越接近于液态。相反，物体就越接近于固态。当从液态转化为固态时，有效黏度随剪切应力增大而降低得越明显。这种有效黏度降低的显著性随差值$\eta_0 - \eta_m$增大而增大。同时，黏度的显著降低是在很小的剪切应力的范围内实现的，而这个范围又受流动极限的限制。

2. 晶体内部网络特征

晶体与非晶体的区别在于晶体表现由众多取向不同的晶粒组成，且晶粒间以网络晶界相互联结，组成一个与非晶体不同的立体网络结构。且网络随温度变化而变化。在特定的温度下，包围固态晶粒，呈现出半固态微观组织结构。

1) 低固相体积分数

低固相体积分数(f_S<0.2)，为一种牛顿型流体流动状态，其网络由弱相互作

用形成，其强度极低。

作用在流体内的晶粒有三种力共存。第一种是晶粒间相互作用的胶体源的力。假若力作用净结果是吸引，晶粒倾向于凝聚；若是排斥，晶粒则分离。第二种是布朗(热)无规则运动力。第三种是流体作用在晶粒上的黏着力。三种力共同构成一个立方网络，由于相互作用较弱，网络容易受外界干扰，不断改变。在高剪切速率下，施加的速度梯度，可能引起晶粒结构取向分布，并形成晶粒层，称流动诱导层[1]，使黏度降低。当剪切停止，诱导层结构逐渐消失。假设剪切增大至诱导层破裂，黏度又逐渐上升。

2) 中等固相体积分数

中等固相体积分数($0.2<f_S<0.4$)为一种伪塑性流体，其网络结构主要由液相边界包容球形晶粒组成，如图 2-13 所示。晶粒之间，以液相边界相连接。因此，晶粒间的作用力，主要以液相黏着力为主，兼有界面原子热运动。其网络是一个畅通的液流环。其半固态的表观黏度，决定在剪切力作用下其网络的流变，这将在 3.5.1 节加以讨论。

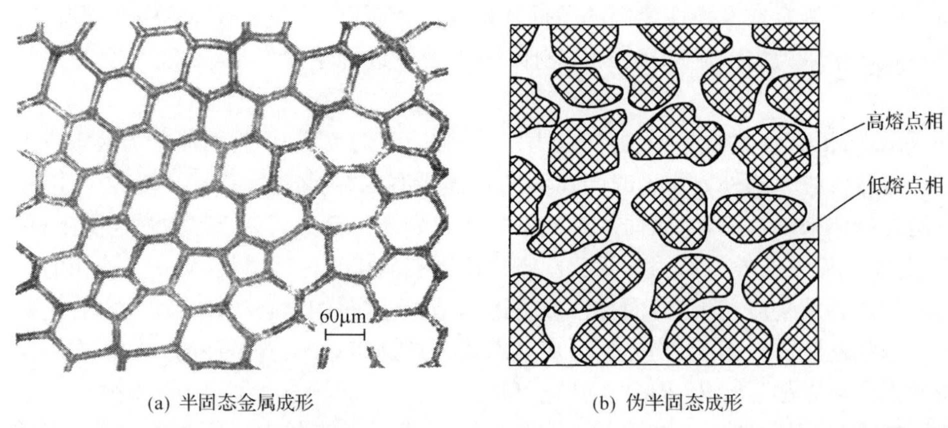

(a) 半固态金属成形　　(b) 伪半固态成形

图 2-13　半固态与伪半固态微观组织对比

3) 高固相体积分数

高固相体积分数($f_S>0.4$)为一种宾厄姆流体，其网络结构与图 2-13 相似。关键是晶粒间液相界面很薄，个别地方出现晶粒相互接触，甚至局部出现固相颗粒包围液相，成为液相孤岛，使液相网络多处中断，不能构成畅通的液相网络。固态属性强于伪塑性流体是其主要特征。

2.2.2　网络形成熵

1. 非平衡态与耗散结构形成

合金结晶凝固形成晶界网络，呈现出多种形态，其取决于晶粒本身形状和尺寸。球状晶有均匀、规则的晶界，因此其网络形状也均匀，如图 2-13 所示。

半固态晶界网格形成有两种途径[6]，第一种由结晶凝固获得，即无序态到有序态转变；第二种由重熔获得，即由有序到无序转变，其熵值可以表达为

$$S = K\ln\Omega \tag{2-22}$$

式中：S 为熵值，J/(mol · K)；K 为玻尔兹曼常量，1.38×10^{-28} J/mol；Ω 为混乱度。

可以从式(2-22)看出，金属凝固是一个有序度增加，混乱度减小的过程，二次重熔则相反。

设在时间 $\mathrm{d}t$ 内，体系熵改变 $\mathrm{d}S$ 应该由两部分组成

$$\mathrm{d}S = \mathrm{d_i}S + \mathrm{d_e}S \tag{2-23}$$

式中：$\mathrm{d_i}S$ 为体系熵产生，表示体系内部本身晶界网络形成的熵改变，J/(mol · K)；$\mathrm{d_e}S$ 为熵流，表示体系与外界交换能量和质量引起的熵值改变，J/(mol · K)。

对于体系中各组分不随时间改变的定态：

$$\frac{\mathrm{d}S}{\mathrm{d}t} = 0 \tag{2-24}$$

应有

$$\frac{\mathrm{d_i}S}{\mathrm{d}t} = -\frac{\mathrm{d_e}S}{\mathrm{d}t} \tag{2-25}$$

式(2-25)表示，开系定态熵流与熵产生对时间变化在数值上相等，而符号相反的一种状态。

按照普利高津学派的观点，非平衡是有序之源[6]，在开放体系中形成有序的耗散结构的充分必要条件是使该体系 $\mathrm{d}S < 0$，即

$$-\mathrm{d_e}S < \mathrm{d_i}S \tag{2-26}$$

满足式(2-26)的负熵流可以使体系熵减小，形成有序的网络结构。

2. 球晶形成熵

晶核形成或长大，均受结晶面的方位和热流的方向制约，球晶形成概率很小。因此，通常采用外力功(机械搅拌、电磁搅拌等)或吸热(等温处理)等方式，改变其生长条件。

当液态凝固时，即金属由无序到有序转变，其体系熵值减小，而环境吸收热，其熵值增大，此时体系的熵转移到环境，总的熵值不变。外加搅拌，枝晶破碎，增加了

配置熵,其熵变[7]为

$$\Delta S = K\ln\frac{N!}{n!(N-n)!} \tag{2-27}$$

式中:K 为玻尔兹曼常量;N 为枝晶破碎后球晶总数;n 为枝晶总数。

当由固体加热重熔时,即向系统输入热量,其熵值变化为

$$\Delta S = \frac{\Delta H}{\Delta T} \tag{2-28}$$

式中:ΔH 为系统焓的改变;ΔT 为系统温度的改变。

3. 球晶界面能

以球晶界面形成的网络,靠界面能而稳定存在。但界面能使体系能增高[7],有

$$\mathrm{d}G = \sigma\mathrm{d}A \tag{2-29}$$

式中:σ 为表面张力,Pa。

由式(2-29)可知,为减低面际自由能,即晶界能,必须减小晶界面积,因此,在热力学上,晶粒长大是自发的不可逆过程,它使 $\mathrm{d}G < 0$。在适当高温下,结晶原子有足够的活动能力,使晶界迁移,凸面晶界的小晶粒将被邻近晶粒在长大时吞并,因此,球晶组织若不均匀,网络组织易粗化。

2.3 基本方程组

为了定量描述固-液金属加工过程的流动行为,需要建立相应的数学方程,包括连续性方程、动量方程、能量方程和本构方程,这些均是连续介质力学内容。

2.3.1 连续性方程——质量守恒定律

图 2-14 为流体一微小单元体,边长为 $\mathrm{d}x$、$\mathrm{d}y$ 和 $\mathrm{d}z$。设点 $A(x,y,z)$ 流速分量为 v_x, v_y, v_z。在 $\mathrm{d}t$ 时间内,x 方向流入量为 $\rho v_x \mathrm{d}y\mathrm{d}z\mathrm{d}t$,而流出量为 $\left[\rho v_x + \frac{\partial(\rho v_x)}{\partial x}\mathrm{d}x\right]\mathrm{d}y\mathrm{d}z\mathrm{d}t$。$x$ 方向流出与流入差为 $\frac{\partial(\rho v_x)}{\partial x}\mathrm{d}x\mathrm{d}y\mathrm{d}z\mathrm{d}t$。同理,$y$ 和 z 方向差分别为 $\frac{\partial(\rho v_y)}{\partial y}\mathrm{d}x\mathrm{d}y\mathrm{d}z\mathrm{d}t$,$\frac{\partial(\rho v_z)}{\partial z}\mathrm{d}x\mathrm{d}y\mathrm{d}z\mathrm{d}t$。

根据质量守恒定律,这个质量差必等于单元体内由于密度变小而减小的质量,有

$$\left[\frac{\partial(\rho v_x)}{\partial x} + \frac{\partial(\rho v_y)}{\partial y} + \frac{\partial(\rho v_z)}{\partial z}\right]\mathrm{d}x\mathrm{d}y\mathrm{d}z\mathrm{d}t = -\frac{\partial\rho}{\partial t}\mathrm{d}x\mathrm{d}y\mathrm{d}z\mathrm{d}t$$

除以 $\mathrm{d}x\mathrm{d}y\mathrm{d}z\mathrm{d}t$,可得

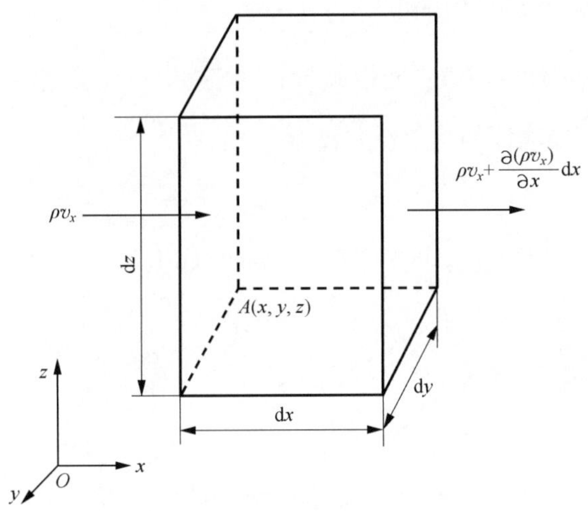

图 2-14　单元体质量流入和流出示意图[8]

$$\frac{\partial\rho}{\partial t}+\frac{\partial(\rho v_x)}{\partial x}+\frac{\partial(\rho v_y)}{\partial y}+\frac{\partial(\rho v_z)}{\partial z}=0 \tag{2-30a}$$

这就是直角坐标系内的连续性方程，可写成[8]

$$\frac{\partial\rho}{\partial t}+\nabla\cdot(\rho v)=0 \tag{2-30b}$$

式中：∇为哈密顿算子，它与 ρv 的“点积”为物体的质量散度，反映了流动场中某一瞬间区的流量发散程度。

如将式(2-30a)展开，整理后得

$$\frac{\partial\rho}{\partial t}+v_x\frac{\partial\rho}{\partial x}+v_y\frac{\partial\rho}{\partial y}+v_z\frac{\partial\rho}{\partial z}=-\rho\left(\frac{\partial v_x}{\partial x}+\frac{\partial v_y}{\partial y}+\frac{\partial v_z}{\partial z}\right)$$

上式左边四项为密度 ρ 的物质导数，用 $\frac{\mathrm{D}\rho}{\mathrm{D}t}$ 表示，则有

$$\frac{\mathrm{D}\rho}{\mathrm{D}t}+\rho\nabla\cdot v=0 \tag{2-31}$$

式中：$\frac{\mathrm{D}\rho}{\mathrm{D}t}$ 为 ρ 对时间 t 求物质导数，它是由局部导数 $\left(\frac{\partial\rho}{\partial t}\right)$ 和对流导数 $\left(v_x\frac{\partial\rho}{\partial x}+v_y\frac{\partial\rho}{\partial y}+v_z\frac{\partial\rho}{\partial z}\right)$ 组成的。

对于稳态流动，即流动状态不随时间而变化，$\frac{\partial\rho}{\partial t}=0$，于是连续性方程(2-30b)变成

$$\nabla\cdot(\rho v)=0\quad 或\quad \frac{\partial(\rho v_x)}{\partial x}+\frac{\partial(\rho v_y)}{\partial y}+\frac{\partial(\rho v_z)}{\partial z}=0 \tag{2-32}$$

此式说明单位体积流进和流出相等。

对于不可压缩物体，即质点的密度在运动过程中不变的物体，$\frac{\mathrm{D}\rho}{\mathrm{D}t}=0$，于是式(2-31)得出不可压缩物体的连续性方程为[8]

$$\nabla \cdot v=0 \quad 或 \quad \frac{\partial v_x}{\partial x}+\frac{\partial v_y}{\partial y}+\frac{\partial v_z}{\partial z}=0 \tag{2-33}$$

此外，出于描述问题的方便还采用柱坐标和球坐标。在柱坐标系 (r,θ,z) 内的连续性方程为

$$\frac{\partial \rho}{\partial t}+\frac{1}{r}\frac{\partial}{\partial r}(\rho r v_r)+\frac{1}{r}\frac{\partial}{\partial \theta}(\rho v_\theta)+\frac{\partial}{\partial z}(\rho v_z)=0 \tag{2-34}$$

在球坐标系 (r,θ,ϕ) 内的连续性方程为

$$\frac{\partial \rho}{\partial t}+\frac{1}{r^2}\frac{\partial}{\partial r}(\rho r^2 v_r)+\frac{1}{r\sin\theta}\frac{\partial}{\partial \theta}(\rho v_\theta \sin\theta)+\frac{1}{r\sin\theta}\frac{\partial}{\partial \phi}(\rho v_\phi)=0 \tag{2-35}$$

任何连续介质的连续运动，都必须首先满足相应的连续性方程，所以连续性方程是物体流动最基本的方程之一。

2.3.2 动量方程——动量守恒定律

为了推导动量方程，在流场中取一六面体元，其棱长分别为 $\mathrm{d}x_1$、$\mathrm{d}x_2$、$\mathrm{d}x_3$，如图 2-15 所示[8]。

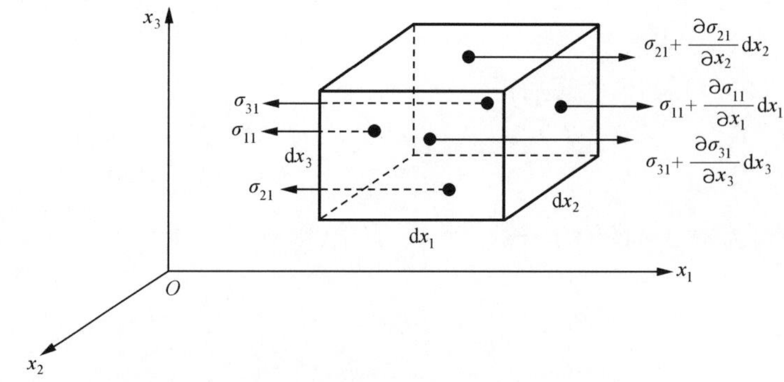

图 2-15 作用于体元的面力在 x 轴方向的分量[8]

设单位质量的力作用于六面体元的流体上，则在 x_1 轴的质量力为 $\rho \mathrm{d}x_1\mathrm{d}x_2\mathrm{d}x_3$。

六面体元运动时，周围流体通过六个表面都有面力的作用，它在 x_1 轴方向的作用如图 2-15 所示。在 x_1 轴方向的净面力为$\left(\frac{\partial \sigma_{11}}{\partial x_1}+\frac{\partial \sigma_{22}}{\partial x_2}+\frac{\partial \sigma_{33}}{\partial x_3}\right)\mathrm{d}x_1\mathrm{d}x_2\mathrm{d}x_3$。

另外，根据力与动量变化率之间的平衡，则得动量方程在 x_1 轴方向的分量为

$$\rho\frac{\mathrm{D}v_1}{\partial t}=\rho g_1+\frac{\partial\sigma_{11}}{\partial x_1}+\frac{\partial\sigma_{22}}{\partial x_2}+\frac{\partial\sigma_{33}}{\partial x_3}$$

同理,可得动量方程在 x_2 轴和 x_3 轴方向的分量为

$$\rho\frac{\mathrm{D}v_2}{\partial t}=\rho g_2+\frac{\partial\sigma_{11}}{\partial x_1}+\frac{\partial\sigma_{22}}{\partial x_2}+\frac{\partial\sigma_{33}}{\partial x_3}$$

$$\rho\frac{\mathrm{D}v_3}{\partial t}=\rho g_3+\frac{\partial\sigma_{11}}{\partial x_1}+\frac{\partial\sigma_{22}}{\partial x_2}+\frac{\partial\sigma_{33}}{\partial x_3}$$

用张量表示上面三式,则动量方程为[8]

$$\rho\left(\frac{\mathrm{D}v_i}{\mathrm{D}t}\right)=\rho g_i+\frac{\partial\sigma_{ji}}{\partial x_j}\quad 或\quad \rho\frac{\mathrm{D}v}{\mathrm{D}t}=\rho g+[\nabla\cdot v] \tag{2-36}$$

式中:$\rho\frac{\mathrm{D}v}{\mathrm{D}t}$ 为单位体积上惯性力;ρg 为单位体积上质量力;$\nabla\cdot v$ 为单位体积上应力张量散度。

对于金属熔体,ρg 比作用在熔体上的其他力小很多,可以忽略。再假设熔体为不可压缩的,能使动量方程进一步简化,可用来求解流动问题。

2.3.3 能量方程——能量守恒定律

根据能量守恒原理,在固定体积中总能量的变化率,等于进入该体积的总能量的净流量、热流的净流量和对该体积所做功的功率之和。

为了推导能量方程,考虑流体中边长为 $\mathrm{d}x_1$、$\mathrm{d}x_2$、$\mathrm{d}x_3$ 的六面体元的能量守恒(图 2-15)。

(1) 进入体元的净总能量是这两者之差,可表示为

$$-\frac{\partial(E_{\mathrm{i}}\rho v_1)}{\partial x_1}\mathrm{d}x_1(\mathrm{d}x_2\mathrm{d}x_3)$$

$$-\frac{\partial(E_{\mathrm{i}}\rho v_2)}{\partial x_2}\mathrm{d}x_2(\mathrm{d}x_1\mathrm{d}x_3)$$

$$-\frac{\partial(E_{\mathrm{i}}\rho v_3)}{\partial x_3}\mathrm{d}x_3(\mathrm{d}x_1\mathrm{d}x_2)$$

式中:E_{i} 为单位体积流动的总能量,J。

将上述三式相加,除以 $\mathrm{d}x_1\mathrm{d}x_2\mathrm{d}x_3$,则得进入单位体积的总量,以矢量表示,则为 $-\nabla\cdot(E_{\mathrm{i}}\rho v)$。

(2) 进入体元净热量为

$$-\frac{\partial q_{x_1}}{\partial x_1}\mathrm{d}x_1(\mathrm{d}x_2\mathrm{d}x_3)$$

$$-\frac{\partial q_{x_2}}{\partial x_2}\mathrm{d}x_2(\mathrm{d}x_1\mathrm{d}x_3)$$

$$-\frac{\partial q_{x_3}}{\partial x_3}dx_3(dx_1dx_2)$$

式中：q 为热通量，J/(m^2 · s)。

将上述三式相加，除以 $dx_1dx_2dx_3$，则得单位体积流体所吸收热量，以矢量表示，则为 $-\nabla\cdot q$。

(3) 物体黏性力所做的功。设体元的面力为 σ_{ij}，单位时间内做的功为力×力方向上的速率，即 $\sigma_{ij}\cdot v_j$。作体元的功衡算，则净功为

$$\frac{\partial}{\partial x_1}(\sigma_{11}v_1+\sigma_{12}v_2+\sigma_{13}v_3)dx_1(dx_2dx_3)$$

$$\frac{\partial}{\partial x_2}(\sigma_{21}v_1+\sigma_{22}v_2+\sigma_{23}v_3)dx_2(dx_1dx_3)$$

$$\frac{\partial}{\partial x_3}(\sigma_{31}v_1+\sigma_{32}v_2+\sigma_{33}v_3)dx_3(dx_1dx_3)$$

将上述三式相加，除以 $dx_1dx_2dx_3$，则得对单位体积所做的功，即 $\nabla\cdot(\sigma\cdot v)$。

另外，总能量在单位时间、单位体积内的增加速率为 $\frac{\partial}{\partial t}(\rho E_i)$。根据能量守恒原理，则得[9]

$$\frac{\partial(\rho E_i)}{\partial t}=-\nabla\cdot(E_i\rho v)+\nabla\cdot(\sigma\cdot v)-\nabla\cdot q \tag{2-37}$$

此式就是能量方程。通过进一步整理，可得用内能(U)表示的能量方程：

$$\rho\left(\frac{DU}{Dt}\right)=-\nabla\cdot q+\tau:\nabla v-p(\nabla\cdot v) \tag{2-38}$$

式中：$\tau:\nabla v$ 为物体的黏性在单位时间内所耗散的能量，J/s；$-p$ 为静压力，Pa。

采用物体的温度 (T) 和比热容 (C_v) 表示内能，则能量方程为

$$\rho C_v\left(\frac{DT}{Dt}\right)=-\nabla\cdot q-T\left(\frac{\partial p}{\partial T}\right)_p(\nabla\cdot v)+\tau:\nabla v \tag{2-39}$$

这是最常用的能量方程形式之一。对可压缩物体，$\nabla\cdot v$ 是很重要的；但对金属熔体，如果假设为不可压缩，则 $\nabla\cdot v=0$，因此能量方程也可简化为一个非常简明的表达式。

2.3.4 热力学方程

1. 不平衡过程的热力学

不可逆过程热力学基于某些假设[9]。

(1) 热力学平衡过程的关系，仅对某一局域而言是适用的，称为局域平衡状态原理。对于平衡过程：

$$TdS=dE+\delta A \tag{2-40}$$

对于不平衡过程

$$TdS > dE + \delta A \tag{2-41}$$

式中：T 为热力学温度，K；dS 为微熵，J/(mol · K)；δA 为微功，J/mol；dE 为微内能，J/mol。

(2) 在每一局域内，内能和熵像平衡态一样，只取决于热力学参数，并由此依赖于时间和坐标。

(3) 在所研究的介质内速率、温度、应力梯度足够小。

(4) 已知物体变形、能和熵全部变化，是单个体元这些参数变化的叠加。

2. 唯象方程

连续介质发生的许多不可逆过程，可用原因和结果之间的线性关系表示。例如，热流和温度梯度成正比的热传导定律 ($\boldsymbol{q} = -K\mathrm{grad}\theta$, $K > 0$)，混合物组元流和浓度梯度成正比的扩散定律 ($\boldsymbol{j} = -D\mathrm{grad}c$, $D > 0$) 等。

由上述的热力学性质，把引起不可逆现象的“因”称为“力”，并通过 $\boldsymbol{X}_i$($i = 1, 2, 3, \cdots$) 来表示，而由 $\boldsymbol{X}_i$ 引起的不可逆现象的“果”称为“流”。如温度梯度为“力”，热流为“流”；浓度梯度为“力”，扩散流为“流”等。

由此，完全可以获得“力”和“流”的唯象方程式[8]：

$$\boldsymbol{J}_j = \sum_j L_{ij} \boldsymbol{X}_j \tag{2-42}$$

式中：L_{ij} 为转移系数。

式(2-42)表明，不可逆流是热力学力的线性函数。

2.4　本 构 方 程

反映材料宏观属性的力学响应规律的数学模型，称为本构关系。若把这一关系采用具体数学关系式进行表达，便称为本构方程(constitutive equation)。本构方程的建立，必须遵循：①确定性原理，即应力应是全部形变的一个泛函；②局部作用原理，即材料内某一点，在某一时刻的应力状态，仅由该点周围无限小邻域的形变历史单值确定；③客观性原理，即建立的本构方程与坐标系选择无关。

2.4.1　牛顿型流体的本构方程

假设流体各向同性，其牛顿型流体本构方程又可表达为[8]

$$\sigma_{ij} = -P\delta_{ij} + \eta_0 \dot{\gamma}_{ij} + \left(k - \frac{2}{3}\eta_0\right)(\nabla \cdot v)\delta_{ij} \tag{2-43}$$

式中：k 为体积黏度，Pa · s；η_0 为牛顿黏度，Pa · s；δ_{ij} 为张量符号，$i = j$ 时，$\delta_{ij} = 1$，$i \neq j$ 时，$\delta_{ij} = 0$；P 为静水压力，MPa；∇v 为速度梯度，s^{-1}；$\dot{\gamma}_{ij}$ 为变形速度张

量,s^{-1}。

如将偏应力张量 $\tau_{ij}=\sigma_{ij}+P\delta_{ij}$ 代入式(2-43),有

$$\tau_{ij}=\eta_0\dot{\gamma}_{ij}+(k-\frac{2}{3}\eta_0)(\nabla\cdot v)\delta_{ij} \tag{2-44}$$

对于不可压缩流体,简化为

$$\tau_{ij}=\eta_0\dot{\gamma}_{ij} \tag{2-45}$$

如果 $i=x_1, j=x_2$,式(2-45)可写成

$$\tau_{21}=\eta_0\dot{\gamma}_{21}=\eta_0\left(\frac{\partial v_2}{\partial x_1}+\frac{\partial v_1}{\partial x_2}\right) \tag{2-46}$$

如果 $v_2=0$,式(2-46)又可写成

$$\tau_{21}=\eta_0\frac{\partial v_1}{\partial x_2} \tag{2-47}$$

而

$$v_1=\frac{\partial x_1}{\partial t}$$

则

$$\tau_{21}=\eta_0\frac{\partial}{\partial x_2}\left(\frac{\partial x_1}{\partial t}\right)=\eta_0\frac{\partial}{\partial t}\left(\frac{\partial x_1}{\partial x_2}\right)=\eta_0\frac{\partial\gamma}{\partial t}=\eta_0\dot{\gamma} \tag{2-48}$$

2.4.2 广义牛顿型流体的本构方程

非牛顿型流体本构方程可以表达为

$$\tau_{ij}=\eta_a\dot{\gamma}_{ij} \tag{2-49}$$

式中:η_a 为表观黏度,Pa·s;$\dot{\gamma}_{ij}$ 为剪切速率张量,s^{-1}。

式(2-45)和式(2-46)与式(2-49)一致。

下面介绍几个经验表达式。

1. Ostwald-de Wale 幂律方程

通常加工过程的剪切速率范围内($\dot{\gamma}=10^{-1}\sim10s^{-1}$),剪切应力与剪切速率满足如下经验公式:

$$\left.\begin{aligned}\sigma&=K\cdot\dot{\gamma}^n\\ \eta_a&=\frac{\sigma}{\dot{\gamma}}=K\cdot\dot{\gamma}^{n-1}\end{aligned}\right\} \tag{2-50}$$

式中:K 为稠度系数,Pa·s;n 为幂律指数。可得幂律本构方程[1]

$$\tau=K\left(\sqrt{\frac{1}{2}\xi^{\mathrm{II}}}\right)^{n-1}\cdot\dot{\gamma} \tag{2-51}$$

式中:ξ^{II} 为变形速率张量第二不变量[3]。

这是两参数本构方程，稠度系数 K 表示在 $\dot{\gamma}=1\mathrm{s}^{-1}$ 时的黏度，它又是温度的函数，服从

$$K=K_0\exp\left[\frac{\Delta E_\tau}{R}(1/T-1/T_0)\right] \tag{2-52}$$

式中：K_0 为 T_0 温度下的 K 值；ΔE_τ 为恒定剪切应力下的流动活化能。

幂律指数 n：对于牛顿型流体，$n=1(K=\eta_0)$，对于伪塑性流体，$n<1$，大多数半固态合金为伪塑性流体，其 n 值为 0.2～0.7。

2. Carreau 方程

式(2-50)是一个纯粹经验方程，它既不能反映高剪切速率下材料的伪塑性行为，又不能反映低剪切速率下出现的牛顿型流动行为，为此 Carreau 提出如下公式[1]：

$$\eta_a=\frac{a}{(1+b\dot{\gamma})^c} \tag{2-53}$$

式中：a,b,c 为待定参数，通过试验曲线确定[1]。

3. Herschel-Bulkley 模型

该模型可成功描述具有触变强度的半固态合金的流动特性，它是简单的宾厄姆模型与幂律相结合的模型[1]：

$$\tau-\tau_y=K\dot{\gamma}^n \tag{2-54}$$

式中：τ_y 为触变强度，Pa。

参考文献

[1] 吴其晔，巫静安．高分子材料流变学．北京：高等教育出版社，2002.

[2] 沈忠棠，刘鹤年．非牛顿流体力学及其应用．北京：高等教育出版社，1989.

[3] 袁龙蔚．流体力学．北京：科学出版社，1986.

[4] Kumar P，Martin C L，Brown S. Shear rate thickening flow behavior of semi-solid slurries. Metallurgical Transactions A，1993，24(5)：1107-1116.

[5] 林柏年．铸造流变学．哈尔滨：哈尔滨工业大学出版社，1991.

[6] 张锦升，王泽，霍文灿．非平衡结晶模型．金属科学与工艺，1986，5(2)：82-90.

[7] 徐祖耀．金属材料热力学．北京：科学出版社，1983.

[8] 林师沛，赵洪，刘芳．塑料加工流变学及其应用．北京：国防工业出版社，2008.

[9] 古恩 Г Я. 金属压力加工理论基础．赵志然，王国栋译．北京：冶金工业出版社，1989.

第 3 章　两种结构的固-液态金属流变学行为及触变特性

固-液态金属流变学，应涵盖枝晶结构固-液态和非枝晶结构半固态两种类型流变行为。前一种研究和应用均有限，而后一种，由于晶粒是球形态，具有剪切变稀的奇异特性，研究者居多，具有潜在应用前景，为此本章以非枝晶结构金属为主，进行固-液态金属流变学有关介绍。

3.1　枝晶结构固-液态金属流变学

3.1.1　枝晶结构组织特征

在一般铸造过程中，由于受型壁的冷却作用，合金凝固成形，产品微观组织为枝晶结构的柱状晶和等轴晶[1,2]。Flemings[3]较早测定了枝晶结构固-液态铝合金的流变性质，图 3-1 给出剪切应力随固相体积分数的变化。此图数据是在剪切速率为 0.049mm/s 剪切 0.25mm 时测得的。由图可见，存在一临界固相体积分数，在其以上才能获得可测的剪切强度，并随固相体积分数的增大而急剧增大。稍后，Spencer 等[4]采用同轴双筒剪切黏度计对 Sn-15%（质量分数）Pb 合金进行测定，得到相似的结果。

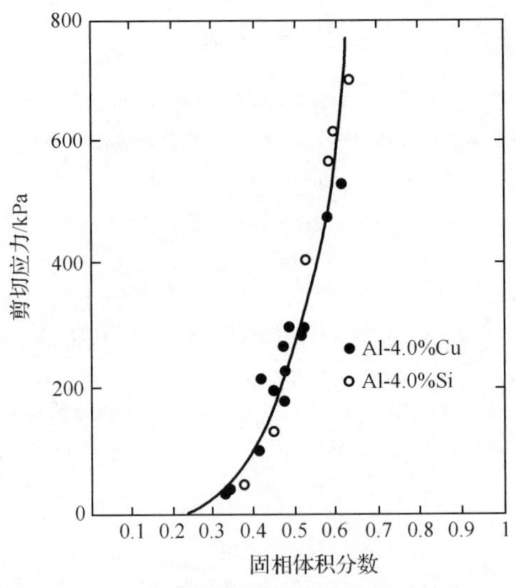

图 3-1　固-液态枝晶铝合金的剪切强度

在合金凝固初期，固相体积分数很低，结晶固相可以自由地在母液中游动。随着凝固的继续进行，固相体积分数逐渐增大，在达到某一临界固相体积分数后，结晶晶粒相互搭接成枝晶网络，结晶固相形成了一个相互连接的整体而不能自由地游动，只有剩余液相在枝晶网络间流动。而且枝晶网络对液相在其间的流动具有较大的阻力。枝晶网络的形成，使固-液态金属具有可测的强度和在 10^8 Pa · s 数量级的高黏度。因此，由于形成枝晶网络导致的可测强度和高黏度是枝晶结构固-液态金属的一个特性。

3.1.2　液态模锻下"补缩"流变学行为

1. 补缩流动

液态模锻下的"补缩"流动，主要是枝晶间金属液充填微缩孔的流动。一般枝晶间的距离通常为 10～100μm，要达到完全补缩，消除孔洞，在重力铸造中，靠冒口的压力补缩是很困难的，而在液态模锻的等静压力作用下，金属流动的距离较短，能量损耗少，容易完全充填。

2. 补缩流变性

补缩充填区是在一个很小的区间进行，该区间的固-液态金属具有伪塑性流体或宾厄姆流体的流变特性。

(1) 剪切变稀这一伪塑性流体流变特性，存在于"补缩"流动中，使其补缩效果优于重力铸造。

(2) 补缩后期，由于液态区消失，仅存在固-液区和已凝固区。此时，金属补缩流动具有宾厄姆流体流变特性，剪应力与剪切速率是线性关系，其流动曲线为一不通过原点的曲线。

3.1.3　热裂纹形成的流变学行为

研究表明，热裂纹发生在固-液相区。首先需要建立较为准确的描述固-液相区的力学行为模型来判断热裂纹形成的力学条件。通过大量实验得到的流变模型比较适合描述固-液相区的力学行为。

1. 影响热裂纹形成因素

文献[5]给出了不同工艺条件对铸钢试样热裂纹的影响。恒应力作用下弹性应变、黏弹性应变和塑性应变的流变特性不同，其流变曲线如图 3-2 所示。弹性应变是瞬间应变，在应力作用下瞬时达到最大值，不随时间变化。黏弹性应变 ε_k 随时间增长而逐渐趋于稳定，当时间接近松弛系数的 6 倍时基本达到最大值，黏塑性

应变 ε_b 呈线性规律增大，随时间增大而增大。因此，黏塑性应变是热裂纹发生的最本质因素。

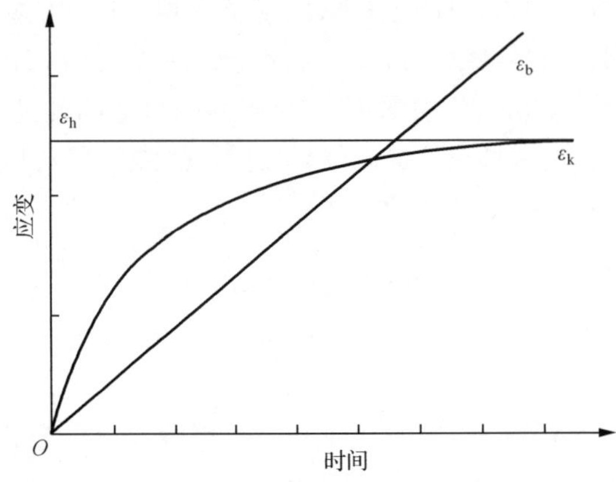

图 3-2　恒应力下胡克、开放、宾厄姆流体的应变特性曲线[5]

(1) 约束条件。不加刚性限制，热节处没有黏塑性应变集中，不产生热裂；加刚性支撑，热节处发生屈服，并产生黏塑性应变集中，结果产生热裂。

(2) 浇注温度。提高浇注温度，使得热节凝固时间延长，热节处应力松弛时间增大，黏塑性应变得以发展，增加了热裂倾向。

(3) 受阻长度。两端约束长度越长，黏塑应变越大。

2. 热裂判据

当黏塑性应变大于临界黏塑性应变时产生热裂。因此，热裂纹产生需两个条件：发生屈服和等效黏塑性应变大于临界值：

$$\frac{\bar{\varepsilon}_b}{\varepsilon_{bcrit}} > 1 \tag{3-1}$$

式中：$\bar{\varepsilon}_b$ 为黏塑性应变，%；ε_{bcrit} 为临界黏塑性应变，%。

式(3-1)成立，便产生热裂；不成立，便不产生热裂。

在流变研究中，特别强调一个时间因素，即受阻时间。受阻时间越长，热裂趋势越大；若受阻时间短，由于应力松弛，等效应力小于屈服应力不产生屈服，没有黏塑性应变产生，因此不发生热裂。

3.2　非枝晶结构固-液态金属流变学

非枝晶结构固-液态金属流变学，通常是指半固态金属流变学，或球晶态流变学。

3.2.1　半固态金属加工流动模型

金属材料半固态加工中流变学研究在于描述固相结构、由液相引起的作用以及依赖微粒形状的力学响应等。初步认为半固态浆料存在三种特性[6]：①触变强度 τ_T 存在，表现出具有维持原始形状能力的固相特性；②在外力作用下，具有触变特性，即在稳定剪切速率下表现出来的剪切变稀行为，以及在剪切力快速瞬变时表现出的剪切变浓行为；③浆料的黏度是材料变形历史的函数，并且是严格的时间函数。从这一研究出发，可以发现金属浆料在加工过程中的流变行为可用一个数学模型来表征。

1. 伪塑性流体的流变学模型

当固相体积分数(f_S)较低，$f_S=0.2\sim0.4$ 时，其半固态金属在剪切应力作用下流动模型可用式(2-10)和图 2-4 表征。

2. 宾厄姆流体模型

宾厄姆流体模型适用于固相体积分数较高的半固态金属加工时的流动行为，同时可以用式(2-11)表征。

3. 依时性

牛顿型流体、伪塑性流体和宾厄姆流体的最大区别在于其依时性，如图 2-5 所示。牛顿型流体只要剪切应变速率小于层流变紊流的极限值，其表观黏度不随时间变化。对宾厄姆流体，切应力超过 τ_T，在一定剪切应变速率下，一开始流动($t=0$)，η_a 立即下降至某一值($\eta_a=\eta_p$)，而后不随时间变化，一旦撤去外力，η_a 瞬间上升至某一值，而后不随时间变化。对于触变性流体，如在 $t=0$ 施加一切应力，使其产生剪切应变速率不随时间变化，则随时间推移，η_a 按一定曲线下降，向某一数值渐进。当 $t=t_1$ 时(图 2-6)，撤去外力，η_a 又随时间延长而逐渐升高，向某一数值渐进。

4. 半固态金属流动模型

上面分析了两种流动模型，可分别表征半固态两种固相体积分数的流动行为。当 $f_S>0.4$，可视为高固相体积分数，$0.2<f_S<0.4$，可视为低固相体积分数，$f_S<0.2$ 时，可视为牛顿型流体。实际上，$f_S=0.4$ 作为界限，是不确切的，因为流动模型不仅与固相体积分数有关，而且与剪切速率密切相关。剪切速率上升或下降，直接影响着瞬变或稳态下的微观组织的流变，并直接影响到流变行为，此宾厄姆流体的一般形式可用 Herschel-Bulkley 模型表征[6]：

$$\left.\begin{aligned}\tau &= \tau_T + \eta_p \dot{\gamma} \\ \eta_a &= K\dot{\gamma}^{n-1}\end{aligned}\right\} \tag{3-2}$$

式中：τ_T 为触变强度，Pa；η_a 为表观黏度，Pa·s；K 为幂定律因子；n 为能量法则系数。

式(3-2)和式(2-10)引进了一个能量法则系数 n，表示非线性宾厄姆流体，当 $n<1$ 为剪切变稀，$n>1$ 为剪切变稠，$n=1$ 为牛顿型流体；另外，不论剪切变稀还是剪切变稠，流变规律都遵从幂定律方程。因此，式(3-2)忽略了触变过程对时间的依赖性，为此文献[6]从半固态浆料悬浮体结构理论出发，把式(3-2)所涉及的参数，均认为是固相体积分数和结构参数 λ 的函数，以表明过程的依时性。

3.2.2　半固态金属流变学行为

1. 金属浆料流变行为

Haxmanan 和 Flemings 研究 Sn-15%(质量分数)Pb 合金在平行板黏度计中的流变行为时发现，Sn-15%(质量分数)Pb 合金的固相体积分数为 0.3～0.6 时(金属的固相体积分数采用 Scheil 方程计算)，非枝晶组织的流变特性服从非牛顿型流体的幂定律模型：

$$\left.\begin{aligned}\eta_a &= m\dot{\gamma}^{n-1} \\ m &= A\exp(Bf_S) \\ n &= cf_S + d\end{aligned}\right\} \tag{3-3}$$

式中：A、B、c、d 为常数；η_a 为表观黏度，Pa·s；$\dot{\gamma}$ 为剪切速率，s^{-1}；f_S 为固相体积分数，%；m 和 n 分别为幂定律因数和幂定律指数。

幂定律指数的确定除了用式(3-3)计算之外，其他一些学者也指出过不同的取值方法。表 3-1 归纳了近几年的研究结果。

表 3-1　幂定律指数的取值范围归纳[6]

项目	研究者			
	Joly	Lax 和 Felm	Turn	Mclelland
f_S/%	0.45～0.50	0.3～0.6	0.17～0.57	0.2～0.5
$\dot{\gamma}$/(Pa·s)	10～400	10^{-5}～10^{-1}	200～800	1～200
n	0.18～0.70	0.14～0.68	0.07	−0.2～−0.4

文献[6]首次在大剪切速率下对半固态铝合金(A356)流变铸造过程中的流变特性进行了基于幂定律的流变方程研究，得出在压铸环境下半固态铝合金(A356)的触变铸造中，当锭坯的二次加热温度为 570～580℃时，半固态铝合金的触变铸造的流动规律为[6]

$$\left.\begin{array}{l}\tau = m\dot{\gamma}^{n} \\ \eta = m\dot{\gamma}^{n-1} \\ m = 9021 \times 10^{-14} \times 10^{0.004T}\end{array}\right\} \tag{3-4}$$

式中：τ 为切应力，Pa；η 为表观黏度，Pa·s；$\dot{\gamma}$ 为剪切速率，s^{-1}；n 为与温度(T)有关的参数；m 为与温度(T)有关的参数，Pa·s。

2. 变温非稳态流变行为的研究

影响半固态金属流变行为的最主要因素为固相体积分数、剪切速率和冷却速率，而固相体积分数又是由系统温度所决定。

图 3-3 是半固态 Sn-15%(质量分数)Pb 合金连续冷却时的变温流变曲线。其中固相体积分数由 Scheil 方程计算，屈服应力和流型指数根据实验结果计算得出，结果见表 3-2[6]。可见，在 $f_S<0.2$ 时，幂定律指数 n 接近于 1，流变曲线为一系列过原点的直线，并且半固态金属的黏性主要由液相与少量细小固相间的相对运动产生，因而呈牛顿型流体特征。当 $0.25<f_S<0.40$ 时，幂定律指数小于 1，流体呈现伪塑性特征。随 f_S 增加，固相聚集团中长成一体的固相也增加。当固相聚集团形成不连续网络结构($f_S>0.4$)时，半固态金属开始呈现明显的屈服现象，流变曲线又呈线性变化(n 值趋近于 1)，流体呈宾厄姆流体流型。因此，当剪切速率恒定时，随着固相体积分数的增大，半固态浆液的流型从牛顿型流体向伪塑性流体、宾厄姆流体转化。

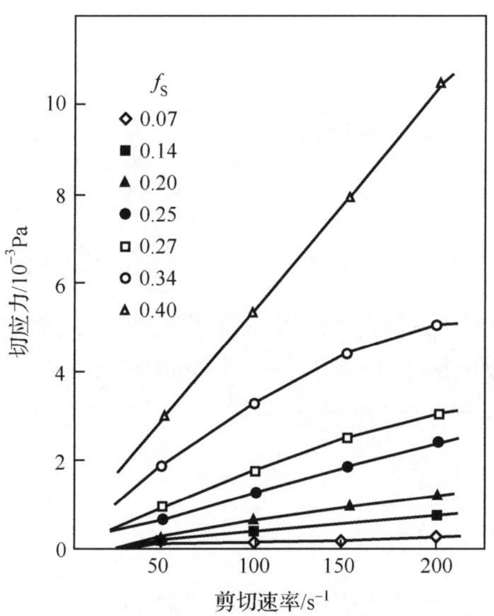

图 3-3　半固态 Sn-15%(质量分数)Pb 合金连续冷却时的变温流变曲线[8]

表 3-2　半固态 Sn-15%(质量分数)Pb 合金流型参数表[6]

f_S	0.07	0.14	0.27	0.34	0.40
n	0.92	0.97	0.86	0.75	0.98
屈服应力	0	0	0	40	80
合金流型	牛顿型流体	牛顿型流体	伪塑性流体	伪塑性流体	宾厄姆流体

图 3-4 所示为剪切速率对半固态金属表观黏度的影响，表观黏度强烈地依赖于剪切速率，随着剪切速率的上升而下降。当剪切速率恒定时，半固态金属的表观黏度随固相体积分数的增加而增加。

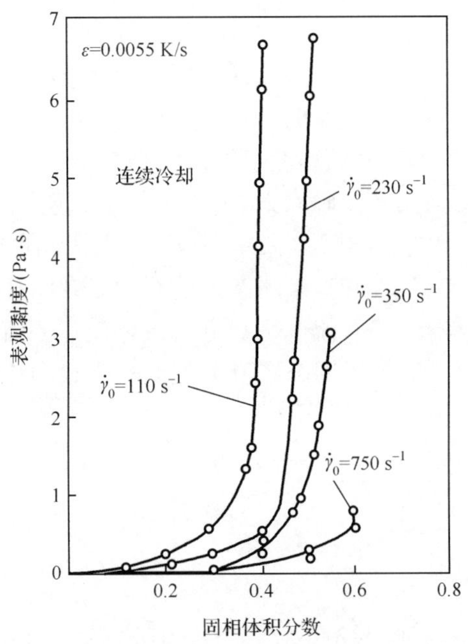

图 3-4　剪切速率对半固态 Sn-15%(质量分数)Pb 合金表观黏度的影响[3]

图 3-5 是冷却速率对半固态金属表观黏度的影响曲线。由图可见，半固态金属的表观黏度随冷却速率的上升而上升。由于增加剪切速率和降低冷却速率引起球状颗粒密度增加，颗粒之间的摩擦加剧，颗粒更圆润，颗粒运行更易进行，因而表观黏度下降。

3. 等温稳态流变行为的研究

等温稳态试验不仅能准确地表征半固态金属的流变行为，也是推导本构方程的第一步。在等温流变条件下，半固态金属具有伪塑性流体(剪切变稀行为)、宾厄姆流体等多流型特性。图 3-6(a)是 Sn-15%(质量分数)Pb 合金的等温流变曲

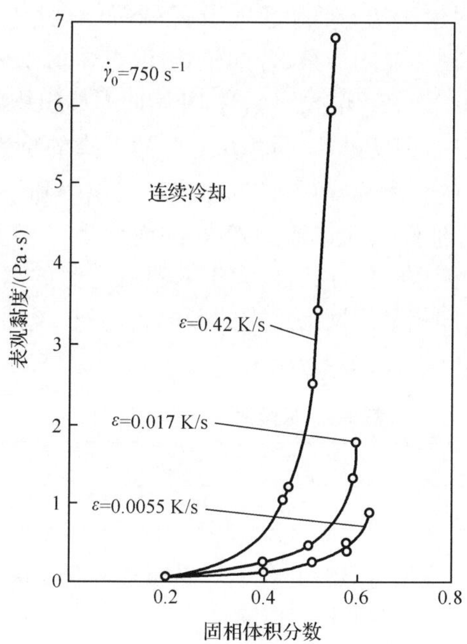

图 3-5　冷却速率对半固态 Sn-15%(质量分数)Pb 合金表观黏度的影响[3]

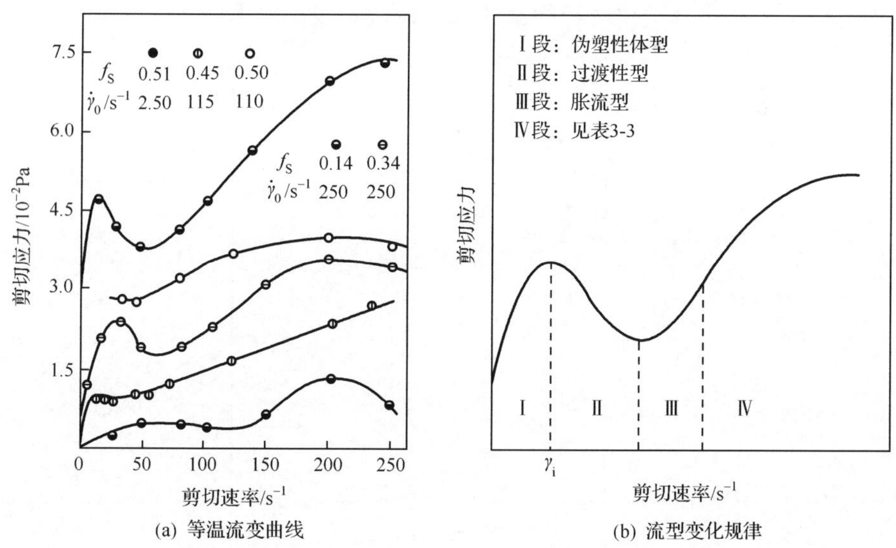

图 3-6　半固态 Sn-15%(质量分数)Pb 合金的等温流变曲线及流型变化规律[6]

线[6]。由图可见，等温流变时，半固态浆液的流型不仅与固相体积分数有关，而且与剪切速率的变化范围有关。图 3-6(b)是半固态金属等温流变时流型变化规律，把等温流变曲线在整个剪切速率变化范围内分为四段，在等温流变开始时，半固态金属浆液的显微组织对应于初始剪切速率为 $\dot{\gamma}_0$。在低剪切速率 $\dot{\gamma}_i$(Ⅰ段)切变流动时,原来分离的固相出现明显的聚集、合并生长,改变了流变开始时合金浆液的组织状态,这种新的组织状态在 $\dot{\gamma}$ 增大到 $\dot{\gamma}_i$ 时,开始向原始组织状态演变,因而,在 $\dot{\gamma}_i$ 处出现剪切应力峰;随后,剪切速率 $\dot{\gamma}$ 随 f_S 上升而下降的特性(Ⅱ段)正反映出新组织中聚集、合并固相的分离和碎断,是流体流动的阻力随 $\dot{\gamma}$ 上升而减小;组织变化完成后的流变曲线(Ⅲ段)、流体流型随 f_S 的变化规律与变温流变时的情况相似,但呈现宾厄姆流体流型时的 f_S 明显大于变温流变时的情况,这是因为合金浆液在等温切变流动中,固相形成网络结构的倾向较弱;Ⅳ段曲线所呈流型如表 3-3 所示[6]。

表 3-3 Ⅳ段曲线所呈流型[6]

固相体积分数	$0.14<f_S<0.51$	$f_S=0.51$
流体流型	伪塑性流体	宾厄姆流体

图 3-7 是 Sn-15%(质量分数)Pb 合金等温稳态剪切变稀行为(伪塑性流体)曲线[7]。由图可见,其表观黏度随剪切速率的上升而下降。Mehrabian 引用固相聚集团的形成解释这种等温稳态剪切变稀行为:切变打碎了固相聚集团间的黏结,因此,固相聚集团尺寸随剪切速率的增加而减小,并引起其中包容残留液相的析出;剪切速率越高,被包容残留液相的量越小,因而表观黏度下降。

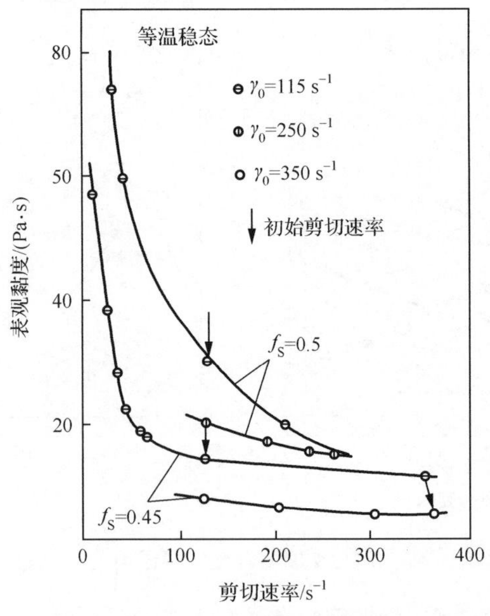

图 3-7 半固态 Sn-15%(质量分数)Pb 合金等温稳态剪切变稀行为[7]

图 3-8 是 Al-6.5%(质量分数)Si 合金表观黏度与剪切速率的关系曲线以及初生相组织的演变[3]。由图可见:当剪切速率较低时,晶粒是密集的球状颗粒;随着剪切速率的提高,半固态浆液表现出等温稳态剪切变稀行为,与快速冷却试验相比,表观黏度明显下降。

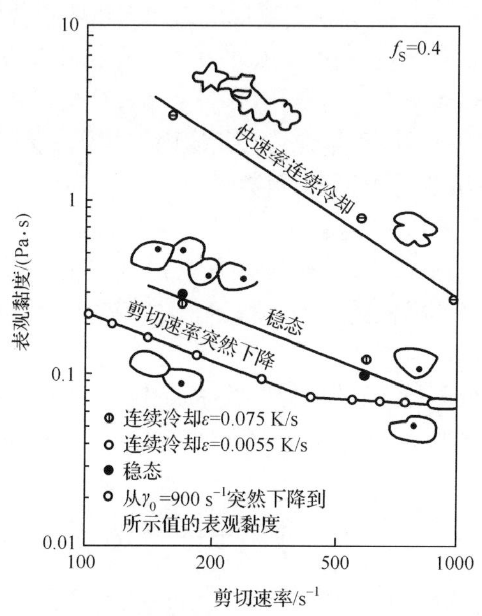

图 3-8　半固态 Al-6.5%(质量分数)Si 合金表观黏度与剪切速率的关系[3]

4. 具有连续固相半固态糊的研究

具有连续固相半固态糊(mushy)的结构合金在凝固初期,枝状晶被破坏或固相聚集团被熔化,便产生了具有黏结型的固相结构。其变形特征如下[7]:

(1) 在相同的温度下,其应力值与固体相当。

(2) 在承压时会发生固相和液相分离的偏析现象。

对于这类材料的数学模型,一般是基于多孔固体热变形,以张量形式描述。考虑到应力场中静压与偏压分量,这些模型的目的是预测固体构架的体积。如 Joly 等[7]提出半固态糊的固相体积分数与应变率的关系:

$$\sigma = A\exp(Bf_S)\dot{\varepsilon}^m \tag{3-5}$$

式中:A、B 为常数;m 为幂指数;σ 为应力;$\dot{\varepsilon}$ 为应变速率。针对式(3-5)中的应变速率幂指数,Laxmanan 和 Flemings[8]提出:

$$m = cf_S + d \tag{3-6}$$

式中:c、d 为常数;f_S为半固态糊的固相体积分数。

5. 固相体积分数为 0.5 左右的部分重熔半固态金属

在固相体积分数为 0.5 左右的结构材料中，基体表现为液体包裹着近球状颗粒，实验显示该物质具有如下特征：

(1) 在稳态条件下，承压过程中其流体应力随固相体积分数的增加而增加，并随着应变速率的变化而变化[$\sigma = A\exp(Bf_S)\dot{\varepsilon}^m$]。在铝硅合金中，常数 B 为 20；镁合金的剪切应力随固相体积分数而变化，B 值为 15；幂定律指数 m 与固相体积分数 f_S呈线性关系，当 Sn-15%(质量分数)Pb 的固相体积分数为 0.5 时，m 为 0.5；在 Al-Si 合金中，指数 m 为零，甚至为负数。

(2) 在承压状态下，当应变速率为 $5\times10^{-3}\sim0.5\text{s}^{-1}$时，Al-Si 合金呈现触变特性，应力增加，应变也增加；应力剧烈增加，在 0.2～0.4 区间产生一个不连续的应变速率增加。当应力突然降低到某一个稳定值时，应变曲线出现一个不连续的应变速率下降。

(3) 在 Al-Si 合金部分重熔的拉伸曲线试验中，观察到了液相偏析现象，且偏析度随着拉伸速率的降低而增大。

3.3 触变行为

半固态金属最大的特点是具有触变行为，即表观黏度依时行为。半固态金属之所以具有触变行为，是因为其内部具有一定的连接结构，当应力以一定速率作用于半固态体时，其内部结构不能瞬间改变，而是需要一定的时间来逐渐形成新的结构，这样便形成了在恒定剪切速率作用下，表观黏度逐渐下降的特性。因此，当发生触变行为时，可以认为半固态金属内部有某种结构遭到破坏，或者认为在外力作用下体系内某种结构的破坏速率大于其恢复速率。具有触变性的半固态体，当作用在它上面的剪切速率一定时，其表观黏度会随着剪切时间的延长而下降，引起剪切力的不断下降，而当去掉剪切力时，其表观黏度会逐渐恢复到原来的数值[8-10]。

一种通常用来测量半固态材料触变性大小的方法是滞后环法，测量滞后环面积的实验包括以下五个步骤[7]：

(1) 半固态材料在初始剪切速率的作用下，达到初始稳态。

(2) 静置半固态材料一段时间。

(3) 在给定的时间 t_u(up-time)内，使剪切速率由零增大到最大剪切速率 $\dot{\gamma}_{max}$。

(4) 半固态材料在剪切速率 $\dot{\gamma}_{max}$ 的作用下达到新的稳态。

(5) 在给定的 t_d(down-time)时间内，使剪切速率由 $\dot{\gamma}_{max}$ 减小到零。

Joly 确定了影响半固态 Sn-15%(质量分数)Pb 合金触变性的五个参数[7]：

(1) 固相体积分数：随着固相体积分数的增加，滞后环的面积增加，说明触变

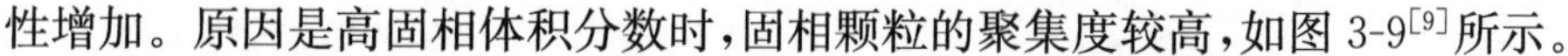

性增加。原因是高固相体积分数时，固相颗粒的聚集度较高，如图3-9[9]所示。

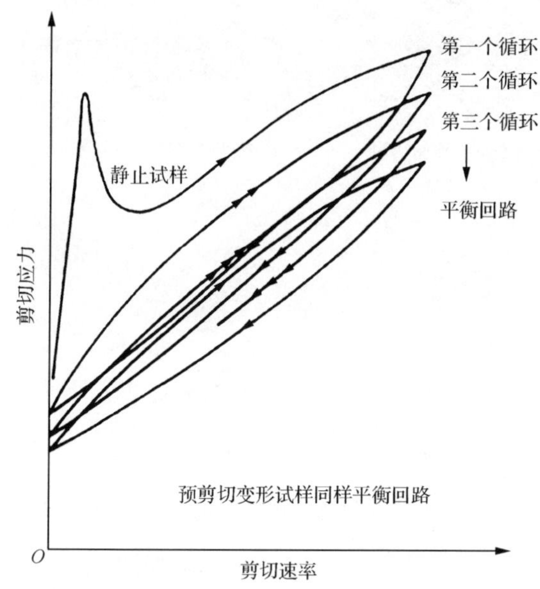

图3-9　半固态Sn-15%(质量分数)Pb合金触变行为滞后环[9]

(2) 初始剪切速率：增加初始剪切速率，触变性降低。与(1)一样，可以认为是在高剪切速率下，固相聚集程度减小。

(3) 剪切速率的减小时间 t_d：增加 t_d，触变性增加。

(4) 剪切速率的增大时间 t_u：增加 t_u，触变性减小.

(5) 最终剪切速率：增加最终剪切速率，触变性增加。

通常一些半固态加工技术如半固态射注技术只在几秒内完成，因此研究急剧增加剪切速率下的瞬时流变行为对实际生产是十分有意义的。

Quaak 和 Horsten 等[10]发现，在如此短的时间里，半固态材料的微观结构还没有发生变化，此时的微观结构便是初始剪切速率时的结构。随着变化后剪切时间的增加，分别发生聚集程度或是解聚程度的增加，如图3-10所示。

另外，Kumar 等[11]和 Modigell 等[12]在研究中发现，半固态材料在急剧变化的剪切速率条件下表现出比较稳定的表观黏度，有所增加，而降低剪切速率，得到的结果相反。值得注意的是，Wang 等[13]在前期的实验研究中发现：剪切变稀行为只在合金凝固过程中剪切速率达到 $50s^{-1}$ 以上才发生，他提出在剪切速率低于 $50s^{-1}$ 时，不能很好地破碎枝晶组织，而这些枝晶组织会结成网状组织，进而在变化剪切速率时出现表观黏度增加的现象(剪切变浓行为)。但是，理论上讲，任何枝晶组织在足够长时间的半固态稳态条件下都会转变为球状晶。

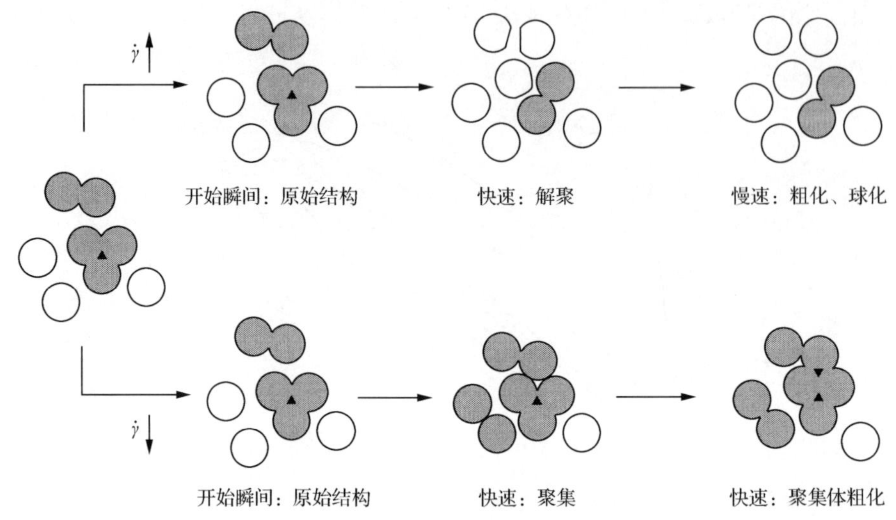

图 3-10　剪切速率急剧变化后微观组织的变化模型[10]

Barnes 等[14]指出，一种悬浮体在不同的剪切速率时可以表现出不同的行为：他提出一个临界的剪切速率值为 $10s^{-1}$，剪切变稀行为和剪切变浓行为在该临界值上下转变。

文献[15]对半固态合金流变学中的依时性，做了深入研究，认为半固态合金流变是固相体积分数和加工历时的严格函数，并引入一个结构参数（无量纲）λ 来表征。作者认为[6]：解聚的速率依赖于存在于任何瞬间时的连接体的分数，并且依赖于变形速率，而构建的速率正比于维持结构的连接体的分数，其表达式为[16]

$$\frac{\partial\lambda}{\partial t}+u.\ \nabla\lambda=\underbrace{a(1-\lambda)}_{\text{构建速率}}-\underbrace{b\lambda\left[\Delta_{11}/2\right]^{1/2}\exp(c\left[\Delta_{11}/2\right]^{1/2})}_{\text{解聚速率}} \tag{3-7}$$

式中：α 为重构参数，实验确定；b 和 c 为解聚参数，由实验确定；Δ_{11} 为应变速率张量第二不变量，记为 $\Delta=\nabla u+\nabla u^{\mathrm{T}}$。

在平衡状态下，结构参数的平衡值 λ_e 为

$$\lambda_e=\left[1+b/a(\partial u/\partial y)\exp(c(\partial u/\partial y))\right]^{-1} \tag{3-8}$$

式中：$\partial u/\partial y$ 为速度梯度。

考虑到实验给出的结果，并考虑浆液的特性，文献[16]中的图 5-13 提供了一个半固态浆料流变学修正的关系图：在快速过渡中，浆料表现为剪切变浓，在慢速过渡期，或在延时剪切之后，在 λ 下降方向，半固态浆料内部结构线（实线）交叉于恒定结构线（虚线），表明固-固相连接减弱，随之黏度降低。

3.4　高固相体积分数半固态 ZK60-RE 触变行为研究

高固相体积分数半固态合金的触变行为是由两个方面组成的，一方面是黏度随力作用时间的增加逐渐减小，另一方面是力的作用停止后，试样表观黏度又会逐渐恢复到原来的大小，这是半固态合金具有球晶组织，易于向原始结构回复所致。下面以 ZK60-RE 为例，进行相关研究。

3.4.1　影响因素分析

1. 静置时间对半固态 ZK60-RE 触变行为的影响

图 3-11 为半固态 ZK60-RE 镁合金在加热温度为 575℃、应变速率为 $0.1s^{-1}$ 条件下，试验前等温保温 9min，压缩试样在名义应变为 0.1 时分别保温 0.5min 和 1min，随后继续压缩获得的不同的真应力-真应变曲线。压缩过程中，真应力在初始很小应变阶段内呈上升趋势，随即达到峰值，之后下降。该现象与触变行为的其中一方面吻合；另一方面，图 3-11 中可以看到，静置完毕后，试样在继续压缩初始阶段再次出现峰值应力，随后迅速降低至相对稳定值。该试验现象有力地证明了半固态 ZK60-RE 镁合金在停止力的作用后黏度逐渐恢复的现象，即完整地证明了高固相体积分数半固态 ZK60-RE 镁合金具有触变行为。

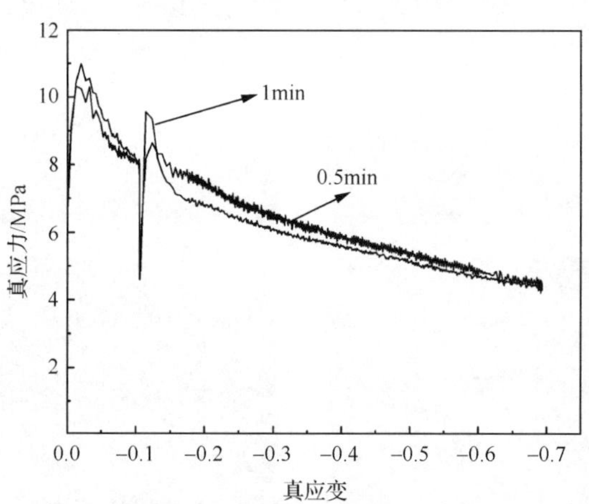

图 3-11　不同静置时间半固态 ZK60-RE 镁合金压缩变形曲线[15]

当静置时间不同时，试样的恢复情况不同，随着静置时间的延长，黏度恢复情况明显。图 3-12 是静置时间分别为 0.5min 和 1min 时，半固态 ZK60-RE 镁合金试样压缩前、压缩至应变为 0.1 和静置不同时间后的中心和边缘部位微观组织。

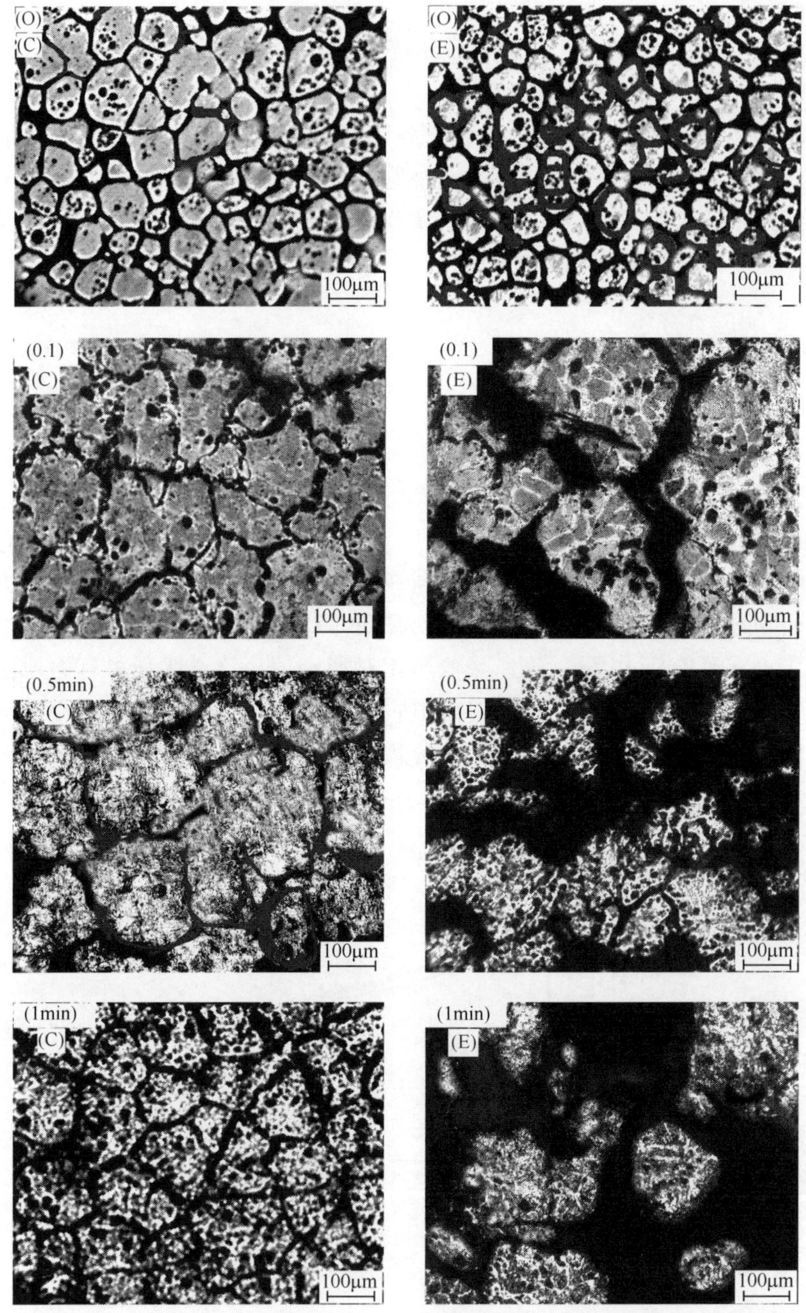

图 3-12　600℃、应变速率 0.1s^{-1}半固态 ZK60-RE 压缩不同静置时间时的微观组织[15]

C-中心区域;E-边部区域;O-原始组织

可以看到,随着静置时间的延长,试样心部和边缘组织均逐渐球化、细化,与压缩前的组织更相近,并且峰值应力恢复现象明显,这说明了半固态 ZK60-RE 镁合金球晶组织具有恢复行为。

2. 温度对半固态 ZK60-RE 触变行为的影响

图 3-13 是 575℃和 600℃(根据软件计算,对应的固相体积分数分别为 0.78 和 0.61),试验前等温保温 9min、试验中保温 1min、应变速率为 $0.1s^{-1}$时半固态 ZK60-RE 镁合金等温压缩过程真应力-真应变曲线。由图 3-13 可以得到,随着半固态温度升高,曲线的峰值应力降低,原因是半固态温度升高使得液相体积分数增大,即固相颗粒间的连接强度下降,降低了固相颗粒间的流动应力。

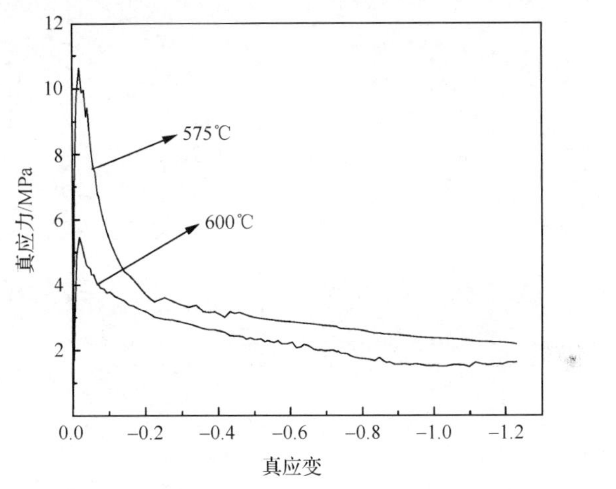

图 3-13　不同加热温度半固态 ZK60-RE 镁合金压缩变形曲线[15]

图 3-14 和图 3-15 分别是 575℃和 600℃时,压缩至名义应变为 0.1、0.3、0.5、0.7 时半固态 ZK60-RE 镁合金试样的中心和边缘部位微观组织。可以看到,经过很小的应变后,试样内部的微观组织已经有很大的改变,压缩前的较细小球晶组织在很小应变内便开始进行团聚和分散。图 3-14 中,名义应变为 0.1(真实应变为−0.11)时,试样中心处的固相晶粒聚集在一起形成尺寸较大的固相颗粒,并且固相颗粒间已经局部连接,此时液相的润滑作用已经不明显,同时固相颗粒边界处不光滑,流动应力较高。试样边缘处,固相颗粒边界处出现明显的液相流动痕迹,晶粒的聚集更明显一些;随着应变的增加,压缩至名义应变为 0.5(真实应变为−0.69)过程中,试样中心处几乎看不到固-液边界,液相不均匀地聚集,在局部形成液相流动痕迹。

温度为 600℃时,微观组织如图 3-15 所示。应变为 0.1 时,试样中心处的固相晶粒同样聚集在一起形成大的固相颗粒,但是其圆整程度较 575℃时好很多,固相

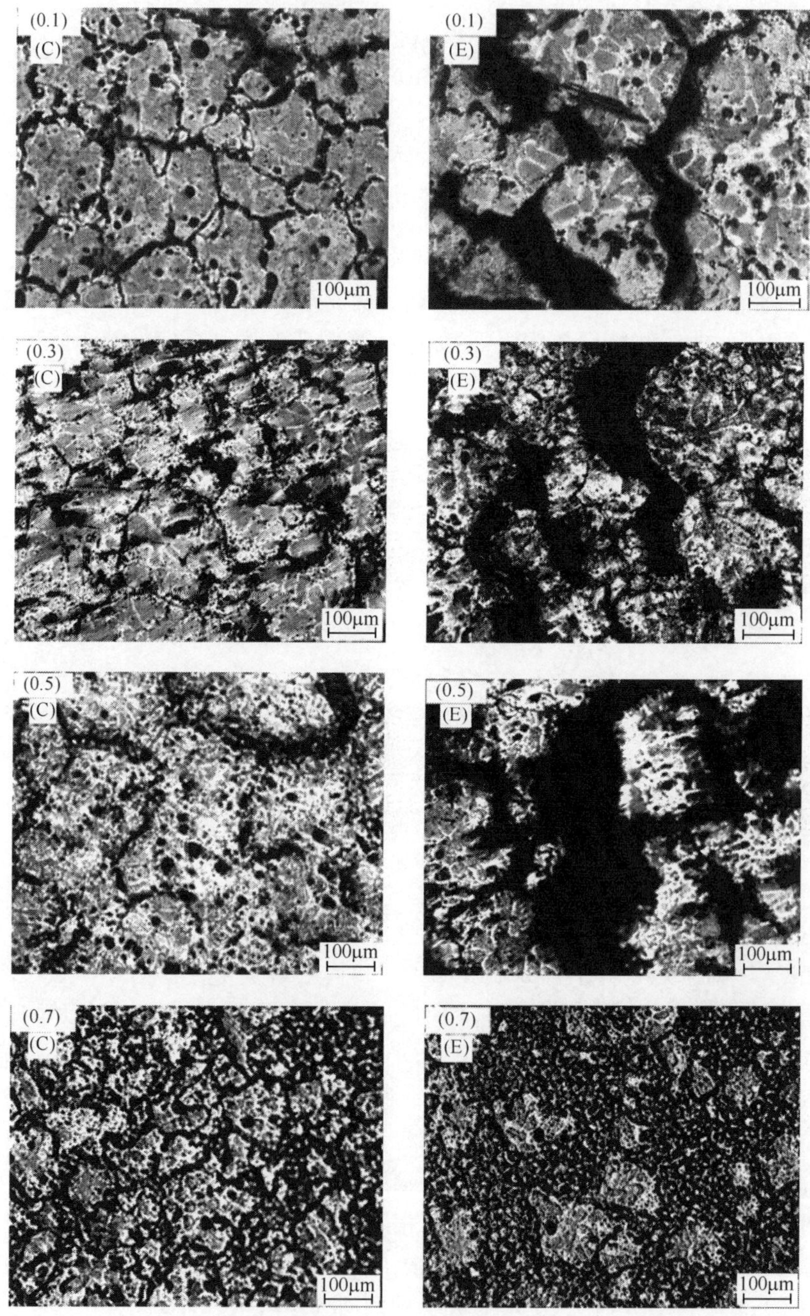

图 3-14 575℃、应变速率 0.1s^{-1}、保温 1min 半固态 ZK60-RE 压缩不同应变时的微观组织[15]

C-中心区域;E-边部区域

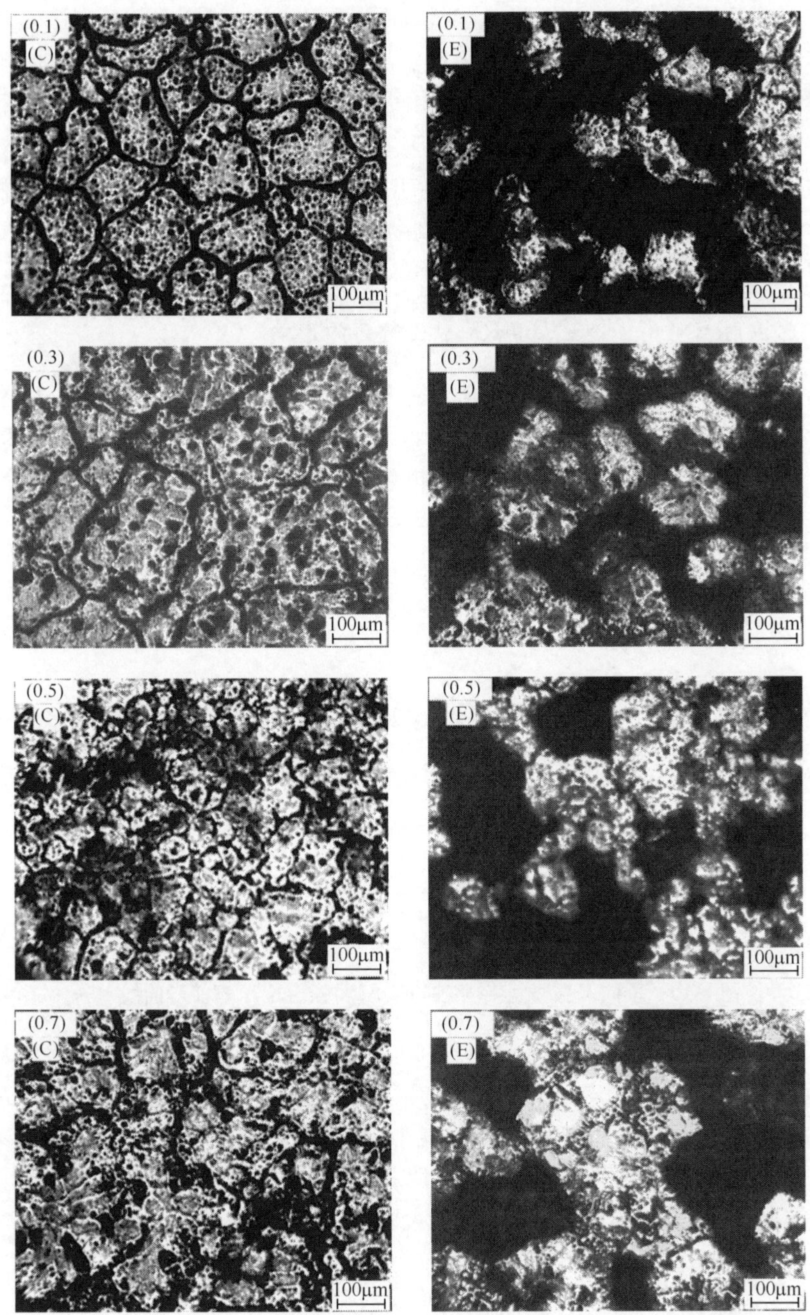

图 3-15　600℃、应变速率 $10s^{-1}$、保温 1min 半固态 ZK60-RE 压缩不同应变时的微观组织[15]

C-中心区域；E-边部区域

颗粒周围的液相界线也比较明显，此时液相重新包裹固相颗粒团，使得下一步的变形依旧是固相颗粒团沿液相膜层的滑动。应变为 0.3 时，试样中心处的固相颗粒尺寸继续增大，固相颗粒在力的作用下聚集，将原来处于固相颗粒边界处的液相包裹在大的固相颗粒内部；随后压缩过程中，局部液相相互连接，固相颗粒在力的作用下沿液相流动路径滑动，当应变为 0.7 时，试样中心处仍然可以依稀分辨出固-液边界，固相包裹的液相在压缩过程中逐渐被排挤出来。此刻，边缘处的固相颗粒已经明显增多并且聚集现象加剧。

3. 保温时间对半固态 ZK60-RE 触变行为的影响

图 3-16 是半固态 ZK60-RE 镁合金在 600℃、应变速率为 $0.1s^{-1}$、试验前等温保温时间为 9min、试验中保温时间分别为 1min 和 4min 时等温压缩过程真应力-真应变曲线。如图所示，随保温时间增加，峰值应力逐渐增加。

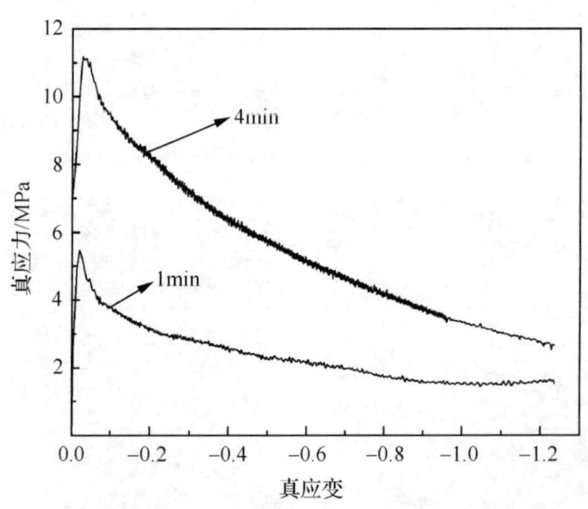

图 3-16　不同保温时间半固态 ZK60-RE 镁合金压缩变形曲线[15]

图 3-17 是半固态 ZK60-RE 镁合金 600℃时不同保温时间的微观组织。由图可知，保温 10min(1min＋9min)时，液相几乎润湿晶界，晶粒球化程度一般；保温时间为 13min(4min＋9min)时，晶粒尺寸减小，晶粒球化程度略有好转。分析该实验结果可知，当液相完全润湿晶界时，细小固相颗粒间的液膜厚度较小且固相颗粒间结合力较大，这使得相同应变时，需要较大的力使原有晶粒间连接结构破坏，宏观则表现为流动应力较高。

图 3-15 和图 3-18 分别是保温时间为 1min 和 4min，名义应变为 0.1、0.3、0.5、0.7 时压缩后试样的中心和边缘部位微观组织。可以看出，当初始固相颗粒相对细小且圆整时，心部组织在压缩初始阶段(应变为 0.1 和 0.3 时)，固相颗粒的尺寸较小且晶粒形状因子较好，液相均匀分布于固相颗粒周围，使得固相颗粒的变

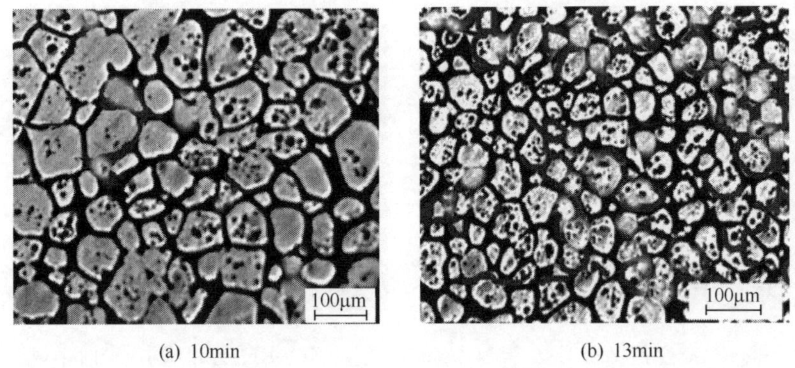

(a) 10min　　(b) 13min

图 3-17　半固态 ZK60-RE 镁合金 600℃不同保温时间的微观组织[15]

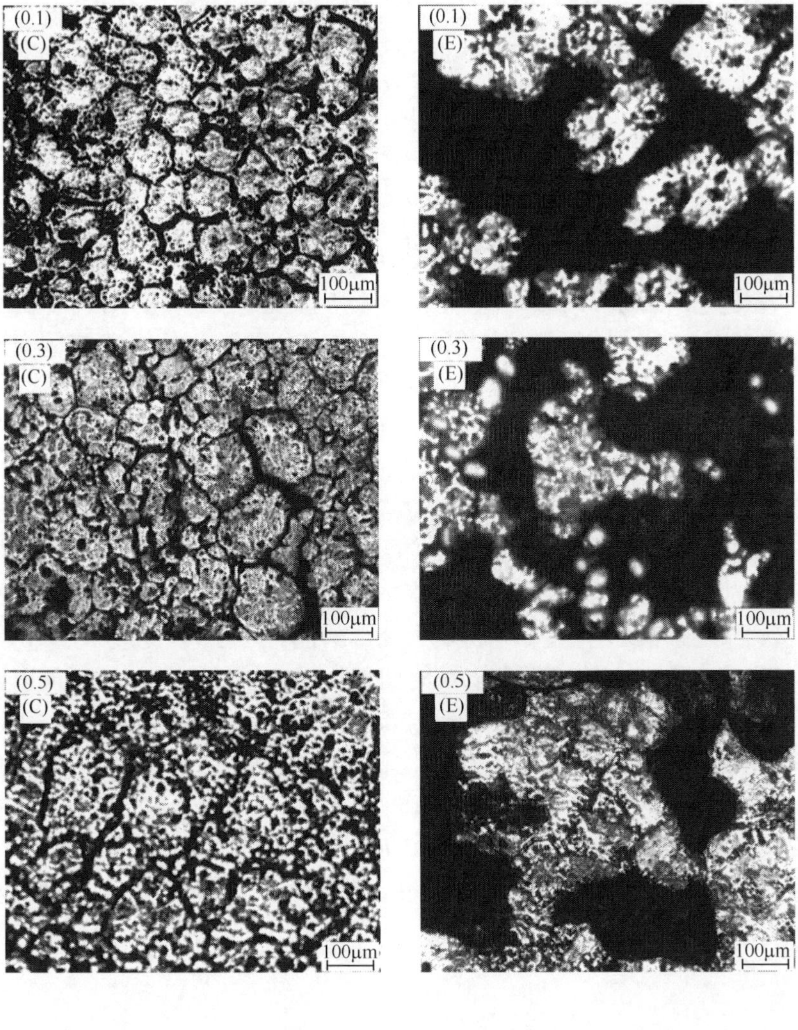

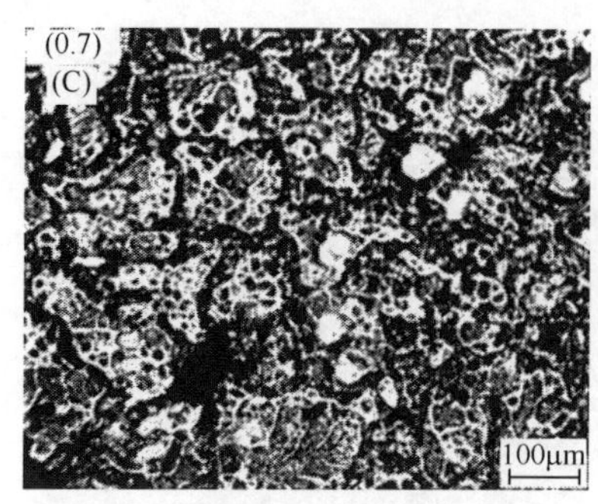

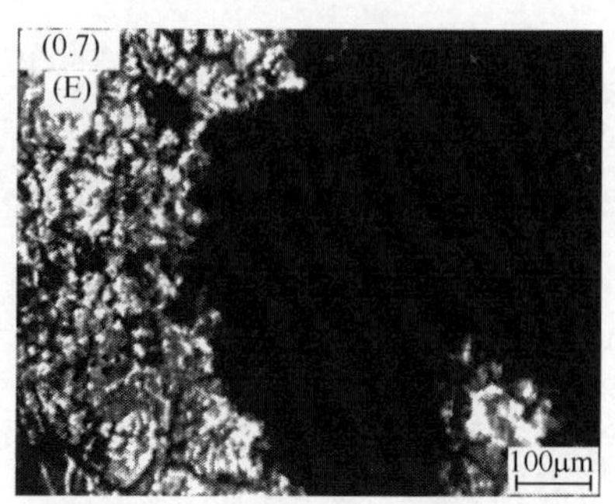

图 3-18　600℃、应变速率 0.1s^{-1}、保温 4min 半固态 ZK60-RE 压缩不同应变时微观组织[15]
C-中心区域；E-边部区域

形始终沿着液相滑动；当应变增加至 0.5 或 0.7 时，中心部位依旧可以较为明显地分清固-液边界，液相依旧较为均匀地在固相颗粒间调节大变形。整个变形过程中，心部组织中的液相含量没有发生太大的变化，这说明固-液偏析现象不明显。

4. 应变速率对半固态 ZK60-RE 触变行为的影响

图 3-19 是应变速率分别为 10s^{-1}和 0.1s^{-1}、试验前等温保温时间为 9min、试验中保温时间为 1min、加热温度为 600℃时半固态 ZK60-RE 镁合金等温压缩过程的真应力-真应变曲线。如图 3-19 所示，不同应变速率条件下，曲线形状明显不同，当应变速率为 10s^{-1}时，曲线变化特殊，真应力出现多个峰值；而当应变速率为 0.1s^{-1}时，真应力只有一个峰值且曲线变化较平缓，该试验现象非常特殊，由此得到应变速率的高低对微观组织和真应力变化有本质影响。图 3-15 和图 3-20 是半固态 ZK60-RE 镁合金在应变速率分别为 0.1s^{-1}和 10s^{-1}、名义应变为 0.1、0.3、0.5、0.7 时试样压缩至不同应变时的微观组织。结合真应力-真应变曲线及微观组织可知，当应变速率为 10s^{-1}时，晶粒间液相相对运动（液膜破坏）速率加快，必然需要较高的剪切应力，宏观表现为峰值应力较高，但同时在较小应变内固相颗粒间的连接约束均被破坏，液相参与协调大变形的能力增强，因此应力下降明显；随后由于应变速率很大，液相没有足够的时间重新分布且有利于变形，只能以再次破坏固相颗粒团来继续进行试样的大变形，宏观则表现为多个峰值应力。从微观组织图 3-17中可以明显看到液相较为均匀分布于固相颗粒之间，并且固相颗粒团包裹液相现象不明显，剪切作用破坏了原有的固相颗粒连接结构，形成了新的微观结构，在应变为 0.3 和 0.5 时，固相颗粒团的破坏程度明显加剧。但是值得一提的是，试样在大的应变速率下，其液相与固相的整体流动性增强，表现为宏观偏析程度减弱。

6
4
2
真应力/MPa
0.1s⁻¹
0.0 −0.2 −0.4 −0.6 −0.8 −1.0 −1.2
真应变
80
60
40
20
真应力/MPa
10s⁻¹
0.0 −0.2 −0.4 −0.6 −0.5 −1.0 −1.2
真应变

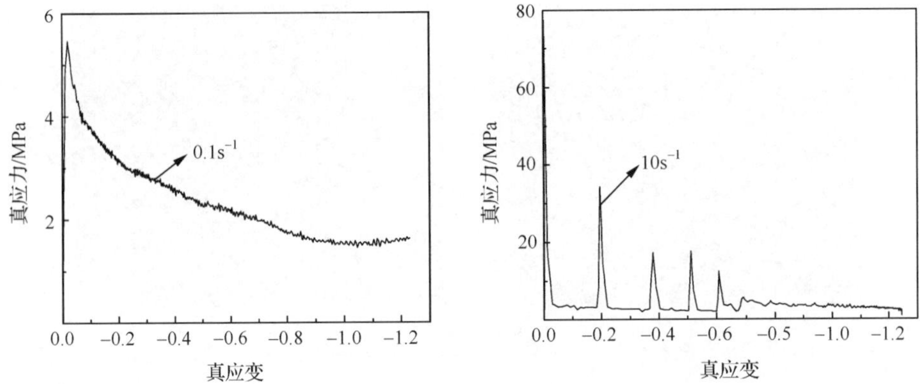

图 3-19 不同应变速率半固态 ZK60-RE 镁合金压缩变形曲线[15]

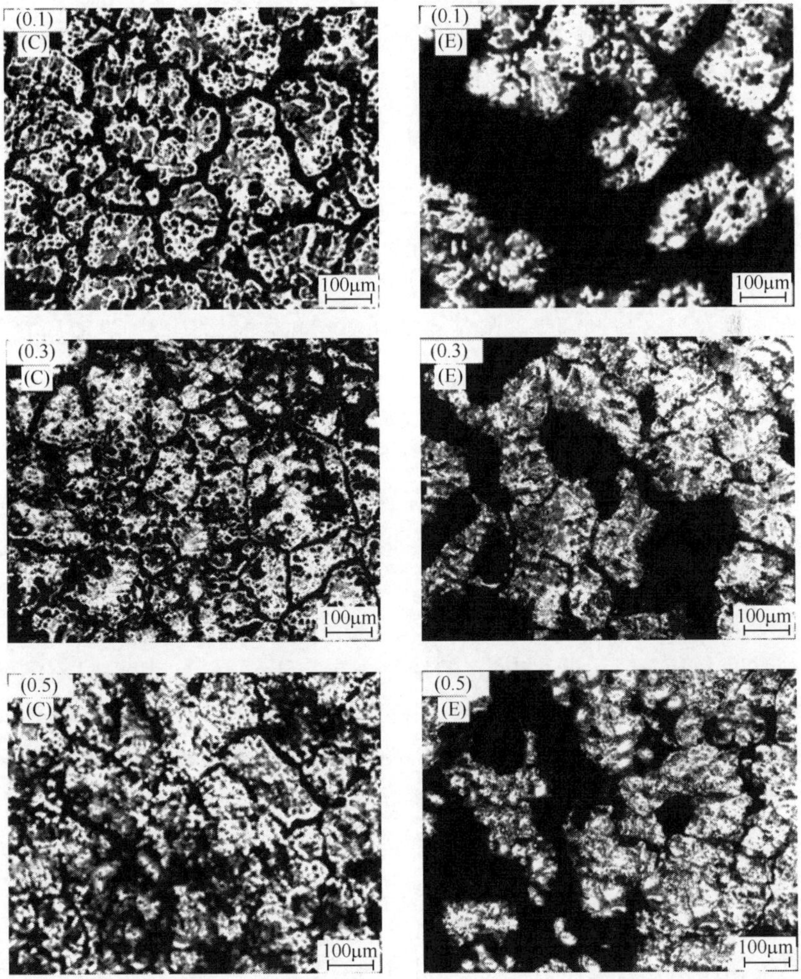

(0.1)
(C)
100μm
(0.1)
(E)
100μm
(0.3)
(C)
100μm
(0.3)
(E)
100μm
(0.5)
(C)
100μm
(0.5)
(E)
100μm

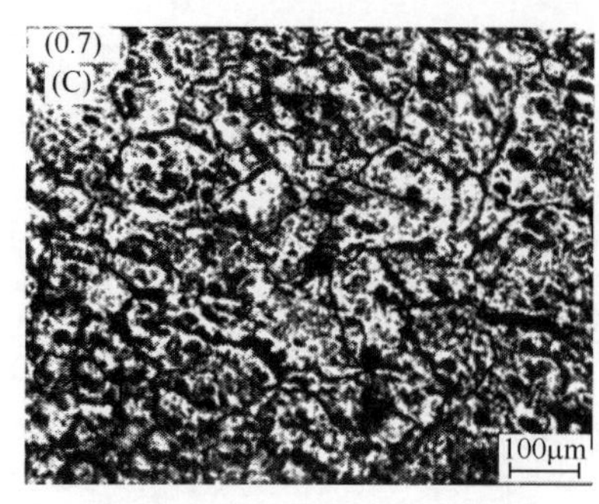

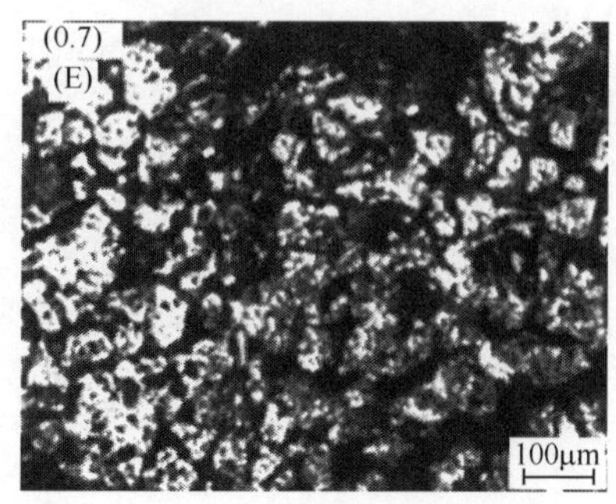

图 3-20 600℃、应变速率 $0.1s^{-1}$、保温 1min 半固态 ZK60-RE 压缩不同应变微观组织[15]
C-中心区域;E-边部区域

当应变速率为 $0.1s^{-1}$ 时,初始连接结构被破坏的速率大大降低,试样中的液相有足够时间重建,固相颗粒的转动和滑动始终沿着液相膜进行,大大减小了试样的峰值应力并使得随后的流动应力缓慢减小。

3.4.2 半固态合金触变行为的微观机制

半固态合金触变行为的微观机制就是剪切力作用下原有的固相与液相间连接结构被破坏,同时新的连接结构重建过程。但由于其重建速率小于破坏速率,因此触变行为具有依时性。

半固态材料触变流动的主要特征是剪切变稀和依时。从半固态原始态开始分析,如图 3-21 所示。两个球晶 A、B 靠液层 δ 连接着,液层与球晶 A 和 B 的连接强度呈曲线变化,其最小值于两者中心处(假设 A 和 B 的尺寸和球晶度相同),很显然,球晶 A 和 B 的连接强度(或称凝聚强度)取决于 δ 的大小。δ 越小,连接强度就越大。半固态坯的类固体特性,就显现在连接强度的大小上,使其在半固态温度下,呈固-液混合体的合金,还能保持外形和可搬运。当外力施加时,固相颗粒间的液层 δ 由于固-液之间速率差会发生变化,并导致固相颗粒间连接强度发生变化。若液层 δ 变大,则连接强度下降,表现为表观黏度下降;δ 变小则连接强度上升,表现为表观黏度上升。剪切过程中,δ 的变化关键在于球晶 A(或 B)附着的液层的变化。如图 3-21 所示,固相间的液层 δ 由 δ_1、δ_2 和 δ_3 三部分构成,其中 δ_1 和 δ_2 分别是球晶 A 和 B 的液相附着层,若剪切力的作用使得液层 δ_1 和 δ_2 遭到破坏后具有液层 δ_3 的结构特征,那么剪切结果为连接强度下降,即实现剪切变稀。当然,和有作用力施加就有反作用力相持一样,在剪切变稀发生时,伴随也有重建变浓发生。一旦外力作用撤除,重建变浓过程为主导,半固态合金恢复至原始状态,即保持外形和可夹持。

在高固相体积分数条件下,半固态材料的触变机制,如图 3-21 所示,应理解为

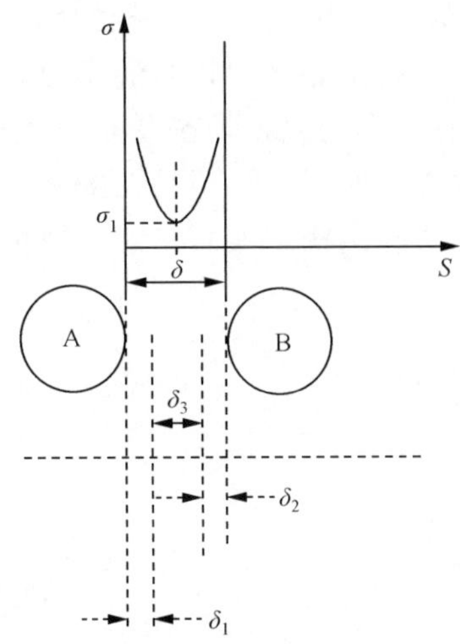

图 3-21　触变流动过程图示分析[15]

晶粒间的液层 δ_3 不存在，晶粒间只有 δ_1 和 δ_2 附着层，甚至两晶粒间只有一个 $\delta(\delta = \delta_1 = \delta_2)$，变形时，剪切作用使得两晶粒沿着液层 δ 滑动。

3.4.3　高固相体积分数半固态等温压缩过程固-液相变化机制

1. 高固相体积分数下球晶沿晶界滑动机制

Vandrager 和 Pharr[17] 曾提出，液相在变形过程中，会在液相薄膜较厚处形成孔洞。破坏固相颗粒间的约束，且液相孔洞的形成包括孔洞形核和孔洞长大两个过程，晶粒边界或者是完全形核，或者是根本不形核。而一旦孔洞形核，就会快速长大。同时提出，半固态合金的初始阶段变形主要由两部分组成：一是晶粒周围液体的黏性流动；二是晶粒间的相互滑动产生的变形，而晶粒间的相互滑动由液相中的孔洞来调节。依据 Vandrager 和 Pharr 的观点，变形开始后，液相孔洞生成并互相连接朝各个方向扩展，彻底破坏固相颗粒间的约束，从而降低试样的流动应力。在此基础上，孙家宽[18] 研究了半固态 SiCp/2024 复合材料的力学行为及机制，其研究结果表明，高固相体积分数半固态材料在变形过程中，固相间滑动引起的变形远大于液相黏性流动引起的变形。Martin 等[19] 通过对半固态 Al-5%（质量分数）Mg 合金的剪切实验表明，半固态变形机理与液相的润滑流动有关。

无可置疑，液相在固相颗粒滑动大变形过程中确实起到了很强的调节作用，可以说液相是半固态材料剪切变稀行为的必要组织条件。压缩初始阶段，当球晶球形度较好或者晶粒较小使得液相膜有足够强的润滑作用时，晶粒的初始流动机制应该始终是沿着液相滑动。如图 3-22 所示，固相颗粒间 ab 边界处液相在法向应

力 σ 作用下，流向拉应力 cd 区，使得法向 ab 固相颗粒间液相膜厚度逐渐减小，切向 cd 液相膜厚度增大，结果切向上相邻固相间液相相互聚集，将原有切向上固相颗粒间连接结构破坏，而法向方向的固相颗粒逐渐合并形成固相颗粒团。此过程中，系统内同时发生聚集和解聚两个过程，即晶粒聚集形成固相颗粒团，液相聚集破坏原有连接结构使得原有连接结构解聚而在固相颗粒团周围再次形成边界，同时导致压缩流动应力降低。

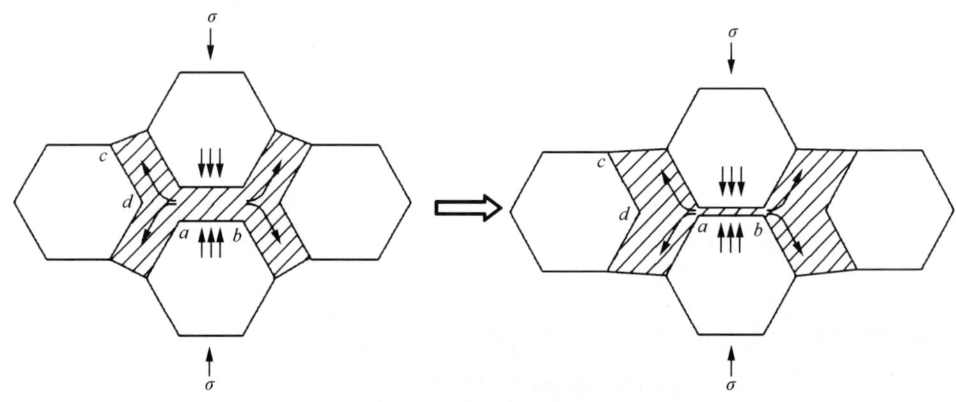

图 3-22　压缩过程液相变化示意图[18]

2. 高固相体积分数下局部液相流动路径生成机制

在相同外力作用下，固-液共存时的宏观偏析现象必然存在，但是在球晶组织与液相共存的条件下，可以试图将固-液偏析问题降到最低化。

分析触变行为试验中不同应变时的微观组织，在压缩过程中、后阶段，可以看到组织中局部存在一些液相相连形成的液相流动路径，这些液相流动路径在试样压缩开始前是没有的，而是压缩过程中形成的。

压缩初始阶段，半固态 ZK60-RE 合金的变形机制基本是球形固相颗粒沿液相晶界的滑动，其滑动力的大小与晶粒的平均形状因子直接相关，一方面晶粒越接近球形且越均匀，晶粒滑动时所受到的抗力越小，表现为峰值应力越小；另一方面，液相在均匀球晶挤压条件下，沿着固定切向方向进行重新分布，通过再次包裹聚集固相颗粒团来调节大变形。随后阶段，当固相颗粒间由于相互咬合或者在滑动过程中转动而包裹大量液相时，便已经较难通过液相的润滑作用进行滑动，局部相邻液相此时会在压力作用下首先克服固相颗粒的约束而相互聚集形成液相流动路径，并通过该路径协调试样的大变形，此时液相聚集使得宏观偏析现象较为明显。若组织不均匀，则压缩过程中，在球晶滑动同时，液相流动路径很可能同时存在。由于液相这两种调节变形机制都会导致流动应力的不断下降，因此很难单从真应力-真应变曲线中分辨其真正的变形机制。

此后可以认为，液相流动路径的变化引起应力的变化。该过程如图 3-23 所示，压缩过程中，液相流动路径形成以后，便会逐渐增宽，润滑能力增强，同样使得流变应力逐渐减小，但是液相连通会使得试样在变形中出现宏观偏析，理论上不利于半固态成形技术。

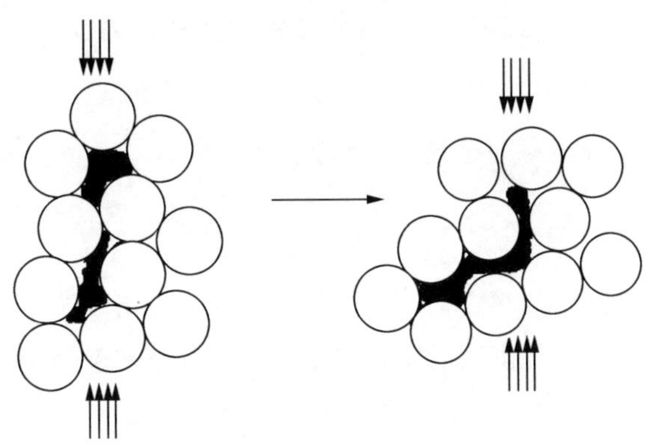

图 3-23　液相流动路径形成过程示意图[15]

3. 变量对高固相体积分数半固态压缩过程固-液相流动影响

对于高固相体积分数半固态成形技术，由于液相含量少，因此晶粒的球形度和晶粒尺寸有着非常重要的调节宏观偏析作用，在文献[15]给出的等温压缩变形试验组织变化中，随着温度的升高和晶粒组织的细小、圆整，液相能够均匀地重新分布，局部聚集现象减弱，晶粒在液相膜层滑动时间延长。

应变速率对半固态触变行为的影响较为特殊，也较为复杂。

(1) 当应变速率较低时，如图 3-14、图 3-15、图 3-18 所示，固相颗粒的破坏过程较为缓慢，液相有足够的时间重新分布于固相颗粒团边界调节变形，系统内部的破坏速率小于重建速率，液膜厚度的逐渐增加导致流动应力的逐渐降低。随着压缩过程继续进行，固相颗粒的聚集使得组织不均匀，局部液相开始缓慢地形成流动路径并逐渐向试样的边缘部分移动，同时不断吸收周围液相，使得液相流动路径越来越宽，也导致流动应力逐渐降低，但宏观偏析现象明显。

(2) 当应变速率较高时，如图 3-20 所示，剪切作用很强，在较短时间内，更多的液相被均匀地排挤至固相颗粒团之间调节大变形。随着应变的增加，系统内部破坏速率大于重建速率，试样大变形必须依靠不断破坏固相颗粒团连接结构进行，随即大多数包裹在固相颗粒团中的液相不断被排挤出来调节试样的大变形，宏观表现为峰值应力和稳态应力的阶段性不断出现。在整个压缩过程中，更多的液相参与变形，但是液相以局部聚集出现的现象明显较少，液相在大剪切作用下很难进行局部聚集，即固-液宏观偏析减小。

3.5 网络结构与触变行为

触变过程存在网络结构破坏与重建两个过程，网络结构若稳固，破坏力越强，其触变强度越大。为此，有必要对半固态金属的触变行为发生时所对应的网络结构变化作一定性分析。

3.5.1 低固相体积分数下网络结构与触变流动

1. 网络结构特征

低固相体积分数，一般界定为：$0.2<f_S<0.4$。固相颗粒有较大的活动空间，存在强烈的布朗运动，但在静态时，各个颗粒处在确定位置上，颗粒间主要存在胶体源力，如图 3-24 所示[20]。这些是颗粒间总排斥或总吸引的结果。例如，前者可能产生于静电荷，或产生于颗粒表面活性物质的熵排斥；后者产生于颗粒之间的范德华力的吸引，或不同颗粒部位相反电荷之间的静电吸引。假若所有力净结果是吸引，颗粒倾向于絮凝，而总排斥则意味的是伪晶格。这些力的相互作用，形成了低固相体积分数的网络结构。

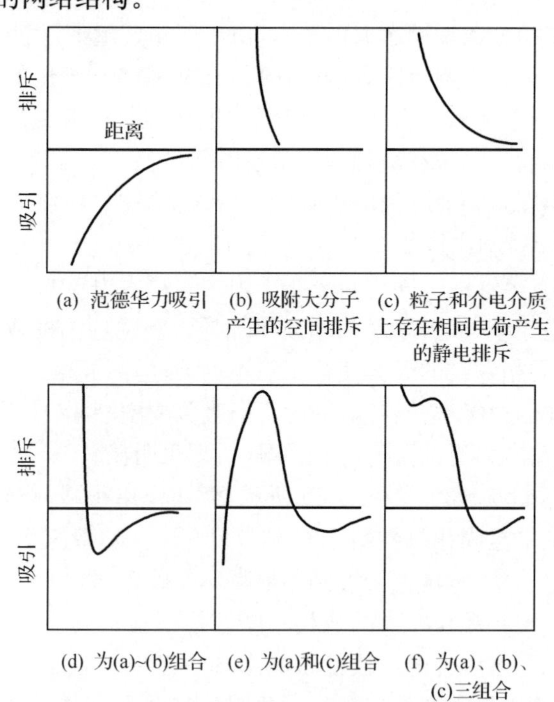

图 3-24 亚微米粒子对之间典型相互作用图[20]

2. 触变流动

当在剪切速率下，施加的速度梯度引起颗粒结构取向，即原网络结构的破坏，逐步向着流动诱导结构转变。这一过程的发生，存在一个门槛值，即触变强度。未达到之前，网络发生变形，但不破坏，达到之后，形成了一种流动诱导结构，即重建过程。流动诱导结构，即颗粒结构取向，使颗粒彼此之间比在很低剪切速率下更自由地穿过，所以表观黏度下降，随着剪切速率提高，颗粒取向越明显，表观黏度下降越大，即剪切变稀，当剪切停止时，流动诱导层结构逐渐消失，黏度上升，逐渐恢复原始状态。

3.5.2　高固相体积分数下网络结构与触变流动

1. 网络结构特征

高固相体积分数的网络结构模型如图 3-22 所示，其基本特征是，以液相为晶界，把固相颗粒隔离开。这里，主要以晶界黏着力构成一个三维网络结构。

2. 触变流动

半固态金属同样存在一个门槛值，即在剪切力作用下，触变流动发生的极限值，称为触变强度。一旦达到触变强度，半固态合金表现为类似液体的特性，并且有非线性的应力与应变关系。而触变强度存在，与网络结构密切相关。这里，表现为晶界的变化，包括晶界运动和晶界粗化或细化。同时，也表现为晶粒的取向，使其有利于流动的发生和发展。

3. 晶界细化和粗化

图 3-22 模型表示出晶界细化和粗化的一个特征，实际上，晶界细化，也可以理解为晶界迁移或消亡，即晶粒粗化和晶界细化同时发生。如图 3-25 所示，半固态合金 A357 在 585℃时微观组织保温 40min 比 20min 不仅颗粒粗大，而且晶界也粗。由于晶界粗化，颗粒间结合力大大减弱，即表观黏度下降。

4. 晶粒取向

每个晶粒的球形度是不一样。球形度越低，其门槛值越高，所需要剪切力越大。

3.5.3　耗散理论解释破坏与重建

在剪切力作用下，半固态合金网络结构被破坏并重建，形成一个新的诱导机

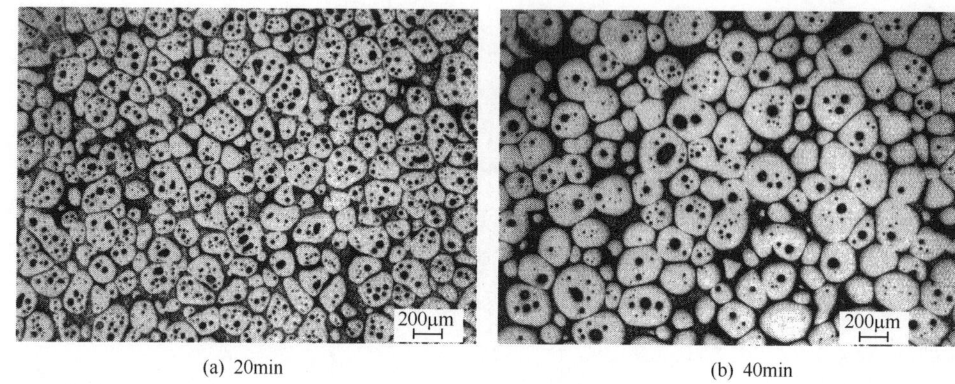

(a) 20min　　(b) 40min

图 3-25　半固态合金 A357 在 585℃微观组织[12]

构,从而改变其流动性。原始态是一个平衡态,而新的诱导结构为一个非平衡态。从平衡态到非平衡态转变过程中,存在一个耗散结构,只有外界不断输送能量(剪切力),耗散结构才可达到一个非平衡态,并有利于剪切变稀流动。但剪切一旦停止,即外界不输送新能量,非平衡经耗散结构回复到新的平衡态。但这种新的平衡态与原来的平衡态的组织是不一样的。即经过剪切变形的半固态金属,具有与原始组织有很大不同的组织,因此,也具有不同的触变特性,如图 3-26 所示。

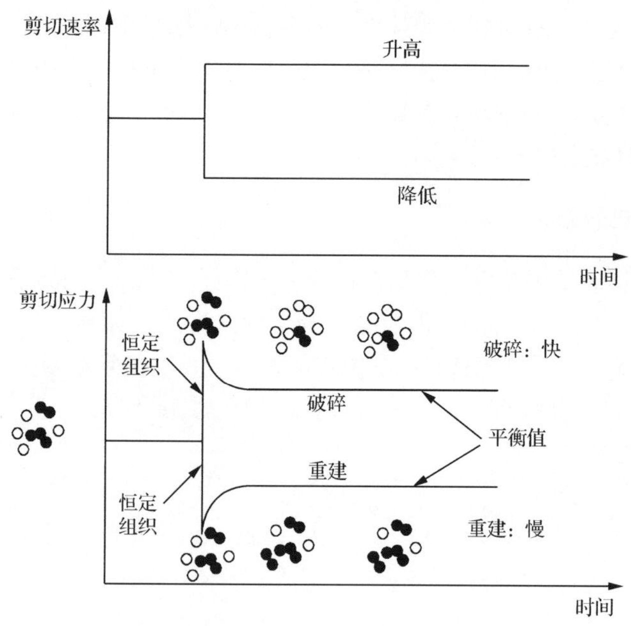

图 3-26　非稳态剪切速率增长或下降试样中微观组织变化[12]

参 考 文 献

[1] Flemings M C. 凝固过程 . 关玉龙等译 . 北京:冶金工业出版社,1981.

[2] 周家荣 . 铝合金熔铸问答 . 北京:冶金工业出版社,1987.

[3] Flemings M C. Behavior of metal alloys in the semisolid state. Metallurgical Transactions A,1991,22A:957-981.

[4] Spencer D B, Mehrabian R, Flemings M C. Rheological behavior of Sn-15pct Pb in the crystallization range. Metallurgical Transactions,1972,3:1925-1928.

[5] 柳百成,荆涛 . 铸造工程的模拟仿真与质量控制 . 北京:机械工业出版社,2002.

[6] 杨湘杰 . 半固态合金(A356)触变成形流变特性及其浇道系统的研究. 上海:上海大学博士学位论文,1999.

[7] Joly P A, Mehrabian R. The rheology of a partially solid alloy. Journal of Materials Science, 1976, 11(8): 1393-1418.

[8] Laxmanan V, Flemings M C. Deformation of semi-solid Sn-15% Pb alloys. Metallurgical Transactions A, 1980,11(12):1927-1937.

[9] Barnes H A. Thixotropy—a review. Journal of Non-newtonian Fluid Mechanics,1997,70:1-33.

[10] Quaak C J, Horsten M G, Kool W H. Rheological behaviour of partially solidified aluminium matrix composites. Material Science and Engineering A, 1994, 183(1-2): 247-256.

[11] Kumar P, Martin C L, Brown S. Shear rate thickening flow behavior of semisolid slurries. Metallurgical Transactions A, 1993, 24(5): 1107-1116.

[12] Modigell M, Koke J. Time dependent rheological properties of semi-solid metal alloys. Time Dependent Material, 1999, 3: 15-30.

[13] Wang N, Shu G J, Yang H G. Rheological study of partially solidified tin-lead and aluminium-zinc alloys for stir-casting. Material Transactions,1990, 31(8): 715-722.

[14] Barnes H A, Hutton J F, Walters K. An Introduction to Rheology(Rheology Series). Amsterdam: Elsevier Science,1989: 3-5.

[15] 罗守靖,程远胜,单巍巍 . 半固态金属流变学 . 北京:国防工业出版社,2011.

[16] Figueredo de Anaclto. Science and Technology of Semi-Solid Metal Processing. Worcester:WPI,2004.

[17] Vandrager B L, Pharr G M. Compressive creep of copper containing a liquid bismuth intergranular phase. Acta Meterialia,1989,37:1057-1066.

[18] 孙家宽 . SiCp/2024 复合材料半固态变形行为及机制 . 哈尔滨: 哈尔滨工业大学博士学位论文,1999: 30-32.

[19] Martin C L, Kumar P, Brawn S. Constitute modelling and characterization of the flow behavior of semi-solid metal alloy slurries-structural evolution under shear deformation. Acta Metallurgical and Material, 1994,42(11):3603-3614.

[20] 袁龙蔚 . 流变力学 . 北京:科学出版社,1986.

第 4 章　流变学在固-液态金属加工中的应用

4.1　流变学在枝晶结构固-液态加工中的应用

4.1.1　引言

枝晶结构固-液态加工过程，首先是充型流动，其流动形式对完整充填型腔有极大影响，如充填不满、缺肉等缺陷，与合金充填行为和模具结构，甚至是温度场、流场息息相关；充型结束后，还存在凝固收缩，继而发生的补缩流动过程，保证补缩通道畅通，及时地补缩金属流动到位，这又是第二个流动问题；另外，补缩过程，也是凝固和变形同在过程，这就是流动与变形互动的问题。因此要获得合格的制件，不研究成型过程中存在的流变学问题，是不可能的。

4.1.2　铸造合金的流变性能

1. 易熔伍德合金(Wood's metal)的流变性能

伍德合金指由铋、铅、锡、镉四种金属元素组成的低熔点合金，其液相线的温度为 73～93℃，共晶成分合金熔点为 70℃。

伍德合金液流变性能测试采用 U 形管。计算出伍德合金液在不同温度时的屈服值 τ_s。

测试结果如图 4-1 所示。由此曲线可见，该合金液在液态情况下不是牛顿体，它具有屈服值。伍德合金液的屈服值 τ_s 随温度升高而减小，当合金液向液相线温度靠近时，屈服值急剧升高；当合金温度超过 95℃以后，屈服值已减至很小，向零趋近，合金流变性能向牛顿体接近。这说明比液相线温度稍高的合金很可能是具有屈服值的液体，即具有宾厄姆流体的流变性能。

由上述测试结果可以推论，一般过热度较高的合金液可视作牛顿型流体，故在研究金属液在浇注系统中的流动规律时，可把当时的金属液视作牛顿型流体。但在压力铸造、液态金属挤压时，金属充填型腔时的温度较低，很可能有屈服值在影响着金属充填浇注系统和型腔的过程。

2. 含树枝晶固-液合金的流变性能

考虑到固-液合金塑性，在测定合金流变曲线时，对合金施加的应力具有两个

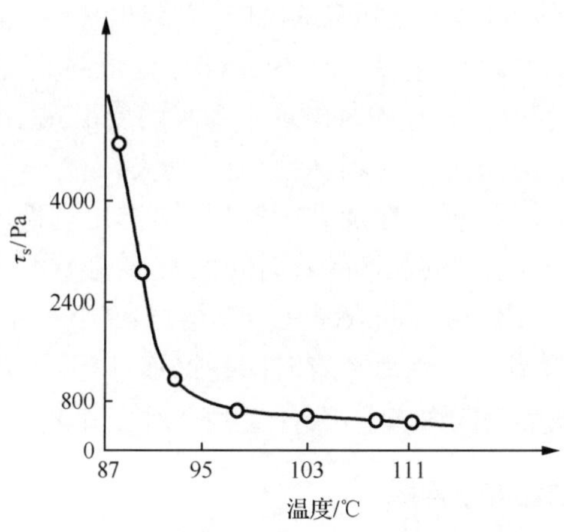

图 4-1　伍德合金液态时的 τ_s 与温度的关系[1]

数值:①较小的不变切应力,使该数值比合金的屈服值小。②较大的不变切应力,该数值应比合金的屈服值大。测量时,设定合金的温度为固-液相线间的某一温度。图 4-2 所示为测得的 ZL203 铝硅合金的 γ-τ 流变曲线。加载开始后经 12min,即 $t = 12$min 时卸去载荷,继续记录 γ 随时间的变化,至 $t = 24$min 时终止测量。

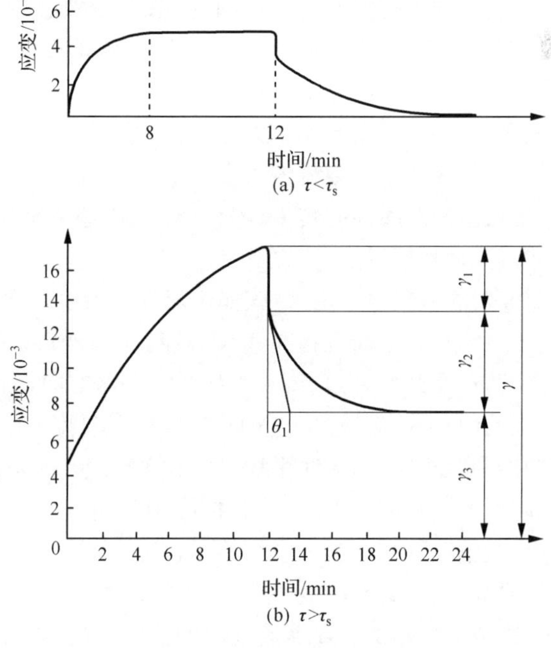

图 4-2　固-液态 ZL203 铝硅合金的 γ-τ 曲线(τ=const)[1]

由图 4-2(a)中曲线可见,开始加载的瞬间,立刻出现一小的变形,而后随着时间的推移,变形量逐步加大,一直到 $t = 8\text{min}$ 时,变形终止,曲线转为水平走向。在 $t = 12\text{min}$ 时,撤去载荷,合金即时出现一个小的变形减小量,然后随着时间的推移,变形量继续减小,直至某一时刻,变形全部消失。

分析图 4-2(b)的曲线,可见在加载瞬间时,同样出现即时的变形,其值大于图 4-2(a)曲线上的对应值,然后同样随着时间的推移,变形量增大,但没有出现变形终止的情况。在 $t = 12\text{min}$ 的卸载瞬间,变形立刻变小一部分,其值与 $t = 0\text{min}$ 加载初始的瞬间增大值相等。然后随着时间的推移,变形继续趋小,至某一时刻,变形量不再变小,曲线的走向为水平,在合金上得到残余变形。

4.1.3 压铸充型中的流变学问题

压铸充型是在高压高速下进行,金属液流动可以认为是带有自由表面的常物性黏性不可压缩的牛顿型流体的非稳态流动。由于充型时间短,而雷诺数通常大于10^5,其流动被认为是未充分发展的紊流流动,流体前沿是不连续的,甚至有喷射雾化现象。

显然压铸充型中,流体流动模型确认为是牛顿型流体[2]。为此,其模具结构设计、压射压力和压射速率的选取,都从这一认识出发。显然,引用流体动力学有关理论,存在局限性。因为熔融金属流动时的运动现象,被传热过程复杂化了。传热过程所形成的浇口系统和型腔的温度场是不断变化的,使液态金属的黏度也随时间沿金属的横截面和长度发生变化。很显然,压铸充型流动过程,实质是一个流变学问题。当金属液获得高压通过内浇道,以高速充满型腔,而后凝固成形,其中流动过程,包括流动速率、流动方向的设计,就是要遵循流变学原则:流体的流变特性,是属牛顿型流体,还是属非牛顿型流体。实际上,金属液温度在充填过程中,发生牛顿型流体向非牛顿型流体属性的转变;另外,压力传递受阻,即内浇口处到压力传递可及范围下降,流动耗能增加,速率下降。

流动方向[2],即金属液从内浇口出来,该如何流动,文献[2]把压铸充型分成主干型腔充填和非主干型腔充填。前者指高速金属流,从内浇口以某一角度射入型腔后,沿着充填面流动,不断改变着力点,并顺势改变充填方向,金属液仍以此形态充填与原型面相连接的面,如此充填一直到末端,称主干型腔。在主干型腔流动的金属液,没有互相冲击和互相会合,流线平稳。因此,主干应是压制件最重要部位,最大部分一般占压制件表面积的 70%。而非主干型腔,即主干充填金属流作横向扩展或回流,在这里,金属液互相冲击、互相会合,直至充填整个型腔。要达到此目的,必须遵守流变学原则:内浇道与压制件主干型腔所属范围内的任意部位,可通达的金属流线最短;内浇道压出的金属液流线群的流向应基本一致,并沿着主干型腔扩展充填。以此作指导,进行合理浇注系统设计(含浇注系统位置及入射角)。

压铸充型金属液流变设计中，必须充分考虑不均匀流动充型。由于型壁温度较低(与金属液比)，存在摩擦阻力，充填流动中，存在滞后层；另外型腔厚度变化，也存在扩展充型或挤压充型等情况，均必须予以考虑。

4.1.4　缩松形成的流变学行为

缩松是制件在凝固过程中，由枝晶搭接形成的细小孔道，得不到液态金属及时补缩而形成的。通常把由枝晶搭接的空间，视为多孔介质，采用达西公式进行理论计算，但文献[1]推导出了一个新公式，通过多孔介质的比流量 q[1]：

$$q = -K_D(\Delta p/L)\eta_{eff} \tag{4-1}$$

或

$$q = -K_D(\Delta p/L)\{[1/\eta_2\exp(t/\theta_1)] + [1 - 4/3(\tau_S/\tau_W)]/\eta_1\} \tag{4-2}$$

式中：K_D 为枝晶空间的可透性系数；$\Delta p/L$ 为枝晶补缩层中的压力梯度，Pa/m；η_{eff} 为黏弹性流体的有效黏度，Pa · s；η_2 为开尔文体机械模型中牛顿型流体的黏度，Pa · s；θ_1 为开尔文体的后效时间，s；η_1 为宾厄姆流体机械模型中牛顿型流体黏度，Pa · s；τ_S 为宾厄姆流体机械模型中圣维南体的屈服值，Pa；τ_W 为圆管壁面上的剪切应力，$\tau_W = -R_h\Delta p/L$，Pa；R_h 为圆管水力半径，m；Δp 为管两端压力差，Pa；L 为管长，m。

当合金的流动时间 t 大于开尔文体后效时间 θ_1 的 6 倍时，其后效弹性变形已接近极限值，即不能再继续变形参与流动。随后流动均是宾厄姆体的黏塑性流动，因此在 $t \geqslant 6\theta_1$ 情况下，式(4-2)应改为[1]

$$q = -K_D(\Delta p/L)\{[1 - 4/3(\tau_s/\tau_W)]/\eta_1\} \tag{4-3}$$

故由式(4-2)和式(4-3)可以推论，制件凝固过程中，在固-液态合金开始对枝晶中孔隙进行补缩时，由于其流变性能机械模型中的开尔文体参与流动，可使固-液态合金的有效表观黏度变小，合金流动性表现稍大。但在补缩流动中，随着流动时间的延长，串联的开尔文体逐渐丧失流动性，使合金的有效表观黏度增大，最后达到宾厄姆流体所体现的表观黏度。所以在厚大制件的后阶段凝固收缩时，补缩时间超过 $6\theta_1$ 合金的补缩能力由合金的黏塑性决定。

将 τ_W 表达式代入式(4-3)，可得

$$\Delta p/L - 4\tau_s/3R_h = \eta_1 q/K_D \tag{4-4}$$

此式中的 $4\tau_s/3R_h$ 项是一个与固-液态合金屈服应力和枝晶间孔隙形状有关的参数，它具有压力梯度的单位，只有当 $\Delta p/L$ 值大于 $4\tau_s/3R_h$ 值时，固-液态合金在枝晶孔隙中的比流量 q 才能实现，否则固-液态合金不能进行补缩流动，在制件内得到缩松的缺陷。故可把 $4\tau_s/3R_h$ 定义为临界压力梯度 $(\Delta p/L)$[1]。即

$$(\Delta p/L)_0 = 4\tau_s/3R_h = \Delta p_0/L \tag{4-5}$$

所以式(4-3)可写成[1]

$$q = K_D[(\Delta p/L) - (\Delta p/L)_0]/\eta_1 = K_D[(\Delta p - \Delta p_0)/L]/\eta_1 \qquad (4\text{-}6)$$

由此式可推论，只有当枝晶间的压力梯度大于临界压力梯度，或外界压力 Δp 大于与固-液态合金 τ_s 和枝晶内孔隙形状特点有关的临界压力值 Δp_0 的时候，制件的补缩才能进行。而且随着补缩距离的增大，临界压力 Δp_0 的值也随着增大，所需的外界压力 Δp 也要求越来越大。当然这是在考虑温度不变的情况下。

4.2　流变学在半固态金属加工中的应用

目前应用于生产的典型半固态金属加工过程主要有模锻、压铸和射注三个过程。本节试图运用前面的理论分析和实验观察，对过程本身的流变学问题进行粗浅分析。

4.2.1　剪切应力场生成

半固态金属加工的基本特征是：加工体属触变性流体，具有剪切变稀的力学行为和依时特征。而剪切变稀的力学条件，必须形成一个剪切应力场，作用于加工体，以产生解聚和重构的组织变化。

1. 压缩变形下的剪切应力场

一般模锻和压铸均属压缩变形情况。剪切应力场形成，其直接原因是金属流动不均匀，其基本形式如下。

1）相邻金属流速大小不同

例如，镦粗时，由于坯料与工具接触面摩擦影响，存在三个变形板块，如图 4-3 所示。

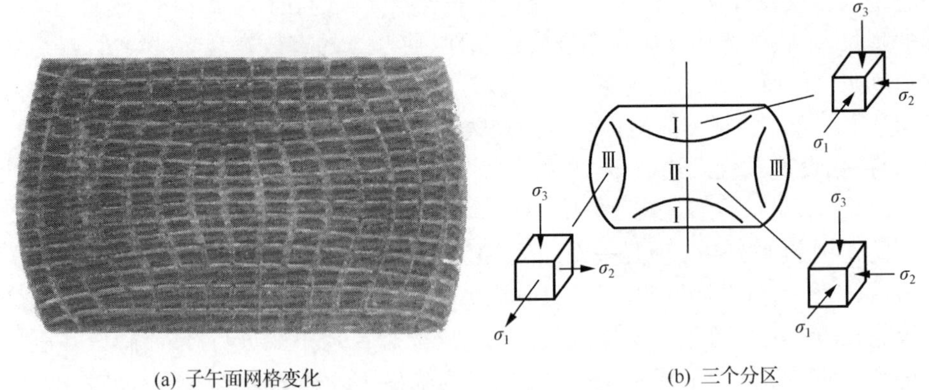

(a) 子午面网格变化　　(b) 三个分区

图 4-3　平砧镦粗时坯料子午面网格变化和三个分区[3]

从图 4-3 看出，不同高度径向流速不一致，以中部流速最大，导致相邻金属间发生剪切变形。又如挤压时，坯料中心部位与周边流速相差很大，造成坯料承受纯拉伸变形，而周边承受剪切变形。其原因是坯料与挤压模膛壁接触处存在较大的摩擦，如图 4-4 所示[4]。

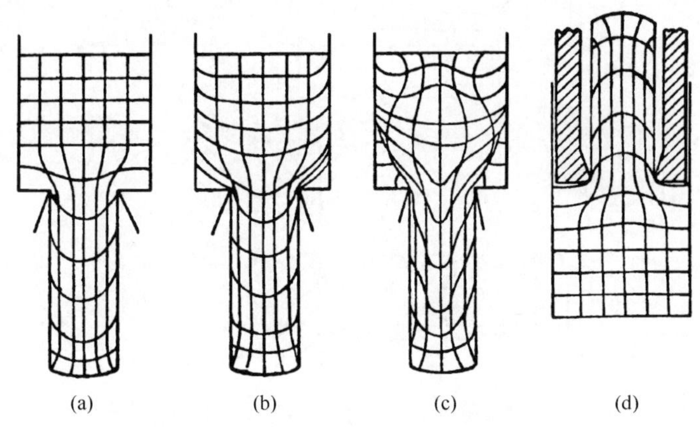

图 4-4　挤压变形下引起的剪切变形[4]

从图 4-4 看出，图 4-4(a)近似均匀变形，属坯料润滑良好，或静液挤压和反挤压[图 4-4(d)]；图 4-4(b)属挤压筒摩擦较大情况，挤压模角处网格强烈扭曲；图 4-4(c)属挤压筒与坯料界面间存在很大的摩擦，金属流动集中于中心，出现一内部剪切面。当坯料表面受低温挤压筒激冷时也可能出现这一情况。

2）金属流动方向突然变化

这种情况，最典型的是等径道角挤压(ECAE)，在半固态加工输送金属中常见，其基本原理是[5]存在剪切变形。

实例 1. 压铸下的注射系统。半固态浆料从压射室经横浇道至内浇口，射入模膛，其流道多次变化，使其经受剪切变形，如图 4-5 所示。

实例 2. 半固态间接模锻。其内浇口处，金属流向发生改变，形成很大的剪切变形，如图 4-6 所示。

2. 搅拌下的剪切应力场

搅拌制浆和搅拌输送相结合，是射注触变成形的基本原理，其机制是金属在搅拌过程中不断改变流动方向，形成一个瞬时变化的剪切应力场。因此，在搅拌条件下，其剪切应力是不断变化的。

4.2.2　半固态金属模锻成形

半固态模锻是将一定质量的半固态坯料，加热至半固态金属温度后，迅速转移

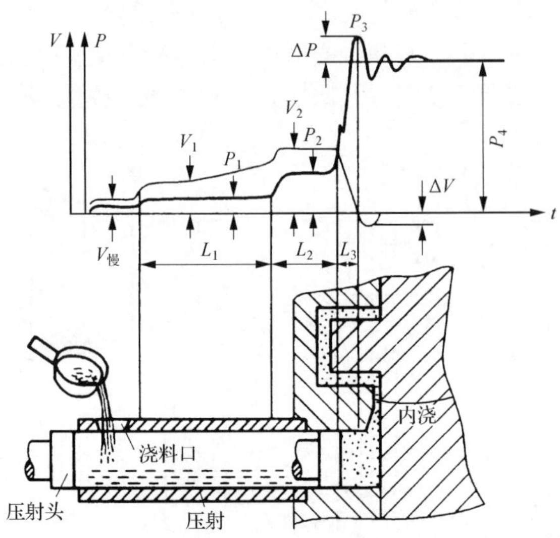

图 4-5　半固态压铸下浇道系统变化引起的剪切变形[6]

V-速率；P-压力；ΔP-压力冲击波，P_4-增压压力；t-时间

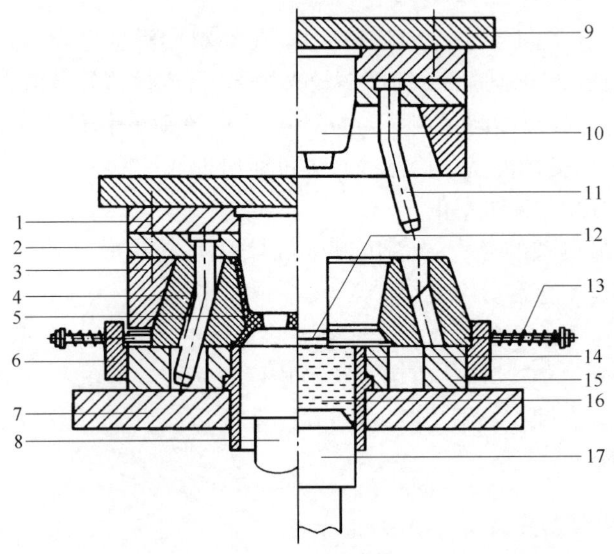

图 4-6　半固态间接模锻模具结构图[5]

1-凸模压板；2-弯销压板；3-锁模套；4-可分凹模；5-制件；6-挡板；7-下模板；8-顶杆；9-上模板；10-凸模；11-弯销；12-导轨；13-可分模块定位部件；14-导套；15-下模压板；16-合金液；17-压头

至金属模膛，随后在机械静压力作用下，使处于半熔融态的金属产生黏性流动、凝固和塑性变形复合，从而获取毛坯或零件的一种金属加工方法。图 4-7 为一套立式半固态模锻生产现场平面布置图。

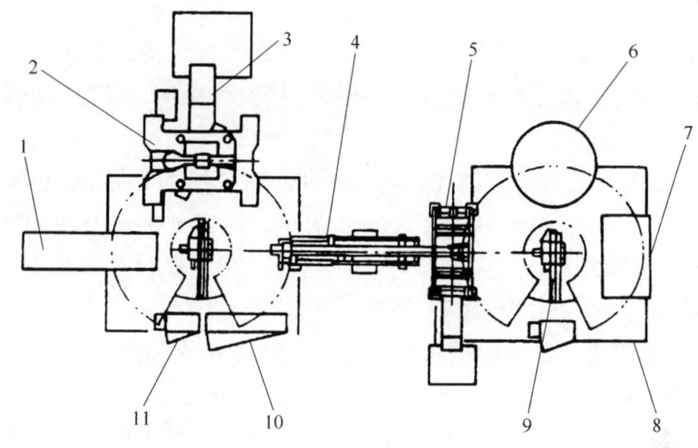

图 4-7　半固态成形生产线的平面布置图[5]

1-送料装置；2-立式半固态成形机；3-残渣清除装置；4-半固态成形件冷却装置；5-去毛刺机；6-后处理系统；7-集装箱包装系统；8-安全护栏；9-工业机器人；10-系统控制柜；11-机器人控制柜

工业机器人将冷坯料装入位于立式半固态成形机的加热圈内。位于机器下部平台上的感应加热圈将坯料加热到合适的成形温度。在完成模具润滑以后，两半模下降并锁定在注射口处。在一个液压圆柱冲头作用下，将坯料垂直地压入封闭模具的下半模内。在压入过程中能使坯料在加热时产生的氧化表面从原金属表面剥去。当冲头在垂直方向上运动时，剥去氧化皮的金属被挤入模具型腔内。零件凝固后，两半模分开，移出上次铸射的成形件。但是，制件残渣仍留在下半模内，通过一个自动化系统将这些残渣清除并放入残渣箱内以备回收，再装入另一坯料进行下一零件的生产。

1. 半固态模锻用模具设计流变学分析

半固态模锻生产时，工艺参数的正确采用，是获得优质制件的决定因素，而模具则是提供正确选择和调整有关工艺参数的基础。

半固态模具在生产过程中所起的作用如下：

(1) 决定制件的形状和尺寸精度。

(2) 对正在凝固的半固态金属，施以机械压力，其模具强度要确保施压的要求。

(3) 进行制件的热交换，以控制和调节生产过程的热平衡。

(4) 操作方便，包括转移、施压和顶出等工步，有利于提高生产效率，提高模具寿命和降低成本。

由此可见，制件的形状和精度、表面要求和内部质量、生产操作进行程度(稳定生产)等方面，常常与半固态锻模的设计质量和制造质量有直接关系。

1）半固态模锻的流变学行为

半固态模锻流变学行为研究应包括：①压力如何有效传递到坯料，使其产生剪切变稀的充填流动；②流变场设计，以保证坯料按设计做定向流动，实现有效充填；③流变参数计算和选择。

半固态模锻件多属短轴类制件，最典型的有轴对称实心体、空心体和杯形件；另外还有长轴类件，形状与压制件相近的复杂件。但实际生产中，要想获得优质制件，壁厚是首要考虑的因素。这是因为，半固态模锻时，制件内压力分布是不均匀的，而且是不断变化的。由于摩擦力造成压力损失，制件中紧靠加压冲头的部位受力大，而远离的部位受力小；由于加压冲头受到结晶硬壳越来越大的支撑作用，制件内层后结晶时所受压力总是低于先结晶者；另外，由于开始加压时间的存在，制件中总有部分表层是在非加压条件下凝固的。因此，为确保最佳加压效果，设计时必须注意：

（1）尽量把制件重要受力部位或易产生缩松的部位靠近加压冲头；将加压前的自由凝固区和冲头挤压冷隔放在零件的不重要部位或制件的加工余量中去。

（2）壁厚比较均匀的制件，可以用“同时凝固”的原则进行设计。个别薄壁处应适当加大厚度，以避免过早凝固后，妨碍冲头压力向其他部位传递；个别厚壁处需适当减薄或使其快冷，以防止凝固过晚而造成补缩不良。

（3）壁厚相差较大的制件，可用“顺序结晶”的原则进行设计，使薄壁处远离加压冲头而优先凝固，壁厚处靠近加压冲头而后凝固。为此，需适当调整制件个别部位的尺寸。

（4）间接冲头挤压或有内充填道的半固态模锻，必须有足够厚度的内充填口，以保证对制件的压力补缩。有条件时，应尽可能使制件达到“顺序结晶”的目的，就像双冲头压铸那样。

2）半固态模锻下金属流动

半固态模锻下流动有镦粗流动、镦挤流动和压注流动等。平冲头直接加压，表现为短距离充填，其特征是高向减缩，径向增大的短距离充填，其流动量很有限，适用于实心类制件成形。异形冲头加压，属镦挤流动，其特征是，镦粗和挤压相结合，形成各种内腔或凸起、凹陷等，其金属流动量较大，适用于各种较复杂形状成形。平冲头间接加压，与压铸充填相类似，半固态浆液通过较粗的内浇口，进入闭式模腔，此时浆液承受较大的剪切，发生剪切变稀充填，适用于成形各种壁厚较薄的复杂壳体件。

（1）镦粗充填。镦粗充填特征是高向减缩，径向扩展，实现短距离充填，如图 4-8所示[7]。对于幂律流体，Bird 等推导结果[7]为

$$P=\frac{-\dot{h}}{h^{2n+1}}\left(\frac{2n+1}{2n}\right)^{n}\frac{\pi kR^{n+3}}{n+3} \tag{4-7}$$

式中：P 为外载荷，N；$\dot{h}=\mathrm{d}h/\mathrm{d}t=U_z(z=h)$，m/s；$n$ 为幂指数，n 为 0.2～0.7；k 为稠度系数；R 为模腔内径，m。

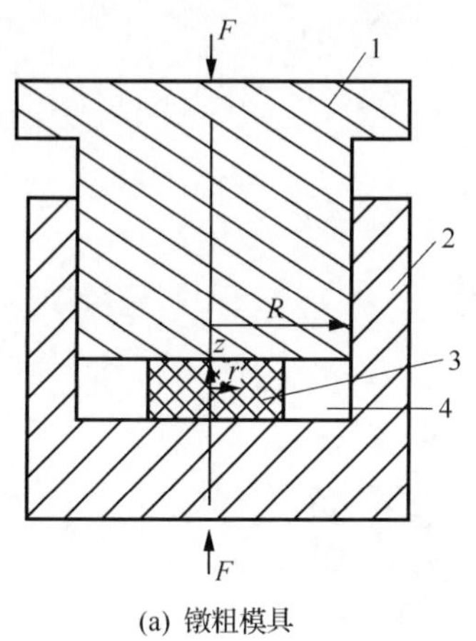

(a) 镦粗模具

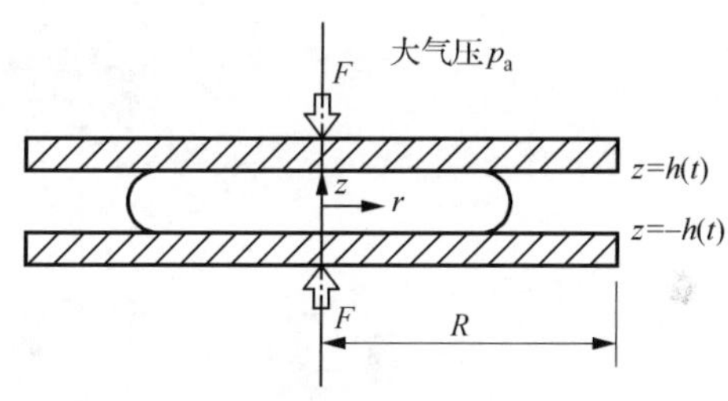

(b) 镦粗流动示意图(柱坐标，坯料初始高度为h_0)

图 4-8　镦粗充填流变示意图[7]

1-阳模；2-阴模；3-料锭；4-模腔

(2) 挤压充填。挤压充填，与反挤压相似，如图 4-9 所示[8]。半固态金属在冲头端面的作用下，流入凸凹模组成的环形通道，实现充填流动。其充填过程可分三个阶段：第一阶段，凸模端面与半固态金属相接触，并施以外载荷，产生镦粗流动。此时，端面下的半固态金属径向扩展，经受剪切变形，同时，实现反向充填的触变流动，挤压力急剧增长。第二阶段，凸模继续下行，迫使更多半固态金属做充填流动，此时的变形区还未变，只是凸凹模之间的环形间隙不断为反向的半固态金属所充填。第三阶段，充填完毕，此时凸模下行停止。可以采用反挤压变形力公式[7]，近似计算充填流动的变形力：

$$p=\sigma_{\mathrm{t}}\left[\frac{D^2}{d^2}\ln\frac{D^2}{D^2-d^2}+\left(1+\ln\frac{D^2}{D^2-d^2}\right)\left(1+\frac{\mu}{3}\frac{d}{h}\right)\right] \tag{4-8}$$

式中：D、d 为分别为凹模内径和凸模外径，m；μ 为半固态金属与凸模端面流动时的摩擦系数；h 为半固态毛坯原始高度，m；σ_{t} 为触变强度，$\sigma_{\mathrm{t}}=k\cdot\dot{\gamma}^n$；$n$ 为流动指数；k 为稠度系数；

(3) 压注充填。压注充填原理如图 4-10 所示[8]。首先把半固态坯料置于模腔，上模下行封闭挤压模膛，对坯料实现镦挤，充填模膛成形。其加压方式与正挤压相似。

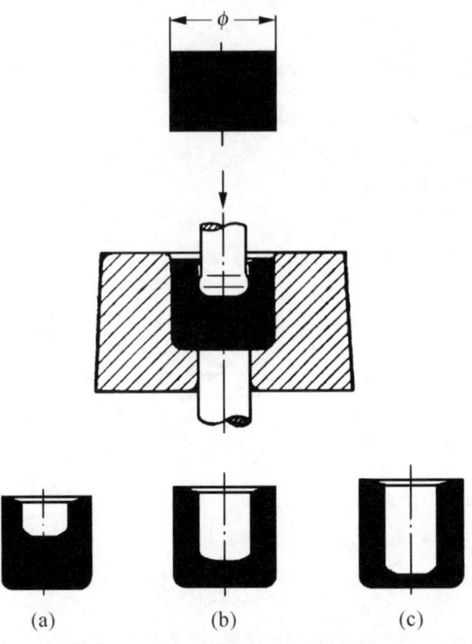

图 4-9 挤压充填示意图[4]

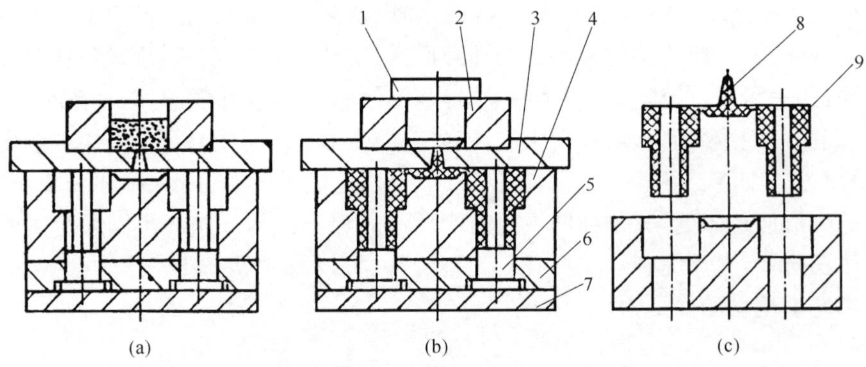

图 4-10 压注触变成形[8]

1-上冲头；2-挤压室；3-上模座；4-凹模；5-凸模；6-凸模固定板；7-下模座；8-余料；9-制件

2. 三种典型半固态模锻模具结构

1）压挤充填模具结构

压挤充填模具典型结构如下：①必须有足够半固态金属流动空间，以实现剪切变稀的充填流动；②闭合与开启模具行程较长，以确保凸凹模之间有足够的行程；③必须有导向装置。

实例 1. 反挤压充填。图 4-11 为活塞半固态模锻模具结构。加热至半固态温度的坯料置于凹模 11，由凸模块 8、9 组成的凸模对毛坯施压，使坯料产生剪切变稀充填，并迫使浮动顶杆 18 下降，当凸凹模相接触，利用弯销 10 迫使可分凹模压紧，浮动顶杆 18 向上再加压、保压，直至过程结束。取下合模块 4，凸模回程，由于燕尾槽作用，使凸模 9 向中心移动，直至与制件凸台分开，凸模继续上行，在弯销 10 的作用下，可分凹模 13 分开，制件在浮动顶杆 18 的作用下，从凹模顶出。

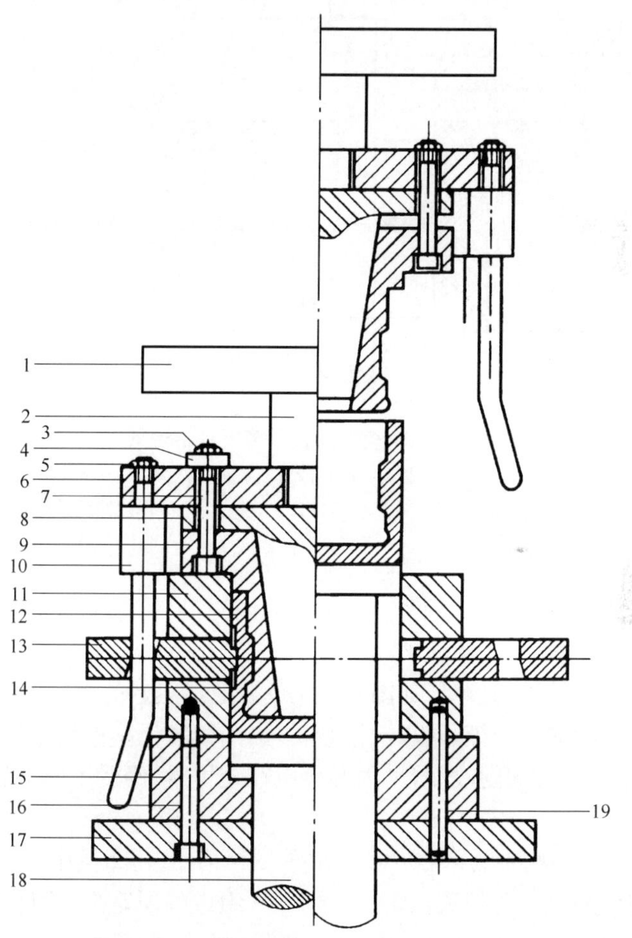

图 4-11　反压式半固态压挤模具结构图[9]

1-上模板；2-模柄；3、5-活塞；4-合模块；6-凸模连接板；7-拉杆；8-内凸模；9-外凸模；10-弯销；11-凹模；12-制件；13-可分凹模；14-防胀板；15-凹模垫板；16-螺栓；17-下模板；18-浮动顶杆；19-定位销

实例 2. 复合压挤充填。图 4-12 为铝车轮毂复合挤压模具结构。坯料加热至半固态温度后，置于压室内，凸模 10 下行，弯销 11 进入凹模孔槽，将可分凹模 4 缩紧，迅即压头 21 对坯料加压，实现剪切变稀充填过程。

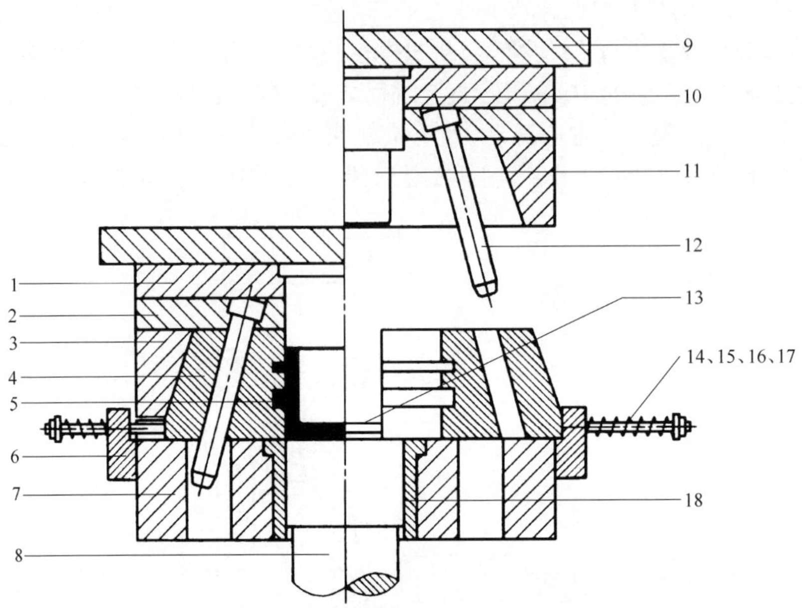

图 4-12　铝轮毂半固态压挤模具结构图[9]

1-凸模压板；2-弯销压板；3-锁模套；4-可分凹模；5-制件；6-挡板；7-下模板；8-顶杆；9-上模板；10-凸模；11-弯销；12-导轨；13、14、15、16、17-可分模块定位部件；18-导套

2）半固态压注模结构

压挤与压注的区别在于，后者有一个粗的内浇口，确保半固态金属获得大的剪切变形，平稳地实现剪切变稀充填。

实例 1. 同向式压注充填。如图 4-13 所示，把加热好的半固态坯置于压室内，利用专用压机活动横梁合模，同步镦粗坯料，沿凸模和压室壁组成的间隙向上流动至内浇口，由于流动方向的改变，半固态金属在充填时，经受大的剪切变形，实现剪切变稀充填。

实例 2. 对向式半固态压注充填。如图 4-14 所示。凹模水平式分模，由主缸合模。半固态坯加热后置于顶杆 17 和导套 16 组成的压室内，然后顶杆上行，当坯料与分流锥 21 相遇时，经内浇口，实现剪切变稀的充填流动。

4.2.3　半固态金属压铸成形

半固态压铸实质是在高压作用下，使半固态坯料以较高的速率充填压铸型型腔，并在压力作用下凝固和塑性变形而获得制件的方法。

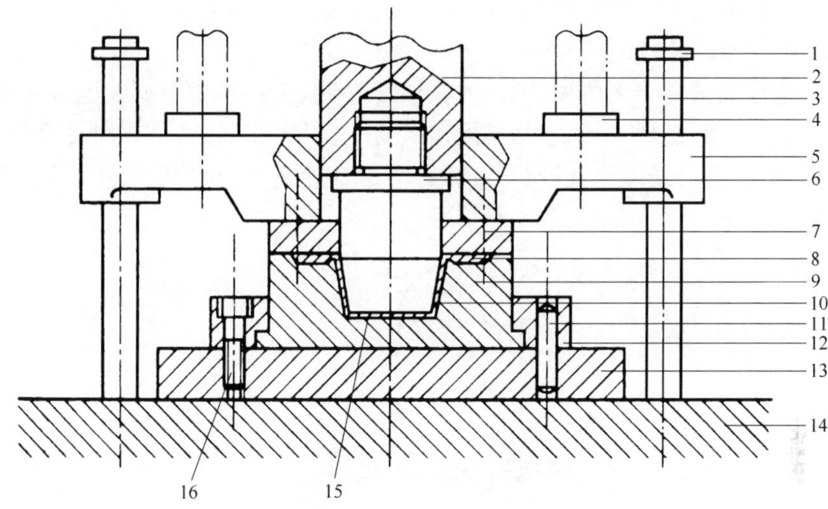

图 4-13　同向式半固态压注充填模具结构图[9]

1-挡块；2-主缸活塞杆；3-立柱；4-辅助缸活塞；5-活动横梁；6-凸模；7-上凹模板；8-制件；9-凹模；10-浇道；11-定位销；12-凹模压板；13-下模板；14-工作台；15-余料；16-螺栓

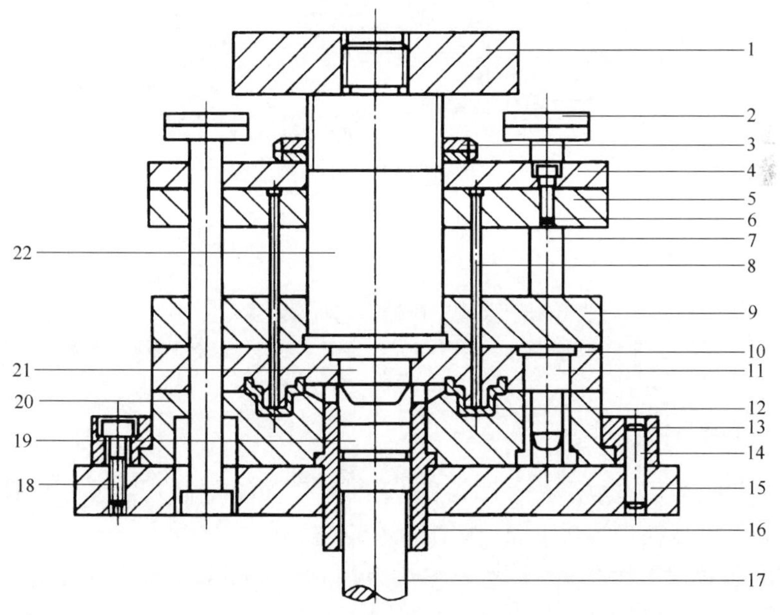

图 4-14　对向式半固态压注充填模具结构图[9]

1-上模板；2-打料拉杆螺母；3-打料板定位螺母；4-打料压板；5-打料板；6、18-螺栓；7-打料拉杆；8-打料杆；9-上凹模压板；10-上凹模板；11-导正销；12-制件；13-凹模压板；14-定位销；15-下模板；16-导套；17-顶杆；19-压头；20-下凹模板；21-分流锥；22-模柄

高压和高速是半固态压铸的两大特点。通常采用的压射比压为 20～200MPa，充填时的初始速率(称为内充填口)为 15～70m/s，充填过程在 0.01～0.2s 内完成。

半固态压铸通常分为两种：第一种将半固态坯料直接压射至型腔里形成制件，称为流变压铸；第二种将半固态浆料预先制成一定大小的锭块，需要时再重新加热到半固态温度，然后送入压室进行压铸，称为触变压铸。图 4-15 是半固态压铸工艺示意图。

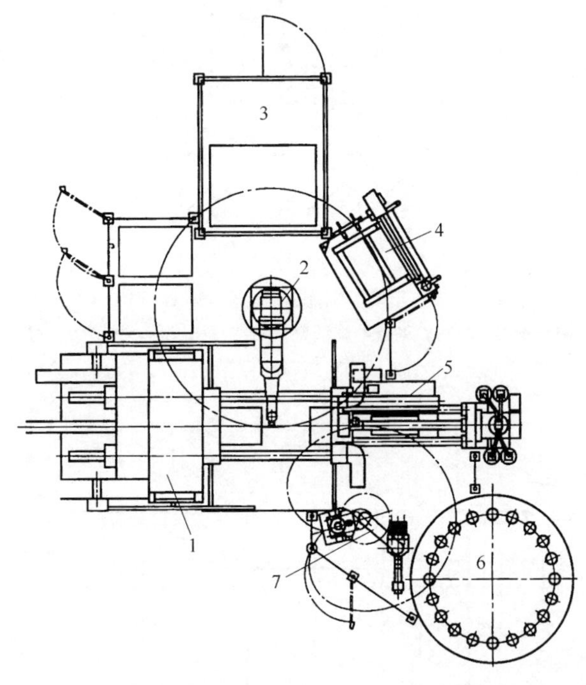

图 4-15　半固态压铸工艺布置示意图[5]

1-连续供给合金液；2-感应加热器；3-冷却器；4-流变铸锭；5-坯料；6-坯料重新加热装置；7-压射室

1. 半固态压铸过程

这些年来，半固态成形技术发展了两种截然不同的商业应用：①压铸设备水平半固态压铸；②压铸设备自下而上的半固态模铸。

最初，麻省理工学院把半固态材料认为是一种为传统高压压铸技术提供的原料。看起来，压铸好像是一种比较理想的成形半固态材料的方法，原因如下：①采用刚性的钢模具，具有最高的精确度；②使用高压注射或压缩力；③高度自动化。半固态原料的黏性可以减少充填过程中的紊乱，也会减少由于收缩和空气夹杂产生的气孔。无论如何，尽管在制件整体性上得到了很大的提高，早期半固态制件的力学属性并没有提高到满足实际应用的需求，特别是延展性方面。这可能是由于那个时候生产半固态原料所采用的是机械搅拌技术，也有可能是采用了原来标准的模锻工艺和设备，并没有对工艺和设备作出适当的修改，以生产高质量的零件。无论哪个原因，在成形过程中，都有产生氧化物的强烈趋势，从而半固态加工被认为不是一种高质量的加工方法。

2. 半固态金属压铸流变学分析

在压铸环境下，流体的流动为压力流动，其流动现象与毛细管内流体相似(图 4-16)。

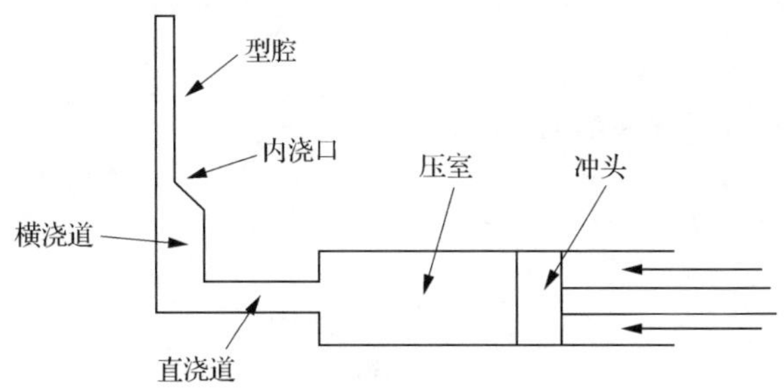

图 4-16　压铸机压射金属结构图[10]

1) 半固态金属充模分析

现在以半固态 A356 为例，进行讨论。如图 4-17 所示，充模过程中，铝合金糊首先进入浇注系统，然后呈流线型充入模腔。在工艺条件合适情况下，呈扩展流动，如图 4-18 所示。扩展流动分三个阶段：前锋呈辐射状流动、前锋呈圆弧状流动和前锋呈匀速流动。

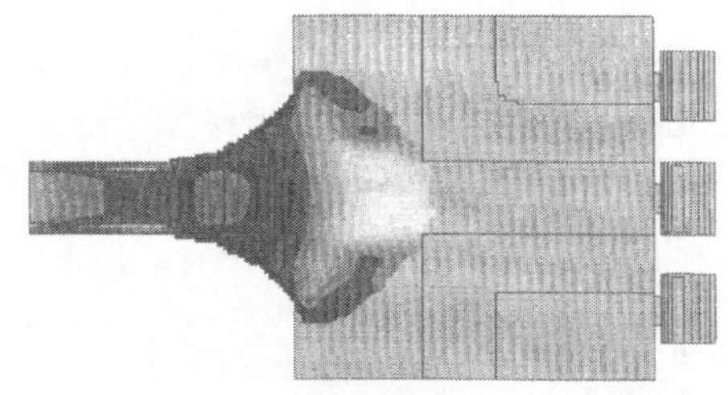

图 4-17　半固态铝合金触变成形中金属流动状态[10]

当半固态金属从内浇口流入模腔，便迅速形成一个流出源，并向模腔内壁做扩展流动，呈辐射圆弧状；呈扩展运动的半固态金属，继续向内壁扩展，直至与模壁接触，受模壁约束，扩展流动将呈向前流动趋势，且中心部金属流动快，近模壁金属由于摩擦作用，流动较慢，呈圆弧状流动；随着第二阶段的发展，由于空气界面作用，前锋金属温度将下降，形成一个低温半固态黏性流动区(前沿膜)，金属在该区的阻

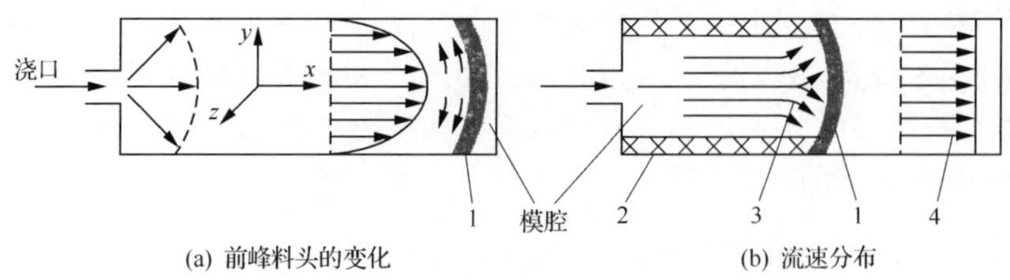

(a) 前峰料头的变化　　(b) 流速分布

图 4-18　扩展流动模型[8]

1-低温熔膜；2-凝固壳；3-熔体流动方向；4-低温熔膜处的流速分布

滞下，向前流动将趋向一致。

2）半固态金属触变成形流场分析[10]

其流变本构方程和黏度方程，列于式(4-9)[10]

$$\left.\begin{aligned} \tau &= k\dot{\gamma}^{n} \\ \eta &= k\dot{\gamma}^{n-1} \\ k &= 9.12\times10^{-14}\times10^{0.0047} \\ n &= 4.03-0.004T \end{aligned}\right\} \tag{4-9}$$

运用 MAGMAsoft-thixo 软件，在压铸环境下进行模拟和实验，其充型量按 70%、75%、85%和 90%变化[10]。

(1) 充型过程。

①在充型的四阶段中，无论是平行于金属流动方向前沿的合金位置和形态，还是垂直金属流动方向前沿的合金位置和形态，模拟结果均能较准确地反映实验结果，说明其流变方程、黏度方程可描述半固态铝合金的充型流动过程；②半固态金属触变压铸充填过程，时间极短，可以视为一个等温过程，其温度为 570～580℃，体积分数 f_L 在 0.5～0.6 变化，反映了为该固相体积分数时有较好的充型过程；③在半固态金属压铸触变充型过程中，金属充型顺序为：从内浇口出来后，充填厚度为 5mm 的截面区[图 4-19(a)和(b)]，然后充填厚度为 3mm 的截面区[图 4-19(c)中 A 点]和厚为 1mm 的截面区[图 4-19(c)中的 B 点]。

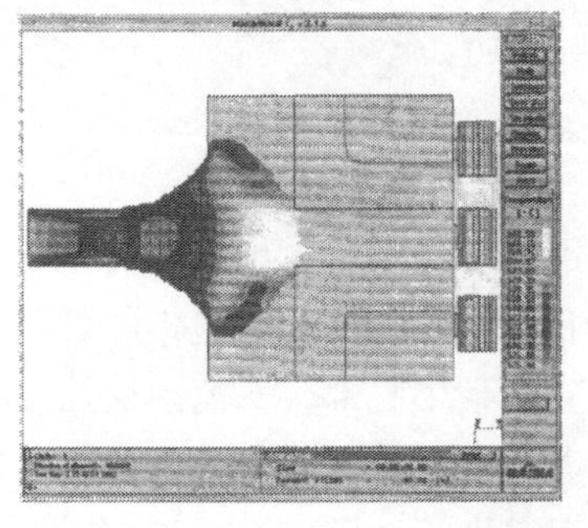

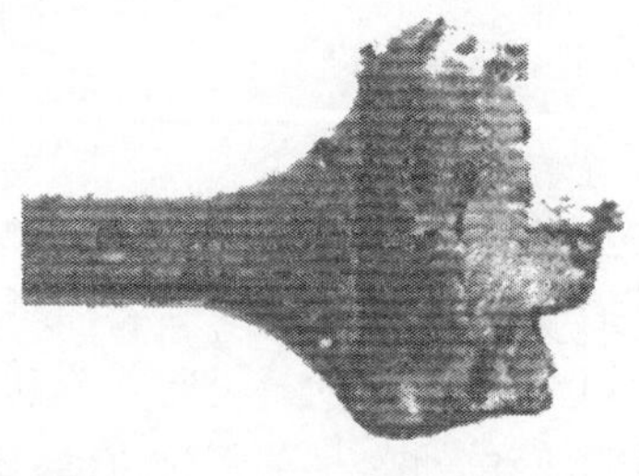

(a) 充型70%

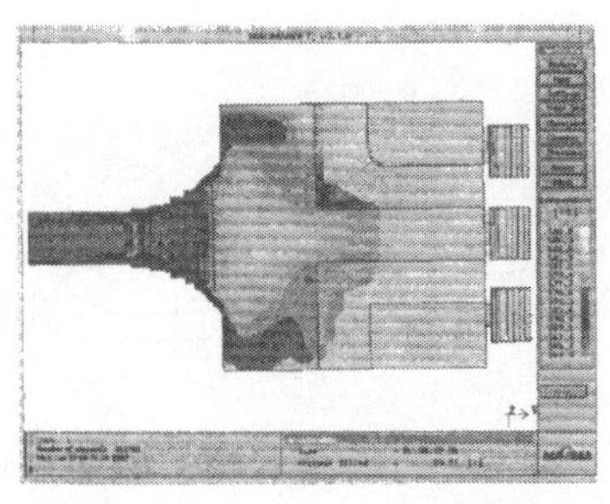
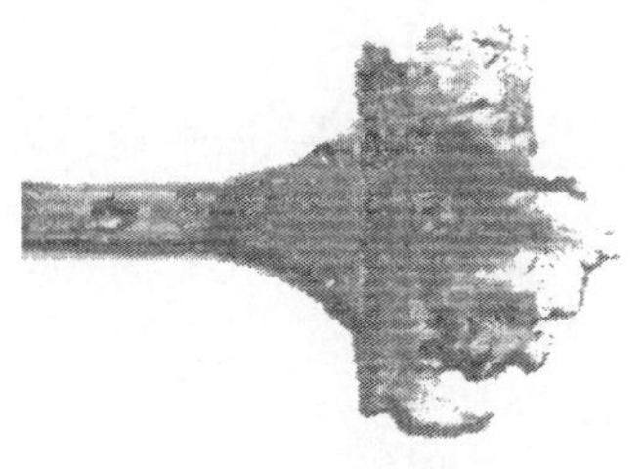

(b) 充型75%

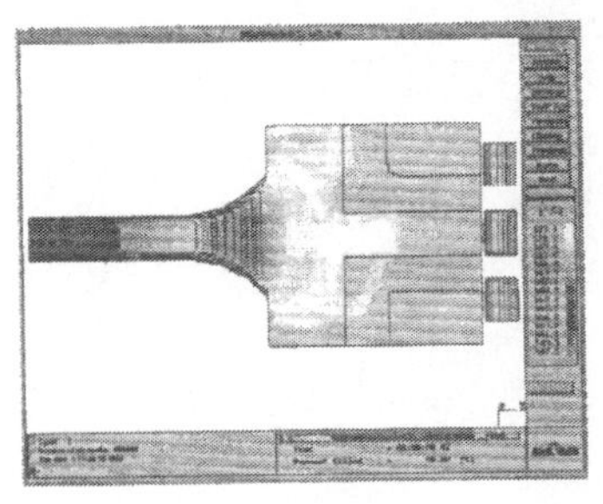
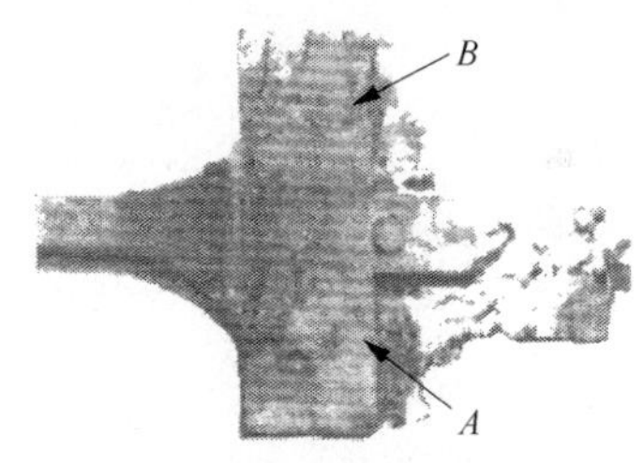

(c) 充型85%

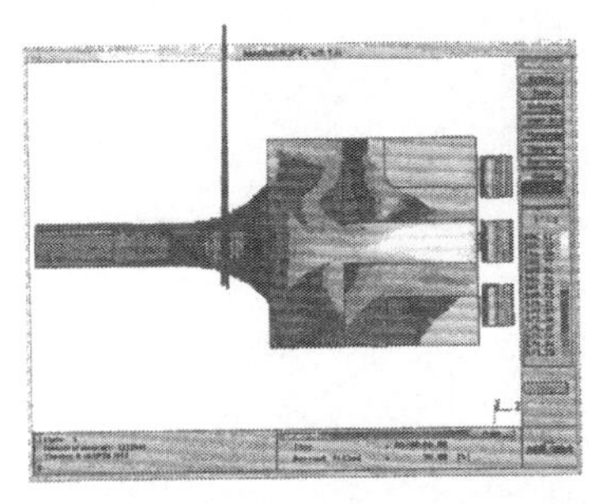

(d) 充型90%

图 4-19　半固态铝合金触变压铸充填模拟与实验对比[10]

(2) 温度场模拟与实测。

由于模具预热：静模为 150℃，动模为 185℃，合模后分型面温度约为 180℃[图 4-20(a)]，所以曲线的前沿有一台阶，而模拟时设置静模温度为 150℃，合模温度升到 180℃[图 4-20(a)中 A 点]。当半固态金属充型时，由于金属与模具强烈传热，使温度从 575℃降至 415℃[图 4-20(b)中 b 点]，模拟与实测两曲线非常接近[图 4-20(a)中 B 点]。

(3) 压力模拟与实测。

当充型结束，压射冲头速率几乎为零，冲头仍在增压状态：模拟压力为 52MPa

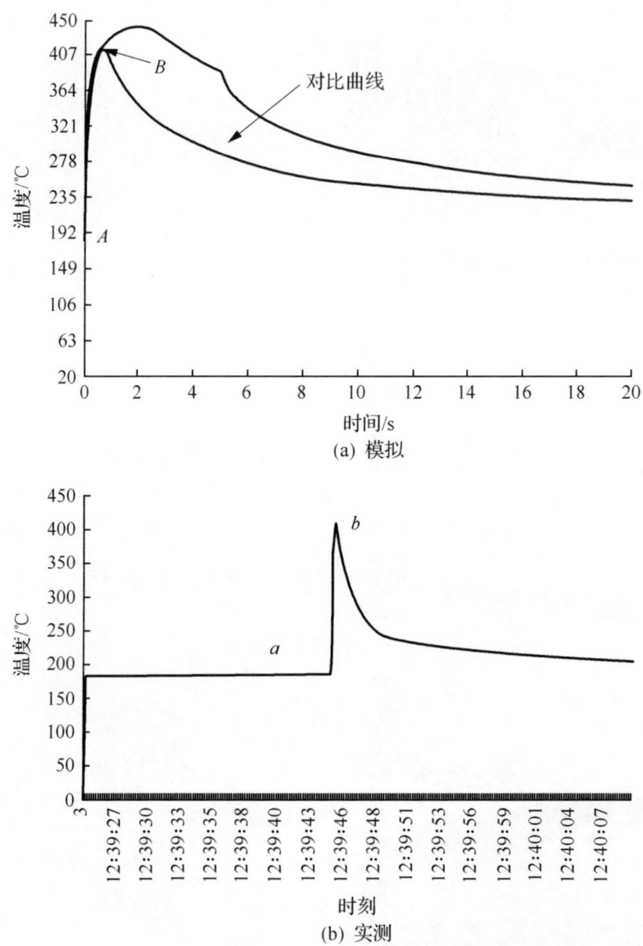

图 4-20　半固态铝合金触变压铸温度场模拟与实测[10]

[图 4-21(a)中 A 点],而实测压力可达 95MPa[图 4-21(b)中 a 点],相差较大。影响因素是多方面的,其中压室与腔壁摩擦为主要因素。

3. 压铸模设计中的流变学问题

1) 挤压系统设计[10,11]

挤压系统是指半固态金属在压射冲头作用下,由挤压室挤出后,平稳地到达模腔所流经的通道,并在熔体充模和成形过程中,将注射压力和保压压力有效地传递到成形件各部位,以获得组织致密、外形清晰、表面光洁和尺寸精确的制件。

挤压系统含直浇道、横浇道和内浇口三部分。

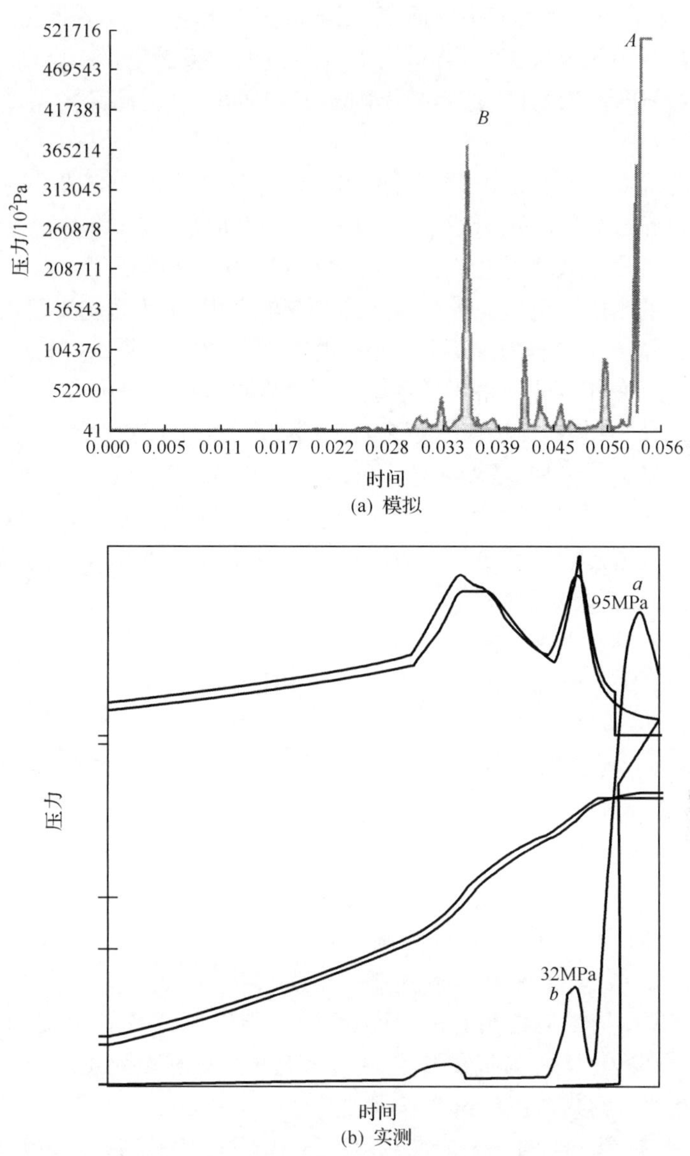

图 4-21　半固态铝合金触变压铸压力模拟与实测[10]

与全液态压铸浇道系统相比，半固态压铸的挤压系统存在诸多不同之处。这是由于半固态金属黏度高、成形温度低的缘故。文献[10]设计出用板类零件的扇形单挤压道和分枝挤压道两大系统的五种挤压道系统，包括直线扇形单挤压道、微弧扇形单挤压道、直线分枝挤压道、微弧分枝挤压道、曲线分枝挤压道等。

直线扇形单挤压道系统中，浆料直接冲击型壁的作用，大于微弧形单挤压道系统，所以设计中适当加大内充填口面积，以降低其充填速率、减小冲击力。

分枝挤压道系统的横道区，浆料的流动阻力大于微弧扇形单挤压道系统内的阻力，应在内挤压道的设计上适当减小内充填口面积，以提高其充型速率，缩短充型时间。

在全液态压铸浇道系统中，横浇道和内浇道的截面积比为 2～2.5。半固态铝合金触变压铸的挤压道系统中，减小横道与内充填口截面积之差，将有利于高黏度浆料的流动，降低流变过程的能量损耗。为此，横道截面积与内挤压道面积比为 1.3。

黏度很高的半固态金属在分枝挤压道系统流动中，由于系统中撞击损失、涡流损失和转向损失造成的压力损失较大，使得实际充填时间延长，浆料温度下降过多，容易造成多种缺陷：分枝挤压道系统还因具有较扇形单挤压道系统更大的外表面积，在单位时间内浆料传热损失更多，也加快了浆料流温度降低；较多的涡流死区使得浆料涡流趋势增加，易卷入各类气体。

由以上分析，在板类零件上，采用半固态铝合金触变成形工艺，分枝挤压道系统比扇形单挤压道系统具有更低的力学性能。基于此，半固态铝合金触变压铸的设计原则(使用于板类零件)如下[10]：

(1) 尽量采用单个内充填口，避免多股浆料制件产生包气和冷纹等缺陷。

(2) 卧式冷室压铸机上，直挤压道由压室和移料腔组成，直挤压道孔径等于压室孔径。

(3) 横挤压道截面积形状为梯形，其宽深比为 1.3。在有横道到内充填口的过渡区，采用收敛性过渡区尺寸设计。

(4) 内充填口截面积按经验公式求得

$$f_g = 24\sqrt{G} \sim 32\sqrt{G} \tag{4-10}$$

式中：f_g 为内浇口截面积，mm；G 为制件质量，g。内浇口厚度为同一尺寸规格的全液态压铸的 2～2.5 倍，但不得超过制件壁厚。

(5) 内充填口与横道之间的过渡形状，应该避免小曲率、多弯道，以减小浆料的流动阻力，同时，也不宜为直线形状，以免出现过大的充填死角。

(6) 内充填口的浆料流动速率不宜过大，以 10～15m/s 为宜。

上述原则，有利于半固态浆液在充填过程中能量损失较少，在黏度较高的条件下有足够的流动性，并在通过内浇口作型腔充填时，由于充填速率增大，实现了剪切变稀的半固态伪塑性流动，有利于模具充填。

2) 排气孔和溢流口

排气孔和溢出口发挥着非常重要的功能，要比在传统的压铸或液态模锻中更重要一些。对半固态加工来说，放置排气孔和溢出口的目的是：①让金属更容易流动到模膛那些难以充填的部位；②消除模膛气体产生的背压，这个背压可能减缓甚至让流通金属推出模膛；③更重要的是，可以为液态金属前沿被针状物或者其他的障碍物劈开后而留下的空隙提供额外的金属补缩。从流变学观点看，设置排气孔和溢出口，有利于层流充填。

3) 压铸模设计

压铸模在半固态压铸过程中的作用如下：

(1) 决定制件的形状和尺寸精度。

(2) 已定的挤压系统决定着浆料的充填状况。

(3) 已定的排溢系统决定着浆料的充填条件。

(4) 模具的强度限制着压射比压的最大限度。

(5) 影响操作效率。

(6) 控制和调节压铸过程的热平衡。

(7) 影响制件取出时的质量。

(8) 模具表面质量既影响制件质量，又影响涂料周期，更影响取出制件的难易程度。

因此，压铸模的设计，实际上是对生产过程可能出现的各种因素的预测。在设计时，必须通过分析制件结构，熟悉操作过程，了解工艺参数能够施行的可能程度，掌握在不同情况下的充填条件以及考虑经济效果的影响等，才能设计出合理的、切合实际并满足生产要求的压铸模。

(1) 压铸模的流变学设计。

充模是指半固态金属在注射压力作用下，通过浇注系统后，在低温模腔内流动和成形过程。依据制件毛坯图所选的分型面及其在型面上布置特点，确定熔体在型腔内流动路线、熔接痕和气体夹杂(排气孔和溢流口)的位置；确定分路连接点种类、位置及制件壁厚和流道尺寸的关系，这些因素将直接影响制件形状完整性和力学性能，为此对充模流动必须进行流变学分析。其中主要以内浇口尺寸与位置、模腔尺寸与形状对充模影响最大，下面予以讨论。①内浇口截面高度与模腔深度相差很大。这种情况出现在小浇口正好面对一个深模腔场合，充模易产生喷射，产生高速充模流动，形成蛇形流[图 4-22(a)]，或成型后制品因折叠而产生波纹状痕迹。②内浇口截面高度与模腔深度相差不大。这种情况出现在制件厚度不太大的场合，其半固态金属进入模腔后，出现一种比较平稳的扩展性流动[图 4-22(b)]。③内浇口截面积与模腔深度接近。这种情况出现在制件厚度很小的场合，半固态金属做低速平稳的扩展流动[图 4-22(c)]。

上面后两种充模，均存在扩展流动特征，这是所希望的。依据充模流变学分析和制件最终形状，可以进行相应的计算和工艺参数的选取，以指导下一步模具结构和设备的选择。

(2) 压铸模结构设计。

压铸模是由定模和动模两个主要部分组成，定模与机器压射部分连接，并固定

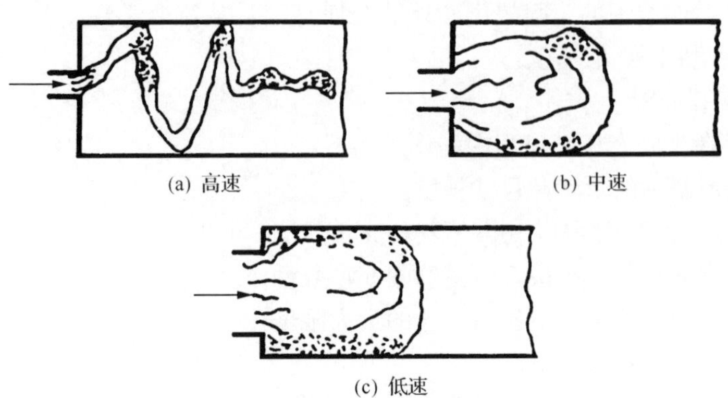

(a) 高速　(b) 中速　(c) 低速

图 4-22　半固态金属充模速率不同时的流动情况[8]

其上。挤压系统即与压室相通。动模则安装在机器的动模拖板上，并随动模拖板的移动而与定模合拢或分离。压铸模通常包括以下结构单元(图 4-23)。

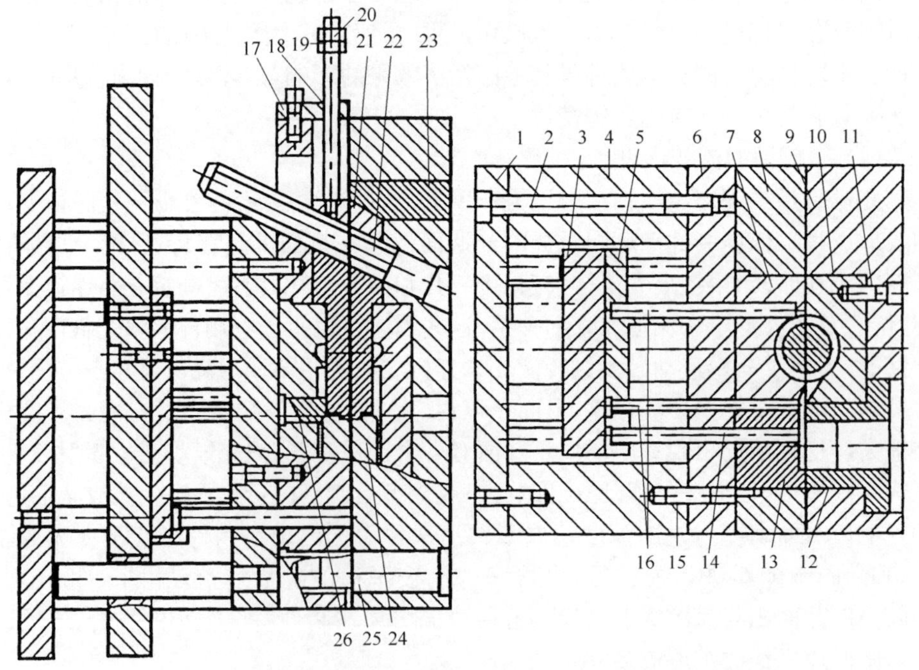

图 4-23　压铸模典型结构[5]

1-限位块；2-滑块；3-楔紧块；4-斜销；5-滑块型芯；6-集渣包；7-压制件；8-动型型芯；9-定型套板；10-动型镶块；11-挤压道镶块；12-移入口套；13-定型底板；14-导套；15-导柱；16-动型套板；17-支撑板；18-型脚；19-顶杆固定板；20-顶杆推板；21-复位杆；22-顶料杆；23-顶杆；24-限位螺杆；25-导套；26-顶杆推杆导柱；

4）半固态压铸实例——$AlSi_9Cu_3$ 水泵盖半固态压铸

（1）半固态坯料的制备。

第一步，采用电磁搅拌方法，获得半固态坯料，其设备如图 4-24 所示。图 4-25 为 $AlSi_9Cu_3$ 半固态组织。

图 4-24　试验所用的半固态电磁搅拌垂直式半连续铸造设备[12]

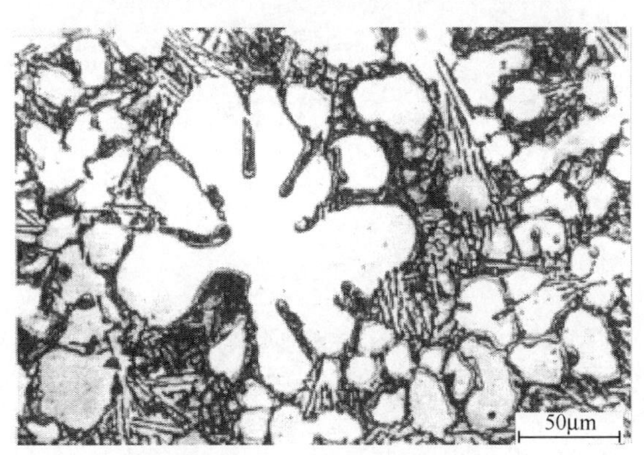

图 4-25　$AlSi_9Cu_3$ 半固态组织[12]

（2）二次加热。

二次加热大多采用中频感应加热方法。

图 4-26(a)、(b)是半固态加工用 $AlSi_9Cu_3$ 合金坯料加热到 570℃并等温后水淬的组织。加热前 Si 相主要以针簇状存在于共晶 Si＋α 中。加热到 570℃时，Si 相通过扩散溶解到α相中，并促进共晶部分熔化，Si 相本身也由针簇状变为细小颗粒弥散分布，呈等轴树枝状的α相已显著球化，如图 4-26(a)所示。在 570℃保温 2min 后，共晶几乎完全熔化，由于坯料中液相较多，开始出现“象脚”，图 4-26(b)是

此时水淬后的组织。分析组织发现，熔化的共晶在水淬凝固后，Si 相结晶呈细小颗粒状而不是针簇状。

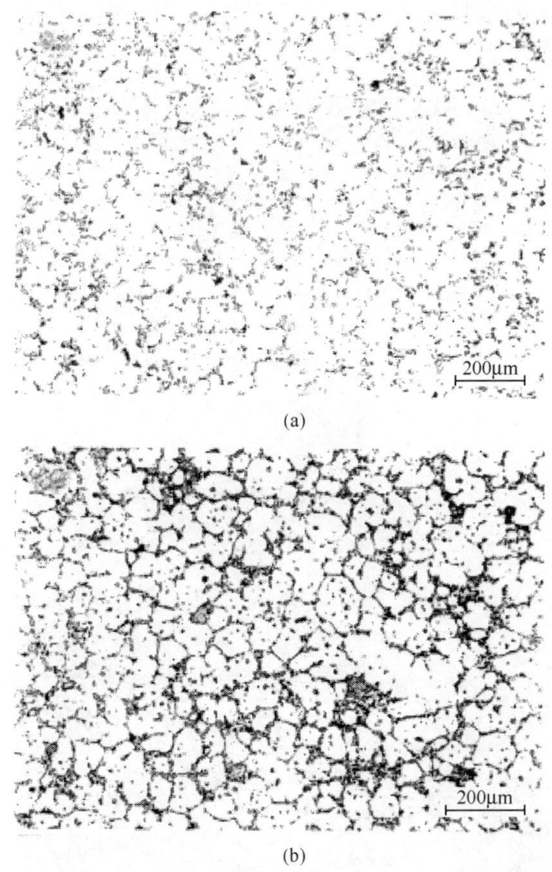

图 4-26 $AlSi_9Cu_3$ 合金半固态坯料加热至 570℃水淬后的组织[12]

(3) 半固态压铸。

半固态压铸是在 J1125 型压铸机上进行，最大合模力为 2500kN，压射力为 125～250kN 可调。坯料温度为 578～581℃，模具温度为 260～300℃，内充填口厚度为(3.0±0.5)mm，压射比压选取 50～60MPa。

与全液态压铸比，压铸内充填口厚度要大，压射比压要高 5～20MPa。坯料规格选用 $\phi65$，半固态压铸后获得的制件如图 4-27(a)所示，组织如图 4-27(b)所示。将半固态压铸水泵盖从中剖开，发现在全液态压铸中常见缺陷完全消失，合格率达 100%。

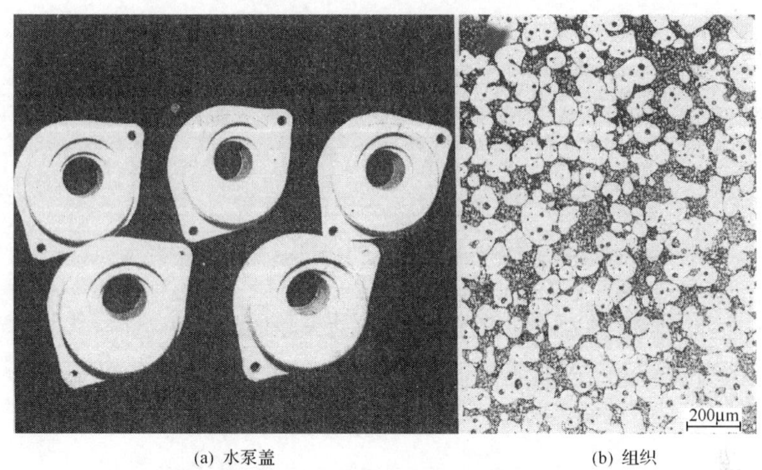

(a) 水泵盖　(b) 组织

图 4-27　半固态压铸的水泵盖及组织[12]

4.2.4　半固态金属射注成形

半固态金属射注成形按原材料状态，可分为触变射注成形和流变射注成形两种。前者是以固态颗粒为原材料，后者则以过热金属液为原材料。

射注成形流变学分析，含螺旋挤压筒内流动、浇注系统内流动和模腔内的充填流动三部分，其中后两部分在 4.2.3 节有详细的分析，本节仅局限于研究螺旋挤压筒内流动。

1. 触变射注成形流变学分析

触变射注成形是将压铸和挤塑工艺融为一体，其设备甚至与挤塑机相类似。图 4-28为挤压螺杆示意图，挤压螺杆分三部分，即加料段、压缩段和计量段。

1）加料段

加料段又称固体输送段，螺杆相当于一个螺旋推进器。在这段中，粒料依然是固态。固体粒料靠重力经过料斗加到螺杆上，借助螺杆与料筒的相对运动，使固体粒料向前移动。实验发现，在大多数情况下，粒状固体在输送中被压实并形成固体床，同时以塞流方式沿螺槽移动。因此，固体床内部不发生变形。这种粒状固体压实成固体床现象，只有在螺槽内产生足够的压力的情况下方能产生。文献[14]给出了固体疏松体积流量计算式：

$$Q_s = V_{pl}\int_{R_s}^{R_b}\left(2\pi R - \frac{ie}{\sin\theta}\right)\mathrm{d}R \tag{4-11}$$

式中：V_{pl} 为固体床轴向速率，m/s；e 为螺纹宽度，m；θ 为螺旋角，(°)；i 为螺纹头数；R_s、R_b 分别为螺槽底部和顶部半径，m。

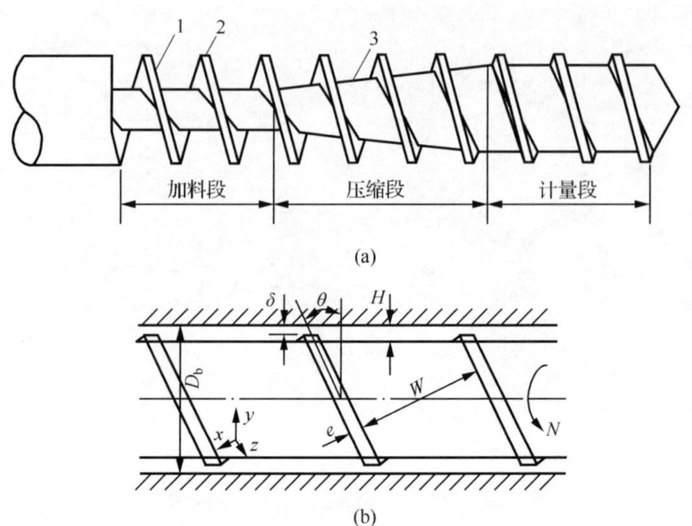

图 4-28 计量型螺杆的集合形状图[8,13,14]

1-螺纹；2-螺纹顶部；3-螺纹根部；D_b-料筒内径；H-螺槽深度；

W-螺槽宽度；e-螺纹宽度；δ-螺纹顶部与料筒表面径向间隙；θ-螺旋角

显然，加料段流动，先要压实成固体床，然后固体床沿螺槽做塞流方式流动，在加热源和摩擦的加热下，逐渐提升温度。

2) 压缩熔化段

在压缩熔化段中，粒料固体床在剪切力场和温度场共同作用下，固体开始逐渐转变为黏流态，并因螺杆设计有一定的压缩比，使熔体压缩、排气。压缩熔化段含压缩段和部分计量段，如图 4-29 所示。

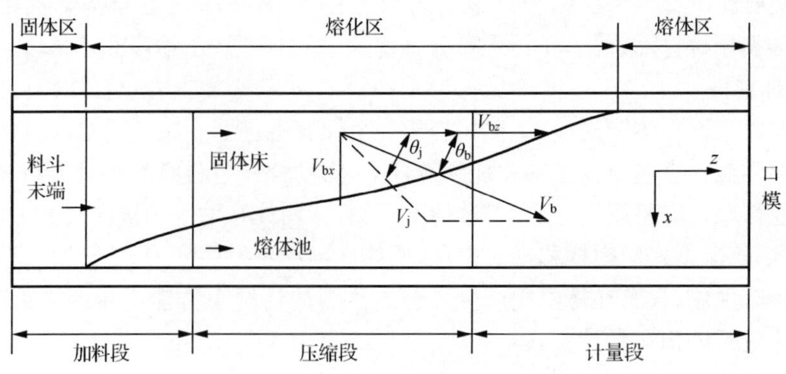

图 4-29 螺杆展开图[8,13,14]

由塑料熔化研究成果引申到金属粒料熔化的分析[15]，可以认为，由加料段送入的粒料(固体床)进入熔化段，即与温度较高的料筒接触，只要达到粒料熔点，熔化即开始，并在料筒表面留下一层熔体膜。若熔体膜的厚度超过螺纹与料筒的间隙，就会被旋转的螺纹刮落，并将其降至积存在螺纹前侧而形成熔体池，在螺纹的后侧则为固体床。这样，在沿螺槽向前移动过程中，固体床的密度就会逐渐减小，直至完全消失。

熔体膜形成后的固体粒子熔化，是在熔体床的界面处发生的，所需热量一部分来源于料筒加热器，另一部分来自螺杆和料筒对熔体膜剪切所产生的黏性耗散热。

在实验中观察到固体床熔化后期，产生周期性崩溃现象，这是半固态组织形成的一个重要阶段。固体床崩溃一旦发生，则缝隙完全为熔体所充填，而固体床连续部分的前端顺流移动，直至作用其上的加速力足以引起另一次崩溃为止。产生固体床崩溃现象之后，固-液混合体形成，固体粒子悬浮于熔体中，在螺杆的搅拌下，粒子破碎和球晶化。这里关键是崩溃速率和温度场两个因素。

3）在均匀化计量段螺杆槽中流动

设想螺槽断面为矩形细纹，等深等宽（图 4-30），假定 $W \gg H$，螺杆直径 $2R \gg H$，则任一小段螺槽内粒料，在两平行板之间流动。为方便，将机筒与螺杆侧剖，并在平面上展开，如图 4-30(b)所示，其坐标设置 y 轴向下。

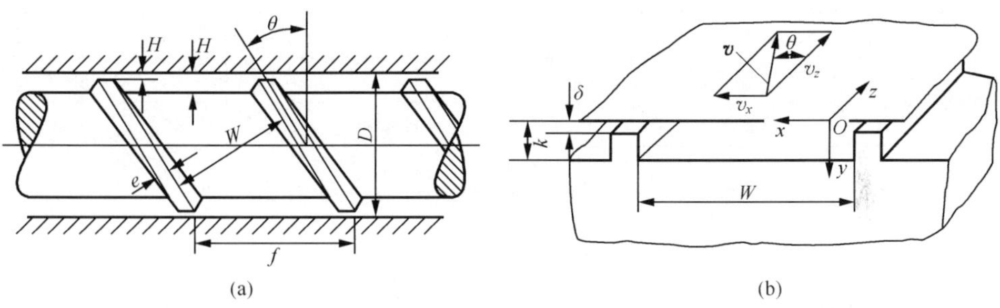

图 4-30　机筒与螺杆平面展开图[8,12,13]

设螺杆表面线速度 v^* 为

$$v^* = 2\pi RN \tag{4-12}$$

式中：N 为螺杆转速，r/s；R 为螺杆半径，m。

则螺槽内粒料任一点速度 $\boldsymbol{v}$ 可分解为

$$\boldsymbol{v} = v_x\boldsymbol{i} + v_z\boldsymbol{k} \tag{4-13}$$

式中：v_z 为沿螺纹方向的速度分量，m/s；v_x 为垂直于螺纹方向的速度分量，m/s；$\boldsymbol{i}$、$\boldsymbol{k}$ 为沿 x、z 方向的单位矢量。

由上可知，v_z 是粒料沿螺槽正向流动速度，v_x 是横向流动速度。前者为挤出，后者为混合，而 y 方向为速度梯度方向，不同速度流层之间发生剪切，形成剪切应力场。

2. 流变射注成形流变学分析

流变射注成形工艺过程与触变射注成形的区别在于：后者使用固体颗粒，进入螺杆搅拌器后，经过固体床崩溃、固-液浆料形成、颗粒破碎和球晶化多个阶段；而前者，过热金属液注入螺杆和机筒空间后，进行旋转、搅拌制浆，然后螺杆后退，半固态液积累在螺杆前端，再轴向施压，实现射注充填。因此，在射注前，完全是一个搅拌制浆过程。其射注成形与 4.2.3 节的半固态压铸完全一样。

文献[13]给出了单、双螺杆结构剪切速率计算式：

$$\text{单螺杆：}\quad \dot{\gamma} = 4\pi n(\mathrm{d}l/\mathrm{d}e - \mathrm{d}e/\mathrm{d}l) \tag{4-14}$$

$$\text{双螺杆：}\quad \dot{\gamma} = k\pi n(D/\delta - 2) \tag{4-15}$$

式中：n 为搅拌转速，r'/s；dl 为机筒直径，m；de 为机筒等效直径，m；D 为螺杆外径，m；δ 为螺杆外表面与筒体内表面间隙，m；k 为物料特征系数，对半固态材料 $k = 1.25$。

经计算，单、双螺杆结构搅拌转速与剪切速率对应关系见表 4-1。

表 4-1 单、双螺杆转速与剪切速率关系表

螺杆转速/(r/min)		24	60	120	180	240	300
剪切速率/s^{-1}	单螺杆	0.6	1.6	3.3	4.9	6.5	8.2
	双螺杆	545	1365	2730	4100	5460	6830

实质上，螺杆搅拌时，金属液存在一个极强的剪切应力场，其强度与剪切速率相关。

3. 应用实例

AZ91D 手机外壳流变射注成形[12]使用卧式流变射注机，每次射注合金容量 245cm^3，最大压射速率为 1.6m/s，如图 4-31 所示。图 4-32 为手机外壳，平均壁厚为 1mm。

图 4-31 1000kN 卧式流变射注机[12]

图 4-32　流变射注的镁合金外壳[12]

参 考 文 献

[1] 林柏年．铸造流变学．哈尔滨:哈尔滨工业大学出版社,1991.

[2] 钱万选．压住充填过程的理论探讨. 特种铸造及有色合金(压铸专刊),2001:1-4.

[3] 吕炎．锻件组织性能控制．北京:国防工业出版社,1989:149-156.

[4] 阮雪榆,肖文斌,徐祖禄．冷挤压技术．北京:机械工业出版社,1962.

[5] 赵祖德,罗守靖．轻合金半固态成形技术．北京:冶金工业出版社,2008.

[6] 吴春苗．压铸实用技术．广州:广东科技出版社,2003.

[7] 林师沛,赵洪,刘芳．塑料加工流变学及其应用．北京:国防工业出版社,2008.

[8] 曹洪深,赵仲治．塑料成型工艺与模具设计．北京:机械工业出版社,1993.

[9] 罗守靖,陈炳光,齐丕骧．液态模锻与挤压铸造技术．北京:化学工业出版社,2007.

[10] 杨湘杰．半固态合金(A356)触变成形流变特性及其浇道系统的研究．上海:上海大学出版社,1999.

[11] Figuerdeo de Aracleto. Science and technology of semi-solid metal processing. Worcester: Worcester Polytechnic Institute,2004.

[12] 毛卫民．半固态金属成形技术．北京:机械工业出版社,2004.

[13] 吴其晔,巫静安．高分子材料流变学．北京:高等教育出版社,2002.

[14] 李东南,吴国荣,罗吉荣．螺杆结构和类型对半固态镁合金浆料组织质量的影响．特种铸造及有色合金,2005(压铸专刊):267-269.

[15] 迪特尔 G E. 力学冶金学. 李铁生,梅敦, 周德馨,等译．北京:机械工业出版社, 1986:627.

第二篇　金属材料高压凝固学

第 5 章　高压凝固过程的传热

5.1　常压下凝固过程传热特点

5.1.1　热量传输

1. 导热微分方程

液态金属注入模型后就发生热量传输，即金属液所含的热量通过液态金属本身、已凝固的壳体、壳体-模型界面及模型本身的热阻而传出。传热过程一发生，金属凝固同步发生。传热过程是一个有热源的非稳定态传热过程，制件及铸模温度场随时间变化，并可用式(5-1)表示：

$$\frac{\partial T}{\partial t}=\alpha\left(\frac{\partial^2 T}{\partial x^2}+\frac{\partial^2 T}{\partial y^2}+\frac{\partial^2 T}{\partial z^2}\right)+\frac{\dot{Q}}{\rho C_p}\quad 或\quad \frac{\partial T}{\partial t}=\partial\,\nabla^2 T+\frac{\dot{Q}}{\rho C_p}\tag{5-1}$$

式中：α 为热扩散系数，m^2/s，$\alpha=\frac{\lambda}{\rho C_p}$，$\lambda$ 为固体的导热系数，W/(m・K)；∇^2 为拉普拉斯算子，$\nabla^2=\frac{\partial^2}{\partial x^2}+\frac{\partial^2}{\partial y^2}+\frac{\partial^2}{\partial z^2}$；$T$ 为热力学温度，K；$\dot{Q}$ 为单位体积物体在单位时间内释放的热，W/m^3；C_p 为定压比热容，J/(kg・K)；ρ 为密度，kg/m^3；t 为时间，s。

当导体内无内热源且稳定导热时，式(5-1)简化为

$$\frac{\partial^2 T}{\partial x^2}+\frac{\partial^2 T}{\partial y^2}+\frac{\partial^2 T}{\partial z^2}=0\tag{5-2}$$

式(5-2)称作拉普拉斯方程。

求解式(5-1)可得到温度在导热体中的分布，它描述了导热物体内部温度随时间和空间变化的一般关系。

2. 傅里叶热传导定律

傅里叶热传导定律，把物体内部温度变化率和热流量联系起来：

$$\left.\begin{aligned}Q&=-\lambda F\frac{\partial T}{\partial x}\\ q&=-\lambda\frac{\partial T}{\partial x}\end{aligned}\right\}\tag{5-3}$$

式(5-3)的物理意义为:热传导时,单位时间内通过给定面积的热量,正比于垂直于导热方向的截面积(F)及其温度变化率 ($\partial T/\partial x$)。式(5-3)中热量、温度变化均是有方向的物理量。

3. 两方程关系

解导热微分方程,可以得到温度在导热体中分布,而由傅里叶定律可得到热流量。两式在求解导热问题时可相互辅助。而在简单一维稳定导热时,两者形式完全相同。

5.1.2　两界面呈动态迁移

常压下凝固过程中,存在两个界面:液-固界面和固-型界面。其中液-固界面不断向液态金属迁移,而固-型界面通过等密接触凝固收缩使其不断分离,形成间隙。图 5-1 为纯金属浇入模腔后热传导示意图。

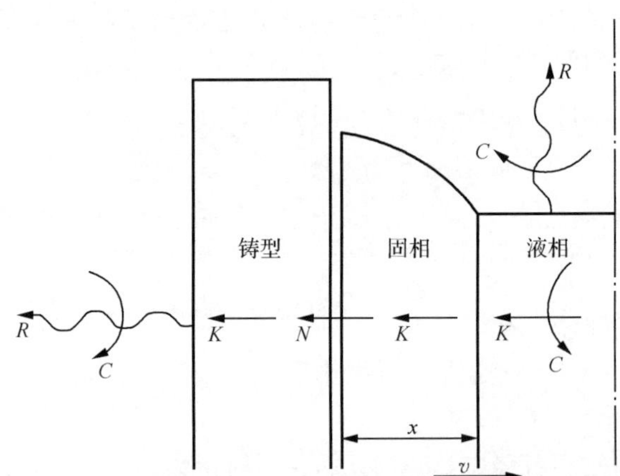

图 5-1　纯金属在模腔中凝固时的传热模型[1]

K-导热;C-对流;R-辐射;N-牛顿界面换热

因此金属凝固热量传输由液态金属的热阻 ($R_L = \delta_L/\lambda$)、凝固金属层热阻 ($R_S = \delta_S/\lambda_S$)、间隙热阻 ($R_i = 1/h$) 和铸模热阻 ($R_m = \delta_m/\lambda_m$) 所决定,其中 δ 为相应传热体的厚度,λ 为相应传热体的导热系数。

在金属型铸造、压铸或连续铸造中,通常 R_i 值远大于 R_S 和 R_m 值,其热量传递如图 5-2 所示

$$q = h_i(T_{iS} - T_{im}) \tag{5-4}$$

式中:h_i 为宏观的平均导热系数,J/(m^2 · s · ℃)。

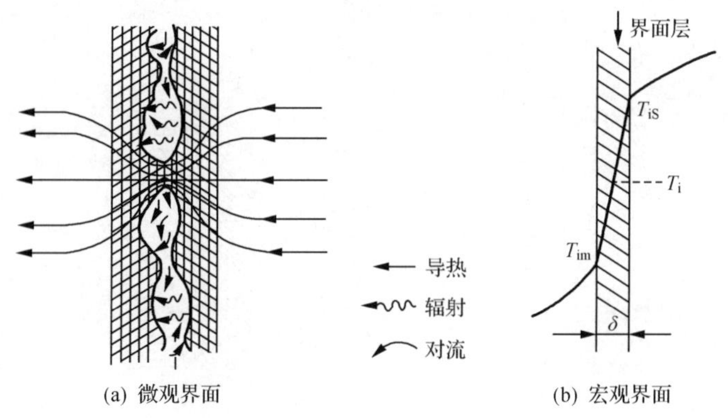

(a) 微观界面　　(b) 宏观界面

图 5-2　固-型界面传热模型[1]

T_i-界面温度；T_{iS}、T_{im}-界面两侧金属和金属型的温度

5.1.3 "三传"耦合

所谓"三传"，即金属凝固过程是一个同时包含动量传输、质量传输和热量传输的"三传"耦合的三维传热物理过程。即使在热量传输过程中，也同时存在热传导、对流和辐射换热三种形式，如图 5-1 所示。

5.2　高压下金属凝固过程的传热特点

当浇入金属液时，金属液温度比较高，界面间液态金属与模具直接接触[图 5-3(a)]，接触比较紧密，热量传递得快，因而模温在短时间内急剧呈直线上升，随后靠近模膛侧壁的金属液由于大量热量散失，很快失去过热度并获得一定过冷，开始进入凝固状态[图 5-3(b)]。随着凝固厚度增加，凝固收缩使得此部分金属与模具接触紧密程度变坏，基本完全脱离[图 5-3(c)]，其结果使得制件与模具间的热阻增大，制件内部的热量(包括结晶潜热)难以散失，这样就使得模具内侧壁处的热量流入变小。同时，若选用的模具材料为钢，其热导系数比较大，再加上热量从内向外散失是呈辐射状的，所以模具内侧壁处的热量散失也是比较大的。当此处的热量散失大于热量流入时，其温度必然下降。开始加压后，整个温度场的变化是比较大的。由于制件受压后已凝固硬壳产生塑性变形，使得制件与模具之间不但又开始接触，而且接触紧密程度更高了，界面热阻大大下降，制件内部热量又通过界面迅速向外传递[图 5-3(d)]。对于模具内侧壁处，此时热量的流入大于热量的散失，温度再次急剧升高。随着制件内部热量逐渐散失，整个温度场的中心部分温度开始下降，而模具外侧壁温度继续上升。无论是下降还是上升，其趋势越来越缓慢，最后近似稳定在某一定值上。模具外侧温度一直是逐步增加的。在制件与模具间加入介质,如润滑剂或涂料等对温度场影响很大。比较明显的作用是降低了模具的温升速率和温升值。

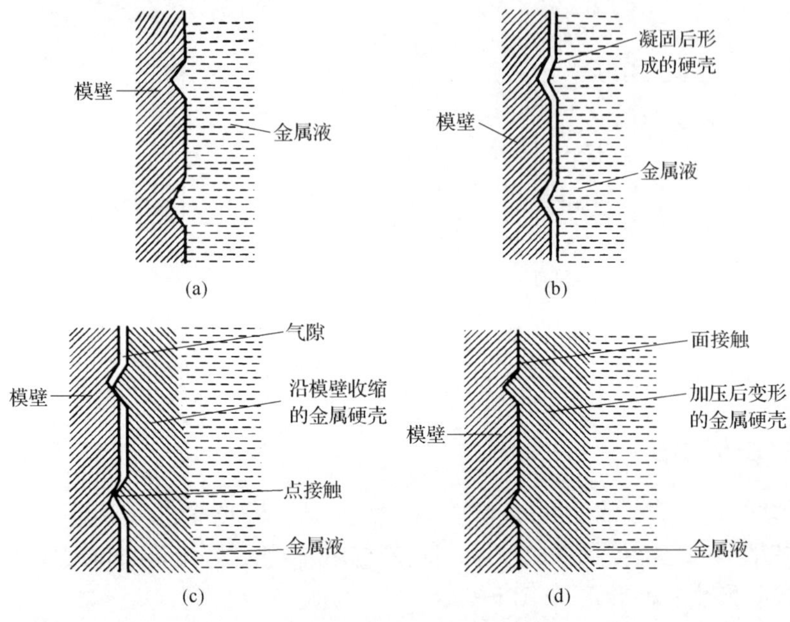

图 5-3　液态模锻下界面气隙的变化[2]

在高压下,模膛侧壁与凝固体侧壁自始至终保持紧密接触,使接触界面处没有热量积聚,结晶潜热和内层金属的过热度,很快通过已凝固层金属导出。大气压下,金属模内液态金属凝固则不然,在接触界面上,出现温度分布的跳跃,如图 5-4 所示。

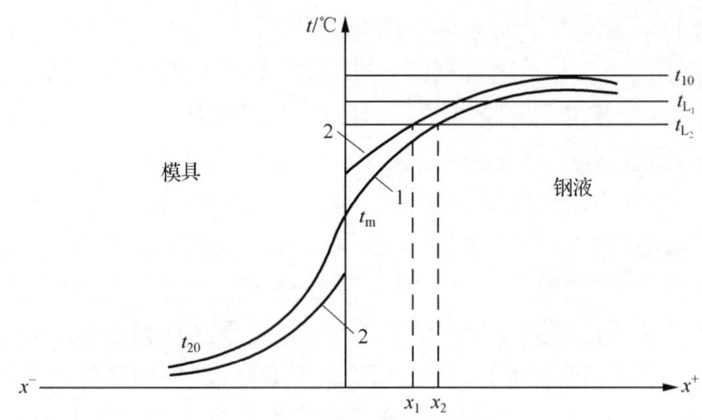

图 5-4　液态模锻和大气压下某一瞬间温度场分布(同一液态金属和同一金属模膛)[2]

t_{10}-浇注温度;t_{20}-母质初始温度;t_m-母质温度;t_{L_1}-液态模锻时的凝固温度;t_{L_2}-大气压下的凝固温度;

1-液态模锻温度曲线;2-大气压下温度曲线

5.3　金属固-液压力加工模具温度场

本节重点探讨液态模锻和液态挤压温度场。

5.3.1　液态模锻下模具温度场

1. 实验测定

液态模锻件材质是 20 钢，模具材料为 45 钢，测试是在 3000kN 四柱万能液压机上进行，其装置如图 5-5(a)所示。液态金属温度为 1600℃，制件出模与钢液注入间隔时间为 1min。测量模具温度如图 5-5(b)所示，在 $r_a=113$mm 及 $r_b=147.5$mm 处钻孔径为 2mm 的孔，孔深 26mm，在 r_a 的温度值记为 $\phi(a)$，r_b 处测的温度记为 $\phi(t)$，并且在 121.5mm 处钻孔径为 2mm 的孔，孔深 26mm，测得的温度为传热方程的检验值。

热电偶与电位差计连接一起，从浇注完毕瞬时起，每 2s 测温记录，直至起模。测温用热电偶的深孔焊接，采用电容储能放电点焊，其原理图如图 5-5(c)所示。

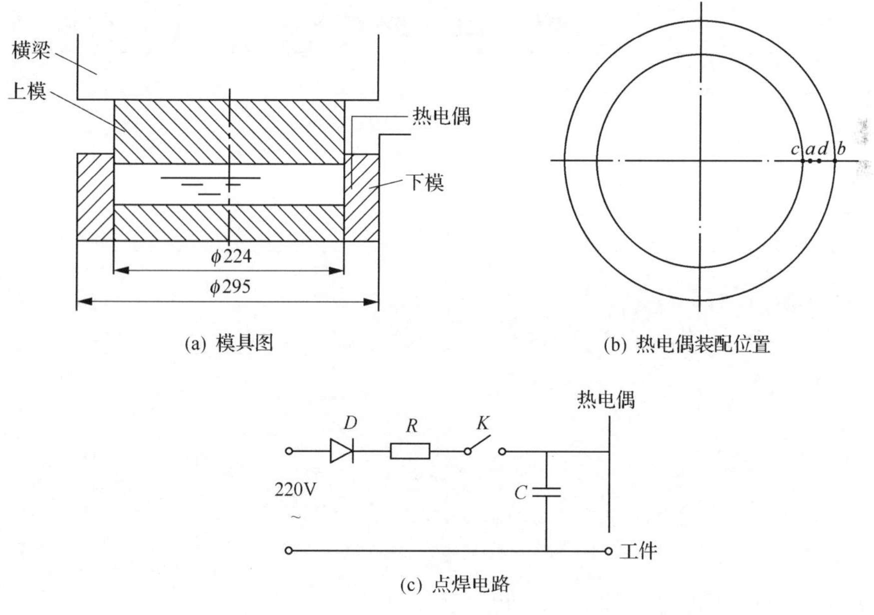

(a) 模具图　　(b) 热电偶装配位置

(c) 点焊电路

图 5-5　液态模锻装置简图[3]

2. 解析解

液态模锻下，碰到最多的是轴对称件，因此研究中仅考虑轴对称传热问题。

成形件在模具内冷却，凝固是以传导为主的热传递，假定各物理参数不随温度而变化，其热传导方程为

$$\frac{\partial \theta}{\partial t}=a\left(\frac{\partial^2 \theta}{\partial r^2}+\frac{1}{r}-\frac{\partial \theta}{\partial r}\right), \qquad a>0 \tag{5-5}$$

设模具材质是均匀的，且润滑剂的作用不计，因此 a 为常数($a=0.105$)，初值条件与边值条件都可测得，则此方程可解。

又设方程的解为 $\theta(r,t)$，则有

初值条件：

$$\theta(r,0)=\theta_0, \quad 0\leqslant r_a\leqslant r\leqslant r_b \tag{5-6}$$

边值条件：

$$\theta(r_a,0)=\varphi(t)\ (0\leqslant t\leqslant T), \quad \varphi(0)=\theta_0 \tag{5-7}$$

$$\theta(r_b,0)=\phi(t)\ (0\leqslant t\leqslant T), \quad \phi(0)=\theta_0 \tag{5-8}$$

试验测得数据见表 5-1。

表 5-1 温度测量数据[2,3] （单位：℃）

位置	时间																				
	0s	2s	4s	6s	8s	10s	12s	14s	16s	18s	20s	22s	24s	26s	28s	30s	32s	34s	36s	28s	40s
$\phi(t,r_a)$	236	280	290	295	200	310	315	320	350	420	495	545	560	570	575	570	560	555	550	545	500
$\phi(t,r_b)$	236	237	239	240	243	243	245	247	248	253	257	263	268	272	273	280	281	285	287	290	291
$r_{121.5}$	236	240	250	260	265	275	290	300	300	340	365	380	420	430	440	450	455	460	465	460	455

1) 求解方程(5-5)

设 $\varphi(t)$ 及 $\phi(t)$ 在$[0,T]$中具有一阶连续导数，求解 $\theta(r,t)$。

2) 作代换

令

$$Q(r,t)=\theta(r,t)-\phi(t)\frac{\ln\dfrac{r}{r_b}}{\ln\dfrac{r_a}{r_b}}-\varphi(t)\frac{\ln\dfrac{r}{r_b}}{\ln\dfrac{r_b}{r_a}} \tag{5-9}$$

求 $Q=Q(r,t)$ 所满足的偏微分方程及边值条件。

文献[2]和[3]均给出了这方面推导，其结果表达为

$$Q(r,t)=\sum_{k=1}^{\infty}Q_k(r,t)=\sum_{k=1}^{\infty}T_k(t)R_k(r) \tag{5-10}$$

由式(5-9)便可求出 $\theta(r,t)$

$$\theta(r,t)=Q(r,t)+\varphi(t)\frac{\ln\frac{r}{r_b}}{\ln\frac{r_a}{r_b}}+\phi(t)\frac{\ln\frac{r}{r_b}}{\ln\frac{r_b}{r_a}} \tag{5-11}$$

其中 $Q(r,t)$ 由式(5-10)给出。

按照关于 $\phi'(t),\varphi'(t)$ 连续性假设，即知，当 $0\leqslant t\leqslant T, r_a\leqslant r\leqslant r_b$ 时，有

$$|f(r,t)|\leqslant M \tag{5-12}$$

这里 M 为正常数，与 r、t 无关。从文献[2]和[3]可知

$$R_k=\frac{2}{\pi\sqrt{rr_b}}\frac{1}{\lambda_k}\left[\sin(r_b-r)\lambda_k+0\left(\frac{1}{\lambda_k}\right)\right]=0\left(\frac{1}{\lambda_k}\right) \tag{5-13}$$

因而不难得出

$$\int_{r_a}^{r_b}rR_k^2(r)\mathrm{d}r=\frac{2}{\pi r_b\lambda_k^2}\left[(r_b-r_a)+0\left(\frac{1}{\lambda_k}\right)\right] \tag{5-14}$$

$$\int_{r_a}^{r_b}rR_kf(r,t)\mathrm{d}r=0\left(\frac{1}{\lambda_k^2}\right)$$

$$\alpha_k(t)=0(1)$$

$$T_k(t)=0\left(\frac{1}{\lambda_k^2}\right)$$

由此及文献[2]和[3]即知

$$Q_k(r,t)=0\left(\frac{1}{\lambda_k^3}\right)=0\left(\frac{1}{k^3}\right)$$

由于正项级数 $\sum\frac{1}{k^3}$ 收敛，所以，当 $0\leqslant t\leqslant T, r_a\leqslant r\leqslant r_b$ 时，级数式(5-10)匀敛且绝对收敛。

由式(5-11)给出问题的解析解，在无穷级数式(5-10)中，按照需要的精度选取为首的有限个项，它的和作为 $Q(r,t)$ 近似值，并可用计算机算出，带入式(5-11)，便可算出 $\theta(r,t)$。

3. 数值解

将方程(5-5)改成差分方程[2,3]：

$$\frac{\theta_{i,n+1}-\theta_{i,n}}{\Delta t}=a\left(\frac{\theta_{i-1,n+1}-2\theta_{i,n+1}+\theta_{i+1,n+1}}{\Delta R^2}+\frac{1}{R_i}\frac{\theta_{i+1,n+1}-\theta_{i-1,n+1}}{2\Delta R}\right)$$

整理得

$$-\left(1-\frac{\Delta R}{2R_i}\right)\theta_{i-1,n+1}+\left(2+\frac{\Delta R^2}{a\Delta t}\right)\theta_{i,n+1}-\left(1+\frac{\Delta R}{2R_i}\right)\theta_{i+1,n+1}=\frac{\Delta R^2}{a\Delta t}\theta_{i,n}$$

$i=1,2,3,\cdots,N-1$　（半径脚码）

$n=1,2,3,\cdots,M$　（时间脚码）

将 0～40s 分化成 0.5s 一格，共 81 项。

将 $r_a \sim r_b$ 每 0.5mm 为一格，共 70 项。再用差值法，将 $\phi(t)$、$\varphi(t)$ 分别差值成 81 项。然后编写程序，上计算机计算。经计算机计算就可以获得 $r_a \sim r_b$ 之间任意一点在 0～40s 间的温度数据。

r_c 为模具内表面，$r_c=112$mm，与 r_a 相差很小，可用外推法计算出 $r_a \sim r_c$ 之间的温度。内表面 r_c 的温度经计算机计算，结果如下：

```
QFI:
0.236 000 000  03   0.266 067 099  03   0.280 482 422  03   0.289 776 794  03
0.295 559 521  03   0.298 765 927  03   0.300 146 914  03   0.312 323 413  03
0.300 051 548  03   0.301 569 255  03
0.302 460 150  03   0.303 234 216  03   0.304 010 194  03   0.304 884 988  03
0.305 981 409  03   0.307 300 656  03   0.309 023 000  03   0.312 323 413  03
0.315 395 883  03   0.318 300 278  03
0.320 858 187  03   0.321 766 972  03   0.322 735 650  03   0.323 608 935  03
0.324 471 351  03   0.323 186 845  03   0.323 640 118  03   0.325 982 047  03
0.330 838 087  03   0.342 567 559  03
0.355 491 042  03   0.370 144 853  03   0.386 267 355  03   0.402 820 622  03
0.420 775 015  03   0.439 861 151  03   0.459 972 668  03   0.483 615 264  03
0.506 272 559  03   0.527 784 210  03
0.547 435 769  03   0.562 262 997  03   0.575 326 816  03   0.585 961 521  03
0.593 982 838  03   0.596 254 178  03   0.597 668 023  03   0.598 139 032  03
0.598 215 098  03   0.600 696 591  03
0.602 358 170  03   0.603 700 398  03   0.604 741 819  03   0.605 850 325  03
0.606 388 754  03   0.606 342 746  03   0.605 619 585  03   0.603 380 986  03
0.600 796 818  03   0.597 794 029  03
0.594 459 286  03   0.590 514 076  03   0.586 683 121  03   0.583 068 125  03
0.579 849 169  03   0.578 323 751  03   0.576 777 745  03   0.575 362 013  03
0.573 988 308  03   0.572 187 011  03
0.570 492 574  03   0.568 818 831  03   0.567 160 361  03   0.568 490 170  03
0.567 754 011  03   0.564 874 706  03   0.559 140 814  03   0.549 818 278  03
0.536 177 202  03   0.517 493 982  03
0.493 050 935  03
```

横行排列，每格 0.5s，共 81 项。每 5s 为一组，10 个数据。

4. 影响模具温度场的因素

1) 压力因素

在常压下，测得 r_a 上时间-温度变化见表 5-2。

表 5-2　测试数据

时间/s	0	2	4	6	8	10	12	14	16	18	20	22	24	26	28	30	32	34	36	38	40
温度/℃	236	280	290	290	295	298	300	300	305	310	310	320	325	330	330	340	345	350	360	360	365

加压从第 4s 开始，显然前 4s 常压与加压情况下，温度-时间变化是一致的。从 4s 后，它们的变化是很明显的(图 5-6)。造成这种现象的原因是在常压下凝固时，制件与型腔表面存在间隙，即有较大热阻，使模具温度变化缓和。在加压下，体收缩所造成的型腔侧壁与制件的间隙及时充填。因此在加压下模具有较快的温度变化。

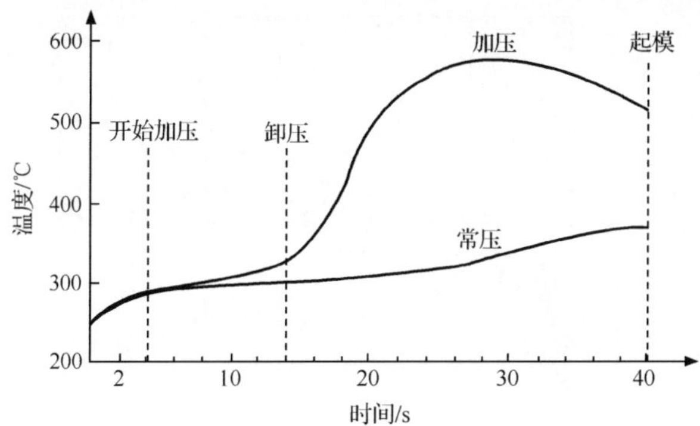

图 5-6　r_c 上的温度与时间关系曲线[2]

2）初始温度

初始温度对模具温度分布无多大影响。图 5-7 给出了不同初始温度模具的温度变化曲线。由图看出，不同初始温度对模具温度分布来说，只不过近似地加上了不同常数。

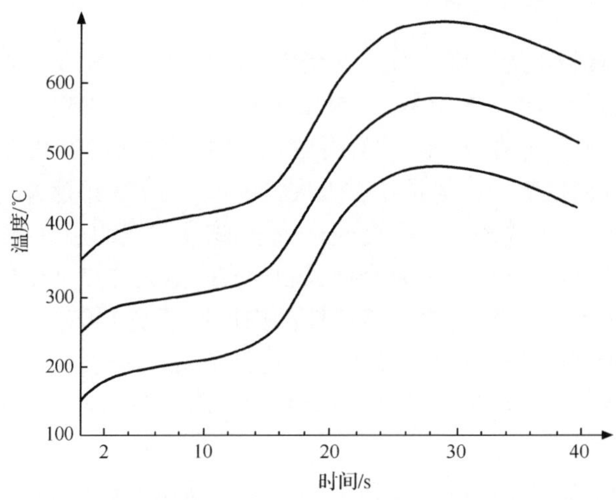

图 5-7　模具不同初始温度下温度与时间关系曲线[2]

5.3.2　液态挤压下模具温度场

液态挤压与液态模锻最大不同之处在于，前者在流动中凝固，在凝固中产生大塑性变形，而后者是在流动中充填，充填后凝固，在凝固中产生小量塑性变形。因此，两者的传热特点显然不同。拟采用实验方法，研究液态挤压下温度场的分布及变化。以管材液态挤压为例，进行观察和分析，如图 5-8 所示。

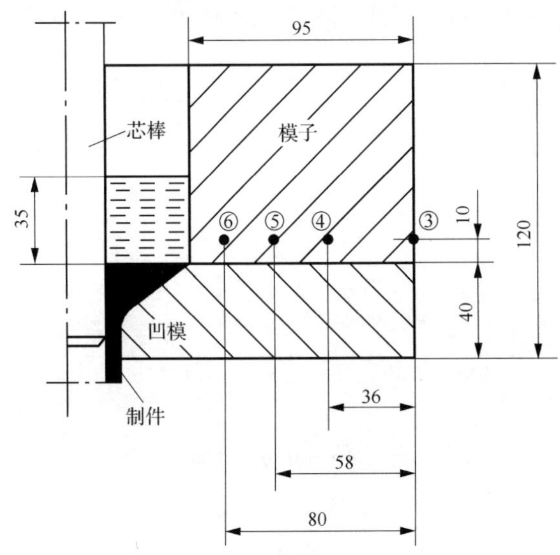

图 5-8　沿模具壁厚热电偶放置位置[4]

1. 管材液态挤压条件下沿模具径向温度变化

为了测量模具径向的温度分布及其变化，分别在挤压筒的四个同高不同壁厚处放置热电偶，位置如图 5-8 所示，记录采用光线示波器，实验材料为 ZA27 锌合金，浇注温度为 500℃或稍高。测量所得各点温度随时间的变化曲线如图 5-9 所示，可以看出总的温度变化趋势是越靠近模具内壁，温度变化越大，⑥点变化最大，越向外，变化越小，挤压筒外壁的温度变化极小，这从③点的温度-时间曲线可以看出。由此说明浇入的液态金属在完全挤成制件前所散失的热量传导到模具外壁的量极少，或基本传不到外壁，主要由挤压筒的内层所承受，也就是内层温度升高较多，其原因还在于挤压的过程是在较短的时间内完成的，而温度的传导和平衡则需要较长的时间过程；同时随温度升高，还会引起材料本身的导热系数下降，这样热量向外传导得就更慢。

在不同时刻模具沿壁厚的温度分布如图 5-10 所示，可以看出各点的温度随时间增加均有所升高，但在金属完全压入成形模后模具温度又有所回落，也是靠近内

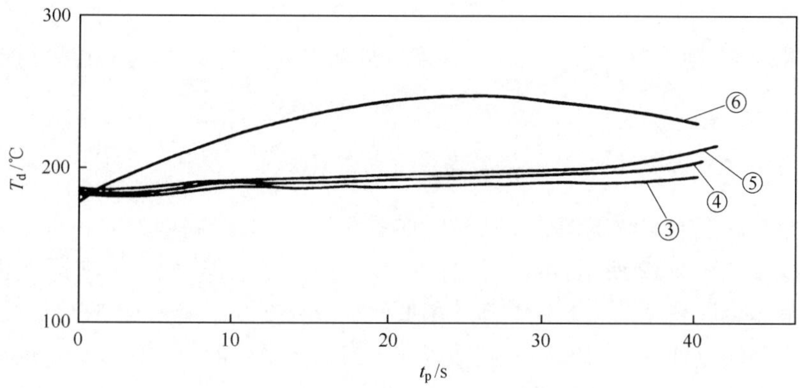

图 5-9　沿壁厚各点模具温度变化[4]

部的⑥点回落较大，在外部各点温度仍在上升时已开始回落；⑤点外的温度相应还有一定的响应，但变化要小得多，起伏也没有⑥点大；更靠外层如③和④点处的温度变化更是远小于内层，在内部制品挤出，压制结束，⑥点处的温度下降时，③、④点还呈缓慢上升趋势，远远滞后于内层的温度变化。

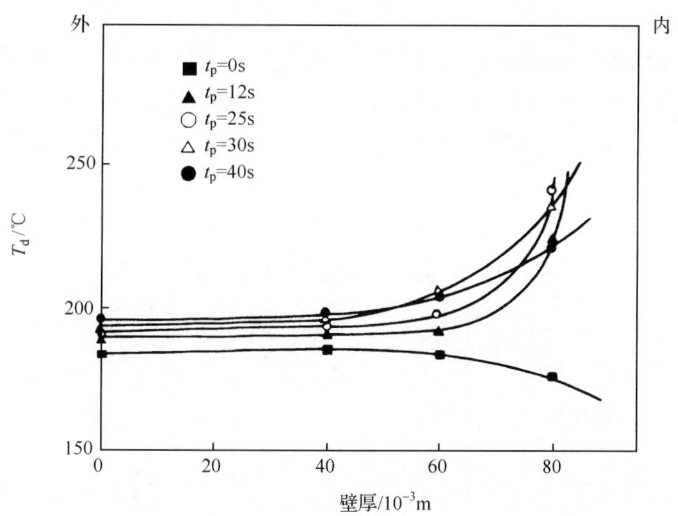

图 5-10　模具壁厚方向不同时刻的温度分布[4]

由图 5-10 可以看出，其可按指数函数进行回归，其通式可设为

$$T = a + e^{\frac{x}{b}} \tag{5-15}$$

式中：T 为温度，K；x 为模具壁厚，外边为零，m；a，b 为待定常数。

在压制结束，模具温度升至最高时，即图 5-10 中，t=25s 时的温度沿壁厚的变化曲线可以回归为

$$T = 191 + e^{\frac{x}{2}} \tag{5-16}$$

由此规律，则简单测出模具某一高度内外两点处的温度，即可知温度沿壁厚的分布。

2. 管材液态挤压条件下沿模具高度方向温度分布

沿模具高度方向热电偶的排放位置如图 5-11 所示，沿高度方向各点的温度随时间的变化如图 5-12 所示，可以看出沿高度方向以⑥点温升最大，实际上也就是与浇入液态金属高度的 1/2 处等高或稍低的部位温度升高最多，接收热量最大；其次是⑦点和②点处[图 5-12(a)]，其原因在于与⑦点平行的部位仅稍低于所浇液态金属的上液面（浇入液态金属的高度为 35mm），热量同时向上和侧向传递，散失快，导致⑦点温升稍低。②点距变形锥内壁较近，但在压制开始之前浇入液态金属时，变形锥部位均为上一次没有挤出的余料，如图 5-13 所示，变形锥内壁没有同液态金属直接接触，压制开始后，待浇入的液态金属压至与②点靠近的部位时已处于凝固状态，本身温度也变得较低，所以②点温升有两个特点：一是滞后于挤压筒的各点；二是温升稍低。同样道理①点的温升更要滞后一段时间，且温度升幅更小一些。图 5-12(b)中②点温升较大，其原因在于加压开始较早，加压早，进入变形区的金属温度高，甚至没有凝固，所以导致②点温升大，相应①点升温也大一些。也正由于这个原因，原来高于⑦点的浇入金属的上液面很快压下，变得低于⑦点，与⑦点同高处没有内热源，相应温升就小一些。⑧点位置远高于浇入液态金属的上液面，且靠近模具上表面，本身热量散失快，而与其同高处的挤压筒内壁又很少接触到高温的液态金属，因此其只有靠模具下部温度向该处传递，散失的热量与传递到此处的热量基本平衡，所以此处温度在浇注及压制前后基本保持定值。

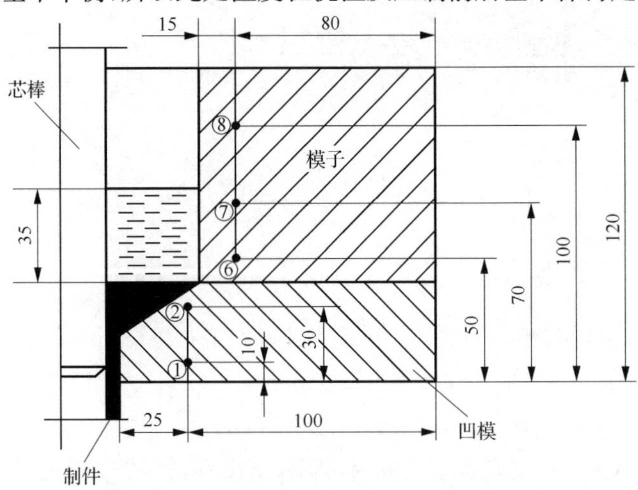

图 5-11　沿模具高度方向热电偶放置位置[4]

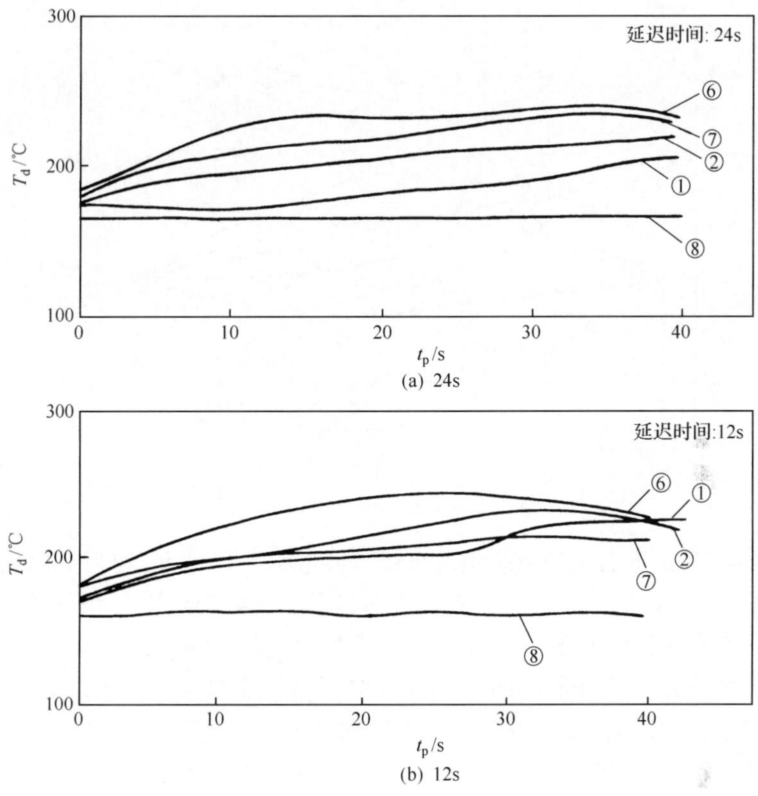

(a) 24s

(b) 12s

图 5-12　模具高度方向各点温度随时间的变化[2]

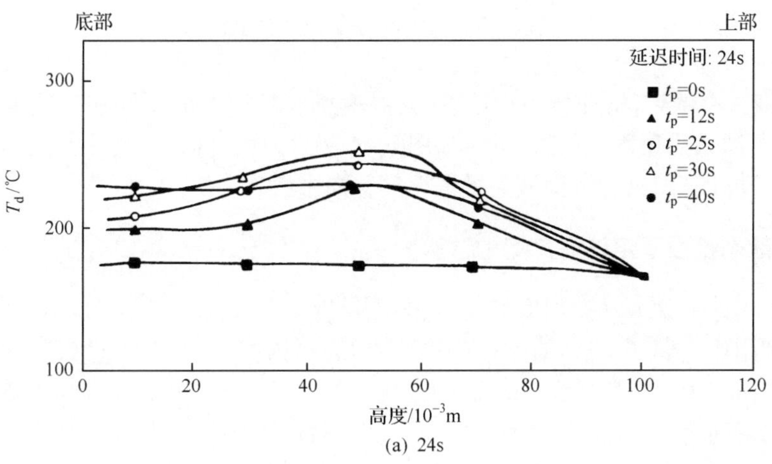

(a) 24s

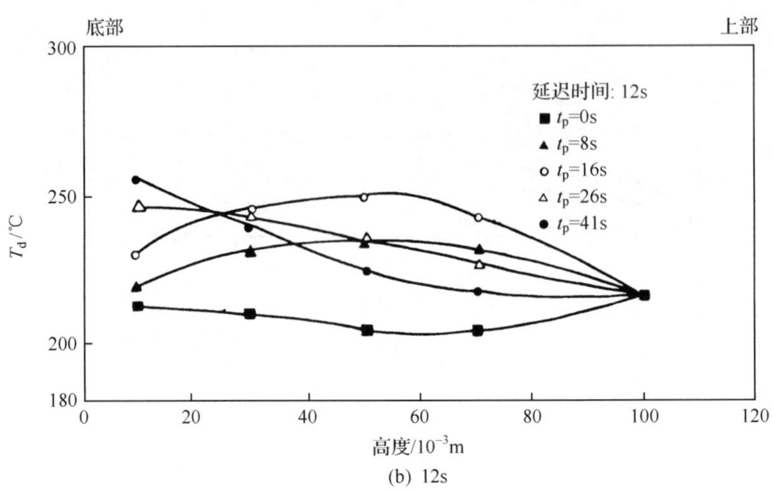

(b) 12s

图 5-13　不同时刻沿模具高度方向的温度分布[4]

温度沿模具高度方向的变化情况可以近似由图 5-13 表示，可以看出在不同时刻沿模具高度方向的温度变化，也更清楚地显示了各处温度上升和下降的时间顺序：①点持续保持上升状态；②点温度以上升为主，至压制结束，冲头回程后稍有下降；⑥点温度开始上升最早，且升幅最大，但一旦压制结束，其温度降低也最快；⑦点温度升高稍次于⑥点，但温度降低开始时间最早，在其他各点尚在升温时就开始降温，原因在于压制已进行至低于其高度以下，内部已无热源，所以降温开始最早；⑧点温度既无升高，相应也无降低，基本在整个过程中维持不变。

5.4　液态模锻下熔体的温度场

固-液共存的熔体，在压力作用下，其温度场与常压下的不同在于热节点移动方向不同，即最后凝固区位置不同，如图 5-14 所示。大气压下，其热节点向冒口方向循序移动[图 5-14(a)]，而液态模锻循序移向中心。

5.4.1　液态模锻下熔体温度场的试验测定

液态模锻下是一动态温度场，场内各点温度变化速率($\mathrm{d}T/\mathrm{d}t$)是很大的，且不相同。利用热电偶测定法，对熔体(ϕ50×110mm)内同一高度三点进行实时测量，材料为 HMn-57-3-1，模温为 90～100℃，压力为 0MN/m^2，100MN/m^2，200MN/m^2，加压开始时间为 2～6s，保压时间为 25～26s，测量结果用温度对时间的变化曲线来表示(图 5-15)。图中 1、2、3 分别表示离模膛内侧壁分别为 6mm、12.5mm、25mm 三个测量点的结果。由图可知，在同一压力下，离模壁越近的各点，温度变化率越大；在不同压力下，压力越大，温度变化速率越大。

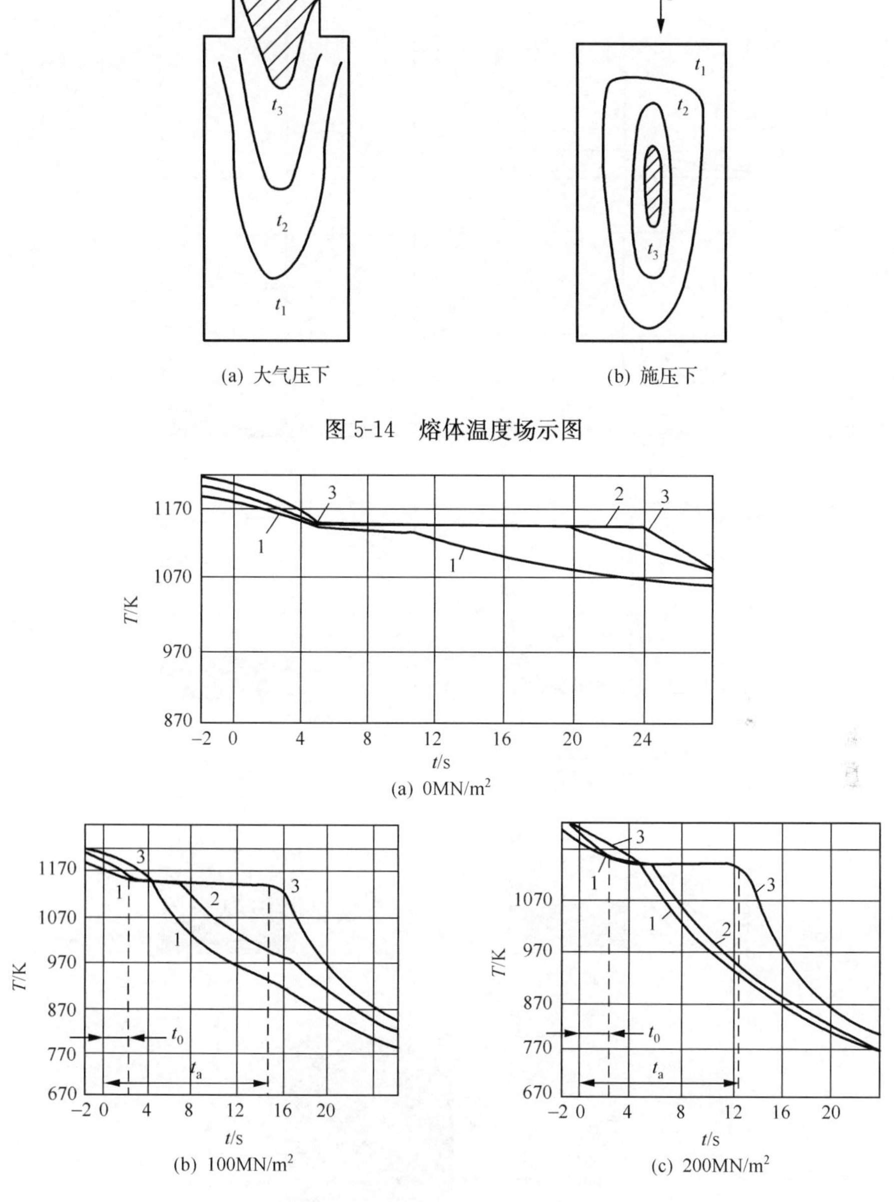

(a) 大气压下　(b) 施压下

图 5-14　熔体温度场示图

(a) 0MN/m²

(b) 100MN/m²　(c) 200MN/m²

图 5-15　压力下熔体温度场的变化[2]

5.4.2　压力下熔体全温度场

文献[2]和[3]给出了从开始浇注到最后全部凝固制件温度变化和凝固层变化示意图，如图 5-16 所示。

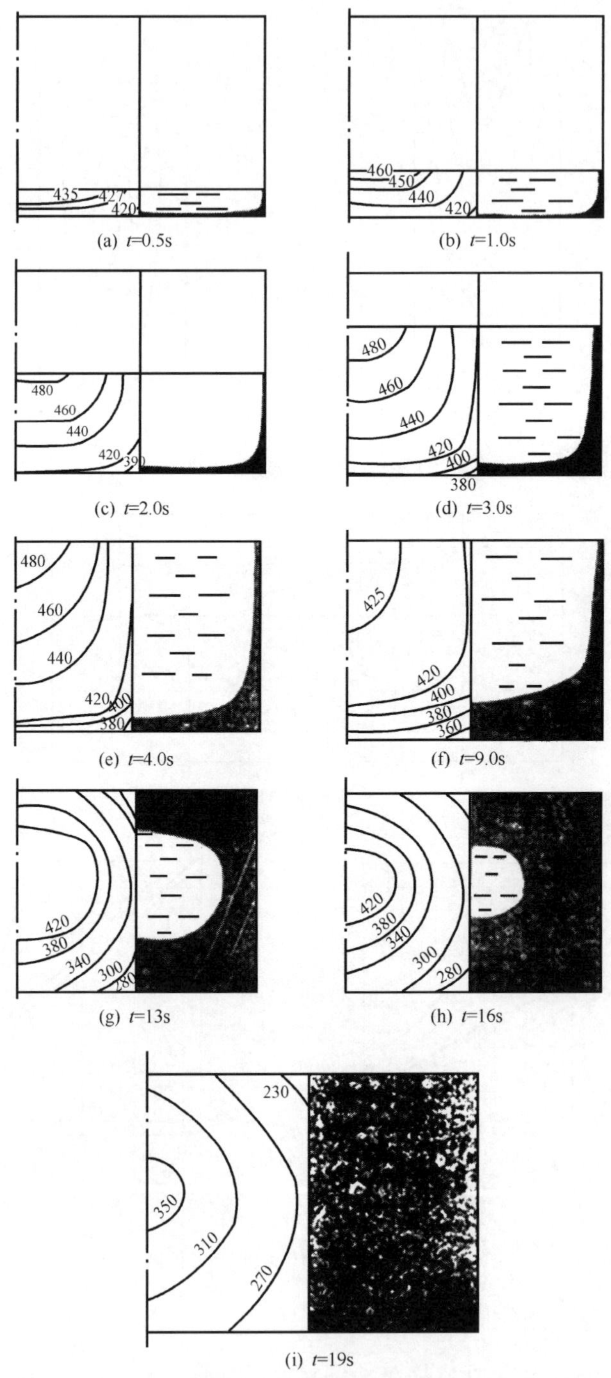

图 5-16　压力下纯锌熔体温度和凝固层厚度随时间变化示意图[3]

从图 5-16 看出，在浇注期间，制件已经开始凝固，而且底部的凝固层要比侧面凝固层厚些。从浇注结束到开始施压前，底部的凝固层厚度发展很快，而侧面的凝固厚度却发展比较缓慢，制件凝固收缩后，侧面处产生气隙，从而使热阻增加，制件内部的热量不易从侧面散失掉，所以其凝固层厚度变化不大，而制件内部则不然，接触面处无气隙，热量易于散失，所以底部凝固层厚度发展很快。一旦施压，整个温度场发生较大的变化。制件上部在与冲头接触区附近，热交换尤为剧烈，温度梯度很大，凝固层厚度增长很快。同时侧界面的换热速率也大为增加，整个凝固层迅速发展成近似等厚的封闭壳体，最后凝固中心近似认为位于几何中心。从开始浇注到最后凝固结束需 19.9s。熔体内部的温度梯度以浇注过程中和开始加压时为最大。开始加压前，由于液体和热导系数比较小，随着制件的凝固，熔体内部的温度梯度逐渐变小。

参 考 文 献

[1] 胡汉起 . 金属凝固原理 . 北京：机械工业出版社，2000.
[2] 罗守靖，陈炳光，齐丕骧 . 液态模锻与挤压铸造技术 . 北京：化学工业出版社，2007.
[3] 莫之名，彭其凤，罗守靖，等 . 液态模锻模具温度场的数学模式 . 金属科学与工艺，1983，2 (2)：60- 70.
[4] 罗守靖 . 复合材料液态挤压 . 北京：冶金工业出版社，2002.

第 6 章　高压凝固下的质量传输及成分过冷

物质从体系某一部分迁移到另一部分,称为质量传输,简称传质。通常传质采用三种方式:扩散传质、对流传质和相间传质。常压下传质与高压下传质,其传质方式相同。但增加了压力因素,有必要进行讨论,同时给出成分过冷。

6.1　常压下金属凝固过程的传质

6.1.1　完全平衡凝固条件下的溶质再分布

完全平衡凝固指由于溶质平衡分配形成的固、液相中成分分布不均,而扩散速率足够大,所进行的凝固,如图 6-1 所示。开始凝固时,在温度 T_L 时,固相成分为 K_0C_0 ($K_0 < 1$, 为分配系数),多余的溶质即时从界面向液相扩散,形成新的平衡

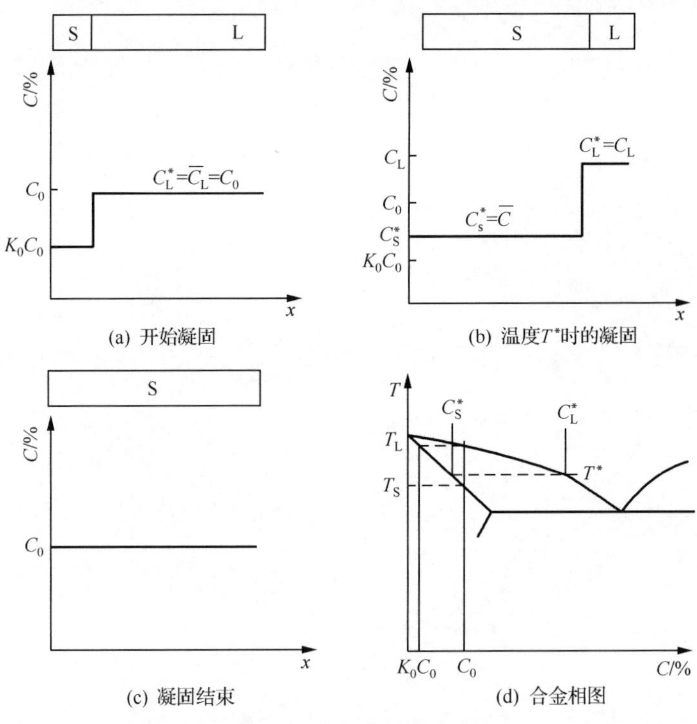

图 6-1　完全平衡凝固时的溶质再分布[1]

[图 6-1(a)];温度下至 T^* 时,C_L^* 与 C_S^* 平衡。在完全平衡凝固的前提下,$C_L^* = \overline{C_L}$,$C_S^* = \overline{C_S}$,$\overline{C_L}$ 和 $\overline{C_S}$ 为液、固相内溶质浓度的平均值[图 6-1(b)];当温度下降至 T_S 时,固相中成分分布为 C_0 [图 6-1(c)]。显然,这完全是种理想情况,在生产中少见。

6.1.2　凝固时液相中只有扩散的溶质再分布

如图 6-2(d)所示,成分 C_0 的液态合金,在 T_L 开始凝固,凝固出的固体成分为 K_0C_0 (K_0 为平衡分配系数,$K_0 = C_S/C_L$,即温度 T 时固体中溶质的浓度与同一温度下液体中溶质浓度之比)。由于 $K_0C_0 < C_0$,一部分溶质被排挤到固-液界面上,虽然借助扩散使原子远离界面,但扩散并不充分,以致在界面附近积聚,使该处浓度大于 C_0 [图 6-2(c)中左端],以后界面继续推进时,所得的固相成分随界面处液相成分的增高而增高,直至界面附近液体中的成分达 C_0/K_0,这时从固体中排挤到界面上的溶质原子数目和溶质原子在液体中扩散离开界面的数目相等,即达到所谓稳定态[图 6-2(a)]。在稳定态中,固相成分就是合金的整体成分 C_0,由于

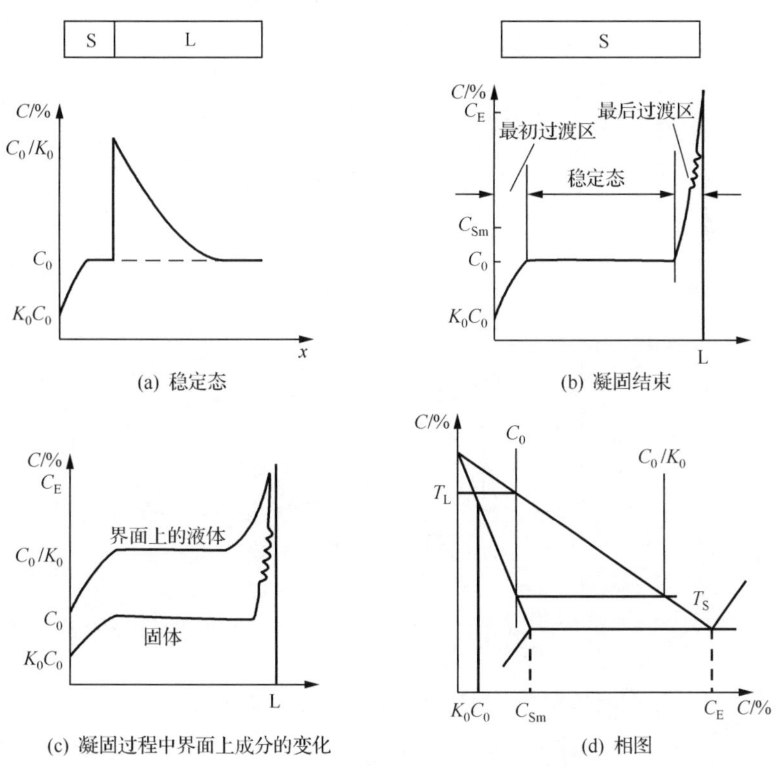

图 6-2　液相中只有扩散没有对流的溶质再分布[2]

液固相间保持平衡状态，故界面处的液体成分为 C_0/K_0，此时凝固将在 T_t处进行。这以后，在界面上以及界面附近的条件不变，直到剩下的液体不多为止。凝固接近完毕时，由于剩下的液体过少，界面上的溶质原子向液体中的扩散受到限制，于是界面上的液体浓度又再上升，直至全部液体凝固为止。并且，最后凝固的液体浓度可以比开始凝固时液体的浓度高很多。因此，整个凝固过程如图 6-2(b)所示，可分为最初过渡区、稳定区、最后过渡区。

若以固-液界面为选取坐标 x' 的原点，即界面处 $x'=0$(图 6-3)，则界面附近液相中的溶度梯度为$\frac{\mathrm{d}C}{\mathrm{d}x'}$。在稳定态下凝固时有 $\frac{\mathrm{d}C_\mathrm{L}}{\mathrm{d}t}=0$，则

$$D_\mathrm{L}\frac{\mathrm{d}^2C_\mathrm{L}}{\mathrm{d}x^2}+R\frac{\mathrm{d}C_\mathrm{L}}{\mathrm{d}x'}=0 \tag{6-1}$$

此方程的通解为

$$C=A+B\exp\left(-\frac{Rx'}{D_\mathrm{L}}\right) \tag{6-2}$$

边界条件为

$$C_\mathrm{L}\big|_{x'=0}=\frac{C_0}{K_0}$$

$$C_\mathrm{L}\big|_{x'=\infty}=C_0$$

代入式(6-2)，其结果为

$$C_\mathrm{L}=C_0\left[1+\frac{1-K_0}{K_0}\exp\left(-\frac{Rx'}{D_\mathrm{L}}\right)\right] \tag{6-3}$$

式中：C_L 为离界面 x' 处液体中溶质质量分数，%；R 为凝固速率，m/s；D_L 为扩散系数，$\mathrm{m^2/s}$。通常从界面进行液体温度升高，则温度梯度为正，反之为负。

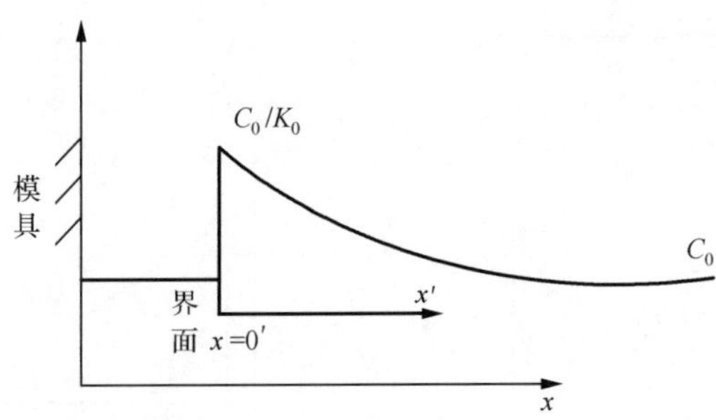

图 6-3 稳定态时溶质的分布[2]

图 6-4 说明界面前沿溶质浓度曲线分别随变化量 R、D_L 和 K_0 (<1)而变化的情况。可以看出，长大速率很高而浓度扩散系数又低时，得到短而陡的溶质积聚曲线。特别重要的是，在 K_0 很小的体系中，界面附近可能发生最严重的溶质积聚现象。经计算表明，只要不显著改变界面形态，溶质积聚厚度一般不超过 0.1mm

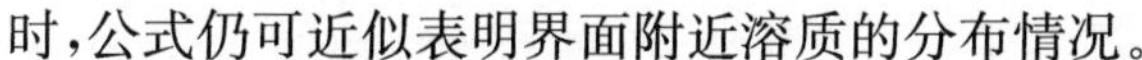

时，公式仍可近似表明界面附近溶质的分布情况。

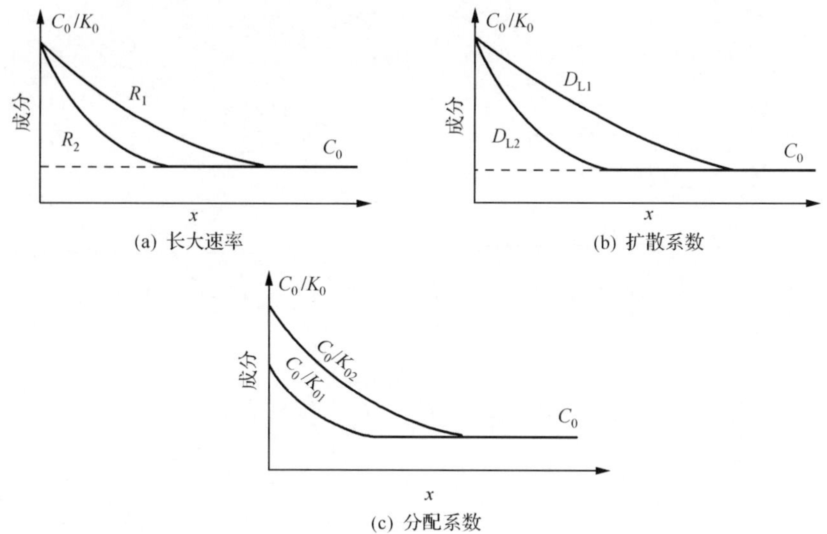

图 6-4　晶体长大参数(R、D_L、K_0)变化时界面前沿溶质浓度的变化[2]

6.1.3　液相中完全混合的溶质再分布

假设液体中存在着对流和搅拌而完全混合的条件，当 $K_0<1$ 时，排除至界面处的溶质可均匀地分布至整个液体中去，如图 6-5 所示。

设试样仍从一端进行凝固，开始温度为 T_L［图 6-5(d)］，形成的少量固相成分为 C_0K_0［图 6-5(a)］。当温度降至 T^* 时，固相成分 C_S^* 与液相成分 C_L^* 平衡。由于固相中无扩散，所以开始时凝固的固相成分不变，仍为 C_0K_0，沿着晶体长大方向，固相成分变化如图中 6-5(b)所示的斜线部分；而液相成分，由于完全混合，则平均成分为 $\overline{C_L}$，与 C_L^* 相等。由此出发，推导出固相成分 C_S^* 与固相体积分数 f_S 的关系[3]为

$$C_S^* = K_0C_0\,(1-f_S)^{K_0-1} \tag{6-4}$$

同理，液相成分 C_L^* 与液相体积分数 f_L 的关系为

$$C_L^* = C_0\,{f_L}^{K_0-1} \tag{6-5}$$

式中：f_S、f_L 为分别为固相体积分数和液相体积分数，$f_S+f_L=1$。

从式(6-4)和式(6-5)看出，随着固相体积分数 f_S 的增加(或 f_L 的减少)，无论 C_S^* 还是 C_L^* 都要增加。形成这种情况是由于固相中没有扩散。

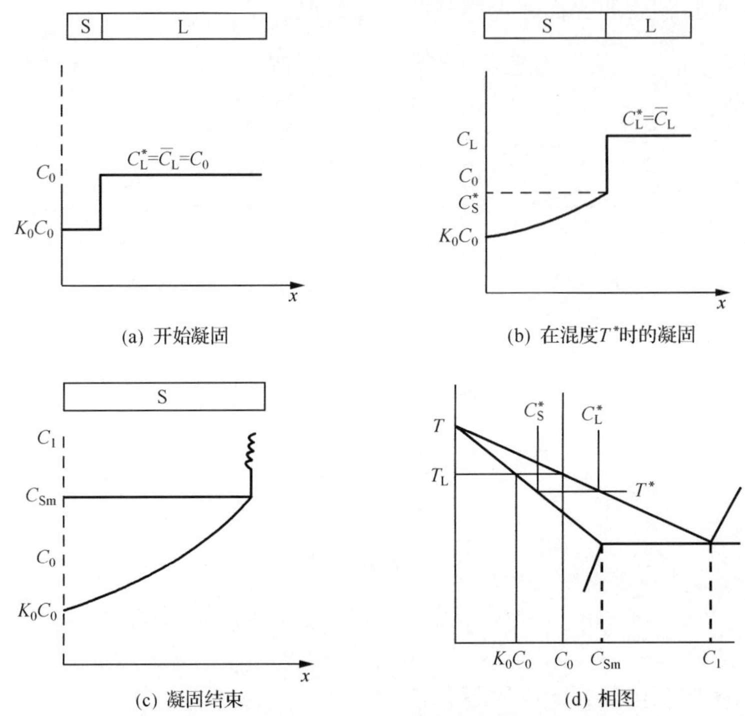

(a) 开始凝固 (b) 在混度 T^* 时的凝固

(c) 凝固结束 (d) 相图

图 6-5 液相中完全混合情况下溶质再分布[2]

6.1.4 液相中部分混合(有对流作用)的溶质再分布

这种情况是出于液相中完全混合和液相中只有扩散之间的情况。液相中存在部分混合的情况下,存在一扩散层 δ_N (图 6-6),这层以外的液相因有对流作用得以保持均一的成分,如果液相的容积很大(如凝固初期),它将不受已凝固体的影响而保持原始成分 C_0,而固相成分 C_S^* 在 δ_N、R 一定的情况下也将保持一定,只是其值不是 C_0,而是小于 C_0 的一个数值。文献[2]给出了溶质富集层内溶质浓度随 x' 的变化:

$$\frac{C_L - C_0}{C_L^* - C_0} = 1 - \frac{1 - \exp\left(-\dfrac{R}{D_L}x'\right)}{1 - \exp\left(-\dfrac{R}{D_L}\delta_N\right)} \tag{6-6a}$$

如果溶质富集层 δ_N 以外液相体积有限(或凝固后期),那么在凝固过程中液相成分不是固定于 C_0 不变,而是逐渐提高,设以 $\overline{C_L}$ 表示,有

$$\frac{C_L - \overline{C_L}}{C_L^* - \overline{C_L}} = 1 - \frac{1 - \exp\left(-\dfrac{R}{D_L}x'\right)}{1 - \exp\left(-\dfrac{R}{D_L}\delta_N\right)} \tag{6-6b}$$

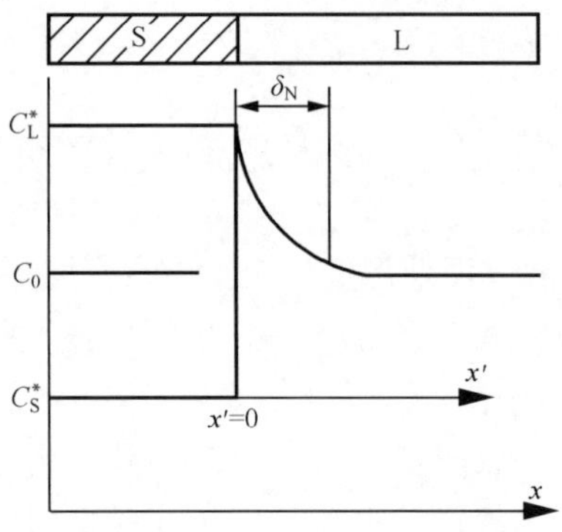

图 6-6　有对流时液相内的溶质分布[2]

式(6-6b)同样适用于液相中只有扩散及液相中完全混合的情况。在液相中只有扩散情况下，式中 $\delta_N = \infty$，$\overline{C_L} = C_0$，$C_L^* = \dfrac{C_0}{K_0}$，则可得式(6-3)；在液相中完全混合情况下，$\delta_N \to 0$，由于 $x' \leqslant \delta_N$，$x' \to 0$，这样 $\exp\left(-\dfrac{R}{D_L}x'\right) = 1 - \dfrac{R}{D_L}x'$；$\exp\left(-\dfrac{R}{D_L}\delta_N\right) = 1 - \dfrac{R}{D_L} = \delta_N$，代入式(6-6b)，得 $C_L = \overline{C_L}$。可见式(6-6a)为平面凝固时液相内溶质分布表达式的通式。

另外，在稳定态时，凝固时排出的溶质量等于扩散走的溶质量，即

$$R \cdot F \cdot \mathrm{d}t(C_L^* - C_S^*) = -D_L \left.\frac{\mathrm{d}C_L}{\mathrm{d}x'}\right|_{x'=0} \cdot F \cdot \mathrm{d}t$$

即

$$R(C_L^* - C_S^*) = -D_L \left.\frac{\mathrm{d}C_L}{\mathrm{d}x'}\right|_{x'=0}$$

对式(6-6a)的 C_L 求导数，可得

$$D_L \left.\frac{\mathrm{d}C_L}{\mathrm{d}x'}\right|_{x'=0} = -R\frac{C_L^* - C_0}{1 - \exp\left(-\dfrac{R}{D_L}\delta_N\right)}$$

上两式相等，即

$$C_L^* - C_S^* = \frac{C_L^* - C_0}{1 - \exp\left(-\dfrac{R}{D_L}\delta_N\right)}$$

将 $C_S^* = K_0 C_L^*$ 代入经整理得

$$C_L^* = \frac{C_0}{K_0 + (1 + K_0)\exp\left(-\frac{R}{D_L}\delta_N\right)} \tag{6-7}$$

上式将凝固中的液体成分与合金原始成分及晶体生长条件(生长速率 R 和反映搅拌剧烈程度的 δ_N)联系了起来。

6.2　常压下形成成分过冷的条件

在凝固过程中,于固-液界面前形成一个溶质富集层,其最大浓度 C_L^* 离界面越远,液相的溶质浓度越低[图 6-7(b)]。离界面越远,其平衡液相线温度越高[图 6-7(c)、(d)]。但是液相中实际温度则取决于热流的情况,与溶质分布无关。图 6-7(c)表示界面前沿任一点的实际温度均高于液相线,这是稳定的平面前沿所必需的条件。图 6-7(d)表示界面前沿任一点实际温度均低于液相线,该部分液体处于过冷状态,称为成分过冷,以“C · S”表示。固-液界面由稳定的平面前沿变为不稳定,主要是由成分过冷所造成。

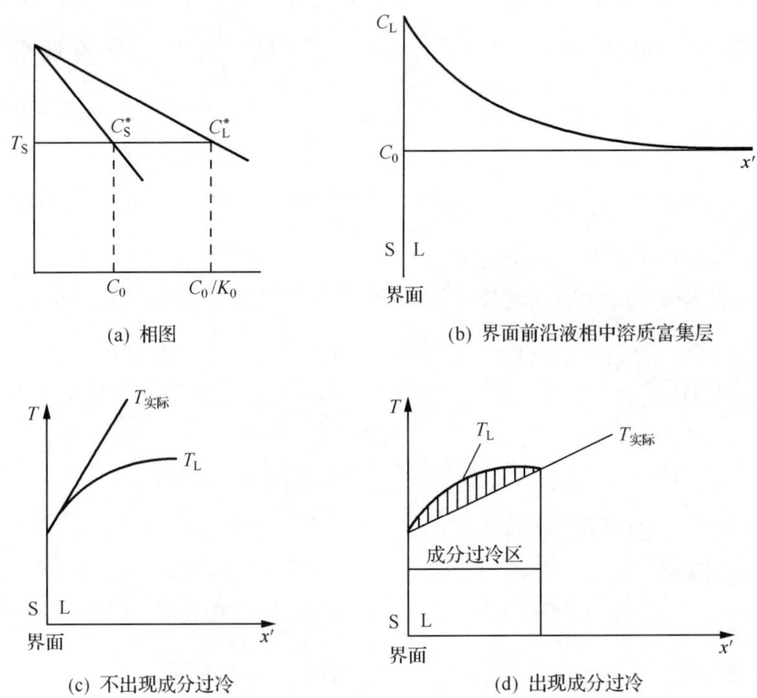

图 6-7　固-液界面前沿形成成分过冷及不形成成分过冷的情况[2]

为了定量地推导成分过冷的判断式,设平衡的液相线温度为

$$T_L = T_m - m_L C_L \tag{6-8}$$

式中：T_m 为纯金属熔点，K；m_L 为液相线的斜率；C_L 为液相质量分数，%。

把式(6-3)代入式(6-8)

$$T_L = T_m - m_L C_0\left[1 + \frac{1-K_0}{K_0}\exp\left(-\frac{Rx'}{D_L}\right)\right] \tag{6-9}$$

对于原始成分为 C_0 的合金而言，在凝固达到稳定态时，其液固界面温度 T_i 为

$$\begin{aligned} T_i &= T_m - m_L \cdot C_L^* \\ &= T_m - m_L \cdot \frac{C_0}{K_0} \end{aligned} \tag{6-10}$$

将式(6-8)代入式(6-9)得

$$T_L = T_i + \frac{m_L C_0(1-K_0)}{K_0}\left[1 - \exp\left(-\frac{Rx'}{D_L}\right)\right] \tag{6-11}$$

液相中实际温度为

$$T = T_i + Gx' \tag{6-12}$$

式中：G 为界面前沿液体中的温度梯度，K/m。

图 6-7(c)为不出现成分过冷，要求

$$G \geqslant \left.\frac{dT_L}{dx'}\right|_{x'=0} \tag{6-13}$$

为此，对式(6-11)进行微分，得

$$\left.\frac{dT_L}{dx'}\right|_{x'=0} = \frac{Rm_L C_0(1-K_0)}{D_L K_0} \tag{6-14}$$

将式(6-14)代入式(6-13)得

$$G \geqslant \frac{Rm_L C_0(1-K_0)}{D_L K_0} \tag{6-15}$$

或

$$\frac{G}{R} \geqslant \frac{m_L C_0}{D_L}\frac{(1-K_0)}{K_0} \tag{6-16}$$

式(6-16)为成分过冷的判断式，它的推导是建立在液相中只有扩散的基础上，对于液相中有对流的情况，可以推导如下：

由液相线斜率为

$$m_L = \frac{dT}{dC_L}, \quad dC_L = \frac{1}{m_L}dT$$

两边除以 dx' 得

$$\frac{dC_L}{dx'} = -\frac{1}{m_L}\frac{dT}{dx'}$$

上式负号表示温度梯度与浓度梯度符号相反，平面凝固条件下，液体内实际温度梯度应大于液相线斜率，即

$$G \geqslant \left.\frac{\mathrm{d}T}{\mathrm{d}x'}\right|_{x'=0}$$

或

$$G \geqslant -m_{\mathrm{L}} \left.\frac{\mathrm{d}C_{\mathrm{L}}}{\mathrm{d}x'}\right|_{x'=0} \tag{6-17}$$

将式(6-6a)对 C_{L} 在 $x'=0$ 处求导得

$$\left.\frac{\mathrm{d}C_{\mathrm{L}}}{\mathrm{d}x'}\right|_{x'=0} = -\frac{R}{D_{\mathrm{L}}} \frac{C_{\mathrm{L}}^{*} - \overline{C_{\mathrm{L}}}}{1-\exp\left(-\frac{R}{D_{\mathrm{L}}}\delta_{\mathrm{N}}\right)} \tag{6-18}$$

将式(6-7)代入式(6-18),其结果代入式(6-17)整理得

$$\frac{G}{R} \geqslant \frac{m_{\mathrm{L}}}{D_{\mathrm{L}}} \overline{C_{\mathrm{L}}} \frac{1}{\frac{K_0}{1-K_0} - \exp\left(-\frac{R}{D_{\mathrm{L}}}\delta_{\mathrm{N}}\right)} \tag{6-19}$$

式(6-19)为成分过冷判断式的通式。从成分过冷判断式不难看出在下列条件下有利于发生成分过冷:

(1) 液相中低的温度梯度,即 G 小。

(2) 快的晶体长大速率,即 R 大。

(3) 陡的液相线,即 m_{L} 大。

(4) 高的合金浓度,即 C_0 高[成分过冷通常发生在 $C_0=0.2\%$(质量分数)]。

(5) 液相中低的扩散系数,即 D_{L} 小。

(6) 对于 $K_0<1$ 的合金,K_0 要小;对于 $K_0>1$ 的合金,K_0 要大。

6.3 成分过冷的过冷度

在有成分过冷存在时,其过冷度为

$$\Delta T = T_{\mathrm{i}} + \frac{m_{\mathrm{L}}C_0(1-K_0)}{K_0}\left[1-\exp\left(-\frac{Rx'}{D_{\mathrm{L}}}\right)-Gx'\right] \tag{6-20}$$

为求最大过冷度,令 $\frac{\mathrm{d}\Delta T}{\mathrm{d}x'}=0$,即

$$\frac{\mathrm{d}\Delta T}{\mathrm{d}x'} = \frac{m_{\mathrm{L}}C_0(1-K_0)R}{K_0 D_{\mathrm{L}}}\exp\left(-\frac{Rx'}{D_{\mathrm{L}}}\right)-G=0$$

则

$$x' = \frac{D_{\mathrm{L}}}{R}\ln\left(\frac{m_{\mathrm{L}}C_0(1-K_0)R}{GK_0 D_{\mathrm{L}}}\right) \tag{6-21}$$

将(6-21)代入式(6-20)得

$$\Delta T_{\max} = \frac{m_{\mathrm{L}}C_0(1-K_0)}{K_0 D_{\mathrm{L}}} - \frac{GD_{\mathrm{L}}}{R}\left[1-\ln\frac{Rm_{\mathrm{L}}C_0(1-K_0)}{GD_{\mathrm{L}}K_0}\right] \tag{6-22}$$

式(6-22)适用于液相中只有扩散的情况，对于液相中部分混合的情况，只要将 C_0 用 C_S^* 代替即可。

6.4　常压下界面稳定性与晶体形态

6.4.1　纯金属的晶体形态

纯金属和固溶体同属单相，为了理解单相固溶体合金的结晶过程，应该具有纯金属结晶的基本概念。

形核与晶体长大，主要解决结晶速率问题，而结晶长大的形态主要与传热和传质有关，对于纯金属而言，则仅与热流有关。

图 6-8 表示正温度梯度($dT/dx>0$)下纯金属的固-液界面。此时界面前沿液相温度都在熔点以上，固相没有向前生长的条件，只有热流从液相经过固相向外扩散出后，在界面前沿获得一定的过冷度，固相才能前进。如果界面上出现瞬时突出部分，由于尖端伸入高温区，随即将被熔化，或者长大速率减缓，等待其他部分推进，这样就恢复到原来平面界面情况，这个界面上是等温的。

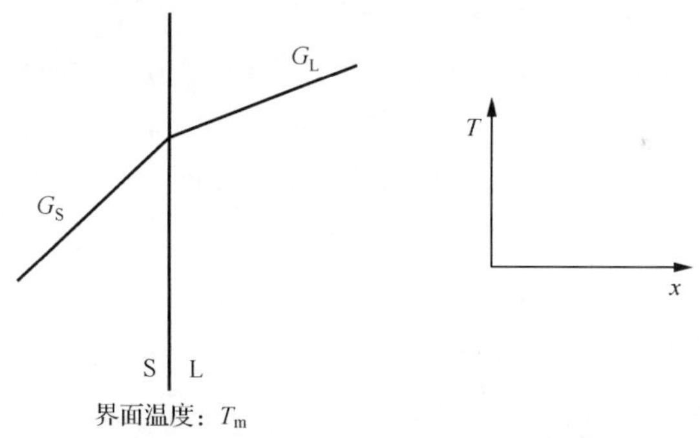

图 6-8　正温度梯度下纯金属的固-液界面[2]

在负温度梯度($dT/dx<0$)下，如图 6-9 所示，此时固-液界面的温度虽然在熔点温度以下，但是远离界面的液体内部的温度更低，此时，如果界面上产生突出部分，可以伸入到过冷的液相中而继续长大。因此，结晶前沿不是平面，而是有很多突出部分的晶粒。如果在生长过程中，放出的潜热和散热相当时，将以稳定的速率向前推进，在这些柱晶的侧面，同样可以产生新的晶粒，这样就形成了树枝晶。

6.4.2　成分过冷对合金晶体外貌的影响

与纯金属不同，当合金凝固时其结晶形貌除受“热温过冷”影响，主要受成分过冷的影响。在负温度梯度下，合金与纯金属一样，易于产生树枝晶形貌。在正温度

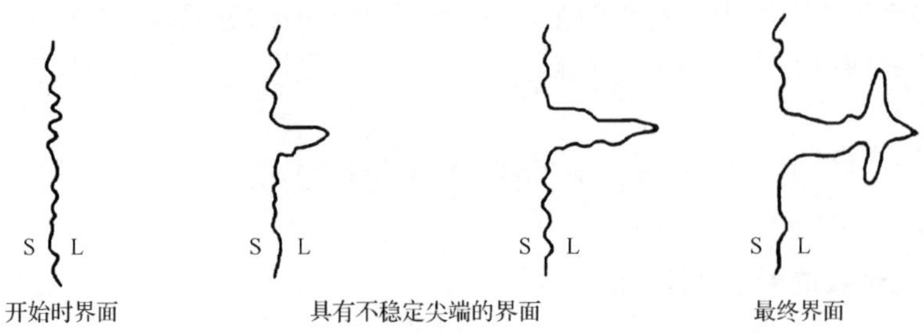

图 6-9　负温度梯度下纯金属的固-液界面[2]

梯度下，随着成分过冷增加，合金晶体外貌依次由平面晶发展成胞状晶、胞状树枝晶及树枝晶。研究发现，合金中的溶质浓度 C_0、液相内温度梯度 G 和凝固速率 R 是影响成分过冷的主要因素，从而也是决定合金外貌的主要因素，如图 6-10 所示。可以看出，在 C_0 一定的条件下，随着 $\dfrac{G}{\sqrt{R}}$ 的减少，晶体形态由平面晶向树枝晶转变。从公式(6-22)也可看出，当 $\dfrac{G}{\sqrt{R}}$ 减小时，最大成分过冷的过冷度 $\Delta T_{\max}$ 是增加的。这一点还可通过图 6-11 得到进一步证明。当 $G_1 > G_2 > G_3$，在$\sqrt{R}$一定条件时，G 的减小，意味着 $G/\sqrt{R}$减小，G_3 最小，它的最大成分过冷度最大，而且它的位置远离固-液界面处。与正温度时的“热温过冷”相反，成分过冷度在固-液界面处最小。因此，成分过冷一方面阻碍原有晶体生长界面的推进；另一方面，固-液界面前方较大的过冷度又容易使一旦长过来的晶体向侧面发展。与此同时，一旦成分过冷大于形核所需要的过冷度时，就会产生新的晶核，从而造成内生长的条件，使得自由树枝晶在原长大着的晶体前沿出现。

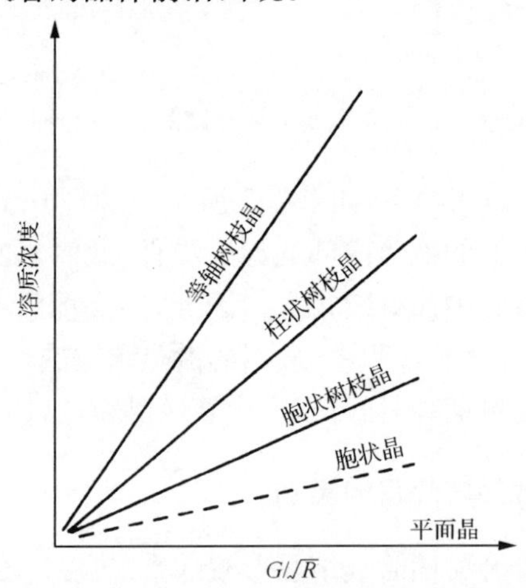

图 6-10　$G/\sqrt{R}$和 C_0 对固溶体晶体形貌的影响[2]

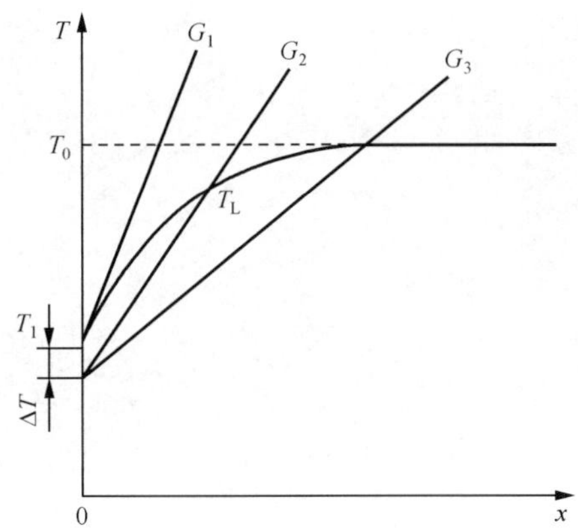

图 6-11　C_0、R 一定时，G 的改变对成分过冷的影响[2]

6.4.3　胞晶组织的形成

成分过冷一旦使平面晶界遭到破坏，在宏观组织上就会出现胞状晶，但形成是一个发展过程，如图 6-12 所示。可以看出，当成分过冷刚刚出现，在固-液界面上先是出现溶质富集的凹坑(或称痘点)。随着过冷度增加，凹坑增多增大，进而连接成沟槽，此即不规则的胞状晶。随着成分过冷增大，从不规则胞状晶发展成六角形胞晶。胞状晶往往不是彼此分离的晶粒，在每一个晶粒界面上可以形成许多条胞状晶，这些胞状晶是来源于一个晶粒，因此，胞状晶可以认为是一种亚结构。成分过冷再增加时，规则的胞状晶侧向将出现锯齿萌芽，这就意味着向胞状树枝晶发展。

如图 6-13 所示，胞状晶生长方向垂直于固-液界面，而且与晶体学取向无关。随着凝固速率的增加，胞状晶生长方向开始转向优先的结晶生长方方向(立方晶体的金属为〈100〉)，胞晶的横断面也将受晶体学因素影响，而出现凸缘结构，当凝固速率进一步增加时，在凸缘上又会出现锯齿结构，此即通常所说的二次枝晶。出现二次枝晶的胞状晶称为胞状树枝晶。

(a) 几乎没有成分过冷，平界面

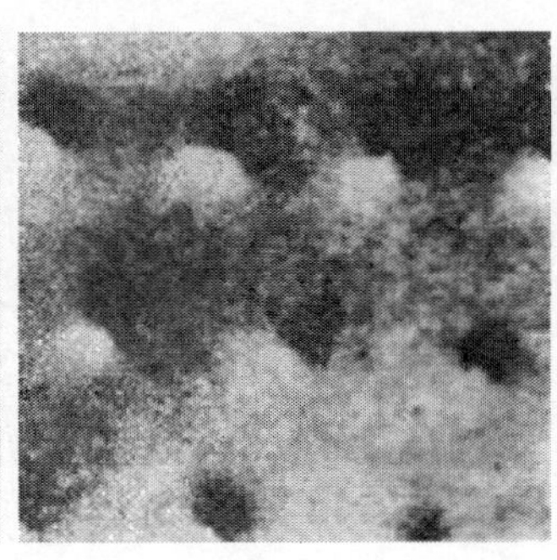

(b) 成分过冷很小，界面上出现凹坑

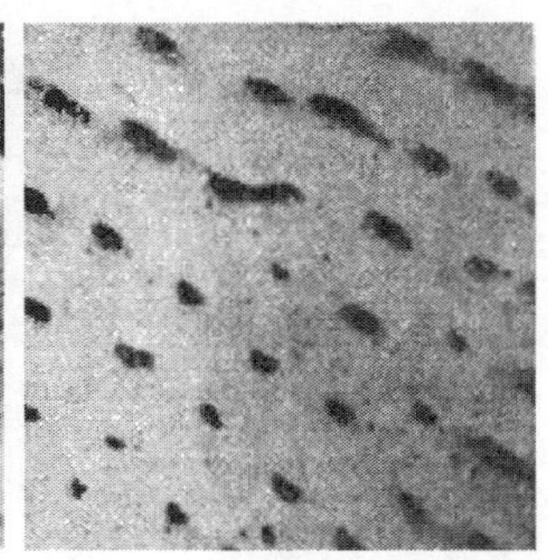

(c) 成分过冷稍大，凹坑增加并趋于连接

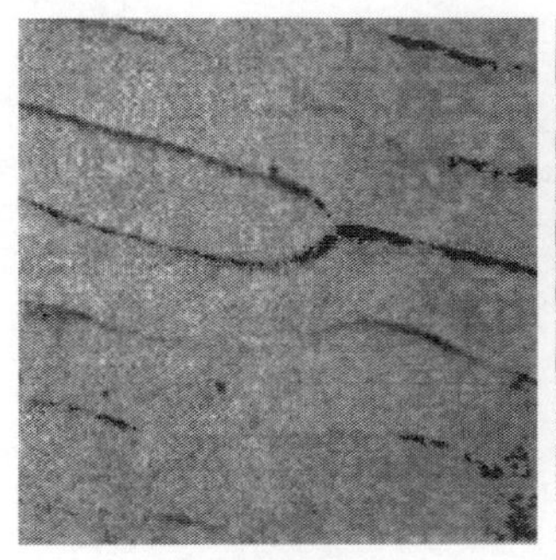

(d) 成分过冷继续增大，凹坑连接成沟槽

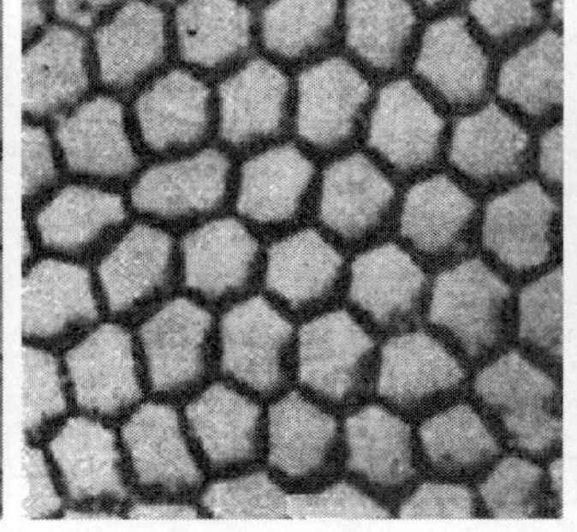

(e) 成分过冷进一步增大，形成规则的六角形胞晶

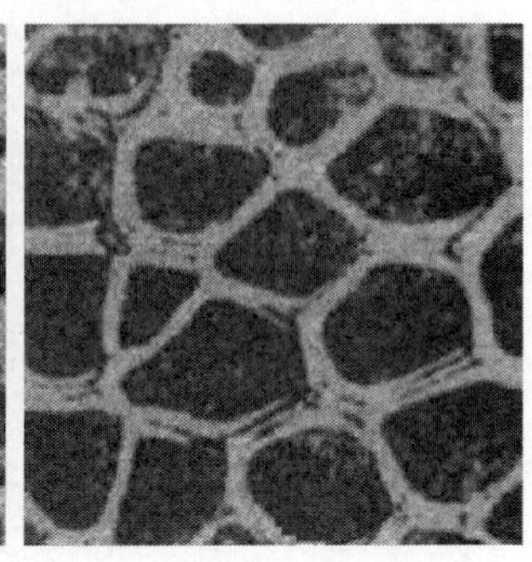

(f) 成分过冷再大，胞晶变得不规则

图 6-12　成分过冷逐渐增加时胞状晶的形成和发展过程[3]

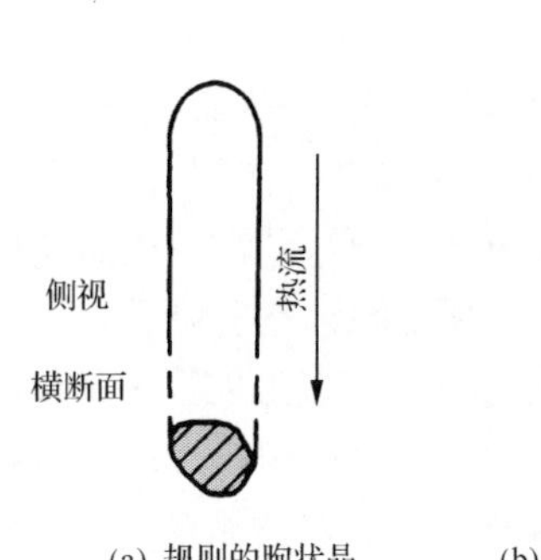

(a) 规则的胞状晶

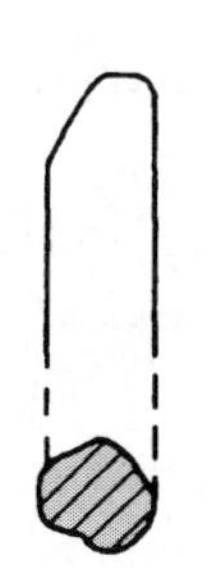

(b) 在〈100〉晶向上规则胞状晶长大

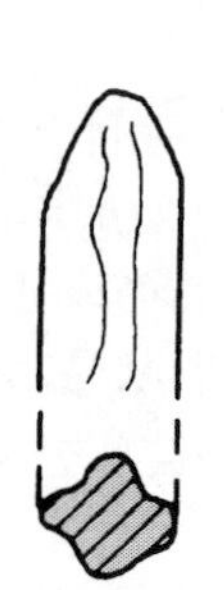

(c) 凸缘胞状晶

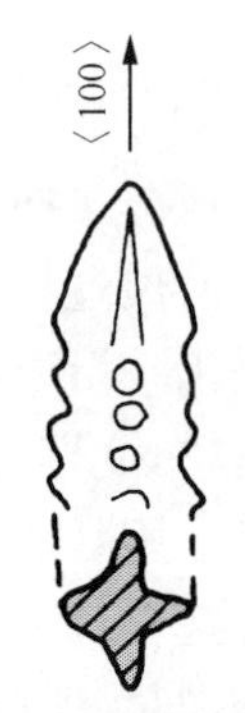

(d) 胞状树枝晶

图 6-13　随生长速率的增加胞状晶转变为胞状树枝晶的过程[3]

6.5　液态模锻在高压下的成分过冷

液态模锻是属高压下凝固，其成分过冷和常压下凝固一样，受合金本身因素(C_0、K_0、m_L、D_L)和工艺因素(G、R)的影响。研究压力对成分过冷的影响，只要研究合金本身因素和工艺因素在压力下作何变化就可以了。

6.5.1　合金本身的因素

对一定材料，溶质元素的 C_0 含量已定，仅研究(K_0、m_L、D_L)三个参数随压力的变化。

1. 压力对 K_0 的影响

由于压力使凝固系统的自由能发生变化，故其分配系数 K' 与原平衡分配系数 K_0 发生偏离，且有[3]

$$\frac{K'}{K_0}=1-\frac{\Delta V_i\Delta P}{RT} \tag{6-23}$$

式中：ΔV_i 为在压力 ΔP 作用下，溶质 i 稀溶液中偏摩尔体积的改变，m^3/mol；R 为摩尔气体常量，8.31J/(mol·K)。

由式(6-23)知，ΔP 存在，使 K' 偏离 K_0；压力越大，这种偏离越大，即偏离 1 越远，将增加成分过冷。

2. 液相线斜率 m_L

m_L 即为溶质元素使合金液相线下降的能力。如果由于压力的存在，使溶质元素凝固点下降，即使 m_L 有所增加，这也将促进成分过冷，如碳钢。

3. 压力对扩散系数的影响

文献[3]给出了压力与扩散系数 D_L 的关系：

$$D_L=\frac{RT}{\delta\eta_0}\exp\left(\frac{pV_0}{RT}\right) \tag{6-24}$$

式中：δ 为原子自由程长度，m；η_0 为同一温度达到大气压下的黏度，Pa·s；V_0 为同一温度的大气压下的摩尔体积，m^3/mol。

由式(6-24)可以看出，溶质在液体中扩散系数的下降，促进成分过冷。

很显然，对于合金本身的因素，压力的存在，使这些因素向着有利于成分过冷方向变化。

6.5.2　工艺因素

工艺过程是复杂的，但对成分过冷的最直接的因素，主要是凝固速率 R 和熔体温度梯度 G。

1. 凝固速率 R

高压作用下，液态金属(或已凝固金属)与模壁保持紧密接触，使热阻保持最低值，从而传导加快。如图 6-14 所示，凝固时间随压力的提高而缩短。一般凝固时间为常压下的 1/4～1/3，这将促进成分过冷。

2. 熔体温度梯度 G

熔体温度梯度与很多因素有关。压力增高，凝固金属紧贴模膛壁，使凝固前沿温度很快下降，与熔体中心温度的温度差增大（图 6-14），这就增加了熔体的温度梯度，将减弱成分过冷；但是，压力的作用使导温系数明显提高，图 6-14 给出了这方面的试验结果。由于导温系数的增大，金属液中产生强烈的流动，均匀化了熔体的温度，这就降低了熔体的温度梯度，促进成分过冷。

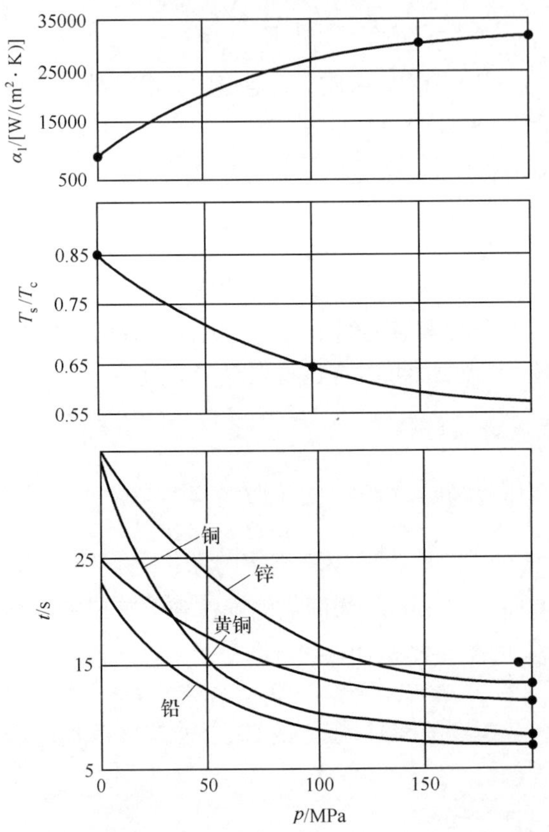

图 6-14　导温系数(α_1)、表面温度与中心温度(T_s/T_c)之比、凝固时间和施加压力的关系[2]

由上分析，压力下凝固对成分过冷影响很大，总的是促进成分过冷的产生。

6.6　液态模锻高压下“结构效应”

合金凝固过程中的成分过冷，决定了凝固过程中固溶体的生长状态。在液态模锻下，由于压力的作用，加强了成分过冷效应，使“结构效应”很快从平面界面向胞状树枝晶变化。

固溶体生长形态的关键因素是熔体的温度梯度 G（图 6-15）。液态模锻初期，由于模具温度较低，而压力作用使 G 增大，延缓了由平面界面向胞状树枝晶的发展过程。而后，随着凝固的进行，G 的降低，成分过冷效应加强，加速了上述的发展过程，很快表面就成为胞状树枝晶界面。

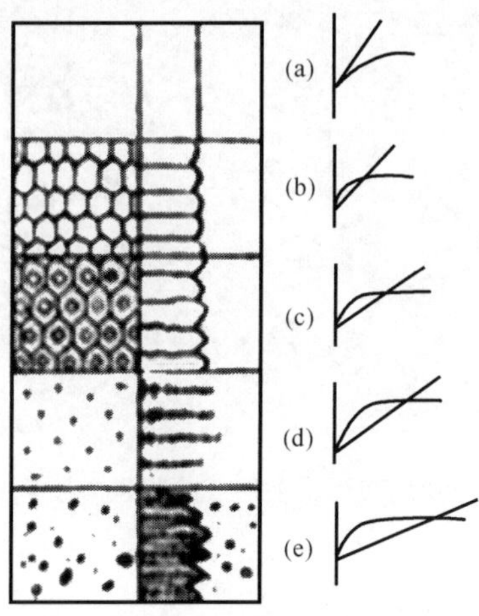

图 6-15　不同成分过冷时固溶体生长形态[2]

从图 6-15 看出，当温度梯度很大[图 6-15(a)]，晶体以“平面生长”方式长大，获得相互平行的条状单晶体；如果温度梯度略小[图 6-15(b)]，则晶体以“胞状生长”方式获胞状晶；如果温度梯度再小[图 6-15(c)]，则晶体取“枝晶状生长”方式获得柱状树枝晶，上述三种情况的成分过冷区均未达到形核条件，晶体生长均是单向延伸。故在温度梯度较大，成分过冷较小，且过冷区较窄的条件下，均获得柱状晶组织。

如果温度梯度再小到一定程度，如图 6-15(d)、(e)所示。成分过冷效应足以使凝固界面前的外来质点发生非均质形核，形成晶体的“内生长”。它阻止了原来的枝晶单向延伸而形成的等轴晶区。因此，在温度梯度较小，大的成分过冷和宽的过冷区条件下，易形成等轴区。

在液态模锻条件下，对于 $K_0<1$ 的合金，由于压力作用，合金熔点升高，加强了“温度过冷”效应，该效应甚至可能波及整个金属熔体体积。而在凝固界面前的成分过冷效应，可能被“温热过冷”效应加强，从而使凝固形态发生根本变化。

胞状树枝晶形成时均会产生偏析，即胞状区域内溶质高度集中(图 6-16)。对胞状树枝晶研究[3]，证明其是一种板状阵列。枝晶干距离不仅决定于初期的长大特性，而且由于随后的各种粗化作用，即细小枝晶干消失，而粗大枝晶干变粗，因此枝晶干中心与外部溶质不同，形成枝晶偏析。

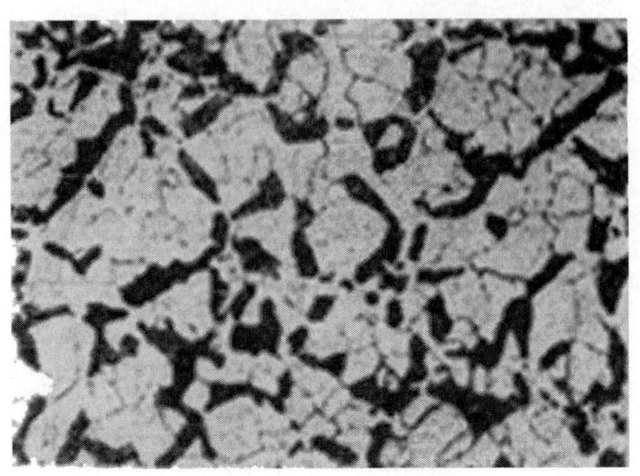

图 6-16　20 钢在高压下形成的胞状树枝晶组织[2]

6.7　偏　　析

6.7.1　偏析的基本特征

偏析是溶质元素再分布的必然结果。它可以分为宏观偏析和显微偏析两大类。前者又称长程偏析，表现在制件内外或上下各部位之间化学成分的差异。宏观偏析主要是凝固过程中液体流动所造成。显微偏析又称短程偏析，按其形式不同可分为胞状偏析、枝晶偏析和晶界偏析等。两种偏析特征见表 6-1。

表 6-1　偏析的特征

偏析类型		偏析的形成特征
宏观偏析	比重偏析	凝固初期发生，由于密度不同而引起
	正偏析	开始凝固部分浓度低，最后部分浓度高
	反偏析	与正偏析的溶质分布相反，形成是由于收缩，心部高浓度的液相穿过枝晶间的通道挤至制件表面
	通道偏析	富有低熔点溶质的液相由于收缩及密度差别，在枝晶间产生流动而引起
	带状偏析	在平行固-液界面的某一带状区域内，成分发生变化，引起的原因是长大速率发生变化
显微偏析	晶界偏析	在两平行长大的平面晶之间，或在两相对长大的平面晶，相遇处溶质浓度高于心部
	胞状偏析	胞晶间与胞晶心部成分上的差异
	枝晶偏析	在通常的等轴晶或柱状晶晶粒内部，枝晶间与枝晶干处成分的差异

6.7.2　显微偏析

1. 液相内无对流时树枝晶内的溶质分布

文献[4]导出了枝晶内溶质分布的综合式：

$$C_S = K_0C_0\left\{\frac{a-b}{K_0-1}+\left[1-\frac{(a-b)K_0}{K_0-1}\right]\times\left(1-\frac{f_S}{1+\alpha K_0}\right)^{K_0-1}\right\} \tag{6-25}$$

式中：$a=\frac{D_LG_L}{vm_LC_0}$；v 为晶体长大速率，m/s；$b=\left[\frac{2\theta v(1-K_0)}{m_LD_LC_0}\right]^{\frac{1}{2}}$，$\theta=\frac{T_LV_S\sigma}{\Delta H_m}$，为一定合金成分曲率过冷常数；$\alpha=\mathrm{const}\,\frac{D_S}{D_L}$。

很显然，对枝晶内的显微偏析，在液相内无对流情况下，取决于 a、b、α 的数值，并有以下几种情况：

(1) 当 $a=b=\alpha=0$ 时，式(6-25)变为

$$C_S = K_0C_0\,(1-f_S)^{K_0-1}$$

此式与式(6-4)相同，它适用于无固相扩散等轴枝晶内的偏析情况，因为在等轴晶凝固时，温度梯度 G_L 很小，枝晶的凝固速率 v 也很小。

(2) 当 $a=b=0$，$\alpha\neq0$ 时，式(6-25)变为

$$C_S = K_0C_0\left(1-\frac{f_S}{1+\alpha K_0}\right)^{K_0-1} \tag{6-26}$$

此式适用于等轴晶内有固相扩散的偏析情况。

(3) 当 $a\neq0$，$b=\alpha=0$ 时，式(6-25)变为

$$C_S = K_0C_0\left[\frac{a}{K_0-1}+\left(1-\frac{aK_0}{K_0-1}\right)(1-f_S)^{K_0-1}\right] \tag{6-27}$$

此为柱状树枝晶无固相扩散时的情况，因为在柱状树枝晶的情况下，在热流方向有明显的温度梯度。

(4) 当 $a\neq0$，$b=0$，$\alpha\neq0$，式(6-25)变为

$$C_S = K_0C_0\left[\frac{a}{K_0-1}+\left(1-\frac{aK_0}{K_0-1}\right)\left(1-\frac{f_S}{1+\alpha K_0}\right)^{K_0-1}\right] \tag{6-28}$$

此为胞状树枝晶(或胞晶)内有固相扩散时的偏析情况。

(5) 当 $b\neq0$，此时意味着凝固速率较大，适用于钢锭凝固时开始阶段的激冷区，在这种情况下，由于过冷度很大，在凝固区域内 $a\rightarrow0$，若 $\alpha\neq0$ 时(固相内扩散系数极大的间隙溶质原子)，则式(6-25)可变为

$$C_S = K_0C_0\left[\frac{-b}{K_0-1}+\left(1+\frac{bK_0}{K_0-1}\right)\left(1-\frac{f_S}{1+\alpha K_0}\right)^{K_0-1}\right] \tag{6-29}$$

若 $\alpha=0$，式(6-25)可变为

$$C_S = K_0 C_0 \left[\frac{-b}{K_0 - 1} + \left(1 + \frac{bK_0}{K_0 - 1}\right)(1 - f_S)^{K_0 - 1} \right] \tag{6-30}$$

式(6-29)、式(6-30)适用于钢锭表面的激冷区情况。

2. 液相内有对流时树枝晶内的溶质分布

经推导,给出了固相无扩散、液相内存在对流情况下枝晶内溶质分布情况[1]:

$$C_S^* = K_0 C_0 (1 - f_S)^{\frac{K_0 - 1}{q}} \tag{6-31}$$

式中:f_S 为固相体积分数,与液体体积分数 (f_L) 相对应,并有 $f_S + f_L = 1$;$q = (1-\beta)\left(1 - \frac{v}{u}\right)$,$u$ 为凝固速率,v 为液体流动速率,β 为凝固收缩率。

式(6-31)与式(6-4)极为相似,其中决定因素是 q 值的大小,而 q 值又是 u、v、β 的函数。合金成分一定的情况下,β 一定,则 q 值仅与 u、v 有关,现分析如下:

(1) $q=1$,此时 $\frac{v}{u} = -\frac{\beta}{1-\beta}$,式(6-31)与式(6-4)完全相同。

(2) $q>1$,由式(6-25)可知,将使 C_S^* 变大,即使偏析增大。这是因为 $q>1$ 时,$\left(1 - \frac{v}{u}\right) > \left(-\frac{1}{1-\beta}\right)$,在凝固时体积收缩的合金系统中(此时 β 为正),v 大 u 小且方向相反,将有利于枝晶偏析的增加,反之,在 v 与 u 方向一致的情况下,v 大 u 小(将使上述不等式反向),则有利于偏析的减少,而 v 小 u 大,有利于偏析的增加,这一点是和无液相流动时,增加凝固速率使显微偏析增加相一致。

(3) $q<1$ 时,从式(6-31)可知,若 C_S^* 变小,则偏析减小。与上述理由一样,在 $q<1$ 时,$\left(1 - \frac{v}{u}\right) < \left(-\frac{1}{1-\beta}\right)$,在 β 值为正的情况下,v 大 u 小且方向相反,将使上述不等式反向,偏析增加;在 v 与 u 方向一致的情况下,v 大 u 小,有利于偏析的减小,而 v 小 u 大,可使偏析增加。

总之,液体中有流动时,如果流动方向与晶体长大方向相反(如依靠冒口的静压或凝固收缩的抽吸力,而使液体流动),有利于枝晶偏析的增加;如果一致(如在凝固时仍然给予搅拌或给予一定离心场、电磁场等),则流动速率大于凝固速率,有利于枝晶偏析的减小,反之,使偏析增加,在合金 β 值较大的情况下,为保证小的枝晶偏析,要求的流动速率可小些。

6.7.3 宏观偏析

在保证固-液界面为平面前沿条件下,制件内宏观偏析可用式(6-4)描述,但这要大的温度梯度和小的凝固速率才能达到。实际生产中,常遇到过冷度不高和凝固速率较大的情况。凝固过程中,往往会出现固、液共存的两相区。制件中宏观偏析的途径有两个。一个是凝固初期形成的固体相以及非金属夹杂物漂浮或下沉;

一个是两相区内液体在枝晶间隙中流动，这种流动动力主要是由于凝固收缩和枝晶间的液体因浓度不同而造成的密度差别，下面就后一种情况予以讨论。

1. 产生宏观偏析的条件

根据式(6-31)，可求出固-液区若干个枝晶范围内平均固相成分为

$$\overline{C_S} = -K_0C_0\frac{q}{K_0-1+q} \tag{6-32}$$

显然，若 $\overline{C_S}=C_0$ 时，无宏观偏析；$\overline{C_S}>C_0$ 时，为正偏析；$\overline{C_S}<C_0$ 时，为负偏析。

因此，式(6-32)为宏观偏析判别式，而在原始成分 C_0 一定的情况下，q 是影响宏观偏析的决定因素：

$$q=(1-\beta)\left(1-\frac{v}{u}\right) \tag{6-33}$$

合金成分一定，β 为定值。因此宏观偏析起决定作用的是 $\frac{v}{u}$，即流体流动速率与等温线移动速率比值大小及两者的方向。

下面以 Al-4.5%(质量分数)Cu 合金为例来观察 $\frac{v}{u}$ 值对宏观偏析的影响。图 6-17为凝固后局部区域的平均成分$\overline{C_S}$与 $\frac{v}{u}$ 的关系。

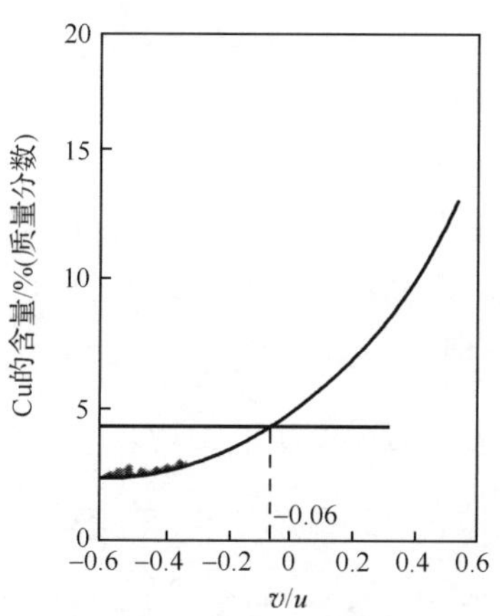

图 6-17　Al-4.5%(质量分数)Cu 合金的平均成分$\overline{C_S}$与$\frac{v}{u}$的关系[3]

已知合金的凝固收缩率 $\beta=0.057$，则有以下结论：

(1) 当 $\frac{v}{u}=-\frac{\beta}{1-\beta}=\frac{-0.057}{1-0.057}=-0.06$ 时，将此关系带入 q 表达式，有 $q=1$，将它代入式(6-32)得 $\overline{C_S}=C_0$，无宏观偏析产生。很显然，不产生宏观偏析有两种条件：即 u 和 vu 的绝对值比 v 大得多。

(2) 当 $\frac{v}{u}<-\frac{\beta}{1-\beta}$，即 $\frac{v}{u}=-0.06$ 的左侧(图 6-17)。液体流动速率的绝对值要比没有宏观偏析时大，而其方向仍与等温线移动方向相反，即液体从两相区的热端流向冷端，产生负偏析。

(3) 当 $\frac{v}{u}>-\frac{\beta}{1-\beta}$，即 $\frac{v}{u}=-0.06$ 的右侧，此时 u 与 v 方向相同，产生正偏析。

(4) 当 $v=0$ 时，即 $\frac{v}{u}=0$，$\overline{C_S}=5\%$，而原始成分 C_0 为 45%，显然产生正偏析。当 $v=0$ 产生在型壁与制件的接触面上时，这种偏析称为“反偏析”。

2. 凝固收缩和液相密度对宏观偏析的影响

在 $\frac{v}{u}$ 值中，u 为液相线和固相线的移动速率，它取决于冷却速率的大小，而液体流动速率由达西定律决定，即

$$v=-\frac{K}{\eta f_L}[\nabla(P+\rho_L g_r)] \tag{6-34}$$

式中：K 为渗透系数，$K=rf_L^2$，它取决于枝晶间隙大小，其中 r 为与枝晶间隙和结构有关的常数；f_L 为液体的体积分数，%；η 为液相的黏度系数，Pa · s；∇P 为三维空间中的压力梯度，Pa/m；g_r 为重力加速度，m/s^2；ρ_L 为液体的密度，m^3/mol。

在决定 v 值的诸因素中，r 显然与冷速有关，冷速越大，枝晶间隙越小；∇P 与凝固收缩有关，凝固收缩造成负压，对液体有抽吸作用，使液体产生流动；ρ_L 作为液体的密度，在凝固过程中随着成分的改变而改变，如果由于凝固改变液体成分而使密度增加时，会使液体向下流动，反之向上流动。可以看出，液体流动来自凝固收缩和液体密度的改变两方面。

6.7.4 液态模锻高压下压力对显微偏析的影响

根据式(6-31)，在液相内有对流条件下，显微偏析决定于 $q=(1-\beta)\left(1-\frac{v}{u}\right)$。由于对一定合金成分，凝固收缩率 β 一定。对显微偏析影响的决定因素是液相流动速率 v 和凝固速率 u。

(1) 压力下冷却速率增加，即 u 增加。因为液态模锻下，显著地缩短了制件的凝固时间，提高了凝固界面的推进速率。

(2) 液态模锻下，制件的凝固补缩是在外部压力下，使已凝固的硬壳产生塑性变形，对尚未凝固的液-固区发生挤压作用。这与普通铸造中采用冒口补缩不同，它是利用冒口的静压和凝固收缩的抽吸力达到金属补缩的，其压力是通过补缩通

道传递到凝固前沿的。

(3) 液态模锻下,其固-液区存在较强的枝晶流动。根据式(6-34),金属流动方向与压力梯度、质量分布梯度方向相反,因此与晶体长大方向一致,这与冒口静压作用下,液相补缩流相反。

因此,判断液态模锻下,枝晶偏析严重与否,关键在于:当 $\frac{v}{u}>1$ 时,有利于枝晶偏析的减小;当 $\frac{v}{u}<1$ 时,有利于枝晶偏析的增加。

如果液态模锻下,压力的作用有利于 $\frac{v}{u}>1$ 时,那么将降低显微偏析。表 6-2 给出了不同冷却速率对合金显微偏析的影响。可以看出,随着冷却速率的增加,初生固溶体的体积比增加,共晶相数量减少。铜在固溶体中的树枝晶主轴中的平均浓度均接近原始合金熔体成分,并处于过饱和状态,若以 ε 表示合金的偏析系数 $\left(\varepsilon=\frac{C_t-C_l}{C_t}\right)$,即树枝状晶边缘浓度 C_t 和中心浓度 C_l 之差再与边缘浓度 C_t 之比,则在压力下结晶时 ε =20%,而在自由结晶时 ε =60%。

表 6-2　冷却速率对 Al-4.5%(质量分数)Cu 合金显微偏析的影响[5]

冷却速率/(℃/s)	不加压		在压力下		
	5	8	100	140	250
第二相体积比/%	10.3	7.5	5.45	5.1	3.3
初生固溶体的体积比/%	89.7	92.5	94.55	94.9	96.7
铜在固溶体的平均浓度/%	1.3	1.8	2.8	2.85	3.5
铜在枝晶主轴上浓度/%	0.98～1.05	1.16～1.20	1.87～1.98	2.0～2.1	2.25～2.75

表 6-2 的试验结果是由文献[5]给出,其作出由于冷却速率的增加而使显微偏析降低的分析,作者认为是不完全的,还应考虑液相流动速率增加的影响。这点从钢质液态模锻获得的结果可以得到证实。

在钢质液态模锻下,凝固速率也增大很快,却没有获得降低显微偏析的结果,相反,随着压力(或凝固速率)的增加,枝晶偏析严重。这是因为压力的作用,有利于条件 $\frac{v}{u}<1$ 发生,这就增加了枝晶偏析。

6.7.5　液态模锻高压下压力对宏观偏析的影响

由前分析可知,宏观偏析产生条件如下。

(1) $\frac{v}{u}<-\frac{\beta}{1-\beta}$，即液流方向与凝固方向相反，易产生负偏析。

在钢平法兰液态模锻中，在压力作用下，金属与模芯接触不良，使此部分凝固时长大速率降低，溶质聚积增加。当长大速率发生变化时，析出固相中溶质量局部减小，将出现贫碳区域，而形成铁素体的带状偏析(图 6-18)。

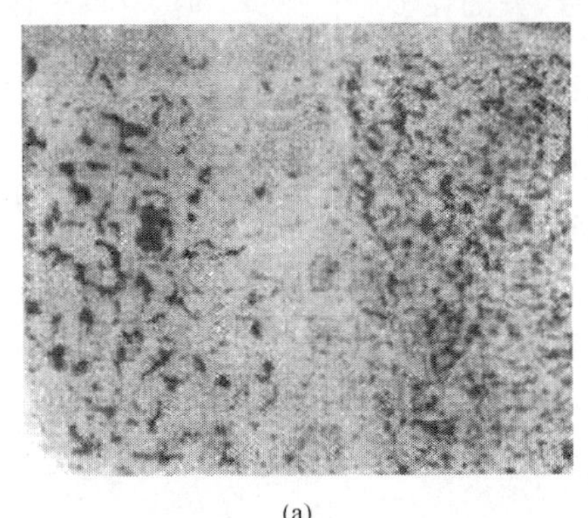
(a)

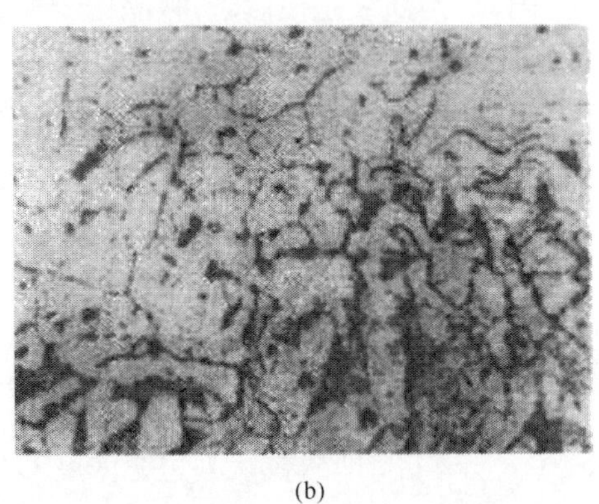
(b)

图 6-18　25 钢 ϕ100 平法兰液态模锻件沿内孔处的铁素体偏析带(原始状态)

显然，由宏观偏析产生的条件来解释，认为此时钢平法兰热节(最后凝固中心)向芯子方向移动，金属流动方向与凝固方向发生反向，致使该处有可能产生负偏析。

(2) $\frac{v}{u}>-\frac{\beta}{1-\beta}$，即液流方向与凝固方向相同，易产生正偏析。

液态模锻条件下，常出现"异常正偏析"。主要机理是枝晶间的液相流动速率大于凝固速率。这种情况，多发生在结晶区间较宽的合金，如锡青铜、铅青铜、Al-4%(质量分数)Cu 和 Al-2.5%(质量分数)Si 等。枝晶间呈现出流动性较强的、含溶质元素较多的液相，在压力的压挤下，容易汇集于制件的热节处(最后凝固区)，出现严重的正偏析。

文献[5]对 Al-4%(质量分数)Cu 合金液态模锻时的偏析作了成功的研究，其试验条件如表 6-3 所示，试验结果如图 6-19 所示。作者认为，当加压方向与优先凝固方向一致时，几乎不产生偏析，如图 6-19(c)，与此相反，当加压方向与优先凝固方向垂直时，沿着最终凝固的中心线，产生较明显的偏析带。

表 6-3　Al-4%(质量分数)Cu 合金液态模锻的偏析试验条件[6]

方案	下模温度/℃	冲头温度/℃	隔热要求
图 6-19(a)	260	250	没有隔热
图 6-19(b)	260	230	上部和下部用石棉隔热
图 6-19(c)	470	室温	边部用石棉筒隔热

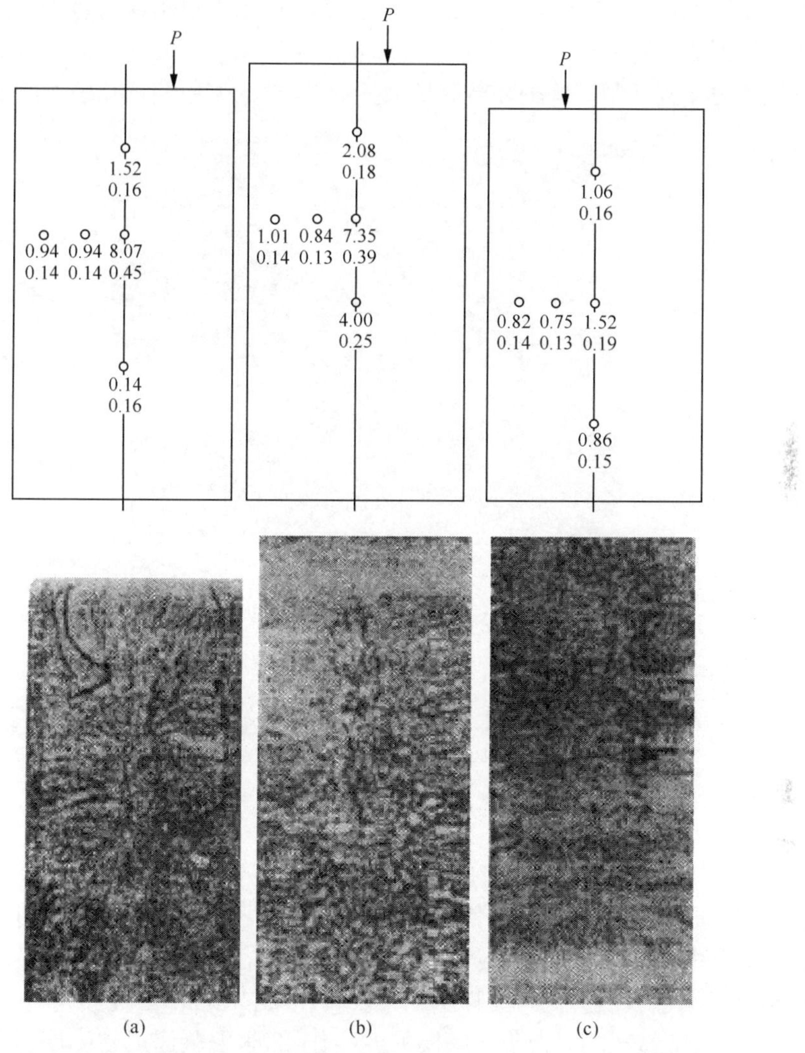

图 6-19　在压力 200MPa 下凝固的 Al-4%(质量分数)Cu 合金的宏观组织[6]
图中数值为 Cu(上排)与 Fe(下排)的浓度(%)

另外,液态模锻开始施压时间和保压时间对显微偏析均有明显影响。文献[6]提供了这方面的研究结果。如图 6-20 所示,图(a)为重力铸造;图(b)施压开始时为 $t_2=6\text{s}$,保压 $t_2=5\text{s}$;图(c)$t_1=6\text{s}$,$t_2=10\text{s}$;图(d)$t_1=6\text{s}$,$t_2=15\text{s}$;图(e)$t_1=6\text{s}$,$t_2=25\text{s}$;图(f)$t_1=6\text{s}$,$t_2=5\text{s}$,在侧壁已形成硬壳时,再施加压力。

图 6-20(b)中制件没有完全凝固,产生较大缩孔;图 6-20(c)中制件上部出现特有偏析;图 6-20(d)、(e)与(c)一样。由于是在已经形成了较大缩孔状态下施压,因此,上部凝固层被压缩,在无冒口的重力铸造的缩孔位置处,低熔点共晶成分富

集的残余液相呈 V 字形，同时在压力下凝固结束，偏析很明显地将 V 字形区域与加压前所形成的凝固硬壳分开，开始加压时，中心稍向下部分几乎全部凝固，柱状晶发展相对受到抑制。等轴晶粒区域大些，在这个区域中偏析几乎不产生。

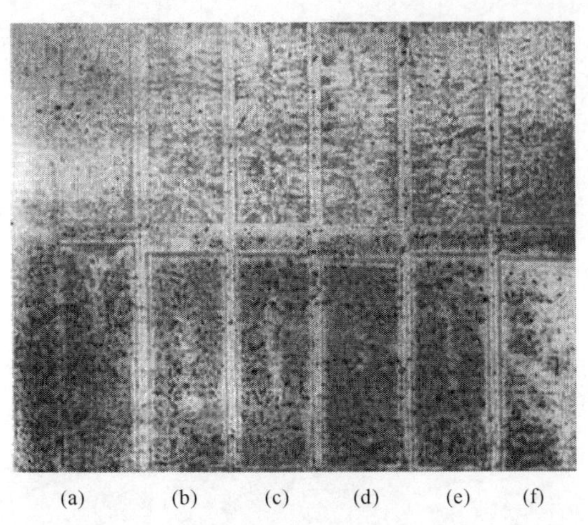

图 6-20　Al-4%(质量分数)Cu 宏观组织和抛光后不经腐蚀的表面图[6]
施加压力 $100MN/m^2$

因此，施压开始时间不宜太长，保压时间不宜太短，才有利于宏观正偏析度的降低。

(3) 当 $v=0$，即 $\frac{v}{u}=0$，产生正偏析。

$v=0$ 是产生在制件与模壁接触的表面上。这种产生在制件表面上的正偏析，称为“反偏析”。如果偏析元素使液体熔点降低了很多，在凝固过程中长期保持液体状态，且制件内部继续凝固时有气体析出或结晶出比容比液相还大的固相时，将会使存在于制件表面的低熔点物质压出表层，形成“出汗”现象。

在液态模锻条件下，由于金属模的激冷作用，很快凝固成硬壳层。在压力下，冷却速率增加使枝晶细化，压力使凝固硬层压实镦粗，模壁与制件气隙被消除，使低熔点液态合金外流渠道堵塞，也阻止了气体析出。因而压力可以减少或消除合金的“反偏析”。

(4) 当 u 远大于 v 时，即在异形冲头加压下，也容易产生偏析。

图 6-21 为长颈法兰流动成形时特有的珠光体偏析带，其部位是在最后充满模膛的部位。

图 6-21　25 钢 ϕ150 长颈法兰液态模锻件的珠光体偏析带[4]

6.8　液态模锻下压力对晶体长大中形成的结构缺陷的影响

6.8.1　空位的形成

空位是晶体的点缺陷,即晶体点阵中没有被原子占据的结点。在凝固过程中,界面上原子的添加,可能来自液相中扩散过来的原子,也可能来自邻近结点上的原子。若来自后者,便在原来的结点上形成空位。粗糙的固-液界面是理想的空位源,即当空位增加时或离开固-液界面都不会改变界面的自由能。

晶体从熔体长大时,固-液界面附近原子迁移率比净的长大速率要大得多,因此,在晶体长大时间内,空位有足够的时间达到与界面平衡。空位的平衡浓度随着温度的降低而减少。当晶体温度降低时,晶体中的空位可能出现过饱和状态。过饱和空位通过三种途径自动向平衡浓度过渡。

(1) 空位扩散到晶粒界、表面自行消失。

(2) 空位跑至刃型位错割阶的地方,引起位错的攀移。

(3) 如果冷却很快,空位达不到晶界、表面、位错等地方,空位可能集合成为位错团。空位团足够大时就不稳定,崩塌下来则形成位错圈。相反,若相邻滑移面上的异号位错跑到一起,也可以形成空位。

6.8.2　位错的形成

晶体生长时,有多种不同原因引起位错。

(1) 快速凝固时,过饱和空位聚合而后发生崩塌。

(2) 夹杂物诱发产生位错。

(3) 凝固时接近平行地生长着的晶体间,或同一晶体中树枝晶臂之间的会合处，由于碰撞会使晶体表面产生错排，形成位错。

(4) 熔体的浓度不均，致使生长时晶体各部分之间具有不同点阵常数；另外，点阵结构、温度梯度等改变均会使相邻部分的膨胀或收缩不同，从而导致位错产生。

6.8.3　压力对晶格空位和位错的影响

(1) 液态金属在压力下，由于冷却速率增加，致使空位平衡浓度大大下降，出现过饱和状态。并且由于扩散减缓，很难采用扩散移至晶界、表面、位错等地方而引起积聚、崩塌，形成位错圈。图 6-22 为几种金属和合金在平冲头压制下得到的试样(ϕ30×70mm)，采用腐蚀法所测得的位错密度(N)与加压大小的关系。可见位错密度随压力增加而增加。压力在 0～200MPa 范围内，位错密度随压力升高而增加较快，在 200MPa 以上，增加缓慢。而且在 0～200MPa 范围内，随着压力的增加，还促使晶粒细化，并使 X 射线宽度、晶格常数、镶嵌块结构均发生变化。

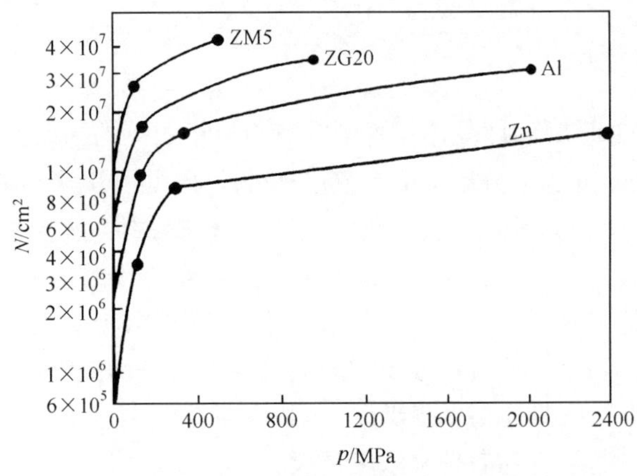

图 6-22　压力下结晶的制件中位错密度与加压大小关系曲线[5]

(2) 压力使已结晶的外壳产生塑性变形，致使部分晶格扭曲，产生新的空位或位错。

(3) 位错密度和晶格空位过饱和浓度在压力下有所增加，加快了随后热处理进程。

6.9　液态模锻下压力对气体析出过程的影响

液态模锻下也存在各种气孔缺陷，如析出性气孔、反应性气孔、侵入性气孔均有发生。析出性气孔，在液态模锻过程中，液态金属溶解的气体随温度降低，其溶解度降低而形成的气孔。反应性气孔，指模具涂料未干时与液态金属在高温下发生化学反应而生成的气体所形成的气孔。侵入性气孔，指浇注不当而卷入气体生成的气孔。本节重点研究析出性气孔。

6.9.1　气体在金属中的溶解度

在一定压力和温度下，金属吸取气体的饱和浓度，成为气体在该压力和温度下的溶解度。

1. 溶解度和温度的关系

在压力不变的条件下，在某一温度范围内，气体在固态或液态金属中的溶解度均是随温度升高而增加的，反之亦然。图 6-23 为氢在铝中溶解度曲线。

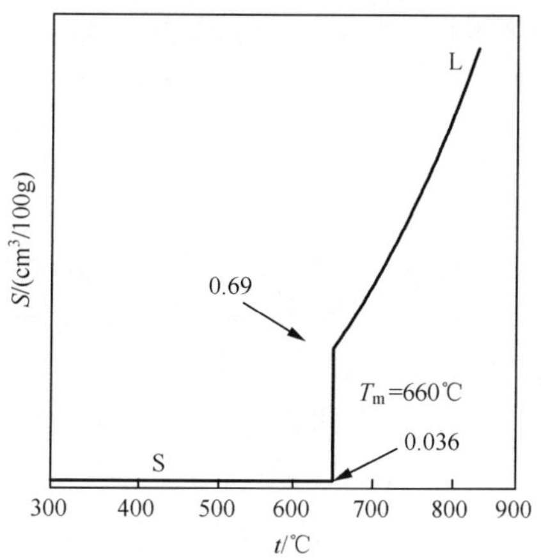

图 6-23　氢在铝中的溶解度[5]

2. 溶解度和压力的关系

在一定温度下，气体在金属中的溶解度是与金属和气体的接触面上分压的平方根成正比。例如，在铝中氢含量(S)和分压(P)、温度(T)的关系曲线由理论公式得到：

$$\lg S = -\frac{4239}{T} + 0.5\lg P + 3.35 \tag{6-35}$$

或经验公式：

$$\lg S = -\frac{2080}{T} + 0.5\lg P + 0.788 \tag{6-36}$$

图 6-24 为恒温下的曲线。曲线 1 为试验结果；曲线 2 为按式(6-35)计算的结果；曲线 3 为按式(6-36)计算的结果。可见曲线 1 和曲线 2 吻合得较好。

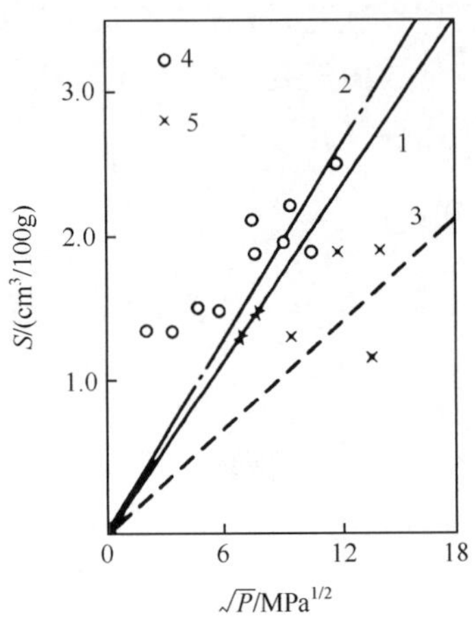

图 6-24　压力对铝中含氢量的影响[5]

1-试样数据；2-理论计算；3-经验计算；4-有气孔；5-无气孔

6.9.2　气泡的形成

在恒压下，液态金属在凝固过程中将发生两种变化：温度下降将使气体在液态金属中溶解度下降；液态金属凝固成固体，气体在固体中溶解度有一突然下降。因此，液相转变成为固相时必将过剩气体留在液相中。这样，当达到某一临界状态时，溶于剩余液相中的气体进入过饱和状态。过饱和气体来不及从液面扩散析出而形成气泡。此气泡与液态金属密度相差很大，达到一定直径的气泡就可以上浮逸出金属表面，其中来不及逸出而凝固在制件中的气泡，便成为气孔。

在液态中，气泡形成也有一个形核和长大过程。气泡核形成，就需要一个内部气压，以克服外部压力，并建立一个新的表面，因此气泡形成条件为

$$\sum P_1 > \sum P_2 \tag{6-37}$$

式中：$\sum P_1$ 为液态金属中溶解所有气体分压之和，Pa，$\sum P_1 = P_{H_2} + P_{N_2} + P_{CO} + P_{N_2O} + \cdots$；$\sum P_2$ 为外部压力，Pa，包括液态金属上气相压力（如大气压和附近气压）、液态金属静压力（如金属重力和附加机械压力）、由包围气泡的液态金属表面张力而产生的表面压力。

6.9.3　压力对气体析出过程的影响

1. 加压可以阻止气泡的形成

增加外部压力，可以抑制气泡核的形成。在机械压力下结晶的金属和合金中的气体疏松度在压力 $P > 0.35\text{MN/m}^2$ 时就不存在[5]。

在钢中气体疏松度的形成，在很大程度上取决于碳的氧化过程，其反应式为[C]+[O]══CO。因此，在结晶温度附近，形成碳的氧化物压力取决于碳的有效分配值。

为了确定在熔体凝固过程中施加外压时，气体疏松度消除的可能性，对直径为160mm，高为 260mm 的钢制件进行了研究。为了把含 0.12%C 的钢熔体中的氧化过程加快，由计算获得，在钢中加入含 0.043%氧的铁矿，这比在同一含碳量下氧的平均含量增加 2 倍。温度为 1550℃的钢液浇注到壁厚为 40mm 的石墨锭模里，在热压室中由氩气形成的 1.1MN/m^2 压力下，钢液在锭模里保持到完全凝固为止。

在钢熔体凝固的同时，计算固相壳的增长速率、碳和氧的有效分布系数以及分压力 P_{CO}，见表 6-4。

表 6-4　一氧化碳的压力计算值

锭模壁厚度/mm	固相壳的增长速率/(mm/s)	结晶前含量(质量分数)/%		有效分布系数		P_{CO}/(MN/m^2)	
		碳	氧	碳	氧	1	2
20	280	0.120	0.0438	0.99	0.98	0.246	0.210
40	140	0.121	0.0591	0.99	0.726	0.370	0.320
60	94	0.136	0.089	0.88	0.480	0.480	0.472

注：1 为在相界的平边界上；2 为在相界的球边界上。

从列举的数据看出，随着钢熔体的凝固，一氧化碳的压力值在界面上是增加的。在通常凝固条件下，将导致气孔的形成。附加的压力 1.1MN/m^2 大约超过一氧化碳析出压力的 2 倍(表 6-4)，故能获得没有气孔的制件。

2. 压力可增加气体在金属中的溶解度

如图 6-25 所示，曲线 1 为大气压下合金中气体溶解度的平衡曲线；曲线 2 为 0.4MPa 压力下合金中气体溶解度的平衡曲线。在温度为 T_L (开始凝固温度)时，大气压下的溶解度为 S_3 (对应 a 点)，而在加压下为 a_1 点，显然压力下气体在合金中溶解度增加很多。

3. 压力下增加合金的冷却速率，使气体来不及扩散析出。

这点从图 6-25 可以看出，曲线 1 从 $T_L \rightarrow T_2$，随温度降低，开始不断析出气体，达 T_2 以后，由于来不及析出，所以过饱和，只能析出一部分，加之在固态合金中气体不析出，析出按虚线进行，冷却到室温后，气体实际析出量可由浓度差($S_3 \rightarrow S_1$)计算。而在压力下，$T_L \rightarrow T_2$ 均不析出气体，仅在 T_2 以下，到室温的实际析出量可按($S_3 \rightarrow S_2$)浓度差计算，显然前者析出量比后者大得多。

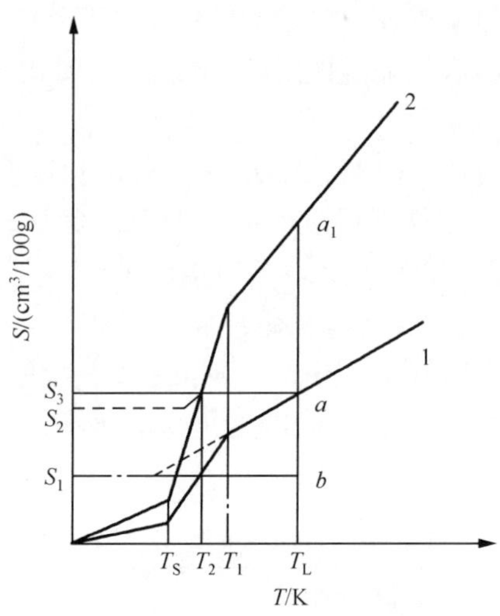

图 6-25 合金中气体的溶解度与温度和压力关系[5]

1-大气压下；2-0.4MPa

4. 压力下可阻止气孔形成，但却恶化了制件的机械性能

压力下结晶虽然可阻止气孔形成，但这些气体以过饱和状态溶于金属和合金中，这就恶化了制件的力学性能，见表 6-5。

表 6-5 铝脱氧对钢质液态模锻件性能影响[4]

铝脱氧剂数量/%	力学性能(未热处理)			
	σ_b /(MN/m²)	σ_s /(MN/m²)	延伸率 δ/%	断面收缩率 ψ/%
0	332	172	22.2	43.9
0.01	345～359	176～180	25.3～28.5	48.3～52.7
0.02	444～465	223-255	28.2～31.1	51.0～52.7

因此，为了获得具有高力学性能的优质毛坯，必须采用除氧、脱氧法等来准备熔体。

参 考 文 献

[1] 林柏年，魏尊杰．金属热态成型传输原理．哈尔滨：哈尔滨工业大学出版社，2000.

[2] 罗守靖，何绍元，王尔德，等．钢质液态模锻．哈尔滨：哈尔滨工业大学出版社，1990.

[3] 胡汉起．金属凝固原理．北京：机械工业出版社，2000.

[4] 罗守靖，陈炳光，齐丕骧．液态模锻与挤压铸造技术．北京：化学工业出版社，2007.

[5] Батыщев А И. Кристаллизация металлово и сплавов нод давдением. Метаддургия，1977.

[6] 镇木镇夫．铝合金在高压下凝固时的偏析，1984，12(来华讲学).

第 7 章　高压凝固热力学

7.1　固-液金属结构

固-液金属结构指固相颗粒悬浮分布在液体中，其特征如下：

(1) 当固相颗粒体积分数较高时（$f_S > 0.4$），具有"类固"的特性，在剪切应力作用下，像固体一样，具有屈服应力，在流动中，具有宾厄姆流体的流变特征，如图 7-1(a)所示。当固相颗粒体积分数较低时，其颗粒被液相所包覆，在剪切应力作用下，像液体一样流动，具有牛顿型流体的特征，如图 7-1(b)所示。

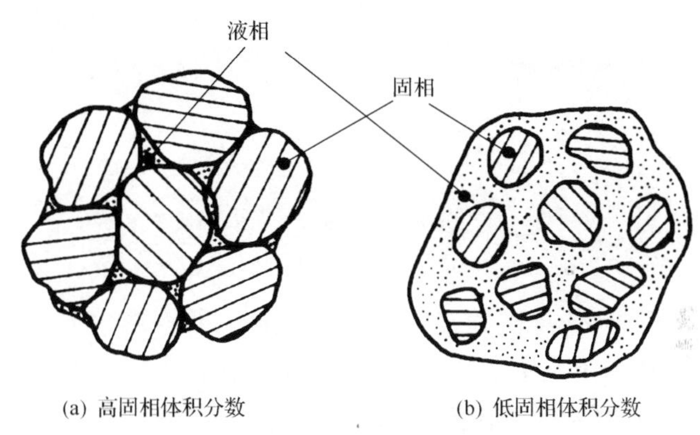

图 7-1　固-液金属内部结构模型[1]

(2) 固态颗粒形态可分为枝晶和非枝晶两种。一般来讲，枝晶形态的颗粒，内部包裹一定量的液体，并可用分形维数 D(通常 $2<D<3$)表示。当 $D\to 2$ 时，包裹液体越来越多，而 $D\to 3$ 时，固体颗粒接近球形，几乎不包裹液体，有利于工艺充填。图 7-2 为几种典型的固-液微观组织相貌[1]。

(3) 在切变场中，固相颗粒的相互作用及其流体力学作用，导致聚集体的形成，即为聚集(agglomeration)过程，同时，也发生解聚(deagglomeration)过程。这两种作用，依赖于体系的特性、固体颗粒的大小、固相体积分数以及外部条件。

(4) 对于具有枝晶结构的凝固金属，固相体积分数较低时，固相颗粒可以自由地在母液中流动，当固相体积分数达到某一临界值，枝晶颗粒相互搭接成网络枝晶结构，颗粒失去了自由流动的能力，剩余的液相在枝晶网络间流动；而非枝晶结构颗粒，即呈球状颗粒，只能相互接触，不可能搭接。颗粒间均匀分布着液体。颗粒保持

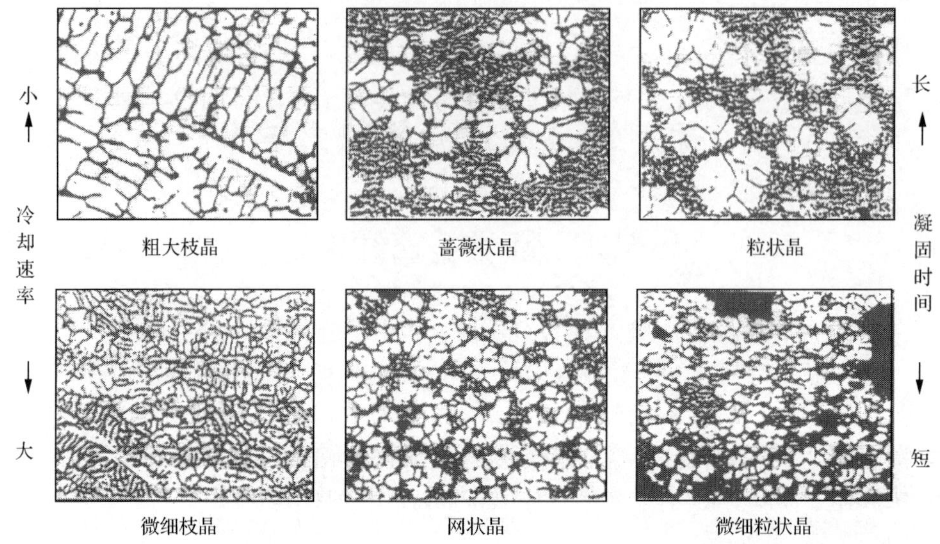

图 7-2　Al-10%(质量分数)Cu 合金，$f_S=0.4$ 条件下呈现的多种微观组织形貌[1]

一定流动能力。

7.2　高压凝固三种热力学模型[2]

液态模锻是一种高压下凝固成形的过程，它有两种重要特征：压力使金属内部的组织得到改善；压力下使半凝固状态金属成形性得到改善。其有这样特征，主要是由于高压使金属的热力学状态发生变化。

7.2.1　绝热压缩型

液态模锻时施加于半凝固状态的金属上的压力急剧地使金属压缩，形成高压现象，相当于热力学上绝热压缩，现推导其温度与压力的关系式。

由热力学第一定律和第二定律可知：

$$TdS = dH - VdP \tag{7-1}$$

式中：H 为摩尔焓，J/mol；S 为摩尔熵，J/(mol · K)；P 为压力，N/m^2；T 为热力学温度，K。

式(7-1)还可以写为

$$TdS = \left(\frac{\partial H}{\partial P}\right)_T dP + C_P dT - VdP \tag{7-2}$$

式中：C_P 为定压比热容，J/(mol · K)。

由于绝热，即 $TdS = 0$，则

$$\left(\frac{\partial H}{\partial P}\right)_T \mathrm{d}P + C_P \mathrm{d}T - V\mathrm{d}P = 0$$

$$\mathrm{d}T = -\frac{1}{C_P}\left[\left(\frac{\partial H}{\partial P}\right)_T - V\right]\mathrm{d}P \tag{7-3}$$

但 $\left(\frac{\partial H}{\partial P}\right)_T = V - T\left(\frac{\partial P}{\partial T}\right)_T$，代入式(7-3)得

$$\mathrm{d}T = \frac{T}{C_P}\left(\frac{\partial V}{\partial T}\right)_P \mathrm{d}P \tag{7-4}$$

式(7-4)中，假定压力增量为一定时，体积和焓随温度变化均为常数，即

$$\left(\frac{\partial V}{\partial T}\right)_P = \Delta V,\quad C_P = \left(\frac{\partial H}{\partial P}\right)_P = \Delta H$$

则可以作如下变换：

$$\mathrm{d}T = \frac{T\Delta V}{\Delta H}\mathrm{d}P \tag{7-5}$$

这和 Clausius-Clapeyron 方程相一致。

若考虑凝固温度的改变与 ΔV、ΔH 相比较小时，T 可视为常量，式(7-5)积分解近似为

$$\Delta T = \left(\frac{T_0 \Delta V}{\Delta H}\right)\Delta P \tag{7-6}$$

式中：T_0 为常压下的凝固温度，K。或

$$\Delta T = K\Delta P \tag{7-7}$$

式中：K 为比例常数。

式(7-7)表明，凝固温度的变化与压强的变化取一定的固定比率。对 $Fe\text{-}Fe_3C$ 共晶合金，$K = 4\times10^{-3}$℃ · m^2/MN；对 Fe-G 共晶合金，$K = -2.34\times10^{-3}$℃ · m^2/MN。

7.2.2　等温压缩型

由 Gibbs 自由能与压力关系可知：

$$\mathrm{d}G = -S\mathrm{d}T + V\mathrm{d}P \tag{7-8}$$

令等温压缩下的自由能为 $\mathrm{d}G(T,P)$，式(7-8)可改写为

$$\mathrm{d}G(T,P) = V\mathrm{d}P \tag{7-9}$$

或改写为

$$\left(\frac{\partial \Delta G}{\partial P}\right)_T = \Delta V \tag{7-10}$$

式中：ΔG 为当凝固温度为 T 时，凝固前后摩尔自由能差，J/mol；ΔV 为金属凝固前后摩尔体积差，m^3/mol。

对式(7-10)积分可求得等温压缩下高压自由能变化：

$$\Delta G(T,P) = \Delta G(T,P=1) + \int_{P=1}^{P} \Delta V \mathrm{d}P \tag{7-11}$$

7.2.3 混合压缩型

液态模锻由于硬壳存在，封闭在硬壳中的待凝固的等静压是变化的；制件与模具界面热阻随着硬壳的增厚而上升，因此，温度也不是恒定的，故自由能应是温度和压力的函数，即

$$\mathrm{d}G = \left(\frac{\partial G}{\partial P}\right)_T \mathrm{d}P + \left(\frac{\partial G}{\partial T}\right)_P \mathrm{d}T \tag{7-12}$$

式中

$$\left(\frac{\partial G}{\partial P}\right)_T = V \tag{7-13}$$

$$\left(\frac{\partial G}{\partial T}\right)_P = -S \tag{7-14}$$

液、固相自由能分别为

$$\mathrm{d}G_{(\mathrm{L})} = \left(\frac{\partial G}{\partial P}\right)_{T(\mathrm{L})} \mathrm{d}P + \left(\frac{\partial G}{\partial P}\right)_{P(\mathrm{L})} \mathrm{d}T \tag{7-15}$$

$$\mathrm{d}G_{(\mathrm{S})} = \left(\frac{\partial G}{\partial P}\right)_{T(\mathrm{S})} \mathrm{d}P + \left(\frac{\partial G}{\partial T}\right)_{P(\mathrm{S})} \mathrm{d}T \tag{7-16}$$

平衡状态下

$$G(\mathrm{L}) = G(\mathrm{S})$$

即

$$\mathrm{d}G(\mathrm{L}) = \mathrm{d}G(\mathrm{S})$$

则有

$$\left[\left(\frac{\partial G}{\partial P}\right)_{T(\mathrm{L})} - \left(\frac{\partial G}{\partial P}\right)_{T(\mathrm{S})}\right]\mathrm{d}P + \left[\left(\frac{\partial G}{\partial P}\right)_{P(\mathrm{L})} - \left(\frac{\partial G}{\partial T}\right)_{P(\mathrm{S})}\right]\mathrm{d}T = 0 \tag{7-17}$$

改写成

$$\frac{\mathrm{d}T}{\mathrm{d}P} = -\frac{\left(\frac{\partial G}{\partial P}\right)_{T(\mathrm{L})} - \left(\frac{\partial G}{\partial P}\right)_{T(\mathrm{S})}}{\left(\frac{\partial G}{\partial T}\right)_{P(\mathrm{L})} - \left(\frac{\partial G}{\partial T}\right)_{P(\mathrm{S})}} \tag{7-18}$$

由于 $S_{(\mathrm{L})} > S_{(\mathrm{S})}$，根据式(7-14)有

$$\left(\frac{\partial G}{\partial P}\right)_{P(\mathrm{L})} < \left(\frac{\partial G}{\partial T}\right)_{P(\mathrm{S})}$$

那么

$$\frac{\mathrm{d}T}{\mathrm{d}P} = -\frac{\left(\frac{\partial G}{\partial P}\right)_{T(\mathrm{L})} - \left(\frac{\partial G}{\partial P}\right)_{T(\mathrm{S})}}{\left|\left(\frac{\partial G}{\partial T}\right)_{P(\mathrm{L})} - \left(\frac{\partial G}{\partial T}\right)_{P(\mathrm{S})}\right|} \tag{7-19}$$

比较三种压缩模型[2]，即比较式(7-5)、式(7-11)、式(7-19)，发现式(7-5)与式(7-19)很相似。由式(7-5)，金属和合金凝固时，$H_L - H_S = L_m > 0$(L_m 为结晶潜热)，对于凝固时体收缩金属和合金，$V_L - V_S > 0$，如铝、铜、锌、镁、镍、铁及 Al-Si、Fe-Fe_3C 共晶合金等，均属此类型。则有 $dT/dP > 0$，增加压力使金属和合金凝固点升高。对于凝固时体膨胀金属和合金，如铋、锑、硅以及 Fe-G 共晶合金等，$\Delta V < 0$，$\frac{dT}{dP} < 0$，增加压力使得凝固点降低。

由式(7-19)，$\frac{dT}{dP}$ 正负取决于分子的正负，再由式(7-13)知，分子正负所表达的物理意义在于金属和合金凝固时体积的变化方向，若体积膨胀，$\frac{dT}{dP} < 0$，体积收缩，$\frac{dT}{dP} > 0$，其定性结果与式(7-5)完全一致。由式(7-11)，等温压缩，即仅考虑压力对体积改变的影响。对于凝固时体收缩的合金，压力使体积减小，有利于自由能降低，并使金属逐渐凝固，过渡到固态。反之，对于凝固时体膨胀的合金，由于加压，不利于凝固，而延缓了从液态合金向固态合金的转变。

7.3　高压凝固下金属和合金的热物理参数

金属和合金的热物理参数主要包括熔化温度、热导率、密度、比热容和结晶潜热。由于压力的存在，将导致液态金属的上述热物理参数发生不同程度的变化。

7.3.1　熔化温度

在压力作用下，金属和合金的熔化温度(T_m)均有明显的变化，并且可以进行理论计算和试验测定。

1. 理论计算

可以利用绝热压缩热力模型推导的式(7-6)进行计算。其中 $\Delta V = V_L - V_S$，V_L 和 V_S 分别为单位质量的液相和固相占有的容积；ΔH 为结晶潜热；T_0 为常压下的熔化温度。

例如，纯铝凝固时的体收缩率为 6.0%，熔化潜热(结晶潜热 ΔH) 为 96kcal/(kg · m)，$T_0 = 933$K，熔化后铝液密度为 2.40g/cm^3，施加压力为 1000kgf/cm^3 (1kgf=9.81N)，换算单位后有 $\Delta H = 401\ 856$N · m/kg；$\Delta V = 4.17\times10^{-6}$ m^2/kg；$\Delta P = 9.81\times10^{-6}$N/m^2。

代入式(7-6)，得

$$\Delta T = 5.69\text{K}$$

又如钢(0.22%C)，熔化温度为1520℃，熔化潜热为66.2kcal/kg，熔化后钢液密度为7.2g/cm^3，凝固时的体收缩率为3.0%，若施以1000kgf/cm^{3}压力，则有$\Delta H=277\ 113.2\text{N}\cdot\text{m/kg}$；$\Delta V=4.17\times10^{-6}\text{m}^3/\text{kg}$；$\Delta P=9.81\times10^6\text{N/m}^2$；$T_0=1\ 793\text{K}$。由以上可以得出，$\Delta T=2.65\text{K}$。

很显然，根据上述计算，在1000kgf/cm^{3}压力下，纯铝的熔化温度升高5.69K，而同一压力下20碳钢仅升高2.65K。

由式(7-7)，可以通过系数K来表示金属熔点的变化同压力的正比关系。通过逐一进行理论计算可获得，见表7-1。

表7-1　金属熔化温度与施压关系系数P的理论计算和实验值[2]

金属		Al	Fe	Mg	Cu	Ni	Sn	Pb	Zn	Bi	Sb	Si
熔化温度/℃		660	1539	650	1083	1455	232	327	419	271	630	1430
K/[10^{-2}℃·m^2/MN]	计算	5.5	2.7	6.3	3.3	2.6	3.2	8.3	3.7	−3.6	−2.8	−5.8
	实例	6.4	3.0	7.5	4.2	3.7	4.3	11.0	4.5	−0.38	−0.5	—
结晶时体积变化/%		−6.0	−2.2	−5.1	−4.1	—	−2.8	−3.5	−4.2	+3.3	+0.95	—

2. 实验测定

压力下金属和合金熔化温度的变化，同样可以利用特殊的装置进行实验测定，结果见表7-1，理论计算和实验测定结果相近。从表中给出的数据看，某些金属(Al、Fe、Mg、Cu、Sn、Pb、Zn)熔化时伴随体积增加，加压时熔化温度上升；另外一些金属(Bi、Sb)熔化时伴随体积减小，加压时熔化温度下降。其原因是由于压力作用，促进形成比热容较小的相。在多数情况下，金属和它的合金在凝固时同时收缩，固态比液态比热容小，加压有利于凝固，并引起熔化温度上升；而另一些金属和合金在凝固时膨胀，则压力引起熔化温度的降低。

3. 压力与熔化温度关系曲线

图7-3给出了几种金属和Al-Si系、Fe-C系熔化温度变化曲线，其压力与熔化温度呈直线关系，不同金属其直线斜率(K)是不同的。常压下，熔化温度越高，K值就越小。因而，在同一压力下，金属和合金的熔化温度提高的绝对值是不一样的。

7.3.2　热导率

加压时，由于结晶金属致密度提高，缩短了原子间的平均距离，热导率(λ)有所提高。但这种提高是有限的，并不能明显地加快金属的凝固速率。由文献[2]给出的试验结果：尺寸为$\phi70\times60$mm铜试件，在大气压下凝固时，其热导率为380～

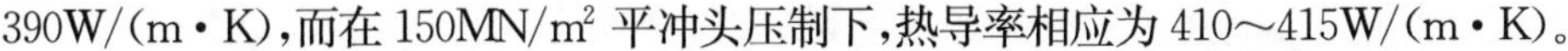
390W/(m·K)，而在 150MN/m² 平冲头压制下，热导率相应为 410～415W/(m·K)。

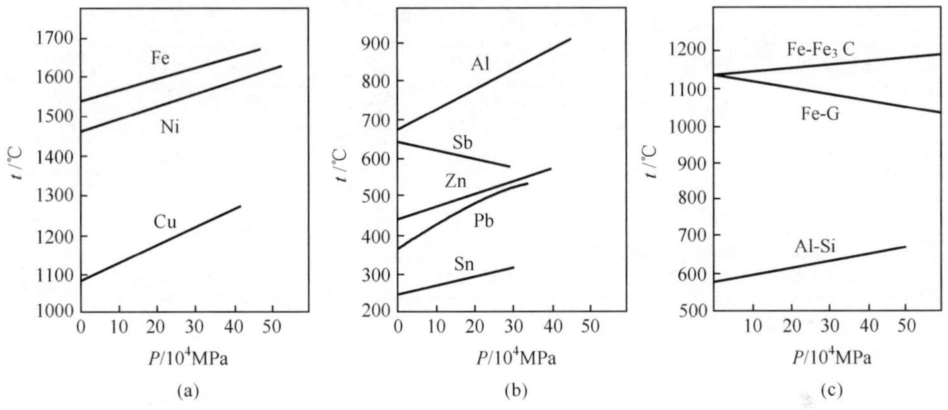

图 7-3　压力对金属(a)、(b)和共晶合金(c)熔化温度的影响[2]

7.3.3　密度

在一定压力范围内，随着压力的增加，已结晶的金属密度(γ)有明显提高。但是，压力下结晶金属密度值随着压力的增加并不是一直递增的，图 7-4 给出了纯锌和 ZG20 的密度(γ)、电阻率(ρ)和伦琴射线的宽度(β)与压力的关系曲线。在压力为 50MN/m² 左右，由于补缩不良而形成微观缩松使锌密度下降，电阻率上升到峰值。当压力升至 100MN/m² 左右，由于宏观缺陷消除，密度达到最高值，但继续增加压力又使密度有少量下降，这种下降是由位错密度增加所引起的。这可以用电阻率(ρ)和 α 锌中(011)晶面族伦琴射线宽度(β)增加来说明。在 ZG20 和其他合金中也得到类似的结果。

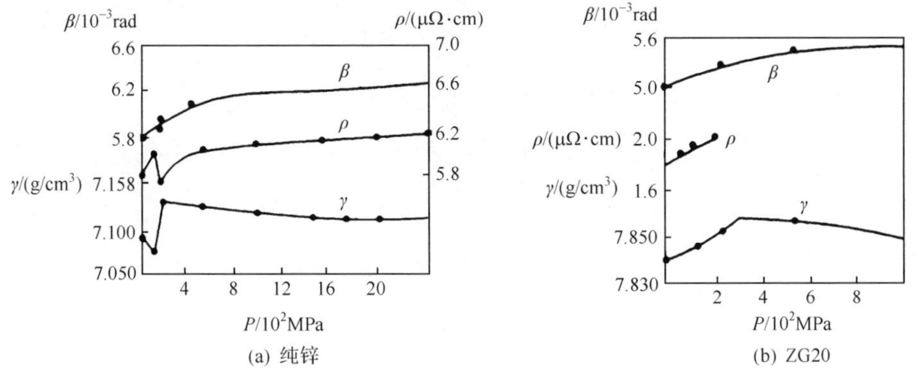

图 7-4　压力下结晶对金属密度(γ)、电阻率(ρ)和伦琴射线宽度(β)的影响[2]

表 7-2 为结晶时压力对合金密度的影响[2]。

表 7-2　结晶时压力对合金密度的影响[2]

压力/MPa		0.1	100	200	500	1000	1500	2500
密度①/(kg/m³)	纯锌	7100	7120	$\underline{7130}$	7125	7120	7118	7117
	$ZnAl_{4-1}$	6220	6730	6740	6770	$\underline{6795}$	6790	6774
	ZM5	1781	1784	1787	1792	1799	$\underline{1802}$	1792
	ZG20	7840	7845	7850	$\underline{7855}$	7843	—	—
	黄铜②	8130	8136	8140	$\underline{8149}$	8140	8130	8116

① 密度值下有横线者为极大值。

② 黄铜成分为 60%Cu、36%Zn、1%Al 和 3%Fe。

7.3.4　结晶潜热和比热容

随着压力增加，其结晶潜热(L_m)有某些提高，而比热容(C)与压力无关。

7.4　高压凝固下合金相图的特点

液态模锻下，由于压力的作用，不仅改变合金的熔点，还将导致合金状态图的改变。如改变相变点的位置，改变相区的形状范围，改变已知相的性质，形成新相或新相区以及改变状态图的相貌等。图 7-5 为压力和温度变化条件下的纯铁相图。随着压力的增加，不仅纯铁的熔点升高，同时各同素异构相变温度也发生变化：α-Fe→γ-Fe 时，$\Delta V<0$；γ-Fe→α-Fe 时，$\Delta V>0$。因此，α-Fe→γ-Fe 平衡线 $dP/dT>0$，而 γ-Fe→α-Fe 平衡线 $dP/dT<0$。

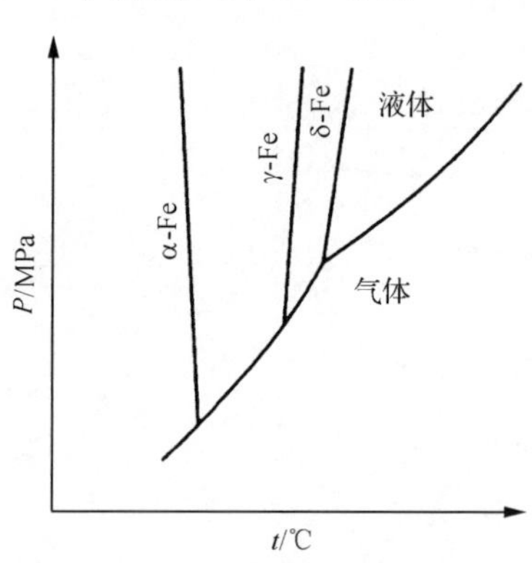

图 7-5　纯铁相图(示意图)

7.4.1　铁-碳相图

在液态模锻条件下，Fe-C 相图具有与常压条件下不同特点，如图 7-6～图 7-8 所示。

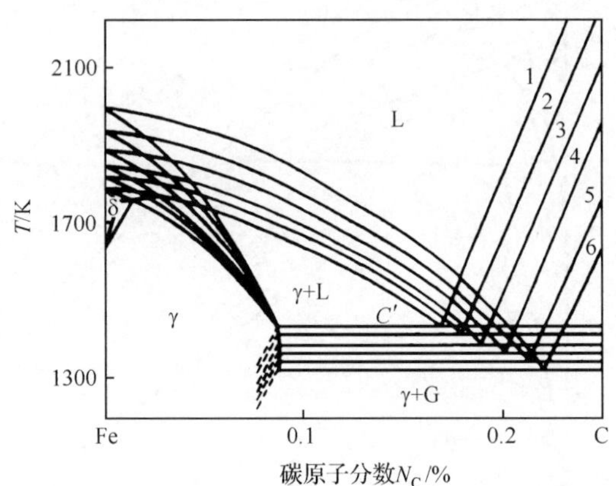

图 7-6　压力对 Fe-G 状态图的影响(共晶点附近)

曲线 1～6 相对压力为 0.1MN/m²、1000MN/m²、2000MN/m²、3000MN/m²、4000MN/m²、5000MN/m²；C'为共晶点

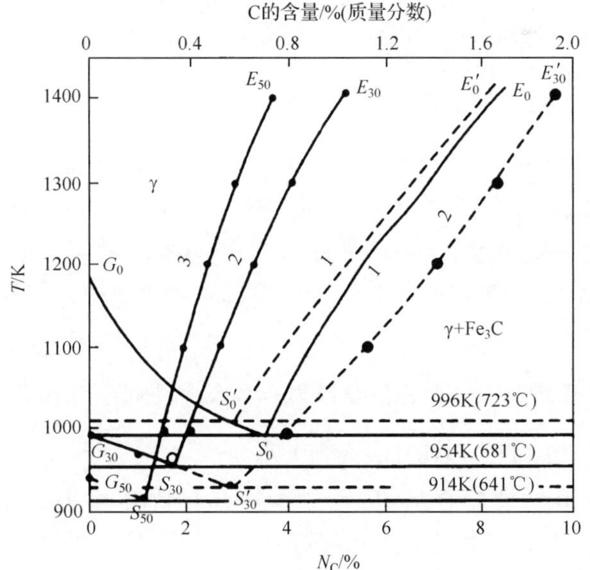

图 7-7　压力对 Fe-C 状态图的影响(共析点附近)

曲线 1～3 压力分别为 0.1MN/m²、3000MN/m²、5000MN/m²。S_0、S_{30}、S_{50}- 分别是 Fe-Fe_3C 共析点和在压力作用下左下移点；S'_0、S'_{30}- 分别是 Fe-G 共析点和在压力作用下右下移点

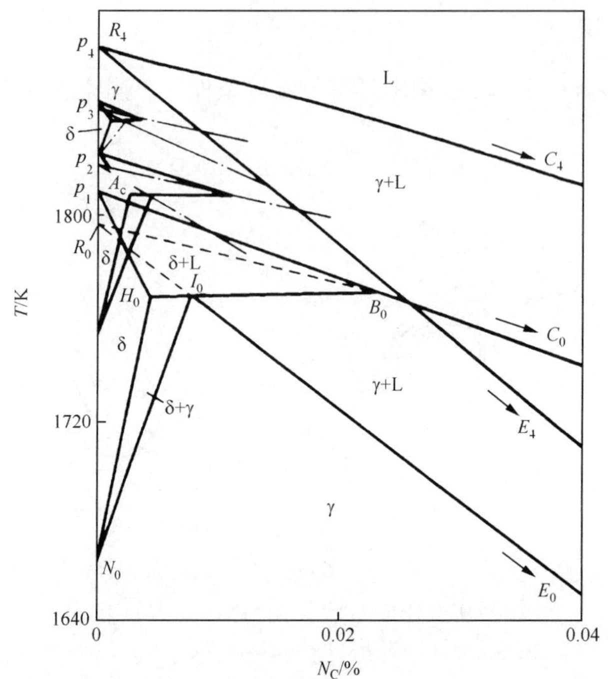

图 7-8　压力对 Fe-G 状态图的影响(δ 相区附近)

P_1-0.1MN/m²;P_2-500MN/m²;P_3-1000MN/m²;P_4-2000MN/m²

1. 共晶点位置随着压力的增加发生移动

从图 7-6 看出,Fe-G 共晶点(C'点)位置随着压力增加而向右下方移动。这是因为压力下共晶成分发生变化,Fe 的含量下降,石墨 G 的含量上升,即共晶点向富碳方向移动。另外,在压力下,Fe 的凝固点上升,石墨的凝固点下降,故随着压力增加,Fe-G 共晶温度下降。而 Fe-FeC 共晶点位置随压力增加向着提高温度方向移动。

2. 共析点位置随压力增加向温度降低和碳含量降低方向移动

图 7-7 给出了 S 和 S' 点移动方向和大小。

共析转变可由三个过程组成:碳(石墨)在奥氏体 γ 内沉淀,沉淀时放热(ΔH_1);γ-Fe→α-Fe,同素异构转变,也放热(ΔH_2);部分 α-Fe 和碳(石墨)化合成 Fe_3C,吸热 (ΔH_3)。

共析反应总热焓变化为

$$\Delta H = (\text{奥氏体含碳量}) \cdot \Delta H_1 + (\text{含铁量}) \cdot \Delta H_2 + (\text{碳全部转变为 } Fe_3C \text{ 量}) \cdot \Delta H_2 \tag{7-20}$$

在常压下，共析转变时奥氏体含碳 0.80%；含铁 99.20%；0.80%C 形成 11.96%的 Fe_3C，经计算 $\Delta H \approx -1120$cal/mol。

在液态模锻条件下，共析转变时，假定 ΔH 不随压力改变（$\Delta H < 0$），$\Delta V < 0$，所以，$dP/dT < 0$，即施加压力使共析温度下降。

共析转变时，自由能的变化可由式(7-21)得到：

$$\Delta G_1 = \frac{\Delta H \cdot \Delta T}{T_e} \tag{7-21}$$

式中：ΔH 为总热焓变化，J/mol；ΔT 为过冷度，K；T_e为共析转变温度，K。

由于施压，系统自由能发生变化：

$$\Delta G_2 = K \cdot \Delta V_P \tag{7-22}$$

式中：P 为外加压力，N/m^2；ΔV 为外加压力 P 下引起摩尔体积变化，m^3/mol；K 为换热系数。

在液态模锻条件下，共析转变时系统自由能总变化为

$$\Delta G = \frac{\Delta H \cdot \Delta T}{T_e} + K \cdot \Delta V \cdot P \tag{7-23}$$

图 7-9 表示大气压下共析转变自由能差与温度关系曲线，同时也给出了液态模锻条件下自由能差关系曲线。随着压力的提高，共析转变温度下降，$|\Delta G|$ 下降。以至当达到某一临界压力，$\Delta G > 0$，使共析转变为不可能，即奥氏体不发生转变。

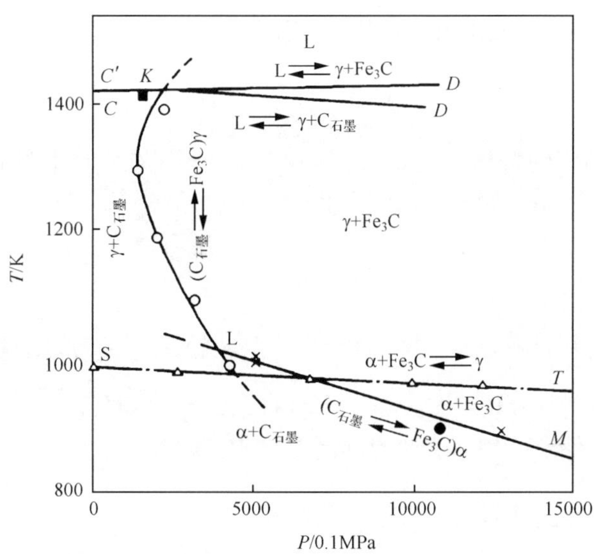

图 7-9　石墨 G-Fe_3C 相平衡的压力-温度状态图

由试验给出，20 钢在平衡态冷却下，珠光体约为 25%，而在 $981MN/m^2$ 压力

下结晶，珠光体高达 95%。其主要原因是共析点左移，由 0.80%C 左移至 0.65%C。图 7-7 表达这一移动情况，当压力为 3000MN/m^2 和 5000MN/m^2 时，共析点（S 点）相应为 681℃和 0.40%C，641℃和 0.25%C，而在大气压下为 723℃和 0.77%C。

3. 相区发生变化

随着压力增加，奥氏体在更低温度下趋于稳定。这可以从图 7-8 得到证明，SE 线右移，石墨在奥氏体中的溶解度增加，SE 线左移，渗碳体在奥氏体中溶解度降低。

增加压力使 δ 相区和 α 相区缩小，当压力大于 2000MN/m^2 时，δ 相区消失，如图 7-8 所示。

4. Fe_3C 相平衡发生改变

图 7-9 是经热力学计算而获得的两个相的压力-温度平衡图。由图看出，增加压力使 Fe-Fe_3C 状态趋于稳定，而 Fe-G 状态成为亚稳定。在 γ 相区，两个相的平衡压力在 2000～5000MPa，并且与温度关系不大；在 α 区，两个相的平衡压力与温度有密切关系，如在 1000K 的平衡压力约 500MPa，而在室温下约 6000MPa。

7.4.2 铝-硅状态图

在高压下，Al-Si 状态图有下述特点，如图 7-10 所示。

1. 压力下共晶温度上升

在施压时，纯铝的熔化温度以 6.3×10^{-2}℃ · m^2/MN 的比率增加；纯硅的熔点以 5.8×10^{-2}℃ · m^2/MN 的比率降低。

Al-Si 合金共晶温度在大气压下为 577℃，当压力增至 1000MN/m^2 时升高至 640℃；增至 2500MN/m^2 时，其共晶温度为 677℃。

在压力不太高的情况下，Al-Si 合金共晶温度随压力变化的比率 $\left(\frac{\Delta T_m}{\Delta P}\right)$ 的计算结果为 $(2.6\sim3.0)\times10^{-2}$℃ · m^2/MN，而试验结果为 $(3.1\sim3.4)\times10^{-2}$℃ · m^2/MN。因此，随压力升高，共晶点向高温方向移动。

2. 压力下共晶成分发生变化

Al-Si 合金共晶成分在大气压下为 Al-12%（原子分数）Si，当压力升至 5000MN/m^2 时，共晶成分达 30%（原子分数）Si。这可以从图 7-10 得到证实。由此，随压力提高，共晶点向富硅的方向（右移）移动。

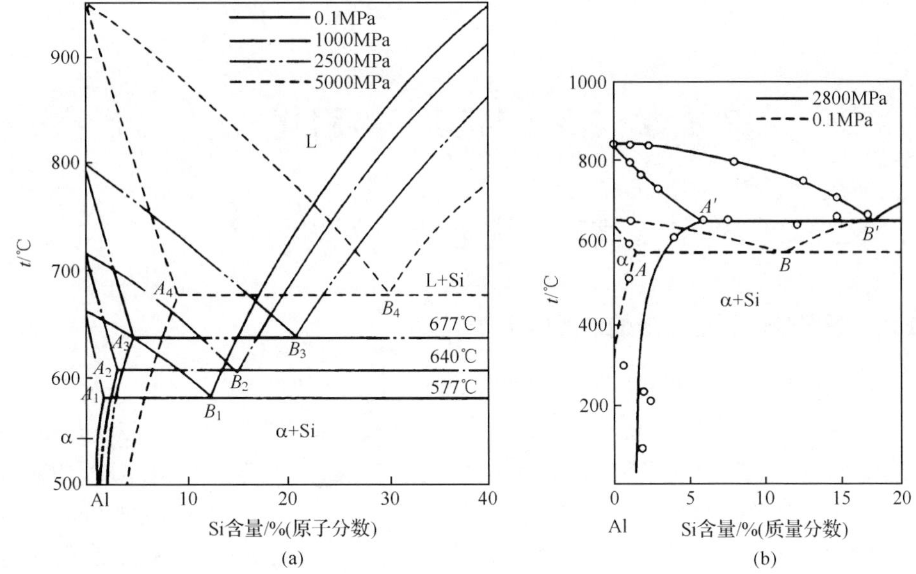

图 7-10　高压下 Al-Si 系状态图

3. 状态图发生改变

随着压力的提高，硅在铝中的固溶体 α 相区逐渐扩大，其最大固熔点(*A*)同共晶点一样，也向高温、富硅方向(右上方)移动。

在压力下，由于共晶成分和最大固熔点均向右移，硅在固溶体和共晶成分中含量都增加。因而总的趋势是亚共晶合金中 α 相增加，共晶相减少；过共晶合金中共晶相增加，初生硅相减少，甚至有的过共晶合金获得亚共晶组织。

参 考 文 献

[1] 康永林，毛卫民，胡壮麒．金属材料半固态加工理论与技术．北京：科学出版社，2004.

[2] 罗守靖，陈炳光，齐丕骧．液态模锻与挤压铸造技术．北京：化学工业出版社，2007.

第 8 章　高压凝固下的固化机制

8.1　高压凝固形核条件与特点

8.1.1　凝固时体收缩金属的热力学条件

高压凝固条件下，金属凝固时自由能总变化可表示如下[1]：

$$\Delta G = -\Delta F_T - K\Delta VP + \Delta S\sigma_{LS} \tag{8-1}$$

式中：ΔF_T 为温度 T 时凝固系统化学位的变化，即 $\Delta F_T = F_T^L - F_T^S = \Delta H - T\Delta S$，J/mol；$\Delta VP$ 为施压(P)时，体积改变 $\Delta V(\Delta V = V_L - V_S > 0)$ 所具有的外部功，由于液体不可压缩，ΔV 可以理解为液、固相体积差，J/mol；$\Delta S\sigma_{LS}$ 为液-固表面张力 σ 使界表面积变化 ΔS 引起的系统表面能的变化，J/mol；K 为换算系数，J/(mol · m)。

一个晶核形成时总的自由能变化为

$$\Delta G = -\Delta F_T \frac{4}{3}\pi r^3 - K\varepsilon \frac{4}{3}\pi r^3 P + 4\pi r^2 \sigma_{LS} \tag{8-2}$$

式中：r 为晶核半径，m；ε 为体收缩率，%。

而

$$\Delta F_T = \Delta H - T\Delta S$$

但 $\Delta H = L$，为结晶潜热；$\Delta S = \dfrac{L}{T_0}$，为凝固熵，且 T_0 为常压下凝固温度。代入式(8-2)，有

$$\Delta F_T = \frac{L \cdot \Delta T_0}{T_0} \tag{8-3}$$

式中：ΔT_0 为常压下金属凝固时实际过冷度，K。则有

$$\frac{\mathrm{d}\Delta G}{\mathrm{d}r} = -4\pi r^2 \cdot \frac{L_m \Delta T}{T_m} - 4\pi r^2 K\varepsilon P + 8\pi r \sigma_{LS} = 0$$

$$r_c = \frac{2\sigma_{LS} T_m}{L_m \Delta T + K\varepsilon T_m P} \tag{8-4}$$

式中：r_c 为临界晶核半径，m；T_m 为压力作用下金属液凝固温度，即 $T_m = T_0 + \Delta T_m$，K；ΔT 为压力作用下金属液实际过冷度，即 $\Delta T = \Delta T_0 + \Delta T_m$，K；$L_m$ 为压力作用下金属液的凝固潜热，J/mol。

由于 T_m 相对 ΔT_m 差别很大，可近似为

$$T_m \approx T_0 \tag{8-5}$$

压力下，表面能下降，结晶潜热上升，其幅度不大，可近似认为

$$L_{\mathrm{m}} \approx L \tag{8-6}$$

σ_{LS} 不变，则式(8-4)改写为

$$r_{\mathrm{c}} = \frac{2\sigma_{\mathrm{LS}} T_0}{L\Delta T + K\varepsilon TP} \tag{8-7}$$

与常压下临界晶核半径 r^* 作一比较

$$r^* = \frac{2\sigma_{\mathrm{LS}} T_0}{L\Delta T} \tag{8-8}$$

显然

$$r_{\mathrm{c}} < r^* \tag{8-9}$$

因此，对于凝固时体收缩的金属，在加压条件下有利于凝固，即液态金属中有更多的原子团参加形核。

8.1.2　凝固时体膨胀的金属和合金的热力学条件

液态模锻条件下，凝固时体膨胀 ($\Delta V = V_{\mathrm{L}} - V_{\mathrm{S}} < 0$) 的金属和合金自由能总变化为

$$\Delta G = -\Delta F_T - K\Delta VP + \Delta S\sigma_{\mathrm{LS}}$$

式中：ΔVP 为系统克服外压力，使凝固体积膨胀 ΔV 所做的功。

可以通过相似的推导，得到临界晶核半径 r_{c} 的表达式：

$$r_{\mathrm{c}} = \frac{2\sigma_{\mathrm{LS}} T_{\mathrm{m}}}{L_{\mathrm{m}}\Delta T + K\varepsilon T_{\mathrm{m}} P} \tag{8-10}$$

式中：T_{m} 为压力作用下金属液的实际凝固温度，即 $T_{\mathrm{m}} = T_0 + \Delta T_{\mathrm{m}}$，K；$\Delta T$ 为压力作用下金属液实际过冷度，即 $T_{\mathrm{m}} = \Delta T_0 + \Delta T_{\mathrm{m}}$，K。

与常压下凝固时临界晶核半径比较：

$$r_{\mathrm{c}} > r^* \tag{8-11}$$

显然，凝固时发生体膨胀的金属和合金在压力作用下不利于形核，即不利于结晶凝固。

8.2　高压凝固下金属和合金凝固的动力学条件

液态金属结晶过程，实质上是在液相中形成结晶核心(形核)及其随后的长大过程。评价过程的动力学参数有两个：一是形核率 ($\dot{N}$)，即在单位时间和单位体积内形成的晶核数；二是长大的线速率 ($\bar{R}$)。

当产生结晶中心的速率越快和它的增长速率越慢时，获得的晶粒越小。因此，晶粒数目与结晶参数有关，可用式(8-12)表示[1]：

$$Z_v = \partial \sqrt[4]{\left(\frac{\dot{N}}{\bar{R}}\right)^3 V_0} \tag{8-12}$$

式中：∂ 为比例系数；V_0 为液相的原始摩尔体积，m^3/mol。

为此，本节重点讨论结晶过程中压力对形核率（$\dot{N}$）和长大线速率（$\bar{R}$）的影响。

8.2.1 形核率

根据结晶学的基本理论，在过冷温度下，单位时间和单位体积生成的晶核数就是形核率（$\dot{N}$），可以列成式(8-13)：

$$\dot{N} = \frac{nKT}{h}\exp\left(-\frac{\Delta G}{KT}\right)\exp\left(-\frac{\Delta G_A}{KT}\right) \tag{8-13}$$

式中：n 为单位体积内的原子数；K 为玻尔兹曼常量，1.38×10^{-28} J/K；T 为温度，K；h 为普朗克常量，6.63×10^{-34} J·s；ΔG 为形核功，J；ΔG_A 为扩散激活能，J/mol。

分析式(8-13)可知，形核率 $\dot{N}$ 受两个因素控制，其一是原子扩散的 $\exp\left(-\frac{\Delta G_A}{KT}\right)$ 概率因子，另一个是获得能量起伏的概率因子 $\exp\left(-\frac{\Delta G}{KT}\right)$。

1. 均质形核的形核功

根据热力学计算，在一定过冷温度下，液态金属中生成临界晶核的形核功（ΔG）应等于临界晶核表面能的 1/3，其数学表达式为

$$\Delta G = \frac{1}{3}\sum_i S_i\sigma_i \tag{8-14}$$

式中：S_i 为晶核第 i 个表面的面积，m^2；σ_i 为晶核第 i 个表面上的表面功，J。

如果晶核是球体，得

$$\Delta G = \frac{4\pi}{3}\sigma_{LS}r^{*2} \tag{8-15}$$

如果晶核是立方体，则得

$$\Delta G = 8\sigma_{LS}r^{*2} \tag{8-16}$$

式中：r^* 为均质形核时临界晶核尺寸，它为立方体边长的 1/2。

将式(8-8)代入式(8-15)和式(8-16)得

$$\Delta G = \frac{16}{3}\pi\sigma_{LS}^3\left(\frac{T_0}{L\Delta T}\right)^2 \tag{8-17a}$$

$$\Delta G = 32\sigma_{LS}^3\left(\frac{T_0}{L\Delta T}\right)^2 \tag{8-17b}$$

比较式(8-17a)和式(8-17b)知，球形晶核比立方体晶核生成能低。

现在来考察压力对形核功的影响，当 $\Delta V = V_L - V_S > 0$，把式(8-7)代入式(8-15)或式(8-16)得

$$\Delta G = \frac{16}{3}\pi\sigma_{LS}^3 \frac{T_m^2}{(L_m\Delta T + K\varepsilon T_m P)^2} \tag{8-18}$$

$$\Delta G = 32\sigma_{LS}^3 \frac{T_m^2}{(L_m\Delta T + K\varepsilon T_m P)^2} \tag{8-19}$$

当 $\Delta V = V_L - V_S < 0$，把式(8-10)代入式(8-15)或式(8-16)得

$$\Delta G = \frac{16}{3}\pi\sigma_{LS}^3 \frac{T_m^2}{(L_m\Delta T - K\varepsilon T_m P)^2} \tag{8-20}$$

$$\Delta G = 32\sigma_{LS}^3 \frac{T_m^2}{(L_m\Delta T - K\varepsilon T_m P)^2} \tag{8-21}$$

分析式(8-18)～式(8-21)，形核功 ΔG 降低，或者临界晶核尺寸减小。在大气压下结晶，可以增加金属液的过冷度 ΔT，以提高液-固两相的化学自由能差(ΔG_v)来达到；或者熔入其他少量元素，以减少晶胚的表面能 σ_{LS} 来达到。而在液态模锻条件下，对于凝固时体收缩的合金($\Delta V > 0$)，还可以用提高外压力(P)来达到。

提高外部压力，还可以降低金属液-晶体的界面张力，由文献[2]得

$$\frac{\partial\sigma_{LS}}{\partial P} = \sigma_{LS}\left[\frac{X_S - X_L}{\ln(1+K)} + \frac{2}{3}\,\frac{(1+K)^{\frac{2}{3}} - X_L}{(1+K)^{\frac{2}{3}} - 1}\right] \tag{8-22}$$

式中：K 为熔化时体积的突变，$K = \dfrac{V_L - V_S}{V_S}$，%，$V_S$、$V_L$ 分别为相应固相和液相的摩尔体积，m^3/mol；X_S、X_L 分别为相应固相和液相的等温压缩系数，m^2/MN。

还可以这样的理解，金属液-晶体界面张力的存在，主要来自晶体表层的原子，由于与金属液中的原子接触，而不能与周围原子作均匀对称的结合，所受的力也就与晶体内部原子不同，这就使晶胚表面的原子偏离其平衡位置引起位能的增加，这就是界面能的由来。假如在等静压的作用下，表层原子偏离平衡位置的程度将有所降低，其结果势必使金属液-晶体晶面能降低。

总之，在压力的作用下，形核功 ΔG 将显著降低，即临界晶核半径 r_c 将大大减小，将有更多的原子团参与结晶形核。形核率 $\dot{N}$ 很显著地提高。

2. 扩散激活能

晶核的形成，必须有一个原子迁移、聚合的过程。所谓扩散激活能 ΔG_A，就是保证原子克服周围其他原子对它的引力而发生迁移时所需要的最小能量。很显然，激活能 ΔG_A 和 ΔT 存在密切的关系，即过冷度 ΔT 越大，激活能也越大。另外，

激活能还和外加压力有关，其关系式为

$$\Delta G_{\mathrm{A}} = \Delta G_{\mathrm{A0}}(1 + \beta P) \tag{8-23}$$

式中：ΔG_{A0} 为大气压下结晶时的激活能，J/mol；β 为系数，β=0.001m²/MN。

当压力达到 100m²/MN 时，式(8-23)改写为

$$\Delta G_{\mathrm{A}} = KT\exp\left(\frac{b}{T} + \beta P\right) \approx a\exp(\beta P) \approx 1 + \beta P \tag{8-24}$$

由此，当 $\Delta V > 0$，在压力 P 作用下，降低形核功，增加原子扩散激活能。因此，这时压力对形核率影响特征是：在温度相同条件下，随着压力升高，形核率增加，达峰值后，形核率随压力的增加而降低。当 $\Delta V < 0$，增加压力使形核功和扩散激活能均增加，因而其形核率随压力的增加而降低。

3. 异质形核时的形核功

对于非异质形核，其形核功也应当为晶核表面能的 1/3，有

$$\Delta G' = \frac{1}{3}\sigma_{\mathrm{LS}}S_{\mathrm{LS}} + \frac{1}{3}\sigma_{\mathrm{SC}}S_{\mathrm{SC}} \tag{8-25}$$

而均质形核功为

$$\Delta G = \frac{1}{3}\sigma_{\mathrm{LS}}(S_{\mathrm{LS}} + S_{\mathrm{SC}}) = \frac{1}{3}\sigma_{\mathrm{LS}}S_{\mathrm{LS}} + \frac{1}{3}\sigma_{\mathrm{LS}}S_{\mathrm{SC}} \tag{8-26}$$

式中：σ_{LS}、S_{SC} 分别为固-液界面、固-异质质点界面张力，J/m²。

比较式(8-25)和式(8-26)，要使 $\Delta G' < \Delta G$，需使

$$\sigma_{\mathrm{SC}} < \sigma_{\mathrm{LS}} \tag{8-27}$$

即使晶胚与异质的界面能小于晶胚与金属液的界面能才有可能。很显然，只要晶胚和异质物亲和力大，那么原子偏离平衡位置，相对于金属液接触的晶胚那面小，就有利于非均质晶核的形成。

经推导，对于球体晶核，非均质形核功与均质形核功相差一个系数 $f(\theta)$，即

$$\Delta G' = f(\theta) \cdot \Delta G \tag{8-28}$$

式中：$f(\theta) = \dfrac{(2 + \cos\theta)(1 - \cos\theta)^2}{4}$，$\theta$ 为晶核附在异质质点上的接触角，并有 $\cos\theta = \dfrac{\sigma_{\mathrm{LS}} - \sigma_{\mathrm{CS}}}{\sigma_{\mathrm{LC}}}$，其中 σ_{LS} 为金属液-异质质点的界面张力，J/m²。

式(8-28)只需 $f(\theta) < 1$，就和 $\sigma_{\mathrm{SC}} < \sigma_{\mathrm{LS}}$ 是等效的。因为作为生核衬底的异物与新相存在良好的共格关系，则 θ 就小，即 $f(\theta)$ 小，也就能保证 $\sigma_{\mathrm{SC}} < \sigma_{\mathrm{LS}}$，在较小的过冷度下，获得较大的形核速率。

在液态模锻条件下，对于球体形状晶核，可以把均质形核的结果应用到异质形核中，即当 $\Delta V > 0$，依式(8-18)得

$$\Delta G' = \frac{16}{3}\pi f(\theta)\sigma_{\mathrm{LS}}^3 \frac{T_{\mathrm{m}}^2}{(L_{\mathrm{m}}\Delta T + K\varepsilon T_{\mathrm{m}}P)^2} \tag{8-29}$$

当 $\Delta V < 0$，依式(8-20)得

$$\Delta G' = \frac{16}{3}\pi f(\theta)\sigma_{LS}^3 \frac{T_m^2}{(L_m\Delta T - K\varepsilon T_m P)^2} \tag{8-30}$$

在液态模锻条件下，对于立方体形状晶核，可以变换为

当 $\Delta V > 0$，得

$$\Delta G' = 16\left[\sigma_{LS}\frac{T_m}{(L_m\Delta T + K\varepsilon T_m P)}\right]^2(\sigma_{LS} - \sigma_{LC} + \sigma_{SC}) \tag{8-31}$$

当 $\Delta V < 0$，得

$$\Delta G' = 16\left[\sigma_{LS}\frac{T_m}{(L_m\Delta T - K\varepsilon T_m P)}\right]^2(\sigma_{LS} - \sigma_{LC} + \sigma_{SC}) \tag{8-32}$$

在大气压下的结晶，尤其在生产条件下，均质形核很难发生，主要是异质形核。因为均质形核需要很大的过冷度，其过冷度 $\Delta T = (0.18 \sim 0.2)T_0$（$T_0$为金属的熔化温度）。实际上结晶时的过冷度是十几度到几分之一度。在液态金属模锻时的结晶，尽管均质形核功有明显降低，不需要那么大过冷度，但只要 $\sigma_{LS} < \sigma_{SC}$，即异质物和新相间存在良好共格关系，液态金属模锻时的结晶，同样以异质形核为主，同时均质形核也能发挥相当的作用。

无论是均质形核还是异质形核，也无论是大气压下的结晶还是液态金属模锻时的结晶，都需要补充 $\left(\frac{1}{3}\sigma_{LS}S_K\right)$ 的形核功。这项支出主要来自金属液内温度起伏所造成的能量起伏。不过在液态金属模锻下，这项支出有很大下降。这样的能量条件(数值的大小)，显然比在大气压下更容易满足。这就是液态金属模锻结晶的形核率大大高于大气压下结晶的形核率的主要原因之一。当然，上述讨论仅限于凝固时体收缩情况。

4. 动态形核[3]

前面的讨论基本上是静止状态下的形核问题，并且只讨论了温度、压力对基底形核能力所起的作用。下面再来讨论在动态下形核问题。动态形核是采用不同方法使液体金属受到动力学激励，导致晶核的形成。

液态模锻条件下，可能由于浇注的动量所激励，液态金属发生波动，对凝固前沿进行机械冲刷，使未结牢的晶块重新熔解、崩离并卷入金属液内，成为结晶核心，即动态形核。

合模后，液态金属在流动中成形。这种流动方向，在异形冲头加压下，一般取与施压方向相反的方向。在狭窄的通道里，凝固前沿发生强烈的冲刷作用，使未结牢的晶粒大批地脱离凝固前沿，进入液态金属中，成为新的结晶核心，这也是动态形核的行为。

施压后，已凝固的外壳层产生塑性变形，发生强烈的补缩金属流动，同样造成

凝固前沿晶体破碎，生成新的核心，即动态形核。

5. 对比妥耳的试验观案

比妥耳(Betol)，又名水杨酸-β-萘酯，分子式为 $C_6H_4(OH)COOC_{10}H_7$，是一种透明、低熔点的有机物。结晶时体积收缩，在压力下结晶的形核数可用显微镜直接读出。

图 8-1 为不同过冷度下结晶的比妥耳形核数与所加压力的关系曲线[2]。可见，每一条曲线均是形核数随压力升高而增加，当形核数达到某一极大值后则开始下降。而且，随着温度的升高，即随着过冷度的减少，曲线极大值下降，它所对应的压力实验值增加，分别为 47MN/m²、60MN/m² 和 78MN/m²。

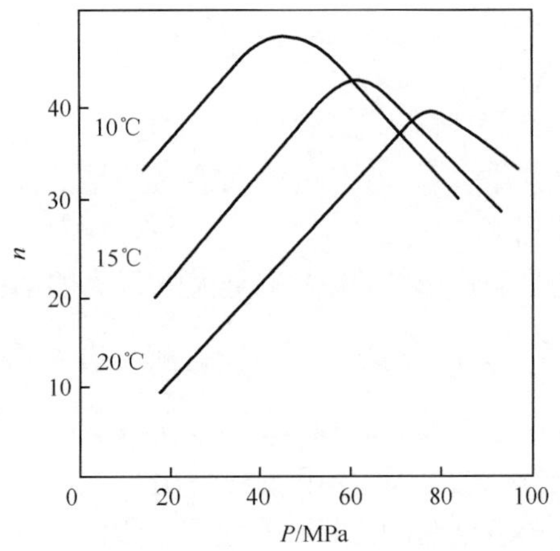

图 8-1　过冷的比妥耳晶核数 n 与压力 P 的关系曲线

8.2.2　长大线速率

晶体因固-液界面结构不同，取不同生长方式。

(1) 垂直长大。垂直长大时，可以认为所有界面上的结点都是等效的，而且界面借原子不断地、随机地往上添加而向前推进。其平均长大速率 ($\bar{R}$) 与过冷度成正比[2]。

$$\bar{R} = \mu_1 \Delta T \tag{8-33}$$

式中：μ_1 为常数。

(2) 表面形核长大。假定晶体表面是光滑的(有小台阶)，并且长大是以新原子层均质形核的方式进行，其方程式为[2]

$$\bar{R} = \mu_2 \cdot \exp\left(-\frac{b}{\Delta T}\right) \tag{8-34}$$

式中：μ_2、b 为常数。

(3) 沿晶体缺陷处长大。此处，假定存在某种形式的连续长大的台阶，原子可往上添加。最简单的台阶是在晶体学的光滑界面上出现螺旋位错所形成的。并且有[2]

$$\bar{R} = \mu_3 \Delta T^2 \tag{8-35}$$

式中：μ_3 为常数。

上述三种长大方式是相互联系的，其关系如图 8-2 所示。

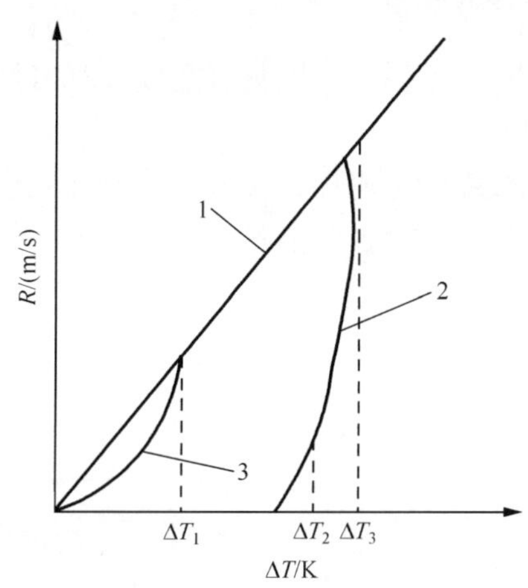

图 8-2　三种生长方式的长大线速率 R 与过冷度的关系

1-垂直长大；2-表面形核长大；3-沿晶体缺陷处长大(螺旋位错)

可见，当过冷度很小时，长大速率最快的是垂直长大方式，其次是沿晶体缺陷处长大方式。但当过冷度大于 ΔT_1 时，界面螺旋位错密度很高，犹如粗糙界面一样，两者长大速率相等。而表面形核长大，则需要很大的起始过冷度 (ΔT_2)，只有过冷度达 ΔT_3，即二维晶核密度达到与粗糙界面相似时，其长大速度才能达到上面两种生长方式的水平。

合金树枝晶长大线速率与过冷度的关系，尽管有三种不同形式，但在过冷度不大的条件下，长大速率随过冷度的加大而增加。

对于结晶时体积收缩的金属和合金，压力下结晶使其熔点升高，在结晶温度不变的条件下，相应地增加了过冷度，这样，不论是哪一种晶体生长方式，从式(8-33)～式(8-35)可见，在一定范围内，增加压力会导致长大线速率 $\bar{R}$ 的某些提高，而对于结晶时体积膨胀的金属和合金，压力降低其熔点，即相应降低了液态金属的过冷度，显然将导致 $\bar{R}$ 的降低。

实际上，由于压力作用，首先改变了形核条件。对于 $\Delta V > 0$，由于压力使 ΔV 增大，首先增加了结晶核心，核心多了，尽管它长大时速率有加快的条件，但各核心长大时必然受到邻近晶核长大的抑制，使长大趋势受阻。这种阻力随晶核密度的增加，更为强烈。一般只要工艺选择适当（如浇注温度、加压开始时间），用增加压力的方法比常压下用增加过冷度的方法更易获得细晶组织。对于 $\Delta V<0$ 的情况，压力增加，ΔV 反而减小，首先使形核受到抑制。晶核小，尽管存在降低生长速率的趋势，但晶核在长大时，受到的周围晶核长大阻力与前者相比小得多。因此，一般获得的组织粗大且不均匀。

8.2.3　压力与动力学条件的关系

实际结晶时，金属的过冷度温度范围只有几度，在此过冷温度范围内，其形核率迅速达一稳定值，如图 8-3 所示。

另外，对于凝固时体收缩的金属和合金，压力可使熔点呈直线上升，并存在一个形核率急剧增加的介稳定温度区间，如图 8-4 所示。

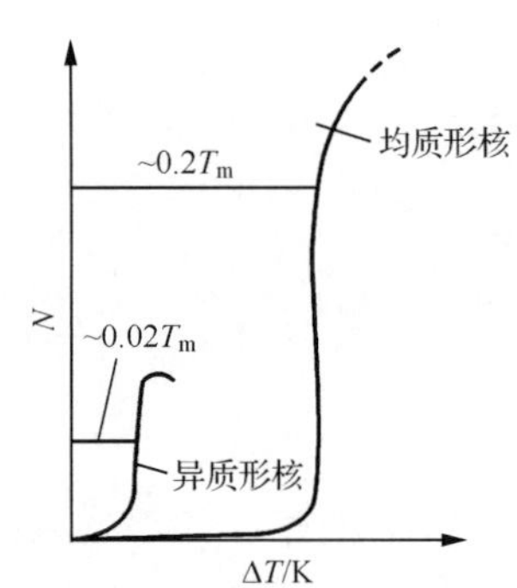

图 8-3　均质和异质形核的形核率与过冷度关系比较[2]

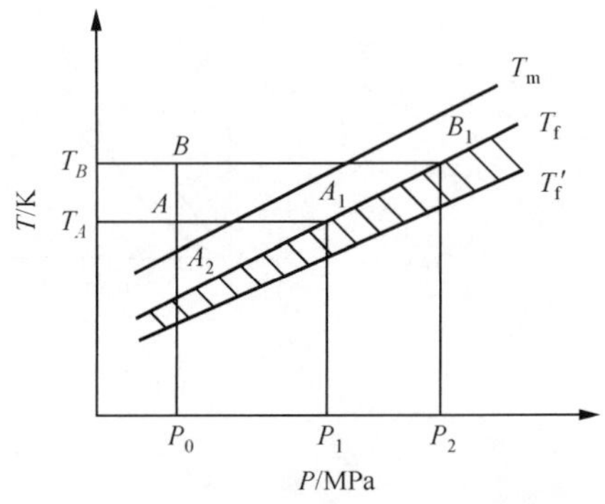

图 8-4　压力对金属熔点 T_m 和结晶介稳定温度范围 (T_f-T_f') 的影响[2]

如果在熔点的原始状态中有高于 T_m 的温度（A 点），为了使熔体中能形成晶体，必须使之进入低于 T_f 的过冷度状态。这一目的可用两种方式达到。方式一：在压力 (P_0) 不变条件下，使液态金属冷却并过冷（由 $A\rightarrow A_2$）；方式二，在保持温度 (T_A) 不变的条件下，采取加压，将压力由 P_0 提高到 P_2，用熔点升高的方法达到过冷（由 $A\rightarrow A_1$）。对前一种冷却方法，由于冷却总是从制件外层开始，所以外层比内层先达到形核的过冷度，并且外层形成的晶体相当大地阻碍内层过冷，因而造成内、外层组织不均匀性。后一种采用加压方式提高熔点，使其达到金属液过冷的方法，如果压力足够，并迅速传递到整个待凝固的熔体上，在当时温度条件下，压力的提高，完全有可能使全部熔体进入过冷状态，即所谓“同时形核”，这点在第 9 章中还将详细讨论。因此，采用改变压力的方法，比在压力恒定时降低温度更容易获得细晶组织。

另外，从图 8-4 还可以看到，如果施压开始时，熔体所对应的温度过高，如 B 点（$T_B > T_A$），要使它达到过冷状态，即 $B \rightarrow B_1$，那么要施加更大压力 P_2（$P_2 > P_1$）。因此，施加的压力和施压开始时熔体的温度，这两个参数是很有意义的。基于此，如果施压开始时熔体的温度接近 T_f，即熔体获得一定过冷度，虽然不大，此时，若迅速施以压力，那么形核率将急剧增加，达到细化组织的目的。反之，如果在高于液相线 150～200℃浇注，并进行快速加压，则势必形成粗大柱状晶组织。即使压力提高到 200MN/m^2 或更高，对组织细化影响不大。

图 8-5 为 57-3-1 锰黄铜铸锭（ϕ50×110mm）的晶粒大小与压力的关系。从图看出，无论是边缘，还是中心的部位均得到细化。它是在金属型中施加压力成形，过冷度为 50～60℃。

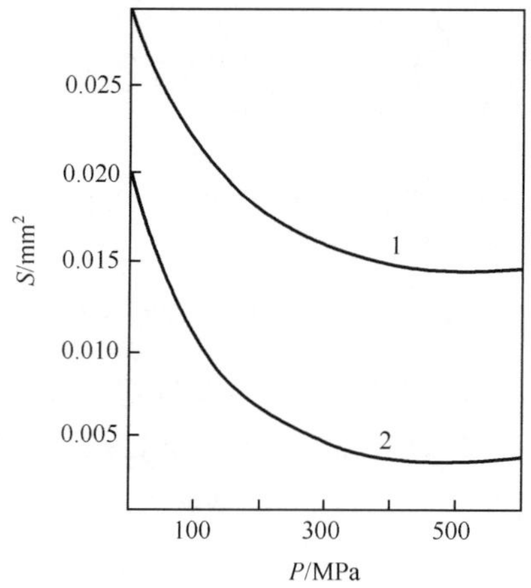

图 8-5　压力对锰黄铜 57-3-1 制件晶粒尺寸的影响

1-边缘；2-中心

由此，浇注温度低，施压要快，这是液态模锻工艺必须考虑的，只有这样才能使压力对结晶过程动力学因素产生积极的影响。

8.3　压力作用下合金的石墨化

在铁-碳状态图（图 8-6）共晶点附近，可能进行的反应有

$$\begin{aligned} &C_{4.30}\ 点：L \longrightarrow \gamma + Fe_3C \\ &C_{4.25}\ 点：L \longrightarrow \gamma + G \end{aligned} \tag{8-36}$$

前一种反应，在快速冷却时出现（多半在金属型铸造中），制件凝固时体积收缩，呈白口，大气压下反应温度为 1147℃，加压使此共晶反应温度升高；后一种反应在慢冷条件中出现，制件凝固时体积膨胀，呈灰口，大气压下的共晶反应温度为

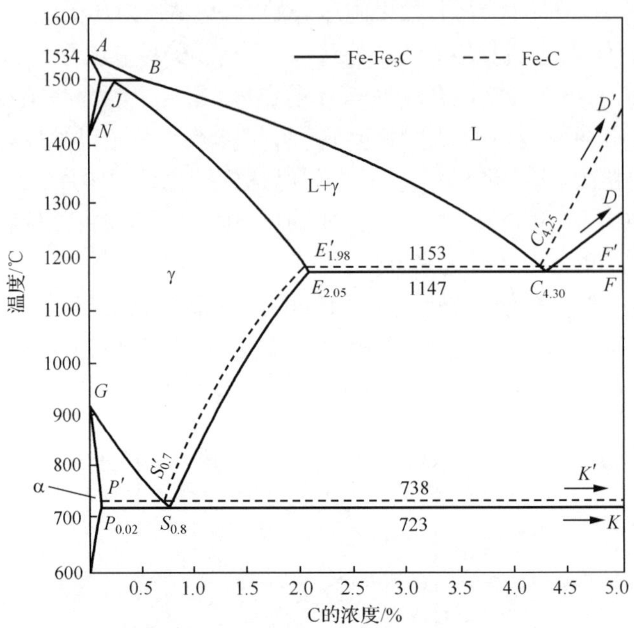

图 8-6　Fe-Fe_3C 和 Fe-G 双重状态图

1153℃，加压使此共晶反应温度降低。Fe_3C 本身是亚稳定的，在一定条件下会分解为铁固溶体和石墨，同时其体积膨胀，并降低体系的自由能。

外部压力对铸铁凝固过程的影响，主要是通过两方面的因素：一是压力本身的机械的和热力学的作用；二是因加压所产生提高熔体冷却速率的作用（图 8-7）。在这两种因素联合作用下，压力对铸铁的凝固过程和石墨化过程有如下的影响。

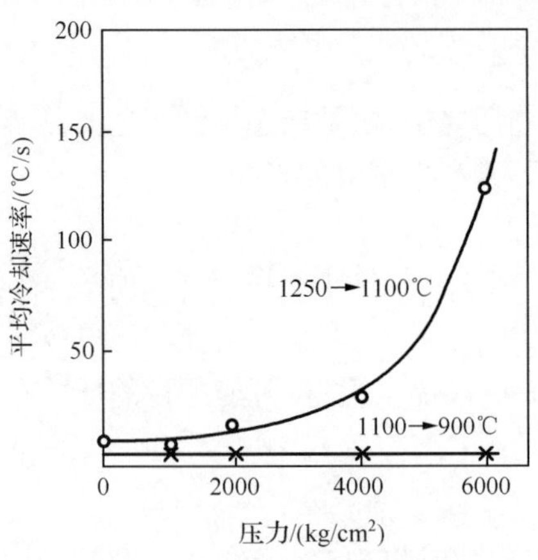

图 8-7　压力下结晶对熔体平均冷却速率的影响

铸铁成分：2.46%～3.10%C；1.48%～1.44%Si；0.53%～0.49Mn；0.086%～0.081%P；0.023%～0.025S；余 Fe

1. 压力有阻止石墨化过程作用

铸铁的石墨化过程伴随着体积的增加。例如，分解 1%碳引起制件体积增加 2%。所以外部压力对铸铁中石墨形状和石墨化程度的影响是主要的，并产生抑制作用。

如果在铁水结晶时施加外部压力(P)，则铸铁石墨化过程的热力学位能变化 ΔG，同样可以用式(8-1)确定。从方程式可见，当外压 P 为负值时，即为拉应力时，会降低石墨形核时的功，促进石墨数量的增长；而外压力 P 为正值，即施加压应力时，则妨碍形核和其增长过程。当此压应力大于某一临界值时，就可能完全抑制石墨化过程，使制件成为白口。

例如，在 Fe-C 系统中，在各项压力超过 200MN/m^2 和接近共晶温度(1127～1227℃)时，或者压力超过 500MN/m^2 和温度为 730℃时，均可以使 Fe-G 二元系(稳定态)变成 Fe-Fe_3C(介稳定态)。Fe-C 熔体无论以什么样的速率冷却，均不会析出石墨。

Fe-C 熔体中石墨相的长大机理是，碳原子不断向石墨晶核扩散使石墨相逐渐长大。开始，石墨相成长界面不与基体金属分离，致使两者间压应力增加，以致基体金属发生蠕变。因此，压力大小是由基体金属的蠕变速率和碳原子扩散生成石墨速率决定的。

在因石墨增长而形成的应力场中，石墨化速率 (v_G) 可按式(8-37)来确定：

$$v_G = \frac{P_0 - P_G}{P_0}\left(\frac{1}{\frac{1}{v_1}+\frac{1}{v_2}+\frac{1}{v_3}}\right) \tag{8-37}$$

式中：P_0 为石墨对金属基体可能达到的最大压力，Pa；P_G 为石墨对金属基体的实际压力，Pa；v_1 为碳化物溶解速率，m/s；v_2 为碳扩散速率，m/s；v_3 为石墨的结晶速率，m/s。

由式(8-37)可见，如果施加足够大的外部压力，使 $P_0 = P_G$，则 $v_G = 0$，即石墨化完全停止。

完全抑制石墨化的临界压力，主要与铸铁的化学成分和凝固时的冷却速率有关。含纯石墨化元素高，即石墨化倾向大的铸铁或在冷却速率慢的条件下，所需的临界压力高。例如，亚共晶铸铁(3.5%～3.6%C，1.58%～2%Si，0.45%Mn，0.1%P，0.03%S)中加入 2%～4%的强化石墨化元素钼后，即使在 200MN/m^2 的压力下结晶，仍可有效地抑制莱氏体组织的形成和消除白口层，形成蠕虫状石墨并改善可加工性。

2. 压力改变 Fe-C 状态图

压力使 Fe-C 共晶点 C' 向低温富碳方向移动。使 Fe-C 共晶点 C 温度升高。因此,共晶或过共晶成分的铸铁在压力下结晶,将得到亚共晶或共晶组织。

例如,碳当量为共晶成分的灰铸铁(3.8%C,2.0%Si,0.3%Mn,0.25%S 和 0.15%P)锭,原始组织为铁素体、珠光体的基体上分布着片状石墨。把它进行重熔,并在 300MN/m^2 压力下和 3℃/s 冷却条件下结晶,即呈现出典型的白口铁组织:初生奥氏体树枝晶和莱氏体,看不到石墨相,相当于亚共晶组织。若压力提高到 3000MN/m^2 时,则更显著地增加奥氏体数量,并同时细化其组织。用金相和电子探针分析还表明,沿奥氏体枝晶边界分布着暗色的高硅相,并在整个视野均匀分布着细小、等轴和明亮的高锰相。

3. 压力对石墨相的球化作用

共晶和过共晶铸铁,在低于临界压力(使石墨化完全停止的压力)下结晶,外部压力有促使石墨细化并呈蠕虫状或球状析出,即有类似于"镁孕育"的作用。

例如,含 3.5%C 和 2%Si 的铸铁,普通金属型铸造生成片状石墨,砂型铸造为枝晶间石墨。而在 50～60MN/m^2 压力下结晶,则有 70%以上石墨成球形,只有 30%石墨仍为片状。压力为 150MN/m^2 时,铸铁石墨化几乎完全停止,而呈现白口。

又如,成分为 3.12%C,1.49%Si,0.74%Mn,0.11%P 和 0.051%S 的亚共晶铸铁,平冲头施压制成 ϕ60×30mm 圆柱体制件。当压力增至 148MN/m^2,与不加压相比蠕变状石墨数量增加,片状石墨的长度缩短 1/2。继续提高压力到 207～270MN/m^2,降低了石墨数量;而压力达 313MN/m^2 时,石墨化几乎完全停止。因此,为了获得蠕虫状石墨的铸铁件,在结晶时,压力提高到 148～207MN/m^2 就足够了。

表 8-1 是在砂-黏土铸型中平冲头加压下,Fe-C 和 Fe-C-Si 系合金的组织和性能。冲头用烧结的镁砂制成,并用磁力作用进行施压,其压力为 1MN/m^2 和 3MN/m^2。由于砂型的冷却速率比金属铸造低得多,即使压力不同,其压力作用仍十分明显。如 Fe-C 系亚共晶铸铁,不论加压与否均形成白口组织;过共晶铸铁,不加压时析出初生渗碳体,加压下析出一次石墨相,而且绝大多数呈球状。对此现象,有人解释为是压力引起石墨在高于液相线温度下形核,并以球状方式长大的结果。由于一次石墨析出,后面铁水接近亚共晶,并凝固成白口铁。

在 Fe-C-Si 系合金中,Si 和 C 均是促进石墨化元素。表 8-1 所列成分,不论是碳当量属亚共晶还是过共晶,加压或不加压均不形成白口。但是,在小压力范围内,随压力的升高石墨相的数量增加,球化率也增加。

表 8-1　砂-黏土铸型中低压力下结晶的铸铁组织与性能[2]

合金系	成分/%		施加压力/(MN/m^2)	组织			HB
	C	Si		相组成	石墨相含量/%	石墨球化率/%	
Fe-C	4.0	0.2	0	P+C_m	—	—	—
			1	P+C_m			
			3	P+C_m			
	4.65	0.2	0	P+C_m	—	—	440
			1	P+C_m+G	10	80	429
			3	P+C_m+G	20	100	400
	4.8	0.2	0	P+C_m+G	30	—	380
			3	P+C_m+G	35	100	371
Fe-C-Si	4.0	1.0	0	P+G	55	0	260
			1	P+G	65	50	257
			3	P+G	80	65	241
	3.5	1.5	0	P+G	65	0	243
			1	P+G	70	30	239
			3	P+G	80	45	213
	4.5	1.5	0	P+G	75	0	230
			1	P+G	80	45	238
			3	P+C_m+G	85	55	217
	3.0	2.0	0	P+G	70	0	230
			1	P+G	75	15	228
			3	P+G	80	35	201

注：P 为珠光体；C_m 为渗碳体；G 为石墨。

4. 压力对结晶后制件石墨化退火的影响

铸铁在压力下结晶时所生成的渗碳体，在其石墨化退火时分解速率将明显增加，并生成球化程度较高的石墨相。

例如，含 3.5%C 和 2%Si 的铁水，在 150MN/m^2 压力下结晶成白口，但经 900～950℃短时间退火后，即可获得以铁素体为基体加球状石墨的铸铁组织。图 8-8为压力下结晶的铸铁，经退火后其石墨球化率和机械性能与压力的关系。可见，随压力升高，球状石墨数量增多，机械性能提高。

成分为 2.8%～3.2%C，1.42%～1.56%Si，0.8%～1.05%Mn，0.1%～0.117%P 和 0.05%～0.054%S 的铸铁锭(70mm)，在 34～230MN/m^2 压力下结

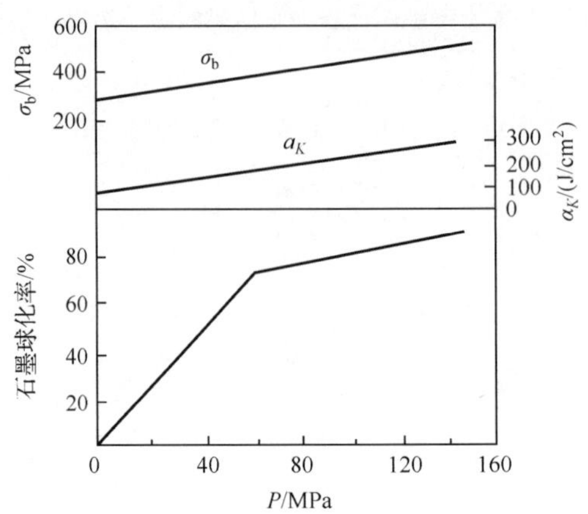

图 8-8　压力下结晶的铸铁退火后的石墨球化率、机械性能与压力关系曲线[2]

α_K 为冲击韧度

晶的组织为分散珠光体加针状共晶渗碳体，而不加压为片状光体加粗大渗碳体。在制件石墨化退火时，随着结晶时压力的增加，渗碳体的分解速率增加，石墨团聚的程度升高，并接近于球状。110MN/m^2 压力下结晶后制件的退火组织与普通退火组织相比，单位截面上石墨相数量增加 6～7 倍；继续增加压力，石墨数量不断增加，但石墨相明显长大，更接近于球状。

表 8-1 中，4. 0%C 和 0. 2%Si 的亚共晶铸铁，其组织虽然均是白口，但结晶时加压与否对随后石墨化退火速率起着重要作用。液态模锻的制件，经 800～900℃，8～12h 退火，即完全石墨化。而不加压，经 900℃，72h 退火，石墨化退火不完全。

所以，结晶时用外部压力抑制石墨化过程，可以为以后短时间退火而获得球化程度较高的石墨相创造条件。

参 考 文 献

[1] 罗守靖，何绍元，王尔德，等．钢质液态模锻．哈尔滨：哈尔滨工业大学出版社，1990.

[2] Батышев А И. Кристаллизция метаддово и спдавов под давдением. Måckta Метаддургия，1977.

[3] 戴维斯 G J. 凝固与铸造．陈邦迪，舒震译．北京：机械工业出版社，1981.

第9章 高压下金属液的凝固过程

9.1 高压下金属液的动态凝固过程

9.1.1 浇注时的机械冲刷

当接近凝固温度的钢液(1500～1520℃)浇入下模时,由于模温较低,钢液与模底、模壁和模芯接触,就形成一敞口的细晶硬壳层。由于浇注时的动量作用,结晶前沿尚未结牢的晶块被冲刷,使其破碎或重熔,"游弋"于钢液中,如图9-1(a)所示。这时等轴细晶层生长成柱状晶带的趋势受到很大的抑制。如果浇注温度很高(或者模具预热温度很高),浇注时液面波动很强烈,那么机械冲刷作用可能使等轴激冷层冲垮、崩溃。

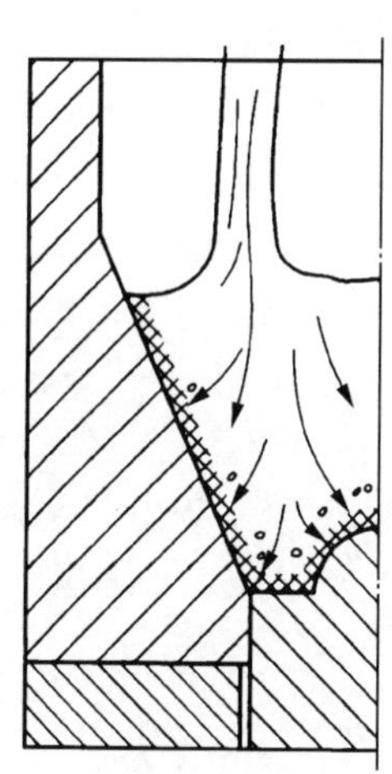
(a) 浇注时的机械冲刷

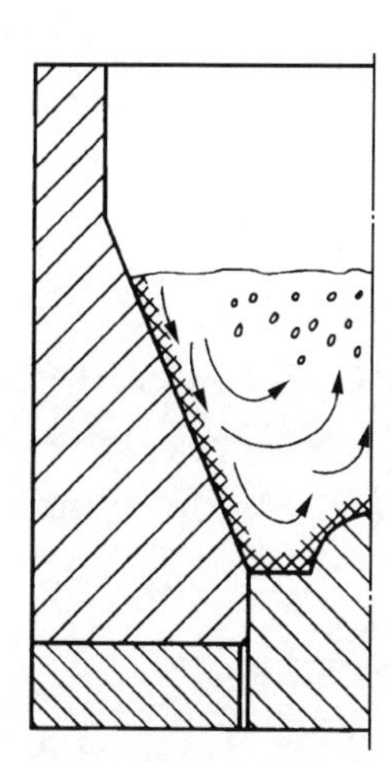
(b) 浇注后加压前金属液内自然对流

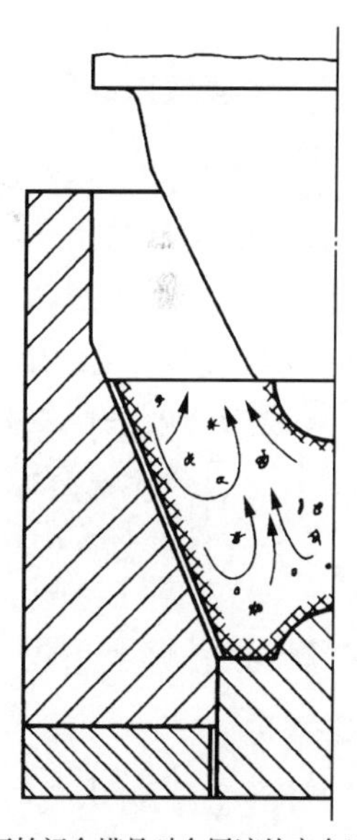
(c) 开始闭合模具时金属液的定向流动

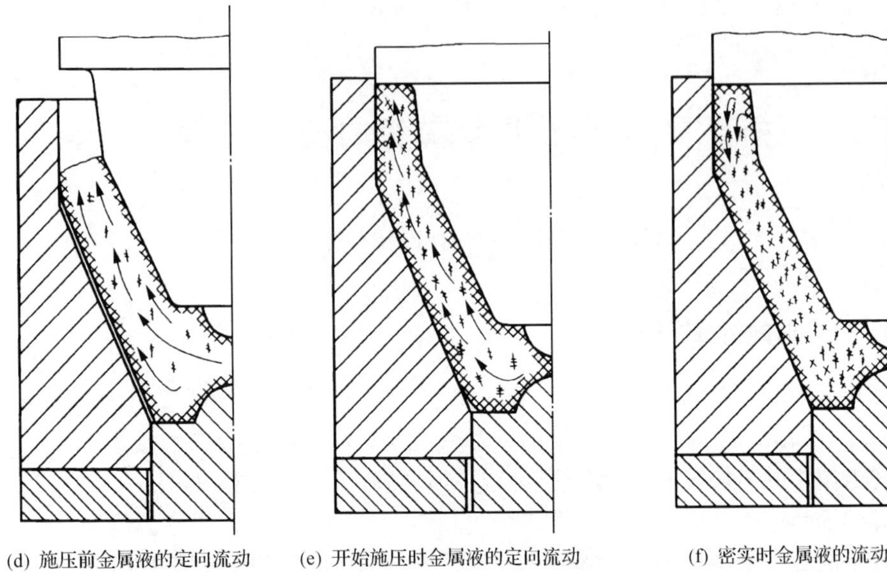

(d) 施压前金属液的定向流动　　(e) 开始施压时金属液的定向流动　　(f) 密实时金属液的流动

图 9-1　凝固过程中金属熔体内的定向金属液流动示意图[1]

9.1.2　金属液内的自然对流

金属液内的自然对流，是由密度差引起的，而密度差是由凝固时的温度差或浓度差造成的。这是由于温度不同造成热膨胀的差异，从而引起液体密度不同，在重力场中密度较小的液体受到浮力的作用。同样，液体成分不均匀也会由于密度不同而引起浮力。这种由于密度不同而产生的浮力是对流的驱动力，当浮力大于液体的黏滞力时就会产生对流，浮力很大时，甚至会产生紊流。由于压力对液体密度影响较小，可将密度看做是只与温度、浓度有关的函数：

$$\rho(T,C)=\rho_0[1-\beta_T(T-T_0)+\beta_C(C-C_0)] \tag{9-1}$$

式中：ρ_0 为密度，kg/m^3；T_0 为温度，K；C_0 为浓度，mol/m^3。β_T、β_C 分别为由温度和浓度引起的体膨胀系数，分别为

$$\beta_T=\frac{1}{V}\left(\frac{\partial v}{\partial T}\right)_{P\cdot C}=\frac{1}{\left(\frac{1}{\rho}\right)}\left[\frac{\partial\left(\frac{1}{\rho}\right)}{\partial T}\right]_{P\cdot C}=-\frac{1}{\rho}\left(\frac{\partial\rho}{\partial T}\right)_{P\cdot C}=-\frac{1}{\rho}\left(\frac{\partial\rho}{\partial C}\right)_{P\cdot C} \tag{9-2}$$

同样

$$\beta_C=-\frac{1}{\rho}\left(\frac{\partial\rho}{\partial T}\right)_{P\cdot T} \tag{9-3}$$

于是，单位体积由于密度变化所产生的浮力为

$$F = \rho(T,C) \cdot g - \rho_0 g = [-\beta_T(T - T_0) + \beta_C(C - C_0)]\rho_0 g \tag{9-4}$$

式中：g 为重力加速度，$g=9.81\text{m/s}^2$。

如果该液体的黏滞力等于或大于由于密度变化引起的上浮力，对流将不会发生。图 9-2 是作用于流动单元上的黏滞力示意图，图中 τ 为作用于单元体底面单元面积上的剪切力，由图可知液体单元上的黏滞力为

$$\frac{\partial \tau}{\partial y}\mathrm{d}x\mathrm{d}y\mathrm{d}z = \left(\tau + \frac{\partial \tau}{\partial y}\mathrm{d}y\right)\mathrm{d}x\mathrm{d}z - \tau\mathrm{d}x\mathrm{d}z \tag{9-5}$$

故单元体积上的黏滞力为

$$F' = \frac{\partial \tau}{\partial y} \tag{9-6}$$

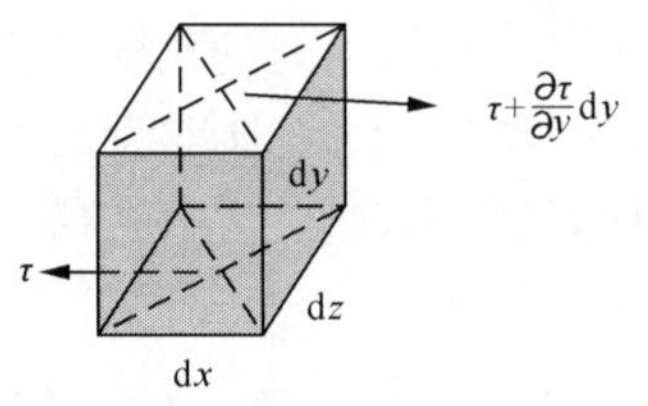

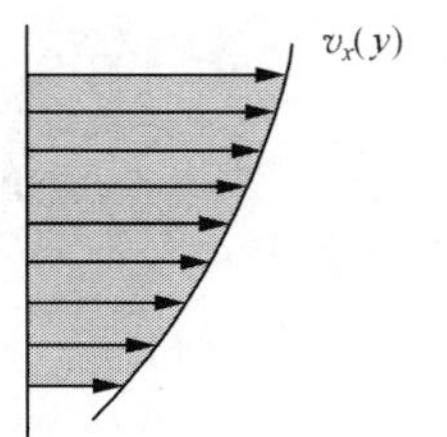

图 9-2　作用于流体体元上的黏滞力[1]

根据牛顿黏滞定理

$$\tau = \eta \frac{\mathrm{d}v_x}{\mathrm{d}y} \tag{9-7}$$

故

$$F' = \frac{\partial}{\partial y}\left(\eta \frac{\partial v_x}{\partial y}\right) = \eta \frac{\partial^2 v_x}{\partial y^2} \tag{9-8}$$

当由于水平方向温差引起的浮力和黏滞力相等时得

$$\eta \frac{\partial^2 v_x}{\partial y^2} = -\rho_0 \beta_T g(T - T_0) \tag{9-9}$$

由于浓度差引起的浮力与黏滞力相等时得

$$\eta \frac{\partial^2 v_x}{\partial y^2} = -\rho_0 \beta_C g(C - C_0) \tag{9-10}$$

如果将一维传热(或传质)方程中的温度(或浓度)场代入式(9-10)，可以求出 v_x 的表达式，通过整理将会得到无量纲的格拉斯霍夫[2]的表达式：

$$G_T = \frac{g\beta_T b^3 \Delta T}{\nu^2} \tag{9-11}$$

$$G_C = \frac{g\beta_C b^3 \Delta C}{\nu^2} \tag{9-12}$$

式中：b 为水平方向上热缩与冷缩距离的一半，m；ν 为运动黏度系数，m^2/s。

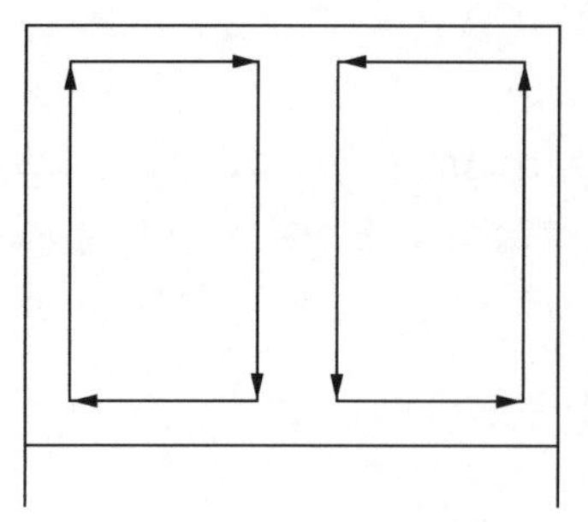

图 9-3　水平温差或浓度差引起的对流[1]

自然对流速率取决于 G_T、G_C 的大小，因而把它看成是水平温度差或浓度差引起的自然对流的驱动力，图 9-3 为水平温度差或浓度差引起的对流，显然，温度差 ΔT 或浓度差 ΔC 越大时，这种自然对流越强烈。

液体金属内在垂直方向上存在着温度梯度或浓度梯度时，同样会因密度差产生浮力，当浮力大于黏滞力时，即会产生自然对流。

设高度为 h 的制件，从底部开始凝固，且排出的溶质密度较小。其底面与自由表面存在一浓度差 ΔC_0，现来计算作用于单元体积上浮力和黏滞力的比值。为简单，取金属中直径为 a 的球状流体单元进行研究，单元体内的浓度梯度为 $\Delta C'/a$。该体元在浮力作用下，如果在上升的距离为 a 的时间间隔内，则其上升速率足够快，致使体元因损耗溶质而造成的浓度降低不超过原来的浓度差 $\Delta C'$。这样作用于上升流体体元上的浮力不致耗竭，体元将继续上升。下面来估计临界上升速率，设体元较环境多余的溶质为

$$Q=\frac{4}{3}\pi a^3\Delta C' \tag{9-13}$$

通过球面单位时间耗损于环境的溶质量为

$$Q'=\frac{4}{3}\pi a^2 D\frac{\Delta C'}{a} \tag{9-14}$$

式中：D 为溶质扩散系数，m^2/s。

体元内比环境多余的溶质量的耗竭时间为

$$t=\frac{Q}{Q'}=\frac{a^2}{3D} \tag{9-15}$$

故临界上升速率为

$$\nu=\frac{a}{t}=\frac{3D}{a} \tag{9-16}$$

根据斯托克斯定律，黏滞阻力为

$$6\pi\eta a\nu=18\pi\eta D \tag{9-17}$$

而作用于单元体上的浮力为

$$\frac{4}{3}\pi a^3\beta_C g\rho_0\Delta C' \tag{9-18}$$

故为使浮力大于阻力以导致自然对流，必须

$$\frac{4}{3}\pi a^3\beta_C g\rho_0\Delta C'>18\pi\eta D$$

或

$$\frac{a^3\beta_C g\,\Delta C'}{\nu D} > 1$$

不等式左边即为瑞利数，它代表浮力与黏滞力的比值，即可作为垂直方向因浓度差(或温度差)引起对流的判据。通常为计算方便，将制件高度 h 换成 a，将总的浓度差 ΔC 代替 $\Delta C'$，这样瑞利数可表示为

$$R = \frac{g\beta_C h^3 \Delta C}{\nu D} \tag{9-19}$$

通常，当 $R \geqslant 1100$ 时开始产生对流。

由以上分析，只要存在温度差或浓度差，无论在水平方向还是在垂直方向均有可能产生对流。因此，自然对流存在于液态模锻过程的始终，包括开始浇注直至加压这一时间间隔。图 9-1(b)表示施压前浇注要结束时的金属液自然对流。

由于模壁处硬层前沿的金属液温度较低，且富集较多的溶质原子[如 Al-4%(质量分数)Cu 合金中的铜元素]，故密度较大。在自重作用下，金属液内的原子集团犹如“空穴”，还有浇注时对硬壳前沿的机械冲刷作用而游离出来的晶体，沿着凝固前沿下沉，做集体的迁移，与下模底硬层前沿密度较大的金属液混合，把位于附近部位密度较小的热金属液向上排挤而上浮，形成一股金属流。当浇注结束合模时，金属液流动如图 9-1(c)所示。这时凸形冲头下行进入钢液，首先在接触处形成一硬层，钢液内多了一个金属前沿，使传热学特点发生激烈变化，其自然对流情况更为复杂。

9.1.3　异形冲头作用下金属液的反向流动

图 9-1(d)表示凸式冲头压制下金属液反流情况。这时下模底、下模壁硬层和凸式冲头表面的硬层组成一个变截面通道，过热的金属在这个通道里反向于加压方向产生强烈的流动。这种流动的结果，加剧了对凝固前沿的反向冲刷，使尚未结牢的晶体发生剥落、游离，而已结牢的晶体则发生转向移位。当冲头下行至施压面完全和金属液接触[图 9-1(e)]时，金属液完全被结晶外壳所包围，在压力作用下继续保持反向流动的势头。

9.1.4　硬壳层塑性变形时的金属液流动

硬壳层塑性变形时，高向发生减缩，径向发生扩展，这时金属液流动主要用于补缩，充填枝晶间隙。

液体金属在枝晶间隙内的流动与通过其他多孔介质时一样，即枝晶间流动速率与压力梯度呈直线关系，其关系式为

$$V = -\frac{K}{\eta f_L}\nabla(p + \rho_L g) \tag{9-20}$$

式中：ρ_L 为液体密度，kg/m^3；g 为重力加速度，$g=9.81$m/s^2；η 为动力黏度系数，Pa · s；p 为压力，MPa；K 为渗透系数，它取决于枝晶间距大小及液体的体积分数，即 $K=\gamma f_L^2$，其中 f_L 为液体的体积分数，γ 为常数，它取决于枝晶结构及枝晶间距大小。

当考虑到一维流动及液体是均质性，$\frac{\partial}{\partial x}(\rho_L g)=0$，式(9-20)可变为

$$v_x=-\frac{K}{nf_L}\frac{\partial p}{\partial x}=-\frac{\gamma f_L}{\eta}\frac{\partial p}{\partial x} \tag{9-21}$$

显然，枝晶间金属液流动速率 v_x 与动力黏度系数成反比，并与液体体积分数、压力梯度有关。

枝晶间金属液流动使枝晶改向和移位，如图 9-1(f)所示。这种流动，一直持续到凝固的结束。

9.1.5　选择结晶产生的低熔点物质流动

按选择结晶的原则，低熔点物质被推至生长起来的晶体(或枝晶)边缘，在压力作用下，这种被排斥的低熔点金属流随着热节的移动而得到加强，并在最后凝固部位集结形成宏观偏析。这种金属流动，同样对正在生长的晶体进行冲刷，以致改向和移位。

9.2　高压下金属液的凝固方式

为了便于分析，拟采用低碳钢液在高压下的凝固为实例进行证明。

9.2.1　大气压下的低碳钢凝固方式

图 9-4(a)为凝固区域示意图，图 9-4(b)为凝固界面成分过冷图。从图看出，由于结晶温度区间很小，而且又在金属模内成形，温度梯度陡峻，故其凝固区域 X 很小，而成分过冷区 Y 更小。晶体生长时不易产生二次分枝，而以单向方式向前伸展为柱状晶体。当凝固界面由Ⅰ推移至Ⅱ时，凝固前沿不存在大于动力过冷度 ΔT_K 的过冷区，晶体便停止生长[图 9-4(c)、(d)]。随后，通过已凝固层从凝固界面上导出多余的热量，包括凝固时析出的结晶潜热和从内部金属液传递到界面的热量。这时凝固体截面上温度梯度变缓，其结果是凝固区宽度和成分过冷区宽度均变宽。这时凝固前沿又存在一个大于动力过冷度 ΔT_K 的过冷区，晶体又向前推移一层，产生柱状晶带。

很显然，凝固前沿过冷区内不存在形核的条件，无独立的游离晶体。过冷的金属液仅像水泥浆一样，整个过冷区往晶体上“筑灌”，成为原来的柱状晶体的一部

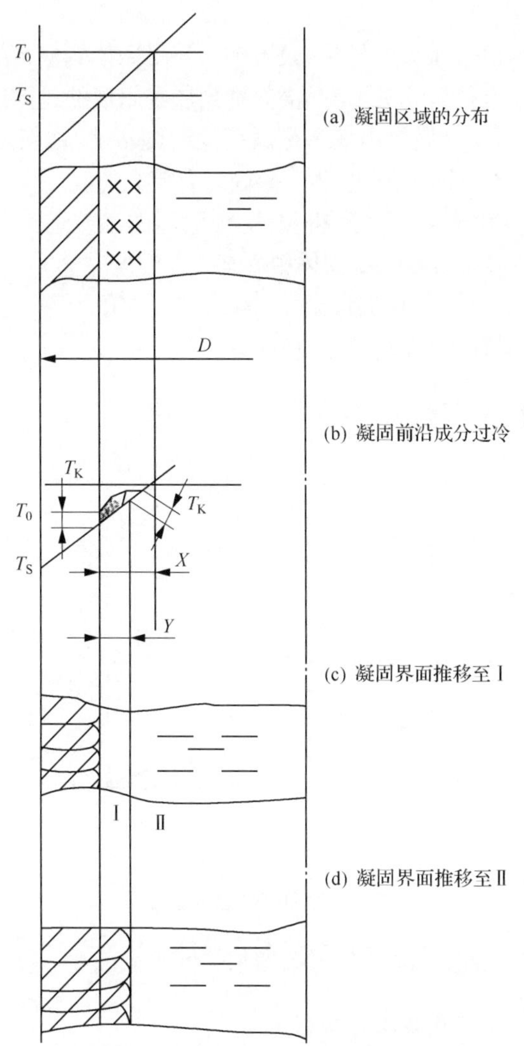

图 9-4　大气压下低碳钢在金属模内的凝固方式[1]

分,实现了晶体向金属液内的新推移。

由上所述,大气压下低碳钢在金属模膛内的凝固方式表述为:在模壁处激冷形核相互联结成稳固的等轴晶层,以其为基,经过相互排挤择优生成起来的柱状晶为体,逐层地把凝固前沿的过冷金属液“筑灌”成柱状晶带,相对模壁两侧晶带联结后,凝固结束。

9.2.2　高压凝固时温度场的分布

温度场的分布,常用温度梯度来表示,温度梯度越大,温度场分布越陡峻,其热交换越快。

在高压条件下，由于压力的作用，模膛侧壁与凝固体侧壁自始至终保持紧密接触，使接触界面处没有热量积聚，结晶潜热和内层金属液的过热度很快通过已凝固层金属导走。大气压下金属模内液态金属凝固时则不然，在接触界面上出现温度分布的跳跃，如图 5-4 所示。因此，高压凝固时有较大的温度梯度。

另外，在压力作用下，涂层被挤得很薄，使涂层的温差远远低于凝固中心与其表面的温度差，如图 9-5 所示。凝固体中心至表面温度差 $\delta_1 t = t_1 - t_1'$；模具内外表面温度差 $\delta_2 t = t_2 - t_2'$；涂层温度差 $\delta_3 t = t_1' - t_2$。在压力下，$\delta_1 t \gg \delta_3 t$，$\delta_2 t \gg \delta_3 t$。因此，在高压下凝固体的温度场分布是陡峻的。

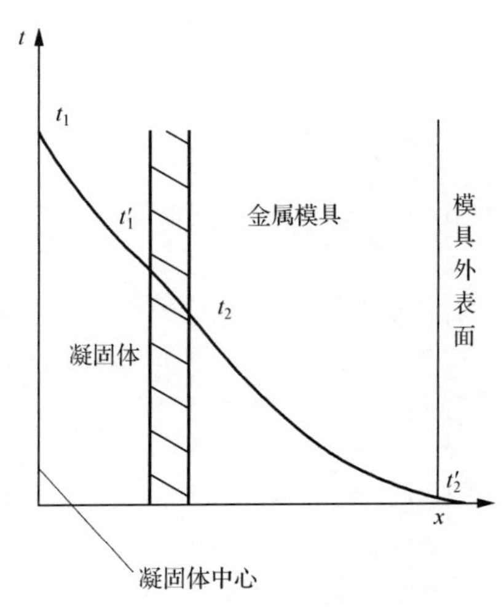

图 9-5　制件和模具温度场分布[1]

其次，在压力下，液态金属热导系数增长幅度较大。

9.2.3　高压凝固时金属液凝固的特点

首先，形核率大幅度提高。这是由于金属液在压力下形核功下降，即液态金属内有更多的原子团和更多杂质小质点参加形核；在压力下，低碳钢钢液凝固温度提高，在相同冷却条件下，比在大气压下将获得更大的过冷度；在压力下，存在五种较强的金属液流动方式，加速了晶体的游离、熔断和增殖。所有这些均使形核率大大增长。

其次，液态模锻时，压力通过模膛壁或通过已塑性变形的外壳传递至整个金属液，使整个金属液在等静压作用下同时发生凝固温度的提高，有可能使凝固前沿部分或全部金属熔液同时进入过冷状态，获得同时形核的条件。

9.2.4　高压下低碳钢的凝固方式

1. 试验观察

对许多制件进行宏观组织观察，均没有发现发达的柱状组织。图 9-6 给出了 50mm×200mm×50mm 方柱试件宏观组织，试件有两个明显的最后凝固区，晶粒均匀细小[2]。

图 9-6　25 钢，50mm×200mm×50mm 方柱件宏观组织(原始)
(比压 300MN/m^2，保压 30s)[2]

2. 低碳钢高压下的凝固方式

当过热金属液浇入金属模膛后，形成敞口的激冷等轴晶层，由于液面波动，对凝固前沿进行强烈的机械冲刷，使尚未结牢的晶体发生游离、沉积和卷入金属液中。一旦合模施压，封闭在等轴晶激冷层内的金属液在等静压的作用下，凝固方式与大气压下不同，如图 9-7 所示。设凝固区尚未凝固，金属液内温度梯度不变(不论在压力下或大气压下)。凝固前沿实际温度在液态模锻条件下较低，即 $\Delta t = t_2 - t_1$；凝固温度也有一差值 $\Delta t_L = t_{L_2} - t_{L_1}$，即液态模锻下，凝固温度提高 Δt_L，这就有可能在施压条件下，在激冷等轴晶前沿存在一个形核过冷区 x_1。

本书没有验证多大等静压下才能使整个金属进入过冷形核区。但是，如果浇注温度不高，模具蓄热系数很大，施压后，金属液流动强烈，使整个金属液迅速均化，且很快接近凝固温度，那么就有可能使整个金属液因凝固温度的提高而获得形核过冷度 ΔT。退一步讲，即使等静压作用，由于内层金属液温度较高，只能使外层金属液进入过冷状态，那么由于外层形核生长起来的晶体，也有可能在金属液流带动下和原来合模前在金属液内“游弋”的晶体充满整个金属液。这个过程简述为“同时大量形核”。

在等轴激冷层前沿的过冷金属液内，形核生长起来的晶体呈枝晶状生长。由于生长过程中析出的结晶潜热在散失时，受模膛壁影响较小，四周散失均匀，故晶体呈等轴晶。而在枝晶间(晶粒边界)和分枝之间(晶粒内部)，存在低熔点物质和

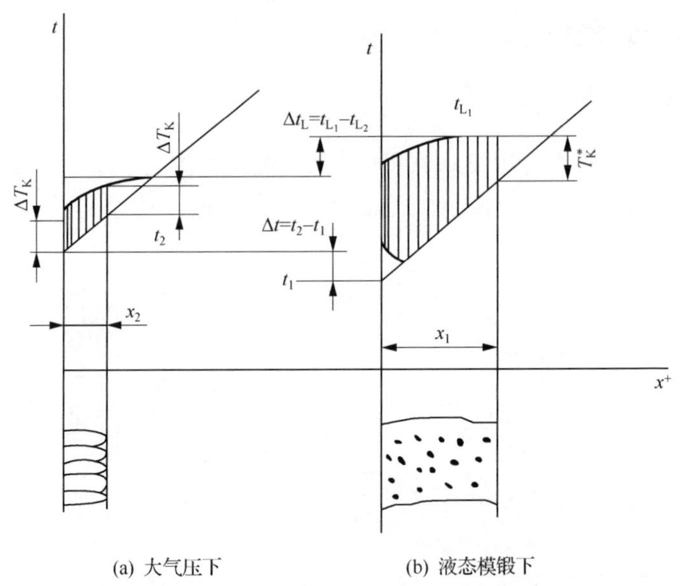

(a) 大气压下　　(b) 液态模锻下

图 9-7　低碳钢凝固方式[1]

不能作为非自发形核的高熔点杂质，因此这些部位凝固最迟，也就是在晶粒边缘存在部分过冷区，但在金属液流动下得到大大减弱。等轴晶激冷层前沿由于存在较强的金属液流动，且多余的热很容易导出，因此不少"游弋"的晶体被它捕捉，一个晶体一个晶体往凝固层上"堆砌"，恰如建筑工人砌墙，一块砖一块砖(一个晶粒一个晶粒)地往墙上(凝固层上)砌。这个建筑工人是存在大于(或等于)动力过冷度 ΔT_K 的热力学条件。这是在初级阶段，即晶体还具有很大"游弋"能力。进一步可能是一群一群晶体往上"堆砌"，最后凝固阶段，可能整块地往上"堆砌"成一体，凝固就此结束。

很显然，上述的凝固方式，与大气压下逐层凝固方式不同。它不像逐层凝固方式仅简单地把凝固前沿的金属液当做水泥浆逐层"筑灌"，而是等轴晶激冷前的过冷金属液自然形核生长——其晶体前沿由于存在负温度梯度，晶体呈枝晶生长，然后逐层不规则"堆砌"成一体。

所谓不规则"堆砌"，由于封闭外壳在各个方向上的温度分布是不一样的，并且存在着金属液流动，使金属液内温度起伏显著，这样等轴晶激冷层捕捉"游弋"晶体的能力显然也不一样。因此，晶体"堆砌"厚度在各处也不一样。

因此，低碳钢高压下的凝固机理，可以作如下表述：

在模壁处，激冷形核联结成稳固的等轴晶层——施压后，整个液态金属内同时大量形核，以枝晶状生长——逐层不规则"堆砌"成一体。进一步可以作这样的简述：大量、同时形核，逐层不规则"堆砌"[1]。

若对注入金属模膛内的金属液不施压，自由结晶观察发现，自由表面凸凹不平，内部有三个区：微弱的等轴晶区、发达的等轴粗晶区和柱状晶区。其形成原因如下：浇注时，液面波动强烈，对凝固前沿冲刷强烈，且模膛壁温度高，这样等轴晶激冷层极不稳固，使晶体极易游离和卷入金属液中，并被生长的柱状晶带排挤到最后的凝固部位而形成三个区别明显的区域，成为一般逐层凝固的合金特有的组织。

另外，低碳钢高压时的凝固方式，也不同于糊状凝固方式。这种凝固方式的先决条件是结晶温度区间较宽，取逐层形核，形核区由表及里推移，最后使整个金属液内充满晶体，然后各晶体由表及里(里层生核与外层联结可能同时进行)长大联结。从表面看，和碳钢高压时的凝固方式很相似。其实不然，首先，它的结晶温度区间狭窄，无逐层形核和形核区由表及里推移的条件。它是由压力作用，使整个金属液凝固温度同时提高，由于较强的金属液流动，促进了内外金属液温度均化迅速，使等轴激冷层前沿的大片金属液乃至全部金属液处于过冷状态，达到同时形核条件，并通过金属液流动使晶体“游弋”于整个金属液中。其次，从获得的组织来看，糊状凝固方式呈粗大等轴晶，其缺陷呈分散性缩孔，而低碳钢高压凝固时呈细小等轴晶，其缺陷为集中缩孔。

因此，低碳钢高压时的凝固方式具有既区别于逐层凝固方式，也区别于糊状凝固方式和中间凝固方式的明显特征，暂且命名为低碳钢高压下的凝固方式。

通过试验观察和理论分析，低碳钢高压下的凝固方式为：整个金属液同时、大量形核，呈等轴晶生长，逐层地由表及里不规则地“堆砌”。

9.3　高压凝固下的收缩过程

9.3.1　压力对收缩过程的影响

在液态金属中，存在着许多瞬时的“近程有序”的原子团，当它与形成固相的原子排列相一致的时候，一旦施压发生凝固，将使液态体积缩小，并导致“近程有序”(或接近)原子团之间的空位，和原子无序排列的部分(或称模糊边界)趋至消失。

文献[3]给出附加“自由”的液态体积与温度和压力的关系式：

$$V - V_0 = N v_0 \exp\left(-\frac{G_0 + P v_0}{RT}\right) \tag{9-22}$$

式中：V 为带“孔”(空位，无序部分)摩尔体积，m^3/mol；V_0 为金属的真实摩尔体积，m^3/mol；N 为金属中的原子数目；v_0 为一个“孔”的摩尔体积，m^3/mol；G_0 为无外界压力时形成“孔”的功，J/mol；P 为压力，Pa；T 为热力学温度，K。

式(9-22)对接近结晶温度的金属液状态进行了完满的表述，得到液体的自由摩尔体积 $V-V_0$ 同压力的指数关系：低压比高压对液体压缩更强烈。例如，压力为 200～300MN/m²,液体体积减缩快,如果继续增加至 500～600MN/m²,体积减缩效应大大低于前者。

实际上,在生产条件下,压力并不影响金属实际体积,它仅影响缩孔的重新分配,即集中缩孔代替分散缩孔。

文献[3]给出了气体压力对钢制件收缩空穴形成的影响,见表 9-1。这个制件是 40 钢,质量为 60kg,在黏土或金属锭模内凝固。在闭式锭模内借助氮气形成压力。当压力达 4MN/m² 时,对收缩空穴的特性没有多大影响。当压力超过 4MN/m² 时,可提高钢的密度。

表 9-1　压力对收缩孔和疏松的影响[3]

附加压力/(MN/m²)		0	4	6	8
收缩孔相对体积/%	敞口部分	0.2	0.8	1.3	4.4
	闭口部分	3.4	3.0	2.7	0.3
缩孔和疏松深度/%		32	20	16	13
密度/(kg/m³)		7764	7762	7786	7797

当冷氮气接触液态钢时,在钢表面便形成硬壳,降低了压力对钢结晶过程的影响。

在 8MN/m² 的压力下,制件上表面压陷并形成开式收缩孔;当在较小压力下,上表面未发生塌陷。

一般情况下,压力作用表现在液态凝固的时候,液体沿生长着的结晶之间毛细管通道渗透,较好地充满缩孔,同时也使合金组织致密,降低了合金的线收缩率,改善其热脆性。

9.3.2　液态模锻件的收缩特征

液态模锻最大特点之一是能有效地降低制件的铸造收缩率,并且与加压方式、制件形状有直接关系,下面将详细讨论。

1. 平冲头加压

研究直径为 35mm, H/D 比值为 1～4 的液态模锻件收缩过程,材料是 HMn57-3-1、$ZCuAl_{10}Fe_3$(结晶区间窄)和 ZQSn10Pb1(结晶区间宽)。可以看出在大气压下凝固,前两种合金凝固区域不大,并为集中缩孔,缩孔下部疏松区不大[图 9-8(a)];而对于 ZQSn10-1,凝固区域较宽,并在集中缩孔下方存在一定宽度和长度的疏松区[图 9-8(c)]。假定 HMn57-3-1 制件缩孔长度为(0.2～0.4)H,并随着制件高度 H 的增大而减小,那么对于 ZQSn10-1,其长度可达 0.6H。

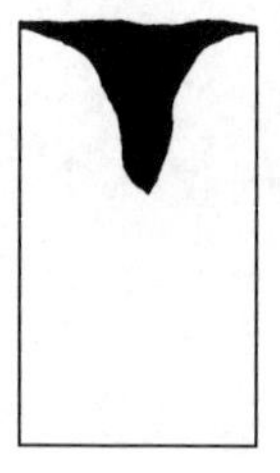
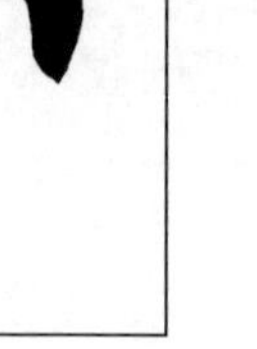
(a) HMn57-3-1
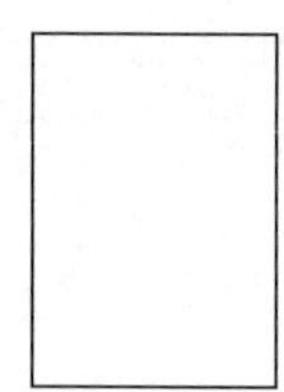
(b) HMn57-3-1

(c) ZQSn10-1
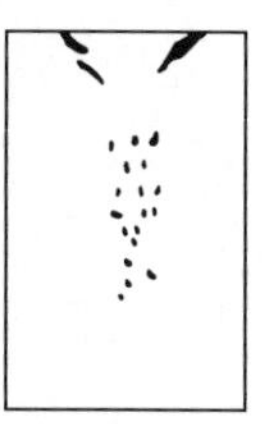
(d) ZQSn10-1

图 9-8　大气压下图(a)和图(c)与平冲头加压下图(b)和图(d)(压力为 $105MN/m^2$)制件收缩缺陷图[3]

对于结晶区间窄的合金制件，在压力 $100MN/m^2$ 下结晶，其可见收缩缺陷是不明显的[图 9-8(b)，$H/D=2$]，比值 H/D 增大，其压力须增加，以保证缺陷的消除。

对于结晶区间宽的合金制件(ZQSn10-1)，当压力为 $100MN/m^2$ 时，集中缩孔获得消除，但微孔还存在[图 9-8(d)]。从图看出，上部区域内可以看到暗带，它决定着收缩缺陷的形状。缺陷的形成是在施加压力的瞬间开始，而后在挤压时被熔液所充填。

压力下凝固导致制件铸造收缩率显著下降(表 9-2)，其值按以下公式计算：

$$\varepsilon = D_d - \frac{D}{D_d} \tag{9-23}$$

式中：D_d为下模膛直径，m；D 为制件直径，m。

表 9-2 为 HMn57-3-1 和 ZQSn10-1 制件在不同工艺条件，沿制件高度上的不同部位的收缩率。从表 9-2 可以得出如下结论：

表 9-2　实心制件的收缩率[3]

合金	制件直径/mm	制件高度与直径比	压力/(MN/m^2)	保压时间/s	离制件下端面不同距离的界面上收缩率/%				
					0.05*H*	0.25*H*	0.5*H*	0.75*H*	*H*
HMn 57-3-1	65	3.5	0	—	2.43	2.52	2.48	2.51	2.50
			250	35	0.68	0.97	0.92	0.83	0.71
	55	4.0	225	28	0.65	0.88	0.84	0.85	0.78
				56	0.60	0.79	0.80	0.81	0.76
			415	28	0.60	0.72	0.68	0.69	0.62
				56	0.65	0.63	0.64	0.62	0.57
ZQ Sn10-1	85	2.6	210	90	1.39	0.59	0.53	0.30	0.27
				170	0.23	0.42	0.40	0.23	0.23

(1) 制件上、下两端附近各截面收缩率最小，而中部截面收缩率最大。其原因是最后凝固区位于此处；另外，力传递到凝固末期也十分困难。

(2) 与大气压下重力铸造相比，液态模锻明显降低了凝固收缩率，其值仅为普通铸造的 1/3。

(3) 压力增高和保压时间增长，可降低凝固收缩率。

2. 凸式冲头加压

制件的热节位置对凝固收缩有极大影响。图 9-9 是 HMn57-3-1 杯形件和环形件热节位置的分布以及热节位置与壁厚的关系，从图可以得出如下结论：

(1) 在大体相同条件下，杯形件侧壁的热节位置(曲线 2)比环形件侧壁热节(曲线 1)更接近冲头。这是因为杯形件的冲头凸出部分形成杯形件的内腔，而环形件不然，其冲头端部与下模作用并形成冲孔，故前者导热条件好于后者。

(2) 当杯形件外部尺寸($\phi100\times60$mm)不变，而变化内腔直径尺寸时，随着制件壁厚的增加，热节同样向冲头方向移动[图 9-9(b)]，而且合金体积热容量越大，移动程度越大。

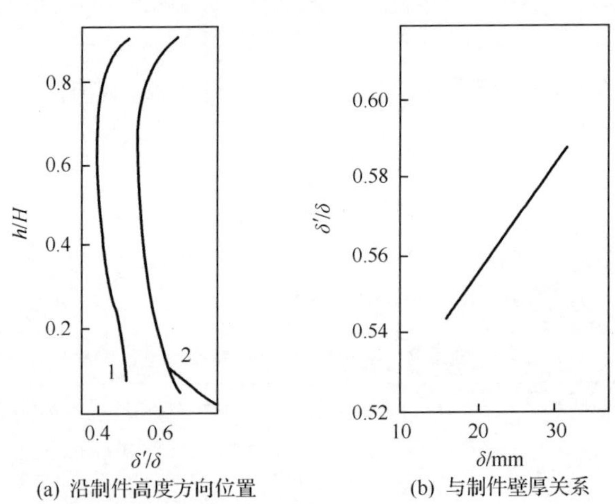

(a) 沿制件高度方向位置　　(b) 与制件壁厚关系

图 9-9　凸式冲头加压下 HMn57-3-1 制件上的热节位置[3]

δ-制件壁厚；δ'-从制件外表面至热节距离；H-制件高；h-热节到制件底距离；1-环形制件；2-杯形制件

凸式冲头加压下凝固时，具有与平冲头加压下许多不同特点。

(1) 当压力或挤压时间不足时，平冲头加压下制件表现为集中缩孔，而后者表现为沿高度方向分散性缩孔，对于环形制件更为明显。这是因为制件成形时，热量主要由侧表面导出，这时制件完全贴在凹模壁上。沿制件高向分布的收缩孔，其数量在上端最小，下端较多[图 9-10(a)]，距下端(0.5～0.4)H 较多。反映在收缩率上，缩孔最大的地方，收缩率也最大。这种收缩变化特性适用任何环形件，与压力大小和其他工艺参数无关。而对于杯形件，文献[3]给出了 ZG35 和 ZG40 的研究结果。当侧壁厚度与底厚比值等于 1 时，施加 40～60MN/m^2 压力，收缩孔消失；而等于 0.5 时，压力提至 180MN/m^2，由于底部压力小，仍形成不大的缩孔。上述比值增加 2 或者更大，将在侧壁中形成收缩孔。这是因为比值大于 2 时，冲头凸出部分受阻力大(因底部厚度小)，而使挤压过程不能进行到凝固结束。在制件壁中收缩成缩孔的概率，是随挤压力减小和凸凹模初始温度降低而增大。

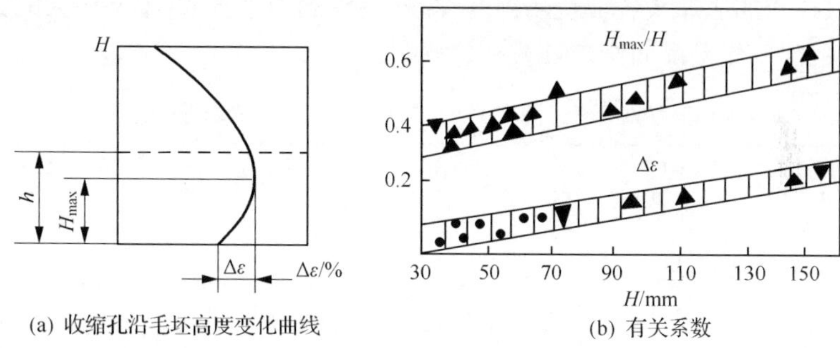

(a) 收缩孔沿毛坯高度变化曲线　　(b) 有关系数

图 9-10　制件收缩孔沿毛坯高度变化曲线及其有关系数[3]

H-制件高度；h-注入模具液态金属的高度；H_{max}-最大收缩截面至制件下端面距离；Δε-最大收缩孔和下端收缩孔之差

(2) 在环形制件壁厚不变的条件下，随其高度的增加，最大收缩截面的相对高度 (H_{max}/H，H_{max} 为最大收缩截面至下端面的高度，H 为制件高度) 和外表弯曲量 (Δε，为最大收缩孔与下端面收缩孔之差) 也增加，尽管其绝对收缩量可能是不同的[图 9-10(b)]。当压力、单位壁厚的保压时间不变以及外径不变，改变凸式冲头直径，得到一系列不同厚度的环形件，可以看出[图 9-10(a)]，在厚度增加时，收缩曲线向右移动，而各处的收缩率 (ε) 和外表面弯曲量 (Δε) 均有所增加。这是因为制件温度较高而增加热收缩。

(3) 压力的增加，使制件所有截面上收缩率减小。表 9-3 为环形件 ($S=65$mm，$H=40$mm，$\delta=6$mm) 各部位凝固收缩率与压力的关系。沿环形件高度上的收缩线特征在这种情况下是不变的，而收缩曲线向左移动，即向收缩较小值方向移动。

表 9-3　环形铜合金制件的凝固收缩率[3]

部位	压力/(MN/m^2)				
	0.1	129	161	226	258
下端面	1.25	0.76	0.67	0.64	0.53
中部	1.30	0.82	0.74	0.70	0.60
上部	1.30	0.80	0.74	0.66	0.57

(4) 增加压力和保压时间，使外表面弯曲量 (Δε) 变小，见表 9-4。对不同合金，尽管收缩率各不相同，但这种收缩特征并不随合金的改变而改变。制件外表面因收缩引起的弯曲，与液态模锻的凝固条件，即与制件中部(高向)热节形成有关。收缩最大部位是在液态金属最后凝固的截面上。因此，为了降低制件表面弯曲，可以采用增加压力和保压时间的方法，但这是有限的，因为它增加了能源消耗和模具磨损；也可以减小制件高向上和横截面上的温度梯度，以免最后凝固部位过于集中，还可以改变加压冲头各部位的锥度，即冲头头部用小锥度，根部用大的锥度，以便让制件中部事先呈反向弯曲，以补偿凝固收缩。

表 9-4　压力和保压时间对 HMn57-3-1 制件表面弯曲量的影响[3]

环形件尺寸 ($D\times H\times\delta$)		100mm×100mm×20mm			53mm×75mm×10mm			
压力/(MN/m²)	凸式冲头加压	320	320	210	—	—	210	210
	平冲头加压	—	—	—	60	130	—	—
单位壁厚的保压时间/(s/mm)		1.5	0.75	0.75	0.65	0.65	0.60	1.0
表面弯曲量/%		0.69	0.17	0.18	0.13	0.10	0.33	0.29

3. 复式冲头加压

在复式冲头加压下凝固，当压力为 80～150MN/m² 时，对壁厚均匀的制件收缩缺陷被消除。当制件有壁厚差，并沿冲头凸出部分附近局部加厚，则需加力到 200MN/m² 才能消除缩孔。

制件挤压结晶的凝固收缩，决定于合金牌号、挤压力大小和保压时间。法兰在 100MN/m² 下结晶，沿外径的凝固收缩率的平均值见表 9-5。

表 9-5　复式冲头加压下法兰制件的凝固收缩率[3]

合金牌号	ZG30	2C13	G16Ni4B	Gr18Ni9Ti	ZL302
沿外径收缩率/%	0.65	0.69	0.81	1.43	0.5～0.6
沿制件环形部位收缩率/%	0.49	0.63	0.76	1.36	0.45～0.52

在复式冲头加压下结晶，得到的制件收缩比大气压下凝固小 1/3～1/2。

沿外径收缩之所以减小，是因为侧面硬壳是在施压前形成的，并经塑性变形紧贴凹模壁，还由于快速冷却，以至到卸压时已降至 900～1000℃(钢质液态模锻)。尽管金属液挤入由冲头和凹模组成的空腔而得到制件环形部分，在从凹模取出时温度还比较高(1050～1100℃)，但它的最后收缩仍比外径小。

在压力增加时，制件收缩将降低。例如，法兰制件在大气压力下，压力为 70MN/m² 和 140MN/m² 下，收缩率大约相应为 1.5%、0.55%、0.35%。

9.4　高压下的凝固时间及方程

9.4.1　理论公式的推导

根据耗散结构建立起来的结晶模型有

$$\frac{\partial \rho_j}{\partial t} = -\operatorname{div}\rho_j v_j + \rho_j^* (\delta v_j n_j + N_j W_j) \tag{9-24}$$

式中：ρ_j 为凝固体系中 j 组分的密度，kg/m^3；ρ_j^* 为 j 组分固态时的平均密度，kg/m^3；$-\operatorname{div}\rho_j v_j$ 为通过开放体系边界的质量流，kg/s；v_j 为组分 j 的速率，m/s；n_j 为组分 j 的形核率，(m^3 · s)$^{-2}$；δv_j 为 j 组分的临界晶核体积，m^3；N_j 为体系中已有的 j 组分晶核数目；W_j 为体系中 j 组分的晶核生长速率，m/s。

如果把局部扩展到整个结晶凝固系统或者在凝固时没有金属流动的情况下，由于

$$\int -\operatorname{div}\rho_j v_j \mathrm{d}v = \int^{\Omega} -\rho_j v_j \mathrm{d}\Omega = \frac{\mathrm{d_e}m_j}{\mathrm{d}t} = 0 \tag{9-25}$$

式(9-25)的物理意义为凝固体系与外界没有质量交换。于是对式(9-25)积分

$$\rho_j = \rho_j^* \int (\delta v_j n_j + N_j W_j)\mathrm{d}t \tag{9-26}$$

$$\rho_j(t) = \rho_j^* [\xi_1(t) + \xi_2(t)] \tag{9-27}$$

式中：$\xi_1(t)$ 代表因形核而使凝固量产生改变；$\xi_2(t)$ 代表因晶核生长而使凝固量发生改变。

$$\xi_1(t) = \int \delta v_j n_j \mathrm{d}t \tag{9-28}$$

$$\xi_2(t) = \int N_j W_j \mathrm{d}t \tag{9-29}$$

假设金属凝固时的临界形核半径是不变的，因此，其体积 δv_j 也应为一常数，并有形核速率公式：

$$n_j = \frac{nKT}{h} \exp\left(-\frac{\Delta G_{\mathrm{A}}}{KT}\right) \cdot \exp\left(\frac{\Delta G^*}{KT}\right) \tag{9-30}$$

式中：n 为单位体积的原子数；K 为玻尔兹曼常量，$K=1.38\times10^{-28}$ J/K；T 为热力学温度，K；h 为普朗克常量，$h=6.63\times10^{-34}$ J/K；ΔG_{A} 为扩散激活能，J/mol；ΔG^* 为形核功，J。

将式(9-30)代入式(9-28)

$$\xi_1(t) = \frac{nKT}{h} \delta v_j \left[\exp\left(-\frac{\Delta G_{\mathrm{A}}}{KT}\right) \cdot \exp\left(\frac{\Delta G^*}{KT}\right) \right] \mathrm{d}t \tag{9-31}$$

在发生结晶的局部区域内，由于不断放出结晶潜热以维持热平衡，故可以认为凝固区域内 T 是不变的，则式(9-31)改为

$$\xi_1(t)=\frac{nKT}{h}\delta v_j\exp\left(-\frac{\Delta G_A}{KT}-\frac{\Delta G^*}{KT}\right)\mathrm{d}t \tag{9-32}$$

因为

$$W_j=\frac{\mathrm{d}N}{\mathrm{d}t}=\Omega_j R \tag{9-33}$$

式中：Ω_j 为晶核的表面积，m^2；R 为晶核平均生长速率，m/s。于是

$$\xi_2(t)=\int\sum_K N_{jK}\Omega_{jK}R_K\mathrm{d}t \tag{9-34}$$

Jackson 用统计物理的方法导出的固-液界面理论表明，对大多数的金属，其生长界面是粗糙的，生长规律应符合连续生长定律，即

$$R_K=\mu_1\Delta T_K$$

式中：ΔT_K 为结晶凝固时的动力学过冷度，K；μ_1 为一常数，m/(s · K)。

将上式代入式(9-34)，则有

$$\xi_2(t)=\int\sum_K N_{jK}\Omega_{jK}\mu_1\Delta T_K\mathrm{d}t=\mu_1\int\sum_K N_{jK}\Omega_{jK}\Delta T_K\mathrm{d}t \tag{9-35}$$

将式(9-32)、式(9-35)代入式(9-27)，得

$$\rho_j=\rho_j^*\left[\frac{nKT}{h}\delta v_j\exp\left(-\frac{\Delta G_A}{KT}-\frac{\Delta G^*}{KT}\right)_t+\mu_1\int\sum_K N_{jK}\Omega_{jK}\Delta T_K\mathrm{d}t\right] \tag{9-36}$$

式(9-36)为大气压下凝固体系中 j 组分在时间 t 的凝固量。

9.4.2　液态模锻凝固时间方程

为简化式(9-25)作如下假定：

(1) 凝固量的增加主要是晶核生长的结果。因形核产生的凝固量的变化可略去不计。

(2) 在凝固过程中，局部区域内晶粒数目不断减小，晶粒表面积 Ω_j 却不断增大。其积 $N_j\Omega_j$ 不随时间而变化。即局部区域内的凝固是以平面的形式向未凝固区域推进的。

用 $\frac{\rho_j}{\rho_j^*}$ 表示凝固金属的体积，$\sum\limits_K N_{jK}\Omega_{jK}$ 表示凝固的总面积，则已凝固金属壁厚(图 9-11)可表示为

$$\delta(t)=\delta'=\sum_j\frac{\rho_j(t)}{\rho_j^*\sum\limits_K N_{jK}\Omega_{jK}} \tag{9-37}$$

金属凝固时动力学过冷度一般为 0.01～0.05K，取其平均动力学过冷度 ΔT_K^*，则由式(9-37)得

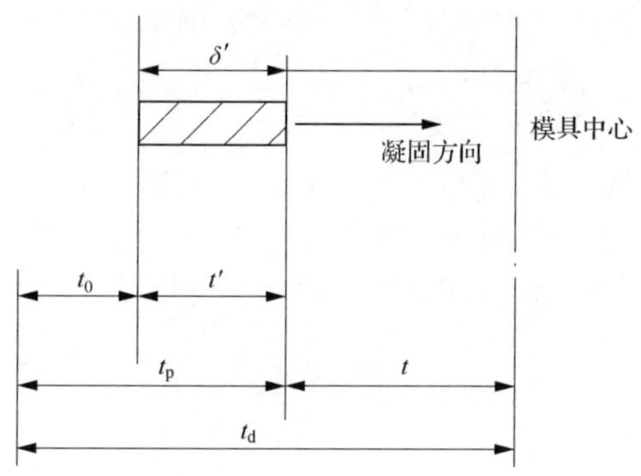

图 9-11　局部区域凝固示意图[1]

δ'- 开始加压前已凝固的厚度；t_0- 浇注时间；t'- 浇注后加压前金属液停留时间；t-加压时间
t_d- 金属液在模具内停留时间；t_p- 加压前金属液在模具由停留时间

$$\delta(t) = \mu_1 \sum_j \Delta T_K^* t \tag{9-38}$$

对纯金属组分数 $j=1$，而对于合金，由于合金含量相对基体金属来说很小，故可取基体金属的组分 j 为 1，略去其他合金元素。则有

$$\delta(t) = \mu_1 \Delta T_K^* t \tag{9-39}$$

于是有

$$t = \frac{\delta(t)}{\mu_1 \Delta T_K^*} \tag{9-40}$$

显然，式(9-40)的物理意义为凝固层厚度和界面推进速率的比值，即为凝固时间。这是从结晶学观点利用耗散理论建立起来的结晶模型并几经简化推导出来的，是一个很好的凝固模型，但由于未考虑传热学特点，与实际吻合程度较差。

文献[3]利用球体或圆柱体制件凝固成形时模具温度场的近似解推导了凝固时间。模具内温度分布为

$$T = T_0 + (T_i - T_0)\left(\frac{R}{r}\right)^{\frac{n}{2}}\left[1 - \mathrm{erf}\left(\frac{r-R}{2\sqrt{at}}\right)\right] \tag{9-41}$$

式中：T_0 为模具初始温度，K；T_i 为当 $r=R$ 时，$T = T_i$，其中 R 为模具内表面半径尺寸，r 为距球体球心或圆柱体轴线距离；n 为形状参数，$n=1$ 为圆柱体传热，$n=2$ 为球体传热；$\mathrm{erf}\left(\frac{r-R}{2\sqrt{at}}\right)$ 为误差函数。

$$\mathrm{erf}\left(\frac{r-R}{2\sqrt{at}}\right) = \frac{2}{\sqrt{\pi}}\int_0^{\mathrm{erf}\left(\frac{r-R}{2\sqrt{at}}\right)} \mathrm{e}^{-u^2}\,\mathrm{d}u \tag{9-42}$$

当 $r=R$ 时，$\mathrm{erf}\left(\frac{r-R}{2\sqrt{at}}\right) = 0$。

在模具-金属界面处($r=R$)单位模具表面传出的热流为

$$q_1=\int_0^t -K_m\frac{\partial T}{\partial r}\bigg|_{r=R}\mathrm{d}t\approx K_m(T_1-T_0)\left(\frac{nt}{2R}+\frac{2\sqrt{t}}{\sqrt{\pi\alpha_m}}\right) \tag{9-43}$$

式中,α_m 为模具热扩散率。在模具-金属界面处,模具导出的热流与制件凝固时释放出来的潜热相平衡,对于圆柱形或球形制件来说,只考虑模具热阻以及 $T_i=T_m$(金属熔化温度),从制件单位面积上流入模具平均热量

$$q_2=\frac{V}{A}H\rho_S$$

由于 $q_1=q_2$,所以

$$\frac{V}{A}=\frac{T_m-T_0}{H\rho_S}\left(\frac{nK_mt}{2R}+\frac{2}{\sqrt{\pi}}\sqrt{K_m\rho_mC_m}\sqrt{t}\right) \tag{9-44}$$

式中:V 为制件体积,m^3;A 为传热面积,m^2;T_m 为金属熔化温度,K;H 为金属结晶潜热,J/mol;ρ_S 为金属密度,kg/m^3;$\sqrt{K_m\rho_mC_m}$ 为模具热扩散率;K_m 为模具热传导系数,W/(m^2·K);ρ_m 为模具密度,kg/m^3;C_m 为模具比热容,J/(kg·K)。

由式(9-44)可求出凝固时间,但很繁琐。当模具-金属界面热阻比其他热阻(如模具或制件内的热阻)大得多时,球形或圆柱体制件也可以按平板制件求解,即

$$t=\frac{\rho_SH}{h(T_m-T_0)}\left(\frac{V}{A}\right) \tag{9-45}$$

式中:h 为等效对流给热系数,W/(m^2·K)。如果考虑模具内表面有涂料,则式(9-45)中 h 即为传热系数,此时 h 可用式(9-46)表示:

$$h=\frac{1}{\dfrac{1}{h_1}+\dfrac{d_1}{K_1}+\dfrac{d_2}{K_2}+\dfrac{1}{h_2}} \tag{9-46}$$

式中:h_1 为从制件到工作涂料层的热导系数,W/(m^2·K);h_2 为从基础涂料到金属模具的热导系数,W/(m^2·K);K_1,K_2 分别为工作涂料层和基础涂料层的热导系数,W/(m^2·K);d_1、d_2分别为工作涂料层和基础涂料层的厚度(图 9-12),W/(m^2·K)。

一些主要涂料成分及热导系数如下:

石墨:11.0×10^{-4}cal/(cm^2·℃·s);

石英粉:4.1×10^{-4}cal/(cm^2·℃·s);

水玻璃:3.3×10^{-4}cal/(cm^2·℃·s);

熟耐火黏土:3.3×10^{-4}cal/(cm^2·℃·s)。

如果凝固层表面温度 $T_i\neq T_m$,而在已凝固层存在一定温度梯度(图 9-13),则有

$$t=\frac{\rho_SH}{h(T_m-T_0)}\left[\frac{V}{A}-\frac{h}{2K_S}\left(\frac{V}{A}\right)^2\right]=\frac{\rho_SH}{h(T_m-T_0)}\left(\frac{V}{A}\right)\left[1-\frac{h}{2K_S}\left(\frac{V}{A}\right)\right] \tag{9-47}$$

式中：K_S 为金属的热导系数，$W/(m^2 \cdot K)$。

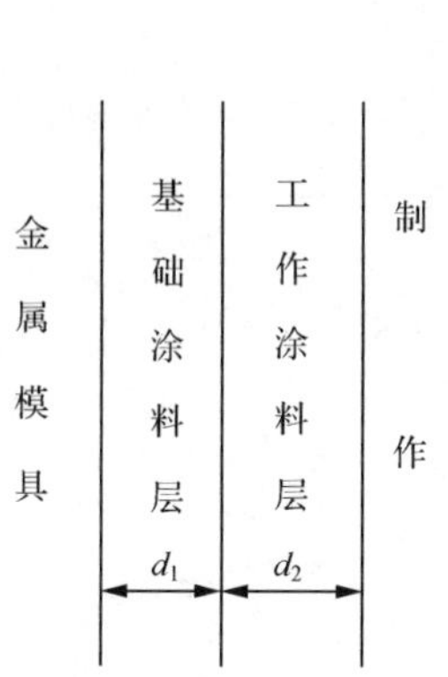

图 9-12　模具-金属界面处的涂料层[1]

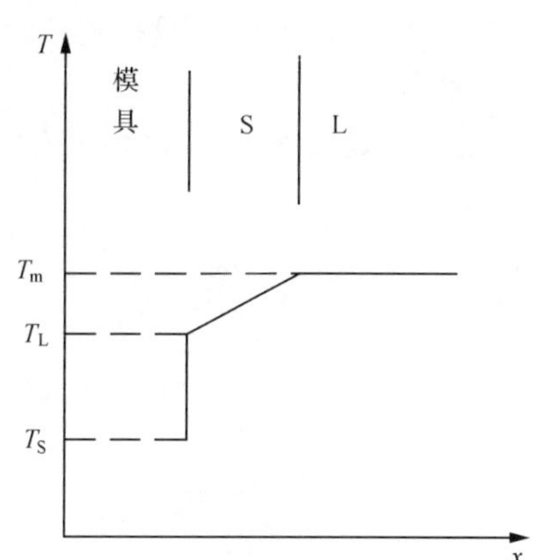

图 9-13　金属-模具界面处存在热阻，凝固层中具有温度梯度时凝固过程中温度的分布[1]

应该指出，式(9-40)是种理想结晶状态，即结晶时潜热导出是最理想状态，而不计外界条件。式(9-47)考虑了实际给出的传热条件(包括形状、模具传导条件、涂层等)，进行热平衡所推导出来的凝固方程。为此，后者更符合实际情况。

对于在压力下凝固，由于制件紧贴模壁，热传导界面上热阻大大降低；压力下模具温度场和熔体温度场均比大气压下的陡，从导热观点看，热传导加快，凝固时间大大缩短，从结晶观点看，由于过冷度增加，凝固速率加快。为了反映这一实际情况，可以加入一个修正系数 K：

$$t = K\frac{\rho_S H}{h(T_m - T_0)}\left(\frac{V}{A}\right)\left[1-\frac{h}{2K_S}\left(\frac{V}{A}\right)\right] \tag{9-48}$$

式中：K 为高压凝固修正系数，由试验确定，一般可取 1/4～1/3。

应该说明，高压凝固实际凝固时间有两个，一个是浇注开始到开始施压这一时间间隔，称开始加压时间或加压延时，它属于大气压下凝固范围；另一个是加压后的压力持续时间，即保压时间。为了研究或计算方便，实际凝固时间需综合考虑，即取 K 值时考虑即可。

9.4.3　高压凝固时间的试验测定

试验选定的比压值为 $11.5MN/m^2$、$23MN/m^2$、$34MN/m^2$、$45MN/m^2$ 四种；浇注温度为 700℃、740℃、800℃，开始加压时间为 10s、20s、30s。试验件为 $\phi60\times60mm$，材料为工业纯铝。

图 9-14 为压力-凝固时间的关系曲线，它是以加压开始时间（图中虚线）为渐近线的一组曲线。压力越大，越接近开始加压时间。但是开始加压时间越大，其整个凝固时间越长。

图 9-15 为模具温度-凝固时间的关系曲线，模具温度越高，凝固时间越长。

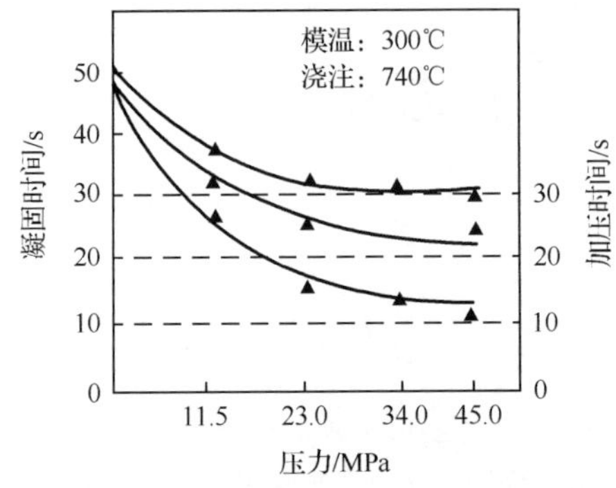

图 9-14　压力与凝固时间关系曲线[3]

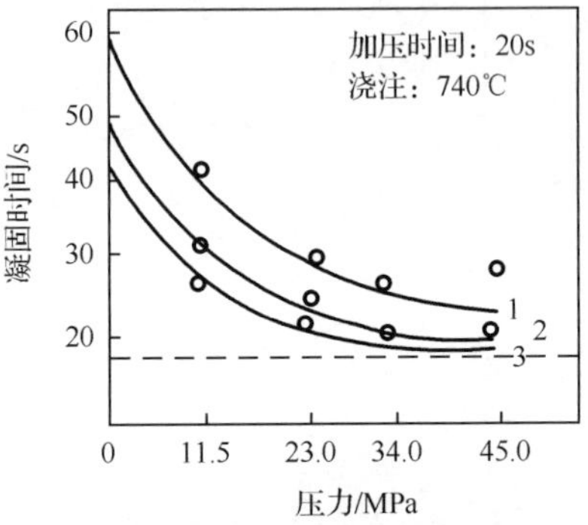

图 9-15　模具温度与凝固时间关系曲线[3]

模温：1-300℃；2-400℃；3-450℃

图 9-16 为浇注温度-凝固时间的关系曲线，浇注温度越高，凝固时间越长。

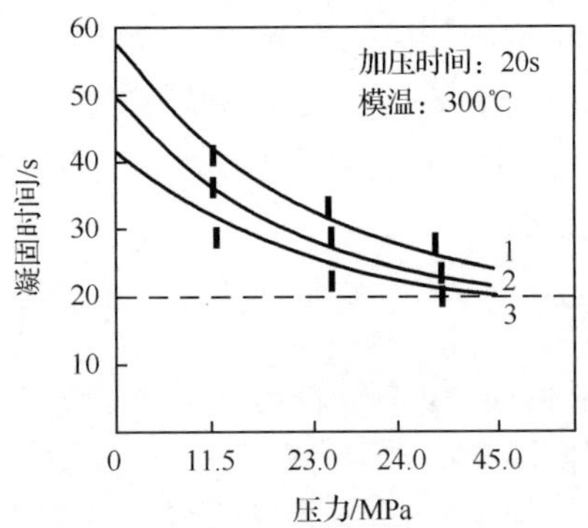

图 9-16　浇注温度与凝固时间关系曲线[3]

浇注：1-800℃；2-740℃；3-700℃

很显然，凝固时间还与其他多种因素有关，可以用试验条件下实测出来的数据代入式(9-30)进行 K 值计算，表 9-6 给出了某些材料热物理参数，以便计算用。

表 9-6　某些材料的热物理参数

材料	比热容 /[cal/(g·℃)]	密度 /(g/cm³)	热导率 /[cal/(cm·℃)]	熔点 /℃	熔化潜热 /(cal/g)
砂	0.27	1.5	14.5×10^{-1}		
石膏	0.20	1.1	8.3×10^{-4}		
铁	0.16	7.3	0.07	1540	65
铝	0.20	2.7	0.53	660	95
铜	0.09	9.0	0.094	1083	51
镁	0.25	1.7	0.38	650	89

参 考 文 献

[1] 罗守靖，何绍元，王尔德，等．钢质液态模锻．哈尔滨：哈尔滨工业大学出版社，1990.
[2] 罗守靖，陈炳光，齐丕骧．液态模锻与挤压铸造技术．北京：化学工业出版社，2007.
[3] Батышев А И. Кристаллизция метаддово и спдавов под давдением. Måckta：Метаддургия，1977.

第三篇　金属材料固-液塑性力学

第 10 章　枝晶态固-液塑性力学

枝晶态固-液塑性力学，研究的是在高压下凝固成形时液态金属呈现的特种力学行为。下面以液态模锻和液态挤压两种成形模式进行分析和讨论。

10.1　液态模锻下固-液塑性变形

10.1.1　两种力学模型

当金属注入模膛后，由于模膛表面的激冷作用，表层金属获得很大的过冷度，形成具有一定厚度的硬壳层。这点可以从文献[1]和[2]提供的 БР. АЖ9-4 在 $\phi60\times275$mm 金属模膛内自由结晶时毛坯壁厚随时间增长而增厚的实验资料(表 10-1)得到很好的验证。同时，表 10-2 还列出了作者在压制规格为 $\phi90\times90$mm 的 25 钢圆柱试样中，当金属液注入模膛到施压时在模膛中平均停留时间的试样材料。比较两表，不难看出，在实验中，由于施压前金属液模膛内停留时间较长，并且所研究的又是低碳钢，它在熔态时相对体缩量是相当高的，完全可以确信，在施压前硬层已离开侧壁，和模壁形成一定间隙。这个间隙的大小，取决于浇注前模具的状态(温度、表面情况及润滑)、浇注温度和金属液施压前在模膛内的停留时间。

表 10-1　关于铝青铜自由结晶试测数据[1,2]

自由结晶时间/s	下壁厚/mm	上壁厚/mm	下底厚/mm
3	6	2	6
5	8	4	10
10	12	7	13
20	17	12	23

表 10-2　$\phi90\times90$mm-25 钢试样试测数据

不同比压和保压下液态模锻件的编号	90-1-1	90-1-2	90-1-3	90-2-1	90-2-2	90-2-3	90-3-1	90-3-2	90-3-3
金属注入模膛至施压前在模具平均停留时间/s	24.5	19.6	23.8	21.8	16.5	22	23.4	27.25	22.25

随着液态模锻的进行，合模后由于上模表面的激冷作用，同样使得冲头端面附近的金属液也很快形成一硬层，此时金属液被一封闭硬层所包围。为了便于研究，可简化成两种力学模型，并假设硬层厚度及其性能均匀分布，硬层各处温度一致。

第一种模型，在液态模锻过程中结晶凝固是以完全的硬壳方式进行，没有明显的固-液区存在，如图 10-1 所示，最外层是硬壳区，包围着液相区，结晶凝固前沿直接与金属液相接触。

第二种模型，在液态模锻时存在明显的固-液区，如图 10-2 所示，最外层 1 是硬壳区，接着 2 是固-液区，中心是液相区。文献[3]指出，固-液区又可分为液-固分区和固-液分区。液-固分区，靠近液相区，其特点为液态金属存在可以游离的固相区；固-液分区，靠近硬壳层，其特点为固相区相互凝结，残存的金属被固相团所分割。

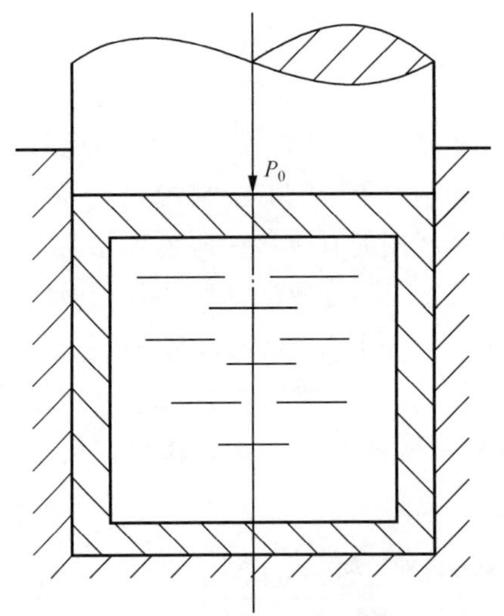

图 10-1　第一种液态模锻模型[1]

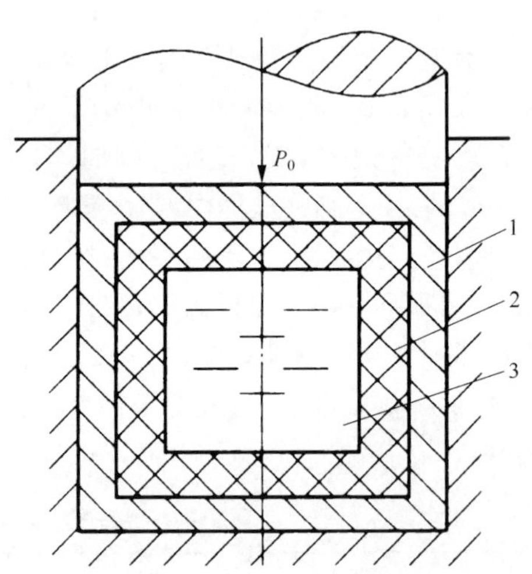

图 10-2　第二种液态模锻模型[1]

1-硬壳区；2-固-液区；3-液相区

10.1.2　塑性变形机制分析

1. 固-液组合体的塑性变形

固-液组合体的塑性变形，主要研究固-液外壳的塑性变形，因为液态金属是不能承受任何塑性变形的。图 10-3 表示了外壳的侧壁和外壳的上下底层受力及应力状态。由图看出，侧壁和上、下底层应力应变图是一致的，但受力状态不同。侧壁仅受比压 p 及内压 p'，而上、下底还有硬壳两端摩擦的影响。因此，外壳侧壁比外壳上、下底更容易变形，其塑性条件为

$$\begin{aligned}&\sigma_r = \sigma_z < 0, \quad \sigma_z < 0, \quad |\sigma_z| > |\sigma_r| \\ &\sigma_r - \sigma_z = \beta\sigma_{\text{ucm}}\end{aligned} \tag{10-1}$$

式中：β 为系数；σ_{ucm} 为瞬时外壳的真实应力，Pa。

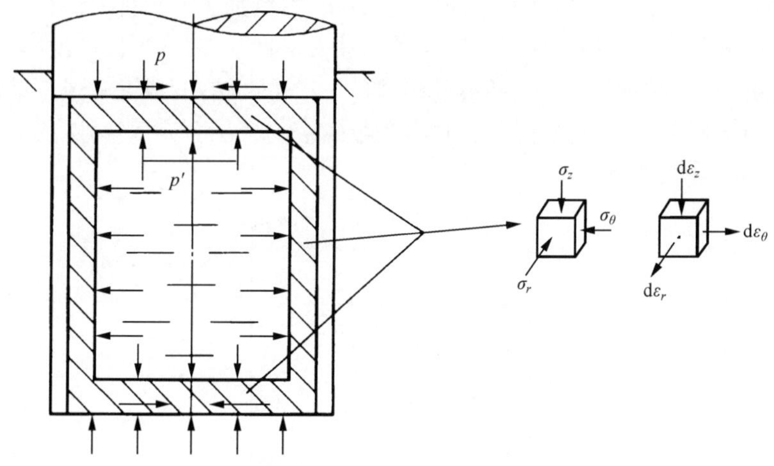

图 10-3　第一类液态模锻受力分析[1]

文献[1]讨论过平法兰类液态模锻件的变形程度，若不考虑凝固收缩，可以近似认为

$$\mathrm{d}\varepsilon_r = \mathrm{d}\varepsilon_\theta, \quad \mathrm{d}\varepsilon_z = 2\mathrm{d}\varepsilon_r \tag{10-2}$$

图 10-4 表示式(10-2)的应变图，并利用应力应变对应规律可以画出其应力莫尔圆，其中 $\sigma_z = p$(比压)。显然，比压 p 沿毛坯方向是变化的。离施力端越远，比压越小，其塑性条件越难满足。因此，从力学分析可以得出，硬壳的底端比硬壳的上端部更难进入塑性状态，硬壳下侧壁比硬壳的上侧壁更难进入塑性状态，其结果与有关试验结果一致。

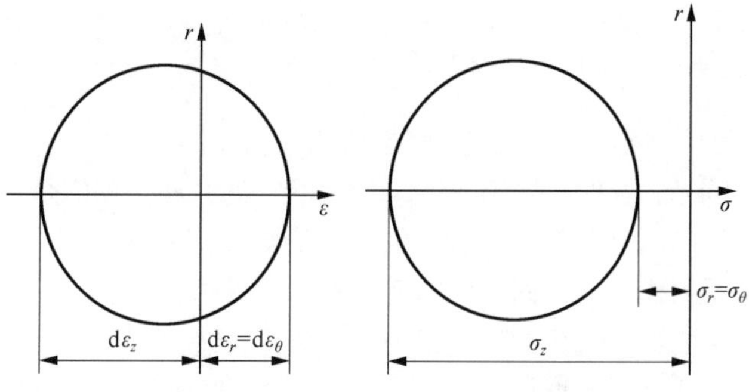

图 10-4　外壳塑性变形时的应力应变莫尔圆[1]

外壳的端部与外壳的侧壁相比，由文献[4]推证，侧壁塑性条件容易满足而首先进入塑性状态。塑性变形结果，侧壁向外弯曲产生鼓度，紧贴在模膛侧壁。由图 10-5知，镦粗结果是平冲头端面由①下移至②，这时，侧壁应力状态发生变化，增加了侧压力(由模具壁施加的)。同号应力状态，增加了变形抗力。只要比压许可，使端面处外壳的塑性条件得到满足时便进入塑性状态，变形体将继续变形，同时，接近端面附近的侧壁，在平冲头下移过程中产生翻转，变成上端或下端的接触面，还未与模膛贴壁的硬壳外侧，这时也在金属液的挤压下充填空隙，成为一个与模膛壁无间隙的、新的、已变形的外壳。

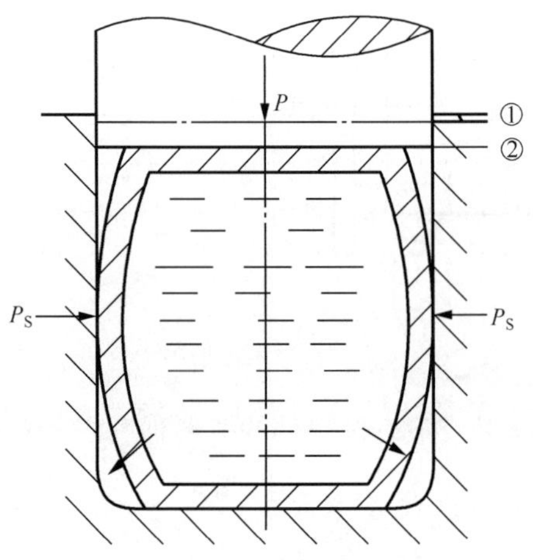

图 10-5　第一类液态模锻时外壳镦粗变形[1]

应该指出，本研究中的闭合硬薄壳，可以认为各处厚度、温度是均匀分布的。实际上，硬壳厚度以下底端最厚，温度最低，而硬壳上侧壁先行塑变外弯，其结晶前沿的枝晶被压塌，或移位改向，金属液被挤入枝晶间隙中，而后才能产生明显的镦粗变形。

2. 固-半固-液组合体的塑性变形

1) 外壳满足塑性条件，首先进入塑性状态。

外壳塑性变形的力学分析，与 10.1.1 节大致相同，所不同的是，它的结晶前沿不是液态金属，而是结晶骨架已经形成的半固态区，显然，半固态区对固态外壳的作用，决非等静压的作用。半固态区的变形抗力比硬壳低很多，外壳产生镦粗变形时，半固态区必然要产生相应的流变行为。由于温度梯度的差异，半固态区的厚度以下底端处最厚，这里的变形抗力也最大，故半固态区施加给硬壳区的反作用力，以外壳下底端部最大，这就加剧了外壳的不均匀变形。

半固态区的塑性变形，其塑性条件的表达式至今未见报道，其变形机理由文献

[3]作了详尽的分析。文献[3]在实验基础上指出，液-固分区是不能承受塑性变形的，而固-液分区，毗邻液-固分区处，变形时晶间变形，毗邻硬壳区处，变形以晶间为主，还兼有晶内变形产生。晶间变形的外部特征可以从拉伸试验中看到，试件表面出现凹凸，凹凸处出现凸出的晶粒。在固相线以上温度压缩时，可以保证晶间变形顺利发展，因为变形状态对变形十分有利。当晶粒变形引起的凹凸受挤压时，呈现清晰图像。例如，对铝合金圆柱试件进行弯曲试验中，表现最明显。弯曲受压区，作用压应力。晶间相互剪切变形，使得试件表面形成凹凸，像蛇的鳞皮。

但是，出现凹凸不能认为仅是晶间变形的结果，近年来，有人提出晶内不均匀变形也将导致凹凸的出现。为了定量评价晶间变形对试件断裂后长度绝对增量的贡献，作者对试件在蠕变条件下晶间变形效应进行了研究。试验采用二元或三元铝合金，其铝的纯度为 99.99%。为消除树枝状偏析，取 0.9 T_m（T_m 为熔化温度）进行均匀退火。试件为 $\phi5$，并经电抛光后拉伸。借助 МИИ-4 型显微干涉仪，观察其晶粒在垂直方向上的相互移动。拉伸前显微干涉线从一个晶粒到另一个晶粒无移动，一拉伸（在熔化区间），在两个晶粒边界的显微干涉线条纹发生移动，并可测出位移的垂直分量 h。每一个试件，其垂直位移分量测定取 40～80 晶界单元进行，然后取其算术平均值。

如果试件不存在择优取向的晶体，按照垂直分位移，容易计算出晶粒单位位移的合矢量，即

$$p = 2.3h \tag{10-3}$$

取单位长度计算晶粒表面数（晶界）n，那么试件伸长可用百分数表示，其晶间变形定量表示为[3]

$$\delta_M = (\sqrt{1 + 1.27pn + p^2n^2} - 1)100 \tag{10-4}$$

图 10-6 给出了五种退火的铝合金，在熔化温度下拉断后，温度同相对伸长率的关系，并进行比较。δ 是按实测的试件长度增量进行计算的相对伸长。而 δ_M 是晶间变形的延伸率。

所有合金，在毗邻液-固区的部分，按试件长度增量测定的伸长率（白点）同晶间变形延伸率（黑点）相吻合；而毗邻固相区的部分，由晶间变形引起的伸长率与完全凝固的试件相差不大，因为这里主要作用是晶内变形。例如，Al-4%（质量分数）Si 合金在 575℃下，$\delta=17.7\%$，而 $\delta_M=1.0\%$[图 10-6(b)]。其他合金，如图 10-6 表示的(a)、(c)、(d)、(e)等均是这一情况，即试件总的伸长率大于其晶界变形 δ_M。

为了给出固-液区下晶内变形特征，文献[3]提供了这方面的研究方法和结果。试验方法利用 X 射线衍射显微镜，观察其聚焦管发射的多色光束（焦点直径为～50μm，管型为具有钼阳极的 БСВ-4 管型）。试件为退火的 Al-1.1%（质量分数）Si 和 Al-1.5%（质量分数）Cu 两种。试样置于暗室内，并允许在拉伸前后，从任何角度进行 X 射线摄影。

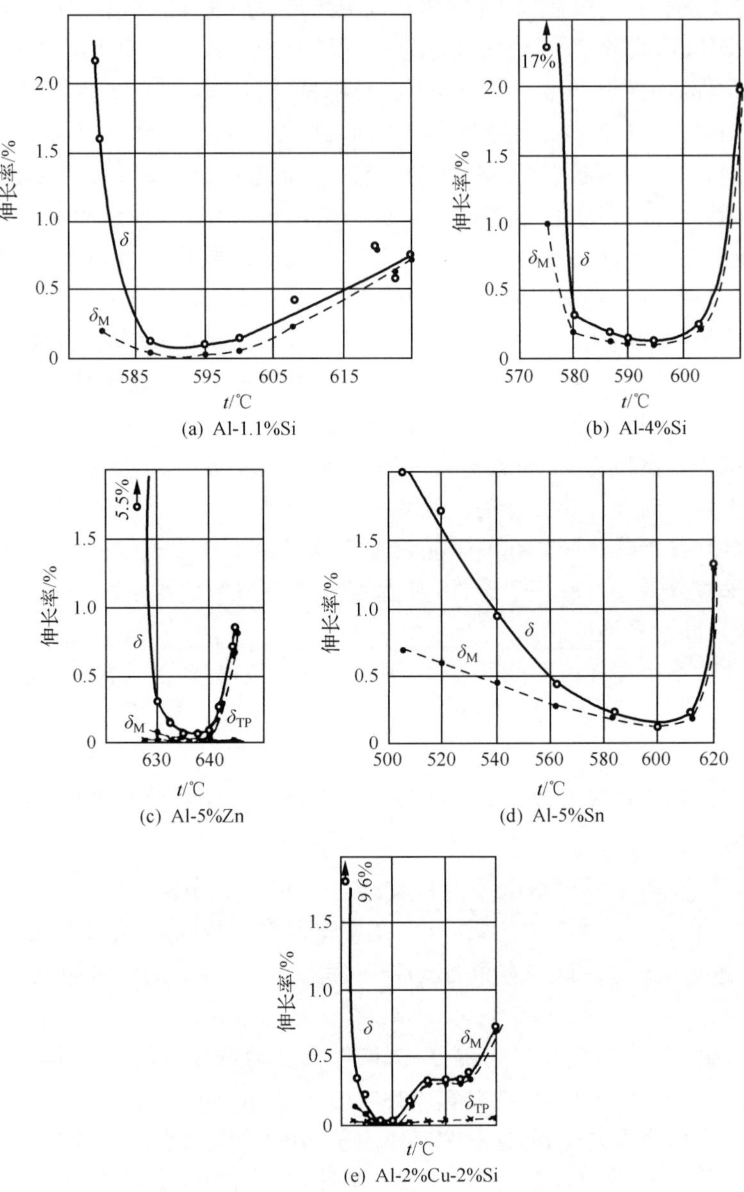

图 10-6 经退火的铝合金在熔化温度下拉断后温度同相对伸长率的关系[2,3]

δ_M-晶间变形；δ_{TP}-晶内变形

如果晶粒内具有不同取向晶格的亚结构，那么它们均在 X 射线照片上显示出来。它们的边界在 X 射线照片上显示为明或暗的条纹。晶内变形是亚结构变化的结果，因而应该测量 X 射线照片上黑斑的内部结构。晶粒大变形，使得晶粒沿试件拉伸方向上伸长，其黑斑形状也要相应变化。

过去的试验均证明，对退火试件加热到低于或高于固相线，X 射线照片黑斑本身特性并不变化。而在低于固相线温度下拉伸试件，将导致亚结构强烈改变，并使黑斑拉长，因而，靠近固相区的固-液部分，其 $\delta > \delta_M$，显然是晶内变形所致。而在靠近液-固区部分，有 $\delta = \delta_M$，试件断裂不使 X 射线照片黑斑发生任何形状和结构变化，从而间接证明了这里不存在晶内变形。

在固-液状态下拉伸时，使试件长度增加，因而可以给出裂纹形成使密度减小而引起的伸长率为假定伸长率（δ_{cr}），它不是塑性指标，可用静力称重法测量断裂时试件体积变化 S_v，而 $\delta_{cr} = \dfrac{1}{3}S_v$。试验结果表明，由裂纹形成，单位体积增加的伸长率，占总的伸长率不大[图 10-6(c)、(d)]。在接近固相线的熔化温度下，$\delta_M + \delta_{cr} < \delta$，因为此时，同晶间变形在一起的还有晶内变形[图 10-6(c)]。

在固-液状态下，晶间变形微观机理很难用试验来验证。只能根据上述观察，利用固态下晶间变形机理研究结果和试验来推证。

晶粒间变形和固态下蠕变相似，即沿晶粒表面的自滑移和晶粒内部接近晶界区的塑性变形结果构成了晶粒的相对移动，即晶间变形。

根据当今理论，在纯金属内，相邻晶粒间的无序排列层(接近液相结构)厚度为 2～3 个原子直径。当接近熔点时，晶界黏性系数按其数量接近液态金属黏性系数。例如，铝合金晶界为 550℃ 和 660℃ 时，黏性系数 η 分别为 2.2Pa · s 和 0.18Pa · s。而液态金属(662℃)为 0.014Pa · s。

低于熔点，沿晶界作简单滑动，像沿厚度为 2～3 个原子直径的液层滑动一样。但这仅仅当滑移面为理想平面时，一个晶粒相对另一个晶粒没有阻力的情况下，才有可能。而实际上，晶界具有不同的弯曲度，可能是很“粗糙”的。这些不均匀性，和三个晶粒相遇一样呈简单滑动阻力。所以晶粒沿其边界连续滑动的平均速率实际上不是薄薄过渡层的黏性流动速率，而是对简单滑动阻碍，沿晶界内部局部塑性变形的速率(该部分由于晶粒滑移产生应力集中)。

当通过固相线转变时，晶粒边界急剧变化。甚至高于固相线不多的温度，如 1℃，产生的液层厚度就可能高于固相线晶粒过渡层厚度几个数量级。在共晶合金中，直接高于其熔点时，晶间液层的厚度通常在几微米至几十微米，而且在三晶粒相遇处显著地大于两晶粒边界处。此时，由于存在液层，大大降低了滑动的阻力。所以通过固相线转变时，借助简单黏性滑动沿液层实现晶粒互相移动是特别容易的(如果液层足够厚)，此外接近固相线时，晶界黏性和熔体黏性相差也很小了。

文献[3]的作者还认为，在半固态区内，液层不是覆盖所有晶粒表面，即晶粒间有某些结点，结点处的组织与固态相同。结点形成来自两方面，一方面，是在结晶期间相邻晶粒的共生作用；另一方面，在高于固相线温度时的塑性变形时，晶粒移动和转动引起晶粒间的个别部分表面形成新的接触咬合，即新的结点。由于结点的存在，像超塑性那样的简单流变行为是困难的，它要克服结点对于滑移的阻碍，结果造成应力集中，使晶内变形成为可能。这种结点的接触面积越大，晶内变形的可能就越大。

如前所述，在高温变形条件下，晶内塑性变形可能不依赖于整个晶粒的移动，而是在接近边界区域不均匀变形所致。设想在固-液区中，晶粒间总是存在结点的，这就产生了问题，在固-液区间内，晶粒沿液层作简单滑动是否能实现。

如果沿边界产生晶粒相互移动，像沿某一表面一样，那么，在一般情况下，在边界上应观察到随着远离边界的地方某位移单调增长。与此相联系的，在固-液状态下变形的合金，借助干涉显微镜沿晶不同地方测量垂直位移分量，证明在靠近液-固分区处，已断裂的试样的 $\delta = \delta_M$ [图 10-6(c)]，在晶粒边界上常常看到，随着远离边界位移值呈线性增长[图 10-7(a)]。

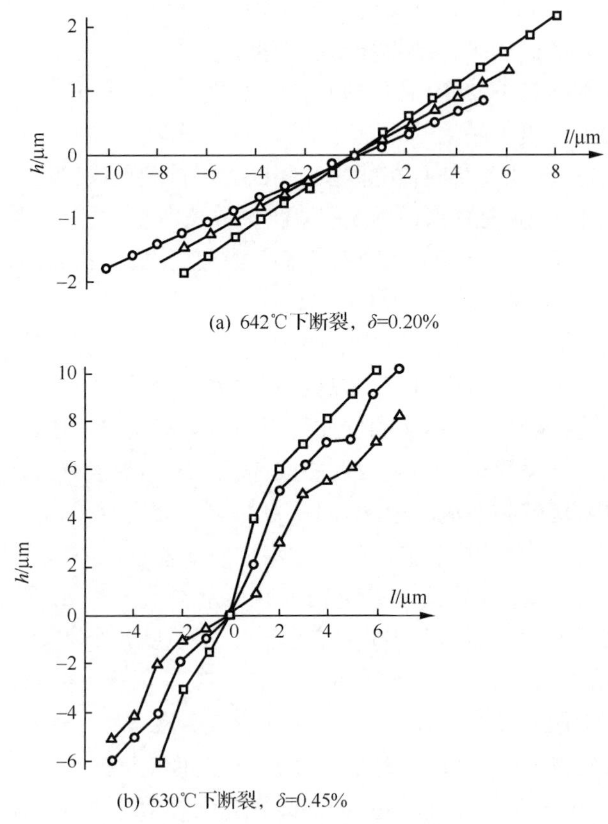

图 10-7　Al-5%(质量分数)Zn 合金晶粒沿晶界相互滑移(h)(从零位移点读 l 距离)[3]

在靠近固相区部分接近固相线温度进行变形，与上面相类似测量，有 $\delta > \delta_M$，且远离位移零点时，垂直位移分量不是呈单调增长[图 10-7(b)]。由此，在靠近液-固分区的部分，晶间变形包括相互移动和转动两部分。而靠近固相区部分，晶间移动，特别是接近固相线时，不仅是黏性流动（晶粒滑动），而且是晶内局部变形的结果。固-液区内主要变形机理是沿液层做简单滑动，但变形形式在固-液区间下各处程度是不一样的，它取决于合金的结构特性，首先是晶间液层的厚度。对于工业成分合金，固-液状态区间（即固-液分区）占整个区间的 1/3～2/3。

但也有例外，如 Al-5%（质量分数）Sn 合金，$\delta > \delta_M$ 区间仅 40℃[图 10-6(d)固相线温度为 228.3℃]，在整个温度区间为 390℃。这是由于熔化区间大部分 Al-5%（质量分数）Sn 合金中液相分布了具有二面角（超过 60°）的吸附物，因而晶内变形对整个试件伸长起着决定作用[$\delta > \delta_M$，图 10-6(d)]。晶间液层越厚，晶间变形越发展。尽管在靠近固相区的部分晶内变形有显著贡献，也应看到，晶间移动也起着重要作用。实际上，晶内变形本身对温度变化效应不敏感，如温度变化几度。而这几度可能对晶间液层厚度扩大或减小起着决定性影响，相应地对晶间变形的促进或阻碍，也十分明显。

有研究者设计了多面晶体的平面模型，在晶粒内注入液相。在多面体相互接触前，其自由移动值（转动后平面-平行移动）作为塑性指标。分析多面体尺寸和形状，以及晶粒间间隙宽度，对它们在楔住前的自由移动值影响与前述试验结果一致。因而从一方面证明了液层存在固-液下塑性变形过程。

液层存在可能大大降低了塑性，由于吸附效应降低强度（见 10.1.3 节组合体力学假设），使合金脆化；而增加液相量，将导致相对伸长率的增长。但这种情况实际上是不存在的。因为当加热合金时，沿晶界扩大液相数量，主要不是借助已熔化部分数量增长来进行，而是存在低熔点杂质。所以，沿晶界逐渐增加已熔化数量，并不增加破坏源的数量，而且可能愈合熔体存在的破坏源，因而促进了晶间变形的发展。所以熔化区间内，随温度提高，相对伸长率增长。简言之，液相使合金加速脆化，但如果这不可避免，只要沿晶界液相数量尽可能扩大，那么对变形是有利的。为此，在固-液状态下变形过程中，晶间变形起着重要的作用。固-液变形结果也要消耗一部分能量，作用到液态金属的比压将显著降低。

2) 硬壳区保持弹性稳定，半固态区进入塑性状态

图 10-8 表示半固态区塑性变形时的力的分布。其中 σ_{ucm} 为真实应力，而 σ_g 为外加载荷使硬壳弹性变形的弹力。这时半固态区的变形机理未变，所不同的是变形条件改变了，硬壳里仅是一个传力区，半固态区封闭在一个变形的弹性外壳里，中心部的金属液是不可压缩的。根据塑性变形时体积不变条件，半固态区是不能变形的。仅仅当半固态区凝固时发生的体积收缩小于外壳同一时间里发生的线性收缩，在枝晶间造成某些空隙，变形体才有可能在压力作用下发生某种塑性流动，

或金属液充填空隙。

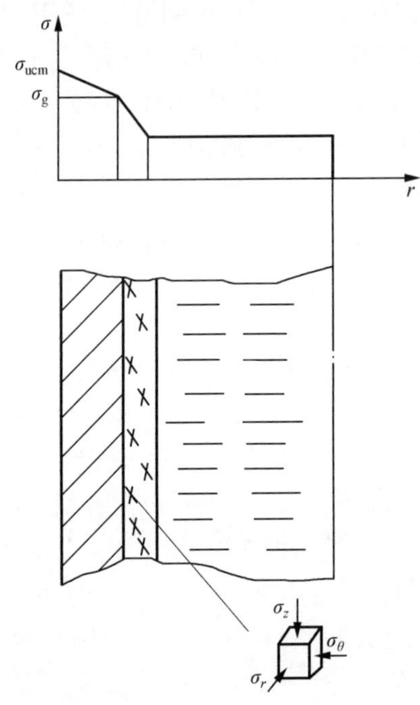

图 10-8　半固态塑性变形力的分布(硬壳为弹性变形)[1]

实际上,低碳钢的金属液流动性是好的,即使没有压力作用,也能很好地充填到空隙中。问题在于硬壳层体积一定,补偿间隙的金属原来占有的位置完全可能由相邻金属液的流动来占据,最后在毛坯上部使液面和冲头端面附近的固-液区分离,造成空隙,其结果是压力对金属液失去效力,成为自由结晶,很显然,沿着侧壁和下底的凝固前沿,会发生金属液的堆砌,形成粗大的柱状结晶组织。

10.1.3　液态模锻下塑性变形力学解析解

1. 塑性变形在液态模锻过程中的地位

作者在研究液态模锻中塑性变形后,获得下面几点认识[1]:

(1) 塑性变形的产生是由于凝固体内存在空洞(即缩孔和疏松),在压力作用下产生了金属的塑性流动。

(2) 塑性变形在液态模锻中的地位,不应因它变形量小而不予考虑和研究。很显然,没有这微小塑性变形,液态模锻过程就无法持续进行,从而使液态模锻转变为金属模膛内的自由结晶。

(3) 不少学者对塑性变形的研究仅停留在液态模锻过程的后期,即凝固结束后的自我密实。实际上塑性变形贯穿液态模锻过程的始终，即它不是某一时刻才发生，在某一时刻就结束，而是与结晶凝固过程交替进行，构成了液态模锻力学过程和物理化学过程。

2. 关于液态模锻组合体假设

液态模锻下的凝固体可近似认为是一个多变的连续的组合体，即已凝固的封闭外壳层、正在凝固的固-液区和液相区，这三个区组成一个连续的组合体。已凝固区是一个近似均匀的连续体。在液态模锻过程中，它是由小到大，最后完全取代固-液区和液相区，获得致密无缩孔组织。固-液区是一个非均匀的脆性体，它是结晶骨架上充满片状残液的结果。

液相区是一种流体，它在自重作用下就可以发生流动成形。从物质流变观点出发，已凝固的外壳为塑性体，正在凝固的固-液区为脆性体，液相区为黏性体，由此构成了由塑性体-脆性体-黏性体的连续组合体。

3. 液态模锻时高向变形程度的理论计算

1）高向变形程度的计算

由质量守恒定律可写成

$$m = \text{const} \tag{10-5}$$

若以 ρ_0、V_0 表示浇注时金属液的密度和体积，而以 ρ、V 表示经液态模锻结束的密度和体积，有

$$\rho_0 V_0 = \rho V \tag{10-6}$$

取对数整理得

$$\ln \frac{\rho}{\rho_0} + \ln \frac{V}{V_0} = 0$$

或

$$\varepsilon_\rho + \varepsilon_V = 0 \tag{10-7}$$

式中：ε_ρ 为真实致密度 $\left(\varepsilon_\rho = \ln \dfrac{\rho}{\rho_0}\right)$；$\varepsilon_V$ 为真实体应变 $\left(\varepsilon_V = \ln \dfrac{V}{V_0}\right)$。

而

$$\varepsilon_V = \varepsilon_h + \varepsilon_\theta + \varepsilon_r \tag{10-8}$$

式中：ε_h 为高向变形程度；ε_r 为径向变形程度；ε_θ 为切向变形程度。有

$$\varepsilon_h = \varepsilon_V - (\varepsilon_r + \varepsilon_\theta) \tag{10-9}$$

2）真实体积应变 ε_V 的计算[图(10-9)]

$$\varepsilon_V = \frac{V_{sm} - V_{ct}}{V_{ct}} \tag{10-10}$$

式中：V_{sm} 为出模时制件致密固态体积；V_{ct} 为液态金属冷至出模温度（t_{od}）时的体积。

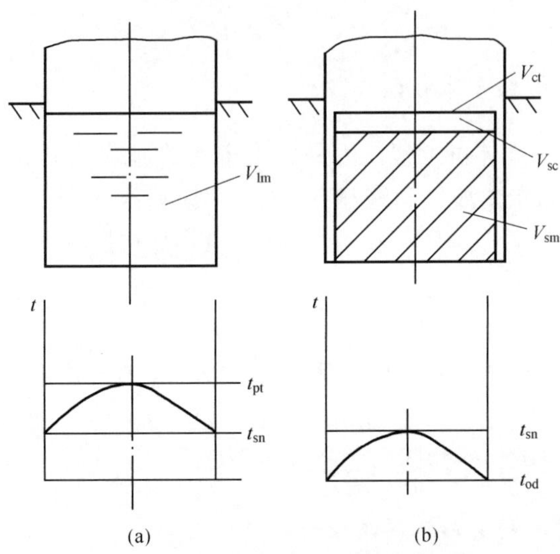

图 10-9　真实体积应变 ε_V 计算示意图[1]

则

$$V_{ct}=V_{lm}\left[1-\alpha_{V\cdot sm}(t_{sn}-t_{od})\right] \tag{10-11}$$

式中：V_{lm} 为液体金属体积；$\alpha_{V\cdot sm}$ 为固态体积收缩系数；t_{sn} 为液态金属凝固温度；t_{od} 为出模时制件外表面温度。

$$V_{sm}=V_{lm}-V_{sc} \tag{10-12}$$

式中：V_{sc} 为缩孔体积。

$$V_{sc}=V_{lm}\left[\alpha_{V\cdot ld}(t_{pt}-t_{sn})+\varepsilon_{V\cdot sn}-\frac{1}{2}\alpha_{V\cdot sm}(t_{sn}-t_{od})\right] \tag{10-13}$$

式中：$\alpha_{V\cdot ld}$ 为液态金属体收缩系数；t_{pt} 为液态金属浇注温度；$\varepsilon_{V\cdot sn}$ 为液态金属全部凝固时的体收缩率。经代换整理得

$$\varepsilon_V=-\frac{1}{2}-\frac{\alpha_{V\cdot ld}(t_{pt}-t_{sn})+\varepsilon_{V\cdot sn}-0.5}{1-\alpha_{V\cdot sm}(t_{sn}-t_{od})} \tag{10-14}$$

取

$$K=\frac{\alpha_{V\cdot ld}(t_{pt}-t_{sn})+\varepsilon_{V\cdot sn}-0.5}{1-\alpha_{V\cdot sm}(t_{sn}-t_{od})} \tag{10-15}$$

则

$$\varepsilon_V=-(0.5+K) \tag{10-16}$$

3）径向变形程度 ε_r 和切向变形程度 ε_θ 的计算

由文献[1]可计算：

$$\varepsilon_r=\varepsilon_{or}+\varepsilon_{ir} \tag{10-17}$$

式中：ε_{or} 为外径变形程度；ε_{ir} 为内径变形程度。

由 $\varepsilon_{ir}=0$，有

$$\varepsilon_r=\varepsilon_{or}=\frac{D_3-D_1}{D_1}(\%) \tag{10-18}$$

设

$$\varepsilon_\theta=\varepsilon_r \tag{10-19}$$

4）高向变形程度 ε_h 的计算

很显然，式(10-9)可改写为

$$\varepsilon_h=-(0.5+K+\varepsilon_r+\varepsilon_\theta) \tag{10-20}$$

式中：K 可计算，ε_r、ε_θ 可试验测定，故 ε_h 可按式(10-20)计算。

4. 液态模锻下力-行程曲线

图 10-10 为力-行程实验曲线。由图看出，压力和位移增长速率均很大。这一过程时间很短，为 4～6s，然后进入保压阶段。保压阶段力-行程曲线表现在一恒压下波动，这段时间也不长，随即下降，然后又回升。当施压冲头穿过凹模中金属液的结膜浸入液态金属时，金属液在活动横梁和上模块自重的作用下，发生反向于冲头施压方向的充填模膛运动（这一运动速率和活动横梁下行速率密切相关），这一过程一旦结束，施压过程便立即开始。施压初期，试件侧壁（已凝固的薄硬壳）和模膛侧壁存在一定间隙，由于施压端处结壳较晚，温度较高，因此一旦施压，在低压下也能获得一定位移，考虑活动横梁的下行速率，位移增值显著，使压力与位移同步增长。这就是升压阶段所表现的力学现象。

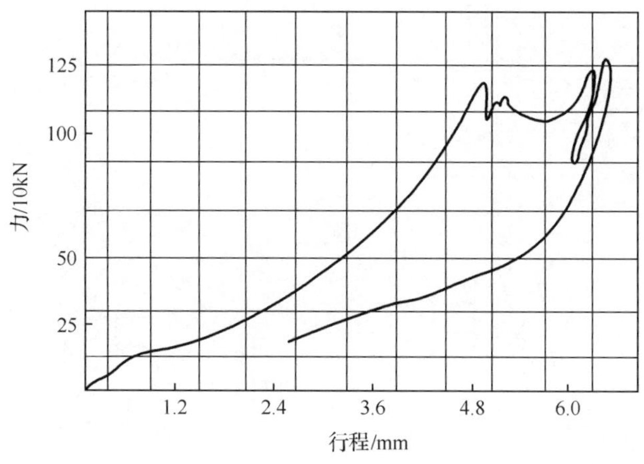

图 10-10　力-行程实验曲线[1]

当试件侧壁紧贴模膛壁，试件上、下端面的壳层受到垂直压力也紧贴施压冲头端面和凹模底面时，升压阶段结束，保压阶段开始。这时压力作用保证液态模锻过程的力学行为持续进行，很显然，由于各个阶段性质的反差，反映外加压力的波动。位移增值的存在，使缩孔获得补缩的结果，因此凝固过程的结束也是补缩的结束。若继续施压，便发生疏松区密实过程，其位移增值很小。外加压力越大，其密实过程的位移增值越明显。

5. 液态模锻比压值的解析解

1）第一种模型的力学解

假设黏附冲头上的硬壳和黏附下模底部的硬层分别看作冲头和下模一部分，这样变形体可简化为闭式模膛内环形件的镦粗，如图 10-11 所示。

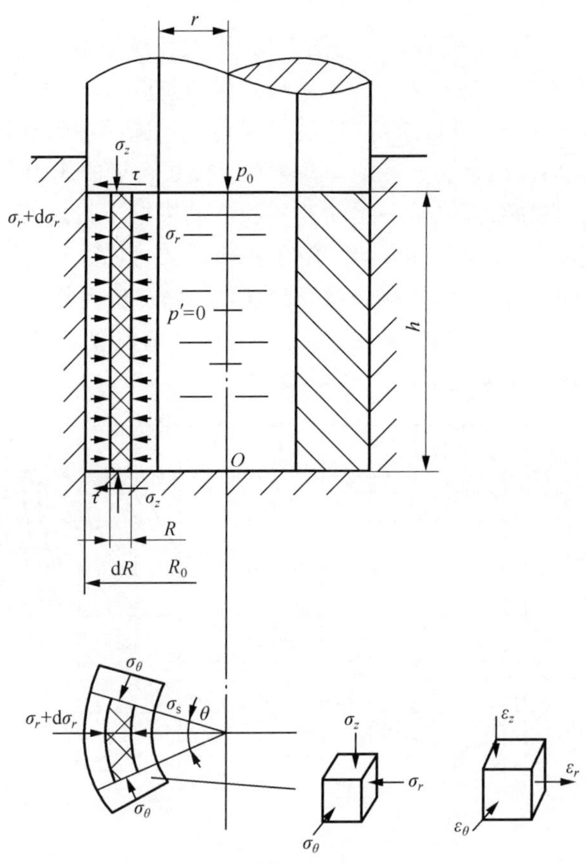

图 10-11　第一种模型力学分析图[1]

(1) 变形体以外径 (R_0) 为中性面产生塑性流动情况,令金属液不承受等静压 ($p'=0$),如图 10-11 所示。利用主应力法可求解:

$$p_0=\sigma_s\left[1+\frac{2\mu}{3h}\left(\frac{2R_0^3-3R_0^2r_0+r_0^3}{R_0^2-r_0^2}\right)\right] \tag{10-21}$$

式中:p_0 为比压,Pa;σ_s 为液态模锻下变形体的流动应力,Pa;μ 为摩擦系数;h 为变形体原始高度,m;R_0 为变形体外径,m;r_0 为变形体内径,随过程进行而变动,m。

(2) 变形体以内径 r_0 为中性面向外流动,同理,也可以用主应力法求解:

$$p_0=\sigma_s\left[1+\frac{2\mu}{3h}\left(\frac{R_0^3-3R_0r_0^2+2r_0^3}{R_0^2-r_0^2}\right)\right] \tag{10-22}$$

(3) 当 $r_0\rightarrow 0$,式(10-21)和式(10-22)分别可化简为

$$p_0=\sigma_s\left(1+\frac{4\mu}{3}\frac{R_0}{h}\right) \tag{10-23}$$

$$p_0=\sigma_s\left(1+\frac{2\mu}{3}\frac{R_0}{h}\right) \tag{10-24}$$

(4) 用能量法求解。由功能平衡法得知:

$$W_e=N_e \tag{10-25}$$

式中:W_e 为外力功,J;N_e 为内力功,J。而

$$W_e=p_0\dot{u} \tag{10-26}$$

式中:p_0 为冲头施加的总压力,Pa;$\dot{u}$ 为冲头以 $\dot{u}$ 速率镦粗硬壳环,s^{-1}。并有

$$N_e=N_d+N_f'+N_f''+N_{P'} \tag{10-27}$$

式中:N_d 为塑性变形消耗功率,J;N_f'、N_f'' 为摩擦消耗功率,J;$N_{P'}$ 为维持硬壳环内金属液等静压消耗功率,J。可得

$$p_0=\frac{\sigma_s}{R_0^2-R_i^2}\left\{\frac{R_i^2}{\sqrt{3}}\left[\sqrt{1+3\left(\frac{R_0}{R_i}\right)^4}-2(\ln R_i-\ln R_0)-\ln\left(1+\sqrt{1+3\left(\frac{R_0}{R_i}\right)^4}\right)\right.\right.$$
$$\left.\left.-2+\ln 3\right]+\frac{2R_i^3\mu}{3H}\left[\left(\frac{R_0}{R_i}\right)^3-3\left(\frac{R_0}{R_i}\right)+2\right]+\frac{R_0\mu}{H}(H^2-h^2)\right\} \tag{10-28}$$

式中:R_i 为内径,m;H 为变形体原始高度,m;h 为变形体变形后的高度,m。

令中性面 $R_n=0$,$R_i\approx 0$,$H^2-h^2\approx 0$,有

$$p_0=\sigma_s\left(1+\frac{2\mu}{3}\frac{R_0}{H}\right) \tag{10-29}$$

很显然,式(10-29)与式(10-24)结果一样。

2）第二种模型的力学解

假设金属液在液态模锻中，仅对外压力作传递作用，而硬壳受冲头正挤压力，同时受侧壁和金属液的侧向挤压。用能量法求解，如图 10-12 所示，则有

$$p_0 = \frac{1}{R_0^2 - r^2}\left[\sigma_s(R_0^2 - r_0^2) + \frac{2\mu\sigma_s}{3H}(R_0^3 - r_0^3) + \frac{\mu\sigma_s R_0}{H}(H^2 - h^2) + \sigma_s'(r_0^2 - r^2) + \frac{2\mu\sigma_s'}{3H}(r_0^3 - r^3)\right] \tag{10-30}$$

式中：σ_s' 为固-液区变形抗力，Pa；r 为液相半径在压力下的变化。

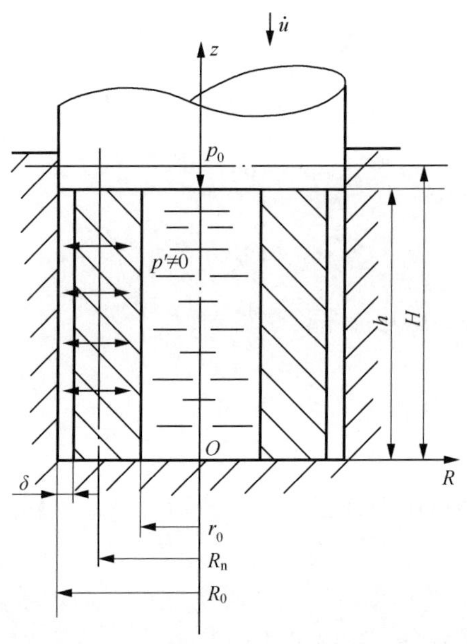

图 10-12 固-液组合体液态流动简图[1]

3）密实时的力学解

设密实过程是以最后充填模膛底部下角隙为标志。变形区仅局限下部，即由半径为 ρ，厚度为 h 的球面与倾角自由表面围成，利用主应力法求解，如图 10-13 所示，得

$$p_0 = \sigma_s\left[1 + \frac{\alpha_1 D_0}{9a}\left(\frac{D_0}{D_0 - a} - \frac{2a}{D_0}\right)\right] \tag{10-31}$$

式中：σ_s 为闭式镦粗变形条件下的流动应力，Pa；D_0 为凹模直径，m；α_1 为变形区自由表面与凹模的夹角，$\alpha_1 = \mu(1.234 - 0.206a)$，$a$ 为角部径向未充满值，预先给定值为 1.0～2.0。

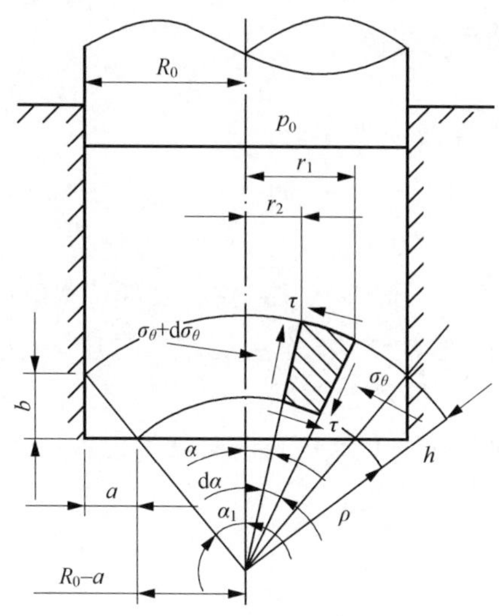

图 10-13 密实阶段流动简图[4]

10.2 液态挤压下的固-液塑性变形

液态挤压下的固-液塑性变形与液态模锻相比,更具典型性,如图 10-14 所示。液态金属在上冲头挤压下,下移至凹模挤压口,金属液转变成准固态,即枝晶相互联结成一体,经受挤压力压缩,产生径向减缩、轴向伸长的流动变形。

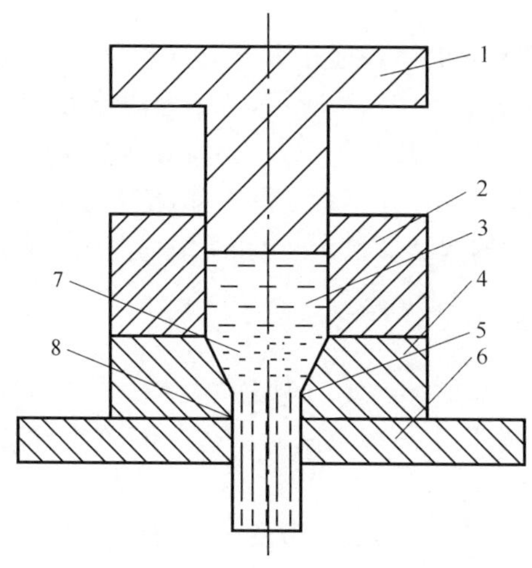

图 10-14 液态挤压示意图[5]

1-上冲头;2-挤压模;3-金属液;4-固-液区;5-挤压模口;6-挤压模;7-准液态;8-制件

10.2.1　固-液挤压过程建立要素

1. 固-液挤压过程的金属流动

固-液挤压时，模具与浆料温差大，且浆料中心部位仍处于液态，而周围部位则属于凝固的硬壳，这样在硬壳与中部之间出现一剪切带。随冲头下行，已凝固的硬壳挟裹着仍处于液态的金属一同下行。液态金属的位置取决于液态金属的下行速率与凝固速率。如果凝固速率大于液态金属的下行速率，则从宏观看液态金属所处的位置是在缩小的同时上移，如图 10-15 所示，液态金属的下液面与前一时刻相比高了 $a+b$ 的高度。这样保证挤压进行的总变形力就越来越大，到一定时刻后就转变为固态挤压。

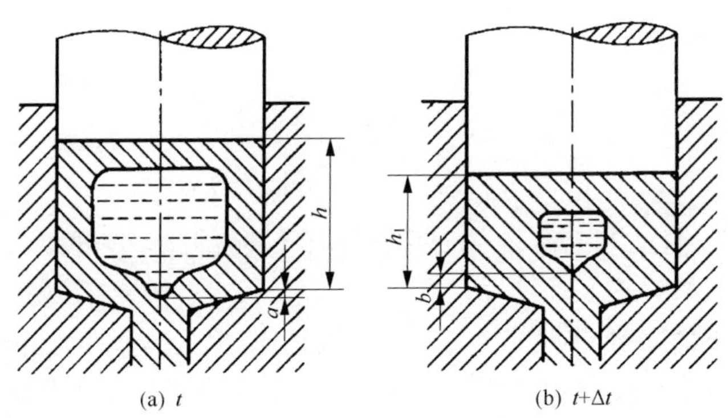

(a) t　　(b) $t+\Delta t$

图 10-15　凝固速率大于下行速率情况[5]

如果仍处于液态的金属的下行速率大于凝固速率，则会导致液态金属从下部挤出的状况。最理想状态如图 10-16 所示，压制速率导致的液态金属下液面的下行速率与凝固速率基本平衡。随冲头下行，坯料的高度越来越小，坯料内部的液态金属也越来越少，但液相区一直处于变形区上部，使得金属进入变形区呈固-液态。这样变形力比较小，挤出的制品形状、性能和组织均能满足要求。

2. 固-液挤压压力曲线

1) 固-液挤压变形力与位移的实验测定

为了测定挤压过程变形力与位移随时间变化的关系，设计了如图 10-17 所示的实验装置，测定了管材挤压过程中变形力的变化情况。总变形力采用压力传感器通过动态电阻应变仪测定，位移采用位移传感器测定。实验结果如图 10-18(a)和(b)所示，可以看出变形力在整个过程中是一直变化的，在开始阶段变形力上升很快，骤然增至某一较大值，随后又快速下降，降至一定值又持续上升，直至最后升至最大值。多次压制均有此结果，不同材料的压制曲线也基本雷同。

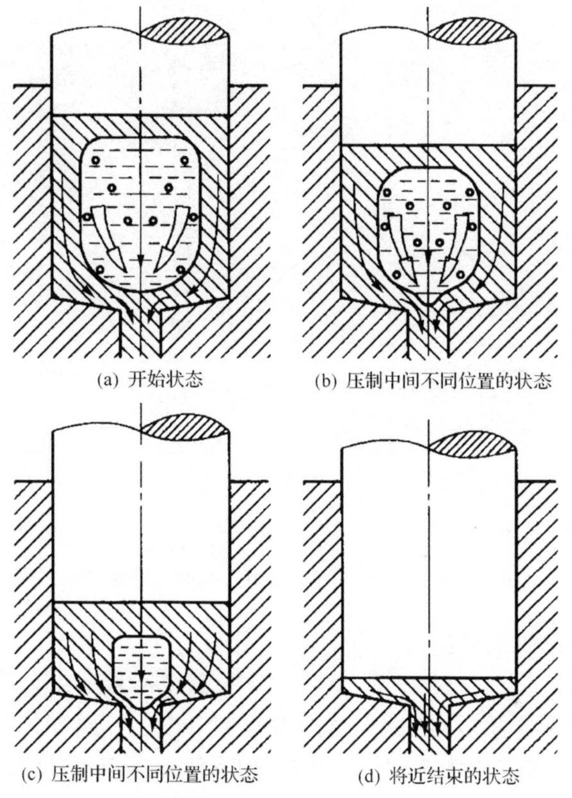
(a) 开始状态　(b) 压制中间不同位置的状态
(c) 压制中间不同位置的状态　(d) 将近结束的状态

图 10-16　固-液挤压过程中内部金属的流动与变化[5]

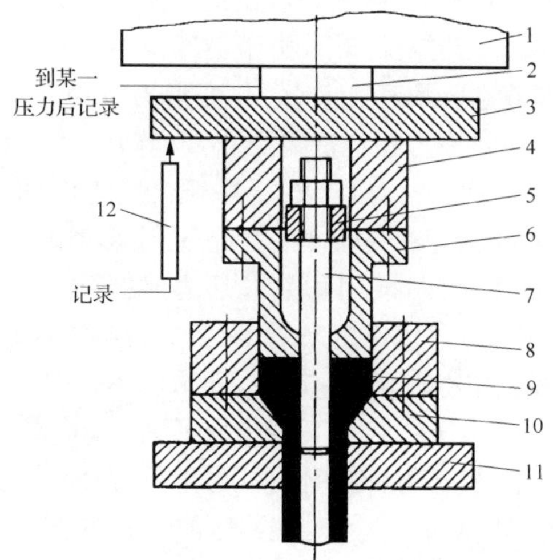

图 10-17　固-液挤压变形力-位移测试装置[5]

1-压制机活动横梁；2-压力传感器；3-上模板；4-冲头座；5-横梁；6-冲头；7-芯轴；8-挤压筒；9-固-液态金属与制品；10-成形模；11-冷却模；12-位移传感器

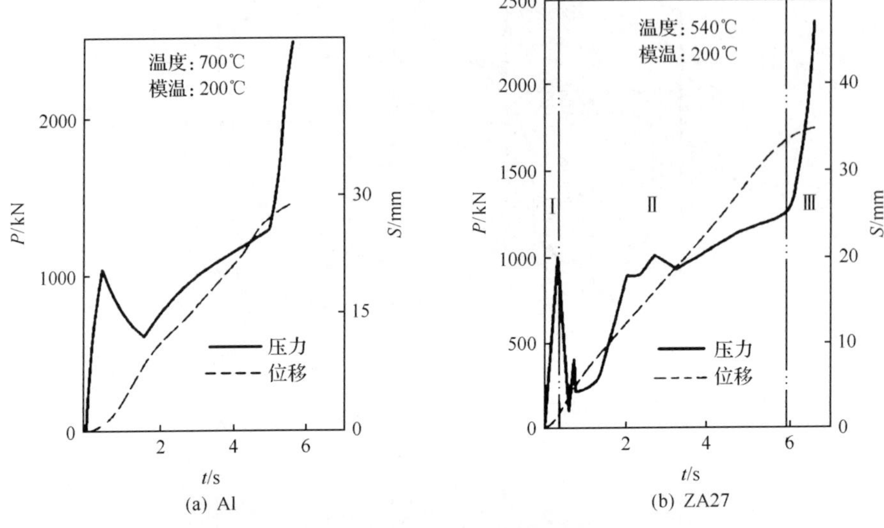

(a) Al　　(b) ZA27

图 10-18　固-液挤压变形力与时间变化曲线[5]

2）压力与位移曲线分析

根据压制曲线，固-液态挤压过程可以分为三个阶段：①开始阶段；②压制阶段；③最后阶段。第Ⅰ阶段自冲头与金属接触开始至挤压过程开始为止，这一阶段的起始点类似于传统挤压工艺，在压力的作用下使坯料充满模膛，而后压力持续上升，直到使已凝固部位产生塑性变形并克服较大的静摩擦力，随后才能使挤压过程开始，如图 10-19 所示。由图 10-18 可以看出这一阶段压力升高很快，而冲头位移极少，其原因也在于此。一旦挤压开始，由于动摩擦力远小于静摩擦力，总变形力快速下降，且由于内部液态金属存在较多，总变形力较小即可保证挤压的持续进行。同时总压力变小，动摩擦力相应变得更小，其作用于模壁上的正压力相应变小。所以图 10-18 可以看到总压力的骤然下降，这也表明第Ⅱ阶段的开始，也就是正常挤压阶段开始。对于液相存在较多的情况，由于金属的流动性，同时与芯轴接触摩擦力较小，挤压力可降到很低。随后，总压力又持续上升，这是由于两方面所致：①随凝固进行，液相部分的比例越来越小，变形力必须逐渐增大才能维系已凝固区的塑性变形；②由于置入的金属量较少，开始后不久即受到上、下端难变形区的影响，如图 10-20 所示。a、b、c 区为下端难变形区，其形成原因在于该处的金属直接与挤压筒内壁和成形模接触，冷却快、抗力上升，同时挤压筒内壁与成形模的摩擦力也阻止此处的金属流动。上端难变形区的形成在于冲头对坯料上表面摩擦力以及温度降低，导致该部位金属变形抗力大，相应变形也就比较困难。如图 10-18 所示的两次实验，置入固-液态金属的高度均为 30 多毫米，压下一部分后，就会涉及上下难变形区，要迫使难变形区参与变形，所需变形力必然要变大。

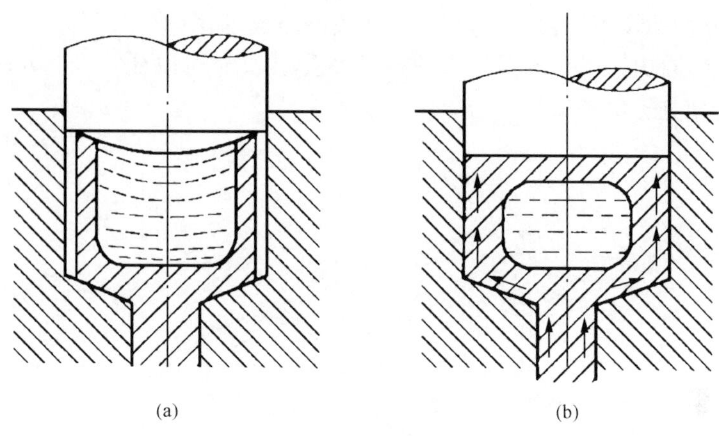

图 10-19　固-液挤压开始阶段[5]

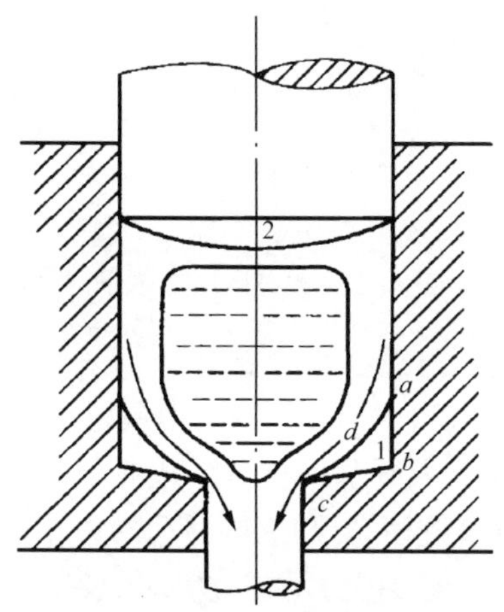

图 10-20　固-液挤压上、下端难变形区[5]

1-死区；2-难变形区

在压力上升过程中，出现有不规则的压力降低现象，造成这种现象的原因仍是内部液态金属的凝固以及位置变化。其一是液相区下行至变形区附近将导致变形力有所降低；其二是由于实验是以压制管材进行的，模具带有芯轴，当金属挤到贴近芯轴时，会降低芯轴的摩擦力，由此也可导致总变形力的降低。如果置入液态金属量比较多，则在这一压制阶段变形力不会升高如此快，会比较平缓。但在实验中，由于模具高度的限制，一次不能置入过多的金属，所以就使第二阶段的特征不是十分明显，压力上升较快。

最后阶段（Ⅲ阶段）也就是指凹模内的剩余金属减小到基本仅剩上端难变形区的程度，此时冲头已靠近底部，所剩金属均凝固并进入变形区，无液相存在，且坯料内部的温度降低比较严重，变形抗力极大，因此表现为变形力快速上升，位移量下降。由图 10-18 可以转换出压力与位移的关系曲线，如图 10-21 所示。由图 10-21 可以更清楚地看出压下量与总压力的相互关系，由此也可以证实以上分析，为各个阶段的范围划分提供了依据。

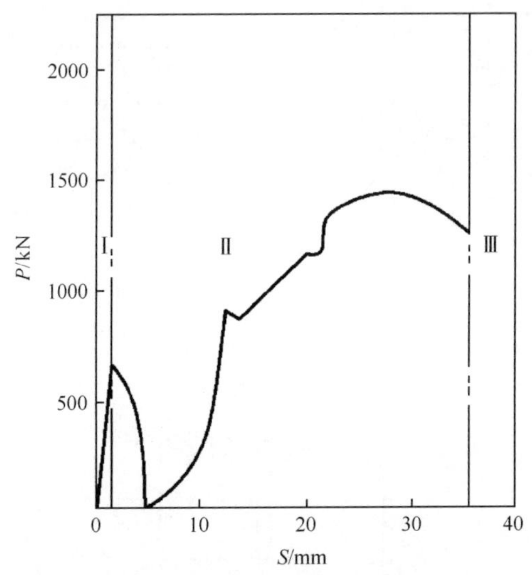

图 10-21 固-液态挤压压力-位移曲线[5]

3）加压前停留时间较长时总压力的变化

如果加压前停留时间较长，剩余较少液态金属时再开始加压，则会使挤压过程开始的力相应变大，如图 10-22 所示。压力变化曲线与图 10-18 的实验曲线相比多停留了 20s，材料及其他参数相同，则挤压开动的力比前者大很多。其原因是已凝固区加厚，温度降低，导致变形抗力增加，所以需要的总变形力也就越大。再开

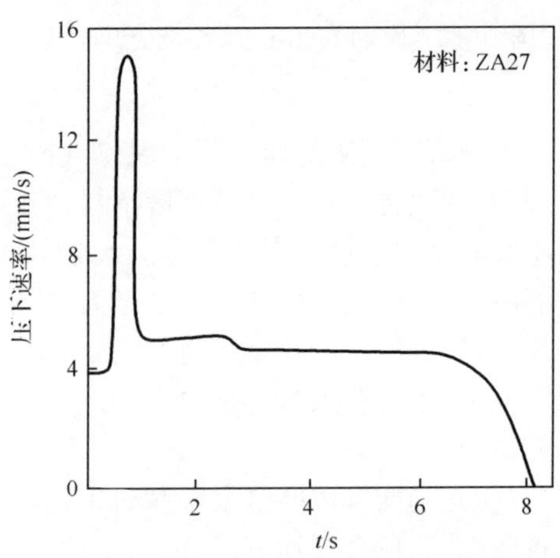

图 10-22 加压较晚时压力-时间曲线[5]

动以后，由于摩擦力减小，相应变形抗力也迅速下降，但在压制阶段的变形力也比加压开始早时高得多。如果采用完全固态挤压，那么总变形力会更大。由此也可以看出固-液态挤压的变形力与固态挤压的相比要低得多。

3. 固-液挤压的压下速率

固-液态挤压力的速率随时间变化的曲线如图 10-23 所示。可以看出，在过程的开始阶段，变形速率较低，实质上这一阶段也就是使已凝固层发生变形，迫使已凝固层完全与挤压筒内壁贴合，而后冲头压至与上液面完全接触，也就是说此时挤压过程尚未开动，下部模孔尚未有金属挤出。随后待压力达一定值后，金属骤然开始由模孔流出，速率发生大的变化，由于有一定的开动惯性，加上内部液态金属容易流动，所以压下速率在短时间达到很高值。随着速率变大，总压力迅速下降；反过来，由于压力上升速率低于需要的速率，相应导致压制速率达到峰值后又迅速降低，降至一定值后，压力的供应将满足要求，则速率停止下降。随后在整个压制过程中基本保持在某一定值，尽管稍有变化，但很小。从压力看，在此部分持续上升，可能认为压力上升也是为了保证压下速率的稳定性。到最后阶段，液相区消失，剩余坯料的变形抗力很大，压力上升速率难以保持压下速率的稳定。

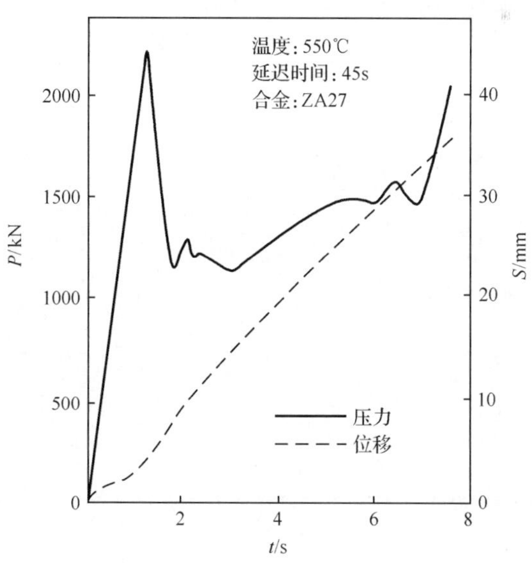

图 10-23　固-液态挤压速率随时间变化[5]

4. 固-液挤压变形力

1) 管材变形力计算

对于管材固-液挤压，如图 10-24(a)所示，设金属在进入变形区后已全部凝固，在变形区上部尚存在部分固-液态金属。在变形区中取厚度为 dz 的微元[图 10-24(b)],根据作用在微元上的应力分量可以推导平衡微分方程。

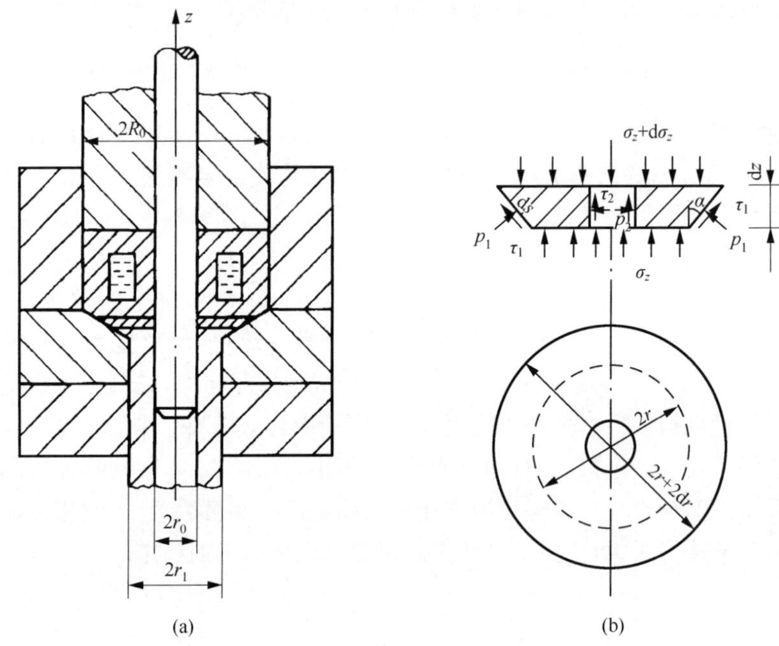

图 10-24 管材固-液态挤压力切块法示意图[5]

由图 10-24(b)可得作用于微分元体上应力分量沿轴向的投影为

$$\sigma_z\pi(r^2-r_0^2)+\tau_2 2\pi r_0\mathrm{d}z+2\tau_1\pi r\mathrm{d}s\cos\alpha+2p_1\pi r\mathrm{d}s\sin\alpha$$
$$=(\sigma_z+\mathrm{d}\sigma_z)\pi(r+\mathrm{d}r)^2-(\sigma_z+\mathrm{d}\sigma_z)\pi r_0^2$$

略去高阶无穷小量,整理后得

$$2\mu r_0\cot\alpha\cdot p_2\cdot\frac{\mathrm{d}r}{r^2}+2p_1\frac{\mathrm{d}r}{r}(1+\mu\cot\alpha)-2\sigma_z\frac{\mathrm{d}r}{r}-\mathrm{d}\sigma_z+\frac{r_0^2}{r^2}\mathrm{d}\sigma_z=0 \tag{10-32}$$

沿径向投影为

$$p_2\cdot 2\pi r_0\mathrm{d}z=p_1\cdot 2\pi r\mathrm{d}s\cos\alpha-\mu p_1\cdot 2\pi r\mathrm{d}s\sin\alpha$$

整理后可得

$$p_2=\frac{r}{r_0}p_1(1-\mu\tan\alpha) \tag{10-33}$$

再以 r 处为切面取与径向应力 σ_r 相关的平衡方程,可得

$$\sigma_r 2\pi r\mathrm{d}z-p_1 2\pi r\mathrm{d}s\cos\alpha+\mu p_1 2\pi r\mathrm{d}s\sin\alpha=0$$

整理后得

$$\sigma_r=p_1(1-\mu\tan\alpha) \tag{10-34}$$

设 σ_r 与 σ_s 为主应力，由 Tresca 屈服准则：

$$\sigma_r - \sigma_z = \sigma_s \tag{10-35}$$

将式(10-33)、式(10-34)和式(10-35)均代入式(10-32)

$$2\cot\alpha(\sigma_z + \sigma_s)\frac{dr}{r} + 2(\sigma_s + \sigma_z)\cdot\frac{dr}{r}\cdot\frac{1+\mu\cot\alpha}{1-\mu\tan\alpha} - 2\sigma_z\frac{dr}{r} - d\sigma_z\left(1-\frac{r_0^2}{r^2}\right) = 0$$

整理上式，令

$$\beta = (1+\mu\cot\alpha)/(1-\mu\tan\alpha) \tag{10-36}$$

$$\xi = \sigma_s(\mu\cot\alpha + \beta) \tag{10-37}$$

$$\lambda = \mu\cot\alpha + \beta - 1 \tag{10-38}$$

得

$$(2\xi + 2\lambda\sigma_z)\frac{dr}{r} - d\sigma_z\left(1-\frac{r_0^2}{r^2}\right) = 0 \tag{10-39}$$

其解为

$$\frac{1}{\lambda}\ln(\lambda\sigma_z + \xi) = \ln(r^2 - r_0^2) + \ln C$$

设成形模出口处 $\sigma_z = 0$，即 $r = r_1$，则

$$\ln C = \ln\frac{\xi^{1/\lambda}}{r_1^2 - r_0^2}$$

所以

$$\sigma_z = \frac{\xi}{\lambda}\left[\frac{(r^2 - r_0^2)^\lambda}{(r_1^2 - r_0^2)^\lambda} - 1\right]$$

在成形模入口处，$r = R_0$，则

$$\sigma_z = \frac{\xi}{\lambda}\left[\frac{(R_0^2 - r_0^2)^\lambda}{(r_1^2 - r_0^2)^\lambda} - 1\right] \tag{10-40}$$

令

$$\gamma = \frac{R_0^2 - r_0^2}{r_1^2 - r_0^2} \tag{10-41}$$

则式(10-40)可以写成

$$\sigma_z = \frac{\xi}{\lambda}(\gamma^\lambda - 1) \tag{10-42}$$

式中：γ 为挤压比，代表了变形程度。

前面推导没有考虑挤压时金属进入成形模后由于模角 α 引起的内部剪切变形。金属进入成形模后，被迫平行于成形模的斜面移动，所以在 r 方向产生一向心的速度分量，这样就导致了材料内部的剪切变形，由此必然会消耗一部分能量，使变形力增加。其单位面积增加的力为

$$\Delta p = 2\sigma_s \cdot \alpha/3 \tag{10-43}$$

式中：α 为模具半角。

所以在成形模入口处的变形力可由式(10-42)、式(10-43)求得

$$\sigma_{z_1} = \sigma_z + \Delta p = \frac{\xi}{\lambda}(\gamma^{\lambda} - 1) + \frac{2}{3}\sigma_s\alpha \tag{10-44}$$

由此式还可以求出压制将要结束时的变形力。

在变形区上部,没有紊流,可以认为只起传力作用,因此仅计算摩擦力即可。

在挤压开始时,上层金属没有完全凝固,可忽略上部凝固层的剪切应力的作用。由此,上部金属于挤压筒内壁和芯轴的摩擦力可以分为两部分单独求出,如图 10-25所示。

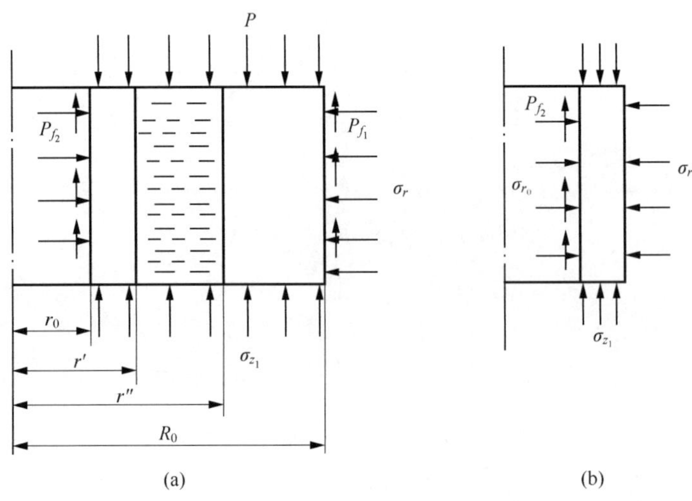

图 10-25　挤压筒部分摩擦力计算模型[5]

先求芯轴的摩擦力,设上端所施加力为 P, 由于液态金属的传力作用,在未凝固的金属内部 $\sigma_z = \sigma_\theta = \sigma_r$。由于已凝固部位必然要产生塑性变形,所以可以断定作用于仍处于液态部分之上的 σ_{z_1}, 必然作用于附近已凝固层之上的 σ_{zs}, 所以取 $\sigma_r = \sigma_{z_1}$, 即平均值,则所得摩擦力必然不小于真实摩擦力。如图 10-25(b)所示为靠近芯轴部分的已凝固层示意图,由此可得

$$P_{f_2} = 2\pi\mu h r' \sigma_{z_1} \tag{10-45}$$

同理可得挤压筒内壁的摩擦力为

$$P_{f_1} = 2\pi\mu h r'' \sigma_{z_1} \tag{10-46}$$

由此总挤压力可由式(10-44)、式(10-45)和式(10-46)求得

$$P = \pi(R_0^2 - r_0^2)\sigma_{z_1} + 2\pi\mu h \sigma_{z_1}(r' + r'') \tag{10-47}$$

则比压值可以写成

$$p = \left[\frac{\xi}{\lambda}(\gamma^{\lambda} - 1) + \frac{2\sigma_s\alpha}{3}\right]\left[1 + \frac{2\mu h}{R_0^2 - r_0^2}(r' + r'')\right] \tag{10-48}$$

一般取 $\alpha = 60°$,根据实验,在开始加压时仍处于液态的金属沿半径方向约占

浇入宽度的 2/5,所以取 $r' = r_0 + \frac{1}{5}(R_0 - r_0)$,$r'' = r_0 + \frac{3}{5}(R_0 - r_0)$,代入式(10-48),同时以式(10-36)代入,简化后可得

$$p = \sigma_s(\xi'\gamma^{\lambda'} + 0.7)\cdot\left[1 + \frac{2\mu h(1.2r_0 + 0.8R_0)}{R_0^2 - r_0^2}\right] \tag{10-49}$$

式中

$$\xi' = \frac{1.15\mu + 1}{2.89\mu} \tag{10-50}$$

$$\lambda' = \frac{\mu(2.89 - \mu)}{1 - 1.73\mu} \tag{10-51}$$

根据实验数据,取 $R_0 = 55$,$r_0 = 17$,$r_1 = 25$,$h = 35$,对于纯铝料,依据参考文献[5],取 $\sigma_s = 4\text{MPa}$,依据参考文献[6],取 $\mu = 0.25$。

由式(10-41)可得挤压比:$\gamma = \frac{R_0^2 - r_0^2}{r_1^2 - r_0^2} = 8.14$;

由式(10-50)得 $\xi' = 1.78$;

由式(10-51)得 $\lambda' = 1.16$。

代入式(10-49),可以求出比压值为

$$p = 4\times(1.78\times 8.14^{1.16} + 0.7)\cdot\left[1 + \frac{2\times 0.25\times 35(1.2\times 17 + 0.8\times 55)}{55^2 - 17^2}\right]$$
$$= 118\text{MPa}$$

此值与实验值基本吻合,实验值一般为 100～130MPa。这说明所推公式是可用的。

2) 固-液态挤压与传统挤压变形力的比较

根据别尔林公式[6],不考虑穿孔力,空心圆锭柱式固定针挤压的变形力计算公式为

$$P = R_s + T_z + T_d + T_t \tag{10-52}$$

式中:R_s 为塑性变形力;T_z 为变形区压缩锥侧面上的摩擦力;T_d 为挤压模具工作带表面上的摩擦力;T_t 为挤压筒和固定针表面所产生的摩擦力。其中

$$R_s = 0.86\left(\frac{D_0^2}{\cos^2\frac{\alpha}{2}} - \frac{d_0^2}{\cos^2\frac{\psi}{2}}\right)\times 2K_z$$

$$T_z = \frac{1.57}{\sin\alpha}(D_0^2 - d_0^2)\times\ln\left(\frac{D_0 - d_0}{d_1 - d_0}\right)\times f_z K_z$$

$$T_d = \pi(D_1 + d_0)\gamma h_d f_d K_d$$

$$T_t = \pi(D_0 + d_0)(h - h_s) f_t K_t$$

式中：K_z、K_d、K_t 分别为变形锥、工作带、挤压筒金属的最大剪切应力；f_z、f_d、f_t 分别为变形锥、工作带、挤压筒的摩擦系数；h_d 为工作带高度；h_s 为死区高度；$\psi = \arcsin\left(\frac{d_0}{D_0}\sin\alpha\right)$。

对于纯铝，取 σ_s =20MPa，式中各个参数相应根据固-液态挤压实验的实际状态并参考文献[1]进行选取，可计算得

$$R_s = 1080\text{kN}, \quad T_z = 310\text{kN}, \quad T_d = 1450\text{kN}, \quad T_t = 226\text{kN}$$

所以，P =3066kN，p =357MPa。

与固-液态挤压相比，比压增大量

$$p_{ri} = \frac{P_S}{P_L} = \frac{357}{118} \approx 3$$

即固-液挤压力的变形力仅为固态挤压的 1/3。

5. 管材固-液挤压模具温度场

管材固-液挤压下模具温度场已在第 5 章做过详细的介绍，包括沿模具壁厚同一时刻温度的变化(图 5-9)；沿模具壁厚方向不同时刻温度的变化(图 5-10)；沿模具高度不同时刻温度的变化(图 5-13)。

10.2.2 各要素的协调关系

由上所述，固-液挤压过程的建立及其稳定，与压力、加压速率和温度场三要素有关。即加压速率与凝固速率(由温度场和压力大小决定)相匹配。而加压速率与设备加压性能有关，这一般是常量；温度场和压力大小均是变量，因此，如何设置温度场和选择最佳的压力，是正确协调各要素的关键所在。

10.3 液态浸渗后直接挤压

固-液成形在复合材料制备与成形时，有着明显的优势[7]，为此，对其液态浸渗后(制备)的固-液挤压过程有必要给予较详细的分析。其实验装置如图 10-26 所示。

10.3.1 液态浸渗过程的研究

液态浸渗实验所用纤维为洛阳耐火材料所研制的多晶氧化铝短纤维，其化学成分和物理特性见表 10-3。纤维预制体为 ϕ45×50mm 圆柱体，纤维预制体的体积分数分别为 0.1 和 0.2。基体金属为 Al-1.5%(质量分数)Mg 合金。

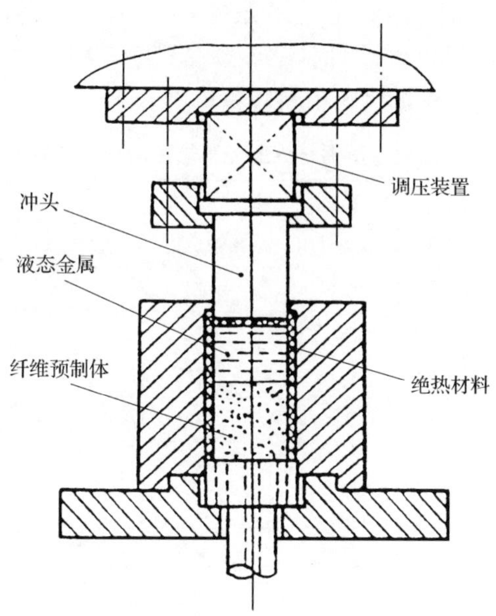

图 10-26　液态浸渗实验装置[5]

表 10-3　多晶氧化铝短纤维的化学组成与物理特性[5]

化学组成		物理特性				
Al_2O_3(质量分数)/%	SiO_2(质量分数)/%	直径/μm	ρ/(g/cm³)	UTS/MPa	E/GPa	主晶相
72.3	27.7	5～8	3.4	约 600	约 240	α-Al_2O_3 $3Al_2O_3 \cdot 2SiO_2$

图 10-27 为铝液浇注温度 740℃，浸渗压力 0.6MPa，浸渗时间 20s 条件下，所获得的纤维预热温度与浸渗深度的关系。浸渗实验结果表明，为保证浸渗过程进行，对纤维预热温度有一个最低要求，即存在一个纤维临界预热温度。本实验所获

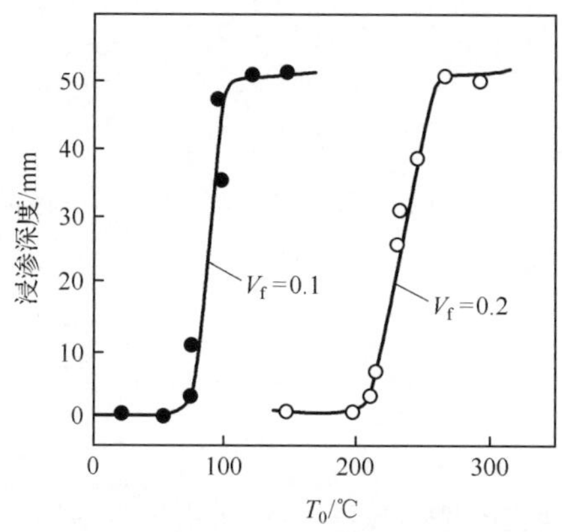

图 10-27　纤维预热温度与浸渗深度的关系[5]

得纤维临界预热温度如下：当纤维体积分数 $V_f=0.1$ 时，临界预热温度为 80～100℃；当纤维体积分数 $V_f=0.2$ 时，临界预热温度为 210～260℃。显然，当 $V_f=0.2$ 时，实验值与表 10-4 中的理论值有较好的吻合。

表 10-4　不同外压浸渗发生所需纤维最低预热温度和允许最大凝固体积分数[5]

P_a /MPa	V_f	V_{smax}			T_{0min} /℃		
		预制块Ⅰ	预制块Ⅱ	预制块Ⅲ	预制块Ⅰ	预制块Ⅱ	预制块Ⅲ
0.4	0.1	0.23	0.34	0.10	—	—	234
	0.2	0.07	0.18	—	372	236	458
	0.3	—	0.01	—	524	517	524
0.5	0.1	0.39	0.43	0.27	—	—	—
	0.2	0.23	0.27	0.14	175	125	288
	0.3	0.06	0.10	—	476	443	524
0.6	0.1	0.53	0.51	0.33	—	—	—
	0.2	0.37	0.34	0.19	—	40	230
	0.3	1.20	0.17	0.06	361	386	476
	0.4	0.03	—	—	540	559	559
0.7	0.1	0.66	0.57	0.38	—	—	—
	0.2	0.49	0.40	0.24	—	—	162
	0.3	0.33	0.23	0.11	254	336	435
	0.4	0.16	0.07	—	416	516	559

图 10-28 是在纤维预热温度为 400℃，浸渗时间为 12s 的条件下进行液态浸渗

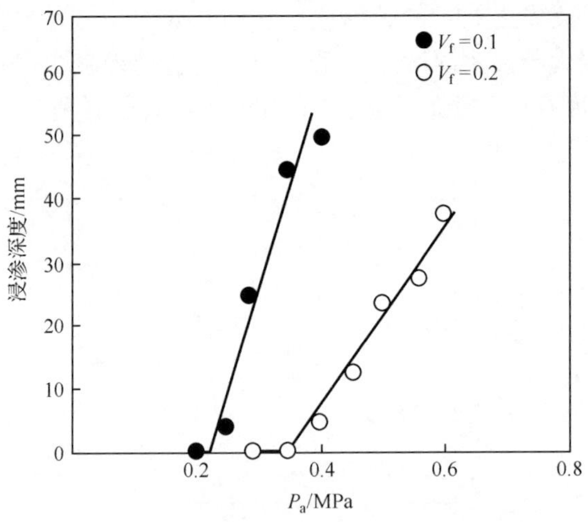

图 10-28　临界浸渗压力的外推法实验确定[5]

实验所获得的浸渗深度与浸渗压力之间的关系。采用外推法，由图 10-28 的实验结果，可确定出临界浸渗压力。当 $V_f = 0.1$ 时，$P_{th} \approx 0.23\text{MPa}$；当 $V_f = 0.2$ 时，$P_{th} \approx 0.34\text{MPa}$。

图 10-29 是在固定纤维预热温度和浸渗压力条件下进行浸渗实验所获得的浸渗深度与浸渗时间的关系。实验结果表明浸渗过程不是在外压加上后就立即发生，而是需要一定的孕育期，Edwards 等[8]对 SiC/Al 进行浸渗实验研究时也发现了这一现象。在本实验条件下，浸渗过程开动所需的孕育期为 2～3s。图 10-30是在不同浸渗时间条件下所获得的浸渗试样的实照。它清楚地表明了在浸渗过程中不同浸渗阶段所能获得的浸渗深度。此外，还可以看出，不同浸渗阶段所获得的浸渗试样，其浸渗前沿均较为平整，表明浸渗时液态金属在纤维预制体中流动是平稳的，各处流速是均匀的。图 10-31 是浸渗试样不同部位的金相组织。由图 10-31可

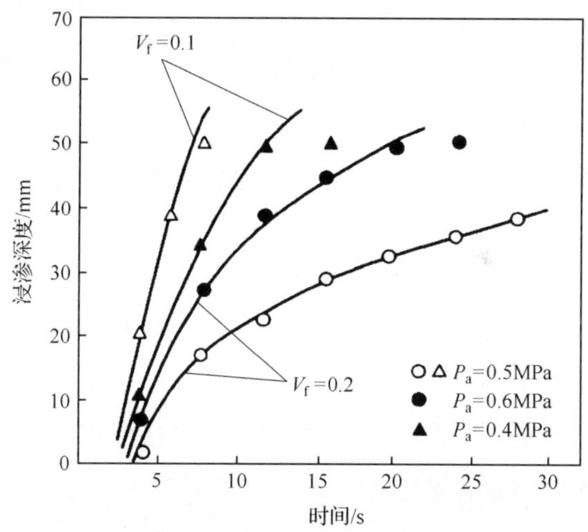

图 10-29　浸渗时间与浸渗深度的实验曲线[5]

图 10-30　不同浸渗时间下获得的浸渗试样实照

知，浸渗试样各处的组织与纤维分布均匀，无气体卷入和明显未渗透缺陷部位产生。它进一步说明本实验条件下进行的浸渗过程是平稳的，并无紊流等不良现象出现。

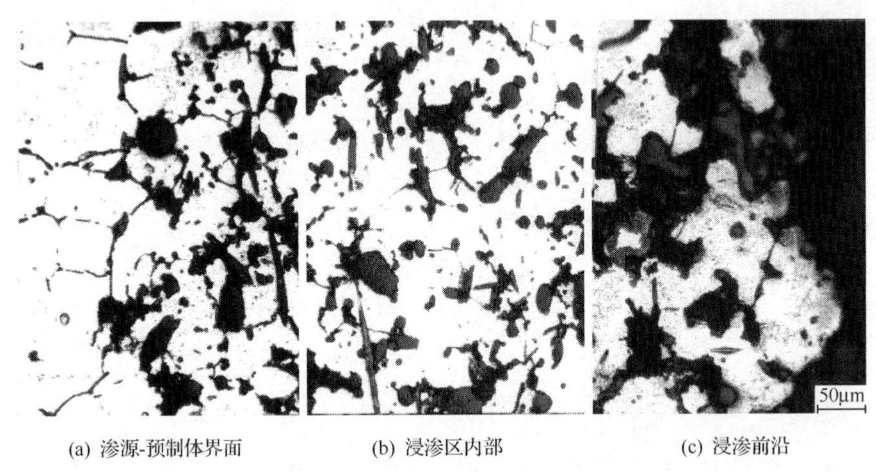

(a) 渗源-预制体界面 (b) 浸渗区内部 (c) 浸渗前沿

图 10-31 浸渗试样不同部位的金相组织[5]

10.3.2 液态浸渗后直接挤压工艺的研究

液态浸渗后直接挤压是在渗铸法、粉末法和液态模锻法的基础上提出的一种全新的一次复合、成形金属基复合材料及其制品的工艺。因此，必须对工艺过程及其规律特点进行研究，为该工艺的建立和实验应用提供依据。

1. 工艺方案选择与实验装置设计

根据液态浸渗后直接挤压工艺本身的特点和要求，分别设计了一次复合、成形复合材料棒材和板材的实验装置。两套实验装置的结构原理相同，如图 10-32 所示。

2. 工艺参数确定

液态浸渗后直接挤压的过程参数主要包括纤维预热温度、模具温度、液态金属浇注温度、液态金属浸渗压力、浸渗时间、挤压时压机压下速率及挤压比压值等。下面分别进行讨论。

1）纤维预热温度

若纤维预热温度过低，则浸渗过程中将伴随有较多液态金属的凝固产生，从而堵塞浸渗通道，阻碍浸渗过程的继续进行。更有甚者，在液态金属浇入到模腔后还未来得及对它施压时，就可能因纤维的激冷作用在纤维预制体顶面上形成极薄的

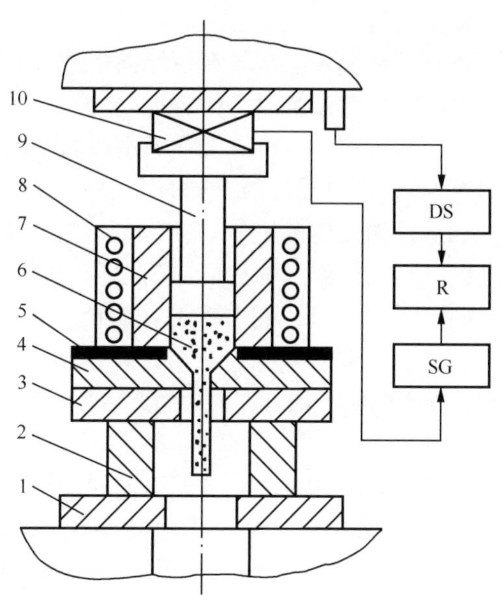

图 10-32　液态浸渗后直接挤压实验装置简图[5]

1-下模板；2-模架；3-垫板；4-成形模；5-隔热材料；6-Al_2O_{3sf}/Al 复合材料；7-挤压筒；8-加热装置；9-冲头；10-压力传感器；DS-位移传感器；SG-应变仪

凝固层，将液态金属与纤维预制体完全隔开，从而完全阻止液态浸渗过程的发生。由实验结果可知，存在一个决定浸渗过程能否进行的纤维最低预热温度，即纤维临界预热温度。只有当纤维预热温度大于临界预热温度时，液态浸渗过程才可顺利进行。本工艺实验过程中，纤维预制体的预热温度为 350～400℃。

2）模具温度

就挤压筒来说，在整个过程中应保持较高的温度，以确保液态金属在渗入纤维预制体前有足够高的温度，在液态金属完全渗入纤维预制体后，不会有太多的凝固。而对于挤压成形凹模来说，在挤压过程中应保持较低的温度，这样才能保证在液态浸渗过程完成后，液态基体金属优先在挤压变形区部位凝固，并由此向上发展。只有这样，才能通过协调凝固速率与压下速率，使凝固区始终保持在靠近变形区部位，而变形区以上挤压筒中的基体金属基本处于液态，从而实现稳定的固-液挤压过程。为此，将挤压筒预热至 400～450℃，并在挤压过程中使其温度保持在该温度范围以上。而对于挤压凹模，预热温度取 150～200℃，并使凹模温度在整个挤压过程中保持在 200～250℃，以保证挤压筒中的复合材料进入变形区后能及时凝固。

3) 液态金属浇注温度

若浇注温度过低,则在浸渗前液态金属在挤压筒中就可能发生部分凝固,或者即使在浸渗前没有凝固发生,但随浸渗过程的进行,已浸渗区将伴随有较多的液态金属凝固,从而阻止浸渗过程的顺利进行。浇注温度过高,则液态金属吸气氧化严重,凝固组织粗大,直接影响制件质量性能。同时会增加不必要的能耗和影响模具寿命等。因此,液态金属浇注温度的确定应是在保证液态浸渗过程能顺利完成的前提下尽可能低。本实验中,浇注温度的选取原则为合金的液相线温度以上 80～100℃,以保证液态金属在浇入挤压筒后浸渗前保持 40～60℃的过热度。具体选取如下:对于 Al-1.5%(质量分数)Mg 和 6061Al 合金取上限,即浇注温度取为 740～750℃;对于 2A12 合金则取下限,即浇注温度为 720～730℃。

4) 液态金属浸渗压力

浸渗压力过低,则浸渗过程不能发生或者浸渗过程即使可以进行,但液态金属在纤维预制体中的流动速率很慢。若浸渗压力过高,液态金属在浸渗过程中可能出现局部紊流,从而卷入气泡,影响复合材料的质量和性能。此外,过高的浸渗压力还会使纤维预制体产生变形,从而使所获得的复合材料的纤维体积分数偏离设计的要求。本实验中,浸渗压力的选取高于临界浸渗压力 0.15～0.25MPa,当纤维体积分数低时,取下限;当纤维体积分数高时,取上限。即当 $V_f = 0.1$ 时,浸渗压力取 0.45MPa 左右;当 $V_f = 0.2$ 时,浸渗压力取 0.55～0.65MPa。

5) 浸渗时间

浸渗时间的选取主要与浸渗压力和纤维预制体的纤维体积分数及高度有关。其选取原则是保证挤压进行前,液态金属能充分渗透纤维预制体并在靠近挤压凹模口的变形区部位优先凝固形成有一定厚度的凝固区。本实验中,对于 $V_f = 0.1$ 的纤维预制体,浸渗时间取 30～35s;对于 $V_f = 0.2$ 的纤维预制体,浸渗时间取 35～40s。

6) 压下速率

理想的压下速率值应当是与挤压筒内下部的液态基体金属的凝固速率相匹配,使得挤压过程中凝固区的位置始终与变形区相吻合,变形区内的基体金属处于固-液态或刚刚凝固完状态。若压下速率过大,则在挤压时未凝固区会很快下降到变形区或变形区以下,导致液态基体金属从下部挤出,挤压过程无法顺利进行。反之,若压下速率过小,则随着挤压过程的进行,凝固区逐渐上移,变形区内已凝固的基体金属的温度越来越低,其变形抗力增大,使挤压力显著提高,稳定的固-液挤压过程无法实现,并导致挤压后期其性质与固态热挤压无本质区别,纤维将受到较大程度的损伤。

7) 比压

比压值是衡量挤压过程进行所需变形力大小的重要参数。一般来说,比压值的大小并非人为决定，而是变形区内金属的变形条件在具体工艺条件下的客观体现。比压值的大小主要和变形区内材料的变形抗力，工件与工具的摩擦条件、挤压速率、挤压比等因素有关。应当指出，比压值的大小对挤压制件的性能质量有一定的影响。当变形区内材料温度一定，即变形抗力一定时，若改变制件出口处摩擦条件或其他工艺因素使比压值升高，则材料在挤压过程中所受的等静压也升高，从而对提高制件性能质量有一定的益处。实验表明，本研究所述工艺条件下进行液态浸渗后直接挤压时，比压值为 200MPa 左右。

8）实验材料与结果

为了制订合理的工艺参数，确定液态浸渗后直接挤压成形复合材料棒材和板材的工艺，作者先后以挤压成形Al_2O_{3sf}/Al-1.5%（质量分数）Mg、Al_2O_{3sf}/6061Al、Al_2O_{3sf}/2A12 三种不同复合材料的棒材和 Al_2O_{3sf}/Al-1.5%（质量分数）Mg 复合材料板材为目标，进行了 40 多次工艺实验，对工艺规律和特点进行了反复摸索，确定出了合适的工艺参数选值范围，形成了合格的复合材料棒材和板材制件，从而确立了工艺。本实验所获得的工艺参数和合适取值范围及部分复合材料制件的实照分别如表 10-5 和图 10-33 所示。

表 10-5　Al_2O_{3sf}/Al 复合材料液态浸渗后直接挤压工艺参数

基体材料	纤维体积分数/%	纤维预热温度/℃	成形模预热温度/℃	挤压筒预热温度/℃	浇注温度/℃	浸渗压力/MPa	浸渗时间/s	压下速率/(mm/s)
Al-1.5%（质量分数）Mg	0.10	300～350	160～180	380～420	720～740	0.4～0.5	25～30	2.0～3.0
	0.20	350～400	180～200	400～450	730～750	0.6～0.7	30～40	2.0～3.0
Al6061	0.10	300～350	160～180	380～420	720～740	0.4～0.5	25～30	2.0～3.0
	0.20	350～400	180～200	400～450	730～750	0.6～0.7	30～35	2.0～3.0
2A12	0.10	300～350	160～180	380～420	720～740	0.4～0.5	25～30	2.0～3.0
	0.20	350～400	180～200	400～450	730～750	0.6～0.7	30～35	2.0～3.0

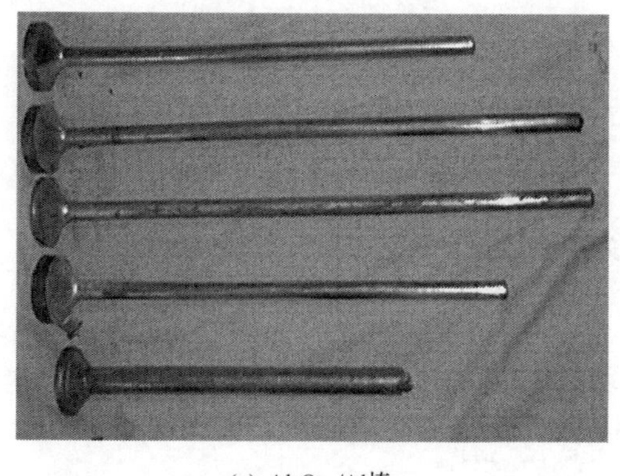

(a) Al_2O_{3sf}/Al棒

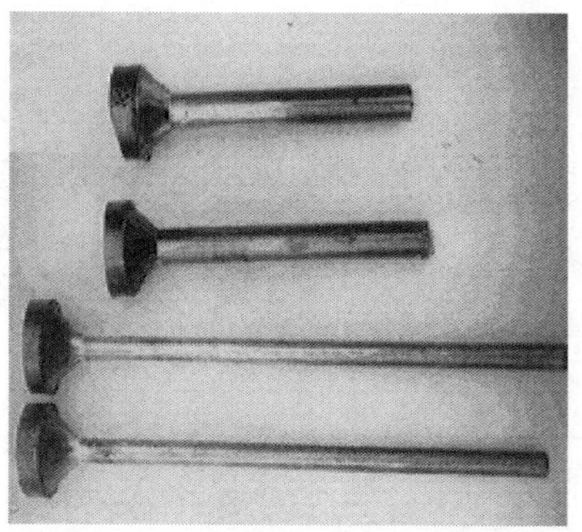

(b) Al_2O_{3sf}/Al平板

图 10-33　液态浸渗后直接挤压成形的 Al_2O_{3sf}/Al 复合材料型材

3. 固-液挤压成形过程的规律与特点

液态浸渗后直接挤压工艺是一种全新的一次复合、成形金属基复合材料及其制品的工艺方法。浸渗后的挤压过程，作为该新工艺的主体，必然有其自身的规律和特点。更具体地说，在金属流动方式、挤压过程中载荷的变化、变形速率等方面，浸渗后的挤压过程将有别于传统的固态热挤压。

1）浸渗后直接挤压的金属流动

可以认为在整个挤压成形过程中在挤压筒下部靠成形模处存在一理想的平整凝固界面。在凝固界面上方，复合材料的状态保持浸渗后状态不变，而在凝固界面以下范围，基体金属处于固相体积分数较高的固-液态或刚刚凝固完状态。这样，凝固界面上方的复合材料在挤压过程中起传力介质作用，将挤压凸模所施加的压力以等静压形式传递到凝固界面上，从而实现对凝固区内复合材料的挤压成形，如图 10-34 所示。当挤压过程中压机的压下速率能与凝固速率相协调时，挤压过程即为稳定挤压过程。此时凝固界面的位置在整个挤压过程中保持相对稳定，从而使得金属的变形温度、受力状态和流动方式等在整个挤压过程中均保持相对稳定，从而易于获得性能均匀的制件。实验结果表明，只要工艺参数选择合适，具有均匀金属流动的稳定挤压过程完全可以实现。这一点可以从挤压成形制件中并无明显缩尾形成(图 10-33)和后面将讨论的挤压载荷变化规律以及制件内部组织、纤维分布形态特点等方面得以证实。

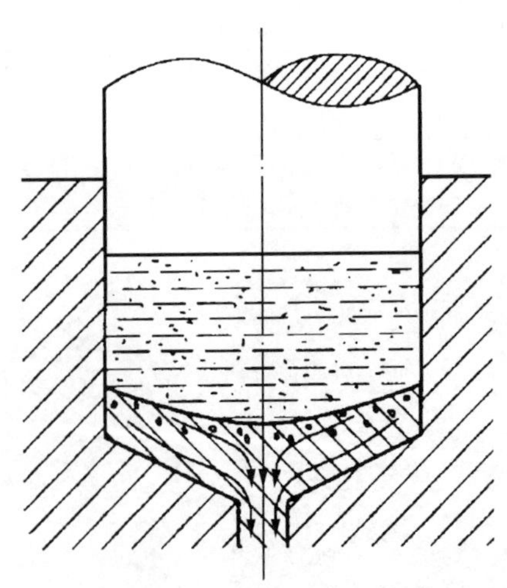

图 10-34　液态浸渗后直接挤压过程中的流动模型

2）浸渗后挤压过程中的行程与载荷变化规律

为了测定液态浸渗后挤压过程中载荷与位移的相互关系以及它们各自随时间

的变化规律，工艺实验装置(图 10-32)中设计和安置了用于测定总变形力的压力传感器和测定挤压冲头下行位移的位移传感器。通过多次实验，测定了不同工艺条件下的载荷-位移曲线、载荷-时间曲线、位移-时间曲线等。下面对实测结果进行分析。

图 10-35 为实验测定的不同挤压工艺条件下的载荷-位移曲线。与传统的挤压工艺过程相类似，渗后的挤压过程可以分为两个阶段，即启动阶段(图 10-35 中各曲线的Ⅰ区)和挤压阶段(图 10-35 中各曲线的Ⅱ区)。挤压启动阶段的本质是：随着冲头下行，挤压筒中材料所受的压力逐渐增大，在液态浸渗过程完成后可能存在的一些局部未润湿、未渗透等缺陷和由于液态金属冷却凝固而可能形成的显微孔洞、材料与模具间的气隙等得到进一步消除，即坯料在压力作用下逐步致密充满模腔。这样，直到压力上升到足以使已凝固部位的材料产生塑性变形，并克服较大的静摩擦力使挤压过程开动起来。因此，不同挤压工艺条件下的载荷-位移曲线在挤压启动阶段具有相同的特征，即随位移的增加挤压载荷迅速增大。但进入挤压阶段后，载荷-位移曲线的特征随具体工艺条件的不同而有较大的差异。当工艺参数选择适当，挤压过程开动时已凝固界面的位置在整个挤压过程中保持相对稳定，金属的变形温度、受力条件基本恒定，过程为稳定挤压过程，如图 10-35(a)所示，即在整个挤压过程中变形力保持基本稳定。但随挤压进行，挤压筒中的材料逐渐减少，摩擦条件得到一定改善，变形力略有下降。当工艺参数选择不当时，如挤压时压下速率与凝固速率不协调，或者挤压开动前凝固区高度不合适时，将无法实现稳定的挤压过程。图 10-35(b)～(d)是三种典型的不稳定挤压过程的载荷-位移曲线。图 10-35(b)为挤压开始前凝固区高度和其内已凝固金属温度合适，但挤压时压力机压下速率小于凝固速率时的情形。这种情况下的挤压启动阶段与稳定挤压过程的启动阶段是一致的。不同之处在于挤压启动后，压机的压下速率比凝固速率小，导致随着挤压的进行凝固区不断扩大，变形区内金属的温度逐渐下降，变形抗力提高，因而挤压力随挤压过程的进行迅速上升，直到挤压过程结束。在挤压启动后挤压力迅速上升之前，压力曲线上有一小段回落[图 10-35(b)中的Ⅱa 区段]，这也与稳定挤压时类同，是由动摩擦力比静摩擦力小和压力机本身的惯性造成的。图 10-35(c)则是挤压时压机压下速率与凝固速率基本协调，但挤压开动前凝固区高度较大，其内金属温度较低时的情形。在这种情况下，由于变形区内金属温度较低，变形抗力大，因而要求有较高的挤压启动力。一旦挤压开始，挤压力有较大幅度的下降[图 10-35(c)中曲线的Ⅱa 段]，这时由于此时的挤压过程相当于润滑条件不良的固态挤压过程，其静摩擦力比动摩擦力大很多。当挤压力降至一定程度后，过程基本稳定，挤压力不再有太大的变化，这样直到过程结束。图 10-35(d)是压机压下速率较小，但施压开始较早，即挤压前凝固区高度不够大，变形区内金属的凝固不够高时的情形，在这种情况下，在较小的挤压力下就可使过程开动起来，

制件被挤压出来时，一般还尚未全部凝固。随着挤压过程的进行，变形区内金属凝固逐步增加，变形抗力逐步增大，直到挤压结束。一般来说，图 10-35(b)和(c)所示的两个过程虽然不是稳定的固-液挤压过程，但均能挤出健全制件。而图 10-35(d)所示的过程，由于挤压时变形区内金属温度过高，液相成分过多，在挤压凹模出口处，制件尚不能处于完全凝固状态，难以获得合格的挤压制件。

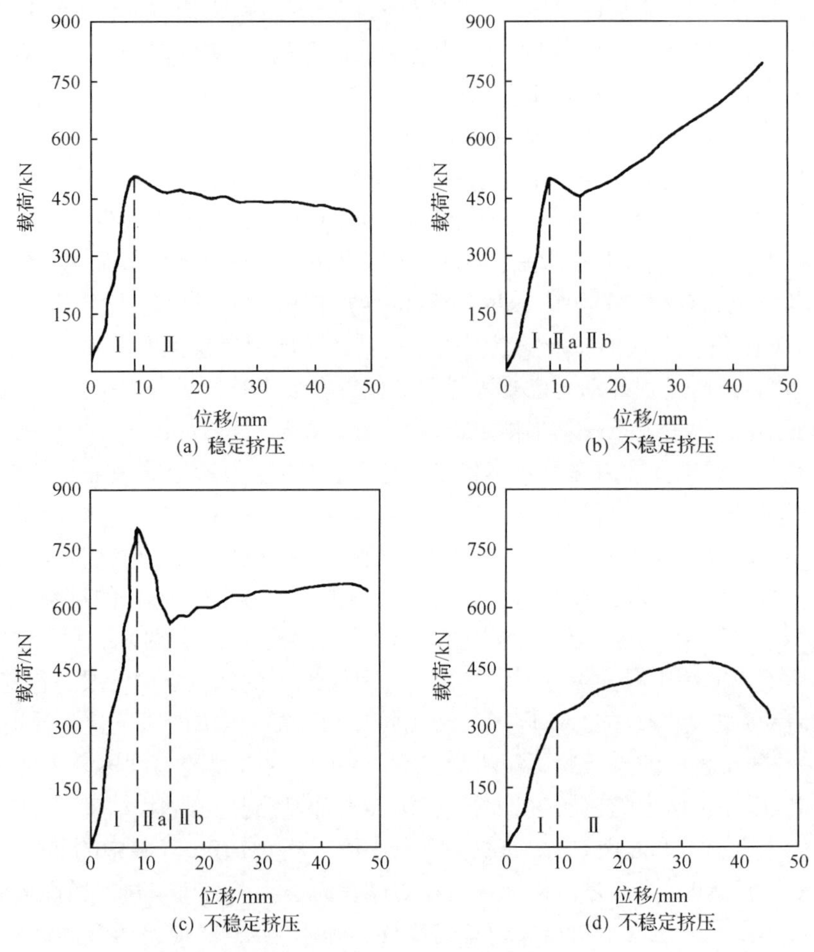

(a) 稳定挤压　(b) 不稳定挤压　(c) 不稳定挤压　(d) 不稳定挤压

图 10-35　不同挤压条件下的载荷-位移曲线

图 10-36 为实验测定的稳定挤压过程的载荷与位移随时间的变化关系。由图 10-36可知，在稳定挤压过程中的挤压启动阶段，压力上升很快，而位移增加则缓慢。在挤压阶段，挤压力基本保持稳定，且随挤压的进行而略有下降，而位移则基本呈线性上升，体现出了稳态挤压的特征。图 10-37 是图 10-36 所示的稳定挤压过程的压机压下速率随时间的变化关系。由图 10-37 可清楚地看出，在挤压启

动阶段压机压下速率很低，为压机的升压阶段。当压机压力升高到足以使变形区内金属产生塑性变形并克服金属坯料和模具间的最大静摩擦力而开始从挤压模孔流出时，挤压过程被骤然开动，由于此时压机的实际压力一般比挤压启动后所需的挤压力大，因而压下速率突然增大，即在挤压启动的瞬间，压下速率将激增。然而，压下速率的突增将导致压机压力的大幅度下降，从而使得压机在挤压启动后无法维持挤压启动时的快的压下速率，压下速率回落至一定水平。而后，压机的压力与压下速率基本上维持不变，挤压过程稳定进行，直至挤压结束。

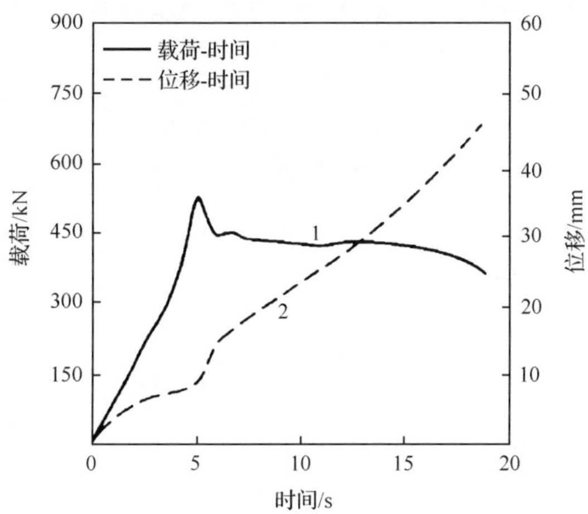

图 10-36　稳定挤压过程载荷与位移随时间变化[5]

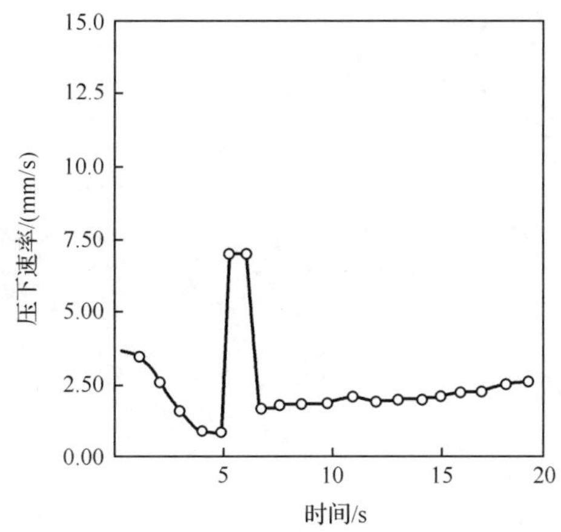

图 10-37　稳定挤压过程压下速率随时间变化[5]

参 考 文 献

[1] 罗守靖,陈炳光,齐丕骧. 液态模锻与挤压铸造技术. 北京:化学工业出版社,2007.

[2] Москадев А Н, Рогов В Г, Здор В А. Жидкая Штамповка сдожннх детадей из адюминия. Москва: Машгиз,1950.

[3] Новцков Ц Ц. Горянешцкосмъ убетних цемацое слшаьоь. Москва:Наука,1966.

[4] 斯德洛日夫 M B,波波夫 E A. 金属压力加工原理. 哈尔滨工业大学锻压教研室、吉林工业大学锻压教研室. 重庆大学锻压教研室译. 北京:机械工业出版社,1980.

[5] 赵祖德. 复合材料固-液成形理论与工艺. 北京:冶金工业出版社,2008.

[6] 刘静安. 轻合金挤压工具与模具. 北京:冶金工业出版社,1990.

[7] 杨守山. 有色金属塑性加工学. 北京:冶金工业出版社,1988.

[8] Edwards G R, Olson D L. Investigation into the infiltration kinetics, wettability and interfacial bond strength of Al/SiC composites. Annual Report ADA211924,1989.

第 11 章　球晶结构固-液态金属(半固态)塑性力学

球晶结构与枝晶结构区别在于:后者晶粒树枝状相互搭接和咬合,其间充满着孤岛似的小液池;前者晶粒呈球状,相互以液膜隔开。在高固相体积分数下,晶粒与晶粒呈黏性联结。在外载荷作用下,可沿阻力最小方向滑动或转动。显然,球晶结构下,有较大的塑性变形,下面作相应的讨论。

11.1　不同固相体积分数下的本构方程

对半固态成形影响最大的工艺参数是温度或固相体积分数。当体积分数很小($f_L<0.2$)时,固相团均匀分布在母相中,其黏度比纯液态有所增大,但就其本身讲,流体的流变特性和牛顿体特性相同,即 η_0 为常数。若 $0.2<f_L<0.4$ 时,表现为伪塑性体特性,且具有触变性,可用触变强度来表征;若固相体积分数大于 0.4,甚至高达 0.7 时,其力学特性呈宾厄姆流体特性或圣维南体特性,即存在一个剪切强度 τ_s,当 $\tau>\tau_s$,流体便发生流动,并具有一定的触变性。因此,不同固相体积分数下的半固态金属,其本构方程是不一样的。

1. 单相本构方程

1976 年,Joly 等[1]对多孔固相热变形提出了一个应力与固相体积分数、应变速率之间的经验关系:

$$\sigma = A\exp(\beta f_S)(\dot{\varepsilon})^m \tag{11-1}$$

式中:σ 为应力;A、β 为常数;f_S 为固相体积分数;$\dot{\varepsilon}$ 为应变速率。式(11-1)成功解释了 Sn-15%(质量分数)Pb、Bi-17%(质量分数)Sn、Zn-27%(质量分数)Al、Al-2%(质量分数)Cu 等合金的流变实验结果。

2. 两相本构方程

当固相体积分数高时,半固态材料可以看成是由固体骨架与间隙液相组成的混合物。当半固态材料变形时,固相与液相之间发生相互作用,液相上的压力影响固相上的应力和密实。固体骨架的密实又反过来影响液体的流动,二者是不可分的。采用两相转换来描述半固态材料变形行为是恰当的。

1985 年 Charreyron 等[2]基于低应变速率下半固态材料变形行为实验观察基础上,提出其流变条件:

$$(f'\sigma_0)^2 = 3J_2 + \left(\frac{1}{3}f\right)^2 J_1^2 \tag{11-2}$$

式中：f 和 f' 为固相体积分数 f_S 的两个函数，当 $f_S=1$ 时，$f=\infty$，$f'=1$。J_1 和 J_2 分别为第一应力张量不变量和第二应力张量不变量。

材料黏塑性行为，通过屈服应力 σ_0 来表达：

$$\sigma_0 = KD_{\text{eq}}^{\text{m}} \tag{11-3}$$

间隙液相的流动采用达西定律来描述：

$$\bar{v}_L = \frac{k}{\eta f_L}\frac{\partial p}{\partial x} \tag{11-4}$$

式中：$\bar{v}_L$ 为液体流速，m/s；η 为液体黏度，Pa·s；f_L 为液体体积分数，%；k 为固体骨架的渗透系数，$k=rf_L^2$，其中 $r=\frac{1}{8n\pi}$，n 为单位面积内空隙数；$\frac{\partial p}{\partial x}$ 为压力梯度，Pa/m。

对于三维空间，同时又考虑重力影响，其达西定律可表述为

$$\bar{v}_L = \frac{k}{\eta f_L}\nabla(p+\rho_L f_L) \tag{11-5}$$

式中：ρ_L 为液体的密度，kg/m^3；∇p 为压力梯度，Pa/m。

式(11-3)未考虑液相体压力对整个变形过程的影响，为此 Lalli[3] 考虑了固相上的应力与液相压力间的相互作用，表示为

$$\sigma = \sigma_S + \sigma_L \tag{11-6}$$

式中：σ_S 为固相应力矢量；σ_L 为液相应力矢量。

固相遵守下面的流动准则：

$$(f_S\sigma_0)^2 = 2(1+\mu)J_2' + \frac{1}{3}(1-2\mu)J_1^2 \tag{11-7}$$

式中：μ 为泊松比，与固相体积分数有关，$\mu=0.5f_S^p$。

Lalli 也采用达西定律来描述液相的流动行为，其液相的流动速率参见式(11-4)、式(11-5)。

11.2 触变强度

1. 屈服与触变

屈服现象是固态金属材料在外力作用下，由弹性变形转变为塑性变形出现的一种塑性流动现象，如图 11-1 所示。材料一旦屈服，应力不增加，其对应屈服点，称为屈服应力，或屈服强度极限，为 σ_s，而触变强度表征半固态合金材料在外力作用下由牛顿型流体流动转变为非牛顿型流体流动，或者从静态进入流动的一种流

变行为。材料一旦触变，变形增加应力快速下降(剪切变稀)或应力增加(剪切变稠)，其对应的触变点称为触变应力或触变强度，记为 σ_T (图 11-2)。对应于半固态金属材料，因其组织(球晶)特征，在剪切速率不大的条件下，其流动表现为剪切变稀行为。因此，突出剪切变稀行为研究，不仅有理论意义，而且有其应用价值。

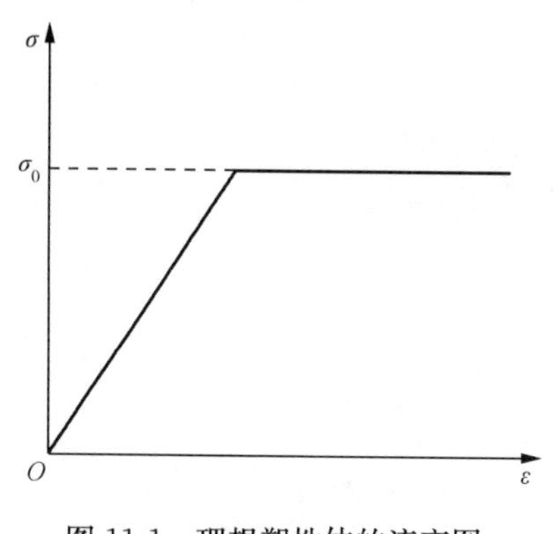

图 11-1　理想塑性体的流变图

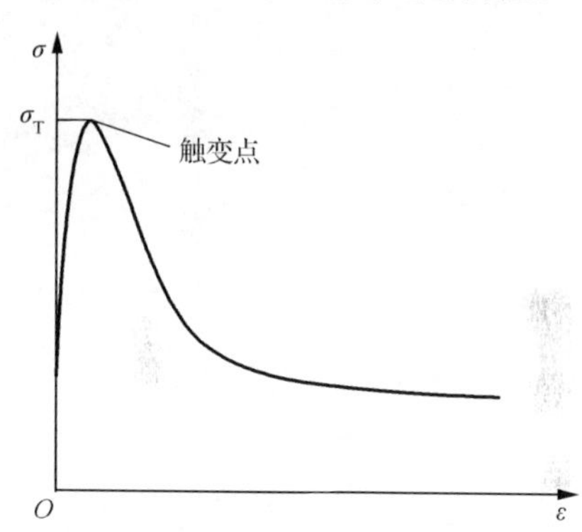

图 11-2　半固态金属等温压缩真应力-真应变示意图

2. 触变准则

与固态合金材料屈服准则相对应，合金材料在半固态下流变的触变准则为

$$\tau > \tau_T \tag{11-8}$$

式中：τ_T 为触变强度，Pa。

式(11-8)的意义在于，半固态金属在外力作用下，一旦应力大于 τ_T 即进入触变状态。它与屈服准则不同之处在于，它不考虑应力状态是单向还是复杂应力状态，故其触变准则具有唯一性；屈服准则 $\sigma = \sigma_s$，即应力一旦达到 σ_s 即进入屈服状态，而应变增加，应力不发生变化。

3. 触变强度的影响因素

从半固态金属流动模型式(11-8)可知，其剪切力大小受多种因素影响，其中触变强度首推影响因素。

1) 温度(体积分数)的影响

图 11-3 为不同加热温度下 MB15+RE[4] 的半固态等温稳态压缩真应力-真应变曲线，分析得到随着加热温度的升高，触变强度逐渐降低。原因是随着温度的升高，固相颗粒间液相体积分数逐渐增加，导致压缩时半固态内部的固体微粒变形抗力降低。

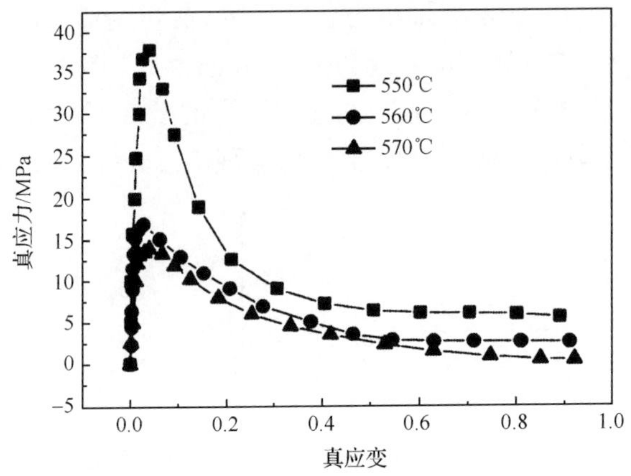

图 11-3　不同加热温度下半固态 MB15＋RE 压缩曲线[4]

图 11-4 分别是不同应变速率下 AlSi7Mg 铝合金[5]和 60Si2Mn 弹簧钢[6]的半固态等温稳态压缩真应力-真应变曲线，分析得到随着应变速率的增加，触变强度逐渐增大。原因是应变速率大时，固相颗粒间相互作用的速率大于液相挤入固相颗粒间作用于变形的速率，因此固体骨架的变形抗力大，导致触变强度高；当应变速率小时，液相有足够的时间被挤压到固相颗粒间，因此触变强度较低。

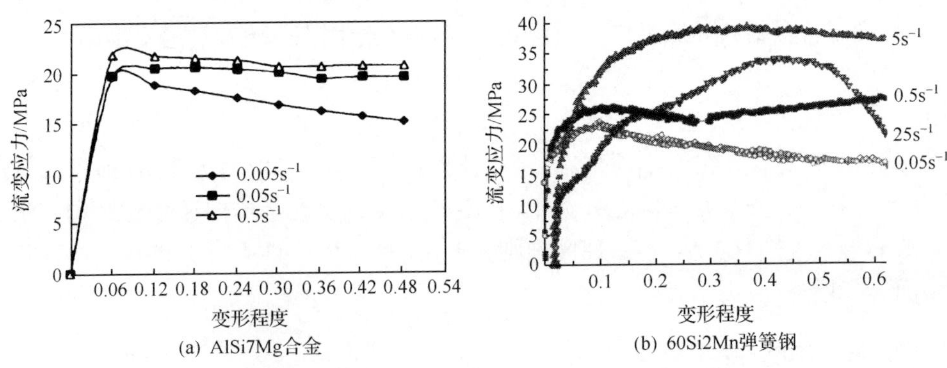

图 11-4　不同应变速率下 AlSi7Mg 合金[5]和 60Si2Mn 弹簧钢[6]的半固态等温稳态压缩真应力-真应变曲线

图 11-5 分别是 SiC_P/2024 复合材料在 590℃不同保温时间下的半固态压缩曲线[7]，分析得到随着保温时间的延长，触变强度降低。原因是随着保温时间的延长，半固态金属逐渐达到平衡态，液相逐渐增加，同时固相颗粒的球化程度越来越好，因此触变强度降低。

2）组织和结构的影响

晶粒尺寸 A 是影响触变强度大小的一个不可忽略的因素。图 11-6 分别为

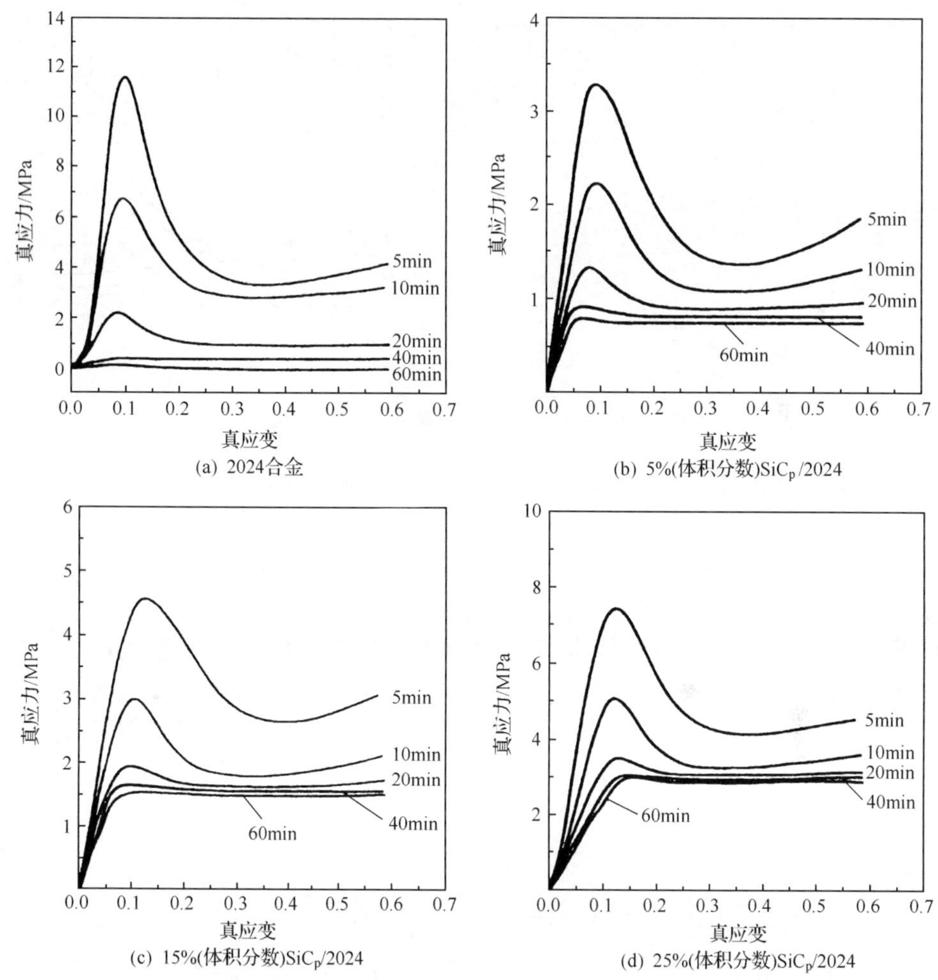

图 11-5　SiC_P/2024 复合材料在 590℃不同保温时间下的半固态压缩曲线[7]

AZ91D 合金和 Zr 变质 AZ91D 合金在相同加热温度、应变速率、保温时间条件下的半固态等温稳态压缩真应力-真应变曲线[8]。Zr 元素对 AZ91D 合金的作用在于细化晶粒，570℃时，AZ91D 合金的晶粒尺寸为 50～80μm，而 Zr 变质 AZ91D 合金尺寸为 20～60μm[9]，可知 Zr 变质后 AZ91D 合金的晶粒尺寸要明显小于 AZ91D 合金的晶粒尺寸。结合图 11-5 分析可得，在其他条件相同时，晶粒越细小，触变强度越高。原因是当具有相同固相体积分数时，晶粒大则液相分布相对集中，导致固-液相之间的作用容易；晶粒小则液相分布相对分散，固相颗粒间的液相较少，变形不容易。

晶粒的球化度 F 是影响触变强度的一个重要的内在因素。它一方面可以与

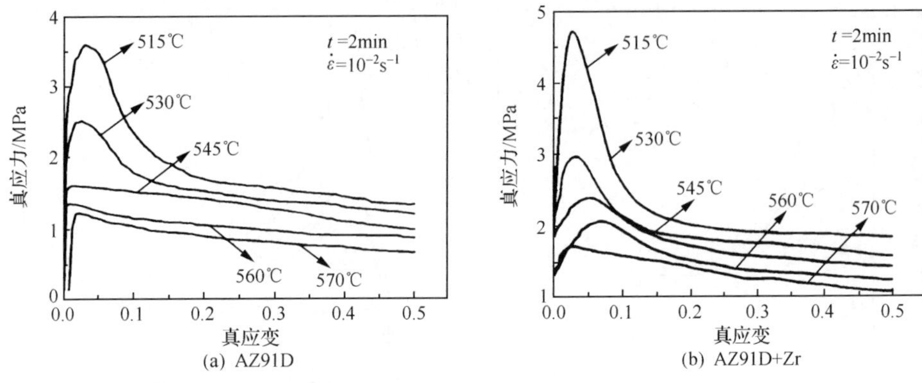

图 11-6　变形量相同的半固态压缩曲线[8,9]

保温时间相互对应，另一方面与不同试验方法相对应。事实上，好的晶粒球化度也是非枝晶半固态加工远远优于枝晶半固态加工的根本原因。如图 11-7(a)所示为挤压态 LC4 铝合金和挤压后冷变形 LC4 铝合金在 600℃保温 5min 的真应力-真应变曲线，其晶粒平均尺寸相差很小，这是挤压态 LC4 铝合金内部尚存在一些长径比较大的晶粒，而挤压后冷变形态 LC4 铝合金几乎都是近球形的晶粒，因此挤压后冷变形态 LC4 铝合金的半固态触变强度低于挤压态 LC4 铝合金的半固态触变强度[10]。而图 11-7(b)所示为 LC_4 枝晶态、挤压态和 SIMA 三种状态对球晶化影响，枝晶能变强度高，而 SIMA 法低。显然，SIMA 制坯，在二次加热过程中，球晶化最好。

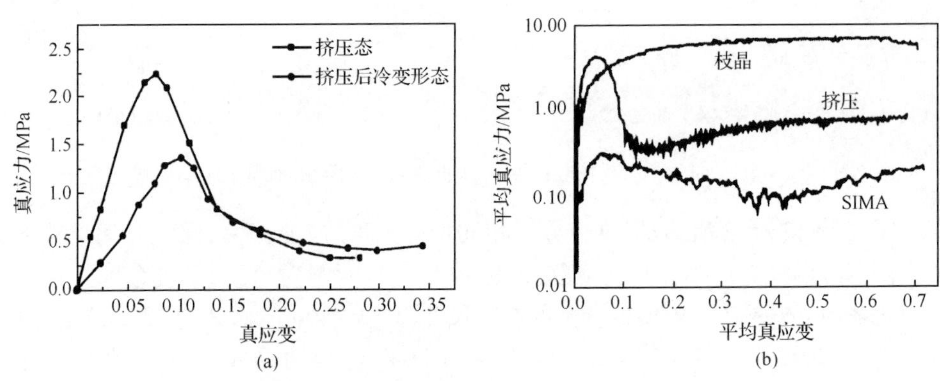

图 11-7　晶粒的球晶化度对触变强度的影响[10]

结构参数 λ 是描述半固态坯料内部固相颗粒结构状态的变量。当所有固相颗粒相互联结时，结构参数为 1，当任意两相颗粒之间都没有联结时，结构参数为 0。触变强度随着结构参数的增大而增大。原因是随着结构参数的增加，固相颗粒间的联结面积增大，固相颗粒间的液相体积分数减少，引起变形抗力的增大。

11.3　高固相体积分数 SiC_P/2024 复合材料的本构模型

由文献[11]研究结果可知,在固相体积分数大于 60%的 SiC_P/2024 复合材料中,基体表现为液体包裹着球状颗粒,在稳态条件下,承压过程中期流体应力随固相体积分数的增加而增加,并随应变速率而变化,表明高固相体积分数 SiC_P/2024 复合材料具有温度、加载历史和应变速率敏感性,这使工艺过程设计和控制变得困难。变形速率、成形温度和模具设计的精确选择对于生产合格的产品是必要的。半固态成形过程数值模拟结果的精确与否,依赖于材料的本构模型能否精确描述材料在半固态下的变形行为,以及精确的本构模型参数和材料热物理性能数据。一般来说,用于描述金属在半固态下变形的本构模型都是基于混合理论基础上的,采用连续多孔体的黏塑性本构方程来描述固体骨架的变形行为,用达西定律来描述液体的流动,并将二者相互复合。

1. 本构模型的确立

在选择本构方程时,一般应遵守如下的原则:该方程能描述材料力学行为的主要特征;要求确定方程参数时所需要的独立实验尽可能简单,实验类型和数目尽可能少;方程形式尽可能简单,使该方程利于结构分析。

材料在半固态下的变形行为大致可以分为三种类型:①较低固相体积分数($f_S<20\%$),可将此种材料看成是牛顿黏性流体,黏度采用 Einstein[12] 和 Bachelor[13] 理论来预测;②低固相体积分数($20\%<f_S<50\%$),此种材料的流动阻力和非线性黏度有所增加,半固态材料变形行为的研究是基于剪切变形阻力反映了固相颗粒团聚的程度这一假设基础上,此时应从流变学角度考虑其在应力作用下的行为;③高固相体积分数($f_S>50\%$),固体骨架已经形成,材料被考虑为宏观均匀各向同性的两相介质:一是相互连为一整体的多孔体;二是可以在相互连通的孔洞内流动的液相部分,宏观的变形要与固相颗粒的变形相协调。本节主要考虑第三种类型的金属基复合材料半固态下的塑性变形行为。

2. 两相本构模型

Nguyen 等[14]基于连续介质力学和混合理论概念基础上建立了一种具有微观物理和流变学意义的两相本构模型。该模型对从液态凝固获得的半固态材料是适用的,对从固态部分重熔得到的半固态材料也是适用的,材料中固相和液相是连续的。理论和实践均证明该方程能描述半固态下材料所表征的一系列重要的力学响应:①变形的温度相关性;②变形的应变速率相关性;③固相与液相间的相互作用。

1) 应力描述

半固态 SiC 颗粒增强铝基复合材料被看做是一个混合物,其中固相和液相在组成材料点的物理空间中允许占据共同的位置。为了表征微观组织和材料行为,在每一个材料点上采用变量的平均值。

半固态材料的变形行为是复杂的,实验数据的分析需要同时解释固相变形行为和固相基体变形引起的液体流动行为。只有当缝隙压力梯度存在的情况下,液体才通过固体骨架流动,缝隙压力梯度才可能改变固相上传输的应力。因此固-液混合物本构方程的公式化需要首先对任意材料点的应力场进行分析。对于固-液混合物见式(11-6)。

Prevost[15]研究表明,如果液体的内在黏度和固体骨架内的流体黏度是可以忽略的,液相应力矢量 $\boldsymbol{\sigma}_{\mathrm{L}}$ 可以简化为

$$\boldsymbol{\sigma}_{\mathrm{L}}=-f_{\mathrm{L}}p_{\mathrm{L}}\delta_{ij} \tag{11-9}$$

式中:p_{l} 为缝隙压力,Pa。

由式(11-6)和式(11-9)得

$$\boldsymbol{\sigma}_{\mathrm{L}}=\boldsymbol{\sigma}+f_{\mathrm{L}}p_{\mathrm{L}}\delta_{ij} \tag{11-10}$$

当 $f_{\mathrm{L}}=0$ 时,固相应力矢量 $\boldsymbol{\sigma}_{\mathrm{S}}$ 等于总应力矢量 $\boldsymbol{\sigma}$。

2) 连续性方程

连续性方程是从每一相的质量守恒推导出的。当成形过程被考虑为等温,所有的扩散过程是可忽略的,并且固相和液相均没有质量的补充,质量守恒定律分别导出固相和液相质量守恒的局部形式:

$$\begin{aligned}&\frac{\partial(\rho_{\mathrm{S}}f_{\mathrm{S}})}{\partial t}+\nabla\cdot\rho_{\mathrm{S}}f_{\mathrm{S}}\boldsymbol{u}_{\mathrm{S}}=0\\&\frac{\partial(\rho_{\mathrm{L}}f_{\mathrm{L}})}{\partial t}+\nabla\cdot\rho_{\mathrm{L}}f_{\mathrm{L}}\boldsymbol{u}_{\mathrm{L}}=0\end{aligned} \tag{11-11}$$

式中:ρ_{S}、ρ_{L} 分别为固相和液相的宏观质量密度,$\mathrm{kg/m^3}$;$\boldsymbol{u}_{\mathrm{S}}$、$\boldsymbol{u}_{\mathrm{L}}$ 分别为固相和液相的速度矢量;∇为散度。

当固相和液相密度为常数时,式(11-11)可简化为

$$\frac{\partial f_{\mathrm{S}}}{\partial t}=-\nabla\cdot\boldsymbol{u}_{\mathrm{S}}-\boldsymbol{u}_{\mathrm{S}}\nabla\cdot f_{\mathrm{S}} \tag{11-12}$$

$$\frac{\partial f_{\mathrm{L}}}{\partial t}=-\frac{\partial f_{\mathrm{S}}}{\partial t}=-(1-f_{\mathrm{S}})\nabla\cdot\boldsymbol{u}_{\mathrm{L}}=\boldsymbol{u}_{\mathrm{L}}\nabla\cdot f_{\mathrm{S}} \tag{11-13}$$

由式(11-12)和式(11-13),得

$$\nabla\cdot\boldsymbol{u}_{\mathrm{S}}=\boldsymbol{u}_{\mathrm{r}}\nabla\cdot f_{\mathrm{S}}-(1-f_{\mathrm{S}})\nabla\boldsymbol{u}_{\mathrm{r}} \tag{11-14}$$

式中:$\boldsymbol{u}_{\mathrm{r}}$ 为液态相对于固体的流动速度,$\boldsymbol{u}_{\mathrm{r}}=\boldsymbol{u}_{\mathrm{L}}-\boldsymbol{u}_{\mathrm{S}}$。

式(11-14)构成了半固态混合物的连续性方程,上面所有方程均未考虑凝固,也就是说,假设整个变形过程为等温绝热变形过程。

3) 固相的黏塑性本构方程

由于 $SiC_P/2024$ 复合材料在半固态下具有温度及应变速率敏感性，根据 Nguyen 等[16]的研究，固体基体的变形行为可采用热黏塑性本构定律来描述，并包含在固态材料的本构定律内。

对于半固态材料，弹性变形是可以忽略的，因此黏塑性应变速度 $\dot{\boldsymbol{\varepsilon}}^{\mathrm{p}}$ 等于总的固相相应的应变速度张量 $\dot{\boldsymbol{\varepsilon}}$，即

$$\dot{\boldsymbol{\varepsilon}}^{\mathrm{p}} = \dot{\boldsymbol{\varepsilon}} \tag{11-15}$$

进一步假设半固态材料具有黏塑性耗散势 Ω，它是固相有效应力张量、固相体积分数和温度 T 的函数，因此黏塑性耗散势可表达为

$$\boldsymbol{\Omega} = \boldsymbol{\Omega}(\boldsymbol{\sigma}_{\mathrm{S}}, f_{\mathrm{S}}, T) \tag{11-16}$$

假设半固态材料变形符合常规流动法则，那么应变速度张量为

$$\dot{\boldsymbol{\varepsilon}} = \frac{\partial \boldsymbol{\Omega}}{\partial \boldsymbol{\sigma}_{\mathrm{S}}} \tag{11-17}$$

在多孔连续介质材料的黏塑性变形中，屈服函数通常与三个应力不变量有关。从许多文献[14,17,18]中可以看出，第三不变量的影响在实验上仍然未被证实，关于黏塑性液体饱和的多孔金属材料的实验数据仍很少，因此可忽略第三不变量的影响，认为 $\boldsymbol{\Omega}$ 可由固相相应的张量第一不变量 I_1 和固相偏应力张量第二不变量 J_2 来表达，可采用等效应力的形式，得

$$\boldsymbol{\Omega} = \boldsymbol{\Omega}[\sigma_{\mathrm{eq}}(I_1, J_2, f_{\mathrm{S}}), T] \tag{11-18}$$

等效应力采用 Abousf 等[19]于 1986 年针对金属粉末体提出的模型，即

$$\sigma_{\mathrm{eq}}^2 = [A(f_{\mathrm{S}})J_2 + B(f_{\mathrm{S}})I_1]^2 \tag{11-19}$$

式中：$A(f_{\mathrm{S}})$和 $B(f_{\mathrm{S}})$为与固相体积分数相关的参数。

将 I_1和 J_2的表达式代入式(11-19)中，得

$$\boldsymbol{\sigma} = \frac{A}{2}\mathrm{tr}(\boldsymbol{\sigma}_{\mathrm{S}})^2 + \frac{6B - A}{6}(\mathrm{tr}\boldsymbol{\sigma}_{\mathrm{S}})^2 \tag{11-20}$$

由常规流动法则，可得黏塑性应变速率为

$$\dot{\boldsymbol{\varepsilon}} = \frac{\partial \boldsymbol{\Omega}}{\partial \sigma_{\mathrm{eq}} \sigma_{\mathrm{eq}}}\left(\frac{A}{2}\boldsymbol{\sigma}_{\mathrm{S}} + \frac{6B - A}{6}\mathrm{tr}\boldsymbol{\sigma}_{\mathrm{S}}\right) \tag{11-21}$$

根据黏塑性耗散势和等效应力的二元性，可定义黏塑性等效应变速率 $\dot{\varepsilon}_{\mathrm{eq}}$ 为

$$\dot{\boldsymbol{\varepsilon}} : \boldsymbol{\sigma}_{\mathrm{S}} = \sigma_{\mathrm{eq}} \dot{\varepsilon}_{\mathrm{eq}} \tag{11-22}$$

将式(11-20)和式(11-21)代入式(11-22)，得

$$\frac{\partial \boldsymbol{\Omega}}{\partial \sigma_{\mathrm{eq}}} = \dot{\varepsilon}_{\mathrm{eq}} \tag{11-23}$$

结合式(11-23)和式(11-21)，得

$$\dot{\boldsymbol{\varepsilon}} = \frac{\dot{\boldsymbol{\varepsilon}}}{\sigma_{\mathrm{eq}}}\left(\frac{A}{2}\boldsymbol{\sigma}_{\mathrm{S}} + \frac{6B - A}{6}I_1\right) \tag{11-24}$$

高固相体积分数的 $SiC_P/2024$ 复合材料具有温度及应变速率敏感性,因此在本研究中 $\dot{\varepsilon}_{eq}$ 和 σ_{eq} 之间的关系采用 Sellars 等[20]提出的双曲正弦模型,即

$$\dot{\varepsilon}_{eq}=\beta\exp\left(-\frac{Q}{RT}\right)[\sinh(\alpha\sigma_{eq})]^n \tag{11-25}$$

式中:α、β 为材料常数;n 为应变速率敏感性;Q 为变形激活能,J/mol;R 为摩尔气体常量,8. 31J/(mol · K)。

4) 液相流动定律

在高固相体积分数的半固态材料中,液相可在其中流动的通道非常小,因此液体流动模型可采用式(11-26)所示的达西定律来描述

$$\boldsymbol{u}_L f_L=\frac{k\partial p}{\eta_L\partial x} \tag{11-26}$$

式中:$\boldsymbol{u}_L$ 为液相相对于固相的流动速度,m/s;η_L为液体黏度,Pa · s;k 为渗透率,是影响多孔体液相流动的主要参数。

对于半固态材料,固体基体由准球形颗粒组成,渗透率 k 可用下面简单的关系式来表达,即

$$k=\frac{d^2}{b}(f_L)^{\lambda} \tag{11-27}$$

式中:d 为平均颗粒尺寸,m;b、λ 为无量纲的材料常数。

对部分重熔材料系,λ 在 2 到 3 之间取值。B 值反映了固体骨架的扭曲度,是液相在两固相点间流动的距离与两点间距离的比值。此外,空隙压力的边界条件为

$$p=p_0\text{(自由表面)}$$
$$\frac{\partial p}{\partial n}=0\text{(接触表面)} \tag{11-28}$$

由于研究所涉及的材料为颗粒增强铝基复合材料,增强颗粒多存在于晶界处,当材料处于固-液温区时,晶界处熔化的液相将包裹增强颗粒。Nguyen 等[21]的研究表明,液体黏度与其中固相质点的百分数有很大关系,因此,增强颗粒的存在必然对液体黏度产生很大的影响,可以假设为

$$\eta_L=f(\eta_0^L,f_p) \tag{11-29}$$

式中:η_L为加入增强颗粒后的液体黏度,Pa · s; η_0^L 为纯金属液体的黏度,Pa · s;f_p 为复合材料增强颗粒含量百分数。

5) 本构方程的数学形式

由式(11-6)和式(11-29),可得本构方程的数学形式与式(11-6)相同:

$$\boldsymbol{\sigma}=\boldsymbol{\sigma}_S+\boldsymbol{\sigma}_L$$

固相的黏塑性本构方程为

$$\bar{\dot{\boldsymbol{\varepsilon}}}=\frac{\dot{\varepsilon}_{eq}}{\sigma_{eq}}\left(\frac{A}{2}\sigma_S+\frac{6B-A}{6}I_L\right) \tag{11-30}$$

式中

$$\sigma_{eq}^2 = A(f_S)J_2 + B(f_S)I_1^2 \tag{11-31}$$

$$\dot{\bar{\boldsymbol{\varepsilon}}} = \beta\exp\left(-\frac{Q}{RT}\right)[\sinh(\alpha\sigma_{eq})]^n \tag{11-32}$$

液相流动中

$$u_L f_L = \frac{k\partial p}{\eta_L \partial x} \tag{11-33}$$

对于完全密实的材料($f_S=1$),等效应力的定义就是米塞斯等效应力。式(11-31)为密实材料的蠕变方程,因此

$$A(1) = 3,\quad B(1) = 0$$

对于低固相体积分数,固相在静水应力和偏应力条件下均可无限变形,因此

$$A(0) = \infty,\quad B(0) = \infty$$

在方程中共有 6 个待定的参数,分别为 α、n、Q、β、A、B。

3. 本构方程中材料参数的确定

要采用上述黏塑性本构方程对 SiC_P/2024 复合材料半固态下变形行为进行数值模拟,首先要确定方程中未知的材料常数。黏塑性本构方程中引入了 α、n、Q、β、A、B 等材料参数,虽然待定参数数目较多,但是这些参数均可根据固态等温单轴拉伸实验和半固态下简单压缩实验确定出来。也就是说,用于确定方程参数的实验类型较少且易于实现,这有利于本构方程的推广应用。

1) 应力指数 n、变形激活能 Q 和材料参数 α、β 的确定方法

n 是表征应变速率敏感性的材料参数。变形激活能 Q 是材料的物理性质。研究的材料是 SiC_P/2024 复合材料,SiC 颗粒的体积分数分别为 5%、15%和 25%。在温度为 300～500℃、应变速率为 $4.17\times10^{-3}\sim8.33\times10^{-3}\,s^{-1}$ 条件下进行固态等温单轴拉伸实验,图 11-8(a)、(b)和(c)所示为 15%SiC_P/2024 复合材料在不同温度、不同应变速率下的拉伸曲线。图 11-9 和图 11-10 分别为 5%SiC_P/2024 和 25%SiC_P/2024 在应变速率为 $4.17\times10^{-3}\,s^{-1}$、不同温度下的等温单轴拉伸曲线。从图中可以看出,应力随温度升高明显减少,应力随应变速率的提高而增大,表明 SiC_P/2024 复合材料是应变速率敏感性材料。采用稳态应力值确定式(11-25)中的材料参数。

对于高的轴向应力 $\boldsymbol{\sigma}_z$,式(11-25)可近似为

$$\dot{\boldsymbol{\varepsilon}}_z = \beta\exp\left(-\frac{Q}{RT}\right)\left[\frac{\exp(\alpha\boldsymbol{\sigma}_z)}{2}\right]^n \tag{11-34}$$

对于低的轴向应力 $\boldsymbol{\sigma}_z$,式(11-25)可近似为

$$\dot{\boldsymbol{\varepsilon}}_z = \beta\exp\left(-\frac{Q}{RT}\right)\alpha^n\boldsymbol{\sigma}_z^n \tag{11-35}$$

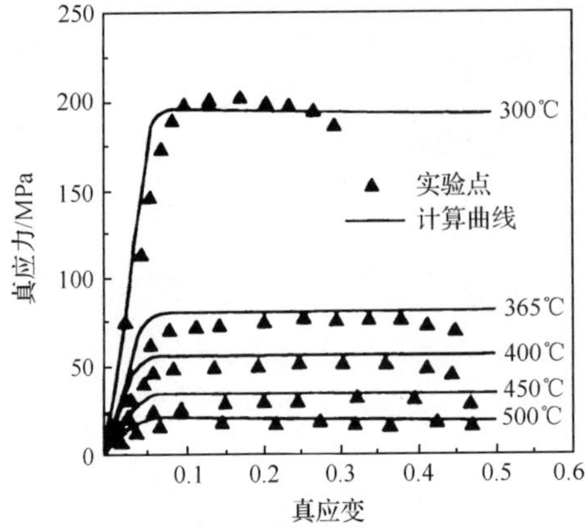

(a) 应变速率: $4.17\times10^{-3}s^{-1}$

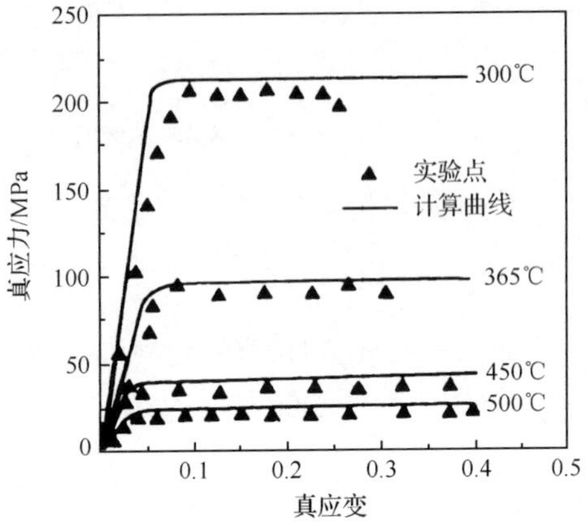

(b) 应变速率: $1.67\times10^{-3}s^{-1}$

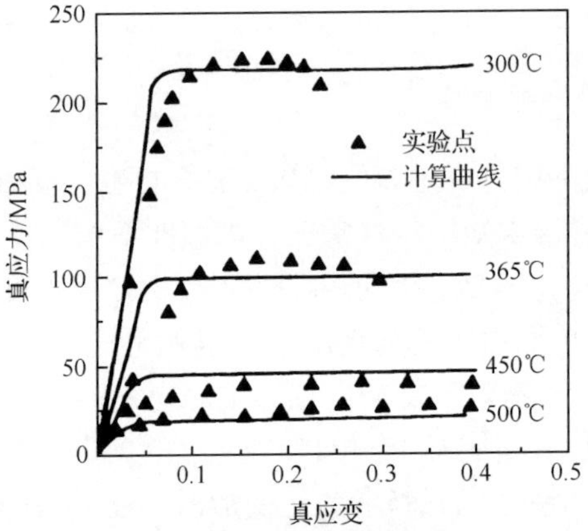

(c) 应变速率: $8.33\times10^{-3}s^{-1}$

图 11-8　15% SiC_P/2024 复合材料在不同温度、不同应变速率下的拉伸曲线

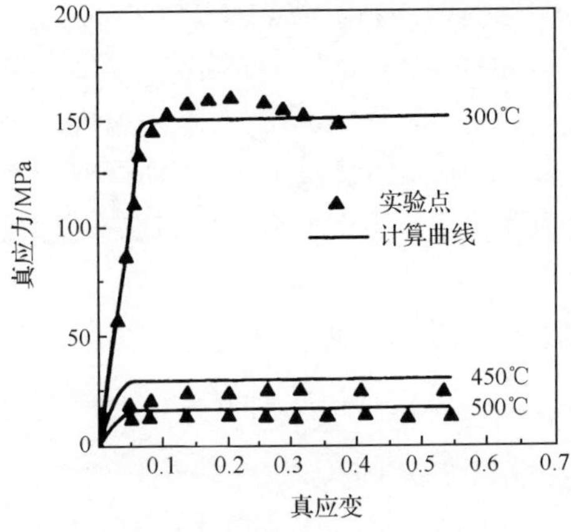

图 11-9　5% SiC_P/2024 在应变速率为 $4.17\times10^{-3}s^{-1}$ 不同温度下的拉伸曲线

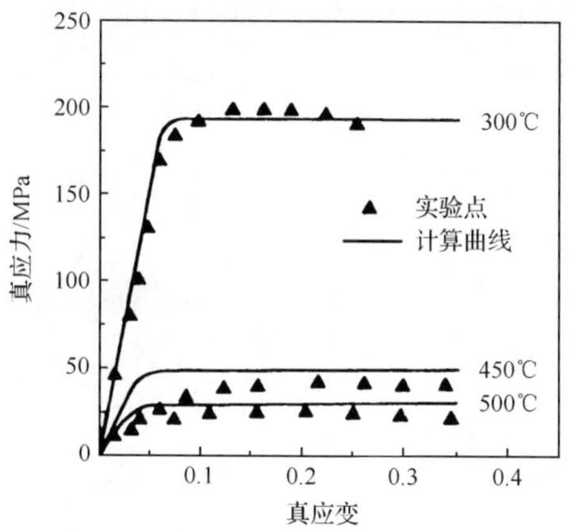

图 11-10　25%SiC_P/2024 在应变速率为 $4.17\times10^{-3}s^{-1}$不同温度下的拉伸曲线

通过对式(11-35)和式(11-30)进行线性回归,可得

$$\alpha = 0.00884MPa^{-1}$$

将 α 代入式(11-25)中,对图 11-8 中的等温单轴拉伸实验数据进行最小二乘拟合,可得

$$n = 5.93$$

$$Q = 266.6kJ/mol$$

$$\ln\beta = 43.57$$

Nguyen 等[22]和孙家宽[23]的研究表明,SiC 颗粒的体积分数和尺寸对应变速率敏感性指数 n 的影响很小,几乎可以忽略,但是复合材料 SiC 颗粒的含量 (f_p) 对激活能 Q 值产生影响。采用图 11-9 和图 11-10 中的单轴拉伸实验数据可分别得出 5%SiC_P/2024 和 25%SiC_P/2024 材料的激活能 Q 值,如图 11-11 所示。从图 11-11 中可以看出,Q 与 f_p 呈很好的线性关系,对其进行线性回归得

$$Q = 233.2 + 206.5f_p$$

2) 参数 A 和 B 的确定方法

除了在双曲正弦函数中引入的全固态材料参数外,模型的完全确定还需要知道两个固相体积分数函数 $A(f_S)$ 和 $B(f_S)$。多孔饱和的流变学模型确定的主要困难就是缝隙压力的估计,它对材料行为的影响是非常重要的,尤其是在高应变速率范围。但是 Nguyen 等[14]的研究结果表明,在低的应变速率($<10^{-1}s^{-1}$)范围内,液体压力是可忽略的,因此,避免了上面提及的模型确定的困难,半固态混合物变形行为能够采用固相基体来确定。Suery 等[24]的研究结果表明,具有球形组织的半固态材料在半固态压缩实验中也许偏析程度非常小,因此采用复合材料在半固态下的压缩实验数据和渗透实验数据来确定等效应力表达式中的参数 A 和 B 是

可行的。图 11-12 是不同应变速率条件下渗透实验曲线。

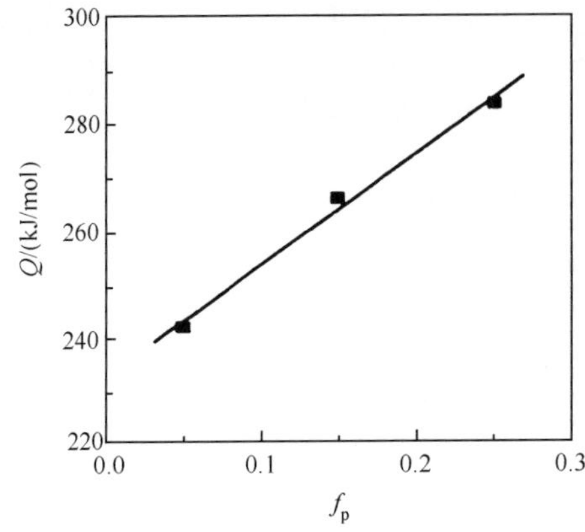

图 11-11　Q 与 f_p 的关系曲线

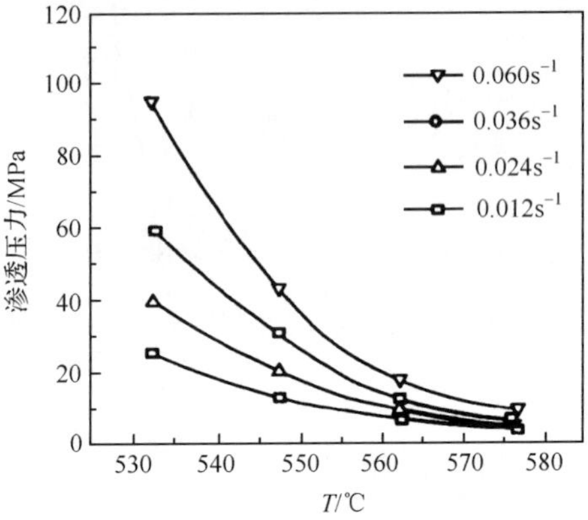

图 11-12　15%SiC$_P$/2024 复合材料在不同温度及不同应变速率下的渗透实验曲线

对于单轴压缩实验，式(11-19)确定的等效应力可表示为

$$\sigma_{eq} = |\sigma_z|\sqrt{\frac{A}{3}+B} \tag{11-36}$$

将式(11-36)代入黏塑性耗散势表达式(11-22)中，得到应变速率的表达式为

$$\dot{\varepsilon}_{eq} = \frac{\dot{\varepsilon}}{\sqrt{\frac{A}{3}+B}} \tag{11-37}$$

令 $x' = \sqrt{A/3+B}$，并将式(11-28)和式(11-29)代入式(11-25)中，得

$$\dot{\varepsilon}_z = x'\beta[\sinh(\alpha\sigma_z x')]^n \exp\left(-\frac{Q}{RT}\right) \tag{11-38}$$

式(11-38)对每一点 $(\dot{\varepsilon}_z, \sigma_z)$ 都有一个 x' 值。

对于渗透实验，应变速率张量只有一个非常分量 $\dot{\varepsilon}_z$。等效应力可表示为

$$\sigma_{eq} = 3|\sigma_z|\sqrt{\frac{AB}{A+12B}} \tag{11-39}$$

将式(11-39)代入黏塑性耗散势表达式(11-22)中，得

$$\dot{\varepsilon}_{eq} = \frac{1}{3}\dot{\varepsilon}_z\sqrt{\frac{A+12B}{AB}} \tag{11-40}$$

令 $x'' = \sqrt{AB/(A+12B)}$，与压缩情况一样得到式(11-41)

$$\dot{\varepsilon}_z = x''\beta[\sinh(\alpha\sigma_z x'')]^n \exp\left(-\frac{Q}{RT}\right) \tag{11-41}$$

求解式(11-32)，对每一点 $(\dot{\varepsilon}_z, \sigma_z)$ 得到一个 x'' 值。

因此，半固态下压缩实验的渗透实验可确定 x' 和 x'' 随固相体积分数的演化

规律。通过采用这两类力学实验,可得到下面的方程组:

$$\frac{A}{3}+B=x'^2, \quad \frac{9AB}{A+12B}=x''^2$$

对每一组 (x',x'') 可得到一组 (A,B),A 和 B 的值分别如图 11-13 和图 11-14 所示。根据边界条件 $A(1)=3,B(1)=0;A(0)=\infty,B(0)=\infty$,可认为 A 和 B 与 f_S 具有如下简单的函数关系:

$$A=\frac{1}{(f_S)^{\xi}}, \quad B=c\left[\frac{1}{(f_S)^{\eta}}-1\right]$$

对图 11-13 和图 11-14 中的实验数据进行最小二乘拟合,可得

$$A=\frac{3.0}{(f_S)^{8.38}},\ B=0.007\left[\frac{1}{(f_S)^{8.86}}-1\right]$$

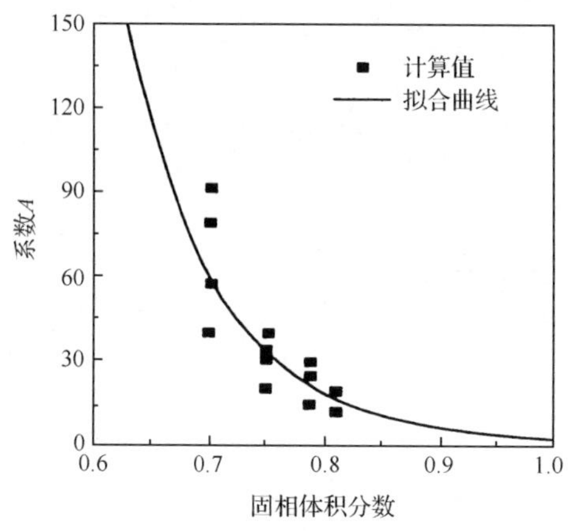

图 11-13　参数 A 与固相体积分数的关系曲线

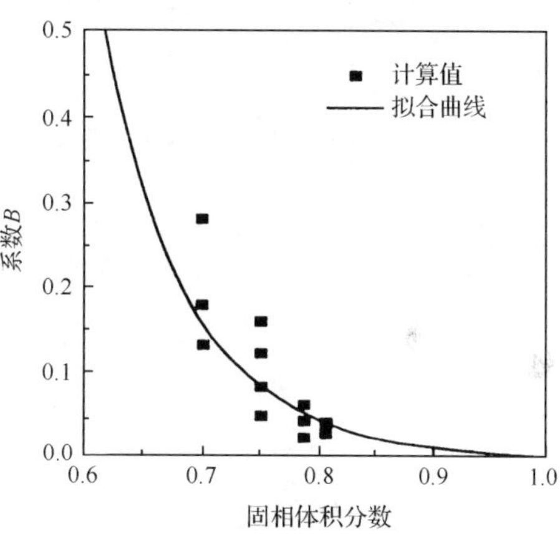

图 11-14　参数 B 与固相体积分数的关系曲线

材料参数的值见表 11-1。

表 11-1　SiC_P/2024 复合材料黏塑性本构方程参数表

参数	单位	参数值或计算公式	参数	单位	参数值或计算公式
α	MPa^{-1}	0.00884	$\ln\beta$	—	43.57
n	—	5.93	A	—	$A=\frac{3.0}{(f_S)^{8.38}}$
Q	kJ/mol	$233.2+206.5f_p$	B	—	$B=0.007\left[\frac{1}{(f_S)^{8.86}}-1\right]$

4. 黏塑性本构方程的验证

本构模型的成功与否不在于是否能精确拟合从中推导出方程参数的实验数

据，而在于对确定方程参数范围外的实验数据的拟合结果。该本构模型的建立是基于连续介质力学和混合理论及塑性变形的微观物理机制，具有较强的外推能力。黏塑性的基体特征表现为与温度及应变速率相关性，为了评价该模型对 SiC_P/2024 复合材料在半固态下的温度效应和速率相关效应的预测能力，对文献[11]中图 3-2(d)的温度范围为 550～600℃的压缩实验数据和文献[23]中应变速率范围为 $0.012\sim0.060s^{-1}$ 的等温压缩实验数据，进行了数值模拟。数值模拟结果如图 11-15 和图 11-16 所示。

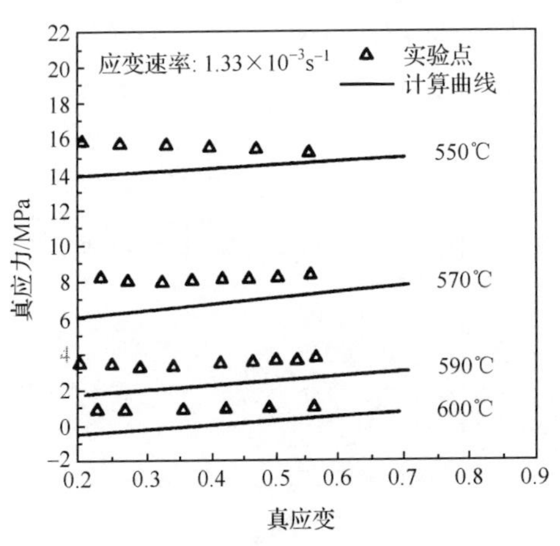

图 11-15　不同变形温度下 25%SiC_P/2024 复合材料的真应力-真应变曲线

图 11-16　575℃不同应变速率下 10%SiC_P/2024 复合材料的真应力-真应变曲线

由图 11-15 和图 11-16 可见，方程基本上能够预测 SiC_P/2024 复合材料流动应力的速率、温度相关性。这说明该模型能够在较宽的外部变量范围内预测 SiC_P/2024 复合材料半固态下的单向力学行为。该模型的理论值与实验值之间存在一定的偏差，这是由于实验用材料中 SiC 颗粒的含量不同。SiC 颗粒的含量对参数 A 和 B 值产生影响，但其影响关系极其复杂，目前还不能精确定量，因此在实际计算中需要对此参数进行修正。

11.4　半固态塑性变形机制

1. 半固态金属可变性

半固态金属的优越性，归功于其近球的固相和其间的液相。实验表明，在液体充满固体骨架的变形过程中，液相的偏析程度，取决于固相的几何形状，其次是应变速率。具有球晶的半固态合金，液相偏析比枝晶要小、渗透性也低，更有利于变形。材料的近似固态特性,来自于晶粒聚集团间的机械联结,施加于半固体的应力由固相和液相承担。应力的偏应力仅由固相承担,静水压力分别由固相和液相承担。液体承担的压力称为空隙压力。空隙压力是由固体骨架的体积变化引起的液体流动的阻力而来的,固相承担的应力称为等效应力。

2. 变形过程的实验观察

变形试样的显微观察表明,固相晶粒仍是等轴的,即使在高固相体积分数,大部分晶粒的塑性变形量是很小的,晶粒变形很难观察到。基于固相晶粒间特性、固相晶粒间的晶粒边界结合力、晶粒空隙液相的出现,半固态合金的变形表现出三个阶段:宏观均匀变形的初始阶段、变形集中的第二阶段、最后阶段。

3. 半固态塑性变形分析

半固态合金的变形从现象上观察,可分为固相晶粒本身的塑性变形、固相间的滑移、液相与固相一起流动。但从机制上分,又可分为:①晶粒接触与弹性变形;②固相晶粒间粘合约束的破坏;③相对于固相的液相流动阻力;④晶粒重新排列的阻力。在变形的早期阶段,前两种机制是主要的,表明初始流动阻力取决于固相晶粒间的粘合力,而不是固相的屈服应力;后两种机制,在变形第二阶段是主要的,它们对总体流动阻力的相对贡献,取决于固相晶粒的体分率。

参 考 文 献

[1] Joly P A, Mehrabian R. The rheology of a partially solid alloy. Journal of Materials Science, 1976, 11(8): 1393-1418.

[2] Charreyron P O, Flemings M C. Rheology of semi-solid dendritic Sn-Pb alloys at low strain rates application to forming process. International Journal of Mechanical Sciences, 1985, 27(11-12): 781-791.

[3] Lalli L A. A model for deformation and segregation of solid-liquid mixtures. Metallurgical and Materials Transactions A, 1985, 16 (8): 1393-1403.

[4] 单巍巍. 半固态镁合金组织成分演变及流变特性研究. 兰州:兰州理工大学博士学位论文,2005.

[5] 刘丹. 铝合金液相线铸造制浆及半固态加工工艺及理论研究. 沈阳:东北大学博士学位论文,1999.

[6] 宋仁伯. 半固态钢铁材料流变机制及变形机理研究. 北京:北京科技大学博士学位论文,2002.

[7] 罗守靖,姜巨福,祖丽君,等. SiCp/2024 复合材料在半固态下流变行为的研究. 机械工程学报,2002, 38(12):9-83.

[8] Tzimas E, Zavaliangos A. Mechanical behavior of alloys with equiaxed microstructure in the semisolid state at high solid content. Acta Materilia, 1999, 47(12): 517-528.

[9] 李元东,郝远,阎峰云,等. AZ91D 镁合金在半固态等温热处理中的组织演变. 中国有色金属学报,2001, 11(4):571-575.

[10] 田文彤. LC4 半固态坯 SIMA 生成及触变成形研究. 哈尔滨:哈尔滨工业大学博士学位论文,2002.

[11] 祖丽君. SiCp/2024 复合材料在半固态触变成形的研究. 哈尔滨:哈尔滨工业大学博士学位论文,2001.

[12] 罗守请,程远胜,单巍巍 . 半固态金属流变学 . 北京:国防工业出版社 .

[13] Batchelor G K. The effect of Brownian motion the bulk stress in a suspension of spherical particles. Journal of Fluid Mechanic, 1977, 183: 97-106.

[14] Nguyen T G, Favier D, Suery M. Theoretical and experimental study of the isothermal mechanical behavior of alloys in the semi-solid state. International Journal of Plasticity, 1994, 10(60): 663-693.

[15] Prevost J H. Mechanics of continuous porous media. International Journal of Engineering Science, 1980, 18(6): 787-800.

[16] Nguyen T G, Favier D, Suery M, et al. Modelling of thermomechancial behavior of semi-solid metal// Proceedings Constitutive Laws of Engineering Materials. New York: AME Press, 1991: 363-366.

[17] Martin C L, Favier D, Suery M. Viscoplastic behavior of porous metallic materials saturated with liquid part I: constitutive equation. International Journal of Plasticity, 1997, 13(3): 215-235.

[18] Martin C L, Favier D, Suery M. Viscoplastic behavior of porous metallic materials saturated with liquid part : Experimental identification on a Sn-Pb model alloy. International Journal of Plasticity, 1997, 13(3): 237-259.

[19] Abouaf M, Chenot J L. Modélisation numérique de la déformation à chaud de poudres métalliques. Journal of Theoretical and Applied Mechanics, 1986, 5: 121-140.

[20] Urcola J J, Sellars C M. Effect of changing strain rate on stress-strain behavior during high temperature deformation. Acta Metallurgy, 1987, 35(11): 2637-2647.

[21] Nguyen T G, Suery M, Favier D. Influence of SiC particle volume fraction on the compressive behavior of partially remelted Al-Si-based composites. Materials Science and Engineering A, 1994, 183: 157-167.

[22] Nguyen T G, Suery M. Compressive behavior of partially remelted A356 alloys reinforced with SiC particles. Materials Science and Engineering A, 1994, 10: 894-901.

[23] 孙家宽. SiC/2024 复合材料半固态变形行为及机制. 哈尔滨:哈尔滨工业大学博士学位论文, 1999.

[24] Suery M, Flemings M C. Effect of strain rate on deformation behavior of semi-solid dendritic alloys. Metallurgy Transactions A, 1982, 13A: 1809-1819.

第四篇　金属材料固-液成形学

第 12 章　液 态 模 锻

液态模锻(liquid die forging),也称挤压铸造(squeeze casting),是一种将一定量金属熔液直接注入开式的金属模膛内,随之封闭模膛对其施以静压力以实现流变充填、高压凝固和少量塑性变形,最终获得优质制件的金属加工过程。

12.1　液态模锻工艺特点及适用范围

12.1.1　工艺方法分类

依据外载荷施加方式,可以将液态模锻工艺分为直接加压和间接加压两种类型。

1. 直接加压

直接加压方式与热模锻极为相似,即压力直接作用在制件上。显著优势表现在压力传递路程短,液态金属承受的等静压大,高压凝固效应显著。按其加压冲头端面不同,直接加压又可以细分为平冲头直接加压、凸式冲头直接加压、凹式冲头直接加压和复合式冲头直接加压四种具体类型。

1) 平冲头直接加压

图 12-1 为平冲头直接加压示意图,制件成形是在金属浇入凹模型腔中实现的。

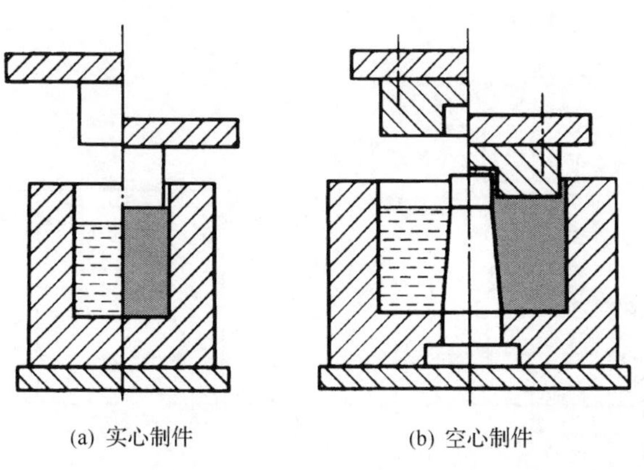

(a) 实心制件　　(b) 空心制件

图 12-1　平冲头直接加压[1,2]

冲头施压时，金属液不产生明显流动，仅使液态金属在压力下凝固和补缩。它适用于制造供压力加工用的锭料，或形状简单的厚壁件成形。

2）凸式冲头直接加压

图 12-2 为凸式冲头直接加压示意图，制件成形是在合模施压后实现的。在成形过程中，金属液要沿着下型腔壁和上模端面做向上、径向流动来充填型腔。施压时，冲头直接加压于制件上端面和内表面上，加压效果较好，适用于壁薄（壁应大于2mm），形状较复杂制件成形。

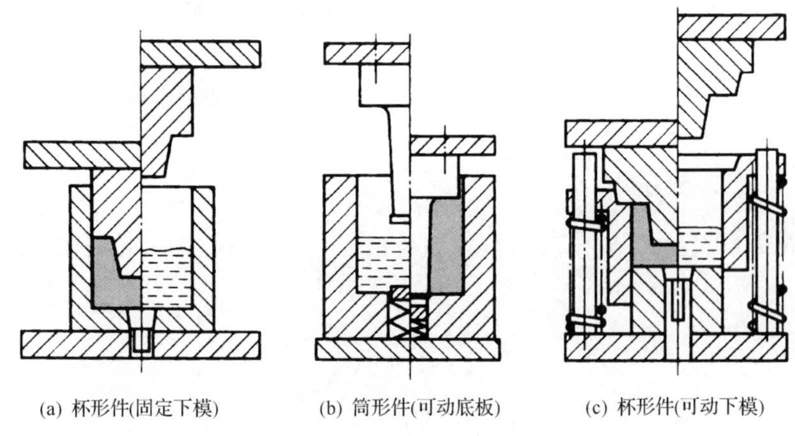

(a) 杯形件(固定下模)　(b) 筒形件(可动底板)　(c) 杯形件(可动下模)

图 12-2　凸式冲头直接加压[1,2]

3）凹式冲头直接加压

图 12-3 为凹式冲头直接加压示意图。合模时，冲头插入液态金属中，使部分金属液向上流动，以充填由凹模壁和冲头组成的型腔，获得制件的最终形状。冲头的压力是通过冲头端面或内型面直接施加在制件上的，加压效果好。适用于壁较薄，形状较复杂的制件成形。

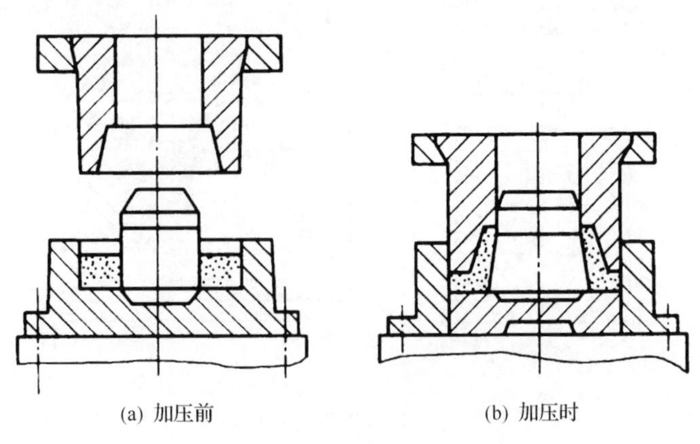

(a) 加压前　(b) 加压时

图 12-3　凹式冲头直接加压[1,2]

4）复合式冲头直接加压

图 12-4 为复合式冲头直接加压示意图。合模时，冲头凸起部位插入金属液，使其反向流动，充填冲头的凹部，并在冲头端面和内凹面的作用下成形，从而获得制件。适用于复杂制件成形。

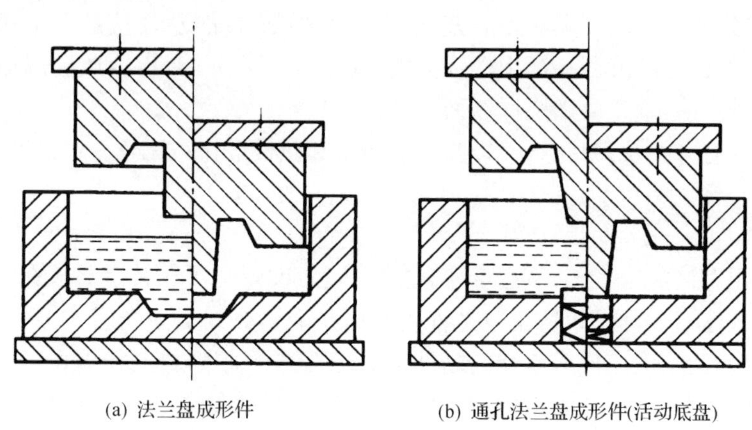

(a) 法兰盘成形件　(b) 通孔法兰盘成形件(活动底盘)

图 12-4　复合式冲头直接加压[1,2]

2. 间接加压

间接加压与液态压铸相近，如图 12-5 所示。制件形状由合模后形成的型腔来保证。冲头作用将液态金属挤入型腔。充填结束后，维持一段保压时间，此时压力通过余料端和内浇口金属，把压力传递至制件上。显然传递压力有限，适用于批量大，形状较复杂或小尺寸零件的生产。

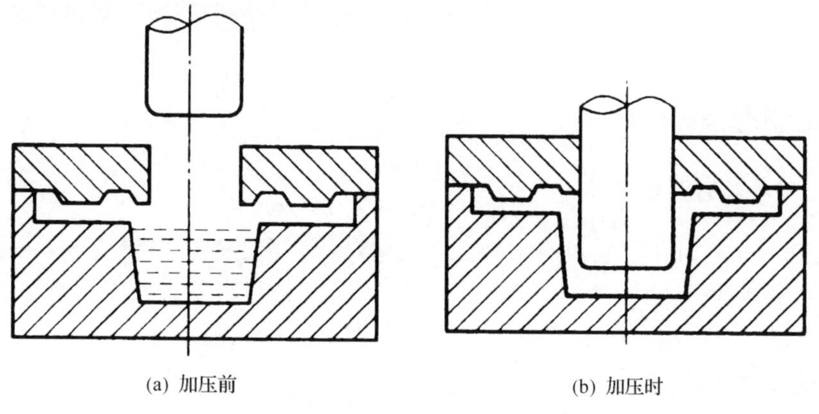

(a) 加压前　(b) 加压时

图 12-5　间接加压[1,2]

12.1.2 工艺特点

液态模锻的工艺特点如下:①在成形过程中,液态金属自始至终承受等静压,并在压力作用下完成凝固结晶的成形过程;②已凝固的金属壳层,在压力作用下产生塑性变形,使制件外壳紧贴型腔壁,同时发生强制补缩,从而使液态金属重新获得等静压;③由于已凝固层产生塑性变形,要消耗一部分能量,因此金属液承受的等静压不是定值,随着凝固层增厚而下降。

根据工艺分类及其特点,可以与压力铸造和热模锻作一比较。

1. 与压力铸造比较

若采用直接加压工艺,液态金属直接注入型腔,避免了压铸金属液在沿浇道高速充填时气体卷入,成形时,压力是直接施加在金属液或凝固壳层上,避免了压铸时压力损失;由于液态模锻获得的制件组织比压铸更细密,液态模锻可以成形壁厚较大的制件,而压铸仅限于均匀薄壁件,但在制件形状复杂性上,压铸比液态模锻具有较大的优势。

若采用间接加压,与压铸比,液态模锻工艺较简单,包括模具和设备,其工艺成本较低。

2. 与热模锻比较

与热模锻比较,液态模锻是在单一型腔内利用金属液流动性好,在较小能量消耗下充填型腔,避免了采用多个型腔和充填时的那种镦挤的强制塑性流动方式,使其成形能耗大大低于热模锻;由于成形主要是压力下结晶凝固,缺少大的塑性流动,因此液态模锻获得的制件组织尽管有细化,但还是典型的结晶状树枝晶组织,性能改善有限。

12.1.3 工艺适应范围

1. 对加工材料的适应

液态模锻对加工材料没有限制,如铝合金、锌合金、铜合金、镁合金、钛合金及碳钢、合金钢、模具钢等,均能实现成形。但为了充分利用压力下凝固及小量塑性变形的优势,更适用于加工流动性能较差的、具有大的结晶温度区间的合金,如锻造铝、镁合金、铜合金等。

2. 对制件形状的适应

对制件形状的复杂性,更接近压铸,即间接加压法可以适应多种复杂类制件,如汽车轮毂，大大优于热模锻。

3. 对制件使用性能的适应

液态模锻成形制件的力学性能与压铸比有大的改善。因此对于一些形状复杂，且性能又有一定要求的制件，若采用热模锻，成形困难(需要大的设备和模具)，成本较高，市场难于接受，而改用普通铸造加工，使用性能又很难满足，此时，最合适的加工方法或许是液态模锻。

12.2　液态模锻模具、工艺及设备

12.2.1　液态模锻模具设计

液态模锻生产时，各种工艺参数的正确采用，是获得优质制件的决定因素，而模具则是提供能够正确选择和调整有关工艺参数的基础。

液态模锻模具在生产过程中所引起的重要作用如下：

(1) 决定制件的形状和尺寸精度。

(2) 对正在凝固的金属施以机械压力，其模具强度要确保施压的要求。

(3) 进行制件的热交换，以控制和调节生产过程的热平衡。

(4) 操作方便，包括转移、施压和顶出等工步，有利于提高生产效率。

1. 液态模锻件形状特征

液态模锻件多属短轴类制件，最典型的有轴对称实心体、空心体和杯形件；另外还有长轴类件、形状与压制件相近的复杂件。实际生产中，要想获得合格制件，壁厚是首要考虑的因素。这是因为液态模锻时制件内压力分布是不均匀的，而且是不断变化的。由于摩擦力造成的压力损失，制件中紧靠加压冲头的部位受力大，而远离的部位受力小；由于加压冲头受到结晶硬壳越来越大的支撑作用，制件内层所受的压力总是低于先结晶者:另外，由于开始加压时间的存在，制件中总有部分表层是在非加压条件下凝固的。因此，为确保最佳加压效果，设计时必须注意以下几点：

(1) 尽量把制件重要受力部位或易产生缩松的部位靠近加压冲头；将加压前的自由凝固区和冲头挤压冷隔放在零件的不重要部位或制件的加工余量中去。

(2) 壁厚比较均匀的制件，可以按“同时凝固”的原则进行设计。个别薄壁处应适当加大厚度，以避免过早凝固后妨碍冲头压力向其他部位传递；个别厚壁处需适当减薄或使其快冷，以防止凝固过晚而造成补缩不足。

(3) 壁厚相差较大的制件，可用“顺序结晶”的原则进行设计，将薄壁处远离加

压冲头使其优先凝固;壁厚处靠近加压冲头而后凝固。为此,需适当调整制件个别部位的尺寸。

(4) 间接冲头挤压或有内充填的液态模锻,必须有足够厚度的内充填口,以保证对制件的压力补缩。有条件时,应尽可能使制件达到"顺序结晶"的目的,就像双冲头压铸那样。

2. 液态模锻模具结构分析

液态模锻模从结构上分动模(即上模或上冲头)、定模(即下模)。型腔设置在定模内,复杂的零件由若干镶块组成,为了正确合模,在动、定模上设置定位、导向机构(导柱、导套);为了制件能顺利地从型腔内取出,设置顶出机构(推杆、推板、固定板、导柱、导套、复位弹簧等)。

为了模具能顺利地进行生产,必须在动模、定模上设置加热和冷却装置。通常采用电热棒、电阻片、煤气燃烧加热;用水或压缩空气冷却。

1) 成形部分

在定模和动模合拢后,形成一个构成制件形状的空腔(成形模腔),通常称为型腔,而构成型腔的零件称工作零件。一般情况下,工作零件指冲头和凹模。冲头多为实心件或管形件,而凹模为环形件,后者工作条件比前者恶劣得多,因此首先应考虑凹模的设计。

(1) 凹模。从形状分,凹模有圆形和方形两种形式,按模具结构不同,又可将凹模分成整体式和组合式两种,而后者又可分为垂直分模、水平分模和复合分模三种形式,如图 12-6 所示。但应指出,凹模结构形式的选择,在很大程度上要受设备条件的制约。从加工方便和降低成本的角度出发应使模具结构尽量简单,但是为了保证制件几何形状和质量要求,必要的复杂结构也是必不可少的。在液态模锻模设计过程中,首要的是确定凹模尺寸,因为它直接影响到整个模具体系其他零件的设计、选取和布局。

(2) 冲头(上模)的作用有传递力的媒介,液压机的压力是通过冲头施加在液态金属之上;封闭下模,使液态金属不致从下模向外溅出;多数情况下,可通过上模来形成制件的内表面(这时上模便是模芯)。液态模锻常遇到的冲头短而粗,一般不存在强度和刚度问题,按经验选用即可。但对于长轴类制件,且采用凸式冲头成形,则有必要进行设计和选用。

2) 配合间隙

冲头与凹模间,芯轴与套筒的配合间隙是模具设计的一个重要参数。过大,会产生飞边,降低加压效果,或者金属通过间隙飞出造成事故;过小,会影响模具各部分的相对运动,甚至相互"咬住",损坏模具。

合理的间隙与加压开始时间、加压速率和压力大小等工艺因素有关;也与冲头

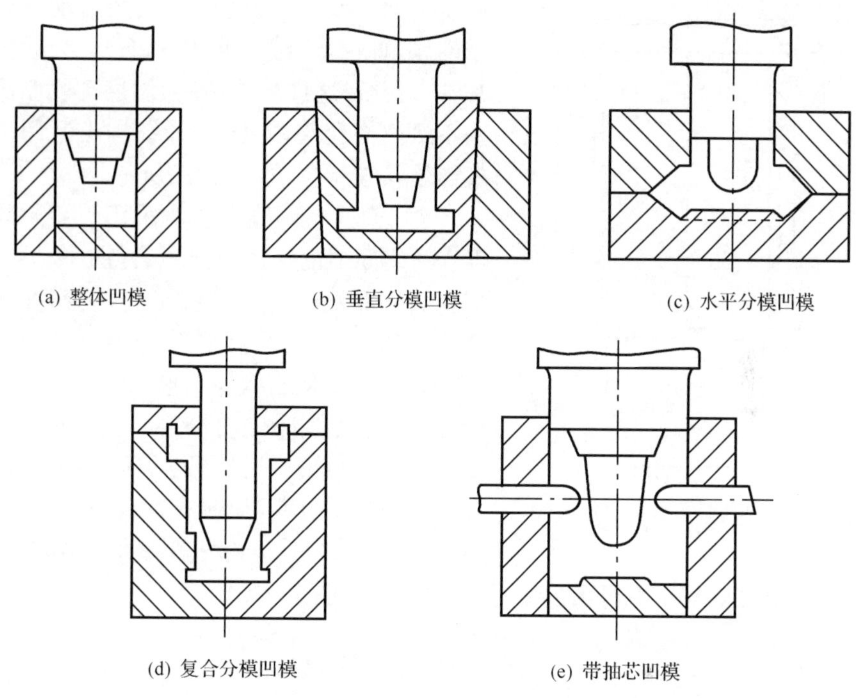

图 12-6 凹模的结构形式[1,3]

的倒角、半径、配合件的尺寸、热容量和温度等因素有关。图 12-7 给出了平冲头加压成形 ϕ50 铝-硅合金制件的实验数据。

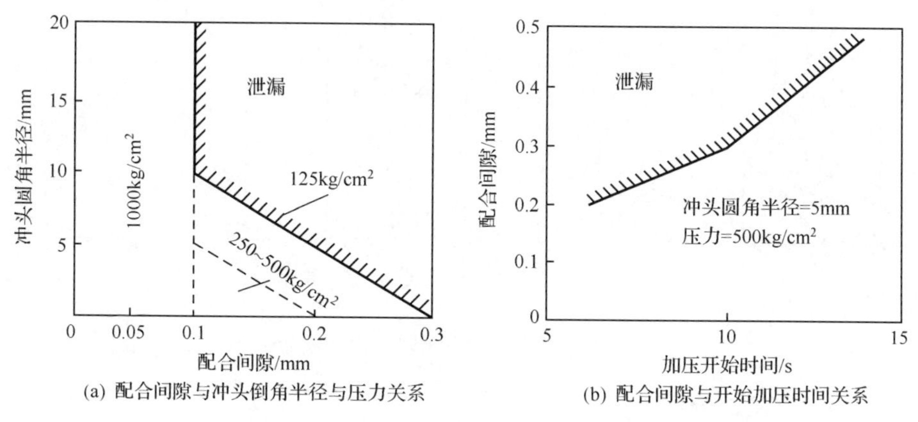

图 12-7 几种工艺因素对模具配合间隙的影响[1,3]

3）配合结构

(1) 芯头与套筒的配合。由于芯头插入金属浆料中，三面受热，升温快、温度高、套筒只端面与金属浆料接触，且其热容量大，自然升温慢。由于两者受热膨胀

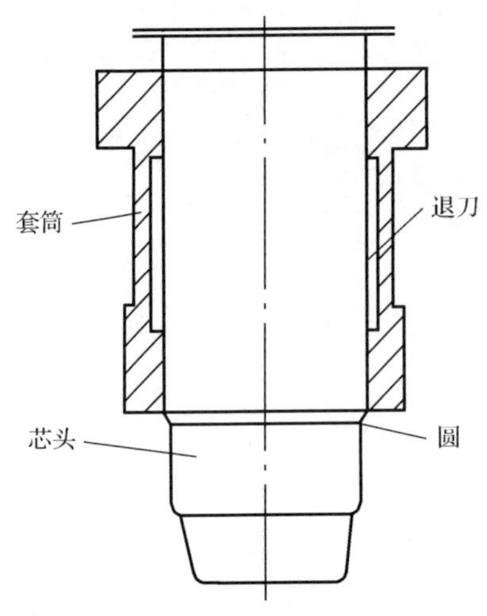

图 12-8　芯头与套筒配合结构[1,3]

程度不同,给芯头与套筒孔之间滑动配合带来问题,此时,在套筒内开一退刀槽,芯头上加一小台阶,这样当抽芯时,温度高膨胀的芯头不致拉伤套筒内孔,这种结构也适用于顶杆与模孔等配合,如图 12-8 所示。

(2) 套筒与凹模。一般采用一定封闭深度和一定间隙的柱体直接配合[图 12-9(a)]。但套筒上部发生“桶形”变形时,则易在鼓出部位啃伤。为此,可在套筒外周加工一凸缘[图 12-9(b)],使凸缘与凹模之间有较小的配合间隙,而其他部位的间隙,每边可保持在 0.25～0.30mm。此凸缘也可采用铸入套筒环槽中的轴承材料,如锡青铜、铅青铜等加工而成[图 12-9(c)]。对于薄壁制件或低压力液态模锻,也可以采用弹簧压板封闭的结构形式[图 12-9(d)]。

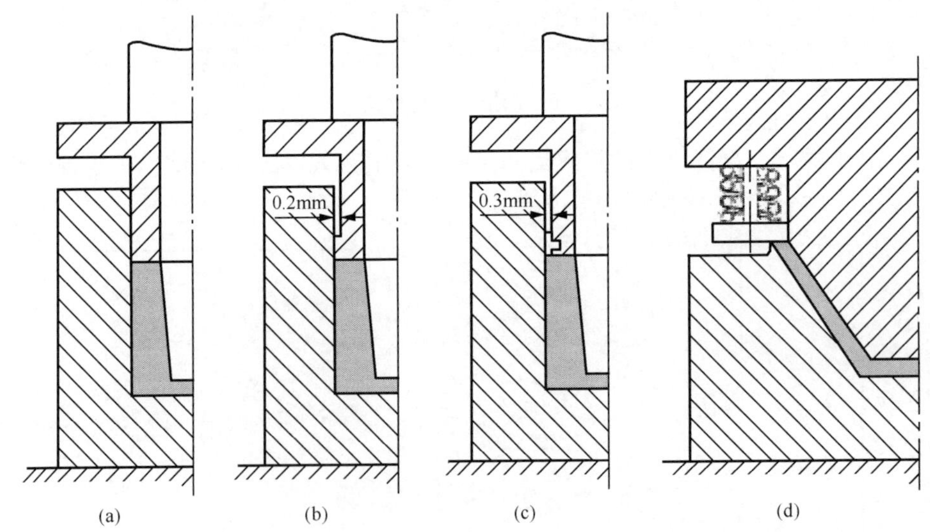

图 12-9　套筒与凹模的几种配合结构[1,3]

4) 模具锁紧部分

下面介绍垂直分模和水平分模两种锁紧结构。

(1) 垂直分模的锁紧结构。①靠锥体配合进行垂直分模。图 12-10 为铝合金气动仪表零件的模具示意图。两半模 3 置于模座 1 内,它们之间取 4°的锥面配合。为防止半凹模移动,用定位销 2 限位。脱模时,顶杆 4 向上顶起,制件随垫块 5 和两半凹模同时顶出。②液压推动、环套锁紧的垂直分模。图 12-11 是这种模具的实例。在底板 2 上紧固定模 11。动模可沿安装在底板槽中键 1 做开模和闭模动作。环套 4 可通过压板 5 和拉杆 6 安装在活动横梁 10 上。活动横梁 10 下行，环套 4 通过楔子 7 和 8 使动模 9 和定模 11 锁紧；当活动横梁 10 上行，环套 4 把楔子 7 带起以松动动模 9 和定模 11，此时，再通过液压装置(或气压)，借助拉杆 3 再使动模 9 打开。

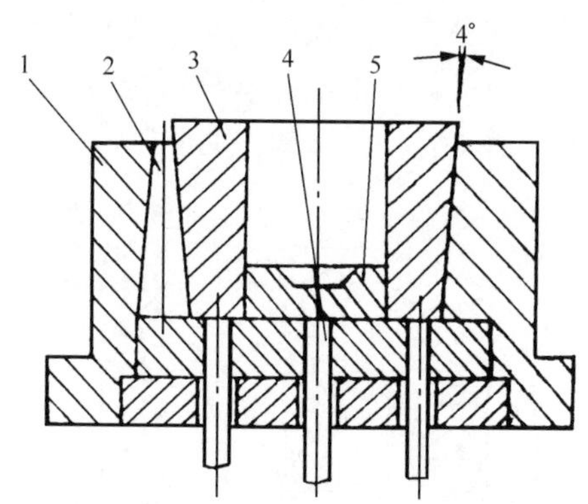

图 12-10 靠锥体配合进行垂直分模的凹模[1,3]

1-模座；2-定位销；3-下模；4-顶杆；5-下模垫块

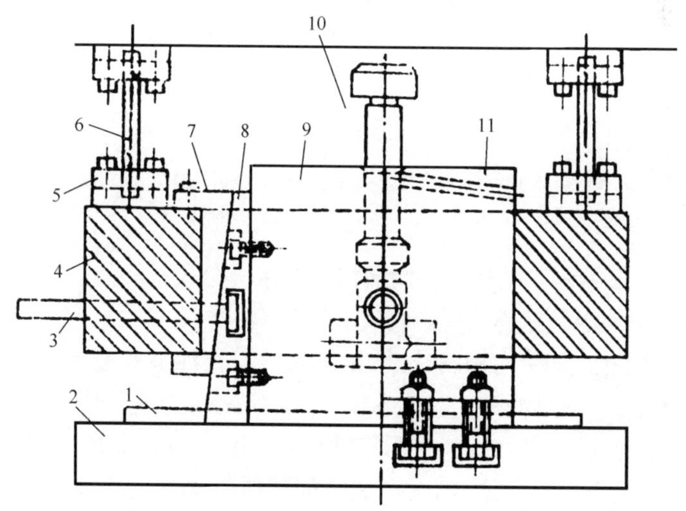

图 12-11 液压推动、环套锁紧的垂直分模凹模[1,3]

1-键；2-底板；3-拉杆；4-环套；5-压板；6-拉杆；7、8-楔子；9-动模；10-活动横梁；11-定模

水平油缸开模与锁紧的垂直分型凹模。图 12-12 为一种垂直分模的万能装置。它安装在万能液压机上，具有一个垂直主油缸、两个垂直辅助油缸、一个水平

油缸。其中动模底板 5(用于固定动模 12)和定模座板 9(用于固定定模 10)被加工成 L 形。座板 9 通过固定板 13 固定在油压机的工作台上。底板 5 通过支柱 4 和 14 被固定在水平油缸活塞上,可沿固定板 13 做往复运动。底板 5 上有轴套 15 和推料杆 11。杆 11 的另一头固定在推料板 3 和卸料板 1 上,此板在支柱 4 和 14 中间做水平往复运动。当底板 5 开到一定位置时,板 1、2 被机器的顶杆所制动,继续打开底板 5,则推料杆 11 被顶出,以便推出制件。锁模卡板 6 固定在辅助活动横梁 7 上,以加强定模座板 9 和底板 5 的锁模。为适应大小不同凹模,采用垫板 8 进行调节,使凹模轴心对准压力机的主油缸。这种万能装置只需要换动模、定模、冲头和推杆等少数件,就可以适用各种类型制件的压制。

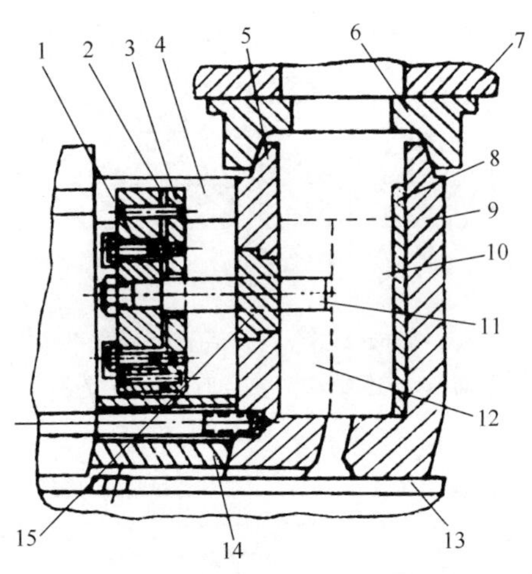

图 12-12 垂直分模的万能装置[1,3]

1-卸料板;2-钢垫;3-推料板;4-支柱;5-底板;6-锁模卡板;7-辅助活动横梁;8-垫板;9-定模座板;10-定模;11-推料杆;12-动模;13-固定板;14-支柱;15-轴套

(2) 水平分模的锁紧结构。①侧向加压的水平分模的模具。图 12-13 是生产大型壳体所采用的水平分模装置。它安装在 7500kN 垂直油缸和 1500kN 水平油缸的锻造压力机上。其结构特点是,用压力大的垂直油缸锁紧上、下半模 3 和 1。用小压力的水平缸,通过冲头 2 对注入模膛中的液态金属进行压制。孔 4 用作置入口,孔 7 用作排气口,而且 4 和 7 用作堆料孔。②垂直方向加压的水平模模具。这类模具,一般安装在具有主、副垂直油缸的液压机上。上模改成套筒或压板形式,下模改成整体结构,靠液压机垂直副油缸锁紧模具,也可以采用机械锁紧。图 12-14是这类模具的结构图。制件上、下内空腔,由冲头 4 和下模芯 5 成形。为使制件能向上出模,在凹模 6 内增加套筒 3。浇注后副油缸带动活动横梁 1 压紧套筒 3,接着冲头 4 由主油缸带动对液态金属施压。

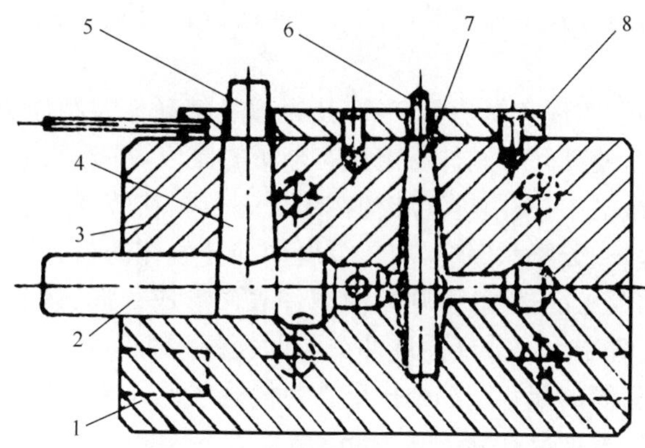

图 12-13　侧向加压的水平分模模具[1,3]

1-下半模；2-冲头；3-上半模；4-置入金属或顶出制件孔；5、6-推杆；7-打下毛坯孔；8-导向板

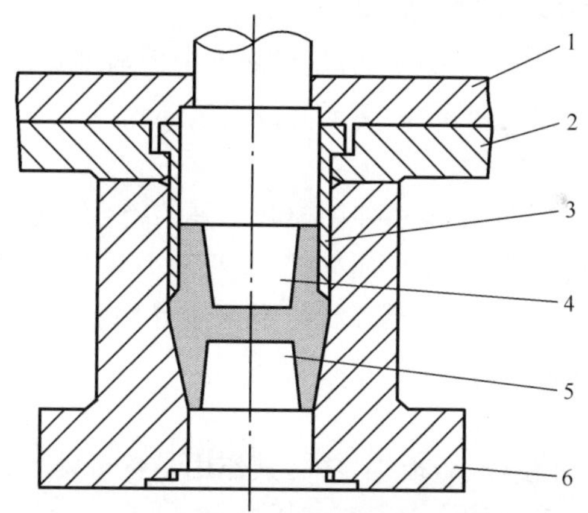

图 12-14　垂直方向加压的水平分模模具[1,3]

1-辅助活动横梁；2-上模固定板；3-套筒；4-冲头；5-下模芯；6-凹模

5）顶出部分

顶出部分包括制件从模具脱出和芯杆从制件内退出两部分。

(1) 脱模力和抽芯力。由于高压下凝固，并产生微量塑性变形，制件紧紧地附在型腔内，因此其脱模力和抽芯力一般高于压力铸造。脱模力和抽芯力与很多因素有关，如起模斜度，制件形状复杂程度，制件与型腔的接触面积，型面的表面粗糙度，合金、涂料情况和模温等。由此很难用公式计算，一般用试验确定，在正常条件下，脱模力（抽芯力）不应高于压制力（或锁模力）的 1/10～1/5。另外，由于模具热膨胀与飞边阻塞，顶料杆、芯杆和推料套筒等零件的复位动作也需要一定的机械力，设计中应予以考虑。

(2) 顶出结构。顶出结构应包括顶出和复位零件，还包括这个结构自身的导向和定位零件。顶出方式多种多样，有上、下推式和上、下打料式。

6) 溢流及排气结构

采用溢流结构以实现金属精确定量，其原理是精确地控制冲头与凹模合模时所封闭的型腔体积，使其等于制件所需液态金属的体积，并把多余的金属在合模时溢出型腔，排入溢流槽中；采用排气结构在于液态金属在转移及凝固过程中，由于涂料某些成分的挥发、分解和燃烧，加上金属中部分气体的析出而产生大量气体，这就要求合模后的模腔能排气，否则易使制件表面形成气泡、夹杂或塌陷等缺陷。在实际液态模锻过程中大部分气体从冲头与凹模的配合间隙中均能排出，也可以从分型面、芯轴与套筒的配合间隙中排出。为使这些地方排气方便，可以在配合面上开设几条排气槽，深度取 0.05～0.1mm，宽度取 5～20mm。至于复式冲头加压下上冲头凹腔顶部的气体，因不能从上下模间隙中排出，应在其顶部开一排气孔。

7) 模具冷却部分

模具冷却是保持液态模锻按照正常工艺参数，持续进行生产的首要问题。因为模温升高，模具强度降低，在高压下，发生液态金属与模具粘焊，致使制件不能脱模，其完整性和生产节拍受到影响，甚至使模具破坏。

8) 导向部分

导向部分的作用在于准确地引导动模和定模的闭合与分离。液态模锻由于合模缓慢，冲头进入凹模后，冲头就有如导柱，凹模就有如导套，冲头沿凹模壁导向，对液态金属实现压制。因此，对一般制件，不采用导向装置。当制件较小，尺寸精度要求较高，如气动仪表零件，采用导向装置。

9) 固定部分

固定部分包括各种模板、压板等零件，其作用是将模具各部分按一定规律和位置加以组合和固定，并使模具能固定在液压机上。

3. 模具设计

设计液态模锻模的基本要求如下：

(1) 所生产的制件，应保证产品图纸所规定的尺寸和各项技术要求，减少机加工部位和加工余量。

(2) 能适应液态模锻要求。

(3) 在保证制件质量和安全生产前提下，应采用合理、先进、简单的结构，动作准确可靠，易损件拆换方便，便于维修。

(4) 模具上各种零件应满足于机械加工和热处理工艺要求，选材适当，配合精度合理，达到各种技术要求。

(5) 在条件许可时，模具应尽可能实现通用化，以缩短设计和制造的周期，降低成本。

根据上述要求，模具设计程序大致如下：

(1) 对零件图进行工艺性分析。首先应根据零件选用的合金种类、零件的形状结构、精度及各种技术要求进行成形性的分析，并与压力铸造、模锻工艺进行对比，并考虑经济性和可能性(实现工艺的具体条件，如设备等)，作出正确的判断。一旦确定采用液态模锻成形零件时，同时要确定其加压方式。

(2) 绘制制件图，必须考虑下述各方面。

① 分型面的选择。分型面的选择除按一般制件设计原则使型腔具有最小深度以便工作脱模外，还要根据加压部位等来决定。液态模锻件的分模面可以是一个，也可以按工件形式设置2个或3个，甚至更多，以得到较为复杂的工件。

② 加工余量及其他。由于被加工金属在液态时就与型腔表面接触，工件表面粗糙度能最大限度地接近型腔表面粗糙度。在非配合的加工面上，可不留加工余量。对于需要配合的加工面，加工余量可为3～6mm，它与加工处的尺寸大小和精度要求有关。除加工余量外，考虑到工件某些地方比较薄，可加放工艺余量使该处变厚，便于成形时压实。在缺陷较多，特别容易形成裂纹的部位，包括“成形冷隔”部位，也要求加大余量。铝、铜合金加工余量应大于1mm；铁和钢应大于1.5mm。

③ 拔模斜度。拔模斜度应考虑工件脱模方式。如果脱模是采用下顶出缸进行，那么工件可以不留拔模斜度，因为留拔模斜度，工件易被上模带出，给脱模带来困难。如果脱模是靠安装在上横梁的顶出装置进行，那么成形件图应考虑留有一定斜度，为1°～3°。由于工件常用一个以上的分型面，拔模斜度不仅设置于主要受力方向上，而且根据情况也要设置在垂直于主要受力方向上。当然，液态模锻件上设置斜度并非都是由于拔模的需要，有时是考虑到角部排气。

④ 圆角半径。根据模具机械加工、热处理和金属液流动、气体排出需要，工件的大部分转角处都必须设置圆角半径。圆角半径为3～10mm，由工件大小、转角的部位而定。模具型腔中转角处的圆角半径和制件图上相应处一致。

⑤ 收缩率。收缩率是模具设计中比较难准确掌握的一个重要参数。影响制件收缩的因素很多，如合金材料不同，制件大小及形状复杂程度不同，有无模芯的阻碍，施加压力的大小，模具温度等。所以，对于一些关键尺寸，应根据具体情况进行修正，设计时要留有修整余地。

⑥ 最小孔径。在工件上最小成形孔径由工件大小、孔的位置而定。有色金属常取ϕ25～35，黑色金属可取ϕ38～50。

⑦ 其他要求。在制件图上应标出推出元件的位置和尺寸；决定液态模锻件各项技术指标；注明制件的合金种类、牌号及技术要求。

(3) 对模具结构进行初步分析。在绘制制件图、确定加压方式的基础上，就要确定模具结构的总体布置方案：确定凸模和凹模结构、考虑其配合间隙；确定顶料的方式和位置；设置排气孔和溢流槽(不一定都考虑)；考虑并确定凸凹模的固定结构;确定模具加热、冷却位置;确定模具材料及加工要求等。

(4) 进行有关计算。主要包括:①凸凹模尺寸的选择和校验;②计算比压值的大小,并选择相应加压设备;③确定模具的封闭高度;④确定顶出杆的尺寸;⑤绘制模具总图,列出模具零件明细表和标准件清单,并绘制模具零件图,提出各种技术要求。

(5) 模具材料的选用。液态模锻模具在与金属液接触过程中,受到周期性加热与冷却作用,易引起腐蚀与浸蚀、热疲劳、磨损等。

根据不同温度工作的模具选用合适的材料,能保证生产效率高,产品成本低与质量好等一系列优点。

12.2.2 液态模锻设备

1. 液态模锻设备的要求

(1) 液态模锻时要求设备有足够大的压力,并持续作用一定时间(即保压时间)。这个特点决定了液态模锻的设备属于液压机类型,而不是锤、曲柄压力机、螺旋压力机等类型。

(2) 液态模锻要求尽量缩短液态金属置入型腔后的开始加压时间,故要求加压设备有足够的空程速率和一定的加压速率。

(3) 需要有模具的开闭装置。一般来说,有上下两个压缩缸就可以达到要求。上缸用来施加压力并拉出上模,下缸可用来顶出成形件。

(4) 如果要在垂直分型面的模具中压制成形件,而模具本身没有锁紧结构或没有足够的位移可以退出成形件,则压力机就需要有两个相互垂直的压缩缸,以使水平方向上能拉出半模,退出成形件。

(5) 金属收缩时,将把上模的型芯紧紧地"咬住",为了能使上模从成形件中拔出,垂直缸应有足够的提升力量。水平缸也应有足够的压力,以便在上模施压于金属液时,能使模具保持闭紧状态,不使液态金属挤出。

(6) 液压机的结构和辅助装置必须适应生产批量的要求。

2. 在通用的液压机上进行液态模锻

在通用立式液压机上,按照液态模锻工艺参数要求,调整某些参数,或进行相应改装而成。天津市锻压机床厂为了适应我国液态模锻工艺推广应用的需要,推出了两种规格的液态模锻液压机:TDY33-200A 和 TDY33-315。这种液压机仅有工作缸和顶出缸,没有辅助油缸。其特点主要是依据液态模锻时快速合模施压的需要,其活动横梁速率作了调整(相对万能型液压机而言)。

3. 普通型液态模锻专用液压机

实际上，这种专用液压机是在通用立式液压机上，按照液态模锻工艺参数要求，调整某些性能参数，并加水平或垂直液压缸设计制造而成。

1）附有垂直合模力的专用液压机

图 12-15 为日本新东工业株式会社生产的垂直合模力为 1500kN 的专用液压机，其主要性能参数为：公称压力 1000kN，回程压力 200kN，最大空程下行速率 100mm/s，最大回程速率 37.5mm/s。

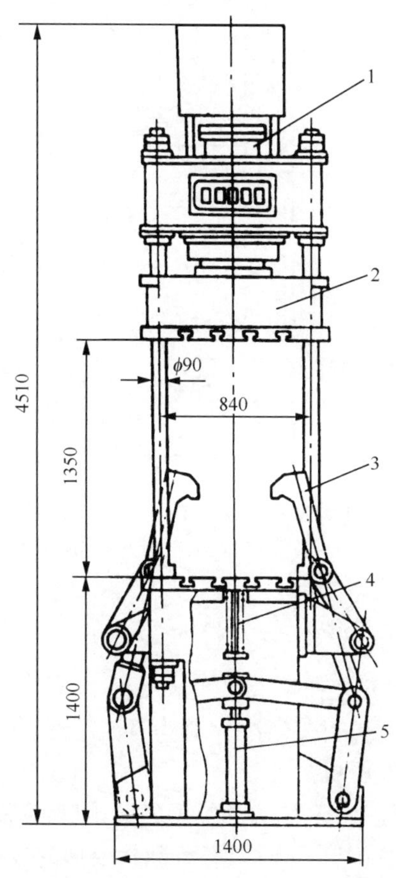

图 12-15 垂直合模力为 1500kN 的专用液压机[1,2]

1-主缸；2-活动横梁；3-连杆挂钩；4-顶料杆；5-下缸

采用连杆挂钩进行合模的结构是：当下缸 5 柱塞上顶时，连杆挂钩 3 向两侧斜上方向开模，继续上顶，则上推顶料杆 4 推料。当下缸活塞向下运动时，连杆挂钩 3 即进行合模动作，顶料杆 4 复位，靠弹簧进行。活动横梁 2 由主缸活塞带动，用以压制液态金属。

2）附有水平合模力的专用液压机

图 12-16 为带有侧向合模和抽芯油缸的专用液态模锻液压机。主缸 1 用作液态金属压制；侧缸 3 用作垂直分模，使动模在水平方向上开模和合模。其余两侧缸 6 用作侧芯杆的闭锁和抽芯，其性能参数为：公称力 400kN，主缸活塞行程 400mm，主缸活塞空程速率 500mm/s，合模活塞行程 450mm，抽芯活塞行程 300mm。

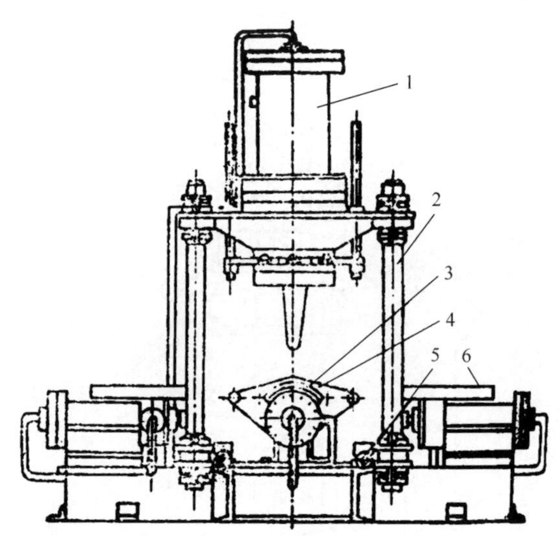

图 12-16 带侧向合模和抽芯油缸的专用液压机[1,2]

1-主油缸；2-立柱（四根）；3-水平合模用油缸；4-定模座板；5-动模传动杆；6-抽芯用油缸（2 个）

4. 万能型液态模锻专用液压机

将侧缸和辅助缸同时安装在一台立式液压机上，使其同时具有水平方向和垂直方向的合模力以及垂直方向的压制力，称为万能型液态模锻专用液压机。

1）主油缸在上方的液压机

图 12-17、图 12-18、图 12-19 均为该类型的液压机，它们均带有各种辅助装置。图 12-17 所示设备的结构特点是可进行各种间接成形的液态模锻工艺。设备上安装了具有水平分模的模具，下模 10 固定在工作台上。上模 7 固定在活动横梁 9 上。

图 12-18 所示为典型液态模锻设备上进行直接成形的情况，设备工作台安装了垂直分模的可分凹模，它由固定凹模 10 与活动凹模 9 组成。活动凹模固定在水平滑块上。当水平缸柱塞左右移动时，水平滑动也带动活动凹模，实现可分凹模的分与合。

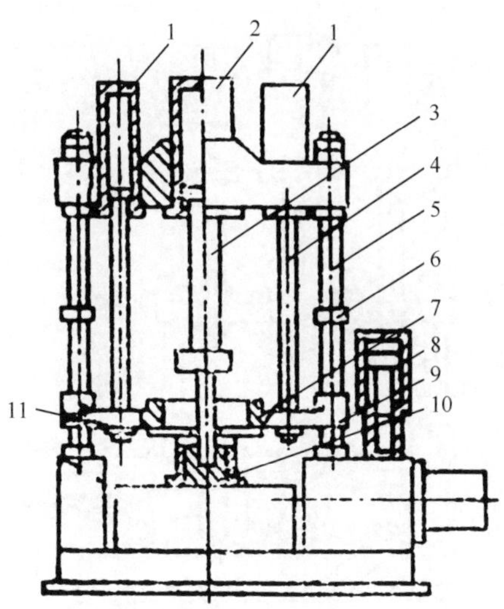

图 12-17 苏 YAM-1 型液态模锻专用液压机[2]

1-辅助油缸;2-主油缸;3-冲头;4-拉杆;5-立柱;6-挡块;7-上模;8-增压器;9-横梁;10-下模;11-中间板

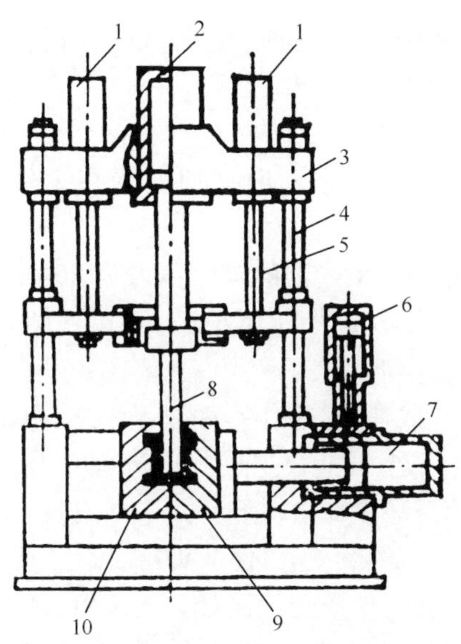

图 12-18 苏 YAM-2 型液态模锻专用液压机[2]

1-辅助油缸;2-主油缸;3-上横梁;4-导柱;5-拉杆;6-增压器;7-水平缸;8-上冲头;9-活动凹模;10-固定凹模

图 12-19 为在典型液态模锻设备上用凸模加压凝固,以得到组织致密或形状简单的工件。在工作台 2 的中心有一圆形槽,用以安装凹模。如果凹模底部直径较小,可以在槽内安放一个尺寸恰当的圆环作为过渡。凹模底部是可以移动的,它

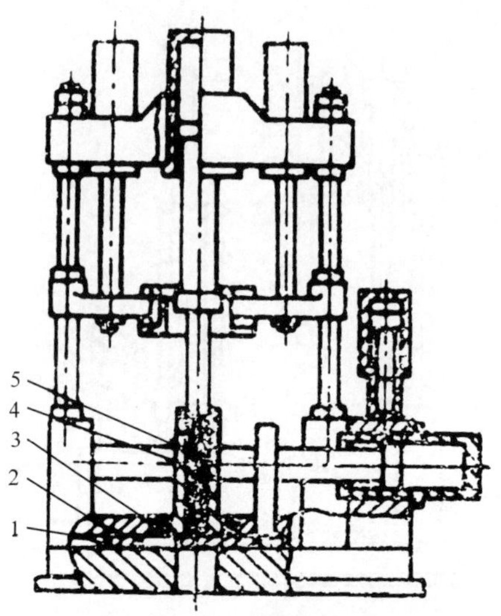

图 12-19　苏 YAM-3 型液态模锻专用液压机[2]

1-底板；2-工作台；3-过渡环；4-毛坯；5-模具

由水平缸带动，当工作锻完后，水平缸向右抽掉底板，凸模继续下降，将工件由凹模下面推出，经设备工作台中心的孔取出工件。

2）主油缸在下方的液压机

这种液压机的特点是，主缸和辅助缸均安置在工作台的下方，如图 12-20 所示。

主油缸的公称压力为 1250kN（油的工作压力为 20MPa），两个辅助缸压力为 420kN。侧缸合模力为 4.5kN，分模力为 70kN，可以从两个方向移动半模。模具采用水冷，并安装有热电偶测温。

合模操作由侧缸 16 完成，随即通过手柄 12 和杠杆机构，使套环 2 夹住模具夹紧装置 13，使两个半模具固定，并通过主缸上升，带动工作台 14 上升，使侧缸滑块自锁，在主柱塞压力下，使压环楔在滑块上。

当金属注入型腔，主柱塞继续上升，使冲头与液态金属接触并进行压制。

压制结束后，辅助缸动作，使压套从模具夹紧装置 13 上分离，压环向上运动，工作台向下运动。侧缸使模具分离，并推卸制件。

5. 从供铝到液态模锻全自动化生产

为实现从定量浇注到液态模锻全过程自动化生产，将定量浇注装置、液态模锻机、模具及其喷涂、清理装置等实现联动，如图 12-21 所示。

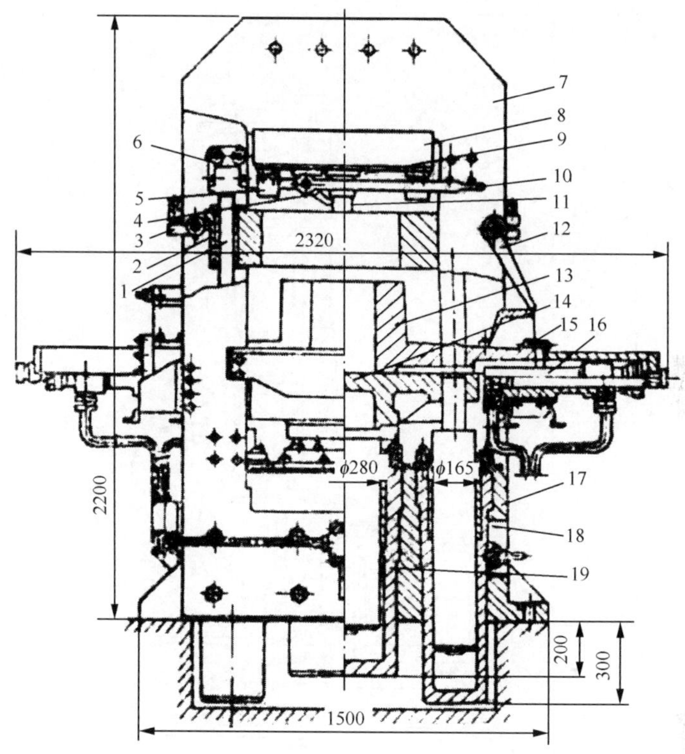

图 12-20　“金属工人”液态模锻液压机[2]

1-导柱；2-套环；3-挡爪；4-卡爪；5-挡板；6-支架；7-机架；8-框缘；9-冲头夹紧装置；10-杠杆；11-冲头；12-手柄；13-模具夹紧装置；14-工作台；15-可动工作台；16-侧缸（2 个）；17-底座；18-辅助油缸；19-主油缸

6. 在卧式压铸机上实现液态模锻

经改造的卧式压铸机，其压射头做成双柱塞，液态模锻机对液态金属采用二级压射，首先内、外柱塞一起将定量注入压射筒内液态金属缓慢地压入型腔，为此内浇口必须加大，使其充型平稳。随后内柱塞沿外柱塞内壁移动，对未凝固金属加压，实现压力下凝固。如图 12-22 所示。

7. 先进液态模锻机

苏州三基铸造装配股份有限公司先后研发成功三基 SCH-350A 卧式液态模锻机（图 12-23）和三基 SCV-800A 立式液态模锻机（图 12-24）。

该设备的特点如下：①合模系统设有专门控制阀行程开关，可控制其动模板（活动横梁）在设定位置精确定位并锁模，可实现间接挤压、直接挤压和双重挤压功能。②模具下方设有压射系统，侧摆时实现浇注，然后正摆时实现压射。③压射系

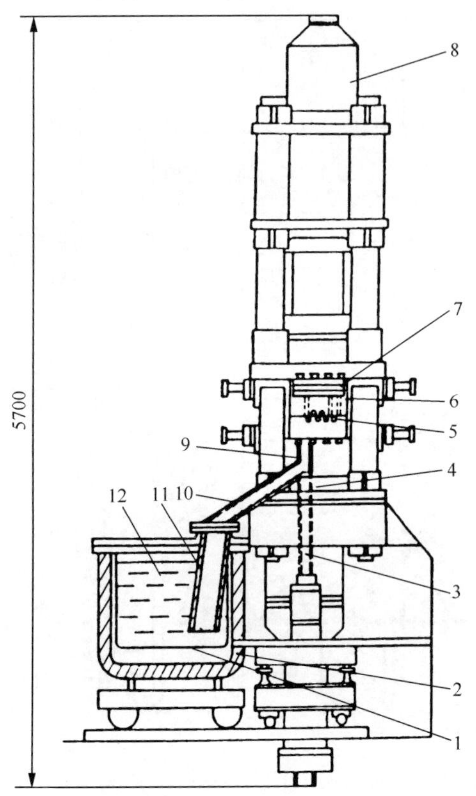

图 12-21　气体压送式自动定量供铝的液态模锻机[2]

1-坩埚；2-铝合金保温炉；3-内活塞；4-外活塞；5-出气孔；6-挤压铸型；7-压板；8-合型用油压缸；9-传感器；10-升液管；11-引铸管；12-铝液

图 12-22　经改造后卧式压铸机正在液态模锻[1]

统使用高性能比侧阀、高能蓄能器，使压射速率可实现十段无级调速，其压射力可

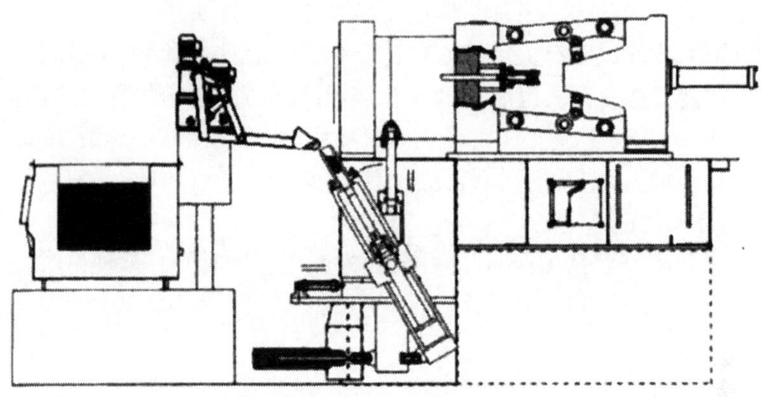

图 12-23 三基 SCH-350A 卧式液态模锻机示意图[4]

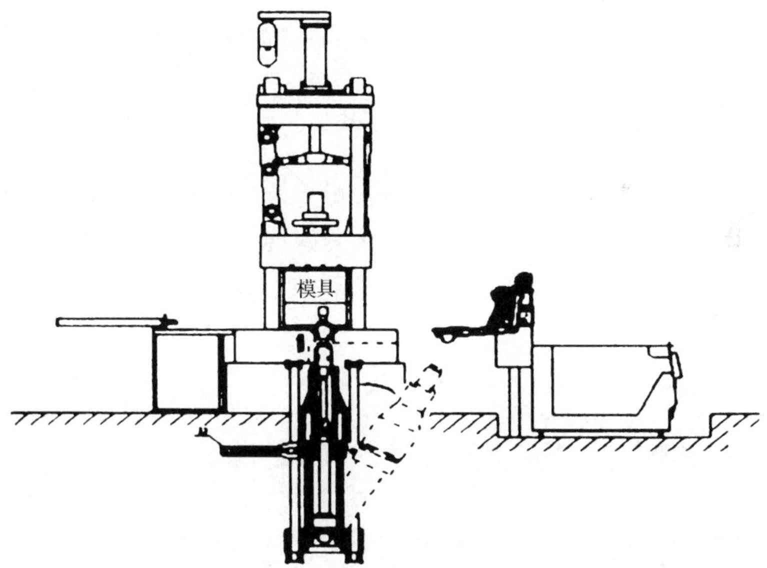

图 12-24 三基 SCV-800A 立式液态模锻机示意图[4]

在 50μs 内达最大值。④参数稳定,可实现全过程自动化。

12.2.3 液态模锻工艺参数

1. 加压参数

1) 比压值

压力因素是液态模锻成败的关键,常用比压值(MPa)来衡量。比压值大小主要与下列因素有关:

(1) 与加压方式有关。平冲头压制比压高于异形冲头压制。

(2) 与制件几何尺寸有关。实心件比压高于空心件,高制件比压高于矮制件。

(3) 与合金特性有关。逐层凝固合金选用的比压高于糊状凝固的合金。

一般来讲,利用材料流变性实现充填流动后,成形主要在高压凝固和塑性变形密实的复合。因此,主要考虑后者,比压值应考虑以 40～60MPa 为宜。

2) 加压开始时间

液态金属置入型腔到加压时间间隔(s)为加压开始时间。从理论讲,液态金属注入型腔后,快速加压为宜。

3) 保压时间

升压阶段一旦结束,便进入稳定加压,即保压阶段,直至加压结束(卸压)的时间间隔,为保压时间(s)。

保压时间长短与合金特性和制件大小有关,可以按下述情况进行选用:

(1) 铝合金制件,壁厚在 50mm 以下,可取 0.5s/mm,壁厚在 100mm 以上,可取 1.0～1.5s/mm。

(2) 铜合金制件,壁厚在 100mm 以下,可取 1.5s/mm。

4) 加压速率

加压速率(m/s)指加压开始时液压机行程速率。加压速率过快,金属液易卷入气体和飞溅;过慢自由结壳太厚,降低加压效果,或者液态模锻无法实现。

加压速率大小主要与制件尺寸有关。对于小件,取 0.2～0.4 m/s;对于大件,取 0.1 m/s。

2. 温度参数

温度参数主要有浇注温度和模具温度。

1) 浇注温度

浇注温度太高,显然降低加压效果,并使模具热负荷增大,降低模具寿命;太低,不利于充填,以致产生浇不满,充填不完全。最理想的浇注温度在正常的工艺操作下能实现良好的充填温度。

2) 模具温度

模具温度低,使金属液迅速结壳,或增加冷隔,或液态模锻无法实现;模具温度高,容易粘焊,加速模具磨损。模具温度的选用与合金凝固温度、制件尺寸形状有关。

对于铝合金,预热温度为 150～200℃,工作温度为 200～300℃;对于铜合金,预热温度为 200～250℃,工作温度为 200～350℃。

对于薄壁制件应适当提高模具温度,尤其是小型薄壁件,模具温度偏低将无法完成加压成形。

在大批量连续生产时，模具温度往往超过允许范围，必须用水冷或风冷措施。

3）模具涂层和润滑

液态模锻模具受热腐蚀和热疲劳严重，为此常在模具与金属液直接连接接触型腔部分，涂覆一层隔热层，该层与模具本体结合紧密，不易剥落。压制前，在涂层上再喷上一层润滑层，以利于制件从模具取出和冷却模具。这种隔热层上复合润滑层，效果最好。但目前，多数不采用隔热层，而直接涂覆润滑剂，效果也不错，尤其对于有色合金液态模锻，情况更佳。从各国情况来看，液态模锻使用的润滑剂和压力铸造基本相同。

12.3 液态模锻件组织性能

12.3.1 组织与性能

1. 组织特征

液态模锻件组织基本还是一种结晶状枝晶组织。

1）铝合金液态模锻组织

仅以铝-硅合金予以说明。与普通铸造相比，其组织特征如下：

(1) 对亚共晶合金和共晶合金，增加了初生 α 相，相应减少了共晶相(α+Si)；而对于过共晶合金，增加了共晶相(α+Si)，而减少了初生相(Si)。相的组成和含量发生明显的改变。

(2) α 相细密，枝晶程度减弱。

(3) 初生硅和共晶相中的硅形态和尺寸发生改变，呈细密和球状组织。

(4) 气孔、缩松和缩孔等铸造缺陷明显减少，甚至可以完全消除。

适用于液态模锻铝合金有 Al-Cu、Al-Mg 和 Al-Zn 等系列铝合金，其组织特征均表现为晶粒细化、枝晶状程度降低、铸造缺陷减少。图 12-25 为不同工艺的 SAE332 铝活塞金相组织比较。

2）镁合金液态模锻组织

液态模锻采用的镁合金主要有 AZ91D、AM60A、ZM5 和 MB2，其正常组织主要有 α(Mg)、固溶体和 α(Mg)+β($Mg_{17}Al_{12}$)共晶体组织。微观组织特征是：α 相枝晶弱化，呈细等轴状，β 相细小，呈不连续分布，如图 12-26 所示。

3）锌合金液态模锻组织

液态模锻锌合金通常为 Zn-Al 系列，其中又以 ZA27 研究最多(图 12-27)。ZA27 合金的平衡凝固组织由初晶相 α、共晶相(α+η)和富 Cu 的 ε 相组成；在液态模锻条件下，显著改善初生相 α 的形态和尺寸，即一次枝晶和二次枝晶长度减小，使其树枝晶变为细小的花朵状等轴晶。共晶体和 ε 相形态与分布，在液态模锻条件下，也得到改善，共晶体呈片状；ε 相呈点状弥散分布于枝晶间。

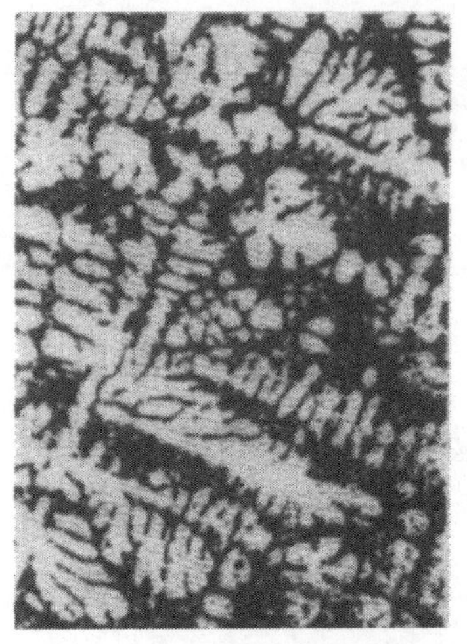

(a) 金属型重力铸造　　(b) 液态模锻

图 12-25　不同工艺 SAE332 铝活塞金相组织比较[1]

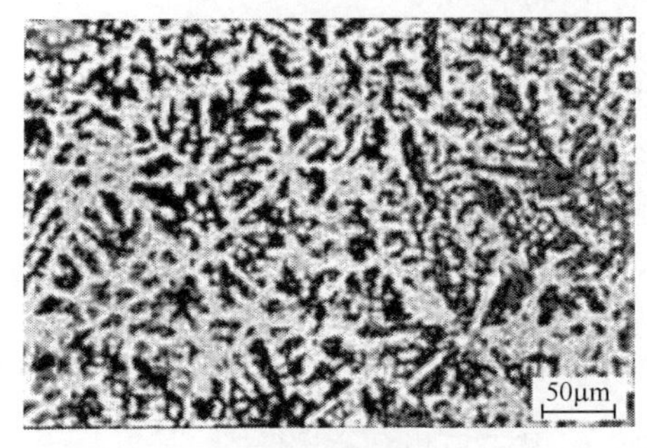

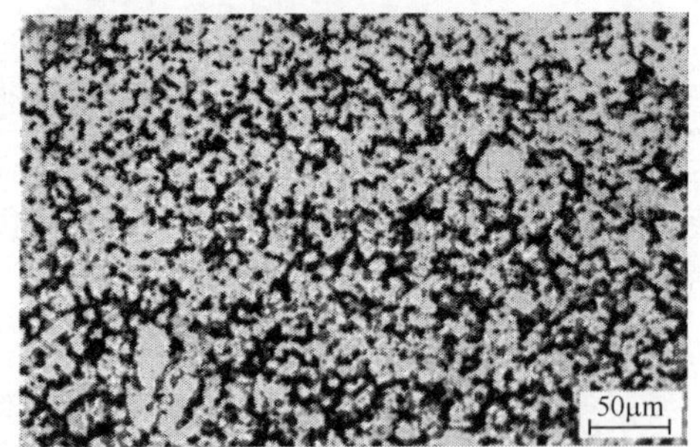

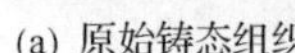

(a) 原始铸态组织　　(b) 双控成形组织

图 12-26　不同工艺 AZ91D 金相组织[5]

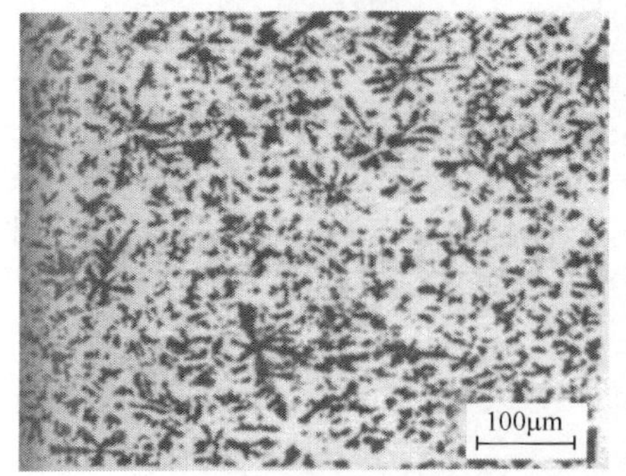

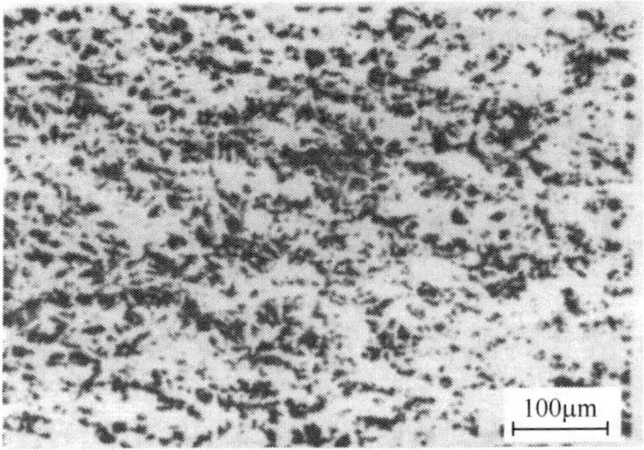

(a) 金属型重力铸造　　(b) 液态模锻

图 12-27　不同工艺 ZA27 合金金相组织[6]

4）铜合金液态模锻组织

铜合金液态模锻采用材料主要有黄铜、锡青铜和铝青铜等。现以黄铜为例进行说明。黄铜为 Cu-Zn 合金，图 12-28 为 HMn57-3-1 锰黄铜不同工艺条件下的金相组织。含有 α 相（白色）和 β 相（黑色），α 相是锌溶解于铜中的置换固溶体，属面心立方结构，而 β 相是以化合物 CuZn 为基的固溶体，属体心立方结构。在液态模锻条件下，α 相枝晶细小，枝晶弱化[图 12-28(a)]，特别是在高比压条件，其晶粒比经锻造后还细小[图 12-28(b)]。另外，由于冷却速率提高，α 相占的比例有所下降，相对于 β 相比例上升。

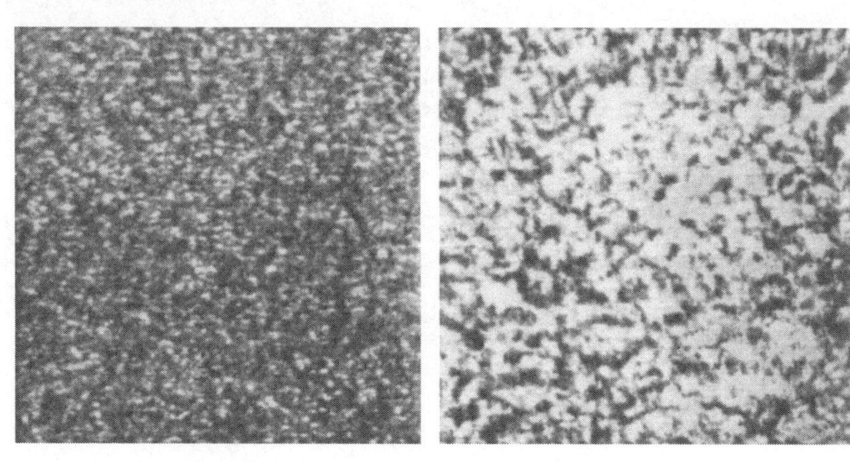

(a) 液态模锻　　(b) 锻造

图 12-28　不同工艺 HMn57-3-1 锰黄铜金相组织[7]

5）铁合金液态模锻组织

以碳钢为例进行讨论，图 12-29 所示为 35 钢液态模锻组织。

(1) 组织形态及取向。典型的液态模锻组织是胞状树枝晶及等轴晶，前者多出现在制件的边缘部位，后者则多出现在中心部位。对于低碳钢制件，不论何种加压方式，只要压力足够，铁素体常呈条状，多按方向排列，并以平直边界或圆弧边界与珠光体相接。这就是胞状树枝晶的主要特征。当然，在比压较小（大于低限比压）的情况下，铁素体也呈鱼骨状或波浪式相排列。对于中碳钢制件，只要压力足够，铁素体多呈条状、扁圆状隔离分布在珠光体基体上，压力稍小时，铁素体还呈方向排列（图 12-29）。一旦压力很小时，即小于低限比压条件下，常常出现魏氏体组织相貌。等轴晶组织形态，常出现在制件尺寸较大（指最大截面上最小尺寸）的条件下，这时压力足够，就能获得等轴细晶组织相貌。

(2) 晶粒大小。晶粒比普通铸造的要小。液态模锻件各部位的晶粒也不等同，由表向心部趋向粗化，并呈等轴晶。

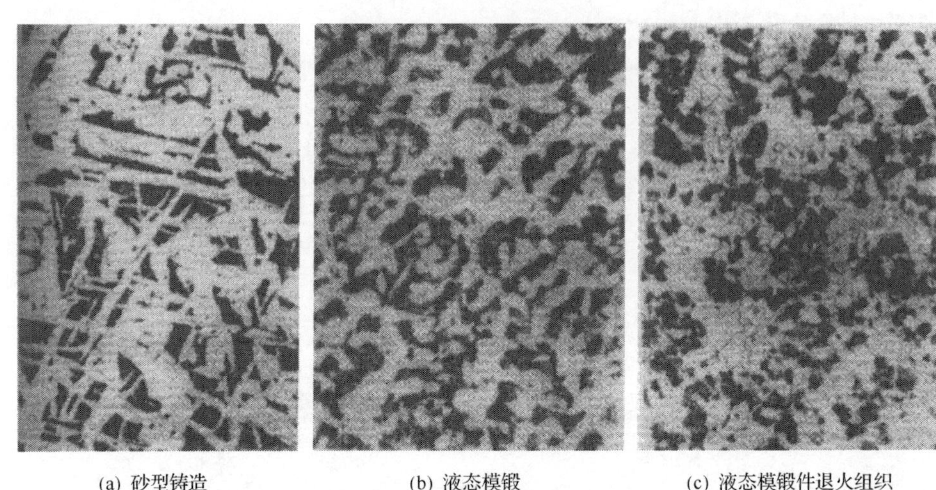

(a) 砂型铸造　　(b) 液态模锻　　(c) 液态模锻件退火组织

图 12-29　35 钢液态模锻组织[2]

(3) 组织组成物的相对量。珠光体与铁素体的相对量与相同碳含量的常压铸造相比,液态模锻件中珠光体量要多些,铁素体量要少些。

2. 力学性能

液态模锻获得各种材料制件的力学性能,虽规律上有差别,但总的来说,强度指标接近锻件,优于制件;塑性指标明显低于锻件,稍高于制件。

1) 铝合金液态模锻件力学性能

表 12-1 为液态模锻 Al-Si 系合金力学性能与其他工艺的比较[1],其强度指标稍低于铸态,而塑性指标远高于铸态。其原因是,在压力下结晶,增加 α 数量,细化硅。

表 12-1　液态模锻 Al-Si 系合金力学性能[1]

合金牌号	成形方法	热处理状态	力学性能				备注
			σ_b /MPa	σ_s /MPa	δ /%	硬度 (HRB)	
ZL102	液态模锻	铸态	185	—	12.6	—	杯形零件解剖性能
	金属型铸造	铸态	191	—	5.2	—	单铸试棒性能
			157	—	≥2.0	—	GB/T 1173—1995 标准
ZL101	液态模锻	淬火及时效(T5)	247	—	15.0	—	杯形零件解剖性能
	金属型铸造	淬火及时效(T5)	258	—	13.0	—	单铸试棒性能
			≥205	—	≥2	—	GB/T 1173—1995 标准

续表

合金牌号	成形方法	热处理状态	力学性能				备注
			σ_b /MPa	σ_s /MPa	δ /%	硬度(HRB)	
ZL106	液态模锻	淬火及时效(T5)	351	—	11.3	—	杯形零件解剖性能
	金属型铸造	淬火及时效(T5)	328	—	6.4	—	单铸试棒性能
			≥235	—	≥0.5	—	GB/T 1173—1995 标准
A356.2(美)	液态模锻	淬火及时效(T6)	296～310	221～234	10～14	48～63	实际制件取样
	金属型铸造	淬火及时效(T6)	283～303	207～228	3～5	45～58	实际制件取样
357(美)	液态模锻	淬火及时效(T6)	324～338	241～262	8～10	52～68	实际制件取样
	金属型铸造	淬火及时效(T6)	331～345	248～262	5～7	50～65	实际制件取样
383(美)	压力铸造	铸态	193～207	140～160	1～1.5	—	实际制件取样
	液态模锻	铸态	269～290	145～159	2.75～3.5	50～60	实际制件取样
	液态模锻	淬火及自然时效(T4)	359～386	234～255	5～7	55～70	实际制件取样
	液态模锻	淬火及人工时效(T6)	379～421	296～317	3～5	73～84	实际制件取样
ADC12(日)	压力铸造	铸态	194	128	1.5	—	实际制件取样
	液态模锻	铸态	288	143	3.5	—	实际制件取样
	液态模锻	淬火及自然时效(T4)	324～388	144～248	7.1～8.8	—	实际制件取样
	液态模锻	淬火及人工时效(T6)	316～423	165～342	4.4～5.7	—	实际制件取样
390(美)	压力铸造	铸态	279	241	<1	—	实际制件取样
	液态模锻	淬火及人工时效(T6)	352～392	—	<1	80～90	实际制件取样

2）镁合金液态模锻件力学性能

表12-2为液态模锻和压铸的镁合金制件力学性能比较[1]：显然，液态模锻具有明显的优异性能。

3）铜合金液态模锻件性能

仅以黄铜液态模锻为例进行说明，表12-3为采用不同工艺方法获得的制件的力学性能[1]，其强度和塑性均具有较高水平。

表 12-2　不同工艺方式镁合金力学性能比较[1]

合金牌号	铸造方式	σ_b/MPa	δ_5/%	HBS	α_k/(10^5J/m^2)
AZ91D	压铸	232	3.1	76	5.6
	液态模锻	238	5.5	75	7.8
AM50A	压铸	221	7.2	56	9.4
	液态模锻	224	9.4	56	12.1

表 12-3　不同工艺方式的黄铜力学性能比较[1]

合金牌号	工艺类别	力学性能			备注
		σ_b/MPa	δ/%	α_k/(J/cm^2)	
HMn57-3-1 锰黄铜	液态模锻	585	21.9	55	—
	锻造	539	25	—	
	砂型铸造	478	13.3	43	
	金属型铸造	537	19.1	52	
	离心铸造	553	20.7	42	
	真空吸铸	499	19.7	55	
ZCuZn38Mn2Pb2 锰黄铜	液态模锻	461～421	18～22	—	铸管解剖性能
	金属型铸造	≥343	≥18	—	GB/T 1176-87 标准
HSi80-3 硅黄铜	液态模锻	452	50.3	118	—
	砂型铸造	381	39	117	
	金属型铸造	402	49.7	125	
	离心铸造	456	45.8	119	
	真空吸铸	423	60	118	
60%Cu-38%Zn-2%Pb 铅黄铜	液态模锻	407	43.2	31	美国牌号 CDA377 ϕ50 铸解剖性能
	金属型铸造	378	46.4	36	
	液态模锻	377	32	—	杯形零件解剖性能
	挤压变形	377	48	—	
57%Cu-41%Zn-1%Al-1%Fe 铁黄铜	液态模锻	473	13.0	—	美国牌号 CDA865

4）锌合金液态模锻件力学性能

锌合金液态模锻以 ZA27 为例，见表 12-4[6]。液态模锻比金属型铸造强度指标提高了 33.4%，而延伸率和冲击韧度增加了近 5 倍。

5）钢液态模锻力学性能

液态模锻与轧制、铸造工艺的性能比较见表 12-5。

表 12-4 ZA27 锌合金金属型铸造和液态模锻力学性能比较[6]

工艺方法	制件编号	σ_b/MPa	δ_5/%	ψ/%	α_k/(10^4J/m^2)	HB
金属型铸造	1	370	4.41	5.92	2.8	100
	2	95	1.46	—	—	—
	3	356	2.00	4.96	3.2	—
液态模锻	1	398	17.68	24.42	14.0	116
	2	452	5.48	7.84	—	115
	3	475	21.46	42.06	14.1	—

表 12-5 液态模锻与轧制、铸造工艺的性能比较[1,2]

材料		工艺	σ_s/MPa	σ_b/MPa	δ_5/%	ψ/%	α_k/(J/cm^2)
低碳钢	25	液态模锻	293～362	480～542	5.2～16.3	5.9～20.8	21～41.2
		轧制	280	460	23	50	90
		铸造	240	450	20	30	45
	20Mn	液态模锻	268～354	509～519	10～11	10～14	23～27
		轧制	280	460	24	50	—
	25Mn	液态模锻	311～367	555～630	7～30	8～44	35～60
		铸造	300～350	500～550	30～50	45～55	155～170
中碳钢	35	液态模锻	345～348 292～338	620～633 537～633	11.8～16.9 8～19.5	9.8～20.8 5.3～30.6	41 27.5～45
		轧制	320	540	20	45	70
		铸造	280	500	16	25	35
	45	液态模锻	315	605	29	43	36
		轧制	340	580	19	45	60
		铸造	320	580	12	20	30
	30Mn	液态模锻	320	650	21.3	27	32
		轧制	320	550	20	45	80
		铸造	300～370	570～610	27～30	40～55	70～90

尽管25、20Mn制件成形比压均较高，但由于是平冲头施压，成形时金属液无显著流动，其组织是典型的胞状树枝晶，其枝晶偏析严重，故其强度指标虽均高于轧材和铸钢，而塑性指标(δ、ψ)却低于轧材和铸钢，且低的幅度较大，冲击韧度与轧材差别大，与铸材相近。但同属低碳钢的25Mn，由于是异形冲头施压，且在高比压条件下(表12-5)，其塑性指标与铸钢相当，其冲击韧度差别则很大。

35钢制件尽管比压与25制件相比较低，但是均是异形冲头施压，成形时有较强的金属流动,因而其性能特点如下:强度指标(σ_s、σ_b)均高于轧材和铸钢,因而塑性指标(δ、ψ)与轧材的差别幅度大大下降,而与铸材相近或相当,冲击值除与轧材差别较大外,与铸钢相当或超过。

45钢件的σ_s稍低于轧材和铸钢,而σ_b却高于轧、铸工艺,塑性指标与轧材相当,高于铸钢,冲击韧度与轧、铸均相差不大。30Mn制件的强度指标δ_5相当,σ_b高于轧材和铸钢,其塑性指标与轧材相当,低于铸钢,而冲击值与轧、铸均相差很大。

12.3.2 性能与组织关系

上述性能数据反映出不同材料液态模锻件性能改善不尽相同。对于有色合金,尤其是锌合金,无论是强度或者塑性均大幅提高,而钢却改善有限,下面作分析。

1. 有色合金(铝、镁、铜、锌)性能改善机制

有色合金液态模锻性能改善明显,来源于压力下改变了合金的凝固条件,即状态图改变,随之结晶参数改变,有利于获得细小、均匀的组织;只要压力足够,可减少或完全消除因凝固收缩产生的诸多缺陷,获得制件组织致密,压力下,制件与模壁无空隙,有良好的热传导条件,使得制件冷却加快,形成有利于获得等轴晶组织条件,消除柱状晶缺陷。

2. 钢性能改善不明显的机制

通过大量实验发现,液态模锻钢制件与有色合金制件存在不同的改善规律,其机制如下:

(1) 强度指标高(σ_s、σ_b)。形成这一性能的组织因素是组织致密,珠光体含量增加(与同一含碳量在常压下成形制件相比)。这是形成液态模锻制件强度高的两个根本因素。与轧材相比,主要是珠光体含量起作用;与铸钢相比,这两个因素都起作用。消除显微疏松,使制件致密,这是液态模锻与铸造区分之所在。

(2) 塑性指标(δ、ψ)低,冲击韧度(α_k)也低。形成这一性能的组织因素是枝晶偏析,而这种偏析在而后的热处理中难以消除,主要因为这种偏析是溶质在挤压下形成的。

参考文献

[1] 罗守靖,陈炳光,齐丕骧. 液态模锻与挤压铸造技术. 北京:化学工业出版社,2007.

[2] 罗守靖,何绍元,王尔德,等. 钢质液态模锻. 哈尔滨:哈尔滨工业大学出版社,1990.

[3] 赵祖德,罗守靖. 轻合金半固态成形技术. 北京:化学工业出版社,2007.

[4] 齐丕骧. 我国挤压铸造机的现状与发展. 特种铸造及有色合金,2010,30(4):304-308.

[5] 李强. 摩托车发动机壳体液态铸锻双控成形实验研究. 哈尔滨:哈尔滨工业大学硕士学位论文,2006.

[6] 齐乐华. 锌合金轴承保持架液态模锻工艺研究. 哈尔滨:哈尔滨工业大学硕士学位论文,1992.

[7] Пляцкий В М. Штамповка из жидкого ме-талла. Москва:Машиностроение,1964.

第 13 章　液 态 挤 压

液态挤压是将已熔配好的液态金属直接注入挤压模具内，然后施行的挤压过程，其实质是由两个过程组成：液态模锻和固-液态挤压。因此，从理论到实际应用，均融入了液态模锻、热挤压、连续铸挤等工艺特点，但又有许多自身的特点，本章将予以研究。

13.1　管、棒、型材液态挤压

13.1.1　管材液态挤压

采用液态金属直接挤出管材，其关键问题有以下几点：①能保证在加压前液态金属不流出模具；②能保证对半固态金属加压，且在挤出变形过程中在挤压筒内的金属一直保持有一定的等静压；③保证在变形区处于准固态，而同时在成形模出口无液态金属挤出，变形区上部最好仍处于固-液相区或液-固相区；④保证管材得到变形组织，性能良好；⑤如采用芯轴结构则要保证冲头能沿芯轴自由运动，且二者的间隙又不挤入液态金属；⑥芯轴安放要能承受较大的拉力。据此，结合传统的挤压工艺，液态挤压工艺方案有以下几种：①正向挤压，其又包括直接带有芯轴的结构和采用分流模结构两种方法，后者如图 13-1 所示。采用分流结构可以生产有缝管，采用芯轴结构可以生产出无缝管；②侧向挤压，如图 13-2 所示，采用这种工艺方案只能生产有缝管，采用分流模结构。但该工艺方案可以使制件得到大的剪切变形，获得性能更好的制件。采用这几种工艺方案，均可以通过模具的某些特殊结构满足前述几点要求。

1. 模具设计

1）模具设计特点

模具设计的重点在于：①芯轴的安装；②采用何种结构可以保证液态金属流入模膛后不向外流，同时又不阻碍加压和加压后管材的顺利流出；③如何保证液态金属在经变形区以后得到完全凝固的管材，同时变形力不致太大，即在挤压筒部位金属基本处于半固态。依据液态模锻和挤压模具的特点，提出了吊架可调芯轴的结构以及利用摩擦原理的阻流块结构，既简单易行又方便实用。吊架可调芯轴如图 13-3 所示，由两个支柱架起一横梁，芯轴吊挂在该横梁上。在工作过程中，芯轴的

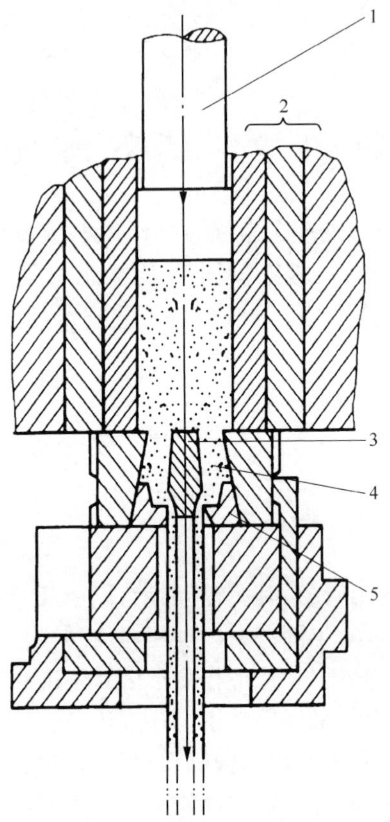

图 13-1　正向挤压分流模示意图

1-挤压冲头；2-挤压成形模；3-桥式孔型挤压模；4-连接型腔；5-凹模

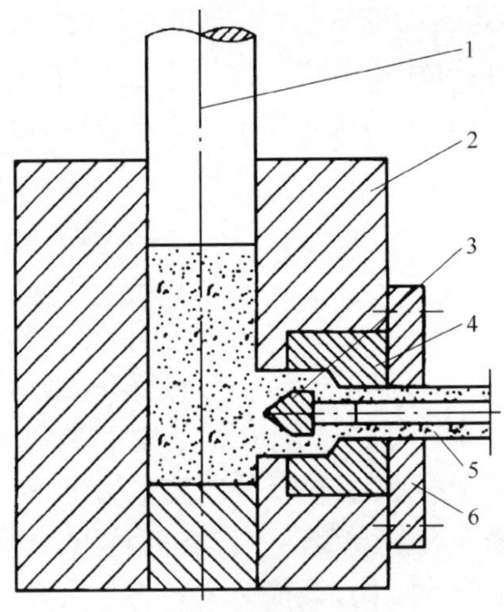

图 13-2　侧向挤压示意图

1-挤压冲头；2-挤压成形模；3-桥式孔型挤压模；4-凹模；5-挤出件；6-支撑件

位置保持不变，芯轴上部带有螺杆，芯轴升高和降低可通过调节螺杆长度实现。芯轴与冲头采用间隙配合，其间隙大小以保证液态金属不能挤入、同时在高温状态冲头又能自由上下活动、不卡紧芯轴为宜。为保证冲头能上下活动，冲头座和冲头均采用如图 13-4 所示结构，沿同一个方向在圆柱体中部切出长方体的空腔，以便于完成冲头上下移动、浇注液态金属、施压和挤出管材整个过程的动作。放置芯轴的另外一种方案是通过专用设备实现，即采用专用多缸压力机，中间一个缸单独动作，专门装置芯轴，侧缸进行加压，这样做模具结构比较简单。

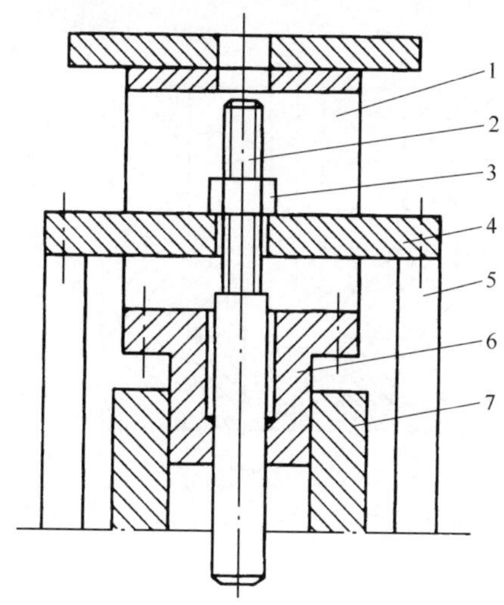

图 13-3 吊架浮动芯子示意图

1-支座；2-型芯；3-螺母；4-横梁；5-支柱；6-挤压冲头；7-挤压成型模

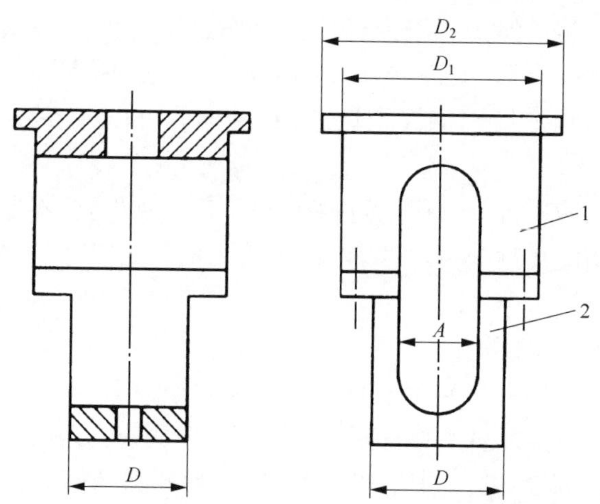

图 13-4 冲头及冲头座的形状

1-支座；2-挤压冲头

为防止浇入的液态金属不从管子出口端流出，同时又不影响施加压力和管材的顺利挤出，在管材出口处使用了阻流块结构，如图 13-5 所示。阻流块套入芯轴和管子出口部位，外壁与模具内壁有一定的摩擦力，内壁与芯轴有一定的摩擦力，浇入液态金属时，阻流块的摩擦力能平衡液态金属的重力，由此阻止液态金属下流。随后由于模具和液态金属具有较大的温差，尤其在成形模的下部和冷却板处的液态金属量较少，厚度较薄，很快凝固。在凝固自下而上进行到一定程度后开始施压，阻流块可以很方便地推出，不影响管材的顺利挤出及过程的进行。

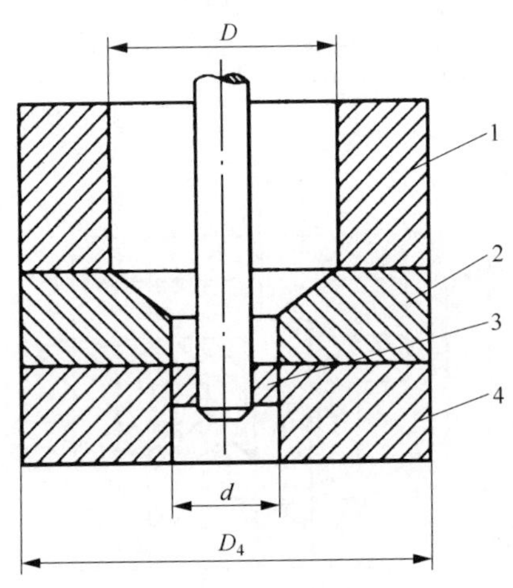

图 13-5　阻流块放置示意图

1-挤压成形模；2-成形冲模；3-底塞；4-冷却板

为了保证浇入的液态金属不致冷却过快，在挤压筒和成形模部位均采用加热圈进行加热。同时为了保证在压力机挤压速率过快时液态金属不致流出，又采用了可调节高度的冷却模，如下部冷却腔不足，可以加厚，同时芯轴向下调长；如下部冷却腔过长，则可减薄，同时上调芯轴，这样就可以在各种条件下进行工艺实验。

由于是在通用液压机上进行实验，液压机下部有顶出缸，不便于挤出的管材取出。所以只有采用模具高架的办法，以便于挤出的管材从下方取出，模具结构如图 13-6所示。

2）可调芯轴结构的作用

采用可调芯轴结构的目的在于调节芯轴进入成形模的深度，有三个作用：①保证挤压过程中管材流经芯轴下端部后要处于完全凝固态，如凝固不彻底，就需要增加插入段的长度，下调芯轴。②插入段的长短影响芯轴摩擦力的大小。在挤压过程中，由于已成形的管子的热胀冷缩作用，已成形管壁与芯轴始终有一定的摩擦力，因此等于一直在下方加一个背压，使挤压筒内未凝固部位的液态金属能一直承

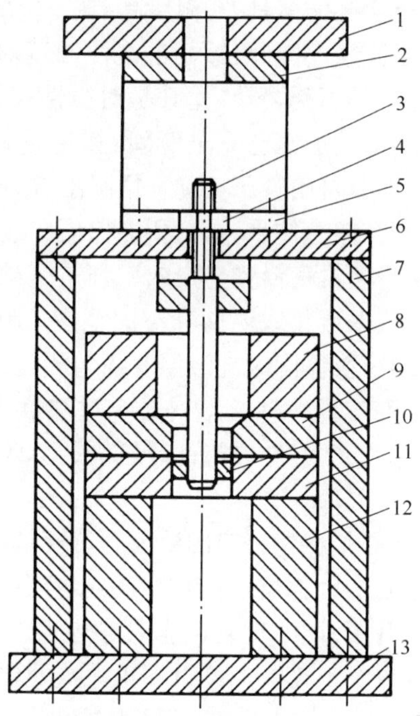

图 13-6 模具示意图[1]

1-上模板；2-冲头座；3-芯轴；4-螺母；5-冲头；6-横梁；7-支柱；8-挤压筒；9-成形模；10-阻流块；11-冷却板；12-下支座；13-下模板

受一定的等静压，使之实现在压力下结晶凝固，强制补缩。等静压的大小与背压相关，而背压大小则取决于芯轴插入成形模的长度。实质上是由此导致制件得到液态模锻强化的结果，随后金属流经变形区，并在此基础上又增加了一次塑性变形和剪切变形，使晶粒进一步得到破碎，因此制件性能得到全面提高，也就是本书后续章节所述及的双重强韧化作用，这正是芯轴摩擦力有利的一面。③考虑芯轴的强度、总变形力大小等方面，使芯轴能上下调节也是非常重要的措施。

2. 过程参数的选定

液态挤压的过程参数包括浇注温度、模具温度、加压前停留时间、压下速率、比压值等，下面分别进行讨论。

1) 浇注温度

浇注温度和模具温度、加压前停留时间三者结合在一起直接决定了管材能否挤出。浇注温度高低直接影响以下几个方面：①若浇注温度过高，首先会影响模具寿命，较高温度的液态金属直接冲刷模具难度较大；②在较高温度下液态金属黏度小，易于挤入冲头和挤压筒之间以及冲头和芯轴之间的间隙中，迅速形成飞刺，增大摩擦力，严重的情况甚至会擦伤模具；③温度高，液态金属吸气氧化严重，直接影响到制件质量，同时增大耗能量。因此，过高的浇注温度对生产无任何好处，是不可取的。但浇注温度低也有其不利之处，尤其是对脆性材料，若浇注温度太低，液态金属浇入模膛后，还没来得及加压已完全凝固，其变形抗力迅速增加，以至于采用比正常大得多的压力也不能挤出管子。此种情况出现后需设法清除模具内的金属，但将严重影响正常生产。但总体来讲，只要能保证在液态金属未凝固前开始施压，浇注温度低一些，对提高模具寿命和生产效率都是有益的。

浇注温度的选取主要依据液相线温度和凝固范围，凝固范围窄的合金过热度要大一些，因为这种合金凝固快。同时浇注温度还与浇注金属总量相关，浇入金属量大，总热容量大，浇注温度就低一些。对锌合金过热度选为 60～140℃，铝合金选为 40～100℃，即锌合金在 560℃左右浇注，纯铝取 700℃左右浇注。

2）模具温度

液态挤压过程中，模具必须保持一定的温度。若模具不预热或模具温度不足，则凝固区不能保持在靠近变形区部位，或者尚未加压液态金属已全部凝固，则会因所需变形力过大而挤不出管子；同时也有可能在挤出部分管子后，由于剩余部分温度过低而造成挤不动的现象。但模具温度过高也无益处，会降低模具使用寿命，加速模具的热疲劳；再者若凝固速率过慢，管子挤出过程中，会导致凝固速率小于挤出速率而出现挤出液态金属的现象。根据液态模锻工艺的经验，锌合金、铝合金及纯铝的液态挤压均取模具温度为 100～250℃。

3）加压前停留时间

加压前停留时间在液态模锻时不是特别重要的参数，但在液态挤压工艺中却相当重要。它对浇注温度或模具温度起相应的调节作用。若浇注温度高，模具温度高，加压前停留时间可以适当放长一些；若浇注温度较低，则可尽快开始加压。加压前停留时间一定要适当，若过早，不仅造成液态金属挤入冲头与挤压筒、冲头与芯轴的间隙中，而且会造成液态金属通过变形区和冷却腔挤出，出现不能保持管子形状的现象；如加压前停留时间过长，则会造成压不动、挤不出管材的后果，当然如对于铅等软材料或设备能力极大则可能不出现这种情况，也就是说以固态挤压的方式把浇入的材料挤出，但通常是不容易的。加压前停留时间的选取受浇注温度和模具温度以及浇入液态金属量多少的制约，不能取定某一值。本研究采用了观察浇注的液态金属凝固高度的办法来确定加压的开始时间，一般要待到凝固进行至高于变形区 10～40mm 处才开始加压。原因在于通用油压机的压下速率一般大于凝固速率，加压后凝固区逐渐会降至变形区附近。当然，具体确定尚需考虑浇入液态金属量的高度，如浇入液态金属量多，适当取大值，浇入量少，适当取小值。若按时间计，对锌合金和铝合金，一般需 20～60s。

4）压下速率

压下速率也是液体挤压异于液态模锻的一个重要方面。在液态模锻中可以完全不考虑压下速率，因为一般设备均能满足压下速率大于凝固速率的要求，使制件的内部承受较大的等静压，除非有些设备下行速率过慢或小型薄壁件将出现施压前就已经完全凝固的情况。但在液体挤压中，压下速率就显得十分重要。压下速率直接影响管材挤出速率，也就是说直接影响生产率。同时压下速率还与相关参数的选取密切相关，如加压前停留时间、模具温度等，如加压前制件自由凝固的高度较小，则在大的压下速率下，会很快使未凝固区下降到变形区或变形区以下，导致液态金属从下部挤出。反之，若压下速率过慢，模具温度过低的情况出现，则可能导致中途停止、挤不动的现象出现，原因在于未凝固区不断上移，制件内部温度下降过快。但压下速率是由设备和吨位决定的，只有调节其他相关因素，如模具温度或调节模具挤压筒的直径来适应实际需要。实验表明，在稳定阶段压下速率一般保持在 5mm/s 左右。

5）比压

这里的比压值和液态模锻的比压值也是一个不同的概念。在液态模锻中，比压可以加到无限大，因内部金属无处可流，所以可以把压力升到设备的最大吨位，比压达到最大值。但在液体挤压中，比压则完全不同，当压力达到一定值，使得变形区的金属满足变形条件时，管材就会被挤出，压力不再上升。当然比压值受压下速率的影响，压下速率、变形速率大，则比压值也要大一些。但一般液压机的速率并不能无限调大，所以至一定程度后二者会自动平衡，稳定于某一值上。当然采用稍小一点的压力，应该也能挤出管材，只是压下速率相应也会放慢。但实际中除非设备吨位限制，一般均属自动平衡的情况，即在达到某一压下速率、变形速率后，比压值即可基本确定。若内部变形抗力增大，则压机所施加压力将相应增大，以保证变形速率。影响比压值的另外一个因素是摩擦力和材料本身，在挤压筒处摩擦仅起消耗变形功的作用，但在管子出口处，摩擦力大，将使制件内部出现较大的等静压，等于施加较大背压，这对于提高制件性能是有一定益处的。根据实验，管材液体挤压其比压值对锌合金和铝合金基本均为 60～300MPa。

3. 工艺实验

分别对纯铅、ZL108、ZL203 和多种锌合金开展了实验研究，其工艺参数选取见表 13-1。实物图片如图 13-7 所示。经液态挤压后的力学性能见表 13-2。可以看出，各项性能指标大大高于铸态，尤其是延伸率和冲击值，高于数倍，甚至十几倍。

表 13-1　管材液态挤压实验用工艺参数

材料	模具温度/℃	浇注温度/℃	比压/MPa	加压前停留时间/s
Al	180～200	660～720	70～290	20～50
ZL108	130～150	660～700	100～300	30～50
ZL203、6063	160～220	700～750	80～250	30～60
$ZnAl_{13}Cu_{2.2}TiR_{E}Mg$	120～165	540～580	100～280	40～60
$ZnAl_{27}Cu_{2}TiR_{E}Mg$	100～200	550～650	65～320	40～60
ZA27	120～200	550～620	60～250	40～60

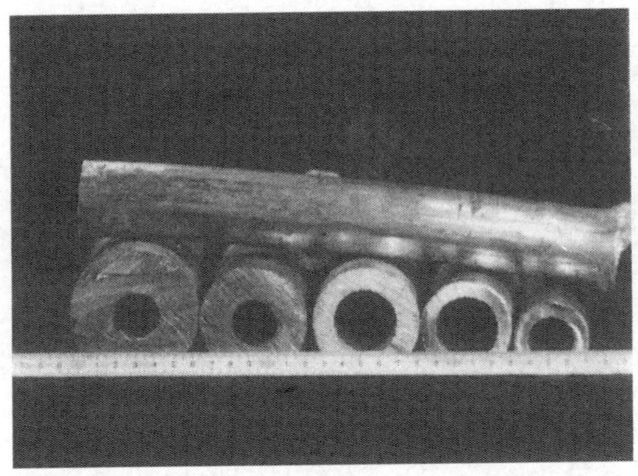

图 13-7　液态挤压的管子[1]

表 13-2　液态挤压管材与铸态性能比较

性能		$ZnAl_{27}Cu_{2}TiR_{E}Mg$	$ZnAl_{13}Cu_{2.2}TiR_{E}Mg$	ZA27	ZL108
σ_b/MPa	铸态	400	360	363	183
	液态挤压	500	440～450	448	292
δ_5/%	铸压	4.8	1.7	3.19	0.6
	液态挤压	11.2	14～15	17	10.5
HB	铸压	—	116	100	68
	液态挤压	—	116～123	121	76
α_k/(J/cm^2)	铸压	3.5	8.0	29	6.3
	液态挤压	48	140～200	81	26～38

13.1.2 型材液态挤压

1. 工艺选择及模具设计

型材的液态挤压与管材的差别之处是可以不用芯轴，省去了繁杂的芯轴装配过程，减少了液态金属的危险溢流面，减少了冲头破坏的可能性，但同时也就不能利用芯轴的摩擦作用施加背压，以增大未凝固的液态金属承受的等静压，使其在压力下结晶凝固，提高性能。为了达到此目的，可在成形模上采取一些措施，也就是在侧壁的上部带有一定斜度，如图 13-8 所示，这样就使得已挤入成形模的金属不致因冷却收缩而畅通无阻。带有一定斜度，一方面可以使进入成形模后仍未完全凝固的部分金属随断面减薄快速凝固，不至于在没完全凝固状态就挤出模具；另一方面还可以使挤入成形模中的金属在挤出过程中再次变形，得到进一步强韧化；同时给仍处于凹模内的金属以较大背压，使其处于三向压应力状态下，以达到在压力下结晶，强制补缩目的。根据以上考虑，角型材液态挤压模的结构如图 13-9 所示，为防止第一次液态金属外流，仍采用阻流块结构。

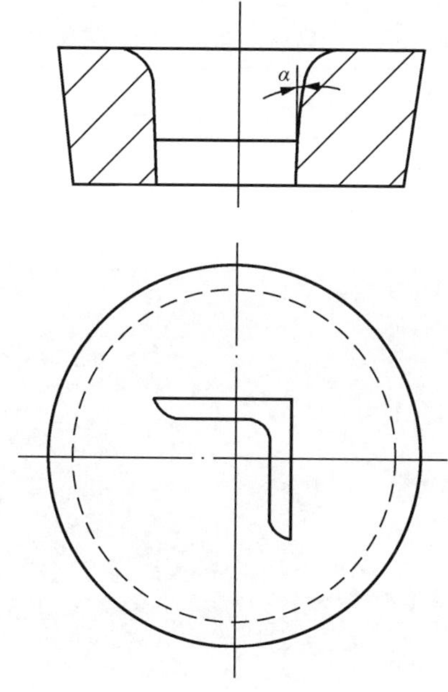

图 13-8 型材挤压成形模

2. 工艺参数及实验结果

工艺参数见表 13-3，图 13-10 为液态挤压成形的角型材。

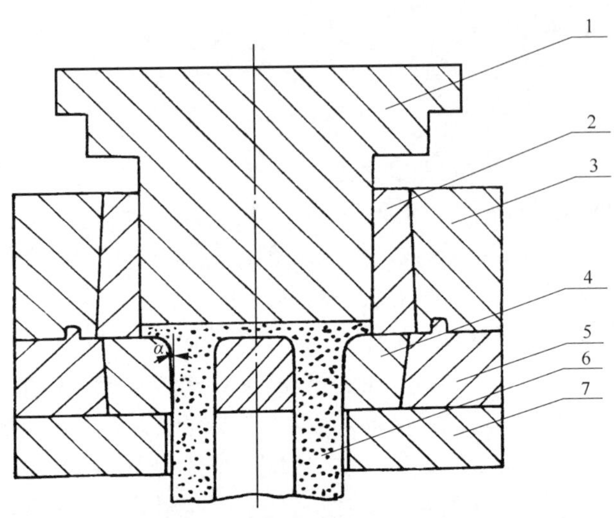

图 13-9 角型材液态挤压模具

1-冲头;2-挤压筒内套;3-挤压筒外套;4-成形模;5-成形模外套;6-制品;7-垫板

表 13-3 角型材液态挤压的工艺参数

材料	模具温度/℃	浇注温度/℃	比压/MPa	加压前停留时间/s
Al	200	720	150～250	30～50
ZA27	200	600	130～270	30～60

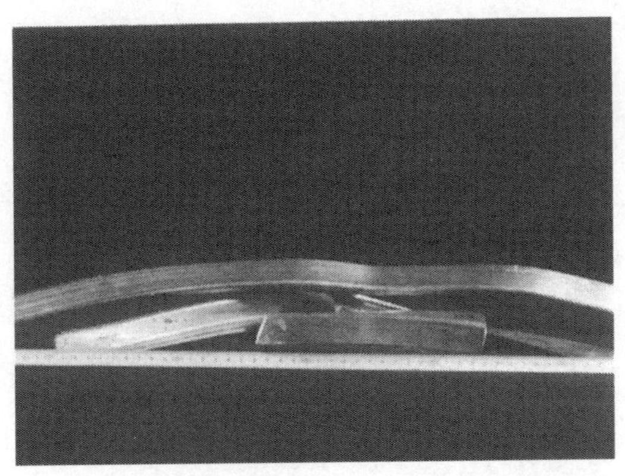

图 13-10 液态挤压成形的角型材

13.1.3 线、棒材液态挤压

线、棒材的现行生产工艺是挤压和拉拔成形，在变形量比较大时要经过多道反复挤压和拉拔,采用液态挤压方法则可以一次直接从液态挤成所需要的任意大小。同时采用液态挤压方法有利于复合材料的直接成形。

1. 工艺确定和模具设计

线、棒材液态挤压类似于角型材的液态挤压,不需要装芯轴,为了保证坯料内部处于较大的三向压应力状态,成形模内壁也需带有一定的锥度,使金属在挤入成形模后能继续产生一定的塑性变形。模具结构如图 13-11 所示。

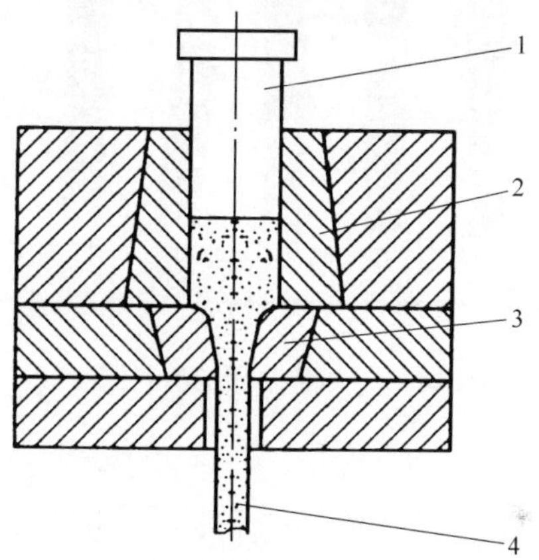

图 13-11 线、棒材液态挤压模具结构图

1-冲头;2-内模;3-成形模;4-制件

2. 工艺参数选定及实验结果

实验中分别挤制了 $\phi 8$ 和 $\phi 10$ 的棒材,为改变挤压比同时挤出三根 $\phi 10$ 的棒材,材料包括纯 Al、ZL203 和 ZA27,所用工艺参数见表 13-4,挤出的 $\phi 10$ 的棒材如图 13-12 所示。

表 13-4 线、棒材液态挤压的对比工艺参数

材料	挤压比	模具温度/℃	浇注温度/℃	比压/MPa	加压前停留时间/s
纯铝	12	170	685	150～250	20～40
ZL203	36	180	700	200～350	20～40
ZA27	18	140～170	620	150～280	20～40
ZA27	36	160～200	600	250～360	20～40

图 13-12　液体挤压的棒料照片

13.2　液态挤压强韧化

13.2.1　锌基合金液态挤压强韧化

1. $ZnAl_{13\text{-}2}$(ZA13)合金

$ZnAl_{13\text{-}2}$锌合金含 Al 13%,Cu 2%,另有微量镁、稀土和钛,稀土和钛的作用都是使晶粒细化。

1) 液态挤压对 ZA13 合金机械性能的影响

为了检验液态挤压后对合金性能的影响,在已成形的管材上切下拉伸、冲击和硬度试样,同时也切取了同样材质金属型自由凝固状态的试样,在同样条件下进行各项性能测试。结果表明,经液态挤压后,ZA13 合金的各项性能指标均得到很大改善。与金属型铸造相比强度指标提高 25%,延伸率提高 8 倍,断面收缩率和冲击值提高更多,唯硬度提高较少。表 13-5 给出了铸态和液态挤压后的性能值。图 13-13更直观地显示了性能提高的情况。从总体看主要是塑性指标和韧性指标得到大幅度提高。提高了数倍甚至数十倍,如果按延伸率看,材料已由铸态的脆性材料变为塑性较好的材料。

表 13-5　ZA13 合金铸态和液态挤压成形的性能比较

成形工艺	σ_b/(MN/m^2)	δ_5/%	ψ/%	α_k/(10^5J/m^2)	HB
铸造	360	1.7	3	0.8	116
液体挤压	440～450	14～15	41～52	14～20	116～123

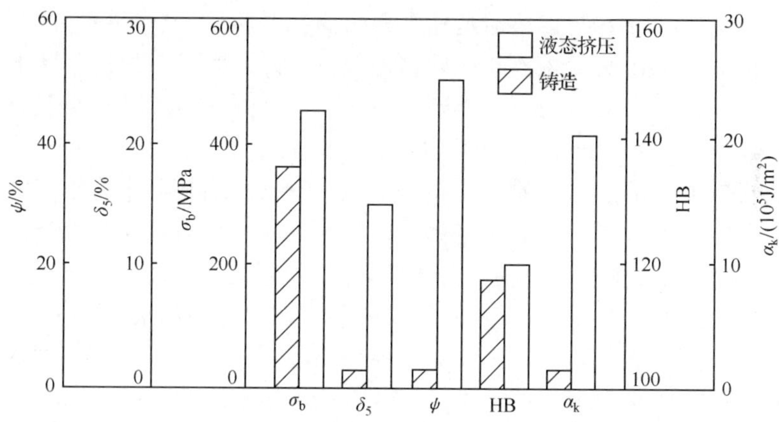

图 13-13　ZA13 合金铸态和液态挤压后的性能比较

2）液态挤压工艺对耐磨性能的影响

材料的耐磨性是表示材料在一定的工作或实验条件下抵抗磨损的性能。ZA13 合金主要是作为一种耐磨材料而研制的，所以还必须检测经液态挤压后该合金的耐磨性。实验在 M200 磨损试验机上进行，试样取相同的尺寸和形状，对磨件硬度、粗糙度、精度和大小相同，滴油速率为 2 滴/min，施加压力 50kg，磨损时间是 1.5h。由于各方面的条件均相同，所以其体积磨损可用相应的磨损宽度来表示，磨损宽度越大，则表示该制件的耐磨性能越差。试验结果见表 13-6。如果视铸态的试件磨损量为 1，则液态挤压的试件相对磨损量则为 0.5～0.87，充分说明经液体挤压后，ZA13 合金的耐磨性能也得到了较大提高。

表 13-6　ZA13 合金铸态和液态挤压件的耐磨性能

成形工艺	磨损宽度	相对磨损量
铸造	4.90	1
液体挤压	2.45～4.25	0.5～0.87

3）ZA13 合金液态挤压和铸态组织比较

液态挤压后，ZA13 合金的性能提高大，关键在于液态挤压工艺使得合金在整个凝固过程中一直处于高压之下，并处于变形状态，由此直接影响了合金的结晶凝固，进而影响合金的组织形态。图 13-14、图 13-15 给出了 ZA13 合金的铸态和液态挤压成形的金相组织，可以清楚地看出液体挤压的组织特点。图 13-14(a)为金属型铸态组织，图 13-14(b)是液态挤压件的横断面组织，比较可知液体挤压件组织细小、均匀、粗大的初晶得到破碎，金属型铸态组织则呈明显树枝状初晶。图 13-14(c)为沿变形方向的组织，可见富铝和富锌相均明显拉长，呈纤维状，属典型的变形组织特征。图 13-15 是 SEM 放大的铸态和液态挤压件不同倍数的组织形态，由图 13-15(a)、(c)可以更清楚地看出铸态初晶粗大，共晶体呈片状分布，白色的富铜相也十分粗大；经液态挤压后，各相均明显细化，没有发现片状的共晶体存在，变形特征不仅在变形方向上得到明确显示，而且在横剖面上也能发现变形特征[图 13-15(c)]。图 13-15(b)、(d)可以进一步看出二者之间的差别。差别最为显著的是共晶体部分；另一差别是在初晶上，由于冷速快，初晶中有很多高熔点的质点来不及提前析出，弥散分布于基体中。在照片中可以看出初晶上析出许多白点，起弥散强化作用，并且由此使富铜和富铝相大大变小。在沿变形方向上仅可看出各相有被拉长的趋势。图 13-16 显示了铸态组织中铜的偏聚情况，这对制件性能影响也是比较明显的，在液体挤压制件中没有发现这种明显的偏聚现象。正是以上原因，使 ZA13 合金的各项性能指标得到了综合提高。

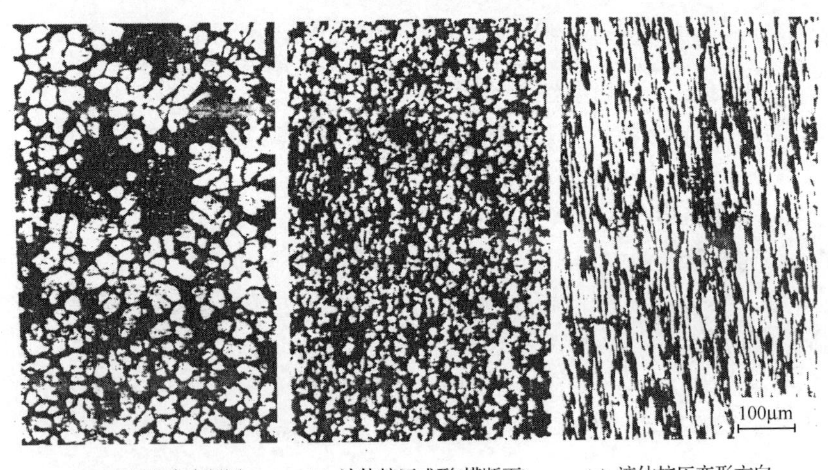

(a) 金属型自由凝固　　(b) 液体挤压成形(横断面)　　(c) 液体挤压变形方向

图 13-14　ZA13 合金铸态和液态挤压件组织

4) ZA13 合金铸态和液态挤压件的断口形貌

ZA13 合金铸态的冲击值都比较低，采用液态挤压工艺后，冲击值得以大幅度提高。这从断口形貌也能清楚地得到答案。铸态 ZA13 合金的断口宏观呈典型的结晶状，微观属解理断裂，在撕裂岭处仅发现极少量韧窝，属于典型的脆性断裂，如图 13-17 所示。图 13-18 是液态挤压件的冲击断口形貌，呈明显韧窝状，属韧性断口。经过液体挤压后，ZA13 合金从脆性转变为韧性，这无疑更适合于工程实际应

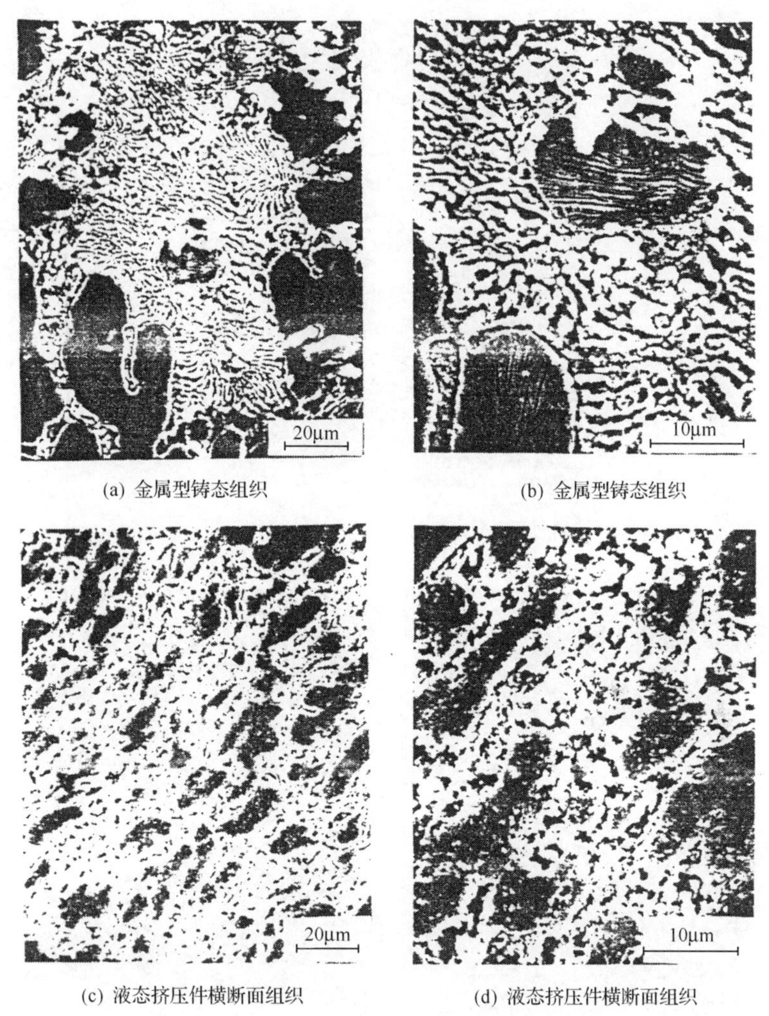

(a) 金属型铸态组织　(b) 金属型铸态组织

(c) 液态挤压件横断面组织　(d) 液态挤压件横断面组织

图 13-15　金属型铸造件与液态挤压件组织比较

用，且能拓宽其使用范围。

从拉伸的断口状况也可以看出这一情况，铸态的拉伸试样延伸率极低，断口也为结晶状脆性断口，没有缩颈出现；经液体挤压后，延伸率大大提高，出现了明显的缩颈现象，断口属于韧性断口，这说明该材料经液态挤压后塑性也得到了很大改善。

2. ZA27 合金

ZA27 合金含铝 25％～28％，铜 2.0％～2.5％，镁 0.01％～0.02％，是加拿大

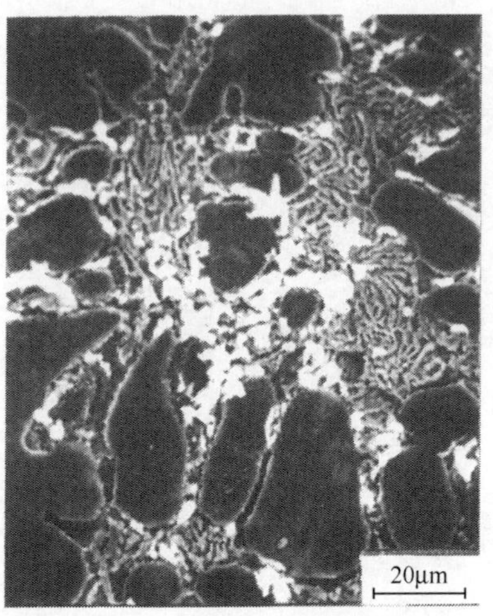

图 13-16 铸态下铜偏聚的形态

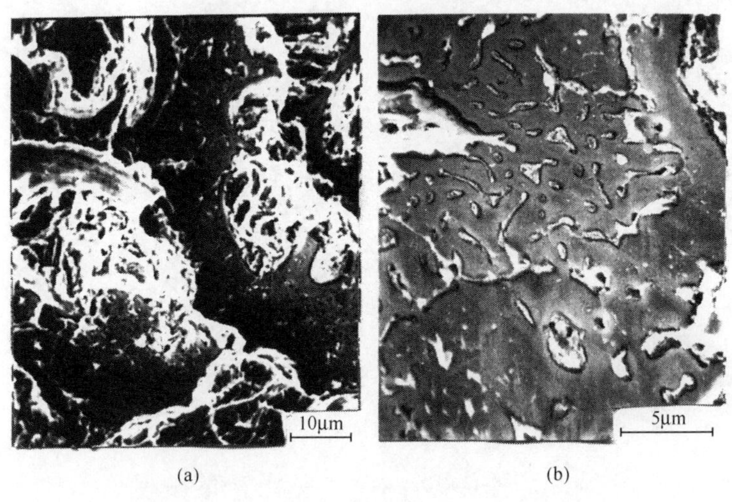

(a) (b)

图 13-17 ZA13 合金金属型铸态冲击断口形貌

Miranda 矿山研究中心于 20 世纪 70 年代中期研制出的具有较好力学性能和耐磨性能的一种合金[1]。其以优良的力学性能、工艺性能，低能耗，无污染、原材料廉价丰富，很好的机加工性能以及制件质量高等一系列优点，很快引起了世界材料研究工作者和铸造行业的重视，出现了在许多方面代替钢、铸铁、铜合金和铝合金的趋势[1]。但由于 ZA27 合金的液固相线的距离较大，为 112℃[1]，所以很容易形成疏松，严重影响了 ZA27 合金的力学性能[1]。为了使锌合金在更大范围内得到应用，提高其性能，作者对 ZA27 合金分别进行了液态挤压管材、型材和棒材的研究，均

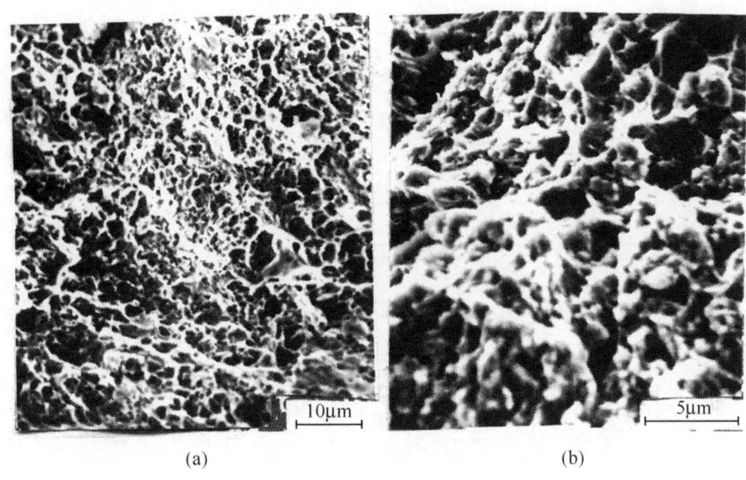

(a)　(b)

图 13-18　ZA13 合金液态挤压件冲击断口形貌

得到满意的结果。

1）液态挤压对 ZA27 合金性能的影响

为研究其组织性能，分别挤压了不同类型的管材以及棒、型材，并取管材进行了多次检测分析。由于管材内部金属流动不同，所以沿上、中、下三个位置取样，下部表示先挤出的一端，上部代表最后挤出部分。试验结果见表 13-7，液态挤压后与液态模锻和铸态相比，各项性能指标都有不同程度的提高。从图 13-19 可以更清楚地看到这一点。液态挤压后，抗拉强度比液态模锻提高 14.6%，比铸态提高 23.4%；延伸率在中部比液态模锻提高 22.5%，比铸态提高 4.5 倍；断面收缩率比液态模锻提高 1.78 倍，比铸态提高 8.4 倍；硬度比液态模锻略有提高，比铸态提高 23%；冲击韧性虽然所取试样不同，但效果也十分明显。综上所述，经液态挤压后，制件的塑性指标得到了大幅度提高。同时也不损失强度指标，这是其他方法所逊色的。

表 13-7　ZA27 合金液态挤压、液态模锻和铸态的性能

工艺性能		液态挤压			液态模锻	铸态
		上部	中部	下部		
σ_b/(MN/m^2)	1	416	446	440	392	356
	2	423	459	—	390	370
	3	428	438	431	—	—
	平均	422	448	436	391	363

续表

工艺性能		液态挤压			液态模锻	铸态
		上部	中部	下部		
$\delta_5/\%$	1	3.7	17.5	13.0	14.0	1.96
	2	4.7	16.2	—	14.4	4.4
	3	14.9	18.4	11.8	—	—
	平均	7.8	17.4	12.4	14.2	3.18
$\psi/\%$	1	25.0	49.5	46.9	19.1	4.9
	2	25.1	51.0	—	17.2	5.9
	3	49.9	51.6	29.7	—	—
	平均	33.3	50.7	38.3	18.2	5.4
$\alpha_k^*/(10^4\text{J/m}^2)$	1	93.2	79.7	77.1	149	27.7
	2	76.0	81.4	80.4	148	31.9
	平均	84.6	80.6	78.8	149	29.8
HB**		123	123	119	115	100

* 液态挤压试样为 5mm×5mm×40mm，无缺口，液态模锻和铸造试样为 10mm×10mm×55mm，无缺口。

** 硬度为多点的平均值。

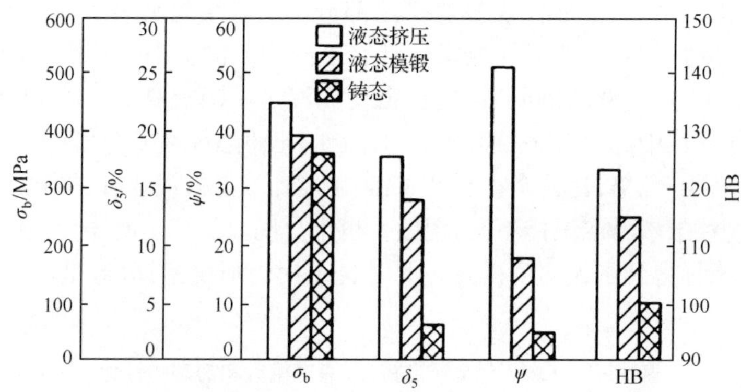

图 13-19　ZA27 合金液态挤压、液态模锻、铸态性能比较

液态挤压过程由于金属流动不均匀，其各部位性能也有所不同，由图 13-20 可以看出，中部性能最好。下部性能偏低的原因在于液态挤压过程开始后，由于液相较多，所以有一个快速下行的阶段。在此阶段，总变形力很小，说明凝固后的塑性变形较小，金属在半固态已通过大变形区。上部性能偏低的原因则在于难变形区的金属挤入，流动不均匀。所以生产中对要求较高的制品应在下部和上部各切除一小部分，以免影响质量。但总体讲，上、下部位性能偏差并不很大。

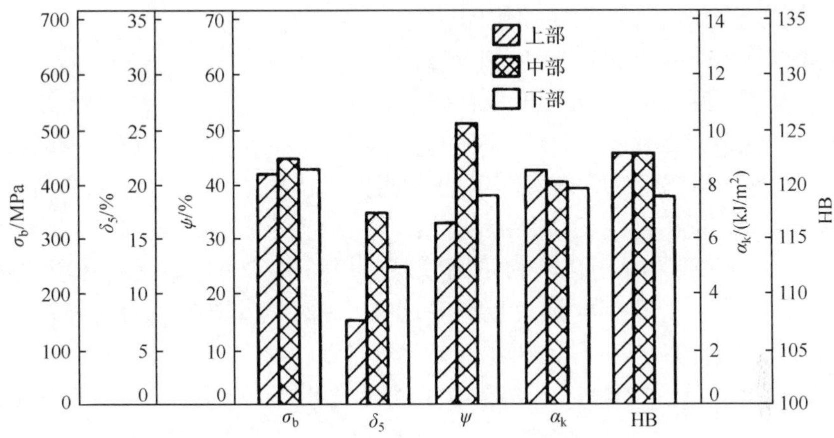

图 13-20 ZA27 管材上、中、下部位的性能比较

如果浇注后停留时间较短就开始加压，则金属在大变形区仍有液相存在，完全结晶发生于进入模孔之后，如图 13-21 所示。在这种情况下，变形强化的作用相对要弱一些，其性能提高就不十分明显，如表 13-8 所示。基本等同于一般液态模锻的性能，但相对铸态提高还是比较大的。对组织形态也有一定影响，随后再详细讨论。

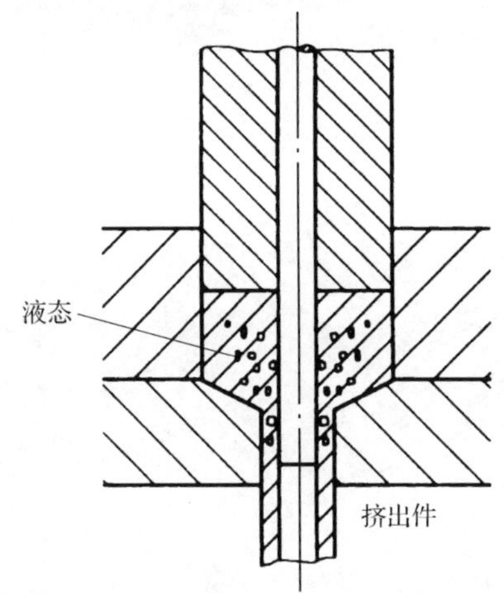

图 13-21 加压前停留时间较短的变形状态

表 13-8 ZA27 液态挤压（加压前停留时间较短，$t=15$s）**与液态模锻和铸态比较**

<table>
<tr><th rowspan="2">工艺方法</th><th>σ_b
/(MN/m²)</th><th>δ_5
/%</th><th>ψ
/%</th><th>α_k
/(10⁵J/m²)</th><th colspan="2">HB</th></tr>
<tr><td>液态挤压</td><td>376</td><td>3.5</td><td>3.75</td><td>93.1</td><td colspan="2">123</td></tr>
<tr><td>液态模锻</td><td>362</td><td>5.4</td><td>5.9</td><td>95.0</td><td colspan="2">115</td></tr>
<tr><td rowspan="2">铸态</td><td rowspan="2">294</td><td rowspan="2">0.15</td><td rowspan="2">0.6</td><td rowspan="2">48.0</td><td>上面</td><td>下面</td></tr>
<tr><td>63</td><td>111</td></tr>
</table>

注：表中数据为多次测定的平均值。

2）液态挤压对 ZA27 合金组织的影响

液态挤压对 ZA27 合金组织的影响如下。

（1）典型的液态挤压、液态模锻和铸态组织。

液态挤压后，其组织形态发生了明显变化，如图 13-22 所示。图 13-22(a)、(b) 为 ZA27 合金的铸态组织，可以看出明显的粗大树枝状晶，且在初晶内部晶内偏析十分明显。开始析出富铝相，随后析出相中铝含量变少，锌含量增高。这一点从图 13-23所示 Al-Zn 相图可以看得更为清楚。相图中有一包晶反应区域，其范围 Zn 含量为 70%～72%，铝含量为 28%～30%，ZA27 合金按锌含量正好在包晶范围，凝固时发生包晶反应。铸态组织还是比较接近相图的，组织中初晶的中心黑色部分为富铝相，外层为 ZnAl 相，由于非平衡凝固，还有一部分液态金属发生共晶

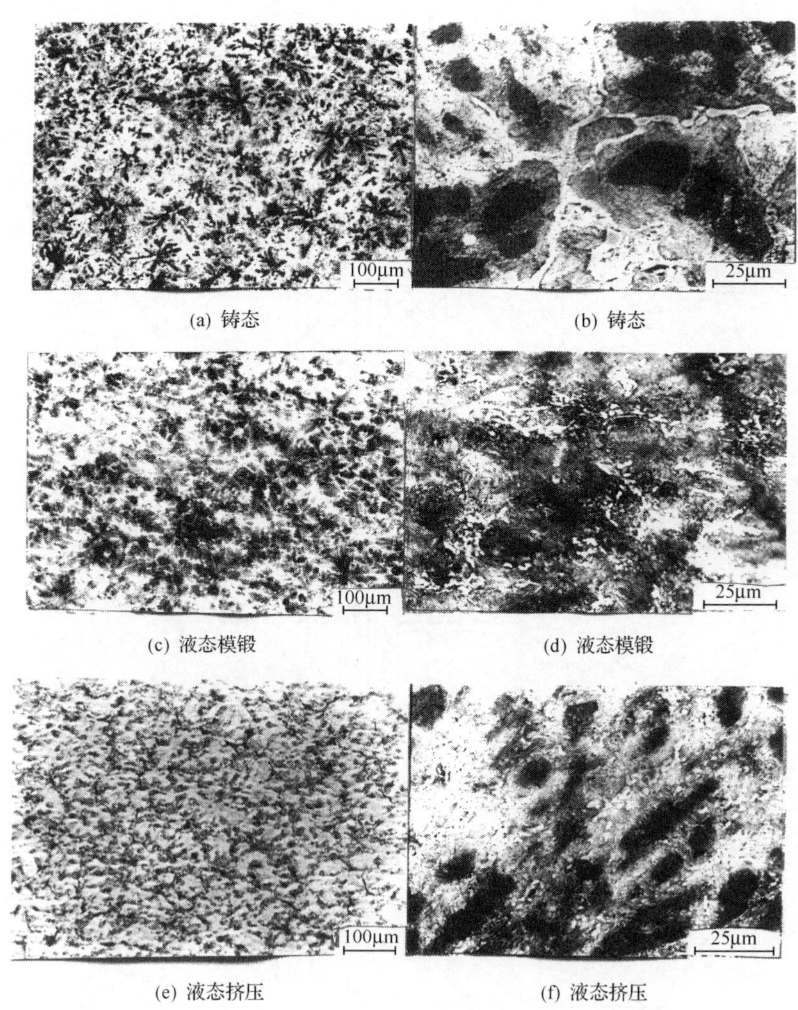

(a) 铸态　(b) 铸态

(c) 液态模锻　(d) 液态模锻

(e) 液态挤压　(f) 液态挤压

图 13-22　不同状态的 ZA27 组织

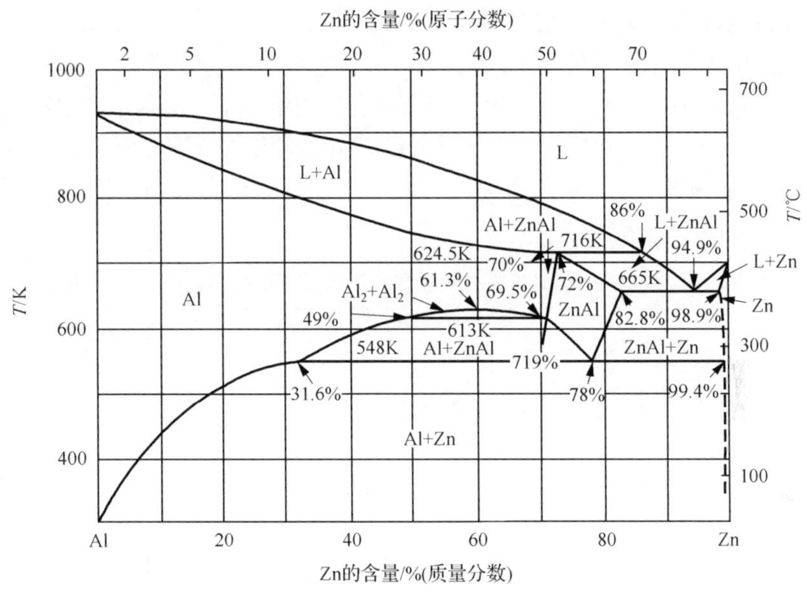

图 13-23　Al-Zn 相图[1]

凝固。铜相富集于晶界处，此外还有少量共晶体。液态模锻后，由于压力的作用促进晶核生长，初晶变小，且在较高的冷却速率下结晶凝固的均匀化程度增加，使晶内偏析程度降低，中部铝含量高于边部铝含量不明显，也就是包晶反应所致，这与文献[2]的理论相一致。在晶界处铜富集的情况远比铸态弱，说明铜已弥散分布于初晶及共晶体内，由于非平衡凝固加剧，共晶体部分变多，如图 13-22(c)、(d)所示。液态挤压后其组织(横截面)形貌如图 13-22(e)、(f)所示。可以看出其不仅具有一般液态模锻的组织特点，还可以看出：①由于变形的作用，树枝状晶有一定程度的破碎；②初晶被拉长，变形；③铝、铜质点在初晶和共晶体内更加均匀地弥散分布，增强了固溶强化效果，从图 13-24 可以更清楚地观察到这一点，同时还可看出层片

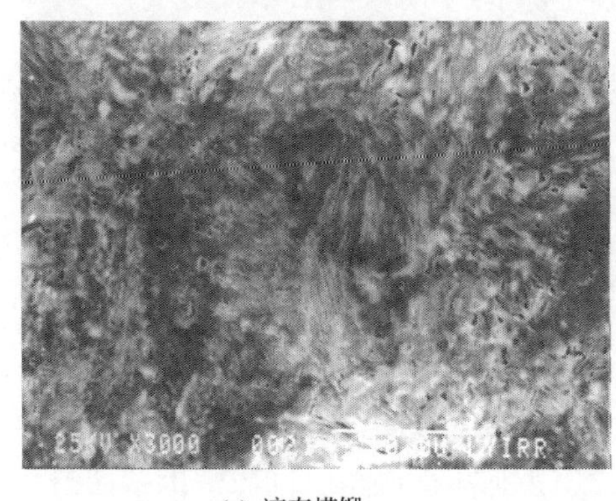

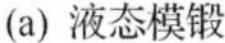
(a) 液态模锻

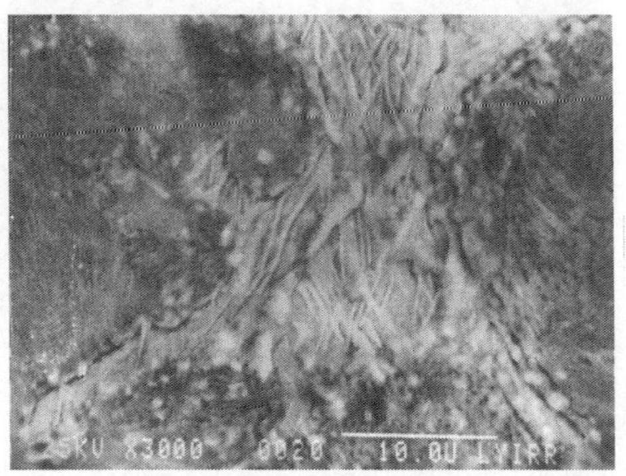

(b) 液态挤压

图 13-24　液态模锻和液态挤压后共晶区形貌

状的共晶区与液态模锻的情况相对明显细化。液态挤压后各项性能指标比液态模锻又有提高的原因也在于此。

为了了解各相内成分的变化,对试样进行了能谱分析。表 13-9 给出了能谱分析的结果,可以看出液态挤压与铸态相比富铝相中铜含量增高,共晶区内的铝及铜含量增高,富铜相中铝量稍有增加,由此证明了加压导致固溶强化程度增加的结论。

表 13-9　ZA27 铸态和液态挤压件的能谱分析结果　　（单位：%）

分析部位	铸态			液体挤压		
	Al	Zn	Cu	Al	Zn	Cu
黑色初晶	51.04	46.50	2.46	55.66	41.32	3.03
富铜相	10.29	76.38	13.33	10.94	75.86	13.21
共晶区	41.90	55.50	2.60	44.79	50.86	4.36

液态挤压后沿断面金属流动和变形不均匀,也必然影响到组织,所以在管壁厚不同的地方其组织形貌也不相同,图 13-25 显示了壁厚不同位置的组织。管子壁厚为 8mm,图 13-25(a)为靠近内壁处的组织,图 13-25(b)为壁厚中部的组织,可以看出其基本形态大致相同,但中部组织更细小,说明对于管材的液态挤压在壁厚中部变形量大而均匀,性能也应最好。沿管子的整个长度,经观察其组织基本无大变化,始端(下部)、中间部分及末端(上部)的晶粒大小、分布情况基本与图 13-25 所示的管材中部组织相同。

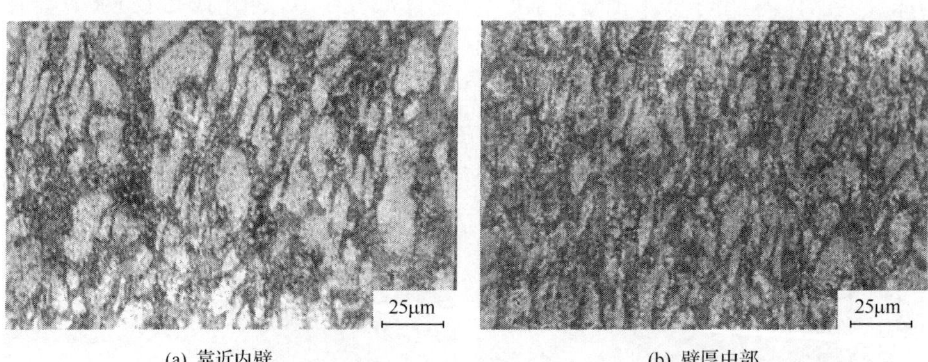

(a) 靠近内壁　　(b) 壁厚中部

图 13-25　沿壁厚断面不同位置的 ZA27 管材金相组织

(2) 非典型的液态挤压组织。

如果加压前停留时间较短或模具温度、浇注温度较高,由于大变形发生于固-液相区,不仅影响性能,也影响组织。图 13-26 为加压前停留时间较短的液态挤压横向组织,可以看出,基本上和液态模锻的组织相同,没有前面所述的三点特征,没有产生大变形的迹象，观察纵剖面的金相组织，也没有流线分布，完全不同于正常的产生过大变形的液态挤压组织，所以其性能基本等同于液态模锻。

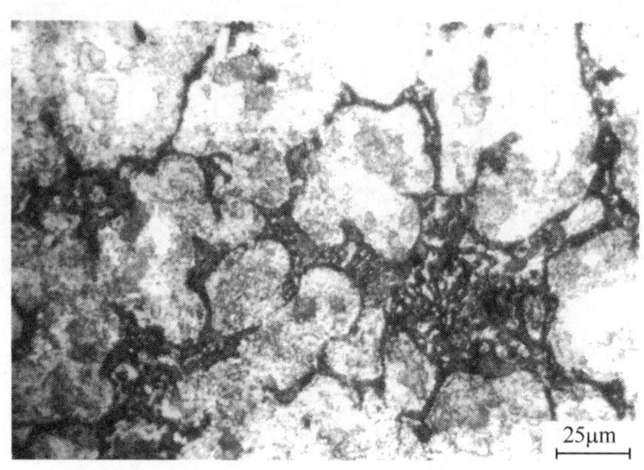

图 13-26 加压前停留时间较短的液态挤压组织

3. ZA27A 合金

1) 液态挤压对 ZA27A 合金力学性能的影响

ZA27A 是在原 ZA27 基础上另外添加微量 Ti 和稀土元素(RE)以细化晶粒，增强其耐磨性，采用该合金进行的挤压管材的试验，结果是成功的。其性能测试结果见表 13-10。经液态挤压后，在合理的工艺参数下，其性能比液态模锻和铸造都大为提高，尤其是塑性和韧性指标提高幅度更大，由图 13-27 可以清楚地看出其对比。

表 13-10 ZA27A 的性能测试结果

工艺方法		σ_b/MPa	δ_5/%	α_k/(10^4J/m^2)
液态挤压	加压前停留时间 20s	338	3.0	0.42
	加压前停留时间 30s	488	11.2	4.8
液态模锻		430	2.1	4.5
铸态		259	0.4	0.41

液态挤压的加压前停留时间如果较短，其性能也有较大降低，抗拉强度和冲击值甚至低于液态模锻的性能，其原因在前面已经作了分析。

耐磨性实验在 M200 型磨损试验机上进行，采用纯滑动摩擦，在相同实验条件，包括载荷、滴油速率、磨损时间、对磨试样等情况下，采用称重法比较耐磨性，即称出磨损前后的试样质量求其差，质量差大，说明磨损量大，质量差小，说明磨损量小。实验结果见表 13-11，可见液态挤压的耐磨性能也得到提高。

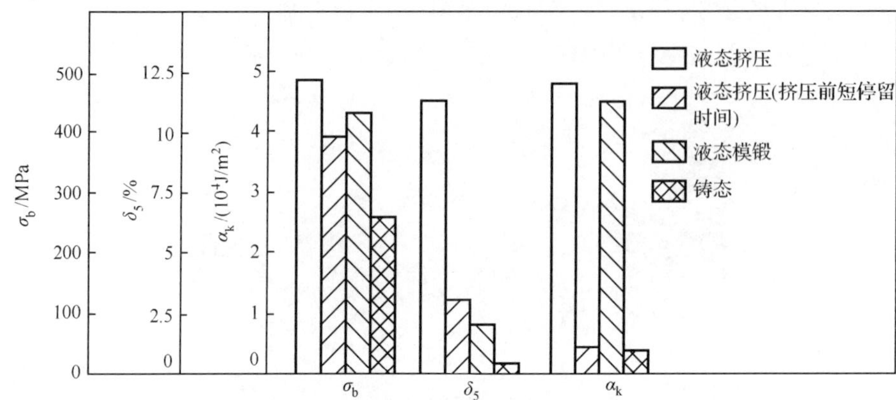

图 13-27　ZA27A 合金在各种状态下的性能比较

表 13-11　ZA27A 磨损实验结果

工艺方法	铸态	液态挤压
磨损前后质量差/g	0.022 50	0.020 30
相对磨损量	1	0.90

注：实验条件为载荷 50kg，滴油速率 1 滴/min，磨损时间 1.5h。

2）液态挤压对 ZA27A 合金组织的影响

液态挤压后的组织与铸态组织如图 13-28 所示，可以看出液态挤压的组织细小均匀，铝、铜质点弥散分布，使基体得到强化，晶内偏析得到改善，由纵向组织可以看出变形特征，共析体等一同被拉长，完全与前面几种合金液态挤压的特征相一致。

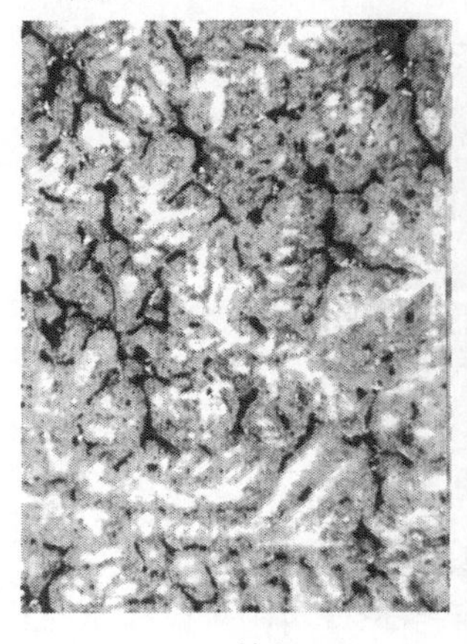

(a) 铸态

(b) 液态挤压(横断面)

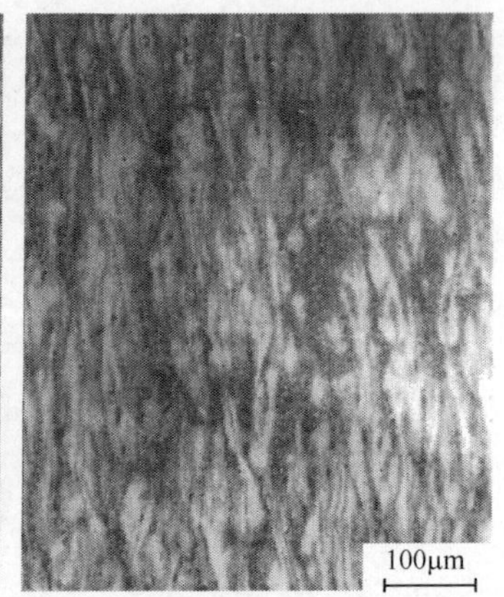

(c) 液态挤压变形方向

图 13-28　ZA27A 合金的金相组织

4. 液态挤压锌合金的强韧化机理

经过液态挤压后，所用的三种锌合金的抗拉强度比液态模锻提高10%以上，比铸造提高23%～88%，延伸率比铸态提高4～27倍，断面收缩率比铸态提高8～16倍，冲击值比铸态提高10～24倍，使锌合金得到强韧化，其中塑性及韧性指标提高最多。究其原因主要在于以下几点：

(1) 由于在压力下结晶，制件的致密度得到提高。

(2) 加快了冷却，改变了凝固过程的过冷度，这是由于在压力的影响下，合金的熔点升高，导致凝固速率加快，同时，压力的作用使得制件与模具间的热阻大大降低[2]，制件本身由于致密度增加，热阻也有所降低，由此加快散热速率，也使金属液过冷度增大。

(3) 提高了均质形核及异质形核率，影响核生长速率，导致液态挤压件的晶粒细小，二元和三元共晶体分布均匀，层片细化，从图13-15、图13-24、图13-25等均可以看出这些特点。

(4) 提高了固溶强化程度，由于在液相铝、铜、锌是互溶的，在较高温度下，铝、铜在锌中的溶解度也比较高[3]，在压力的作用下，冷却速率提高，使高熔点的铝、铜相来不及完全析出，较多地固溶于富锌相中，同时富铝相中的铜含量也得到提高，由此可以使各相都得到强化。

(5) 改善了成分偏析和晶内偏析，文献[4]指出，偏析是影响制件性能的重要因素之一，锌合金液态挤压后，铜及铝偏析的情况得到控制，这是性能提高的重要原因之一。

(6) 大变形进一步使晶粒得到破碎，尤其是液态挤压的变形不同于锻、轧及其他塑性变形工艺，现有的各种塑性变形工艺均是由铸锭开始，结晶的原始组织都是铸态组织，塑性变形只是对铸态组织进行破碎再破碎，在较大的压应力状态下使铸态的疏松、气松等缺陷得到焊合，同时伴随回复与再结晶，使晶粒细化。而液态挤压的变形是在压力下结晶的组织基础上开始的，起点就比较高，可以称其为双重强韧化，因此效果也比较明显。通过液态挤压，锌合金的组织形貌完全由铸态变为变形组织。

正是由于以上诸项的综合作用，锌合金液态挤压后其各项性能得到了全面提高，材料本身性质也由脆性材料变成塑性较好的材料。

13.2.2 ZL108铝合金液态挤压强韧化

ZL108铝合金属于铝硅合金，其化学成分为11.0%～13.0%Si，1.0%～2.0%Cu，0.4%～1.0%Mg，0.3%～0.9%Mn，其余为Al。其特点是：具有高的流动性与低的收缩率，因而合金的铸造性能和焊接性能都很好；合金的热膨胀系数低，适合于制造活塞;合金中硅粒子的硬度高,有良好的耐磨性;添加 Cu 能提高合金的抗拉强度与疲劳强度,且不会使其铸造性能下降;镁可以大大提高合金强度,尤其是在热处理以后,但会导致塑性降低;锰是作为铁相的中和剂,对合金的高温强度有一定益处;铁是杂质元素,但在某些情况下也能对活塞的高温强度有利[4]。

1. *液态挤压对性能的影响*

根据国标 GB/T 1173—1995,ZL108 合金的抗拉强度只有 200MPa,硬度为 HB85,经固溶处理和人工时效处理后抗拉强度为 255MPa,硬度为 HB90,塑性和韧性因极低都未给出[5]。ZL108 合金的管材液态挤压试验全部采用回收料,试样的取样位置及方式仍如图 13-28 所示,分别在管子的上部、中部和下部取冲击、拉伸、硬度试样。

各项性能检测结果见表 13-12,液态挤压和铸态比较如图 13-29 所示,可以看出各项性能指标均得到很大幅度的提高,抗拉强度提高 66%,延伸率提高近 20 倍,冲击值提高 60 倍,硬度提高 16%,塑性和韧性提高尤其大。

表 13-12 ZL108 合金液态挤压和铸态性能

性能		液态挤压			铸造	备注
		上部	中部	下部	(同时测定)	
σ_b/MPa	1	306	285	285	188	液态挤压和铸态的试样均为原始状态,未经处理
	2	306	306	275	183	
	3	—	285	—	178	
	平均	303	292	280	183	
δ_5/%	1	12.0	10.0	10.0	0.8	
	2	11.8	10.4	9.6	0.6	
	3	—	9.6	—	0.4	
	平均	11.9	10.0	9.8	0.6	
α_k^* /(10^4J/m^2)	1	39.0	30.0	26.0	0.65	
	2	42.0	30.0	24.0	0.60	
	3	34.0	31.3	29.0	0.65	
	平均	38.3	30.0	26.3	0.63	
HB**	平均	80.4	78.7	75.8	69.0	

* 试样断面为 10mm×10mm,不带缺口。

** 硬度为多点的平均值。

从表 13-12 可以看到,管子不同部位的性能也不相同,不过其性能最好的部位是在上部,下部最差,下部的情况类同于 13.2.1 节的分析,但上部的情况有所不

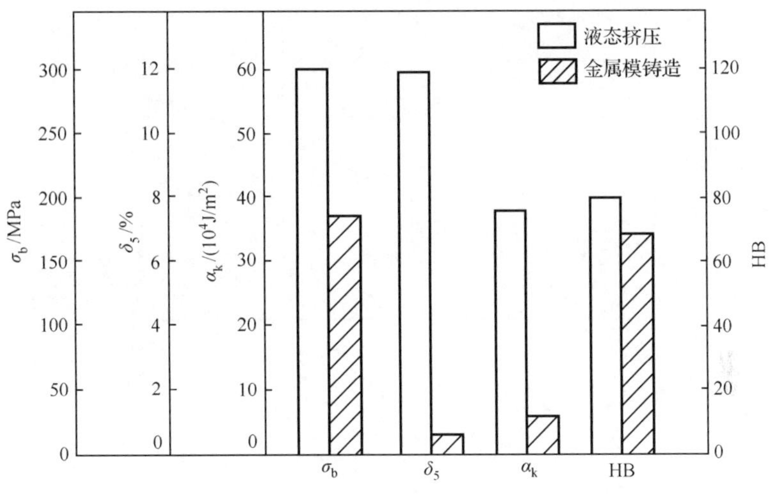

图 13-29 ZL108 合金铸态和液体挤压后性能比较

同。ZA27 上部试样的位置包含有最后变形区的部分金属，而 ZL108 管由于上部带一个法兰，试样截取没有包含最后变形区的金属，所以性能没有降低。由此可知液态挤压的最后变形区性能变低的部分很少，只要少量切除即可去掉，对材料利用率影响不大。

2. 液态挤压对 ZL108 组织的影响

铝硅二元合金具有简单的共晶型相图，如图 13-30 所示，室温下形成 α 相和 β 相，α 相是硅溶于铝中的固溶体，性能和纯铝相似，最大溶解度在 577℃ 仅有 1.65%，在室温时仅有 0.05%以下，β 是铝溶于硅中的固溶体，但其溶解度极微，所以 α、β 相直接称为 Al、Si 相[6]。ZL108 合金属于共晶合金，根据相图其组织应是铝和硅的共晶组织，共晶硅为粗大片、针状，此外还有铜相 $CuAl_2$ 和 Mg_2Si，其中铁杂质形成 β 铁相：$FeSiAl_5$ 或 $(FeMn)_3Si_2Al_{15}$。图 13-31 是 ZL108 合金的铸态金相组织，没有经过变质或后续处理，可以看出各个共晶团内硅呈放射状、粗大层片状和针状组织。由于非平衡凝固，有块状的初生硅存在，还可以看出呈骨骼状的粗大铁相存在，图 13-32 为 SEM 照片，可以清楚地观察到铁相，所有这些均在一定程度上割裂了基体，因此导致 ZL108 合金强度，特别是塑性和韧性指标较低。

经过液态挤压后，ZL108 的组织形态发生了极大的变化，首先是硅相得到破碎、细化、钝化、扭曲，针状和片状相应变得小而均匀，部分变为类似颗粒状；铁相的鱼骨状结构在扫描电镜和光学显微镜下没有发现，说明已完全被破碎，如图 13-33(a)所示。图 13-33(b)是沿变形方向的组织特征，可以看出 α 铝和细化破碎的颗粒状及细小片、针状共晶硅相沿变形方向变形、拉长。相应由于非平衡凝固的加剧，

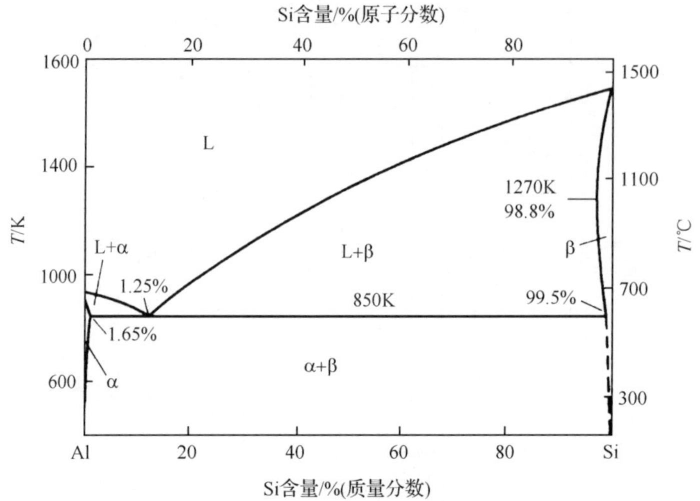

图 13-30　铝-硅系相图[6]

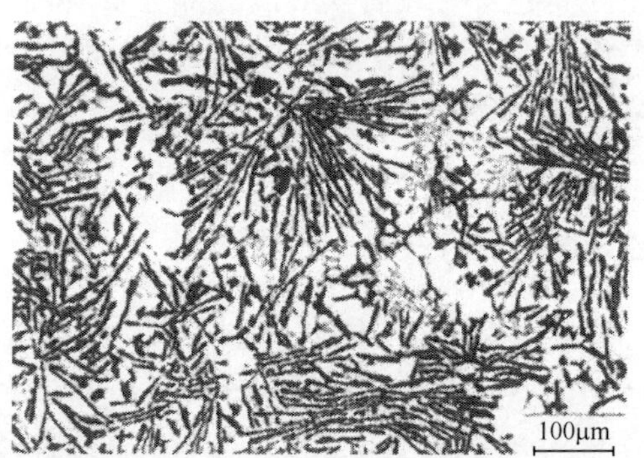

图 13-31　ZL108 铸态组织

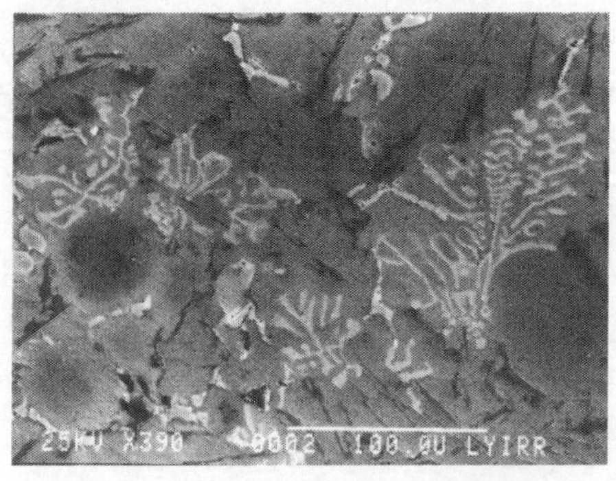

图 13-32　ZL108 铸态组织 SEM 图

也有块状的初生硅存在。

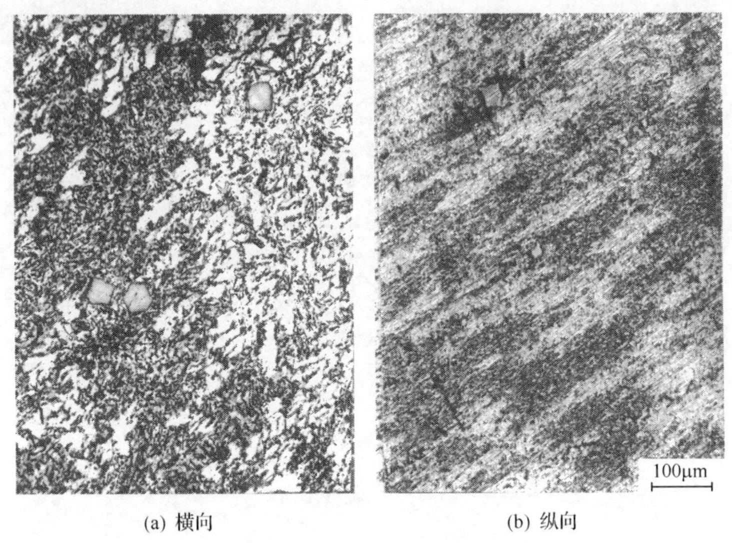

(a) 横向　(b) 纵向

图 13-33　ZL108 液态挤压组织

能谱分析表明，液态挤压后，硅相内的铝含量升高，具体见表 13-13，由此也说明了液态挤压的强化作用。

表 13-13　ZL108 合金铸态和液态挤压试样的能谱分析结果（单位：%）

相	铸态		液态挤压	
	Si	Al	Si	Al
硅相	57.79	42.21	46.83	53.17

3. 液态挤压对断口形貌的影响

宏观观察 ZL108 合金铸态断口为粗大结晶状，并带有少量细小结晶状亮点，整体上表面平坦，几乎是在同一平面内，终断区和始断区没有区别，属于典型的脆性断口。液态挤压后的断口晶粒极为细小，无亮点，呈银灰色，外形凸凹不平，断面不在同一平面内。

铸态的微观断口形貌如图 13-34(a)、(b)、(c)所示。从图(a)可以看出河流状花样的解理台阶，晶粒极为粗大；从图(b)可以看出硅相呈粗大片状和针状分布以及大块的鱼骨状铁相；图(c)显示出制件内部的显微疏松，α 铝枝晶的胞状凝固界面以及骨骼状铁相。可以看出铸态断口属于典型的解理断口。液态挤压后，层片状的硅相仍然存在，但相应细小得多，并且断面上有大量韧窝出现，没有显微疏松存在，断口属典型的准解理断口，如图 13-35(a)、(b)所示。

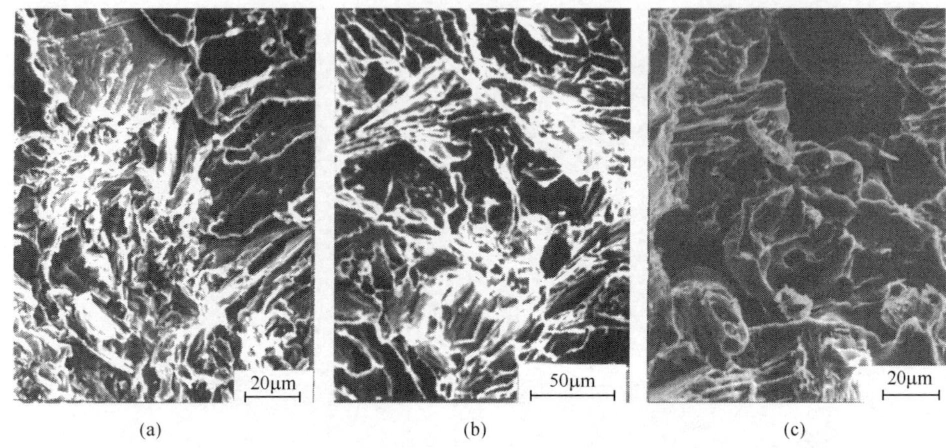

图 13-34 铸态 ZL108 合金冲击断口形貌

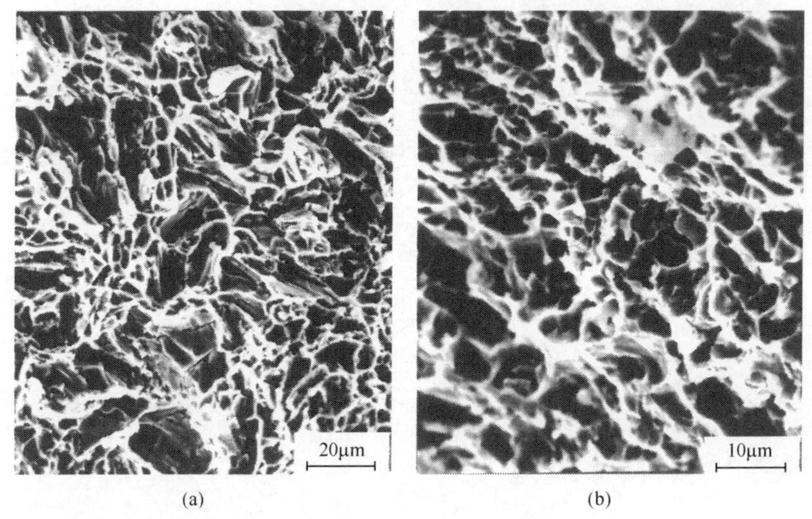

图 13-35 液体挤压 ZL108 合金冲击断口形貌

4. ZL108 合金液态挤压强韧化机理

经过液态挤压后，ZL108 合金的各项性能得到了极为显著的提高，其强韧化机理除部分和 13.2.1 节所述锌基合金液态挤压的强韧化机理相同外，还有不少特殊之处，根据以上金相及断口分析，并结合合金属学、压力下结晶等理论，可以总结出以下几点：

(1) 对铝硅合金而言，其变质的方法有三种，其一是加入钠，其二是采用快速冷却，此外还可以把合金加热到较高温度[2]。液态挤压由于压力的作用，增大了过冷度,消除了模具与制件之间的热阻,使制件内部的致密度提高,由此提高了制件的冷却速率。而高的冷却速率正可以使 ZL108 合金得到变质组织,其原因在于冷却速率快,使合金因过冷度大而产生大量结晶核心,导致硅变为细小的形状。

(2) 硅在铝中的溶解度在高温时大于室温时的溶解度,铜在铝中的溶解度以及镁在铝中的溶解度在高温时也远大于室温,由于液态挤压时冷却速率大,这些在高温时与 Al 互溶的各种粒子来不及析出,保留在 α 铝中,起到了固溶强化的作用。

(3) 在压力的影响下,相图发生变化,根据研究结果,Al-Si 合金在压力作用下共晶点温度升高,共晶成分发生变化,α 铝相区逐渐扩大,硅在铝中的最大溶解度也随之增加,如图 13-33 所示。总的趋势是使共晶成分变为亚共晶成分,α 铝相增加,共晶相减少,α 铝相中硅的含量增加,从图 13-33 的金相照片也可以清楚地看到这一点。同样,压力的作用相应也能提高铜、镁等在 α 铝中的含量。也就是说压力的作用导致相图变化,由此使共晶的量和成分都发生了变化,并进一步增强了固溶强化的效果。

(4) 由于在压力下结晶,强制补缩,因此消除了显微疏松,使致密度得到提高。

(5) 在压制过程中产生的大变形,使得 α 铝相和硅相、铁相等发生扭曲、剪切、变形、破碎,同时伴随变形产生回复与再结晶。扭曲、变形增强了各相的结合能,破碎得到弥散强韧化的效果,回复与再结晶可以使硅相和铁相细化、钝化并均匀分布。

正是以上诸多原因,使得 ZL108 合金液态挤压的各项性能指标得到全面的提高,而不是单项提高。

13.3 液态挤压过程模拟

液态挤压过程涉及热传导、凝固及大塑性变形。本节拟将凝固过程及温度变化采用差分法、变形及变形力采用上限元法(UBET)进行液态挤压过程数值模拟,其理论推导见参考文献[1]。

13.3.1 程序设计及参数选取

图 13-36 为液态挤压过程模拟框图,其基本步骤如下:

(1) 输入各种初始数据,包括坐标、材料物性值、初始温度等。

(2) 根据输入的参数划分单元。

(3) 计算浇入液态金属后温度的传导、对流和凝固进程,并根据所给判据判断是否开始加压。

(4) 凝固进行到一定程度后开始加压,同时可以输出开始加压前停留时间。

(5) 根据时间步长计算压下步长,以保证温度场与变形计算的协调。

(6) 计算该时间段的温度场。

(7) 建立速度场,计算各个部位的上限功率、总功率,求出变形力。

(8) 判断是否压到底部,如没有,则重复(5)、(6)、(7)步。

(9) 制件全部压出后,以图形显示压制情况,同时打印结果。

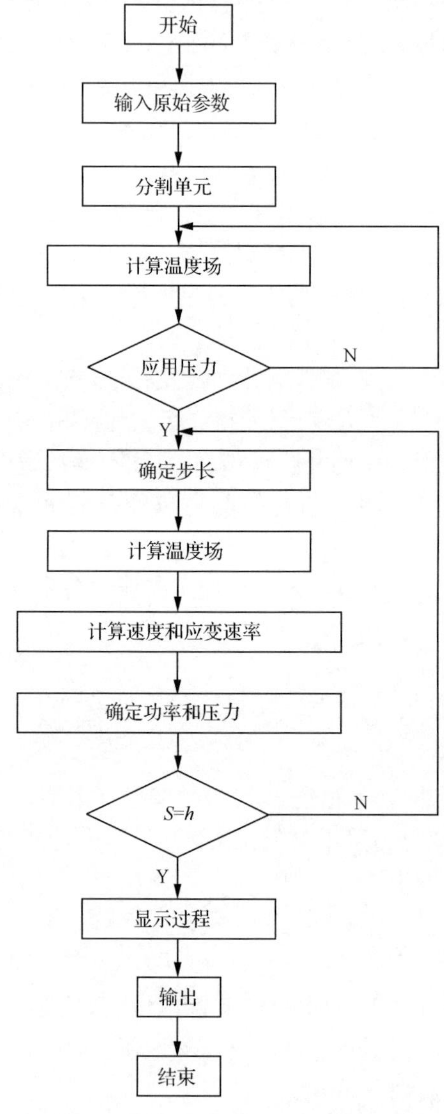

图 13-36　液态挤压过程模拟框图

模拟材料选为纯铝,热物理参数见表 13-14。

表 13-14 模拟所用材料的物性值

状态	密度/(g/mm³)	比热容/[cal/(g·℃)]	导热系数/[cal/(mm·s·℃)]
液态	2.357×10^{-3}	0.26	0.022
固态	2.66×10^{-3}	0.2386	0.055

冲头压下速率参考实验选取，开始阶段取

$$v = 5\times10^{-3}\,\mathrm{m/s}$$

最后 1.2s 取

$$v = \frac{1}{1.2}(38-t)$$

σ_s 随温度变化，根据单元温度取相应值。参考文献，取

$$\sigma_s = \begin{cases} \dfrac{1}{3528}(T-620)^2+5, & 200\leqslant T\leqslant 620 \\ 82.5-\dfrac{1}{8}T, & 620 < T\leqslant 660 \end{cases}$$

根据实验，模具初始温度取 200℃，边界温度取 200℃。

浇注液态金属量由浇入挤压筒中的高度表示，取 $h=35\times10^{-3}$m。

13.3.2 模拟结果

图 13-37 为开始加压后在不同时间的压下位置及内部凝固情况的计算机显示图形的照片及温度分布等值线，由此可以清楚地了解液态挤压的变形和凝固过程，可以看出，其结果和上述的分析相吻合，即压下速率大于凝固速率，未凝固金属的下液面有向下推进的倾向。

(a) 0s

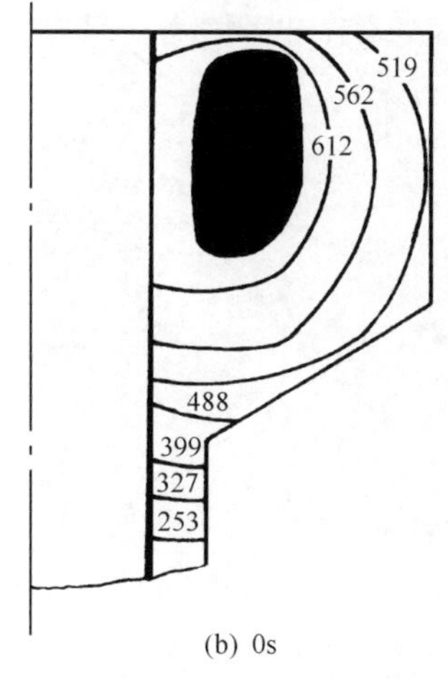

(b) 0s

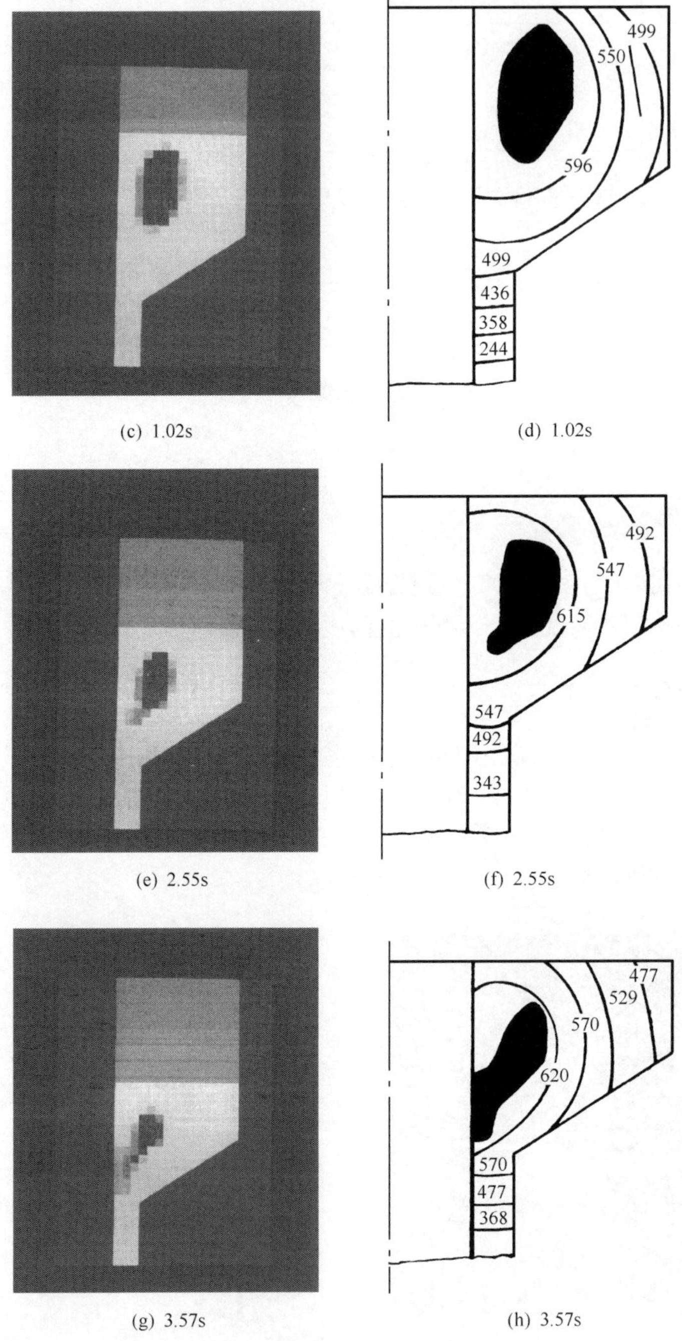

(c) 1.02s　(d) 1.02s

(e) 2.55s　(f) 2.55s

(g) 3.57s　(h) 3.57s

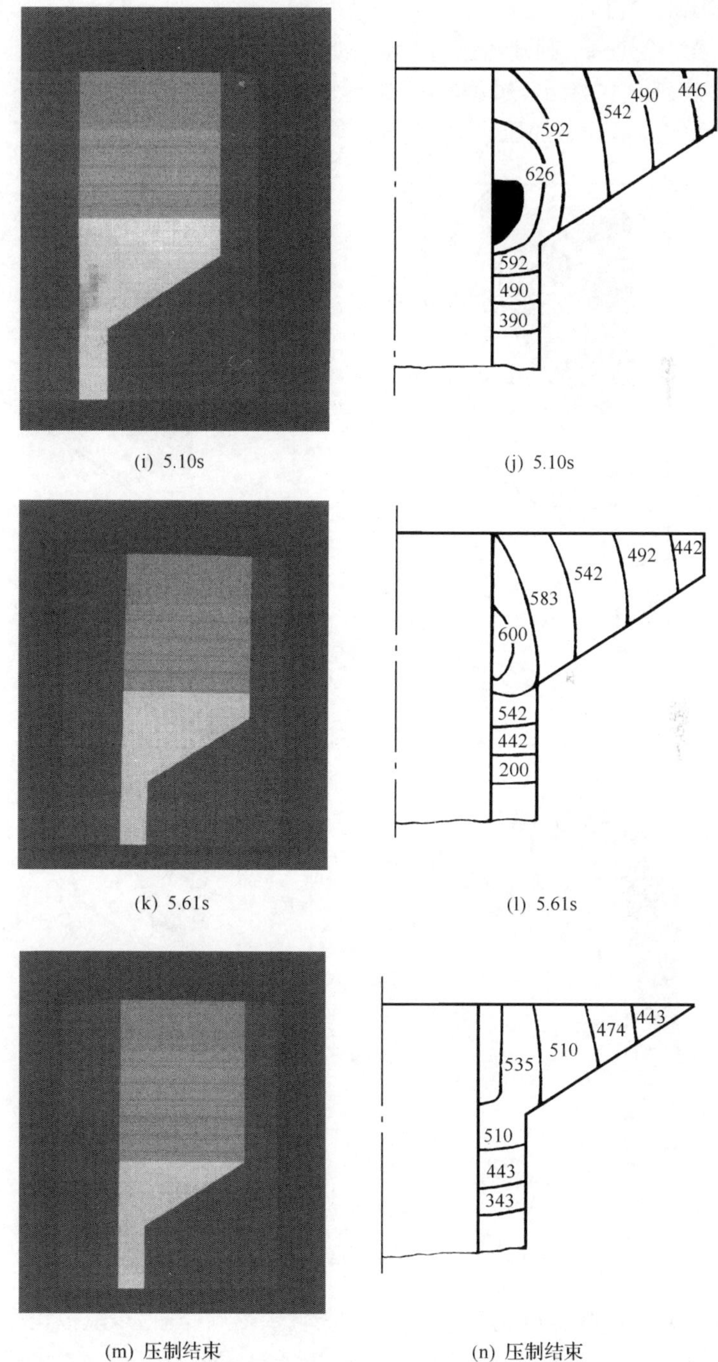

(i) 5.10s　(j) 5.10s

(k) 5.61s　(l) 5.61s

(m) 压制结束　(n) 压制结束

图 13-37　计算机模拟的凝固、压下状态及温度场

如果加压前停留时间过短，由于冲头下行速率大于凝固进行所导致的未凝固区域的下液面上行速率，则随压制进行，下液面会下降到低于成形模的大变形区，由此会导致液态金属流出，过程模拟显示了这一结果，如图 13-38 所示。这比图 13-37 所示实验早开始加压 5s，结果压后 4s 液态金属就流出了。

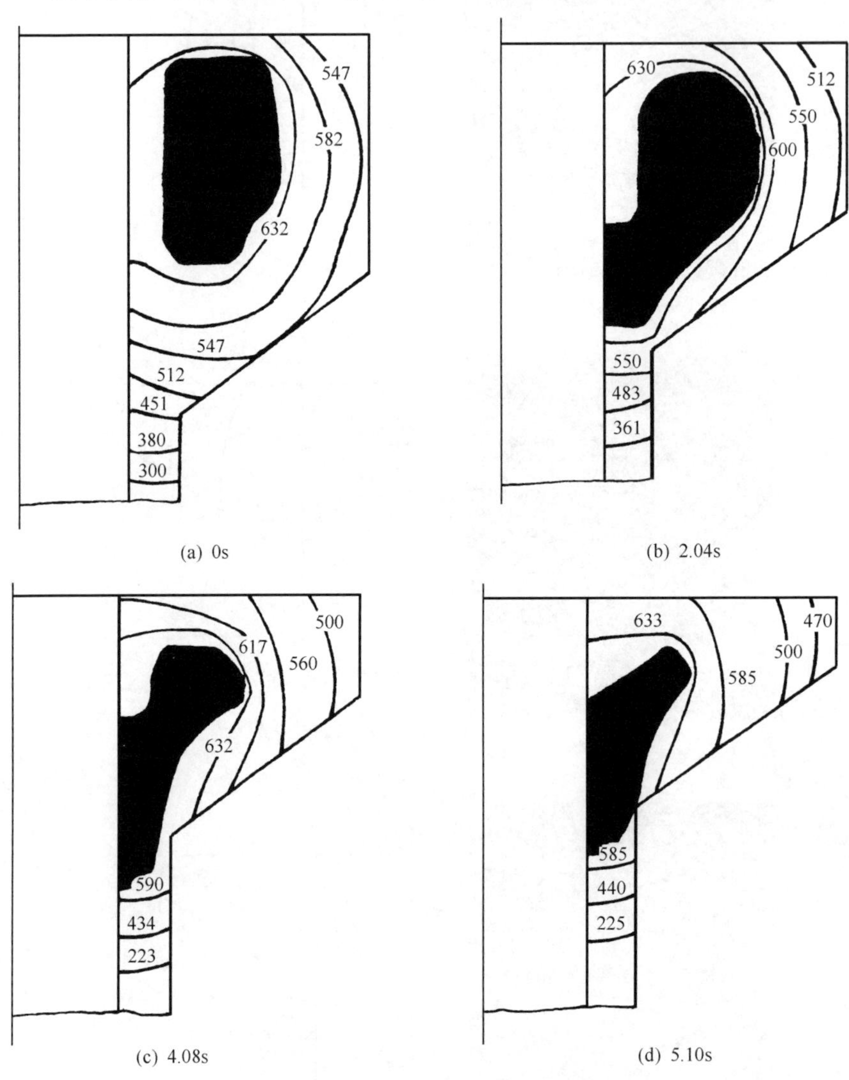

图 13-38　加压过早的模拟情况

摩擦系数大小，即模具粗糙度和润滑情况直接影响变形力，模拟程序中反映为摩擦因子的取值大小。图 13-39 为模拟所得压下过程的总压力变化曲线，可以看出摩擦因子主要影响最后变形力的大小，模具粗糙度对变形力的影响，由模拟结果可以证实。图 13-39 所示模拟变形力曲线与实验曲线有一定差别:①略去了弹性变形压力上升阶段。②模拟的变形力是在加压开始后即开始下降,到最后阶段才骤然上升,而实验曲线是先下降,而后持续上升,其原因在于模拟计算是变形需要的力,而实验曲线是油压机施加的力,是油压机的工作特性。所以有此差别是正常的。实际上有此差别也正说明施加的力除保证已凝固部位产生塑性变形外,还使得上部未凝固金属承受较大的等静压力,这样压力下结晶的效果会更好。模拟计算的开始变形力和最终变形力与实验结果相符,说明计算结果是令人满意的。

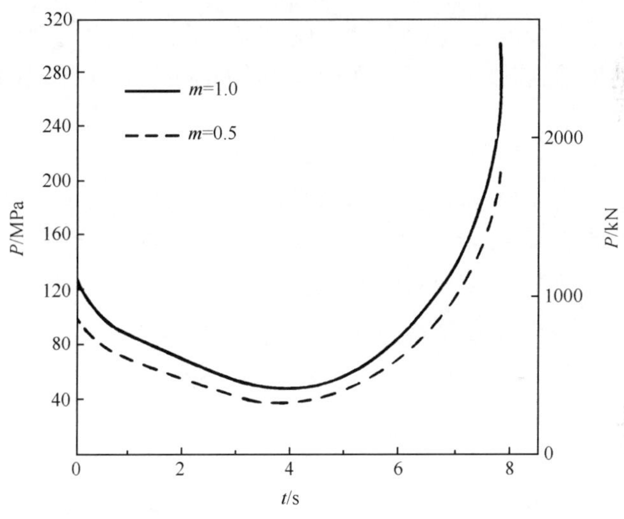

图 13-39 模拟的变形力

参 考 文 献

[1] 罗守靖 . 复合材料液态挤压 . 北京:冶金工业出版社,2002.

[2] Nishida Y, Matrubara H. Effect of pressure on heat transfer at the metal mould-casting interface. The British Foundryman, 1976, part Ⅱ: 274.

[3] 齐乐华 . 锌合金轴承保持架液态模锻工艺研究 . 哈尔滨:哈尔滨工业大学硕士学位论文,1992.

[4] 安阁英 . 制件形成理论 . 北京:机械工业出版社,1990:1-90.

[5] 张玉龙,赵中魁 . 实用轻金属材料手册 . 北京:化学工业出版社,2006.

[6] 蒙多尔福 L F. 铝合金的组织与性能 . 王祝堂译 . 北京:冶金工业出版社,1988.

第 14 章　半固态成形

14.1　工艺特点及应用范围

将球晶与液态合金混合的半固态浆(坯)料,在半固态温度下所进行的压铸、模锻、挤压和轧制的金属加工过程,称为半固态加工或半固态成形(semi-solid forming)。

半固态成形分为两种工艺方法:流变成形和触变成形。前者是将半固态浆料直接压入模具型腔进而加压成形。后者则是将半固态浆料冷却制成坯棒,依据制件大小切制成合适大小,经过重熔(二次加热)至半固态温度,再压入模具型腔进而加压成形。工艺路线示意图如图 14-1 所示。

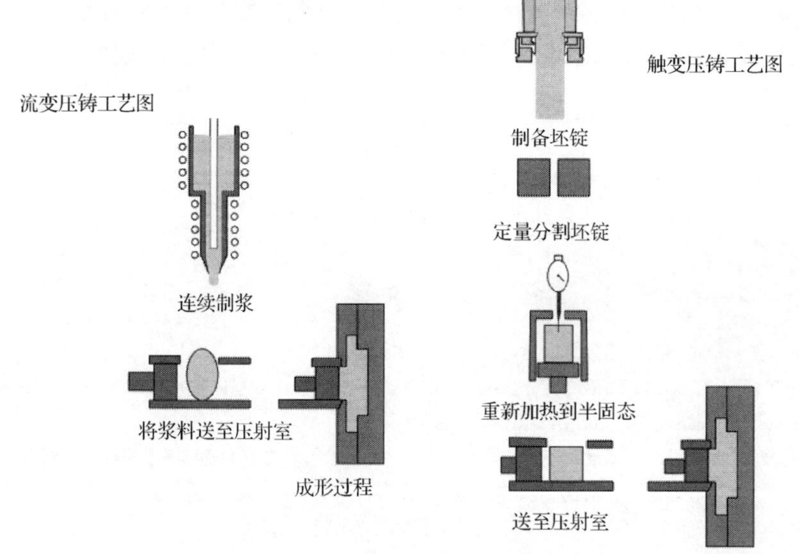

图 14-1　半固态成形工艺路线示意图[1]

高压凝固和浆料制备是半固态成形的两大特点,其中制备浆料的质量是工艺实现的关键。通常半固态浆料应该是成分均匀、温度均匀,具有非枝晶(近球晶)的初生相,微观结构如图 14-2 所示。

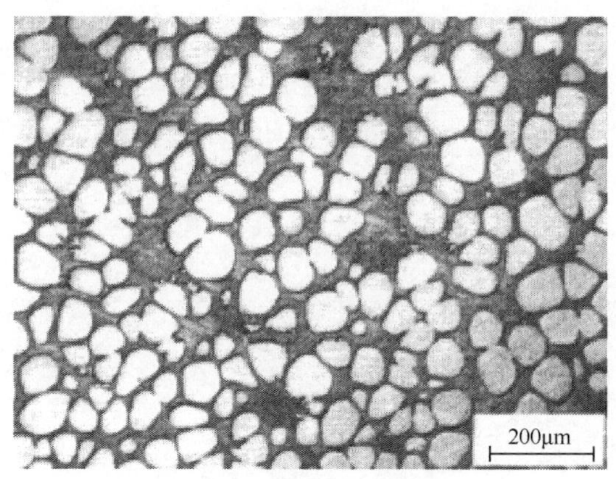

图 14-2　浆料微观结构图[1]

14.1.1　半固态成形的特点

与普通的加工方法相比，半固态成形优点如下：

(1) 应用范围广泛，凡具有固-液两相区的合金均可采用。可适用于多种加工工艺，如铸造、挤压、锻压和焊接等。

(2) 半固态金属(semi solid metal)充形平稳，无湍流和喷溅，加工温度低，凝固收缩小，因而制件尺寸精度高。制件尺寸与成品零件几乎相同，极大地减少了机械加工量，可以做到少或无切屑加工，从而节约了资源。同时半固态金属凝固时间短，有利于提高生产率。刹车缸零件生产的损失率和生产率见表 14-1。

表 14-1　刹车缸零件生产的损失率与生产率

成形方法	铝合金牌号	坯料质量/g	成品质量/g	加工损失/%	单位小时产量/个
半固态成形	357-T5	450	390	13	150
机械加工	356-T6	760	450	40	24

(3) 半固态金属已释放了部分结晶潜热，因而减轻了对成形装置，尤其是模具的热冲击，使其寿命大幅度提高。

(4) 半固态金属制件表面平整光滑，内部组织致密，内部气孔、偏析等缺陷少，晶粒细小，力学性能高，可接近或达到变形材料的力学性能，见表 14-2。

(5) 应用半固态成形可改善制备复合材料中非金属材料的飘浮、偏析以及与金属基体不润湿的技术难题，这为复合材料的制备和成形提供了有利条件。

(6) 与固态金属模锻相比，半固态成形的流动应力显著降低，因此半固态模锻成形速率更高，而且可以成形十分复杂的零件。

(7) 节约能源。以生产单位质量零件为例，半固态与普通铝合金铸造相比，节能 35%左右。

表 14-2　半固态压制件与金属模制件性能比较

合金	成形方法	热处理状态	σ_{02}/MPa	σ_b/MPa	δ/%	HB
A356	半固态	铸态	110	220	14	60
	半固态	T6	240	320	12	105
	金属模	T6	186	262	5	80
A357	半固态	铸态	115	220	7	75
	半固态	T6	260	330	9	115
	金属模	T6	296	359	5	100

当然，半固态成形也存在它的缺点，主要如下：

(1) 固-液相线区间范围太小的金属不适合进行半固态成形。例如，纯金属、共晶合金都没有明显的固-液相线温度，只有熔点和共晶温度，所以它们不能进行半固态成形。

(2) 半固态成形容易造成液相与固相分离，降低制件力学性能。

14.1.2　半固态成形的适用范围

半固态成形适用范围还有待进一步开拓，就目前新开展的应用研究成果，可以作如下预测：

(1) 适用于铸或锻难以成形的各类形状复杂且力学性能要求较高制件的成形。这是基于半固态成形有着铸造易成形、锻造性能易保证的综合优势的一种最佳选择。

(2) 适用于新材料研制后的成形工艺选择，如金属基复合材料制备与成形。

14.2　半固态成形用材料及其制备方法

14.2.1　半固态成形用材料

1. A356 和 A357 合金

A356 和 A357 铝合金是半固态成形生产中最常用的合金。它们的共晶体的固相体积分数都约为 45%，这意味着合理控制加热温度到共晶温度以上，可以较容易得到固相体积分数为 50%的半固态浆料。同时，共晶相数量和硅元素的熔化热为半固态材料提供了良好的流动能力。A356 和 A357 合金在化学成分方面最大的差别在于镁含量，A356 合金中镁含量为 0.25%～0.45%，而 A357 合金中镁含量为 0.45%～0.60%，见表 14-3。

表 14-3　A356 和 A357 合金主要元素含量　(单位:%)

名称	Si	Fe	Cu	Mg	Zn	Ti
A356	6.50/7.50	<0.20	<0.20	0.25/0.45	<0.10	<0.20
A357	6.50/7.50	<0.15	<0.05	0.45/0.60	<0.05	<0.20

2. A319 和 A355 合金

A319 合金经过 T6 热处理后能达到高的抗拉强度、屈服强度和硬度，在延展性方面与 A356/A357 合金相比略有降低，可用在高温强度和硬度要求比较高的制件上，如发动机组件、制动系统、泵、传动系统等。Pechiney 公司开发的 A355 合金经过 T5 时效热处理后具有优良的性能。

这两种合金均含有 6%Si，这使得在相似的重熔条件下，与 A356 和 A357 合金具有相同的固相体积分数和流变行为。

表 14-4 是半固态加工用 A319 和 A355 合金与铝系列铸造用 SSM319 和 SSM355 合金的比较。

表 14-4　A319 和 A355 合金与铝系列铸造用 SSM319 和 SSM355 合金的比较[1]

(单位:%)

合金名称	Si	Fe	Cu	Mg	Zn	Ti
SSM319	5.5～6.5	<0.20	2.5/3.5	0.30/0.40	<0.05	<0.20
A319	5.5～6.5	<1.0	3.0/4.0	<0.10	<1.0	<0.25
SSM355	5.5～6.5	<0.20	0.8/1.2	0.30/0.40	<0.05	<0.20
A355	4.5～5.5	<0.20	1.0/1.5	0.40/0.60	<1.0	<0.20

3. 液相铸造比较困难的合金

1) 过共晶 Al-Si 型(A390 合金)

过共晶 Al-Si 型(如 A390 合金)，具有高弹性模量、高摩擦抗力、低热膨胀系数、高硬度、高抗拉强度，但也有缺点:①初生相硅晶体的高熔化热延长铸造的循环时间、降低模具寿命，并且在循环中过早释放过热，使得定向凝固过程较难;②初生硅的尺寸和分布较难控制，使得模具寿命降低或制件的表面处理工艺性差。

半固态压铸过程中，压铸模具的激冷效果使得制件外壳迅速凝固结壳，内部熔体在冲击力作用下变成流动的柱体，凝固因此变得非常快，这样便形成了细小均匀的初生硅颗粒。半固态压铸中的初生硅颗粒很容易控制在 30～50μm。强烈的模具冷却效果同样减少了压铸过程由于初生硅高的熔化热引起循环时间长的现象。同时快速的凝固冷却形成了比较好的致密性。表 14-5 是 A390 合金的化学成分表。

表 14-5　A390 合金主要元素成分[1]　　（单位：%）

Si	Fe	Cu	Mg	Zn	Ti
16.0～18.0	<0.40	4.0～5.0	0.50～0.65	<0.05	<0.20

半固态 A390 合金与其他合金不同，它的初生相不是 α-Al 而是 Si。当坯料进行重熔时，低熔点共晶体 $CuAl_2$ 和 Al_2CuMg 首先熔化，而 AlSi 共晶体依然保持原状，共晶体中的 Al 和 Si 就会彼此分离，其中 Si 与初生相结合到一起，Al 就会形成球状。

半固态 A390 合金合适的坯料重熔温度区间非常窄，通常情况下是 565～570℃，而最理想的温度是 568℃。

2）金属基复合材料

金属基复合材料的预热是由基础材料的构成决定的。含有 SiC 颗粒并且适用于压铸工艺的金属基复合材料的基体，一般是 A360 系（一般叫 F3N）或是 A380 系（一般叫 F3D）合金。不含铜的 F3N 系更适合应用于强腐蚀环境。F3D 系合金具有高强度，更适合高温条件下使用。适用于砂型和金属型铸造的相似的 SiC 增强金属基复合材料也同样适用于半固态成形工艺。那些通常以高硅 A357（F3S）系和 A339 系（F3K）合金为基体的金属基复合材料，更易于减小熔体和 SiC 颗粒之间的反应。

金属基复合材料的化学成分见表 14-6。相比于高硅含量合金，这些合金的重熔温度一般比 A356 和 A357 低，570～590℃的温度区间比较通用。但是对于某一具体合金来说，还是要通过试验来确定其重熔温度区间。

表 14-6　金属基复合材料主要元素成分[1]　　（单位：%）

合金名称	Si	Fe	Cu	Mn	Mg	Ni
F3N	9.5/10.5	0.80/1.20	<0.20	0.50/0.80	0.50/0.70	—
F3D	9.5/10.5	0.80/1.20	3.00/3.50	0.50/0.80	0.30/0.50	1.00/1.50
F3S	8.5/9.5	<0.20	<0.20	—	0.45/0.65	—
F3K	9.5/10.5	<0.30	2.80/3.20	—	0.80/1.20	1.00/1.50

3）通用锻造铝合金

为获得与锻件性能相当的制件，往往会考虑使用 A2×××、A5×××、A6×××、A7×××系列的合金，半固态成形实现了这一可能性。其一，半固态成形的高压条件改善了这些系列合金充型流动性。其二，半固态低温成形大大降低了凝固过程中产生热裂的趋势。

4) AZ91D、AZ80 合金

镁合金半固态成形技术是注射成形技术(thixomat),该工艺已用于商业化生产,其材料有 AZ91D、AM50A、AM60B 和 AZ80 等。

5) 高温合金

高温合金半固态技术主要优势是可大幅度降低成形温度。由于其固-液区间窄,高温下控制温度难度大,对模具材料要求高等,目前限于研究。其材料有不锈钢、合金钢及镍基合金等。

14.2.2 半固态成形用材料的制备方法

半固态浆料的制备方法可归纳为液相法、固相法和控制凝固法三种。

1. *液相法*

液相法是指对正在凝固的液态金属进行机械的、电磁的和振动的处理过程,使其初生相被打碎成为球状晶的半固态组织。

1) 搅拌加工

搅拌法是最早采用的方法,其设备构造简单,可以通过控制搅拌强度、搅拌速率和冷却速率等工艺参数,使初生树枝状晶破碎成为颗粒结构,从而研究金属凝固规律和半固态金属流变性能。其中有机械搅拌和电磁搅拌两大类。如图 14-3 所示。

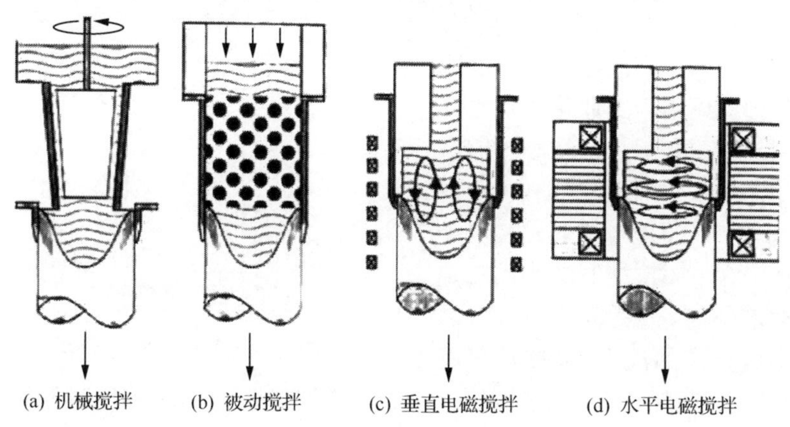

图 14-3 搅拌的几种模式示意图[2]

实验研究结果表明,采用机械搅拌法可以获得很高的剪切速率,有利于形成细小的球形微观结构,但是在搅拌腔体内部往往存在搅拌不到的死区,影响了浆料的均匀性,而且搅拌叶片的腐蚀问题以及它对半固态金属浆料的污染问题都会对半固态铸坯带来不利的影响。

电磁搅拌技术由于没有金属污染、可控性好、便于组织生产等优势,也被商业

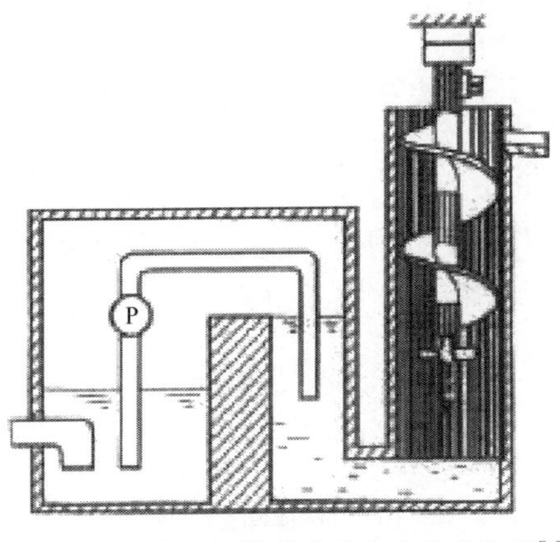

图 14-4　熔化和搅拌槽分离水冷流变装置[2]

化运用。

(1) 单螺旋搅拌装置。图 14-4 展示了一种日本提出的制浆装置。连续流变铸造机安装了分离的容箱，用于熔化金属和搅拌金属。液态金属是通过连接外部金属熔池的一个泵来充填的。搅拌器温度由一个水冷管道来调节，这个管道安装在空心轴和同心旋转轴之间的环形缝隙中。这既提供了局部冷却，又提供了剪切作用，有效促进了球晶的形成。

(2) 超声波振动法(ultrasonic treatment，UT)。其原理就是以振动实现对熔体进行搅拌，如图 14-5 所示。超声波作用于熔体的方法有两种：一种将振动器一面作用在模具上，模具再直接作用在金属熔体上；更多的一种振动器的一面直接作用于金属熔体上。工艺参数：振动频率为 0～100kHz，最好选在 18～45kHz；振动器表面的振幅为 5～100μm，最好选在 20～60μm；超声振动可以连续施加给金属熔体，也可以脉冲施加给熔体，脉冲施加时间为 20ms～10s，但最好在 0.1～1s，脉冲振动时间与非脉冲振动时间之比为 0.1～1[2]。对 AlSi7Mg 合金液施加超声振动可以获得球状晶粒，制浆效果很好。

(3) 电磁搅拌法(MHD)。电磁搅拌法目前已应用于工业化生产半固态原材料铸锭，并有一些公司能够进行商品化生产。如图 14-3 中(c)和(d)所示，其工作原理与普通异步电动机相类似。在电磁搅拌制备半固态金属浆料或坯料时，金属熔体中心区域肯定会形成很深的液穴，搅拌功率越大，这个液穴就越深。有时，这样的液穴对电磁搅拌浆料或连铸坯料的生产很不利，容易卷入气体和夹杂物。为了避免电磁搅拌液穴的危害，搅拌室或连铸结晶器的上方必须维持较高的金属压头；也可以将一定尺寸的非磁性和非导体芯棒插入搅拌室或连铸结晶器的中央位置，可大大降低金属熔体液穴的深度。

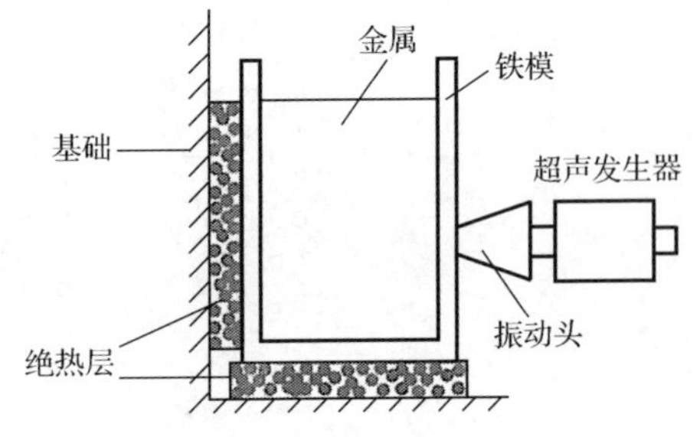

图 14-5　超声波振动示意图

2) 剪切-冷却-轧制方法[2]

剪切-冷却-轧制方法(SCR)是一种制备半固态金属浆料或坯料的机械搅拌方法的发展，其工艺原理是：利用一个机械旋转的辊轮把静止的弧状结晶壁上生长的初晶不断碾下、破碎，并与剩余的液体一起混合，形成流变金属浆料，如图 14-6 所示。该单辊旋转装置的主要组成有辊轮、冷却水箱、驱动装置等。金属熔体从坩埚中流经一个楔形通道，通道两侧是可以调节的弧状冷却板和转动并具有冷却效果的辊轮；冷却水箱的弧状冷却板与辊轮的间隙大小是一个重要的参数；辊轮的转动通过驱动装置带动；从靴状出口流出的半固态浆料落入收集器。

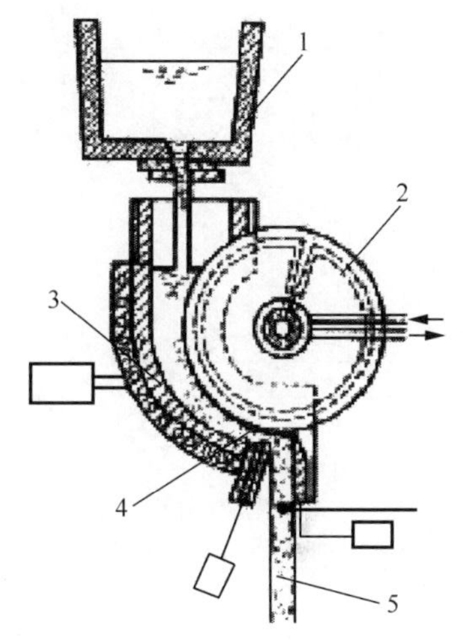

图 14-6　剪切-冷却-轧制工艺示意图[2]
1-熔体坩埚；2-冷却辊轮；3-弧状冷却板；4-靴状出口；5-半固态浆料

2. 固相法

固相法包括喷射沉积法、粉末冶金法和应变诱导熔化激活法(SIMA)三种，下面分别予以介绍。

1）喷射沉积法

喷射沉积法是利用惰性气体将液态金属雾化，这些极细小的金属熔滴高速飞行，在尚未完全凝固之前被喷射到激冷基板上，快速凝固成一定的几何形状，如图 14-7 所示。

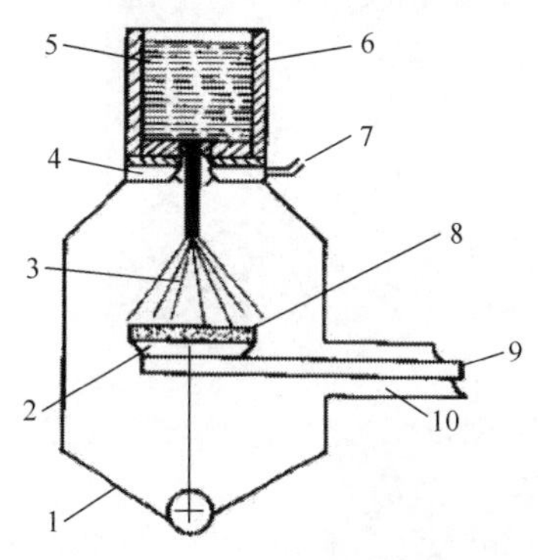

图 14-7　喷射沉积原理示意图[2]
1-沉积室；2-基板；3-喷射粒子流；4-气体雾化器；5-合金；6-坩埚；7-雾化气体；8-沉积体；9-运动机构；10-排气及取料室

2）粉末冶金法

粉末冶金法制备半固态金属坯料的一般工艺路线是：首先制备金属粉末，然后进行不同种类金属粉末的混合，再进行粉末预成形，并将预成形坯料重新加热至半固态区，进行适当保温即可获得半固态金属坯料。

3）应变诱导熔化激活法

应变诱导熔化激活法是一种较成熟的制备半固态坯料的工艺方法，先将合金原材料进行足够冷变形，然后加热到半固态温度区间，在加热过程中，先发生再结晶，然后部分熔化，使初生相转变成颗粒状，形成半固态金属材料。该方法已成功地应用于不锈钢、铜合金等较高熔点合金，但由于增加了预变形工序，生产成本提高，与电磁搅拌法相比，它仅仅用于生产小直径坯料。

4）应变诱导熔化激活法[2,3]

结合镁合金化学性质活泼、塑性变形困难等特点，将等径道角挤压工艺(ECAE)应用到应变诱导熔化激活法中的应变诱导工序中，实现镁合金的应变诱

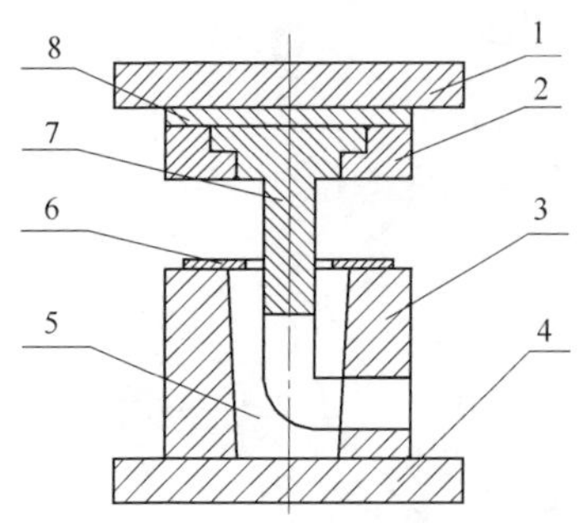

图 14-8 等径道角挤压模具示意图[2,3]
1-上模板；2-上模固定环；3-凹模套；4-下模板；5-凹模；6-压板；7-凸模；8-垫板

导，采用半固态等温处理实现其熔化激活，从而提出新应变诱导熔化激活法（new strain-induced melt activation，新 SIMA）制备镁合金半固态坯料方法。将镁合金铸坯机械加工成 $\phi58\times120$mm 的圆柱体棒料。等径道角挤压模具采用带内加热装置的形式，两挤压通道交角为 90°，其示意图如图 14-8 所示。考虑到镁合金塑性变形能力差的特点，挤压工艺参数如下：坯料加热温度为 300℃；模具预热温度为 300℃；挤压道次为 4 次；每次挤压后，坯料沿同一方向旋转 90°进入下一道挤压过程。

图 14-9 是 AZ91D 镁合金经过等径道角挤压后坯料的形貌。由图 14-9 可见，AZ91D 镁合金经过等径道角挤压后表面质量很好，没有裂纹产生。但是，由于摩擦力的影响，坯料在等径道角挤压过程中的流动速率不同。摩擦力大的地方坯料

(a) 挤压前

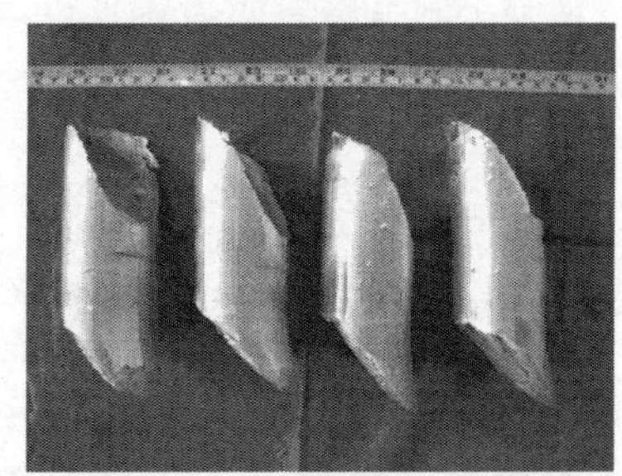
(b) 挤压后

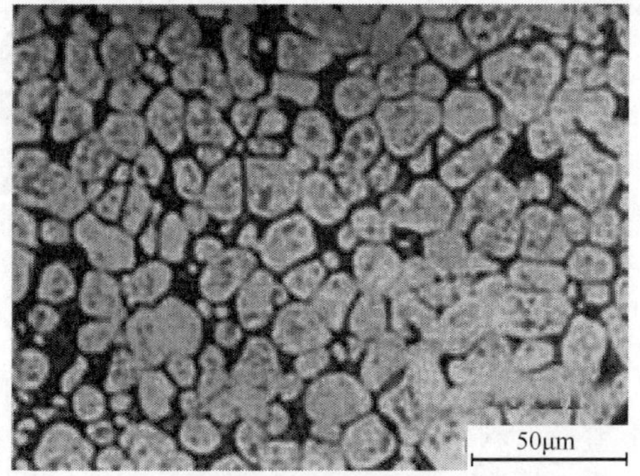

(c) 新SIMA制备的半固态坯料的微观组织[2,3]

图 14-9 等径道角挤压前后 AZ91D 镁合金宏观形貌及新 SIMA 制备的半固态坯料的微观组织

流动较慢，摩擦力小的地方坯料流动速率较快。所以造成坯料轴向方向上尺寸有所变化。但是，经过测量在坯料的径向尺寸没有变化，保持圆形截面形状。如图 14-9(c)所示，新 SIMA 法制备的 AZ91D 镁合金晶粒尺寸细小、圆整，微观组织均匀。

3. 控制凝固法

控制凝固法的原理是，控制液态金属生成枝晶的外部条件，或加入某种添加剂，以细化晶粒。

1）近液相线浇注法

近液相线浇注法实质是控制液态金属浇注温度，一般在液相线＋3℃范围内恒温浇注，精确控制冷却过程，以获得均匀细小的等轴晶。

铝合金 A2618 的显微组织在 750℃下浇注，初生相为粗大的枝晶；在 638℃下浇注，初生相为细小、等轴非枝晶；在 632℃下浇注，初生相也为细小、等轴非枝晶，但组织中存在个别粗大的枝晶。所以，当变形铝合金 A2618 在其液相线温度下浇注，可以获得球状的半固态组织。

凝固中的冷却速率对变形铝合金 A2618 液相线浇注的组织也有较大的影响。在水冷铜模中凝固，冷却速率较快，初生相为细枝晶。在不同温度的钢模中凝固，初生相皆为球状，只是模温高，晶粒更粗大。在室温钢模中凝固坯料的初生相为细小、等轴的“非枝晶”，均匀分布在后凝固的液相中，初生相的平均等效圆直径约为 39.2μm，等效圆直径小于 50μm 的初生相占 87%，初生相的形状因子 $f=4\pi A/C^2$，其中 C 为初生相的平均周长；A 为初生相的平均面积，约为 0.54。所以，变形铝合金 A2618 液相线浇注还存在一个合适的冷却速率，冷却速率太快或太慢都不利于优良半固态组织的获得。

2）高压凝固法

高压凝固法的原理是破坏枝晶形成的形核条件和长大条件，即采用低温度浇注，控制在高于液相线温度 3 ～ 5℃进行浇注；施以高压成形，使其在高压下整个熔体同时进入过冷形核状态，其中还需控制模具温度。可获得细小、等轴枝晶组织。该组织在二次重熔中，可获得细小球晶组织浆料。

3）晶粒细化法

晶粒细化法的原理是首先利用化学晶粒细化剂制备晶粒细小的合金锭料，再将锭料重新加热至固-液两相区进行适当时间的保温处理，便可获得球晶组织。

例如，将细化剂 Zr 加入（或未加入）到 ZA12 合金，两种试样同样加热到 390～435℃（固相体积分数为 60%～40%）进行重熔。实验结果如图 14-10 所示。由图 14-10 可知，加 Zr 试样在 400℃下保温 5min，富铝的初生γ相先由枝晶转变为不规则碎块；在 10min 之内，富铝的初生γ相颗粒则不断长大和均匀化。

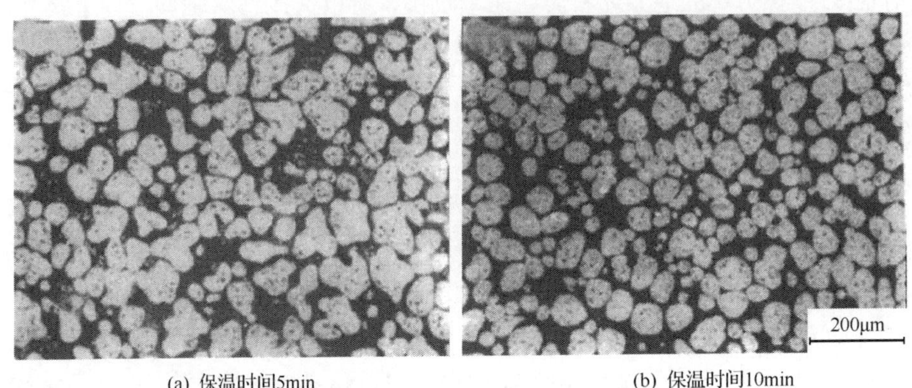

图 14-10 加 Zr 细化 ZA12 合金在 400℃下等温后的显微组织[2]

4) 新 MIT 方法

将旋转的棒体浸入低温熔体搅拌片刻即抽出熔体，完成一个半固态浆料制备过程，如图 14-11 所示。该过程中，在液相线温度搅拌和冷却，导致在金属液熔体内形成大量晶核。这种方法的效果与搅拌速率的大小关系不大。这种方法既可以用于流变铸造，也可以用于触变铸造[3]。

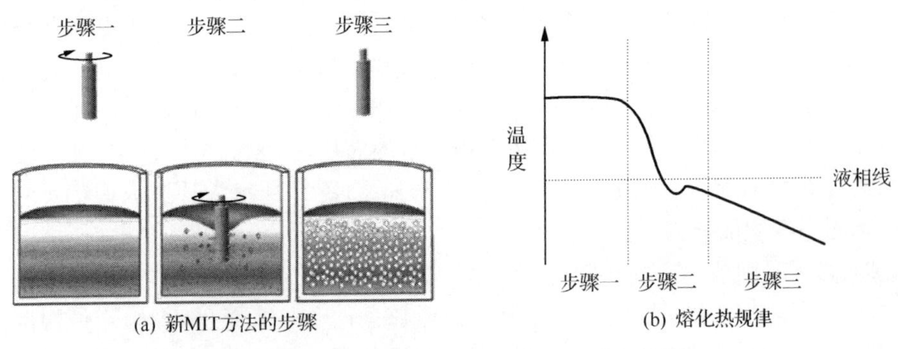

图 14-11 新 MIT 方法的步骤和熔化热规律[2]

5) 液态混合加工

这种方法基于亚共晶晶体组成的两种合金的浆料，初期的金属熔体可能含有也可能不含有晶核，但是，熔融的金属经混合后会含有很高浓度的晶核，这些晶核在进一步加热情况下将会形成一种很好的、球状的浆料微观结构。

这两种将要混合的熔融金属将会保持在液相线温度以上，或者被直接送到一个绝热的容器，或者是装在通往绝热容器途中的稳定的混合管道中。这个过程导致第三种合金体的形成，它正好低于或正好高于液相线温度，且含有大量晶核。日本的 UBE 产业公司在实施这种方法时，由两种液体混合的熔融金属装在一个绝热容器中保持预定的时间，当它冷却到成形温度时，就会得到有着特定体积分数，含有无枝晶的、球状的初生晶(图 14-12)。

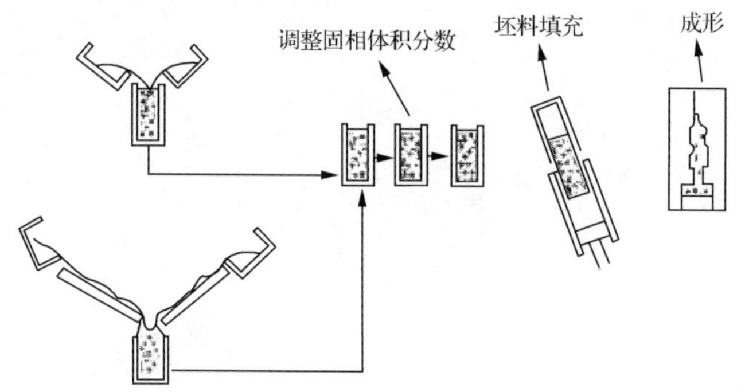

图 14-12　液态混合加工生产半固态浆料[2]

6）斜坡冷却法

用斜坡冷却法制备半固态坯料的工艺及设备如图 14-13 所示。金属液体倾倒在内部具有水冷装置的冷却板上，冷却后达到半固态，流入模具中制备成半固态坯料。倾斜冷却板装置设备简单、占地面积小，可方便地安装在挤压、轧制等一些成形设备的上方。目前此种工艺已成功地应用在半固态铝合金坯料的制备上。一般情况下，通过这种方法得到的半固态坯料的固相体积分数为 10%～20%。固相体积分数的大小由金属熔体与冷却板接触的时间决定。接触时间越长，固相体积分数越高。接触时间随着接触长度的增加和倾斜角的减小而增加。

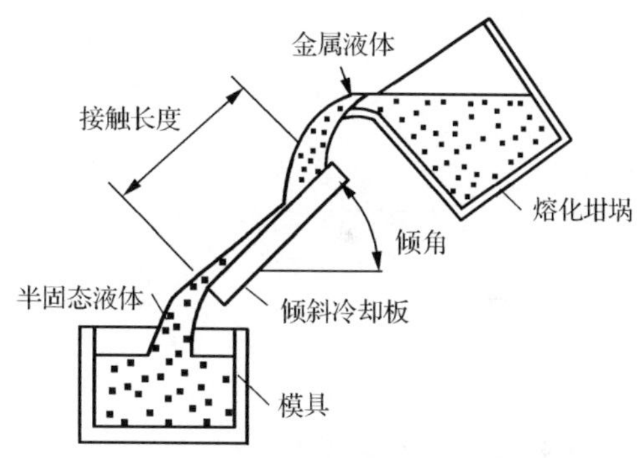

图 14-13　斜坡冷却法制备半固态坯料示意图[2]

7）剪切低温浇注式

剪切低温浇注式(low superheat pouring with a shear field，LSPSF)半固态浆料制备工艺为控制形核与抑制生长技术的一种。如图 14-14 所示，LSPSF 工艺的基本原理为：通过低过热浇注、凝固初期激冷和混合搅拌的综合作用在合金熔体内获得最大数量的自由晶，并通过控制后续的静态缓慢冷却过程获得组织性能良好的半固态浆料[4]。该工艺主要包括三个步骤：①浇注具有特定过热度的合金熔体；②合金熔体在自身重力和输送管转动共同作用下流经输送管，并保证合金液流经输送管末端的温度控制在合金液相线－50～－1℃；③具有大量自由晶的合金熔体在浆料蓄积器中静态缓慢冷却。

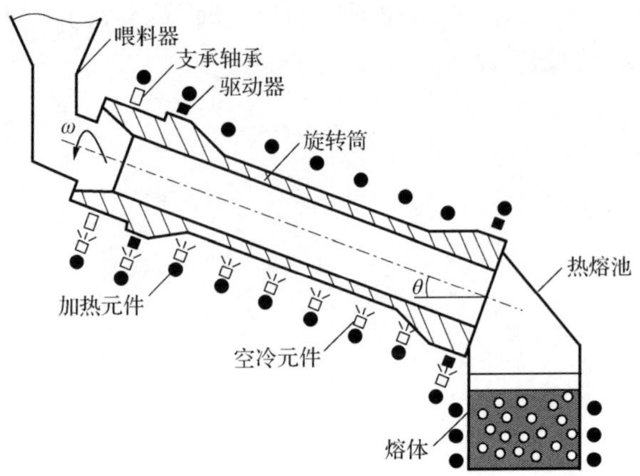

图 14-14　LSPSF 浆料制备工艺图[4]

14.3　非枝晶组织及形成机制

14.3.1　非枝晶组织特征

1. 固相体积分数(f_S)

对于合金固相体积分数指平衡条件球晶体积占固液态的体积分数。固相体积分数的测量方法主要如下：

(1) 利用热动力学数据(平衡相图)。

(2) 热力学分析技术。

(3) 半固态试样淬火后微观组织的定量显微金相分析。

2. 粒子形貌

1) 颗粒平均尺寸和形状因子

颗粒平均尺寸(D)和形状因子(S)的定义为[5]

$$D = \frac{l_1 + l_2}{2} \tag{14-1}$$

$$S = \frac{l_2}{l_1} \tag{14-2}$$

式中：l_1、l_2 分别为非枝晶组织初生相颗粒的长度(长轴)和宽度(短轴)；D 为颗粒平均直径，反应非枝晶组织颗粒的大小；S 为形状因子，反应非枝晶颗粒接近理想球状的程度，$S=1$ 时，长轴与短轴相等，表示颗粒为球状，最为理想，S 的数值越小，颗粒越不圆整，越接近枝晶组织。

2）形状因子

半固态合金可假设成由悬浮在液相中的固相颗粒组成。固相颗粒表面封闭，而液相构成连续的基体，固相颗粒主要特征参数为单位体积中的颗粒数目、形状和体积分数。固相三维结构可由二维截面描述，即通过测量固相粒子的二维截面可以间接说明三维特征。图像分析技术可以提供半固态浆料中单位面积的颗粒数、颗粒界面的长度和颗粒截面积，因此引入形状因子 F_1，其表达式为

$$F_1 = \frac{4\pi A}{p^2} \tag{14-3}$$

也有的学者采用

$$F_2 = \frac{p^2}{4\pi A} \tag{14-4}$$

式中：A 为晶粒面积，m^2；p 为晶粒周长，m。$F_1=1$ 表示粒子为球状结构，$F_1 \to 0$ 和 $F_2 \to \infty$ 表明粒子形状越复杂，越远越离球形。

3）颗粒特征形状因子

颗粒二维截面很容易造成几种不同的投影影像，特别是颗粒为枝晶结构时，图像分析时只用一个平均的形状因子并不能反映出固相颗粒的真实复杂形状，通常还需要引入一个无量纲的颗粒特征形状因子 F_g 表示颗粒平均固液界面表面积的平方：

$$F_g = C\frac{S_v^2}{N_A} \tag{14-5}$$

式中：S_v^2 为单位体积固液界面表面积，m^2；N_A 为试样截面单位面积晶粒数目；C 为固相颗粒为球形（$F_g=1$）时的参数。

4）固相连接常数

固相连接常数（C^S）表征半固态坯料或浆料中固相颗粒的连接程度或聚集状态，采用式(14-6)表示[5]：

$$C^S = \frac{2S_v^{SS}}{2S_v^{SS} + S_v^{SL}} \tag{14-6}$$

式中，S_v^{SS} 为两个固相颗粒之间相连的表面积；S_v^{SL} 为固相颗粒和液相之间的面积。当 C^S 为 0 时，所有的固相颗粒被液相包围。固相体积连接常数可以用固相连接常数表示：

$$V_c^S = f_S C^S \tag{14-7}$$

如果固相体积连接常数超过 0.3，材料无触变性能，与一般固相相似；如体积连接常数小于 0.1，则坯料中的固相难以承担坯料本身的质量，在触变成形前会发生坍塌。

3. 粒子分布

在固相体积分数达到一定值的半固态浆料中，固相粒子在液相中的分布对其

流变性能影响较大,并直接影响半固态加工生产的零部件质量。到目前为止还没有成熟的对粒子分布进行定量分析的方法。

有的学者在研究半固态浆料的塑性变形时,引入结构参数 λ 描述粒子分布,完全团聚状态时 $\lambda=0$,完全分散状态时 $\lambda=1$。

14.3.2 搅拌过程中微观组织的形成与演化

与采用常规铸造方法形成的树枝晶组织不同,合金在剧烈搅拌的状态下凝固,得到的半固态金属具有独特的非枝晶、近似球形的显微结构[1,2,4-8]。Spencer 和 Flemings 利用旋转黏度计对 Sn-15%(质量分数)Pb 的研究表明,在强烈搅拌作用下,半固态温度区间的固相颗粒或呈退化枝晶结构,或呈蔷薇状。延长搅拌时间,由于熟化过程的作用,固相颗粒或多或少地向包裹液相的球形结构转化。增加剪切速率可以加速这一转变过程,减少固相颗粒中包裹的液相。

Vogel 等在对 Al-Cu 合金研究时发现,在剪切作用下,初生相粒子为蔷薇状,粒子长大到一定程度后难以继续长大,随后的凝固会形成新的颗粒。Molenaar 等在中速和快速冷却下对施加剪切作用的 Al-Cu 合金进行观察,最终的凝固组织都形成蔷薇状和径向长大的胞状颗粒。剪切速率对颗粒密度和尺寸影响不大,但胞状间距远大于无搅拌时的二次枝晶间距,表明搅拌促进晶粒长大。

Ji 和 Fan 采用双螺旋流变成形机研究 Sn-15%(质量分数)Pb 在湍流作用下的凝固行为。在较强的湍流作用下,凝固初期颗粒形状即为球状。等温剪切试验显示:随着等温剪切时间的延长,固相颗粒尺寸、形状因子和密度几乎不变,颗粒尺寸分布非常近似于随机分散的单球尺寸。在较低剪切速率区域,随着剪切速率的增加,颗粒密度增加,颗粒尺寸减小;而在高剪切速率区,粒子密度和尺寸变化较小。

强制对流下的凝固试验表明:强制对流促进非枝晶细化组织的产生;强制对流由于加强凝固过程的传质而加速晶粒生长;对晶粒尺寸和形貌,湍流流动远比层流流动的影响大,层流使枝晶生长向蔷薇状转化,而湍流则会使枝晶由蔷薇状向球状晶粒生长;均匀的温度和成分场导致大量的非均质形核,促进组织细化。

在强烈的搅拌作用下,熔体各处的温度及溶质分布基本上是均匀的。因此,当温度降低到足以形核的过冷度时,就可在整个熔体内同时非均质形核。形核后的生长过程受到流体流动的强烈影响,主要是在搅拌的均匀混合作用下,晶核在各个方向温度均匀化,固液界面的溶质浓度梯度减小,降低了成分过冷,从而破坏了生成枝晶的必要条件,因此球状结构是这种条件下唯一的生长形态。同时搅拌还会造成晶粒之间互相磨损、剪切以及液体对晶粒的剧烈冲刷,这样枝晶有可能被打断,形成更多的细小晶粒,其自身结构也逐渐向蔷薇形演化。随着温度的继续降低,这种蔷薇状结构进一步演化成更简单的球形结构,演化过程如图 14-15 所示。

球形结构的最终形成要靠足够高的冷却强度和足够高的剪切速率，同时这是一个不可逆的演化过程，即一旦球形结构形成，只要在液固区，无论怎样升降合金的温度(但不能让合金完全融化)，它也不会变为枝晶。

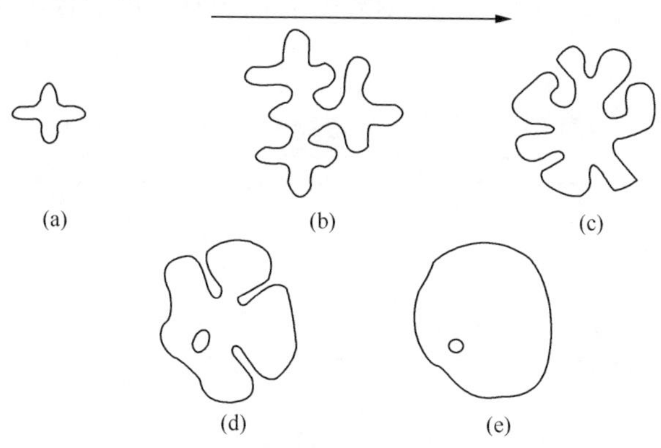

图 14-15　搅拌条件下的球状初生晶粒演化机制示意图

(a) 原始枝晶碎块；(b) 进一步长大后的枝晶碎块；(c) 蔷薇状枝晶碎块；(d) 熟化后的蔷薇状晶粒；(e) 球状晶粒

在半固态浆料中，也存在着可逆的“大结构”转换过程。“大结构”是指于合适位向的固相颗粒在相互碰撞中，会在接触点“焊合”，并逐渐凝聚成团，如图 14-16 所示。当剪切速率较低的时候，“焊合”在一起的固相颗粒不容易被打散，容易形成“大结构”。当剪切速率很高时，由于搅拌力很大，固相颗粒发生焊合很困难，而且原先焊合在一起的也容易被打散。在等温搅拌时，随剪切速率降低或上升，“大结构”也随着产生或消失。

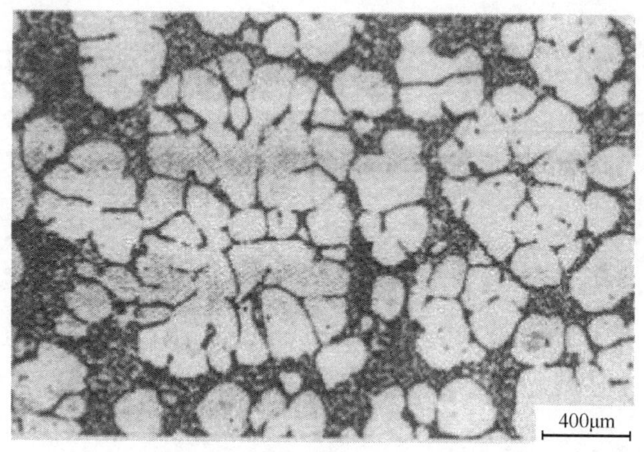

图 14-16　球形颗粒的成团附聚[5]

固相颗粒形状与剪切速率、剪切强度和剪切是否引起湍流有密切关系。图 14-17为形核质点形状与剪切速率、剪切强度的关系[5]。随着剪切速率的增加，形核质点也由枝晶形逐渐演变为蔷薇状，最后发展为球形颗粒。形核质点的尺寸大小与冷却速率也密切相关。冷却速率越高，固相颗粒尺寸越小；冷却速率越低，固相颗粒尺寸越大。

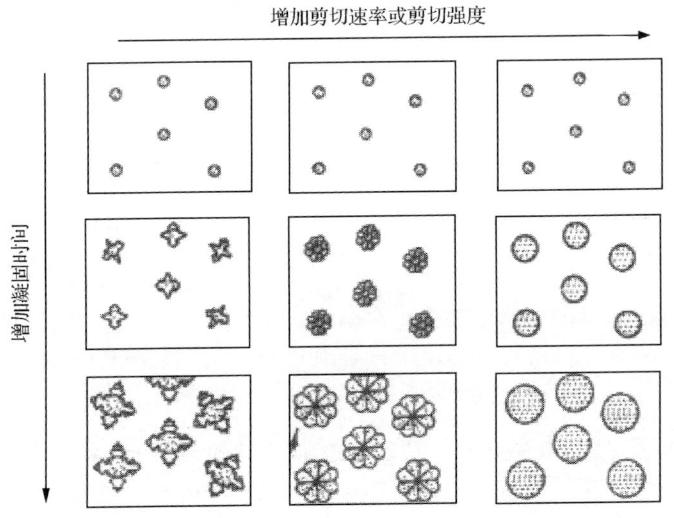

图 14-17　形核质点形状与剪切速率、剪切强度的关系[5]

14.3.3　非枝晶形成机制

1. 枝晶臂根部断裂机理

金属凝固开始时，熔体中首先生成树枝晶。在搅拌剪切力作用下，枝晶与熔体、型腔壁以及枝晶之间发生碰撞、摩擦和冲刷作用，一次枝晶臂发生折断、破碎。由于颗粒熟化、剪切和摩擦，枝晶形貌变为蔷薇状，在足够低的冷却速率和足够高的剪切速率下由蔷薇状组织发展成为球形组织，其演化过程为初始枝晶碎片→枝晶生长→蔷薇状颗粒→球形和椭球形颗粒。枝晶碎化可能的机制有：流动的金属液产生的剪切力使枝晶臂断裂；枝晶正常粗化时，枝晶臂根部重熔，金属液流动使枝晶粗化时排出的溶质加速扩散，促使枝晶臂熔断脱落；金属液流动产生的剪切力使枝晶臂根部产生应力，诱发生成小角度晶界，金属液沿新晶界迅速渗透促使枝晶臂熔断。

为了解释熔体搅拌现象产生的晶粒细化现象，Vogel 提出了枝晶臂根部断裂机制，用于解释熔体搅拌作用下的晶粒倍增现象，如图 14-18 所示。

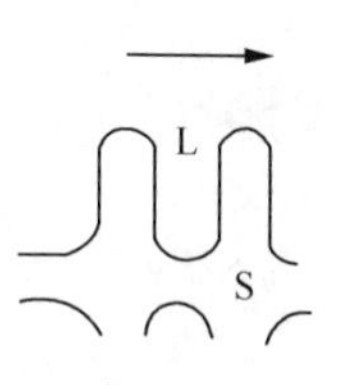

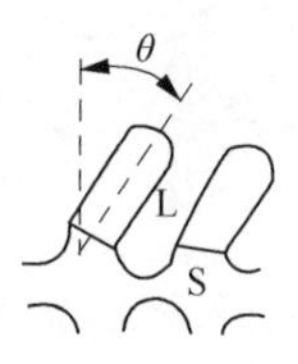

(a) 未变形的枝晶

(b) 熔体搅拌导致的剪切力使得枝晶臂产生塑性弯曲，进而形成枝晶臂根部位错叠积

(c) 在高温下，位错叠积形成大角度晶界

(d) 当晶界处的表面能大于固-液界面能2倍时，液态金属就会润湿晶界并沿着晶界迅速渗透，导致枝晶臂分离

图 14-18　枝晶臂根部断裂机制[2,5]

2. 枝晶臂根部熔断机制

枝晶臂根部熔断机制认为[5]：由于曲率的存在，材料的实际熔点降低，枝晶臂根部的曲率最大，相对应的熔点也是最低。熔体中温度的波动就可造成枝晶臂根部熔体脱落。强烈搅拌时引起热波动和在枝晶臂根部产生有助于熔化的应力，促进了此机制的作用。同时在根部固体中较高的溶质质量分数也降低熔点，促进局部熔断。

通过对 AlSi7Mg 半固态电磁搅拌的组织金相观察，二次枝晶臂的缩颈处的直径约为 30μm，长度约为 100μm，固相体积分数为 0.2～0.3 时，黏度为 η=0.25Pa·s。只有当合金液体相对于初生 α-Al 的运动速率达到 1.46m/s 时，初生 α-Al 枝晶二次枝晶臂才有可能塑性弯曲，而在实际的搅拌过程中熔体相对于初生 α-Al 的相对速率很少能达到此速率值，另外二次枝晶臂间距很小，即使能发生弯曲，其弯曲角度也只有几度，不可能枝晶达到 20°以上。在连续冷却的水平旋转电磁搅拌中，熔体主要做水平旋转流动，但同时存在一种附加流动，即蔷薇状初生 α-Al 一会儿进入熔体较冷的边缘区域，一会儿又进入较热的熔体中心区域，造成蔷薇状小枝晶强烈的温度起伏，而且初生的 α-Al 枝晶二次臂根部溶质富集仍很严重，二次臂熔断的条件很充分，从而造成二次臂根部的大量熔断，组织中出现大量球化或粒状初生 α-Al。

树枝晶以枝晶臂颈缩熔断方式转变为粒状晶的转变过程如图 14-19 所示。由于凝固过程的溶质偏析，枝晶根部的颈缩是多数合金普遍存在的现象，颈缩部位同曲率比其他部位大。枝晶根部与本体之间的曲率差就会产生相应的过冷度差，进而出现生长速率差，使颈缩进一步加剧。由于实际凝固条件下的过冷度是不大的，上述过冷度差可以看成是颈缩区域相对于枝晶本体的过热度。这一过热度将通过熔体传给枝晶根部，使枝晶根部逐步熔化，最后枝晶臂被熔断，成为若干个非枝晶颗粒。

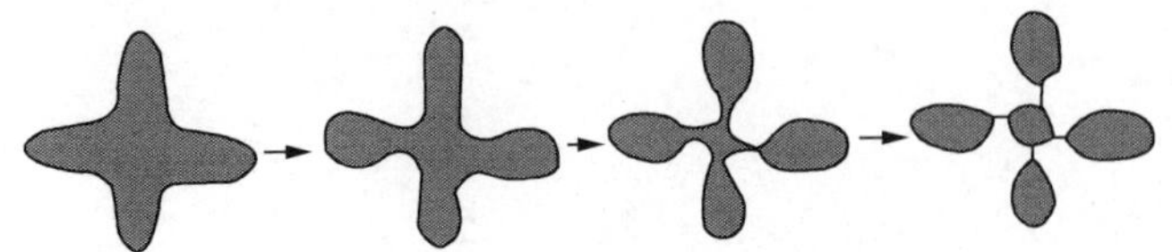

图 14-19　枝晶臂颈缩熔断演变机制[5]

3. 晶粒漂移和混合抑制机制

晶粒漂移和混合抑制机制从熔体搅拌的传质和传热出发，探讨其独特的形核与长大机制[2,5]，独特的传热和传质过程决定了其独特的凝固组织。传热方面，混合对流使得熔体内部热量的传输主要以快速对流而不是热传导进行；从传质方面，熔体中物质传输为对流控制而非扩散控制，物质处于快速混合状态，晶粒生长排出的溶质被及时带走，不会在界面前沿堆积，因而熔体中宏观成分相对均匀。

凝固在连续降温条件下进行，型壁与液面等处依然是向外界散热的主要部位，因而这些部位的熔体中能形成较多的晶粒，这些晶粒随熔体运动漂移进入内部，在随熔体运动及自身旋转的运动过程中长大。正是由于熔体混合对流作用使晶粒内部漂移而不是就地生长，极大地增加了熔体中的形核率，这为熔体中细小蔷薇状的非枝晶初生相形成准备了条件。

激烈的(电磁)搅拌创造了一个新的形核动力学条件，即低温度梯度，(电磁)搅拌时熔体的温度梯度很低，使其成为形核和初生相长大的一个新的动力学因素。同时，搅拌也使二次枝晶臂熔化和初生相细化现象得到加强。

另外当熔体温度降至液相线温度以下时，由于低温度梯度，整个熔体温度低于液相线温度，初生 α-Al 在整个熔体区域形核，增加了初生 α-Al 同时形核的位置。随着凝固过程中剪切的继续和时间的增加，初生相与液体之间发生摩擦和冲刷作用，使得熔体各处温度和溶质分布基本均匀，消除了枝晶生长所必需的成分过冷，晶体在各个方向上的长大速率快而均匀，球形结构便成了这一条件下唯一的生长方式，晶粒由枝晶形态转变为球形的趋势增加，最终形成圆整的颗粒状组织。

4. 充填间隙机制

假定枝晶臂是旋转抛物面，在相邻枝晶臂的交汇处会出现一个内凹的曲面，那里的曲率为负值，其曲率半径记为 r_1。这一负曲率的存在会对附近的熔体产生一个附加压力，进而使其液相线温度升高。相反，在枝晶臂的其他部位均为正曲率，曲率半径记为 r_2，相应地与其相邻的液体的液相线温度较低。对应于这种曲率差带来的液相线温度差，会在枝晶根部与端部之间出现相应的溶质平衡浓度差 $c_L^{r_1}-c_L^{r_2}$，如图 14-20 所示[5]。

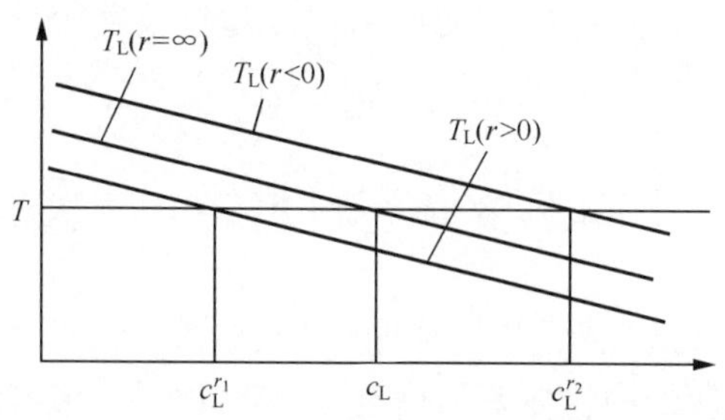

图 14-20　曲率对液相线和溶质平衡浓度的影响[5]

在这种浓度差的驱动下，溶质原子会从枝晶根部向端部转移，同时溶质原子会从端部向根部转移，这种物质转移的结果是枝晶端部曲率减小，根部枝晶间隙被不断充填，最后逐步转变为粒状晶，如图 14-21 所示。当传质过程达到平衡时，溶质原子从枝晶根部向端部转移的通量与溶剂原子从根部转移充填的通量相等。这种树枝晶向粒状晶转变称为充填间隙机制。

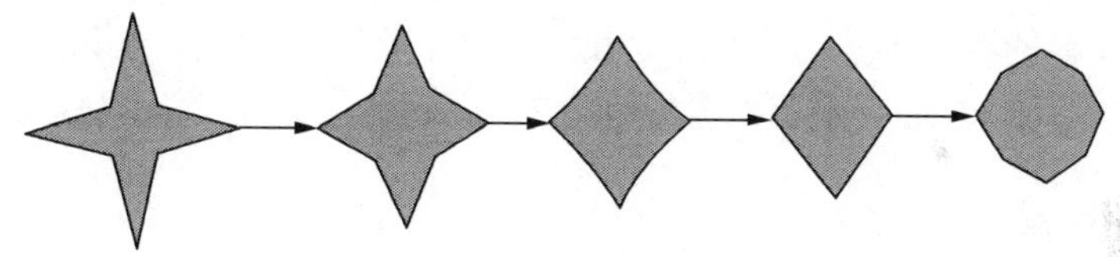

图 14-21　树枝晶向粒状晶转变的充填间隙机制

在实际凝固条件下，充填间隙和颈缩熔断两种机制都会存在，但在不同阶段，主次关系会存在差异。当固相为细小的等轴晶时，以充填间隙方式演变为主。当枝晶尺寸较大时，以颈缩熔断为主。

14.4　金属在半固态等温热处理过程中的组织演化

金属在半固态等温热处理过程中，随着加热温度的升高，低熔点的共晶组织首先熔化，分布于晶界和晶粒内部，初生组织则由树枝状演变为不规则的大块状。随着保温时间的延长，大块晶粒开始分离，由于晶界和晶内液相与固相之间的界面曲率的作用，晶界与晶内液相相互连通，合金组织随之分离为细小的块状和粒状。保温时间进一步延长，在界面曲率和界面能的作用下，小的初生相晶粒会逐渐熔化，大的则不断长大球化，此时是以原子的扩散为条件，并在无对流的情况下进行，过程进行较为缓慢，可由 Ostwald 熟化理论予以解释。金属在半固态等温转变过程中，晶粒的分离与合并主导着半固态晶粒组织的变化规律。保温过程前期，分离占主导地位，其后分离与合并之间基本保持平衡，而长时间保温合并占主导地位。半固态等温热处理过程中，组织的演变可以归结为树枝状组织→大块状→块状颗粒→球化→长大[5]。

14.5 半固态金属坯料重熔（二次加热）

半固态棒坯触变铸造之前，先要根据零件质量大小将棒坯分割成相应长短，即所谓下料。然后在感应炉中将棒坯加热至半固态，以供后继成形，这便是半固态金属坯料重熔(二次加热)。经二次加热，可获得不同固相体积分数的半固态浆料，也可使坯料的微观组织进一步球化、均匀化，有利于触变成形。

金属坯料的半固态重熔加热应满足以下基本要求：①对于不同的合金，应确定不同的重熔加热温度，满足金属坯料搬运和成形，以获得轮廓清晰的制件；②对金属坯料的重熔加热温度要求控温精确、坯料内部的温度梯度应尽可能地小，以获得固相体积分数准确和固相分布均匀的重熔半固态坯料；③半固态重熔加热应具有一定的速度，以防止在重熔加热过程中坯料表面的过分氧化和初生晶粒的过分长大；④金属坯料的重熔加热时间应与触变成形流程相匹配，以便于组织生产。

坯料二次加热方法有采用电磁感应加热、电阻炉加热和盐浴炉恒温加热三种。

1. 电磁感应二次加热

1）电磁感应加热原理

金属坯料在电磁感应加热时，坯料处于感应加热线圈之中。当感应线圈通过交变电流时，坯料就处于交变磁场中，在坯料的内部产生交变感应电动势。坯料可以看成是由一系列半径逐渐变化的圆柱状薄壳组成，每层薄壳自成一个闭合回路。所以，在每层薄壳中会产生感应电流。从坯料的上端俯视，电流的流线呈闭合的涡旋状，因而这种感应电流称为涡电流，简称涡流，如图14-22所示。由于大块金属坯料的电阻很小，因此涡流的强度非常大，产生大量的焦耳热，金属坯料就是被这种焦耳热不断加热，甚至熔化。由于存在感应涡电流的趋肤效应，坯料中的温度场是不均匀的，即外部升温快，芯部升温慢。加热电源频率越高，趋肤效应就越强。

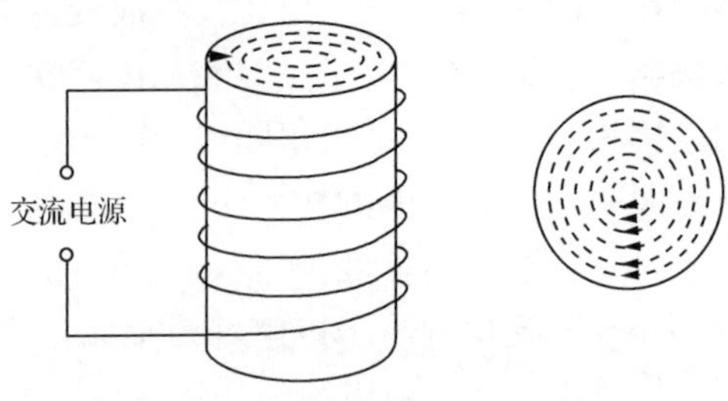

图14-22 合金坯料涡电流产生示意图[5]

2）坯料二次加热

由于感应涡电流的趋肤效应，加热时坯料外层部分的温度较高，芯部的温度较低。如果在一个恒定的功率下加热，金属坯料的外层部分首先熔化，而芯部还处于完全的固态。因此，恒功率电磁感应加热方式无法满足半固态重熔加热工艺，必须设计电磁感应加热功率曲线，使金属坯料的外部与芯部温度趋于均匀，以适应触变铸造的要求。

金属半固态触变成形的生产效率很高，因此它还要求坯料的半固态重熔加热要有一定的速度。由于加热一块半固态坯料需要 6～16min，无法满足触变铸造生产的需要。为了保证半固态坯料的重熔加热精度和速度，生产中大都采用连续式电磁感应加热工艺，即将一系列感应加热器组成一整套加热系统，这些感应器输入不同的加热功率。每块坯料的总加热等于单个加热器的加热时间乘以感应加热器的数量，从每块半固态坯料的加热时间看，它的加热时间也可以达到数分钟；但从整个加热系统看，该加热系统可以在预定的时间内提供一块合适的半固态坯料，如图 14-23 所示。该加热系统设置了 12 个加热工位，即 4 个高功率工位、4 个中功率工位、4 个低功率工位；在该系统加热时，每通电加热 36s，然后间断 14s，进行坯料加热工位的轮换，再重复前面的动作，直至坯料从最后一个感应器中轮换出来；每块坯料的总加热时间为 7.2min，该半固态重熔加热系统在 1h 内可以提供 72 件半固态 A356 合金坯料，从而满足了半固态触变铸造的需要。

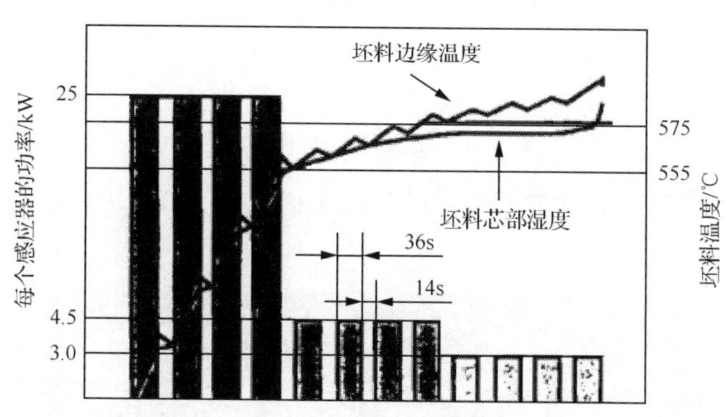

图 14-23　A356 合金坯料二次加热工艺[5]

坯料直径 76mm，高度 110mm，感应加热器数量 12 个，加热频率 650Hz，加热速率 72 块/h

2. 坯料电阻炉二次加热

采用电阻炉重熔加热，利用电阻炉的辐射、对流和传导传热来加热坯料。坯料加热过程中的温度变化由热电偶系统精确控制。首先将石墨坩埚放入电阻炉内，石墨坩埚随电阻加热炉一起升温到预先设定的控制温度 T_c，再将合金坯料放入预热的石墨坩埚内，并在坯料上、下两端放置绝热石棉材料；当坯料的测温热电偶输出温度达到预定的加热温度，迅速将半固态坯料从电阻加热炉内取出，并送入触变压铸装置的压射室或触变模锻模具内，进行触变成形。

14.6　半固态成形技术

14.6.1　半固态压铸

半固态压铸实质是在高压作用下，使半固态坯料以较高的速率充填压铸型型腔，并在压力作用下凝固和塑性变形而获得制件的方法。

高压和高速充填压铸型型腔是半固态压铸的两大特点。通常采用的压射力为20～200MPa，充填时的初始速率（内浇口处）为10～70m/s，充填过程在0.01～0.2s内完成。

半固态压铸通常分为两种：第一种将半固态坯料直接压射至型腔里形成制件，称为流变压铸；第二种将半固态浆料预先制成一定大小的锭块，需要时再重新加热到半固态温度，然后送入压室进行压铸，称为触变压铸[6]。

1. 半固态压铸过程

近些年来，半固态成形技术发展了两种截然不同的商业应用，主要有：①压铸设备上的半固态卧式压铸；②压铸设备上自下而上的半固态立式压铸。

(1) 半固态卧式压铸。Buhler公司的SC机器（图14-24，现在的机器型号）可适合于液态模锻、半固态加工以及传统的压铸。在半固态卧式压铸中，加热后的半固态坯料放在水平的短套筒里，这个短套筒是由原来接受液态金属的套筒改造得到。坯料放置在套筒后，压射冲头推动黏性半固态坯料，通过流道、浇道系统进入模具型腔。

图14-24　Buhler水平式半固态压铸机器

(2) 半固态立式压铸(又称液态模锻)。图14-25是UBE公司新开发的流变加工设备。它把UBE公司的“坯料需求(slurry demanded)”的概念和原先广泛在液态模锻中应用的立式压铸设备两者结合。这种概念引起了很多研究者的关注，因为它可以降低成本，从而使半固态成形技术更具有竞争力。

图14-25　UBE公司新开发的流变加工设备[5,6]

2. 半固态压铸模具设计

半固态压铸模具设计与全液态压铸模具设计一样，必须全面分析制件结构，熟悉压铸机操作过程，了解压铸机及技术参数可以调节的规范，掌握在不同情况下半固态熔体的充填特性，以及考虑相应的经济效益。

(1) 设计依据：①定型的产品图纸，以及据此设计的毛坯图；②给定的技术条件及压铸半固态合金成分；③压铸机的规格；④生产批量。

(2) 设计原则：①压铸模应有足够强度和刚度；②正确设计压室、内浇口位置和合理布置排气槽等；③合理地确定分型面；④正确选择顶出形式及顶杆数量、布置位置；⑤考虑模具的热平衡。

(3) 设计步骤：①毛坯图设计；②压铸模设计。其中毛坯图设计包括结构工艺性、分型(模)面确定等；而压铸模设计包括成形模、模架、导向、顶出、压射、排溢等功能部分设计和合成。

3. 浇注系统的设置原则

首先，浇道应该设置在压制件最厚的部位，以提供最佳的凝固补缩条件。如果浇道设置在压制件较薄的部位，与浇口相邻的薄壁部位将优先凝固，这将阻断压制件厚壁部位的补缩通道，容易导致压制件出现凝固缩孔或缩松[7]。

另外，浇道的设置应该尽可能地保证在半固态金属熔体各个方向的流动距离相等或平衡。如果各方向半固态金属熔体的流动距离不相等，半固态金属熔体将先充满制件的左边，并在无压力下开始凝固，而制件的右边还在充填当中；当制件完全充满并在制件中建立起补缩压力时，制件的左边已凝固若干时间，其凝固补缩不充足，容易在制件的左边产生铸造缺陷。各个方向半固态金属熔体的流动距离基本相同，制件两端几乎同时被充满，凝固补缩将可以得到基本保证。

4. 半固态压铸工艺

1）半固态合金坯料的温度和固相体积分数

从半固态坯料重熔加热角度看，如果采用立式电磁感应加热，为了防止坯料在加热过程中的坍塌、严重变形，便于夹持输送（高尺寸坯料），半固态坯料的液相体积分数应尽可能控制得较低，但应该满足触变压铸成形的需要；如果采用卧式电磁感应加热，金属坯料一般预先放置在一个托盘里，在加热过程中不存在坯料的坍塌和严重变形，坯料的输送也相对比较简单，这时坯料的液相体积分数可以控制得相对高一些，但也不宜过高。

从触变压铸的角度看，半固态金属浆料的表观黏度与固相体积分数呈指数关系，随着半固态金属浆料固相体积分数的增高，其表观黏度急剧升高。所以，为了压铸完整的制件和降低成形抗力，或压铸形状复杂的制件，应使坯料的液相体积分数控制得高一些，此时，半固态金属的表观黏度较低，流动阻力下降，充型就比较容易；如果坯料的液相体积分数控制得低，即坯料的温度低一些，此时的半固态金属的表观黏度升高，流动阻力增大，充满型腔就困难一些。有研究表明，坯料的重熔加热温度对半固态金属充型长度的贡献率为25.2%。

从合金的角度看，即使合金的牌号相同，如果元素的含量不完全一致，半固态坯料的加热温度也可能不一样，而对于不同的合金系列，半固态坯料的加热温度就更不相同。

对于不同触变压铸方式，坯料的重熔加热温度可能有较大的差别，如A356合金的半固态触变压铸，其坯料的加热温度经常控制在584～600℃，所对应的液相体积分数为35%～65%，这种触变压铸方法主要用来生产复杂薄壁或大型压制件。

另外，通过对A380铝合金进行半固态触变压铸试验，检测半固态触变压制件的显微组织，并对制件的内部致密性进行X射线检查。试验结果表明：过热的液态金属制件内部存在很多空洞，制件很不致密，但随着半固态触变压铸时固相体积分数的增加，压制件的致密性逐渐增高，当固相体积分数为0.5时，压制件探测不到显微孔洞的存在，制件的致密性达到很高的程度。因此，决定坯料的固相体积分数时也应考虑压制件致密性的要求，对于高致密性的压制件，选择较高的固相体积分数，而对于较低致密性要求的压制件，则可以选择较低的固相体积分数，以便于触变成形。

2）压铸机冲头的压射速率和压射压力

在触变压铸充填过程中，半固态金属包含一定数量的球状初生固相，它是一种两相流体，其表观黏度比同种液态金属的黏度高 3 个数量级。因此，半固态金属在充填时的流动状态与液态金属压铸时的流动状态完全不一样，充型平稳，不易喷溅，大大减轻压铸件卷气现象。但必须有一个合适的充填速率，才有可能最终获得优质制件。经验得出的具体条件如下：A356 半固态铝合金，其合适的浇口内铝合金的流动速率小于 5m/s，合适的冲头压射速率为 0.25～0.5m/s；A6082、A7075 半固态铝合金，其合适的浇口内铝合金的流动速率不小于 5m/s；AZ91D 半固态镁合金，其合适的浇口内镁合金的流动速率为 10m/s。充填速率的大小，反映了压射速率的大小，后者与压铸机特性有关，一般在 0.1～7.0m/s。压射力大小，同样影响着充填速率和压铸件最终质量，与全液态压射力比，应比后者高，以克服半固态本身高流动阻力，实现充填完整，内部无缺陷的成形目标。

3）压铸机压射室

在金属半固态触变压铸前，压铸机的压射室和压铸型要预热到一定的温度。预热的目的如下：一是减轻压射室和压铸型对半固态金属的激冷作用，避免半固态坯料提前凝固、充填不足及冷隔等缺陷的产生；实验表明，压铸型预热温度的高低对半固态金属充填型腔长度的贡献率为 20.5%，这直接说明了压铸型预热温度对半固态金属触变压铸的重要性。二是减轻高温半固态金属对压射室和模具的热冲击，延长压射室和压铸型的使用寿命。压射室和压铸型预热的方法很多，可以采用煤气喷烧、煤油喷烧、电热丝或热油，甚至采用液态合金的预压铸来预热压射室和压铸型。

4）模具润滑

半固态压铸在相应部位也需要润滑。目的是：①保护相对赤裸的模具表面；②阻止流动金属粘在模具上，并使粘上的金属容易脱离；③对模具表面进行适当的冷却。不同生产商均简明地给出了半固态加工的润滑规范，以克服黏性流动的半固态金属与高温模具之间的摩擦。

14.6.2　半固态触变模锻

半固态触变模锻工艺主要包括三个过程：半固态坯料的制备、重熔加热和坯料的触变锻造成形，如图 14-26 所示。前两个工艺流程的技术控制规律与半固态触变压铸相同，只是当金属坯料各处的固相体积分数达到预定数值时，将半固态金属坯料送入锻造机的锻模型腔内，进行锻压成形，并进行适当的保压，然后卸压开模，取出锻件，清理锻模型腔和喷刷涂料，这就完成了一次半固态金属的触变锻造。

铝合金的半固态触变锻造工艺比较成熟。采用 2024 铝合金，合金成分（质量分数）为：Cu 4.5%，Mg 1.5%，Mn 0.6%，Fe 0.25%，Si 0.1%；采用连续机械搅

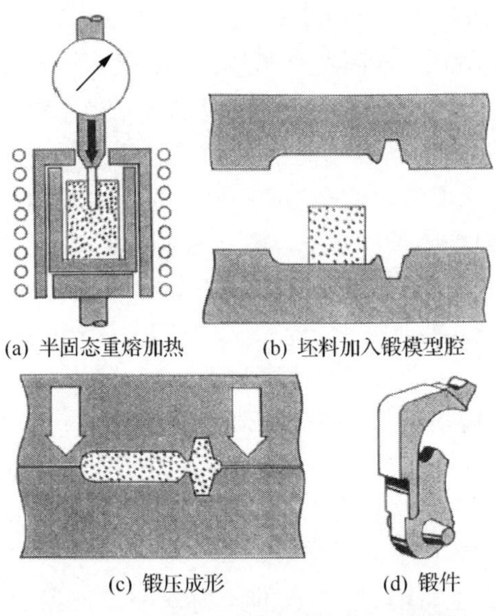

图 14-26　半固态金属触变锻造示意图[8]

拌制备 2024 铝合金半固态浆料，并使浆料凝固成坯料，坯料尺寸规格约为 $\phi80\times150$mm，单块坯料质量约为 1000g；2024 铝合金坯料经电磁感应半固态重熔加热，坯料的固相体积分数约为 55%。锻模预热温度为 350℃，压力为 210MPa，锻件为饼形件。在触变锻造中，将半固态铝合金坯料先放入一个压室，通过压力作用使半固态铝合金浆料经浇道进入锻模型腔，就可以去除坯料的氧化皮，如图 14-27 所示。

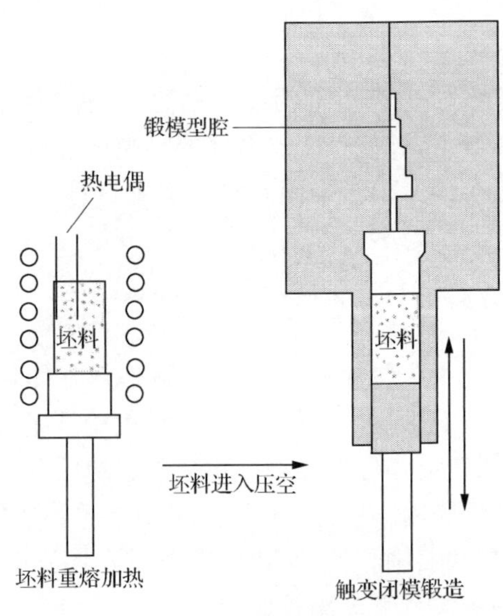

图 14-27　闭模锻造示意图

触变锻造采用最多的铝合金为电磁搅拌连续铸造的 A356、A357 铝合金坯料，正在实验的触变锻造铝合金有 A2024、A2219、A2618、A6062、A6082、A7021、A7075 等。

半固态触变模锻的模具设计与液态模锻相类似，也有直接加压和间接加压两种工艺方法。直接加压，即重熔后的坯料直接置于模具型腔内。而间接加压，是把坯料置于挤压室内。显然，前者置于模具型腔前，还必须有一个除氧化皮的装置，后者却可以不必设置。由于工艺方法加压不同，设备也有差异。直接加压，一般选用锻压设备，通用的是液压机。而间接加压，一般选用改装后的压铸机，半固态模锻工艺参数与液态模锻相似。与后者相比，应该有较高的比压和较短的保压时间。

14.6.3　触变注射成形

半固态触变注射成形技术的整个工艺过程如下：被制成颗粒的镁合金原料在氩气保护下由给料器进入料筒，经料筒中螺杆的旋转摩擦及料筒外加热器的共同作用，温度逐渐升高至固相线温度以上，形成部分融熔状态。在螺杆的剪切作用下，呈部分熔化状态的树枝晶组织的合金料转变为具有触变结构即含有颗粒状初生固相组织的半固态合金；与此同时，螺杆计量后将半固态浆料推挤至螺杆前端的蓄料区，当蓄料区的半固态浆料累积至所需量后，螺杆停止转动，在高速注射系统的作用下，以相当于塑料注塑机的 10 倍速率压射到模具内成形，模具的预热温度通常设定在 200℃左右。待工件完全凝固后射出单元后退，螺杆进行下一循环的剪切输送计量，锁模单元则开模顶出，同时进入下一工件的生产周期，原理示意图如图 14-28 所示。

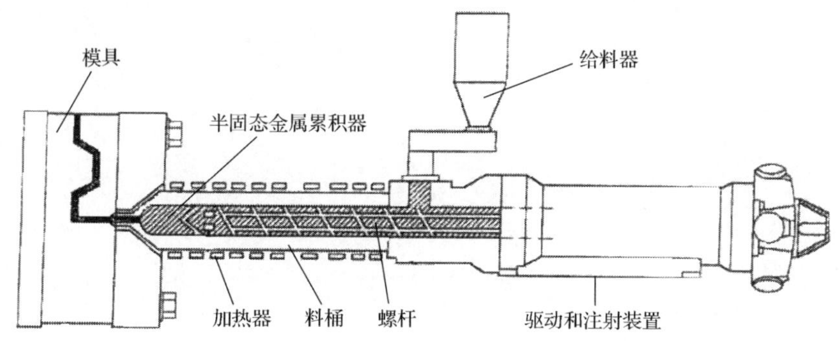

图 14-28　镁合金半固态射铸成形原理示意图

注射工艺参数中注射速率、料筒温度、喷嘴温度、模具温度、螺杆转速等相互影响。对于 AZ91D，参数选定为：料筒温度 200℃，螺杆转速 2.8m/s，合金在内交口的运动速率 48.65m/s，就获得满意的成形结果。

参考文献

[1] Apelian D, Jorstad J, et al. Science and technology of semi-solid metal processing. Worcester: Worcester Polytechnic Institute, 2004.

[2] 赵祖德,罗守靖. 轻合金半固态成形技术. 北京:化学工业出版社,2006.

[3] 姜巨福,彭秋才,单巍巍,等. 新SIMA法制备AZ91D半固态坯. 特种铸造及有色合金,2005,15(12):740-743.

[4] 郭洪民. 半固态铝合金流变成形工艺与理论研究. 南昌:南昌大学博士学位论文,2007.

[5] 谢水生,李兴刚,王浩,等. 金属半固态加工技术. 北京:冶金工业出版社,2012.

[6] 毛卫民. 金属半固态成形技术. 北京:机械工业出版社,2004.

[7] 管仁国,马伟民,等. 金属半固态成形理论与技术. 北京:冶金工业出版社,2005.

[8] 康永林,毛卫民,胡壮麒. 金属材料半固态加工理论与技术. 北京:科学出版社,2004.

第 15 章　双控(控形、控性)成形

15.1　双控成形工艺简介

为了得到一定形状、尺寸和力学性能的金属零件，通常可采用铸、锻、焊、热处理和各种机械加工等常用工艺。对于形状复杂而力学性能要求不高的零件，可采用一般的铸造方法。对于性能要求高，但形状不很复杂的零件，就采用锻造后进行机械加工。对于性能要求高，而形状又很复杂的零件，在锻造后就要进行大量而又复杂的机械加工。这样一来，既消耗大量宝贵的金属材料，又耗费大量的能源和加工工时。随着大规模生产的发展以及产品形状越来越复杂，而且力学性能的要求越来越高，出现了诸如低压铸造、压力铸造、模锻、液态金属模锻、粉末冶金、铸-锻联合、挤压等新工艺。上述各种新工艺，在不同要求的各种金属零件的生产中，已经得到了广泛的应用。其中，铸-锻联合工艺对于生产高性能而形状复杂的零件正显示出无可比拟的生命力。

目前生产中采用的铸-锻联合工艺，是用铸造的方法先铸出毛坯，清理后将铸坯重新加热，放入锻模中进行模锻。其生产流程如下：

(1) 金属熔炼→浇注→凝固→脱模→清理→铸坯。

(2) 铸坯加热→模锻→脱模→切边→热处理→成品。

这种工艺的优点是可以生产出品质十分优良而形状复杂的产品，国内外已经有采用铸-锻联合工艺生产曲轴、前桥、后桥、转向节等汽车零件。缺点是生产周期长，设备及模具多；需重新加热和切边，因而消耗较多的能源；投入较大，生产成本较高。

在铝车轮生产中，出现了一种新的铸-锻联合工艺。它先用低压铸造或液锻方法生产出带局部轮缘的轮辐件。然后用液锻方法，在液锻模中将铝车轮的局部轮缘液锻出整体铝轮轮缘。液锻出来的铝轮轮缘，不需要机械加工。用这种方法生产出来的铝轮，其轮缘壁厚只有 2～3mm，动平衡性能优越，其力学性能是目前其他方法生产出来的铝轮无法相比的。这种方法的主要问题，除了生产周期长、设备及模具多外，其工艺控制较严，尤其是设备及模具投资十分昂贵。显然，这种工艺方法仅适合于大批量生产旋转体零件。

新型的铸-锻联合工艺(铸锻一体化，即“双控”)，其基本过程是用低压铸造(或压力铸造)方法将合金液挤入锻模内成形，在同一模内立即进行锻造，使其制件形

状和使用性能受到精确控制。其生产流程如下:金属熔炼→铸造→模锻→脱模→余热热处理→成品。

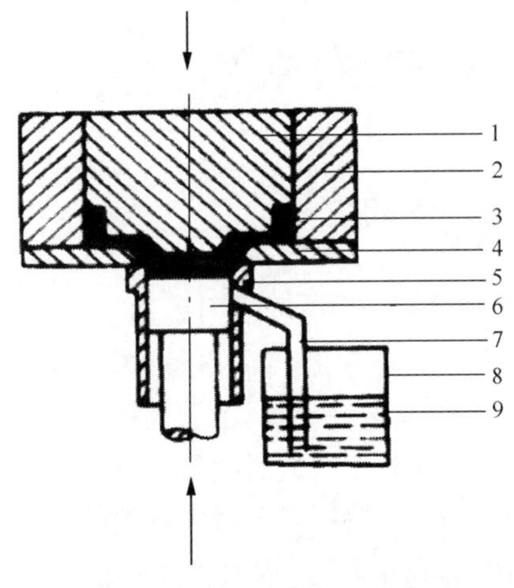

图 15-1　低压铸造方式充型[1]

1-上压头;2-凹模;3-连锻件;4-模板;5-压套;6-下压头;7-输液管;8-低压铸造炉;9-合金液

该工艺与液态金属模锻有些相似,其不同点在于,液态金属模锻是金属液在较高的压力下充型、凝固,加压过程是连续进行的,锻造过程不很明显,而双控则是先进行金属液充型(其充型能力可以是低压,也可以是高压),待凝固后进行封闭模内锻造,其锻造过程十分明显,产品的力学性能属于锻造的力学性能。

图 15-1 是采用低压铸造方式充型的双控工艺原理图。这种方式合金液充型平稳,定量准确,操作方便,可实现全自动化生产。

图 15-2 是采用压铸方式充型的双控工艺原理图。这种方式除充型方法不同外,它的锻造过程和压铸方法与图 15-1 是一样的。但要注意,在生产中采用压铸方式充型时,它与一般压铸工艺不同。因为双控生产的充型速率要慢得多,目的是使合金液充型平稳,并能使型腔内的空气在合金液的推动下,从模具中的排气隙充分排出。

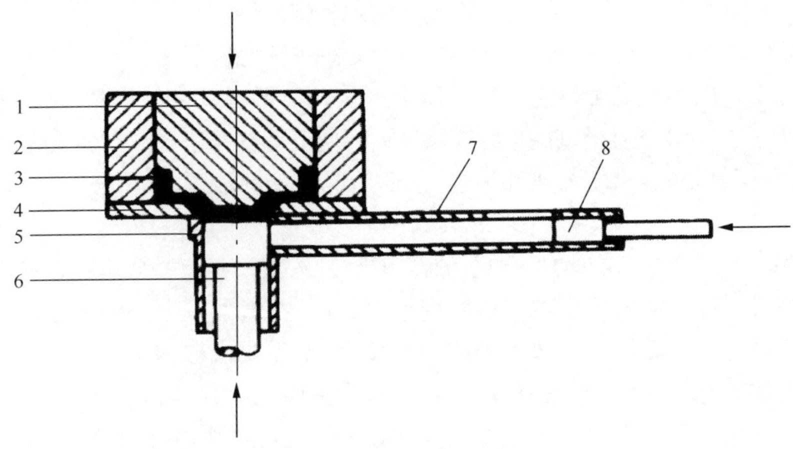

图 15-2　压铸方式充型[1]

1-上压头;2-凹模;3-连锻件;4-模板;5-压套;6-下压头;7-输液管;8-充型压头

图 15-3 是实际生产中所采用的双控成形的工作过程。其过程如下:合模、浇注→充型、凝固→锻造→开模、取件。

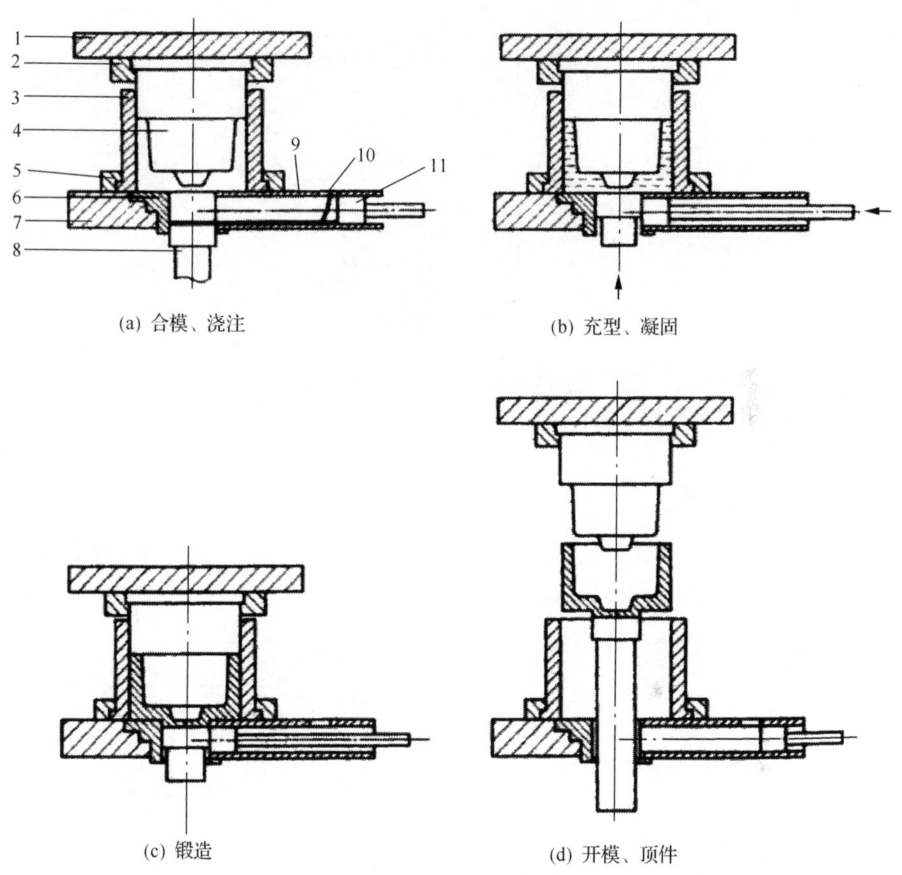

图 15-3　双控成形的工作过程[1]

1-上模板；2-上模压板；3-下模；4-上模；5-下模压板；6-料筒；7-下模板；8-下压头；9-输液管；10-定量勺；11-输液管压头

15.2　双控成形技术分析及工艺参数

15.2.1　双控生产中的合金液充型过程分析

1. 直接充型方式

直接充型方式如图 15-3(a)、(b)和图 15-4 所示。从图中看出，合金液在压头作用下直接充入型腔。这种方式直接充型时，合金液的流动路程较短，流动速率较慢，比较平稳。合金液的流动速率慢，对于排除型腔内的气体是有利的。但对于形状复杂或壁厚差较大的成形件，且当模温又较低时，往往会产生浇不足的缺陷。

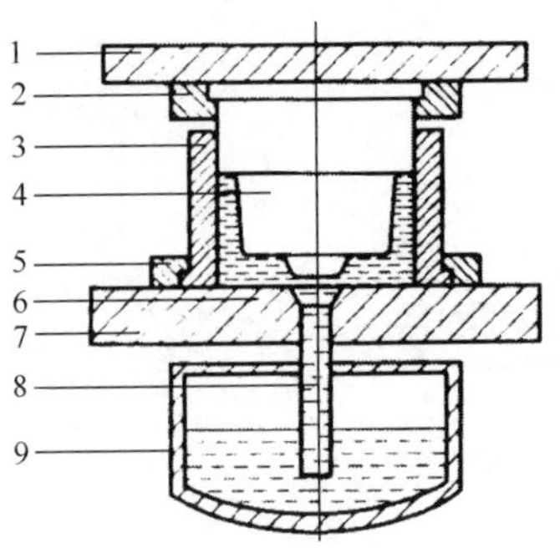

图 15-4　低压铸造式充型方式原理图[1]

1-上模板；2-上模压板；3-下模；4-上模；5-下模压板；6-料筒；7-下模板；8-输液管；9-金属罐

2. 间接充型方式

间接充型方式一般在一模多件的情况下采用。合金液充型要先经过浇道才进入型腔，如图 15-5 所示。由于浇道较长，截面较窄，为保证顺利充型，要求合金液的流动速率稍高。在进行模具设计时，要注意排气通畅。

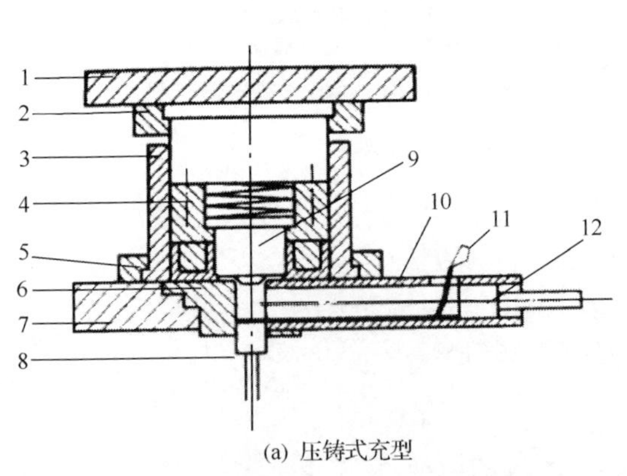

(a) 压铸式充型

1-上模板；2-上模压板；3-下模；4-上模；5-下模压板；6-料筒；7-下模板；8-下压头；9-分流锥；10-输液管；11-定量勺；12-压头

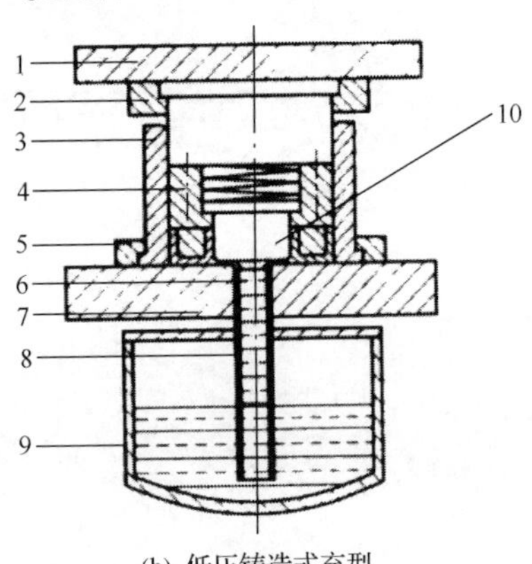

(b) 低压铸造式充型

1-上模板；2-上模压板；3-下模；4-上模；5-下模压板；6-料筒；7-下模板；8-下压头；9-低压铸造炉；10-分流锥

图 15-5　间接充型方式原理图[1]

无论采用直接充型方式还是间接充型方式，都会遇到在压铸和低压铸造中常见的合金液二次氧化的问题。为了减少合金液的二次氧化，可在浇注前用压力氮气将型腔内的空气排出。模内的空气排出后，氮气就占满模具型腔的空间，这样合金液充型时就会大大减少二次氧化的问题。如果充型前，用氩气充满型腔，则效果更好，但成本较高。

15.2.2　双控生产中的锻造过程分析

双控是合金液铸造、凝固后，就立即在封闭模内进行锻造。因此它具有如下的特点：

(1) 锻造所需的锻造力比通常的锻造小。其原因是铸造、凝固后，就立即在封闭模内进行锻造，始锻温度要比通常锻造时高很多。这样一来，双控时所遇到的变形抗力就较低。尽管通常在封闭模内锻造(精锻)所需的锻造力是较高的，但由于上述的原因，双控所需的锻造力可与一般的开式模锻所需的锻造力相当。

(2) 在封闭模内进行锻造，其塑性变形处于三向压应力状态，成形件不易产生锻造裂纹。采用一般的铸锻联合工艺时，其铸坯则往往在锻造时产生裂纹。

(3) 由于锻造时在锻造力的作用下成形件的表面与模壁紧密相贴，所以锻件表面光洁，其表面粗糙度可达 $Ra1.6$～3.2。模具型腔的表面越光洁，则成形件的表面质量越高。

(4) 连锻件的尺寸精确，非重要的配合面一般不需加工。只要模具设计、调试好，其尺寸精度可与一般的精锻精度相当。

(5) 成形件的力学性能与通常锻件一样，且无明显方向性。

(6) 由于双控开始时的温度较高，一般需要较长的保压时间，但其生产率还是很高，一台设备的年生产率可达 10 万～20 万件。

根据成形件的结构不同，锻造时有如下三种方式：

(1) 单向锻造。如图 15-4 和图 15-5 (a)、(b)所示，其锻造力只由凸模施压。这种方式的模具结构简单，成形件脱模时要采用打料机构。

(2) 对向锻造。如图 15-3 所示，其锻造力可用凸模和下压头同时加压。这种成形方式多用于壁厚差较大的锻件。它的合金液充型方式以压铸方式充型较好。合金液充型的入口处，应尽可能选在壁厚较厚的地方。成形件脱模可设计成用下压头顶出(图 15-3)。

(3) 多向锻造。对于有侧向孔洞(或凹坑)的成形件，可以利用形成孔洞的型芯对成形件进行侧向锻造，如图 15-6 所示。因此，如果成形件在侧向有个别较厚的地方需要进行锻造时，也可采用多向锻造。

无论采用哪种连锻方式，其实质都是利用锻造力，使疏松而粗大的铸造组织通过塑性变形锻造成紧密而细小的锻造组织。由于是在封闭模内锻造，塑性变形时，锻造力既要克服材料的变形抗力，还要克服模具的摩擦阻力。实践证明，只要锻造力适当，就能得到性能优良的锻件。

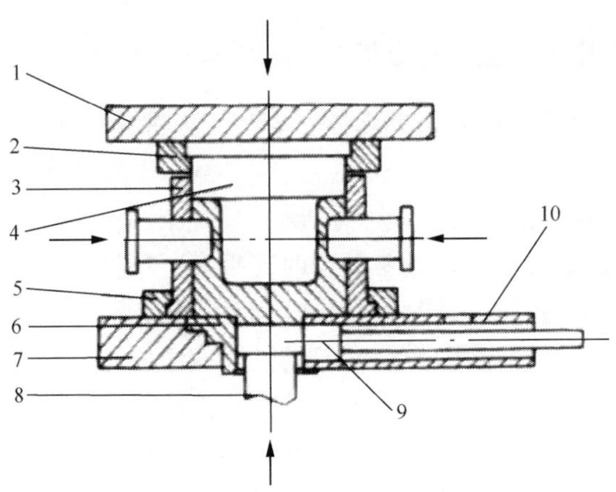

图 15-6　多向锻造原理图[1]

1-上模板；2-上模压板；3-下模；4-上模；5-下模压板；6-料筒；7-下模板；8-下压头；9-输液管压头；10-输液管

15.2.3　双控成形工艺参数

双控成形的工艺参数分为铸造工艺参数和锻造工艺参数两部分。其中铸造工艺，以压铸充型为例，包括压射力、压射速率、浇注温度、模具温度、充填时间和保压时间等，与液态模锻工艺相同。下面着重介绍锻造工艺参数。

1. 锻造力

锻造时，锻造力的大小是一个能否使铸造组织转变为锻造组织的决定性参数。锻造力不够，连锻件内的组织粗大、针孔、缩松等铸造缺陷无法消除。锻造力过大，除了消耗能源外，还会引起锻模变形甚至破坏。

锻造力的大小，可按下面经验公式计算(该式已考虑到模壁的摩擦阻力)，即

$$P = 1.43\sigma_s A \tag{15-1}$$

式中：P 为锻造力，N；σ_s 为锻造温度下材料的屈服极限(表 15-1)，Pa；A 为与锻造力垂直锻件投影面积，m^2。

表 15-1　常用合金的高温屈服极限[1]

合金种类	铝合金	镁合金	铜合金	碳素钢
温度/℃	500	500	800	1200
σ_s/MPa	11～25	12～15	10～20	14～21

实际上，锻造时合金处于高温固体状态下，材料的屈服极限是很低的。所以式(15-1)考虑了较大的模具摩擦阻力的影响。如果锻造温度下的材料屈服极限无法

决定,也可用经验公式(15-2)进行锻造力计算[1]。

$$P = K[1 + 0.001\,(H/a)^3]A \tag{15-2}$$

式中:P 为锻造力,N;K 为合金种类系数(表 15-2),MPa;H 为锻件中锻造时阻力较大部分的高度,mm;a 为与 H 部分相对应的平均厚度,mm;A 为与锻造力垂直锻件投影面积,mm^2。

表 15-2 合金种类系数

合金种类	铝合金	铜合金	铸铁	钢
K/MPa	800～1000	1000～1200	1400～1600	1800～2000

2. 锻造时间

双控成形中锻造工艺与一般锻造工艺不同。因为在双控生产过程中,铸造过程结束后,就在很短的时间内进行锻造,锻造结束后就立即脱模,以便提高生产率和进行余热热处理。所以在实际生产中,锻造过程一般不用锻造温度范围,而是用锻造时间来控制。

合金液充型后,应停留短暂的时间,待合金液处于固态或固液态时就可进行锻造。这个短暂的停留时间称为待锻时间,用 $T_{待}$ 表示。待锻时间的大小与锻件的大小、结构、形状、浇注温度、模具温度、合金液成分、充型方式等因素有关。生产中,$T_{待}$ 是很难确定的。实际生产中,可按锻件最大壁厚处的壁厚,每毫米需 0.5s 来估算待锻时间。

从开始锻造到结束锻造的这段时间,叫锻造时间,用 $T_{锻}$ 表示。锻造时间的长短,也与锻件的大小、结构、形状、浇注温度、模具温度、合金液成分、充型方式等因素有关。$T_{锻}$ 过长,既影响生产率又降低模具寿命。$T_{锻}$ 过短,则可能没有锻透,锻件内就可能出现疏松的组织。实际生产中,$T_{锻}$ 的大小可按锻件的最大厚度,每毫米需 1s 来估算。

3. 锻造量

锻造量的大小是直接影响产品精度及质量的因素,锻造量过大,则既加大金属消耗又增加加工余量。锻造量过小,则最后获得的成形件会因尺寸太差而报废。锻造量的计算是考虑液态金属的体收缩、固态时的线收缩以及可能产生的铸造缺陷等来计算的。进行锻模设计时,其锻造量可用式(15-3)估算:

$$S = [\varepsilon + (1 - \varepsilon)\varepsilon_1]V_{液} / A_0 \tag{15-3}$$

式中:S 为锻造量,mm;ε 为合金液的体收缩率,%;ε_1 为合金的线收缩率,%;$V_{液}$ 为所需的合金液的体积,mm^3;A_0 为与锻造力垂直的锻件投影面积,mm^2。

实际生产中,锻造量的大小还与合金液的温度、合金液充型时间的模具温度、合金液的成分等因素有一定的关系。锻造量的大小决定了锻模的预合模位置。因此在生产中可先按估算值来设定预合模的位置,通过实践,再调整其预合模的位置,便可保证锻件的精度。

4. 合金液的定量控制

锻件的尺寸精度主要取决于预留锻造量是否准确。只要合金液等于或稍大于所需的量(锻件加浇道),就能得到合格的锻件,否则就会充不满。当合金液多于所需的量时,它对锻件本身的尺寸不会产生任何影响,多余的量只留在浇道中。当然,为了节省合金液,还是要注意定量控制。

合金液的定量,低压铸造充型式可通过压力的变化来控制;压铸充型式则可用定量勺或定量浇注机械手来控制。

15.3 双控成形模具设计

与液锻模一样,双控成形模具通常由工作零件、导向零件、开合模(拔芯)机构、卸料机构、连接零件、预热冷却机构等零部件组成。

双控模具与液锻模的不同就是用普通液压机进行成形时需要预合模垫。预合模垫是在预合模时起支撑作用,以使连锻模处于最佳锻造量的合模状态。预合模垫的结构如图 15-7 所示。

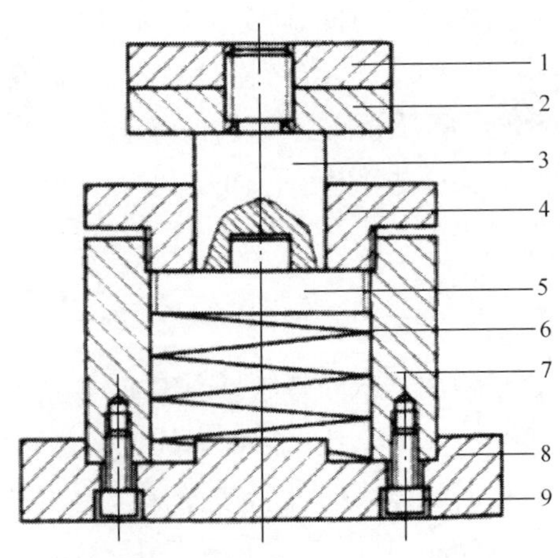

图 15-7 预合模垫结构形式[1]

1-垫板;2-调整螺母;3-顶柱;4-弹簧预紧力调整螺母;5-弹簧垫;6-弹簧;7-弹簧套;8-弹簧座;9-螺栓

预合模垫的调整螺母可用来调整锻件的锻造量大小,弹簧预紧力调整螺母则是用来调节支撑力的大小。

预合模垫可以设计成与锻模一体,也可设计成单独装置,安装在液压机的工作台上。

弹簧的预紧力可按式(15-4)计算,即

$$P_{弹} = P_{撑} /n \tag{15-4}$$

式中: $P_{弹}$ 为每个弹簧所需的预紧力,N; $P_{撑}$ 为获得最佳锻造量时所需的总支撑力,N; n 为预合模垫的个数。

15.4　双控成形设备

为满足双控成形生产中预合模的需要,其设备要加装 PLC 控制系统(即活动横梁的行程及动作,由光栅尺及 PLC 系统来控制),其结构简图如图 15-8～图 15-10 所示。

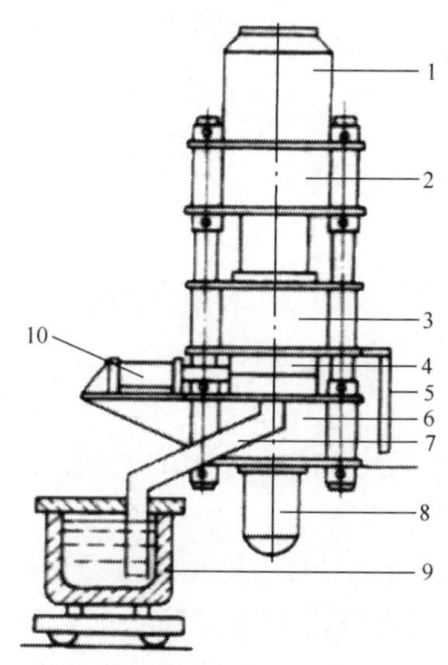

图 15-8　低压铸造充型(外置式)全自动连锻机结构简图[1]

1-主加压缸;2-上横梁;3-活动横梁;4-连锻模;5-光栅尺;6-下横梁;7-输液管;8-下压缸;9-低压铸造保温炉;10-侧压缸

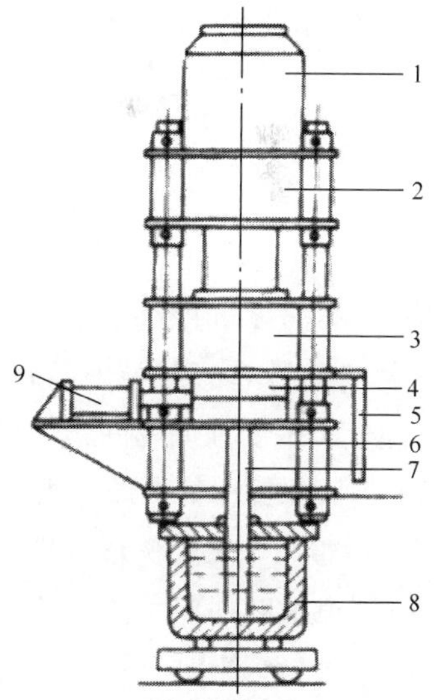

图 15-9　低压铸造充型(内置式)全自动连锻机结构简图[1]

1-主加压缸;2-上横梁; 3-活动横梁;4-连锻模;5-光栅尺;6-下横梁;7-输液管;8-低压铸造保温炉;9-侧压缸

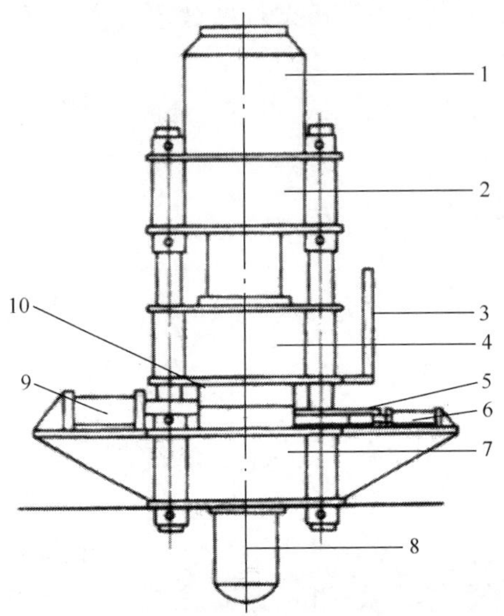

图 15-10　低压铸造充型全自动连锻机结构简图[1]

1-主加压缸；2-上横梁；3-光栅尺；4-活动横梁；5-输液管；6-压力铸造缸；7-下横梁；8-下压缸；9-侧压缸；10-连锻模

15.5　双控成形生产

生产中的技术问题基本上与液锻一致，其模具的安装、调试，生产操作规程与安全技术，生产中出现的技术问题与解决办法也基本相似，实际生产中可参考第二篇。双控生产中要强调的问题如下：

(1) 由于双控所需的锻造力较大，模具设计要充分考虑模具的结构强度，防止模具在锻造生产中发生变形或破坏。

(2) 锻造量的计算要精确，它会直接影响成形件的精度。锻造量由预合模量控制，生产中通常通过调整 PLC 的程式来控制预合模量，以保证锻件的精度。

(3) 严格控制模具温度。模具温度的高低，直接影响到合金液的凝固速率，从而影响开始锻造的时间和停止锻造的时间。

(4) 选择绝热性、润滑性较好的涂料，以减少锻造时的摩擦阻力。

(5) 设备应选用有 PLC 控制的，因为双控工艺的参数要求较严，全靠操作人员操作，难以保证其工艺参数的稳定。

(6) 双控工艺参数的调整是较难的，要有耐心并做好详细的记录，这样才能不断总结经验，提高工艺参数的调试水平。

15.6　摩托车发动机镁合金外壳双控成形

1. 背景分析

摩托车发动机镁合金外壳可采用压力铸造生产，但由于金属是在高速、高压下充填型腔，型腔中气体来不及完全排除，及其紊流充填导致气孔、缩松和缩孔的产生，因此，自行研发的液态铸锻双控成形工艺，实际上是液态模锻工艺的一个发展，即把挤压过程充填、凝固和密实三个过程分开：液态充型和凝固在先，密实锻造在后。其工艺过程如图 15-11 所示。

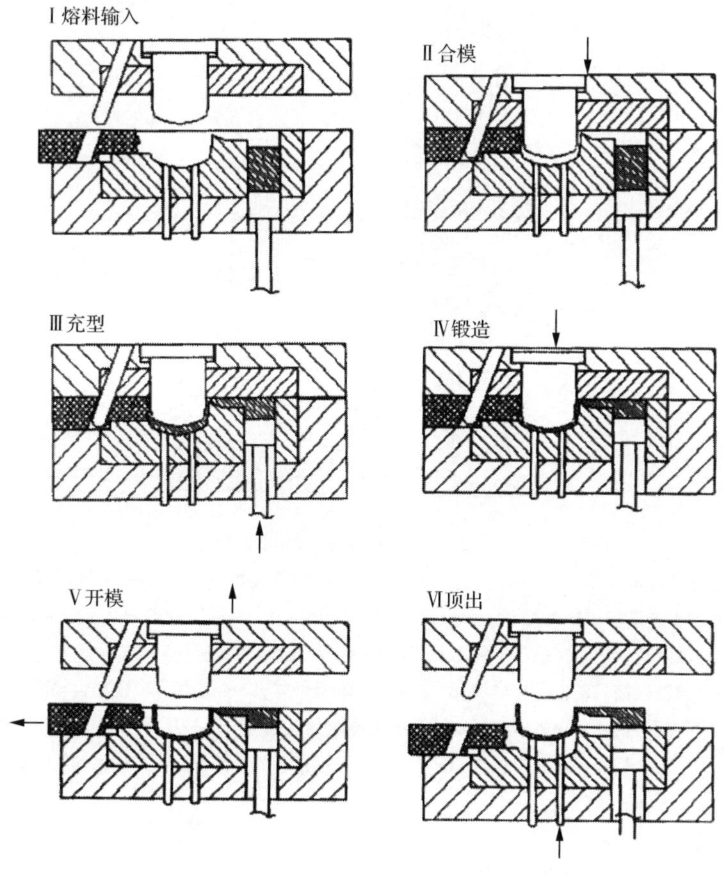

图 15-11　镁合金发动机壳体工艺流程图[2]

2. 设备研制

铸锻双控成形机是将压铸和锻造在一台设备上完成。采用液压油缸开、合模具;采用精确多段压射速率系统,将液态金属注入模具型腔内;充填结束,大压力锻压油缸开始动作,实施锻造,其设备图如图 15-12 所示。

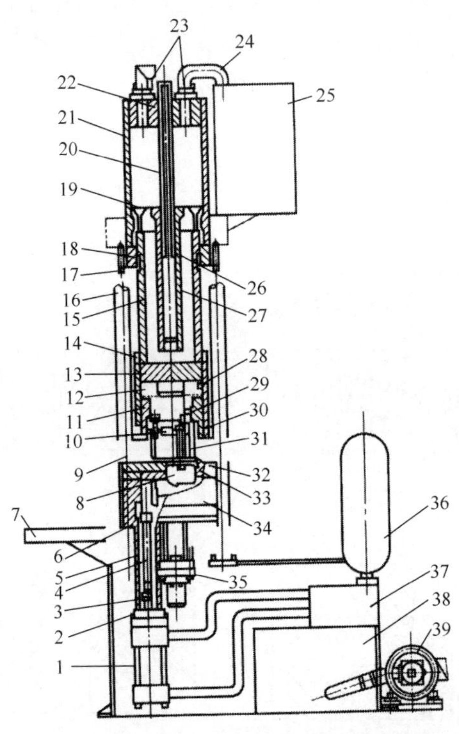

图 15-12　铸锻双控成形机图[2]

1-压射缸;2-压射行程调节环;3-锤杆连接器;4-锤杆;5-压射缸连接筒;6-压射锤头;7-模脱架;8-磨具锤头;9-合模动板;10-连接杆拉紧块;11-挤压缸底盖;12-挤压缸桶;13-挤压缸盖;14-合模油缸活塞连接环;15-合模油缸活塞杆;16-导柱;17-合模缸铜套;18-合模油缸底座;19-合模油缸活塞;20-快速合模油缸活塞杆;21-合模油缸筒;22-合模油缸盖;23-充油阀;24-吸油管;25-充油筒;26-快速合模缸活塞;27-快速合模油缸;28-挤压缸活塞;29-挤压缸活塞杆;30-挤压缸连接法兰;31-挤压锤头铜套;32-模具挤压锤头连接杆;33-挤压垫环;34-模具;35-顶针缸;36-蓄能器;37-油制板;38-油箱;39-油泵

3. 模具设计

双控成形模具结构含上模、下模模框、模芯、滑块、流道、顶出机构和锻造冲头,如图 15-13 所示。

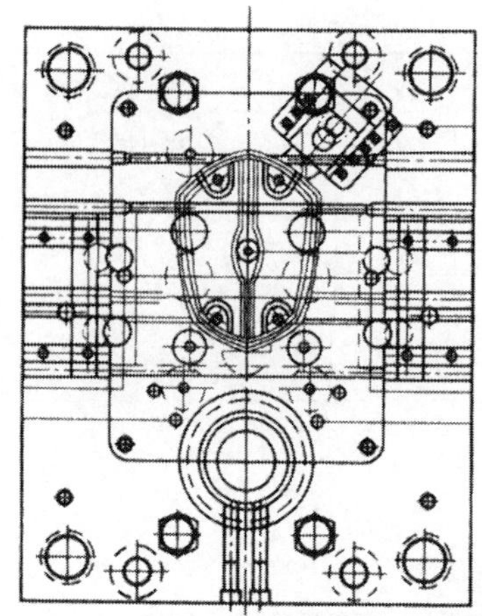
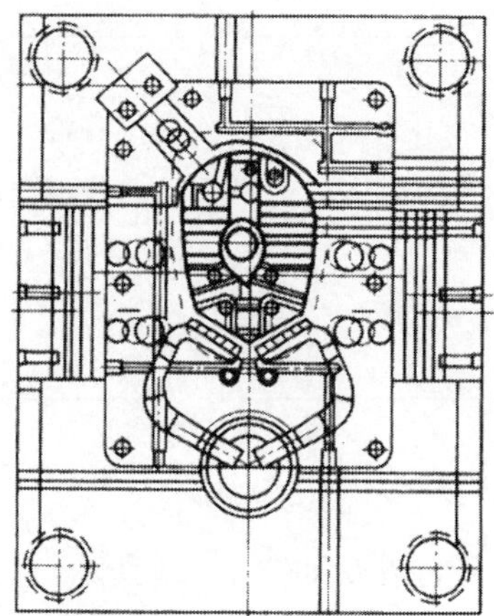
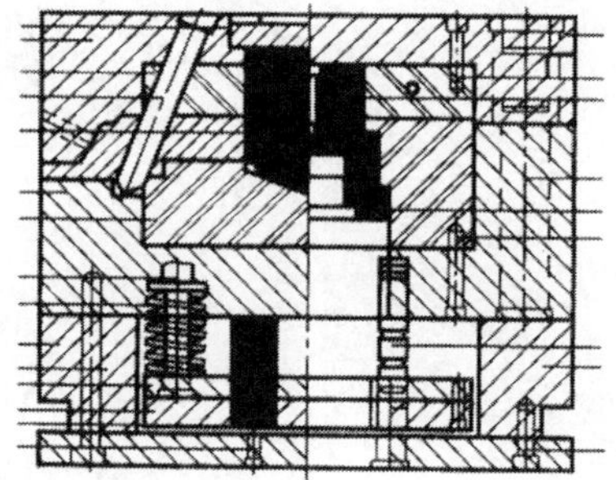

图 15-13　镁合金发动机壳体双控成形模具[2]

4. 工艺参数

材料选用 AZ91D,其工艺参数见表 15-3。

表 15-3　铸锻双控成形机实验参数[2]

压力/MPa	速率/%	时间设定/s
锁模低压 60	锁模慢速 50	锁模延时 0
锁模压力 140	锁模速率 99	开模时间 6.5
开模低压 80	开模速率 30	压射延时 0
开模压力 130	开模速率 45	慢射时间 0
顶出压力 100	顶出速率 70	压射时间 3.0
顶退压力 80	顶退速率 90	锻压延时 0.10
慢压压力 130	慢射速率 85	锻压时间 3.0
挤出压力 50	挤出速率 98	顶出延时 1.0
挤退压力 70	挤退速率 98	顶后延时 5.0

续表

压力/MPa	速率/%	时间设定/s
储能压力 140	储能速率 99	储压时间 5.0
入芯压力 45	入芯速率 35	
出芯压力 60	出芯速率 35	
		周期时间 200
		无操作时间 300

5. 组织与性能

(1) 制件外观如图 15-14 所示,符合设计要求。

(a)

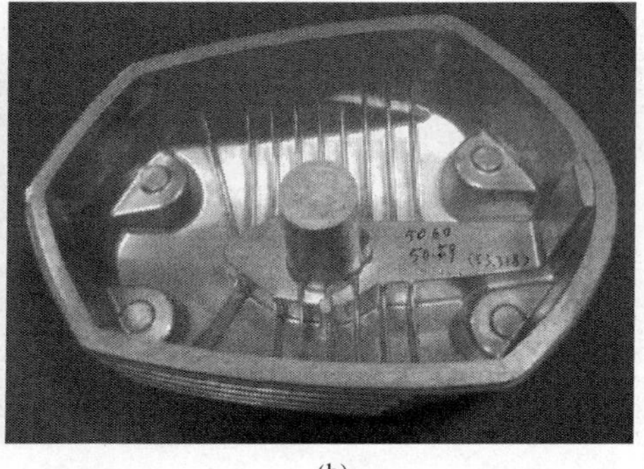

(b)

图 15-14 镁合金发动机壳体双控成形件[2]

(2) 金相组织:与普通铸造组织相比,双控成形大大细化了合金组织。

(3) 性能:表 15-4 为 AZ91D 镁合金铸锻双控成形与压铸成形力学性能的比较,其性能获得一定程度的提高。

表 15-4 镁合金不同工艺方法的力学性能[2]

工艺方法	铸态		热处理态	
	σ_b/MPa	δ/%	σ_b/MPa	δ/%
铸锻双控	181.02	1.84	197.68	1.91
压铸	104.68	0.86		

15.7 摩托车镁合金轮毂双控成形

15.7.1 引言

铸锻双控成型设备,可分为立式和卧式两种。在 15.6 节里介绍的立式铸锻双控成形机，已成功应用于镁合金壳体生产，满足了用户要求。但考虑镁合金易氧化，立式成形机生产节拍较慢的劣势，嘉瑞集团在国家科技支撑计划支持下，成功研制出卧式镁合金铸锻双控成形设备。以摩托车镁合金轮毂为成形件，进行了模具设计和相应配套设备研发，包括镁合金定量浇注炉、镁合金模温机、后加 CNC 机，形成了生产能力 12 万件的生产线。

15.7.2　镁合金卧式铸锻双控成形机及工艺过程

镁合金卧式铸锻双控成形机如图 15-15[3,4]所示，设备总装 3D 图如图 15-16[3,4]所示。技术参数见表 15-5。

图 15-15　卧式铸锻复合成形设备

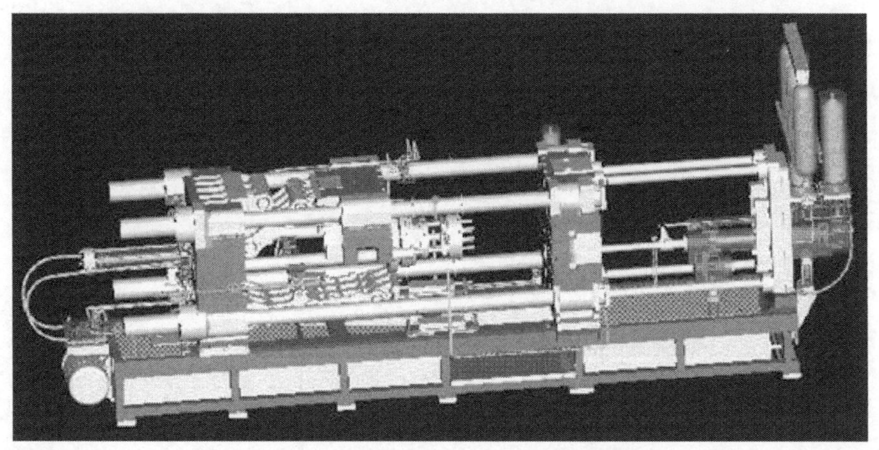

图 15-16　卧式铸锻复合成形设备 3D 总装图

表 15-5 卧式铸锻复合成形机技术参数

项目	参数	项目	参数
锁模力/kN	8000	铸造压力/(kg/mm²)	74000～18280
锁模行程/mm	800	铸造面积/mm²	46000～113500
模具闭合尺寸/mm	400～950	压射法兰直径/mm	ϕ200
范本尺寸/mm	1400×1400	锤头行程/mm	350
导柱内距/mm	950×950	顶出力/kN	380
压射力/kN	700	顶出行程/mm	200
压射行程/mm	750	最大锻造力/kN	4000
锤头直径/mm	80/90/100/110	工作压力/(kg/mm²)	14000
射料量/kg(Al)	5.5～12.8	油缸容量/L	1700

图 15-17 卧式铸锻复合成形机参数控制柜

除主机外，还配备一个控制柜(图 15-17)，可以调节压射速率、锻造行程、铸锻前限等参数，并且可以把压铸锻造过程中各个技术参数以曲线形式输出，方便分析生产过程。此卧式铸锻复合成形机主要由模具机构、压铸机构和锻造机构三部分组成。生产时，把液态合金料输入至压射料筒，控制熔料温度为 600～750℃，把液态镁合金压入模腔，压力为 8～10MPa，充填速率为 0.05～5m/s，液态合金填满整个模具型腔后进行压力结晶成形。在熔融的金属液填满整个模具型腔成形后的 0.02～0.07s 内，开始启动锻压装置，锻造传动杆推动锻压冲头加压，控制锻造压力为 8～12MPa。锻压冲头完成金属锻造成形，传动机构带动模具进行分型，同时斜销抽芯开模，顶杆从模腔中顶出轮毂。该卧式铸锻机可以手动操作，也可以全自动方式运行，且具有远程监控功能，可实现远程监控。该铸锻机也可以关闭锻造只实现压铸功能，使设备具有更灵活的使用范围。

15.7.3 摩托车轮毂双控成形模具设计

1. 摩托车轮毂零件图及三维建模

该摩托车轮毂的轮辐是自行设计的，设计的基本原则为在满足力学结构基本前提下方便设计锻芯，轮毂的其他部分均为国家标准系列。图 15-18 为该轮毂的零件图,其边界尺寸为 ϕ482.7×168mm。

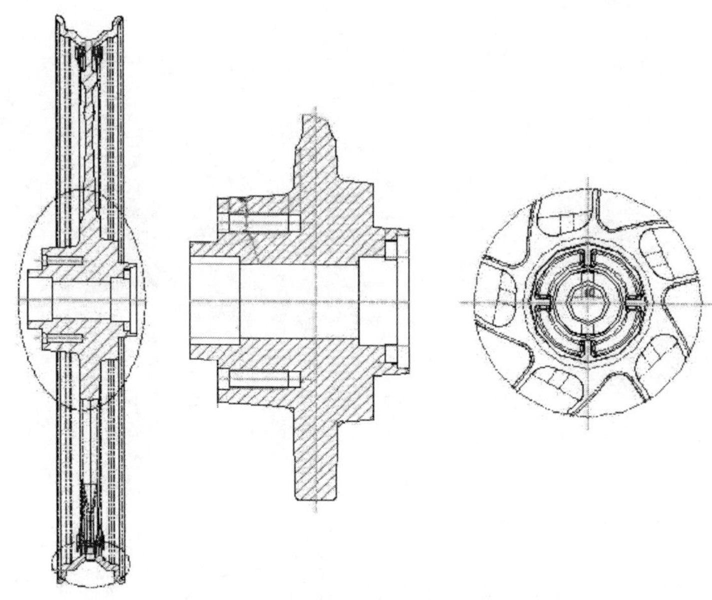

图 15-18　摩托车轮毂零件图

轮毂有 5 个辐板,辐板为内凹状,对应模具上为锻芯,在锻造阶段锻芯前行,挤压辐板进行密实,并且对轮辐轮缘接触处传递压力,焊合气孔。

依据此零件图使用 Solidworks 软件进行三维建模,如图 15-19 所示。

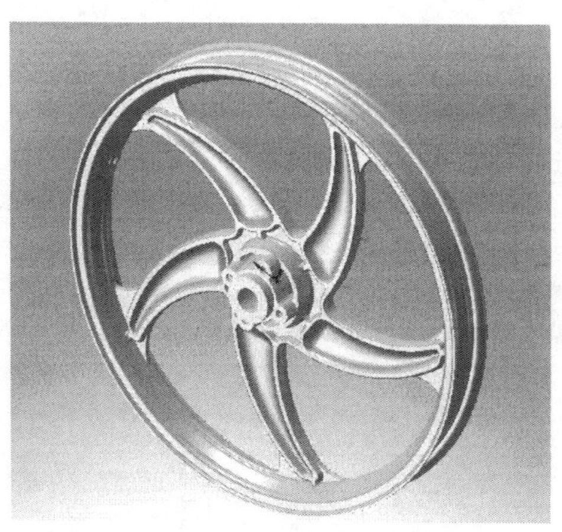

图 15-19　摩托车轮毂三维建模

2. 轮毂模具排位图及其设计特点

图 15-20 为轮毂模具排位图。

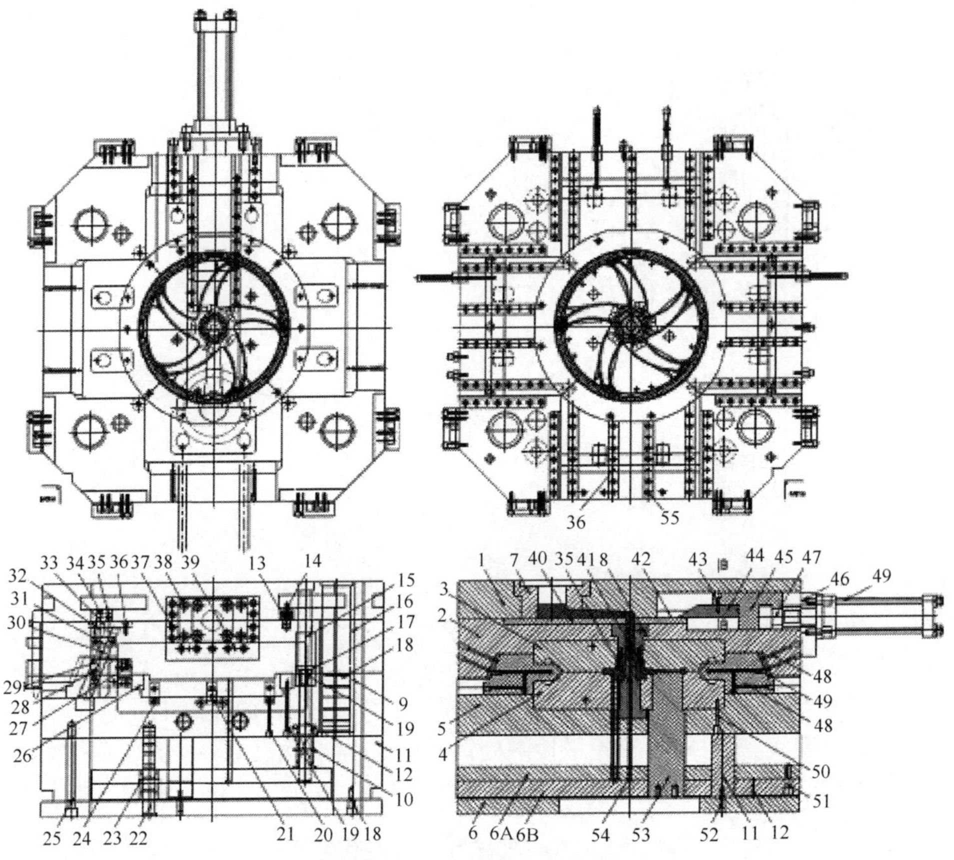

图 15-20　摩托车轮毂模具图[3]

1-定模压板；2-定模坯；3-定模肉；4-动模肉；5-动模座板；6-底板；6A- 面针板，6B-底针板；7-浇口套 1；8-浇口套 2；9-回针；10-弹簧；11-撑头；12-螺钉；13-开模弹簧；14-开模弹簧螺丝；15-拉杆；16-拉杆垫片；17-拉杆螺母；18-底板螺丝；19-滑块压块螺丝；20-滑块压块螺丝；21-滑块垫块；22-中导柱；23-中托丝；24-滑块垫块；25-压块螺丝；26-滑块压块；27-锁模扣；28-锁模扣螺丝；29-锁模扣位定位销；30-斜导边；31-二次开模斜销加强块；32-二次开模插销；33-斜导边；34-二次开模插销螺丝；35-二次开模斜销定为销；36-斜导边压块螺丝；37-油缸加强板螺丝；38-油缸固定螺丝；39-加强板定位销；40-耐磨板；41-镶针；42-滑块压块；43-切刀螺丝；44-切刀；45-滑块；46-油缸加强板；47-铲水口液压缸；48-楔紧块硬钢螺丝；49-楔紧块硬钢；50-动模肉螺丝；51-顶针板螺丝；52-撑头螺丝；53-挤压芯；54-顶针；55-滑块压块螺丝

轮毂的轮缘处为内凹形状，对应模具上为侧向凸起，须做成活动型芯才能开模顶出。轮缘对应做成四块活动型芯（香港称为“行位”），每块为四分之一圆，开模时利用动定模的相对运动进行斜销抽芯。锻芯与动模背面由压块定位，锻芯最多可退回压铸模的位置，前进行程由两者之间的螺纹进行控制。锻芯连接锻造油缸。

3. 实验方案制定

影响压铸生产的因素很多,压射速率、压射比压、模具温度、浇注温度、涂料、冲头速率、工人操作熟练程度等,但主要因素为浇注温度、压射速率和模具温度。

根据前人的研究经验和嘉瑞集团自己的生产经验,一般浇注温度高出熔点90℃为宜,表 15-6 为工业生产中镁合金压铸的经验值。

表 15-6　镁合金压铸工艺参数参考值[5]

镁合金压铸工艺参数	壁厚≤3mm		壁厚>3mm	
	结构简单	结构复杂	结构简单	结构复杂
压射速率/(m/s)	50～100		10～50	
浇注温度/℃	640～680	660～700	620～660	640～680
模具预热温度/℃	150～180	200～230	120～150	150～180
连续工作温度/℃	180～240	250～280	150～180	180～220

该铸锻机的压射速率可调区间为 0.01～5.5m/s,其中低速为一级压射速率。一般影响压铸件质量的是二级压射速率,从实践得知一般制件能完整充型而又不产生熔料飞溅的压射速率为 2～5m/s。

要想得到性能优良的合格压铸件,模具的温度也很重要。模具温度过高,模具寿命短,能源消耗大。模具温度过低,熔料凝固过快,容易充不满,而且高温熔料对模具进行循环的热冲击,模具寿命急剧降低。对于镁合金来说,一般模具工作温度为 180～250℃,将此三个压铸工艺参数制定为三因素四水平的正交试验,各因素水平见表 15-7。

表 15-7　正交试验工艺参数表

水平	浇注温度/℃	压射速率/(m/s)	模具温度/℃
1	660	2	190
2	675	3	210
3	690	4	230
4	705	5	250

因而在实验中其他参数均调至实践最佳数值,而浇注温度、压射速率和模具温度为三个主要参数,以此来设计正交试验进行 FLOW3D 模拟和实验研究。表 15-8为设计的正交试验方案。该冲头直径为 $\phi 100$,内浇口的面积为 654.2mm^2,换算比例为 12,即内浇口的速率为冲头速率的 12 倍。

表 15-8 正交试验方案

编号	浇注温度/℃	压射速率/(m/s)	模具温度/℃
L1	660	3	230
L2	690	5	190
L3	675	5	230
L4	705	3	190
L5	660	4	190
L6	690	2	230
L7	675	2	190
L8	705	4	230
L9	675	4	250
L10	690	4	210
L11	660	2	250
L12	705	2	210
L13	660	5	210
L14	690	3	250
L15	675	3	210
L16	705	5	250

按照这个试验方案，先三维建模，再进行 FLOW3D 软件的充填模拟得出溢流槽的设计位置，之后进行正交试验模拟得出最佳的实验参数，对试验进行指导和对比研究。

15.7.4 镁合金摩托车轮毂铸锻双控成形性分析

1. 充填性

实验分为压铸和铸锻部分，各进行 16 组正交试验，每组参数生产出 4 个试件，便于后期力学性能测试取平均值，消除系统误差，以对比不同工艺及参数的优劣性。首先关闭铸锻机的锻造功能，进行压铸件的生产，图 15-21 为生产出来的 AZ91D 镁合金压铸轮毂。

图 15-21 压铸轮毂

在压射速率小、压射比压小的情况下，熔融金属还未完全充满型腔金属液就已经开始凝固，阻止金属熔体充型和压力传递，轮缘部分充不满，造成废品。图 15-22(a)为溢流槽未充满，图 15-22(b)为轮缘部分未充满的情况。溢流槽未充满,冷污金属液保留在轮缘部分,后期保压压力不够,组织致密度下降,裂纹大量产生。

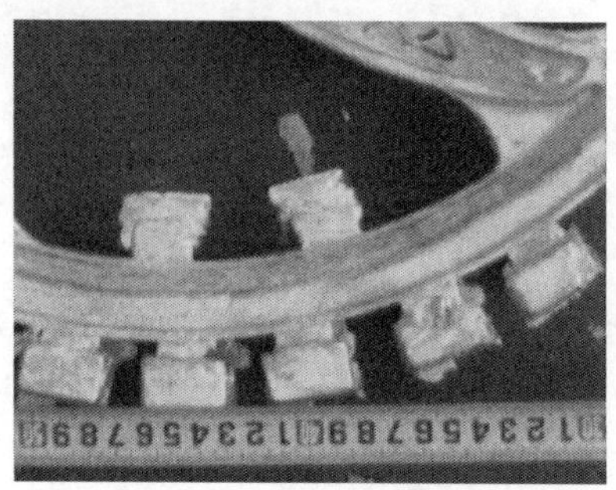
(a) 溢流槽未充满

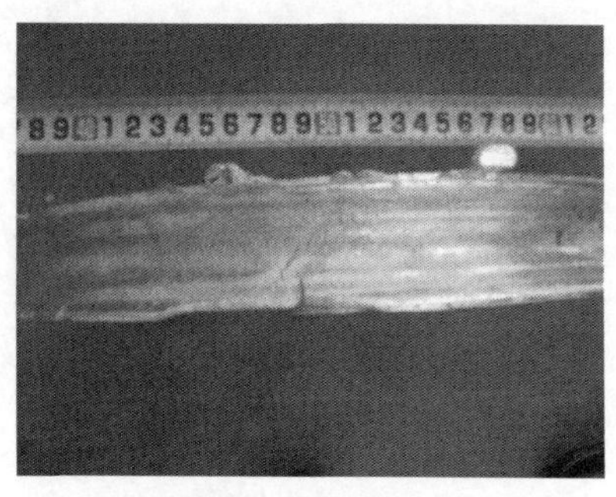
(b) 轮缘部分未充满

图 15-22　充型不全

压射速率小的时候容易产生的另一个缺陷为冷隔(图 15-23 的方框内)。冷隔是两股金属液汇合到一处的时候没有完全融合在一起,其结合程度较低,受循环应力和静载的时候易出现裂纹甚至断裂,严重影响其应用时的安全性。

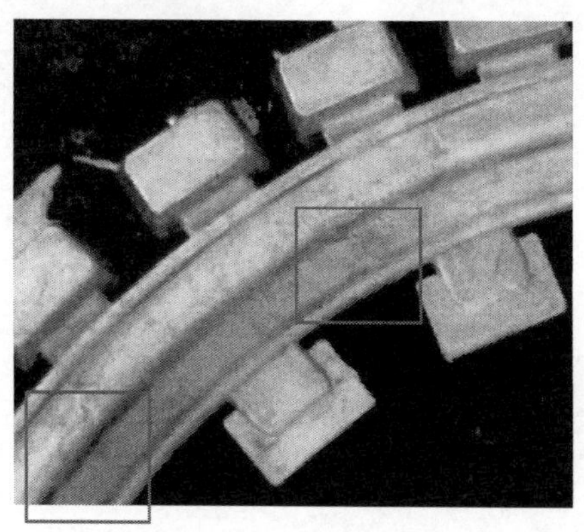

图 15-23　压铸轮毂冷隔

当压射比压大时,金属液快速冲击模具,充型快而完整,制件表面质量较好,后期保压压力大,致密度提高,对铸件有良好的作用。但是当压射比压过大时,金属液对模具的冲击过大,模具的寿命降低明显。冲击力大,锁模力不够,就会出现大飞边的情况,如图 15-24 所示。大量金属液沿分型面飞溅出来,对模具的分型面冲刷磨损较大,影响模具精度。并且由于分型面被挤开,造成极大的压力损失,型腔内的压力较小,对铸件后期的保压凝固补缩造成极其不利的影响。另外分型面被挤开少许,影响了铸件的尺寸精度,造成材料浪费,后续机加工增多,增加铸件的成本。压射速率过大容易粘膜,造成脱模困难,损伤模具。轮毂中心最后凝固,其内部四个小孔易抱死定模型芯，在开模时，容易在轮毂的薄弱点辐板轮缘接触处断裂(图 15-25)。所以一旦铸件抱死定模型芯，此处断裂倾向最大。从图 15-25(a)的轮辐宏观断面可以看出大量的二次夹杂和气孔，与数值模拟的缺陷跟踪结果较为吻合。

图 15-24　压射比压过大的铸件

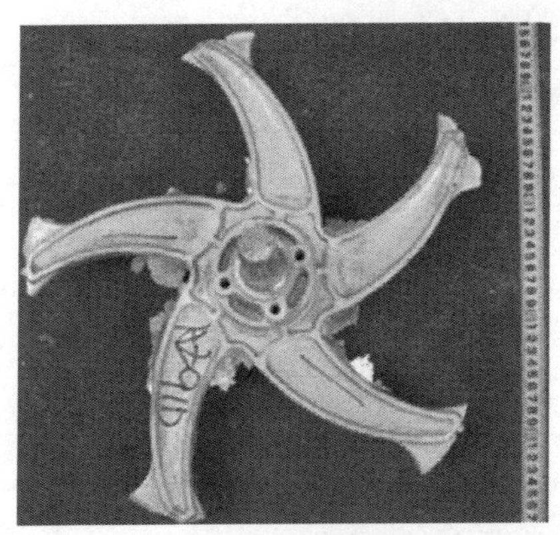

(a) 断裂轮毂中心部分

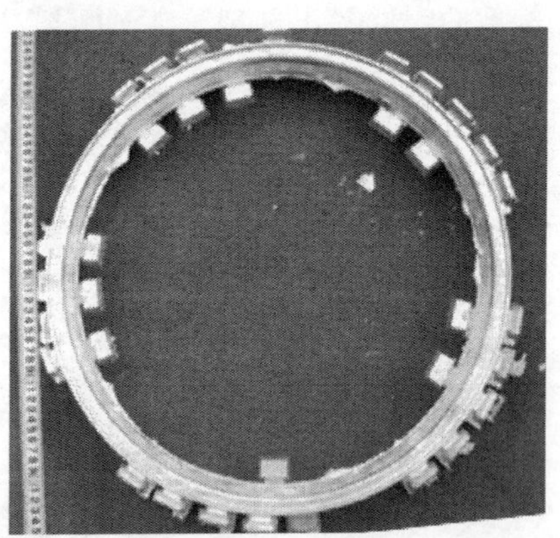

(b) 断裂轮毂轮缘部分

图 15-25　断裂的轮毂

控制好压射速率和压射比压，基本上可以避免上述问题，但是压铸件最大的表面缺陷——裂纹，却很难避免。轮毂压铸最容易出现裂纹的地方是轮毂的中心回转部分和轮辐的接触处(图 15-26)。该处为厚度的突变区域，轮毂中心的平均厚度达到 25mm 左右，而轮辐的平均厚度只有 7mm 左右，此处的热节极大，在凝固收缩时，辐板和内浇口很快凝固，而轮毂中心厚壁处形成负压，难以得到足够的补缩，极易出现裂纹。

图 15-27 为参数合理时的压铸件，该压铸件表面比较光洁，各难充填部位充填完整，铸件表面几乎没有冷隔和裂纹，飞边较少，只有轮缘内外侧有流痕，经过后续

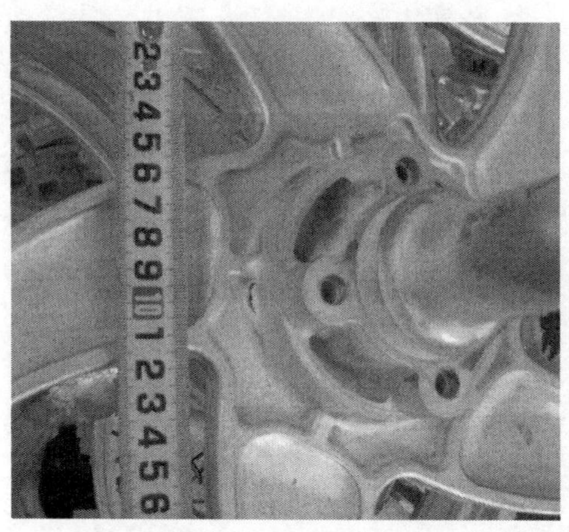

图 15-26　压铸件裂纹点

的表面处理对使用性能无影响。压铸的生产速率快,实验室制一只轮毂为 120s 左右,规模化的工业生产时间还要减少一半。当最佳参数设定好后,压铸轮毂的合格率大概为 80%,废品率还是很高。其主要原因是轮毂中心部位的裂纹和轮缘部分的冷隔。

图 15-27　合格压铸轮毂

为了改善压铸轮毂的缺陷,提高轮毂的合格率,实验人员开启铸锻双控成形设备的锻造功能,锻造延时为 0.05s,锻造行程为 1mm,试制铸锻复合成形轮毂。

从铸锻复合成形件(图 15-28)的表观来看,增加锻造功能后的试件表面质量明显提高,轮辐与轮缘表面光洁度较高,轮缘上的冷隔消失。模具型腔中的金属处于半固态,轮毂尚未凝固完全,此时锻造开始。由于锻造力的作用,轮毂的轮辐受到挤压,枝晶被打碎,晶粒细化,气孔焊和,表面质量和组织性能明显得到改善。在锻造时,轮辐处于半固态的金属受到挤压,压力向轮毂中心和轮缘传递。轮缘和轮辐接触处受到较大的压力，压实内部组织，气孔缩小或焊和，组织的致密度得到提高，连接可靠。轮毂中心部分受强压作用，强制补缩，裂纹产生可能性消失。轮辐处的少许飞边也是由于金属受到挤压而产生，在机加工可允许的范围之内。

图 15-28　铸锻复合成形轮毂

铸锻双控成形轮毂中，参数不合理也会出现废品。当压射比压过大时，会出现极大飞边[图 15-29(a)]。由于锻造力的原因，在后期保压阶段，铸锻双控成形轮毂中的压力比压铸轮毂中的还要大，故其飞边更加严重。

铸锻双控成形的另一缺陷为抱模。若是锻造力没协调好而太大，轮毂中心部位受到挤压，补缩得彻底，中心四孔易抱住定模的小型芯，开模时对制件的拉力较

(a) 飞边

(b) 中心翘曲

图 15-29　铸锻双控成形轮毂的缺陷

大,最终把轮辐和轮圈拉开,轮毂中心部位向上翘曲,如图 15-29(b)所示。此处并未被拉断,显然说明其连接性和力学性能明显比压铸要强。

2. AZ91D 镁合金轮毂热处理

热处理取样部位在轮辐处。热处理制度如下:淬火温度 415℃±5℃,保温时间6h,随炉冷却,在 205℃±5℃保温 10h 进行人工时效(T6)。

将制作的压铸、铸锻轮毂拉伸试样在 Instron800 万能实验机进行实验。

3. 辐板维氏硬度与力学性能

1) 维氏硬度

压铸件、铸锻件和热处理后的铸锻件在正交试验中各取相同的三组。将拉伸试样肩部用砂纸磨平,用维氏硬度实验机测试其维氏硬度。维氏硬度(HV)以 120kg 以内的载荷和顶角为 136°的金刚石方形锥形冲头压入材料表面,用载荷值除以材料压痕凹坑的表面积,即为维氏硬度值(HV),其计算公式为

$$HV=1.891f/d^2$$

式中:d 为菱形压痕的对角线长,mm;f 为实验力,kgf。

本次实验力为 1kgf,每个试样打 4 个点,求其平均值,见表 15-9。

表 15-9　不同工艺试件的维氏硬度(HV)

参数编号	压铸件	铸锻未热处理件	铸锻热处理件
L9	74.15	81.82	79.27
L14	75.51	82.73	80.44
L15	77.73	89.72	83.54

从表中可看出铸锻双控成形件的硬度明显高于压铸件,铸锻件由于锻造力的存在,枝晶被击碎,晶粒细化,硬度随其上升。另外压铸件的组织致密度小于铸锻双控成形件,这也是其硬度小的原因。在热处理后,组织中分布在晶界的硬质相 $Al_{17}Mg_{12}$ 融进 α-Mg 基体中,在时效时弥散析出,因而热处理后其硬度下降,但仍然比压铸件高。

2) 力学性能

通过 L10 的压铸轮辐和铸锻双控成形轮辐的应力-应变曲线(图 15-30)比较,可看出铸锻双控成形件不仅抗拉强度和伸长率显著提高,而且其弹性变形和塑性变形阶段分界明显,这也说明了铸锻双控成形件接近韧性断裂的原因。

将拉伸实验的结果消除系统误差处理后求平均值后的数据绘制成表 15-10 和图 15-31。

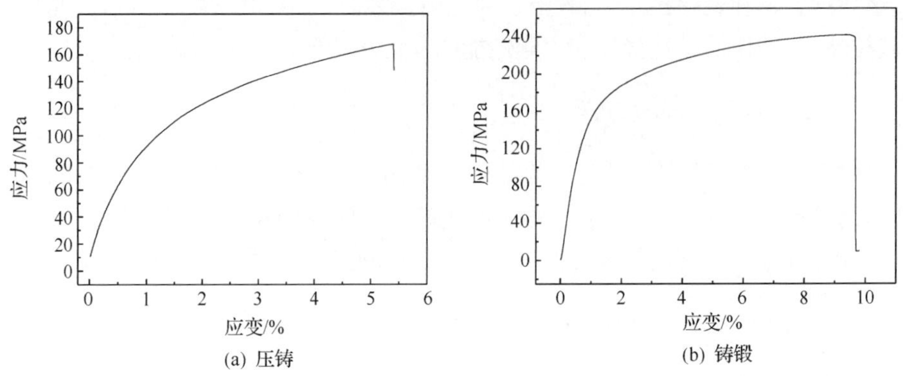

图 15-30 L10 压铸和铸锻双控成形轮毂力学性能比较

表 15-10 铸锻双控成形和压铸成形力学性能对比

项目编号	铸锻双控成形				压铸成形（未热处理）	
	未热处理		热处理			
	抗拉强度/MPa	伸长率/%	抗拉强度/MPa	伸长率/%	抗拉强度/MPa	伸长率/%
L1	196.015	5.425	219.560	7.220	98.836	1.629
L2	190.211	6.617	199.427	7.444	141.946	3.863
L3	227.560	8.485	254.200	11.557	121.656	2.959
L4	190.307	6.313	230.610	8.713	154.412	5.178
L5	196.036	6.583	259.328	10.667	113.329	2.286
L6	219.024	7.142	228.840	7.380	107.487	1.401
L7	214.600	6.901	246.123	7.340	165.662	5.410
L8	220.794	9.340	239.277	12.392	154.991	6.435
L9	244.105	9.862	256.743	10.204	153.833	5.160
L10	223.530	8.769	267.576	12.452	167.472	5.396
L11	192.018	7.042	247.089	10.045	94.962	1.457
L12	227.955	10.769	248.054	12.452	75.319	1.041
L13	201.741	7.320	219.643	8.017	135.114	3.960
L14	219.909	6.173	240.243	9.233	149.146	4.966
L15	229.725	6.992	239.620	9.627	83.582	1.160
L16	215.484	6.935	234.483	8.196	111.978	3.176
平均值	213.063	7.242	239.426	9.340	126.858	3.467

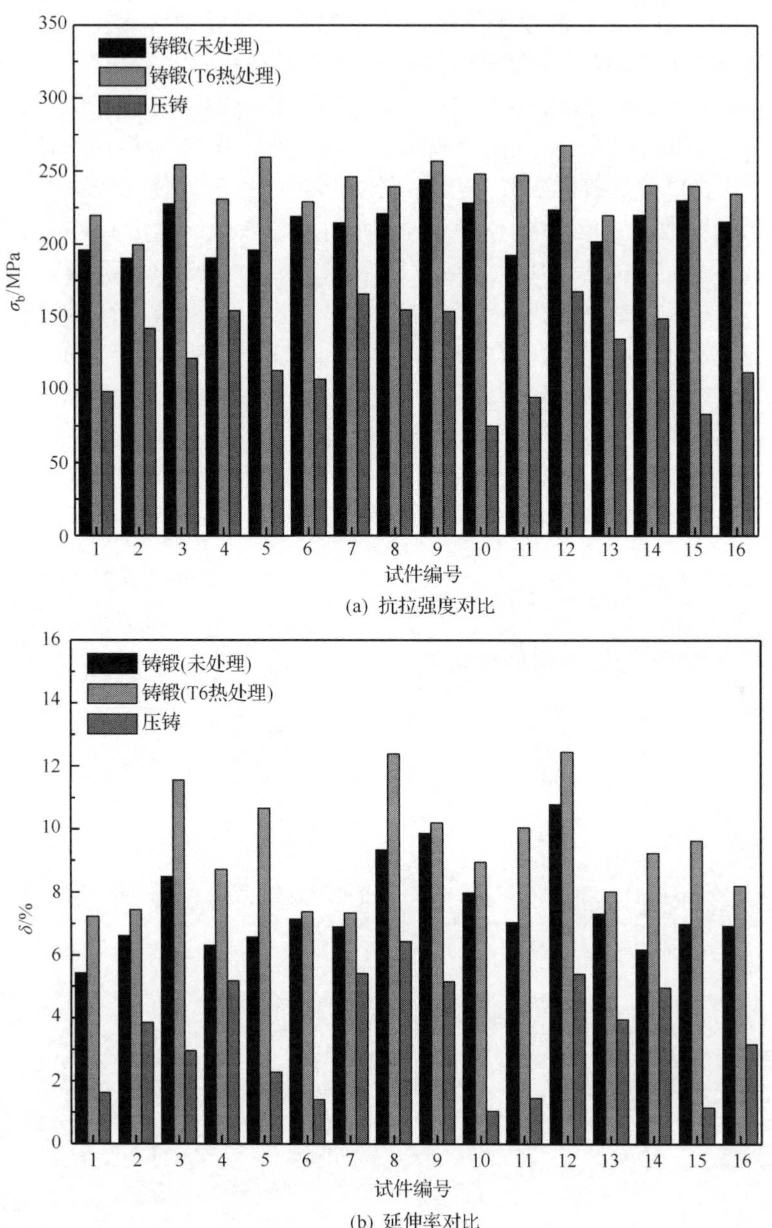

(a) 抗拉强度对比

(b) 延伸率对比

图 15-31　压铸和铸锻双控成形轮毂力学性能对比

对于正交试验标号相同的组，其工艺参数一样。从每组来看，铸锻双控成形明显比压铸的力学性能要提高很多，而热处理之后的铸锻双控成形件的力学性能进一步提升，这说明铸锻双控成形件是可以通过后续热处理工艺来进一步提升力学性能。作为轮毂的主要承受集中力的部分，铸锻双控成形轮毂的轮辐的抗拉强度平均达到 213.063MPa，伸长率平均值为 7.242%，经热处理后其数值进一步提高到 239.426MPa 和 9.340%，而压铸件只有 126.858MPa 和 3.467%。相比压铸件，铸锻双控成形轮辐的力学性能提高了 68.6%，伸长率提高了 108.9%，热处理后的铸锻双控成形件的力学性能提高了 88.7%，伸长率提高了 169.4%，效果惊人。从整个正交试验的数据来看，铸锻双控成形件的力学性能比较稳定，波动小，说明在合理的参数设置范围内，铸锻双控成形件对于参数的变化不太敏感，工艺稳定性好。而压铸件则相反，其屈服强度从 75.319MPa 到 165.662MPa，变化达 2 倍，而伸长率的变化更为剧烈，从 1.041% 到 6.435%，由此看出在压铸实际生产中，对工艺参数的控制要求极为严格，而且对工人的操作技术要求较高，轮毂的合格率较低。铸锻双控成形的轮毂力学性能较好，而且较为稳定，合格率高。

将拉伸实验的端口放在扫描电镜下观察(图 15-32)，从图 15-32(a)的宏观形态来看，压铸件氧化夹杂和气孔很多，断口的高低起伏较为剧烈，并且与试样没有特定的角度。从图 15-32(b)的扫描图片上可以看到只有少数的撕裂棱，低凹处有

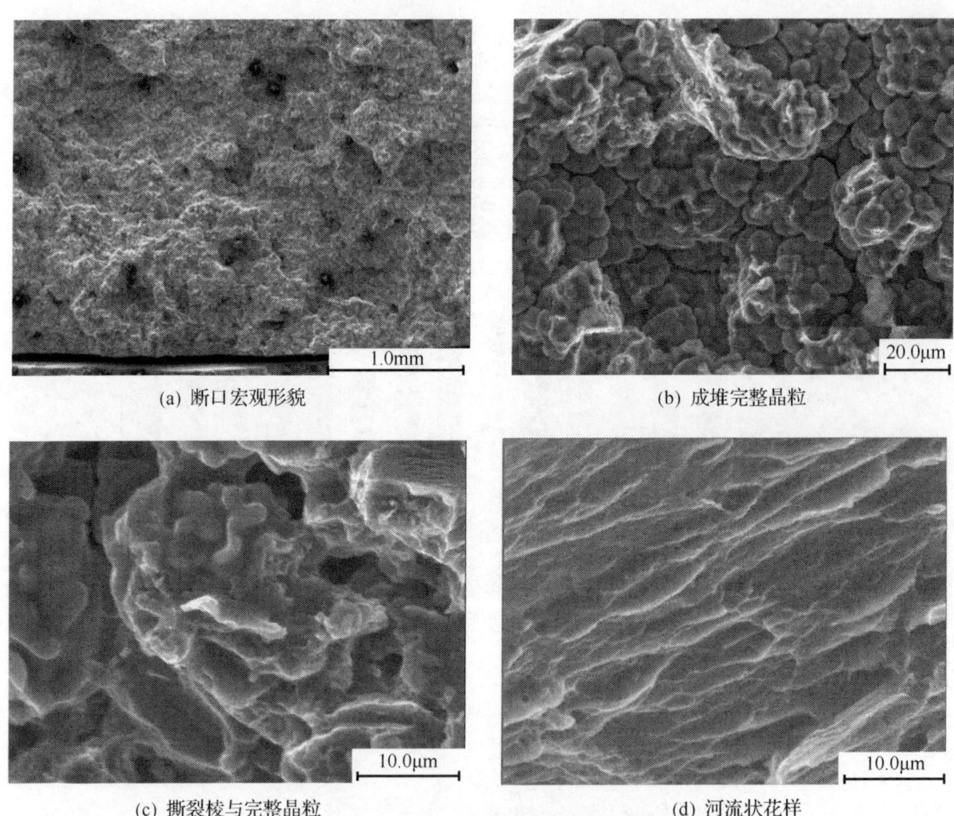

(a) 断口宏观形貌 (b) 成堆完整晶粒

(c) 撕裂棱与完整晶粒 (d) 河流状花样

图 15-32 L8 压铸件断口扫描电镜组织

浇注温度 705℃，模具温度 230℃，压射速率 4m/s

很多的完整晶粒,此处为气孔位置。断裂时裂纹贯穿此处的整个气孔,大部分的晶粒都完整无缺,极大地降低了压铸件的力学性能。图 15-32(c)、(d)的 SEM 图片几乎看不到韧窝,大量晶粒完整,部分晶粒之间有微裂纹,很多区域为明显的河流状花样,为准解理脆性断裂。由此得知,压铸件的组织中含有很多的氧化夹杂和气孔,裂纹扩展贯穿很多气孔,相当一部分的晶粒保持完整,几乎没有韧窝存在,部分晶粒晶界之间有微裂纹,组织不致密,力学性能较差,断裂特征为脆性断裂。

图 15-33 为相同参数的铸锻双控成形件的拉伸断口组织。从图 15-33(a)的宏观形貌比较可看出,铸锻双控成形件的断口较为平整,氧化夹杂较少,没有出现气孔,与拉伸试样约成 45°。图 15-33(b)的扫描电镜图像中出现大量的撕裂棱和韧窝,没有出现完整晶粒形貌。图 15-33(c)的断口 SEM 图片更清晰地表现了撕裂棱和韧窝,该断裂为穿晶断裂。可以分析得知,由于固液态下锻造力的存在,压铸件中的气孔和裂纹被焊和,使组织致密度大大增加,枝晶被打碎,晶粒细小圆整,晶界滑移增多,从而增大了塑性,转变为韧性断裂。

(a) 断口宏观形貌

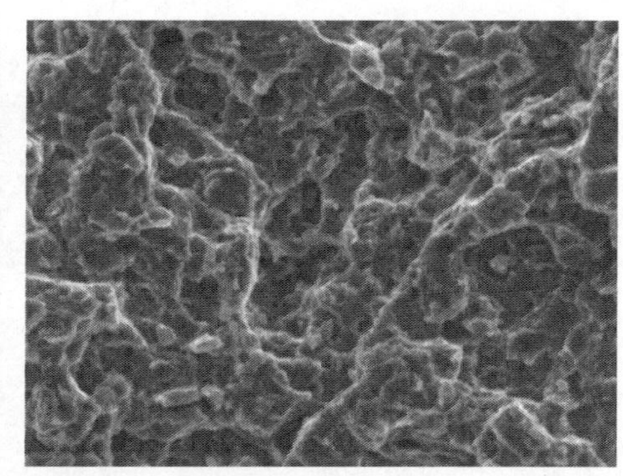

(b) 韧窝

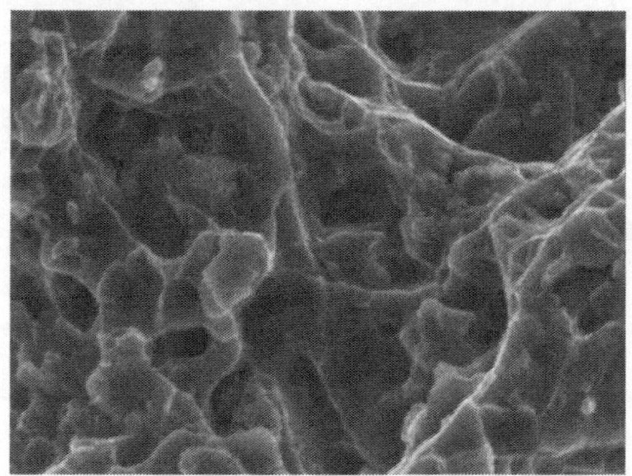

(c) 撕裂棱和韧窝

图 15-33　L8 铸锻双控成形轮毂断口扫描电镜组织

浇注温度 705℃,模具温度 230℃,压射速率 4m/s

将表15-10的铸锻双控成形(为热处理)力学性能数据用级差分析法(表15-11)进行分析处理,进而分析各工艺参数的影响力大小顺序和最佳的工艺参数组合。

表15-11　数据直观分析

因素	浇注温度/℃	压射速率/(m/s)	模具温度/℃	抗拉强度/MPa
L1	1	2	3	196.015
L2	3	4	1	190.211
L3	2	4	3	227.560
L4	4	2	1	190.307
L5	1	3	1	196.036
L6	3	1	3	219.024
L7	2	1	1	214.600
L8	4	3	3	220.794
L9	1	1	4	244.105
L10	3	3	2	223.530
L11	2	3	4	192.018
L12	4	1	2	227.955
L13	1	4	2	201.741
L14	3	2	4	219.909
L15	2	2	2	229.725
L16	4	4	4	215.484
一水平	837.897	836.803	831.154	—
二水平	857.099	835.956	882.951	—
三水平	863.903	901.259	863.393	—
四水平	850.115	834.959	871.516	—
均值一	209.474	225.315	207.789	—
均值二	215.976	208.989	220.738	—
均值三	214.274	209.201	215.848	—
均值四	212.539	208.740	217.879	—
级差	6.502	16.575	12.949	—

(1) 寻找最佳的工艺参数组合。浇注温度的三水平(690℃)最好,压射速率的三水平(4m/s)最好,模具温度的二水平(210℃)最好,故最佳的工艺参数组合为浇注温度(690±10)℃,压射速率(4±0.5)m/s,模具温度(210±5)℃,正交试验中编号L10参数在此范围内,与数值模拟中相符合。

(2) 分析各工艺参数对力学性能影响的大小顺序。根据级差分析法算出的级差大小顺序为 $R_{压射速率}>R_{模具温度}>R_{浇注温度}$。这说明压射速率对轮毂力学性能的影响最大,其次为模具温度,最后是浇注温度。这说明在合理的参数范围内,轮毂的力学性能对压射速率最为敏感,而对于浇注温度则比较稳定。对伸长率进行同样的分析,可得到几乎一样的规律结果。

参 考 文 献

[1] 罗守靖,陈牧夫,齐丕骧. 液态模锻与挤压铸造技术. 北京:化学工业出版社,2007.

[2] 李强. AZ91D 摩托车发动机壳体液态铸锻双控成形的实验研究. 哈尔滨:哈尔滨工业大学博士学位论文,2006.

[3] 李远发, 陈亮, 单巍巍. 卧式铸锻复合成形 AZ91D 镁合金摩托车轮力学性能研究. 特种铸造及有色合金,2009(年会专刊). 2009:8-10

[4] 阮林发. AZ91D 镁合金摩托车轮毂铸锻复合成形研究. 哈尔滨:哈尔滨工业大学博士学位论文, 2011.

[5] 李仁杰, 卓迪仕. 压力铸造技术. 北京: 国防工业出版社, 1996.

第五篇　工程应用学及质量控制

第 16 章　钢质液态模锻

16.1　钢质液态模锻生产

钢质液态模锻的生产过程就是协调加压设备、液态模锻模具、液态钢三者之间的关系，通过对制件液态模锻工艺的分析，选定合理的工艺参数，进而加以组合、调整和操作(实施)。正确合理的操作方法，则是保证过程稳定实现的重要环节。

16.1.1　模具准备

1. 模具安装

(1) 安装前准备好用具，如扳手、压板、螺钉、螺帽和吊钩等。

(2) 了解要安装模具的结构和特点。

(3) 检查加压设备顶出装置是否复位。

(4) 检查模具的封闭高度、开模取件时的最小高度是否与加压设备相适应，顶出装置的行程是否与制件完全顶出相适应，计算方法见第 15 章。

(5) 将模具和机器的接触面擦干净。

(6) 检查完毕后，用吊车或专用起重工具把模具吊至液压机的底板上，开动设备，使上模固定板与上模靠紧。严格调整凸、凹模间隙，以及模具中心和液压机中心对齐。然后紧固。

(7) 安装结束后，开启上模，检查顶出装置是否合适。

(8) 一切就绪后，再检查一遍才可进行试车。确定安全可靠，符合技术要求为止。

2. 模具预热

钢质液态模锻中模具预热通常有两种。一种把活动部分取下，置入电阻箱式炉内进行预热，固定部分用喷灯加热，或者用一废铁块加热后置于模具内进行预热；另外一种是将已熔化的钢水倒入模具内，最方便的是用表面温度计直接测量模具表面温度。

3. 模具润滑

涂料的选用已在第 12 章讨论过。好的涂料，如喷涂操作不当，同样难以达到预期的效果。喷涂时应均匀。用毛刷刷涂时，在刷涂后应用压缩空气吹匀或用干净纱布擦匀。喷枪喷涂时也应防止沉积。涂上涂料后，应待涂料稀释剂挥发才能浇注，否则易产生气孔缺陷。

16.1.2　操作要点

从炉内出钢至浇勺开始，经浇注，合模加压取出制件，然后进行模具清理为一个操作过程，或操作循环，一般持续 2～3min。在这样短暂时间内，涉及设备、人力和模具等工序很多，而每一操作细节对获得合格制件又至关重要，除正确地操作设备、使用模具、选择和调整合理工艺参数外，还应做好操作前的准备工作和有关操作的各项事项。

1. 按工艺卡片检查现场

一定要正确编制工艺卡片并付诸实施。现场质量员一定要检查以下内容：

(1) 炉料准备和熔化操作情况，钢液的成分是否符合要求。

(2) 定量勺的制作是否和制件的质量相一致。

(3) 模具结构、安装是否可靠。

(4) 工艺参数实施措施。

(5) 熟悉制件及质量要求。

2. 操作前的准备

(1) 戴好劳保用具，如工作服、帽子、工作鞋、手套、眼镜、鞋罩等，工作服上衣应为长袖，工作裤应为长裤。

(2) 将定量勺涂上涂料并进行烘烤。

(3) 预热冲头和下模。

(4) 检查模具和机器的运转。

(5) 涂料配好，放在指定位置。

(6) 检查清理模具和喷涂涂料用的压缩空气接嘴、喷灯。

(7) 检查模具冷却装置，冷却液是否畅通。

(8) 制件堆放或灰冷箱的位置。

(9) 可更换模具部分的准备、预热。

(10) 临时修理模具或因粘模时卸制件用的锤子、边铲。

(11) 夹持制件或更换模具时用的钳子。

(12) 其他辅助工具，如卸心子、测温用具等。

3. 安全生产

安全生产包括人身安全和设备安全两项。

(1) 出钢时，注意中频炉的翻转，应缓慢准确使钢液流入，不得飞溅伤害操作者。

(2) 端包时应平稳，压机至炉子之间不应有任何障碍物。

(3) 加压操作应先快后慢，即空程向下快，合模后缓慢，使模膛内的气体从凸凹模间隙中排出。施压也应平稳缓慢，保证金属液不从凸凹模间隙中飞溅出来伤人。为了确保金属液飞溅时不伤人，在上模安装一个安全罩，加压时，罩完全把模具罩住，加压后，安全罩随上模提起。

(4) 注意机器升温。不允许机器承受偏心载荷，故卸芯子最好在另外设备上进行。

(5) 防止铁豆之类硬物落入顶出缸内。

(6) 注意维护压机立柱和柱塞，不准在压机上强行用敲打的方法卸制件，因为柱塞受击后，易使密封圈受损而漏油。

4. 稳定生产

稳定生产即按正常的生产拍节持续地进行生产，保持每一操作循环，按期地顺利实现。一般来讲，下述情况易中断正常的生产拍节：

(1) 顶出缸顶出力不够，制件不能按时退出模膛。

(2) 工作缸的回程力不够，上模不能按时提起。

(3) 制件热粘在冲头上或下模中，不能按时清理模具、准备下一操作循环。

只要不发生粘模现象，一般(1)和(2)的情况很少发生。如果一时不能复位，可待制件稍冷，再回程顶出。但(3)的情况经常发生。粘模的发生，主要原因如下：

(1) 模子陈旧，表面粗糙，易受钢液侵蚀。

(2) 涂料未配好，即涂料未搅匀，致使一部分模具受热面上没有涂料保护。

(3) 采用定点浇注，使保护涂层被金属液击破，在压力下最易粘合。

(4) 模温较高，未及时冷却。

因此，为了预防粘模，应该采取相应措施，主要如下：

(1) 采用回转浇注。

(2) 采用可更换模块，使模具不易过热。

(3) 润滑涂料一定按配方配制，使用时一定搅拌均匀。

(4) 模具表面一定要光洁，不允许有任何毛刺、微裂纹。

5. 制件的修补

制件由于操作不当，发生各种不符合技术要求的缺陷，主要是裂纹，应予以修补，不应轻易报废。裂纹处应用砂轮打磨，把裂纹清除后，再用焊补法进行补救。

6. 热处理

制件卸模后，应采用灰冷，使其缓慢冷却。对于低碳钢平法兰件，采用正火方法处理，其规范为920℃，每毫米保温1min。对于其他材料制件，根据需要，采用相应的热处理工艺。

16.1.3 钢质液态模锻件的检验

检验的项目和内容简述如下。

1. 制件的形状和尺寸

制件最终尺寸主要取决于模具的尺寸和定量浇注的精确度。对于新模具，一般来说，符合毛坯图的要求，仅对高向尺寸进行复检。对于旧模具，应使制件的超差在允许的公差范围内，否则需重新更换模具，同时，也要严格控制高向尺寸。

因此，对于钢质液态模锻生产，必须配备一名质量员，随时对生产过程所获每一制件进行复检。并随时向操作者提出改进措施。

2. 制件的化学成分

若采用标准料块，对每批料块取样检查其化学成分即可；若采用废钢材，必须事先分拣，进行取样分析再按规定配炉料；在熔化过程中，还应作炉前分析，并记录。

3. 表面缺陷

表面缺陷包括冷隔、裂纹、夹渣和擦伤等。一般采用目视方法，逐个检查。

4. 内部缺陷

内部缺陷指气孔、缩孔和缩松、夹杂等。对于一般性制件，采取抽检方法，通过解剖进行观察。对于重要制件，须逐件采取超声波、X射线透视进行检查。

5. 金相组织

按制件的特殊要求，对制件抽检金相组织，包括晶粒度、相的组成和显微缺陷等。

6. 力学性能

在实际生产中，一般采用全检硬度的方法来检验每个制件的力学性能。与此同时，在每一批号的制件中，需抽检其力学性能（σ_s、σ_b、δ），有时还有冲击韧性（α_k）的要求。对于特殊制件，按技术要求补做弯曲、疲劳和高温性能检验。

7. 使用性能检验

为了考核制件的使用性能，应根据其使用特点，采用模拟或实际考核方法，进行抽检或全检。如气密性试验、渗漏性试验、压裂试验、磨损试验、腐蚀试验、物理性能试验和试验等。

8. 经济指标的考核

对每批制件须进行经济性的考核，进行成本核算。主要包括钢水利用率、成品率、材料利用率、工时利用率等，以预测每个班组的生产能力和质量稳定能力，促进生产水平的提高。

16.2　实际应用

本节将列举钢质制件和铸铁制件液态模锻应用实例，因为铸铁和钢同属铁碳合金，有很多特点相似，也具有广泛研究和应用的前景。

16.2.1　钢平法兰

钢平法兰是一种用于管道连接用的结构件，在工作下承受静载荷，要求钢平法兰具有良好的可焊性，因此选用低碳钢来制造。有时对平法兰用钢作出化学成分的规定，有时作出化学成分和力学性能的规定。钢平法兰毛坯指定工艺多种多样，有采用铸造的、锻造的和板材切割。采用液态模锻成形钢平法兰，是钢质液态模锻技术的新发展，标志着我国钢质液态模锻技术已进入工业实用阶段。目前，国内不少厂家采用液态模锻工艺生产多种规格法兰，见表 16-1，结构见图 16-1，与表 16-1 规格尺寸相对应。

表 16-1　平法兰规格和尺寸[1]

规格	D_1,D/mm	d_1,d/mm	h/mm	质量/kg
ϕ50	139,140	51,55	22	1.96
ϕ65	161,163.5	67,71	22	2.15
ϕ80	191,193	82,84	22	4.06
ϕ90	198,203	93,95	22	4.29
ϕ100	205,203	106,109	22	4.29
ϕ125	240,243	133,133.5	24	5.5
ϕ150	271,273	156,160	26	7.2

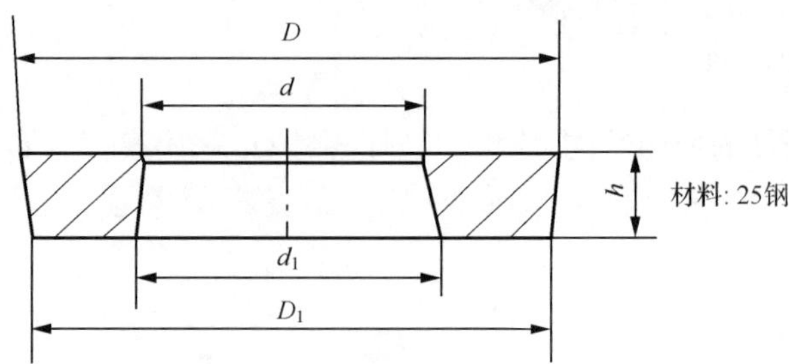

图 16-1 钢平法兰结构示意图

1. 工艺方案的选择

根据作者对液态金属模锻的分类，钢平法兰液态模锻可采用平冲压制，也可以采用凸式冲头压制。平冲头压制所用模具结构如图 16-2 所示。在下模中装有活动模芯，每压制完一件，将毛坯和模芯一起顶出，顶出后再用卸芯模将模芯自毛坯中取出。模芯由于在整个压制过程中一直是被高温的液体成形件包围，所以升温很快。在生产中是采用多个模芯轮换使用，易于保证正常的生产节拍。

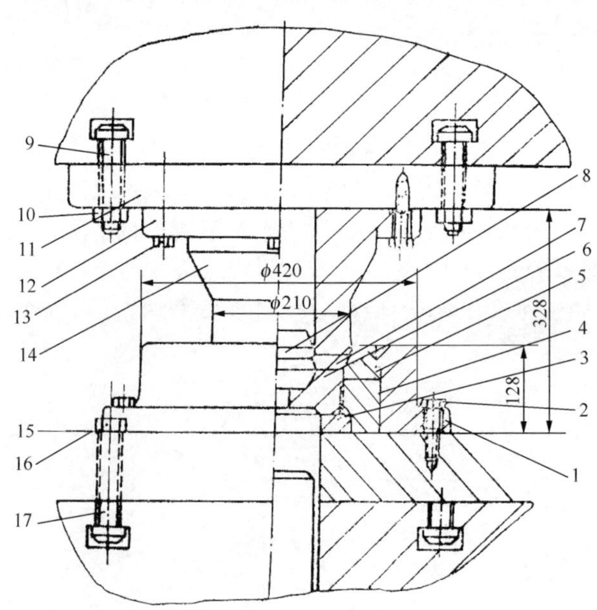

图 16-2 ϕ100 钢平法兰液态模锻模具

1-模套；2-螺钉；3-垫板；4-下模；5-下模；6-滑块；7-制件；8-模芯；9-螺钉；10-螺帽；11-上模固定板；12-压板；13-螺钉；14-上模；15-垫板；16-螺帽；17-螺钉

关于采用凸式冲头压制钢平法兰问题，作者作过一些初步尝试，认为该种压制与平冲头压制相比，显然有下面不足：

(1) 凸式冲头压制存在冲孔连皮，使机器能量大部分消耗在连皮的减薄上，给成形造成困难。

(2) 易损件(凸式冲头)在生产过程中不便更换，给生产连续进行造成困难。

平冲头压制却克服了上面的不足。因而钢平法兰液态金属模锻工艺采用平冲头压制，立足点就在于此。

2. 平冲头压制下钢平法兰结晶凝固——流动成形

将熔融的金属液浇注在凹模中，尽管模具预热温度为 100℃以上，但相对熔液仍然是低。因此，金属熔液与模底、模套内壁和模芯接触，马上凝结成细晶硬壳。与通常结晶一样，在垂直模壁方向上行程自然地顺序结晶[图 16-3(a)]。在浇注过程中，由于凹模内金属液剧烈翻滚作用，细晶硬壳上一些尚未结牢的晶体重熔和游离于熔液中。当浇注结束后，金属液的翻滚作用逐渐减弱，而由于密度差引起的自然对流则逐渐增强。这种自然对流同样使细晶壳上一些尚未结牢的晶体与母体脱离而“游弋”于熔液中。

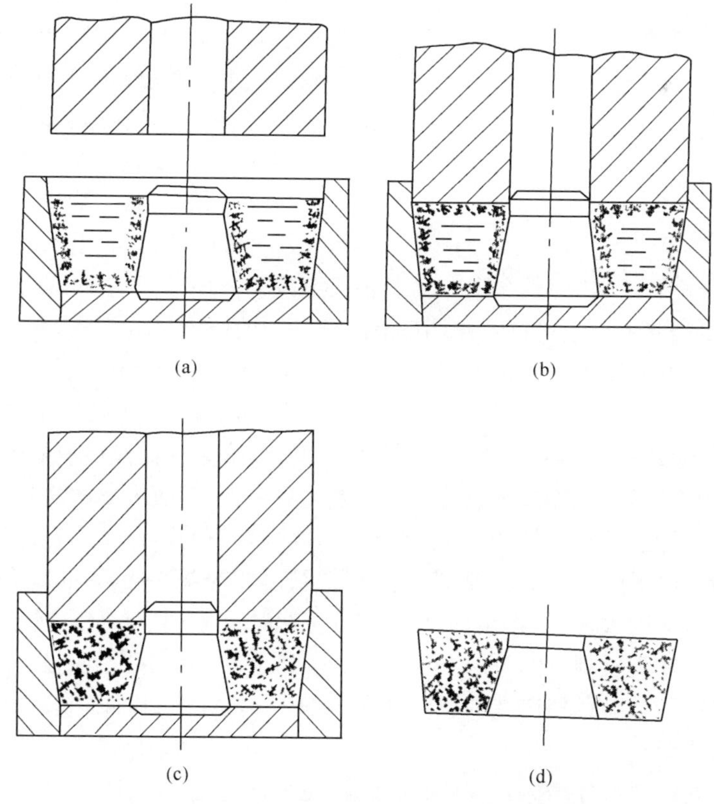

图 16-3　平冲头压制下的结晶凝固——流动成形

由于金属熔液与模壁各处的温度差不同，模具各部位的散热条件不同，各处的细晶硬壳厚度也不同。另外，游离的晶体在沉淀时被下部晶层所捕捉，因此晶层以凹模底部处最厚，模芯周围最薄，形成一敞口的环状盒形细晶层。

随着温度的降低，金属熔液发生液态体收缩，结晶硬壳发生固态收缩。这样使得硬壳层外缘脱离凹模内壁而形成间隙，硬壳层内缘则紧箍模芯。

当上冲头与熔液接触时，在接触区的熔液立即形成一薄层，这一薄层与原先的敞开式结晶硬壳组成了一个封闭式的硬壳型腔[图 16-3(b)]，尚未凝固的、温度高的熔液被封闭在型腔内。此时增加了一个凝固前沿，这样金属熔液内自然对流路线将发生突变，使那些与硬壳结得不牢的枝晶发生稍许的转向和移位，改变其原来与模壁垂直的方位(图 16-4)。

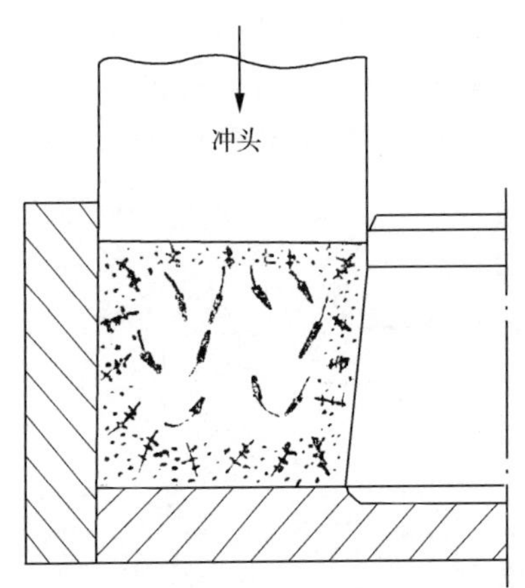

图 16-4　枝晶方向的转向和移位

上冲头继续下移和施压，硬壳型腔的上部发生变形，上端外径增大，整个高度减少。上冲头再度下降和增大压力时，硬壳型腔上部四周与模壁相接触，继而再出现硬壳型腔下部四周完全接触，到消除间隙为止[图 16-3(c)]。由于硬壳塑性变形使得金属液承受等静压，并迅速使凝固前沿的金属液挤入因凝固收缩所生成的间隙中，达到完全补缩的目的。另外还应指出，硬壳型腔内的熔液在瞬时温度下具有不可压缩性的一面；而在温度下降时，熔液又要发生液体体积收缩，具有可压缩性的一面，这正是要求压制力持续作用(即保压时间)的原因。

硬壳型腔内部发生的变化如图 16-5 所示。硬壳型腔的外形与尺寸变化(外径不均匀增大，高度减小)，使得硬壳、固-液区和液相区三部分具有相互约束和适应关系，这样就使在硬层上生长结牢的枝晶发生变化，这些变化包括枝晶改向、移位、熔断，枝晶相互压挤或游离，熔液挤入枝晶的间隙中去，熔液中形核功降低，形核率上升，凝固温度上升等。这些变化导致硬壳型腔内熔液的迅速凝固，最厚凝固的熔液区有可能获得不同的外形轮廓，有的呈横向被压弯的条块状，有的呈纵直方向上被镦弯状。这些均表现出，在熔液最后凝固的瞬时，仍一直处于强烈的流动状态中。正因为平冲头压制下的平法兰存在液态金属流动，但流动不明显，这就使液态金属成形件中不容易见到铸造的顺序结晶组织，也不易见到锻件中那种流动明显的纤维流向组织。

如果中间绝对尺寸增大，形状有所改变，宽高比接近 1，比压值小，保压时间不足，将会产生不利的结果。当浇注熔液在模具内形成封闭细晶壳后，由于压力不

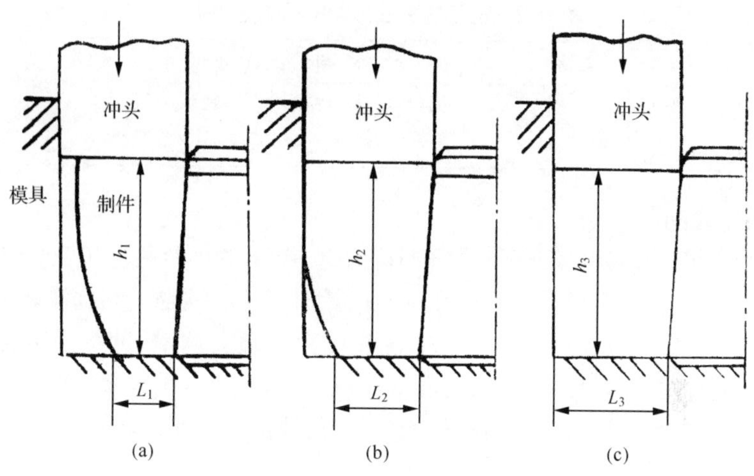

图 16-5　硬壳形状变化

$L_1<L_2<L_3$；$h_1>h_2>h_3$

足，既不能压塌硬壳，也不能有足够的力传递到尚未凝固的金属液上去，而处在中心部分的液态金属在稍滞后的凝固过程中就得不到补缩，这样势必要产生缩孔和缩松，保压时间不足，处于中心部分的金属熔液尚未完全结晶凝固时就卸去了压力，结晶不能与压制同时进行。未凝固的液态金属就完全处于没有外加压力下，甚至是低于大气压下，在封闭结晶壳内进行结晶凝固而得不到补缩，产生缩孔和缩松等各种缺陷就是必然了。

3. 工艺参数

1）比压

目前钢平法兰液态模锻采用的比压在 59～225MN/m^2 范围内，这是可行的，而其中某些数值是最佳的。例如，对 ϕ100 平法兰，目前采用比压力为 117MN/m^2，也曾采用过 50MN/m^2，这两种情况都能正常生产。但要确定最佳比压值，还有待进一步研究。

液态金属成形时，金属的流动是在半固态下流动的，这样并不需要很大的压力，施加压力是为了在压力作用下产生结晶凝固——流动成形以获得致密的效果，并非满足在固态下变形流动的需要。因此，合理的比压值的上限应当低于固态金属的最低单位变形的值。但比压低于固态金属变形流动的单位变形力的值到什么程度为宜，应当通过实践和理论分析进一步探讨。钢平法兰成形选用的比压值不是人为的，而是在给定的机器压力的条件下，多大的投影面积应对多大的比压值，这是确定的，可参照表 16-2 所列举的数据。

表 16-2　钢平法兰液态模锻的工艺参数

项目	ϕ50	ϕ65	ϕ80	ϕ90	ϕ100	ϕ125	ϕ150
比压/(MN/m^2)	225	178	128	128	124	78	63
保压时间/s	8	10	10	12	14	15	15

2）保压时间

钢平法兰液态模锻时较合理的保压时间为 10～20s，并可参见表 16-2 所列的数据。

对于钢平法兰液态模锻并不存在加压开始时间这一问题。在浇注之后金属熔液已经处于半固态，应立即施压。由于浇注结束后还要除渣、冲头下行合模至施压，需要一定时间。总之这些空余时间对于液态钢足够长，没有必要单独安排加压开始时间这一参数。按目前使用的机器情况，浇注后至压制前之间的空余时间，一般可控制为 4～6s。

3）浇注温度

钢平法兰液态模锻浇注温度一般比液相线高 100～150℃。对薄壁件，热容量较小的金属，浇注温度应稍高一些。但太高，则金属熔液溶解的气体量增加。在生产中采用钢水在端包里刚一结模或结模前浇注，浇注温度一般为 1480～1520℃。

4. 模具预热温度

模具预热温度在 100～300℃为最佳，经实际测定模具温度，压制完一炉钢水，凹模内衬套温度不超过 700℃，可适应目前生产条件。

模具材料除模芯选用 $3Cr_2W_8V$ 外，其余均采用 ZG45，可适应小批量生产的需要。钢平法兰液态模锻件表面质量达到表面要求，如图 16-6 所示实物照片。对 ϕ50、ϕ65、ϕ80、ϕ90、ϕ100 等五种规格的钢平法兰液态模锻件均做了力学性能测定，其取样位置如图 16-7 所示。

图 16-6　钢平法兰实物照片

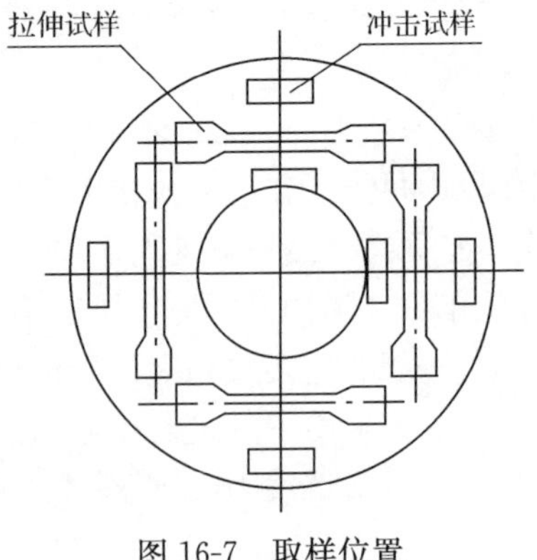

图 16-7　取样位置

沿平法兰径向截面的三个部位(内孔边、中部、外边缘)作了金相组织观察,其结果如图 16-8 所示,很明显,其组织比较均匀。

(a) 内孔边

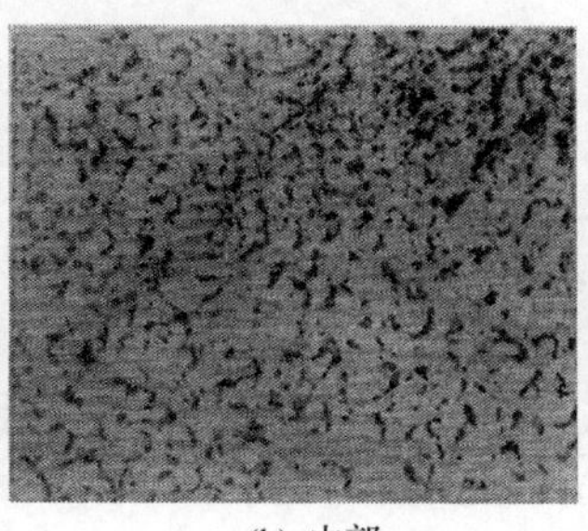
(b) 中部

(c) 外边缘

图 16-8　ϕ80、25 钢平法兰沿径向截面不同部位的金相组织

5. 产品质量检查

1) 化学成分

产品化学成分见表 16-3。

表 16-3　钢平法兰化学成分　(单位:%)

牌号	C	Mn	Si	S	P
25	0.20～0.28	0.50～0.80	0.17～0.37	≤0.040	≤0.040
20Mn	0.25	0.60～1.0	0.50～0.80	≤0.040	≤0.040

2) 外形尺寸

径向偏差:外圆直径偏差+2;内孔直径偏差-2。

高向偏差:$^{+3}_{-1}$。

3) 表面质量

允许气孔、冷隔、叠层、裂纹、龟裂等深度不超过加工量的 95%,若超过必须排除并补焊。毛刺高度允许 2mm。

4) 金相组织和力学性能

金相组织:珠光体+铁素体。

机械性能(退火或正火状态):见表 16-4。

表 16-4　钢平法兰力学性能

牌号	σ_b/(MN/m^2)	σ_s/(MN/m^2)	δ/%	φ/%
25	450	250	—	—
20Mn	450	250	8	8

5）承受压力（水压）

压力为25MPa，时间为5min，经检测无泄漏。

16.2.2 钢质杯形件

钢质杯形件是一种常见的典型制件。材质20钢，要有高强度、一定塑性和良好的密封性。而对其他性能无特殊要求。原采用铸造方法生产。由于生产这类厚壁、深筒的杯形件，需要设置多个冒口，大的浇口，钢水利用率很低；表面质量差，加工余量大，材料利用率也低；由于制件体积较大，最厚凝固部位也极易形成疏松和缩孔；另外清理工序劳动量大，劳动环境差。因此，改革现有工艺就显得十分必要了。根据多年钢质液态模锻研究和实践，作者认为液态模锻技术可能成为变革钢质杯形件现行工艺的设想之一，以克服砂铸工艺的不足。

1. 成形方案的确定

图16-9(a)为钢质杯形件的零件图，根据第12章提供的资料进行毛坯图的设计，其结果如图16-9(b)所示。很显然，杯形件毛坯用异形冲头加压法成形较合适，如图16-10所示。

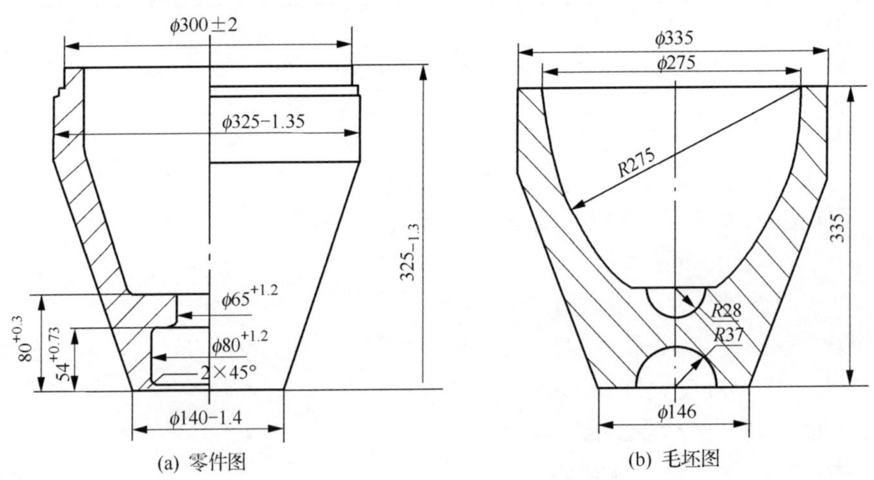

图16-9 钢质杯形件

2. 工艺参数

(1) 比压：$33MN/m^2$。

(2) 保压时间：30s。

(3) 浇注温度：1500～1520℃，采用多次端包，连续注入。

(4) 模具温度：预热温度为150～300℃，最佳工作温度约400℃。

(5) 润滑剂：采用油基石墨进行润滑。

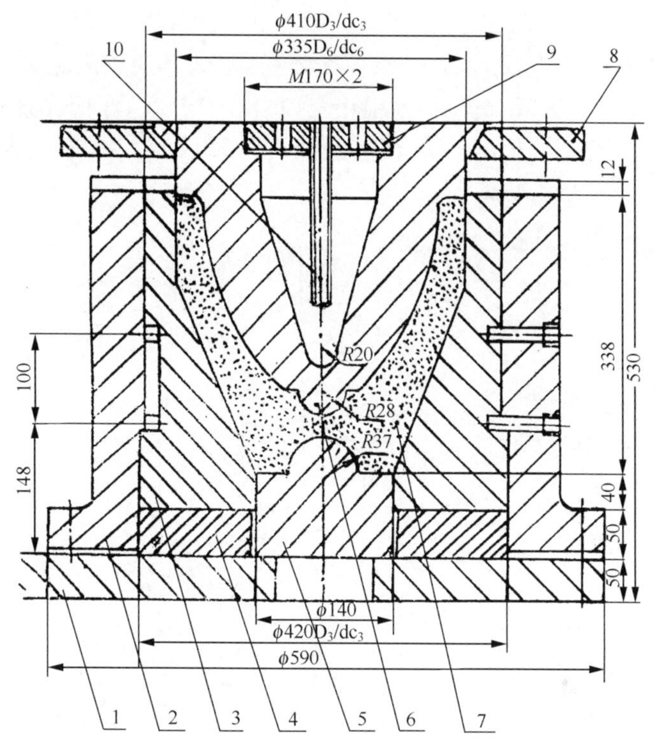

图 16-10　钢质杯形件液态模锻工艺成形模具

1-垫板；2-外套；3-下模；4-垫圈；5-活块；6-上模；7-制件；8-锁圈；9-端盖；10-进水管

3. 热处理规范

为提高液态模锻件的组织性能，寻求合适的热处理规范，采用两种正火规范：900℃按 1mm 保温 5min；860℃按 1mm 保温 12min。

4. 组织与性能

(1) 外形。图 16-11 给出了钢质杯形液态模锻件的实物图片。表面质量比砂制件好。

(2) 化学成分检查。检查结果符合技术条件要求，见表 16-5。

表 16-5　钢质杯形模锻件化学成分（单位：%）

材料	C	Si	Mn	S	P
20	0.198	0.360	0.580	0.043	0.027

图 16-11　钢质杯形件实物照片

(3) 硬度检查。图 16-12 给出了纵向中心截面的硬度分布图。图 16-12(a)为原始状态。共测 82 个点,除了 3 个点位于缩松区外,其余点最高硬度为 HB140,最低为 HB130,平均为 HB136,相差很小,分布比较均匀。仔细观察发现:上部硬度略高于下部,中心部位硬度略高于边部。图 16-12(b)为 900℃正火状态。硬度提高不大,只是分布更为均匀。

(a) 原始状态　　(b) 正火状态(900℃)

图 16-12　纵向中心截面硬度分布

(4) 低倍组织检查。图 16-13 给出了不同部位横向截面的低倍组织相貌。由图看不出明显的三个结晶区,组织致密。下部内裂严重,上部组织较好。

(5) 力学性能检查。图 16-14 为试验取样部位示意图。原始组织不同部位力学性能数据比较见表 16-6。表 16-7 为不同热处理条件下力学性能的比较,且均在上部横向取样。

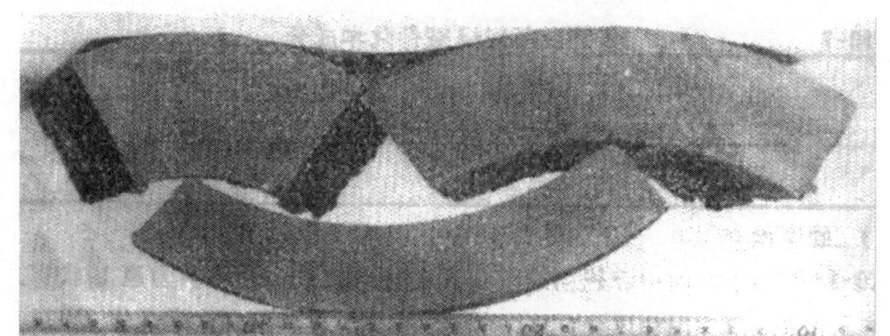

(a) 横向截面

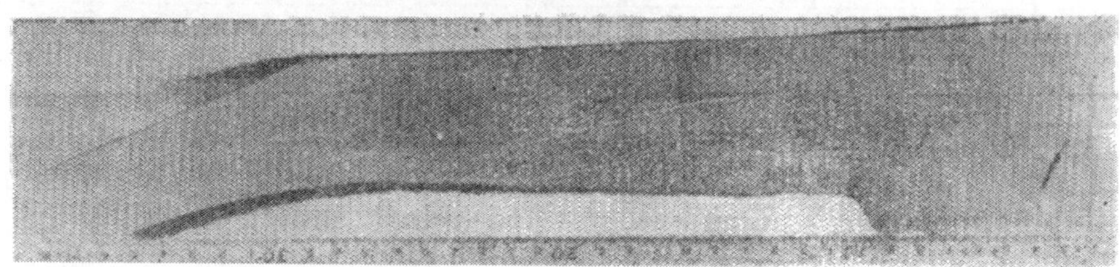

(b) 纵向截面

图 16-13　低倍组织检查

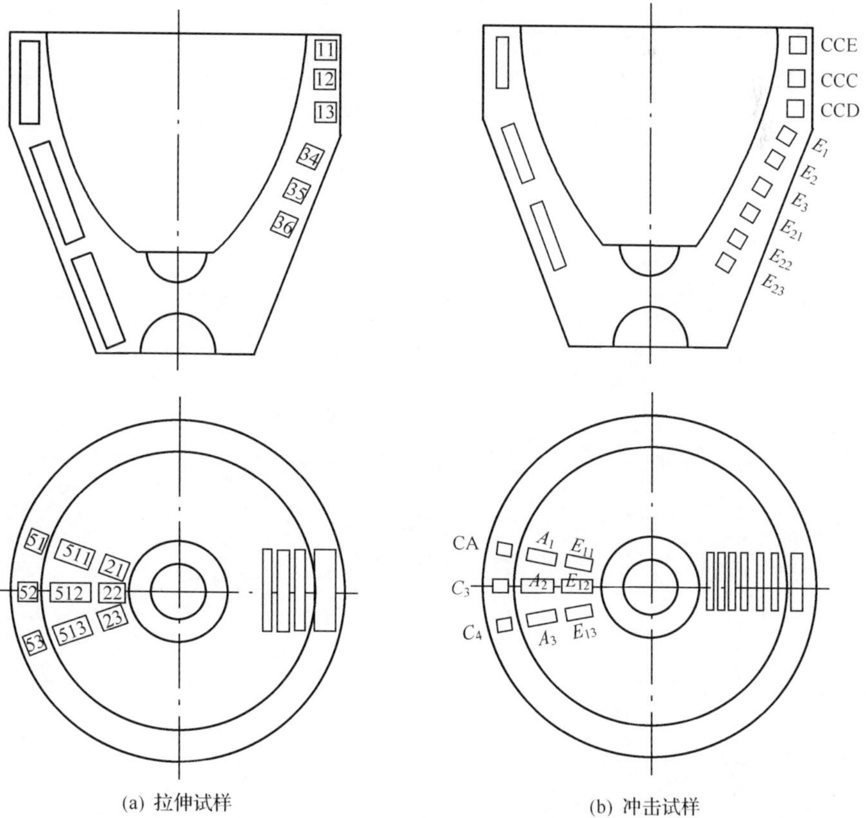

(a) 拉伸试样

(b) 冲击试样

图 16-14　机械性能试样取样部位

表 16-6　原始组织不同部位力学性能数据比较[2]

部位		σ_b/(N/mm²)	δ_5/%	φ/%	α_k/(J/cm²)
上部	纵面	324.7	7	15	49.2
	横向	422.9	9	17.5	41.0
中部	纵面	279	8	13	39.0
	横向	353.5	7.5	13	34.0
下部	纵面	—	—	—	36.0
	横向	—	—	—	36.0

表 16-7　不同热处理条件下性能的比较

状态	σ_s/(N/mm²)	σ_b/(N/mm²)	δ_5/%	φ/%	α_k/(J/cm²)	冲击断口形态
原始	380.0	422.9	9	17.5	41.0	结晶状
900℃正火	251.6	488.9	25.16	37.42	60.1	大部结晶状与少量木纹状
860℃正火	257.8	496.3	19.6	28.59	75.7	木纹状与少量结晶状

(6) 夹杂物形态。观察部位如图 16-15 所示，制件为原始状态。夹杂物分布自上至下细小弥散，较为均匀，见表 16-8。夹杂物主要是非金属夹杂物，级别为 4～5 级。图 16-16 为三个部位夹杂物显微分布像。

表 16-8　钢质杯形件杂质(原始状态)

编号	级别	粒度	区域	部位
601	4	细小	边部	上部
602	5	细小	边部	
606	5	细小	中心	
609	5	细小	中心	
615	4	细小	边部	
616	5	细小	中心	
617	5	细小	边部	
625	5	细小	中心	中部
630	4	细小	边部	
632	5	细小	边部	
634	4	细小	中心	
640	4	细小	边部	
643	5	细小	边部	

续表

编号	级别	粒度	区域	部位
649	4	细小	中心	
655	4	细小	边部	下
656	5	细小	中心	
657	5	细小	边部	
667	5	细小	边部	
669	4	细小	中心	
671	5	细小	中心	
677	5	细小	边部	
679	4	细小	中心	部
681	4	细小	中心	

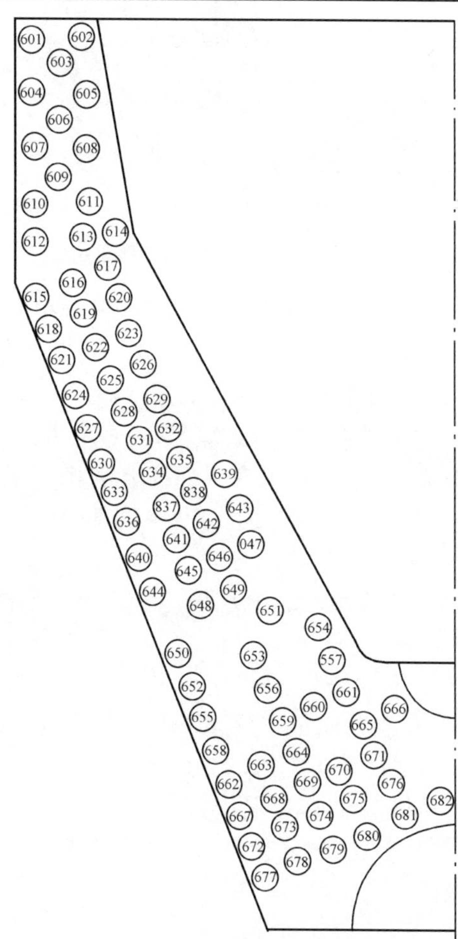

图 16-15　夹杂物形态观察部位

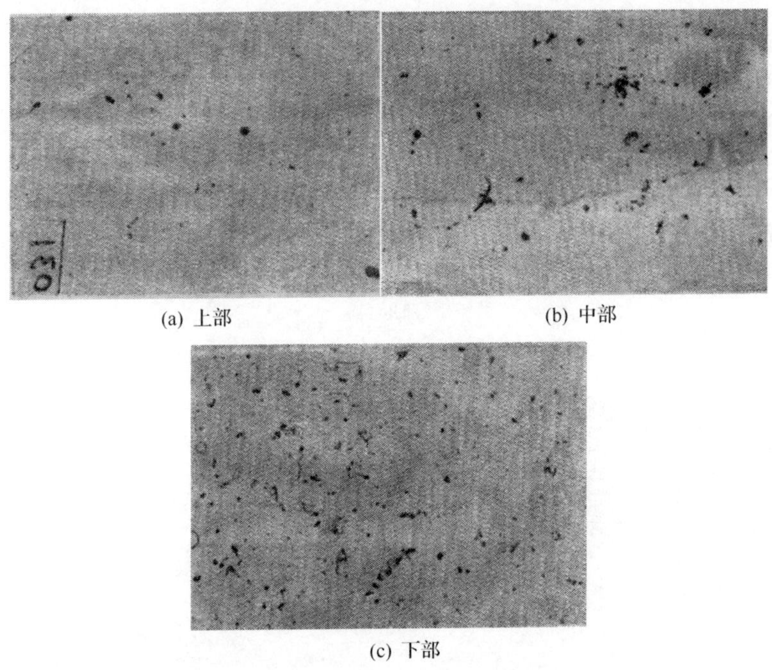

(a) 上部　(b) 中部　(c) 下部

图 16-16　三个不同部位夹杂物形态及分布

(7) 金相组织与硬度分布相对部位。截取试样做金相分析发现，上部边部组织与下部边部组织差异很大：苫布铁素体呈一定方向的胞状枝晶组织，而中下部却是典型的魏氏体组织，如图 16-17(a)～(c)(上部)、(g)～(i)下部所示。中心部位组织差异较小，均是不定向的胞状枝晶组织，只不过上部组织比下部细小，如图 16-17(d)～(f)(中部)所示。经过 900℃正火后的金相组织，魏氏体组织消失，上下部组织均匀。图 16-18 为观察部位，图 16-19 为不同部位的金相组织，仅上部还残存胞状枝晶。

(8) 承压检查。在 2.5MN/m^2 的压力下，承压 5min，无泄漏，封闭性良好。

5. 结果分析

(1) 由于设备限制，在较低比压下(33MPa)压制钢质杯形件，从结果可以看出，即使在低比压条件下，也能获得满意的成形结果。但从低倍组织看，下部原理施力端，有明显疏松区；从机械性能和硬度检查也发现，下部性能较差，为了消除这一缺陷，或加大比压，采用较大加压设备，或采用特殊装置进行局部加压，完全可以获得符合要求的合格制件。

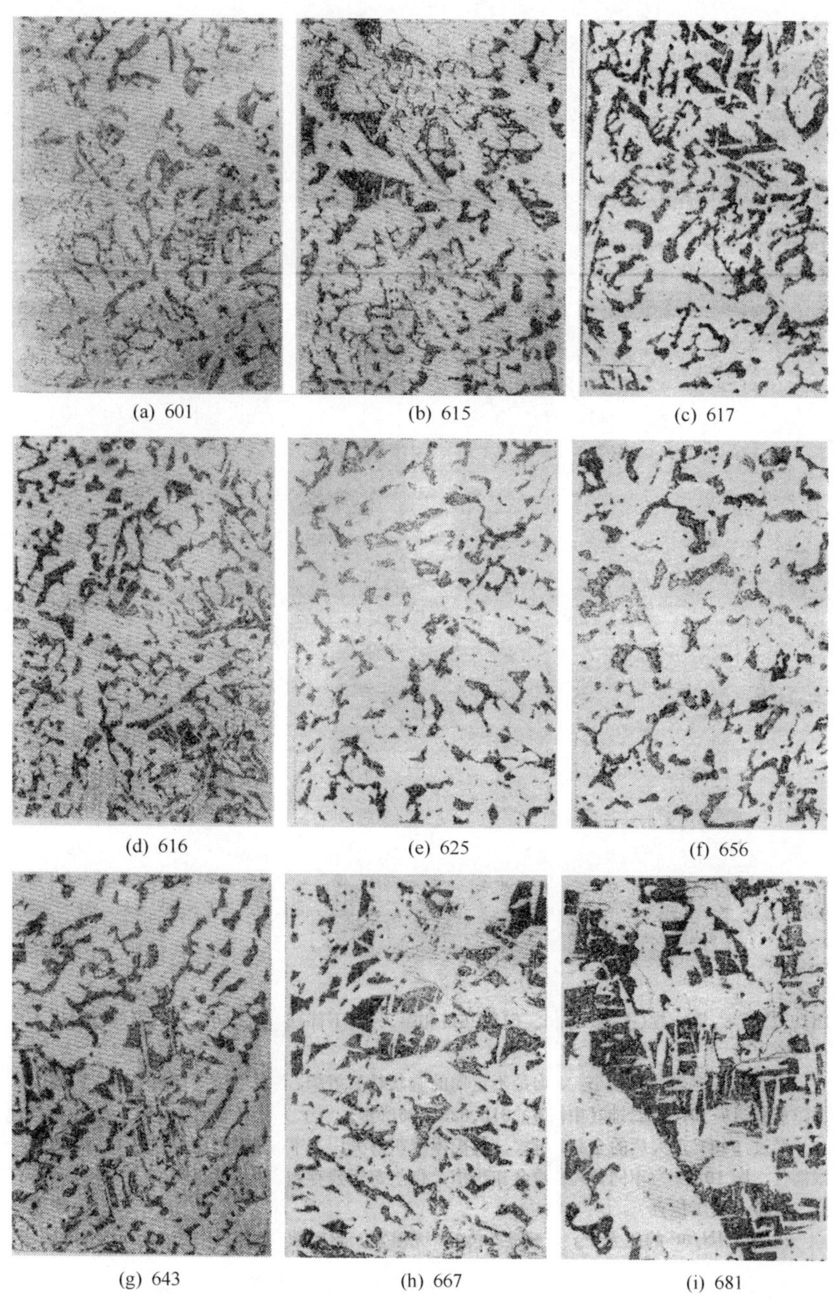

(a) 601　(b) 615　(c) 617
(d) 616　(e) 625　(f) 656
(g) 643　(h) 667　(i) 681

图 16-17　不同部位的金相组织形态

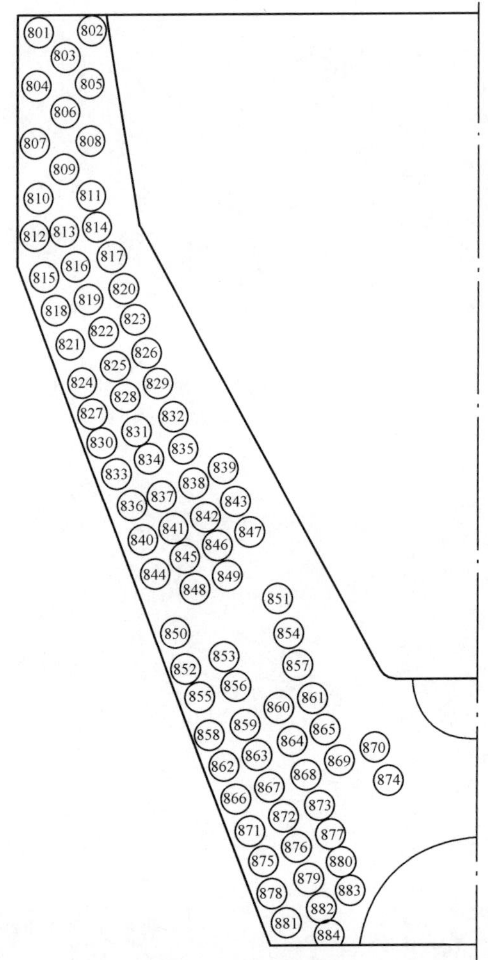

图 16-18　900℃正火后金相组织观察部位

(2) 从组织检查中可知，其典型组织是胞状枝晶组织，下部呈现出不平常的魏氏体组织。但采取适当的热处理规范，后者完全可以消除。前者由于严重的枝晶偏析，其组织相貌很难消除，形成所谓的伪枝晶组织。同样，采用低温长时间保温的热处理规范，也能获得枝晶偏析的消除，并且原奥氏体晶粒不致粗大，达到提高 a_k 值的理想结果，这点已作过详细的讨论，这里不再赘述。

(3) 钢质液态模锻工艺应用在大、中、小杯形件生产上是可行的，考核钢杯形件的组后性能是密封性和破碎性。工艺试验结果表面高强度、低塑性这一特点，正好有利于钢杯形件使用性能的完全发挥。因此，采用钢质液态模锻工艺生产杯形件是一个很好的开拓，本试验就是一个良好的开端。制件为 78kg，比美国“爱国

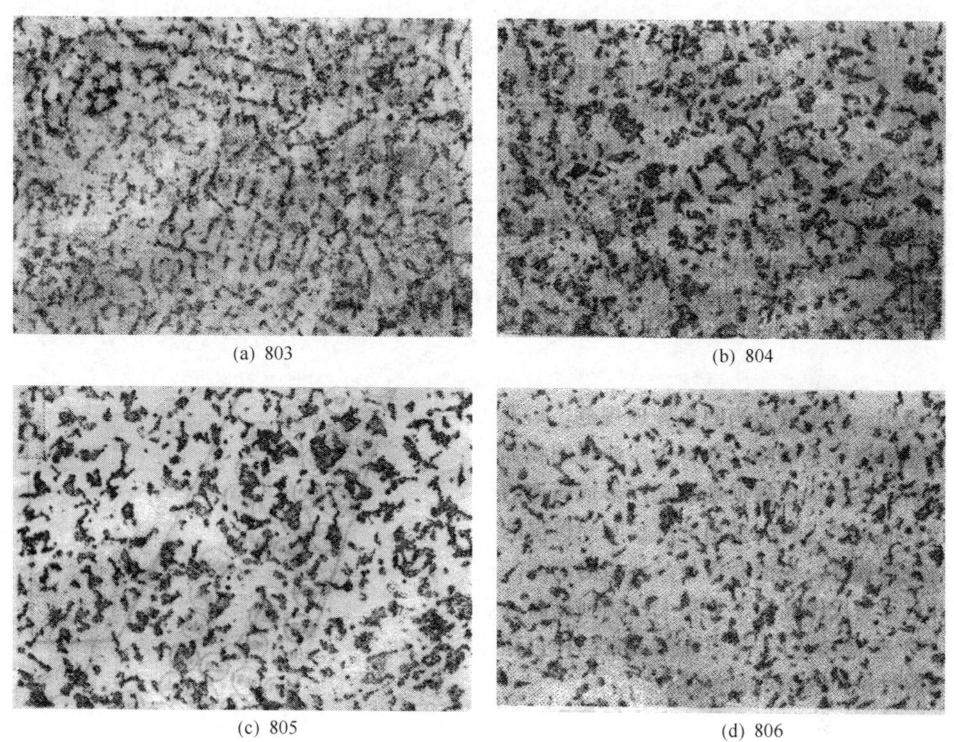

(a) 803　(b) 804　(c) 805　(d) 806

图 16-19　900℃正火后不同部位金相组织

者"导弹前舱盖液态模锻试验件的 27.2kg 重 2 倍。质量大小是标志液态模锻水平的一个重要指标。因为制件大，模具结构、浇注技术、顶出装置等一系列问题就显得特别突出。当然，美国的前舱盖制件直径为 446mm，最小壁厚 3.8mm，也是难度较大的，与本研究的制件相比，从水平上是相当的，并各有自身的特点。

该杯形件之所以成功主要在于浇注操作采取了不定点循回浇注。恰恰采用定点浇注，在强烈的钢液流冲击下，使防护层冲毁，高温金属液直接和模膛表面接触，在压力下热粘在一起，造成脱模操作无法进行。美国在顶料杆上部设置一陶瓷垫块，浇注点固定在陶瓷垫块上。压制完毕后，陶瓷垫块同制件一同顶出。

在模具问题上，作者回避了模具材料问题，直接采用中碳钢来制造，关键在选择合理的模具结构，采用强制冷却方法，以保证过程顺利进行。在工序操作上，动作要协调、迅速准确，使钢水在模具中停留时间尽量短，否则模温上升将对操作带来很多不利因素。上述这些工艺细节，保证了试验正常进行。

6. 导弹前舱盖

美国伊利诺伊理工学院工艺研究所应美国陆军研究发展局的要求，采用液态模锻工艺成形“爱国者”导弹前舱盖，毛坯约 27.4kg，直径达 415.3mm，最小壁厚 3.8mm，是当前生产的最大液态模锻件之一。其材料为 D6AC，化学成分见表 16-9。

表 16-9　“爱国者”导弹前舱盖制件化学成分　(单位：%)

材料	C	Mn	Cr	Mo	V	P	S
D6AC	0.46	0.82	1.11	0.99	0.10	0.006	0.004

其工艺过程是：在感应炉中熔炼，用移动浇包浇注；钢液浇入模具后，上冲头以 95.43MPa 压力合模施压 1s 后，再把压力降至 76.37MPa，再行保压 4s，然后进行卸压和取件操作，其具体过程如图 16-20 所示。其中(a)为浇注操作，(b)为压制操作，(c)为顶件操作。

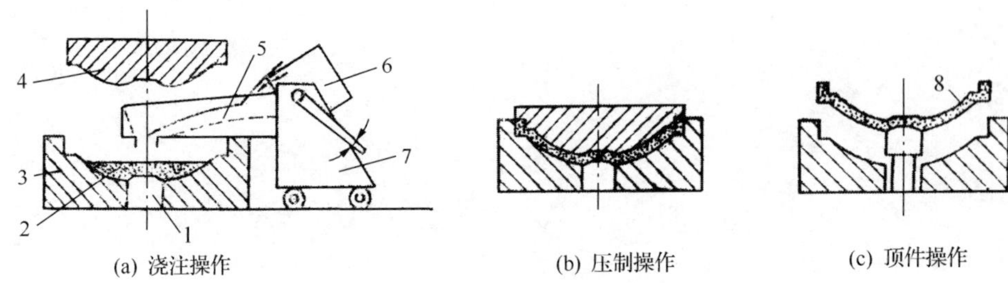

图 16-20　导弹前舱盖液态模锻过程示意图

1-推料杆；2-钢液；3-凹形；4-冲头；5-溜槽；6-浇包；7-运包车；8-制件

具体工艺参数如下：

(1) 浇注温度。温度太低制件冲模过程不完全，且上部气孔过多；温度太高则熔融金属在凸、凹模间承受挤压，使导弹前舱盖较厚部分内出现大的缩孔。最佳的浇注温度是 1593.3℃±27.8℃

(2) 浇注方式。浇注时偏离中心导致不均匀充填，发生湍流，甚至飞溅到凹模上，还可能冲刷涂料 Al_2O_3 等，因此产生铸造缺陷和制件与模具熔接。所以必须将金属液精确地浇入凹模模膛中心。

(3) 浇注时间。浇注时间最好为 10s，时间太长会使熔融金属进入凹模时产生微弱波纹而使制件分层，还会导致金属盒凹模壁制件发生反应，可能引起熔接，降低凹模寿命或损坏模具部件。浇注太快会产生湍流，并使熔渣颗粒进入凹模中。

(4) 比压。在最大压力 95.43MPa 下保压 1s 后，再降为 76.37MPa 证明是令人满意的。压力太低，制件内部有气孔。有关文献介绍压力为 40MPa 合适，但研究者认为，高于以上所采用压力并无任何益处。

(5) 保压时间。该所研制其他液态模锻件曾采用过 20s。但对导弹前舱盖制件，这个时间就显得过长，因为在制件收缩与冲头膨胀的反压力影响下，就会明显出现破裂，在边缘产生垂直裂纹，因此压力作用时间以 5s 为准。

(6) 模具预热温度。凹模预热温度为 177℃；冲头预热温度也应为 177℃。

(7) 模具及润滑。模具材料为 $4Cr_5MoSiV_1$ 钢，且每次浇注前在顶杆上部设置一陶瓷垫块，压制完毕，与制件一同顶出。

涂料采用石墨加 Al_2O_3 粉。加压设备为 10000kN。制件基体组织为马氏体，部分出现枝晶。经常规热处理后，为回火马氏体组织。将制件去毛刺、称重、喷砂和表面涂漆，然后经射线照相检查无裂纹和孔洞后，方可进入机械加工工序。

7. 凿岩机缸体

凿岩机缸体是矿山风动工具的壳体系筒形件，高径比大，两侧还有两个凸台，内有孔，还有加强筋，材料为 20Cr。

1) 工艺难点分析

凿岩机缸体采用液态模锻工艺成形，其成形困难如下：

(1) 高宽比较大的异形件，压力损失比较大，故要较大的压力才能成形，但制件水平投影小，若上冲头承受力大，在高温下易变形，并与制件黏结成一体，难以脱模，这又限制了采用较高比压的可能性。

(2) 制件沿高向有通孔，若对毛坯也设计有通孔，就要采用细长的芯子。一者在模中的定位困难，二者难以抽芯，很可能芯子和制件粘成一体，同样难以获得合格的制件。

(3) 沿横向方向上，还有两个凸台并有孔腔。这就增加了模具结构的复杂性。

2) 工艺设计要点

(1) 毛坯图的设计。高向通孔设计成盲孔，横向孔设计一个通孔，另一个为盲孔。其制件质量约 9kg。图 16-21 为毛坯图。

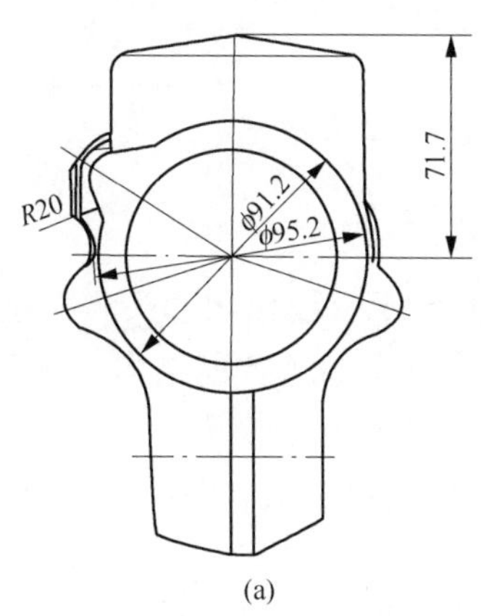

(a)

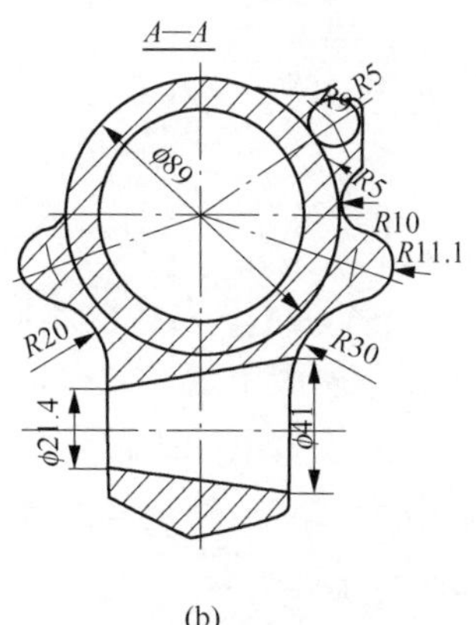

(b)

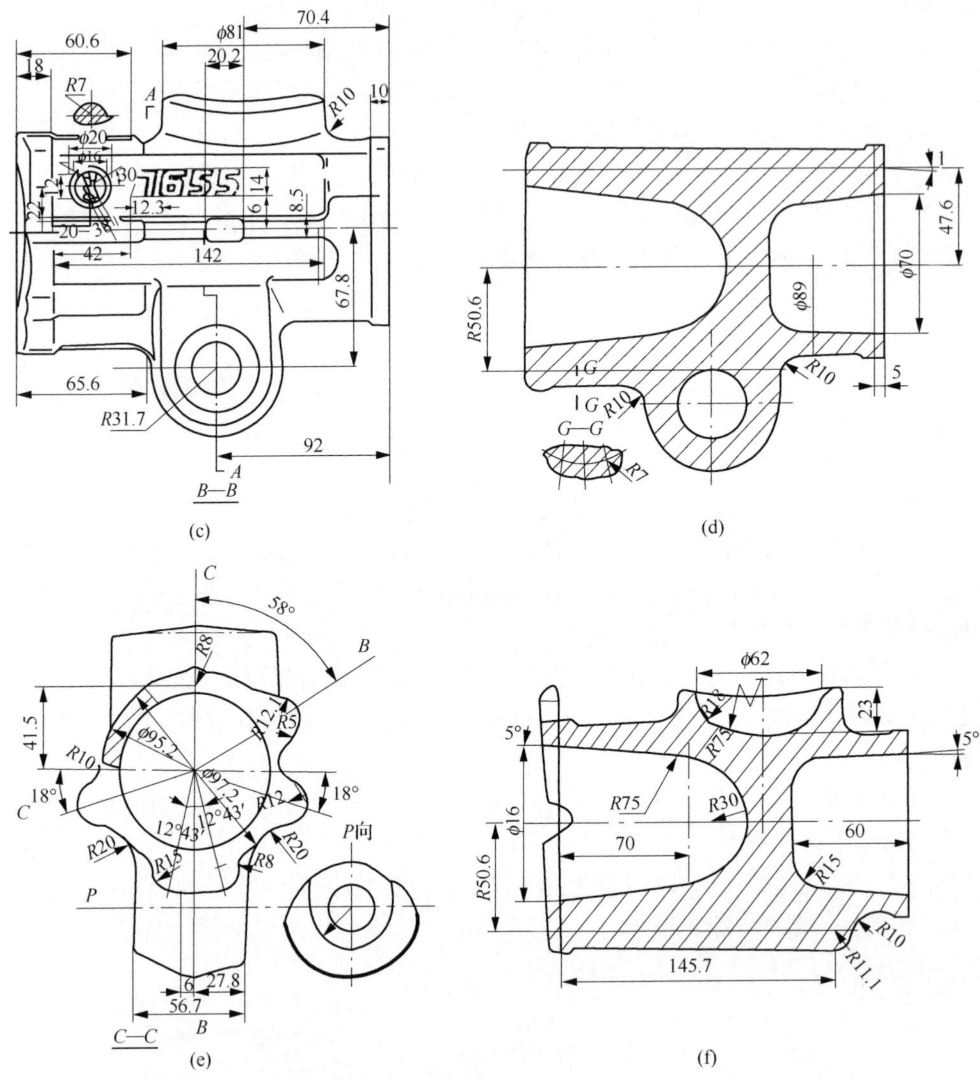

图 16-21　凿岩机缸体毛坯图

(2) 模具设计。模具设计采用两个分型面；水平分模面用冲头和凹模闭合来实现；垂直分模面用两半凹模来实现，并利用了斜滑块侧开模的结构。中心通孔设计，采用上冲头和下冲头带中间连皮结构，上冲头固定在上横梁上，并采用水冷，下冲头采用活动冲头，外包有沙层，以防止中间产生裂纹。横向两凸台内腔，采用活动金属芯子(图 16-22)。

(3) 工艺参数。①比压：300MN/m^2；②浇注温度：1520～1560℃；③模具温度不低于 400℃；④手端包上浇注；⑤加压前钢水停留时间：越短越好；⑥保压时间：

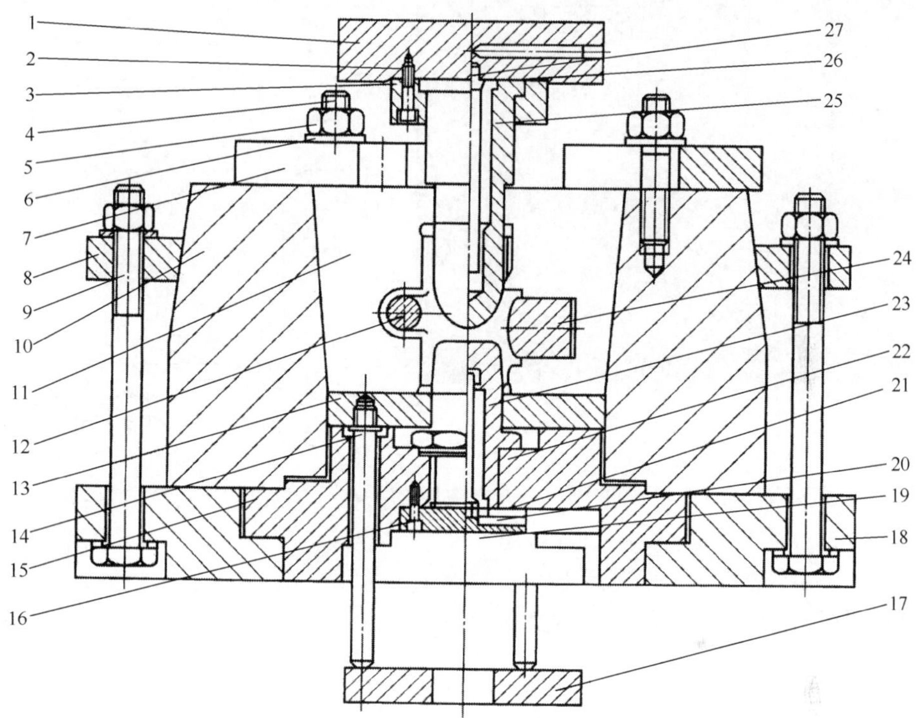

图 16-22　凿岩机缸体液态模锻模具图

1-上模座；2-螺钉；3-压圈；4-双头螺栓；5-螺母；6-垫片；7-压板；8-压环；9-螺栓；10-外套；11-凹模；12-芯子；13-顶料垫板；14-顶杆；15-下模板；16-螺钉；17-顶板；18-下模垫板；19-密封压板；20-管接头及水管；21-密封圈；22-密封环；23-下冲头；24-芯子；25-上模；26-密封圈；27-喷水管及接头

5～10s。

(4) 模具润滑和防护。模具涂以锆粉和水玻璃混合液，作防护层，并涂以油基石墨作润滑层。

3) 组织性能

图 16-23 为液态模锻件实物照片。钢质凿岩机缸体液态模锻件正火后金相组织细小均匀，机械性能符合使用要求。经济效益和社会效益在于降低了材料消耗，利用废钢和实现了无噪声、无震动的文明生产。

8. Dg80、5163 铸铁阀盖

铸铁阀盖是水务工程用的阀体上的零件。过去一直采用砂铸工艺生产。现采用液态模锻工艺进行生产，使性能组织和经济效益均有明显提高。阀盖的化学成分为：3.6％C、1.48％Si、0.55％Mn、＜0.1％S、＜0.13％P。毛坯尺寸如图 16-24 所示。

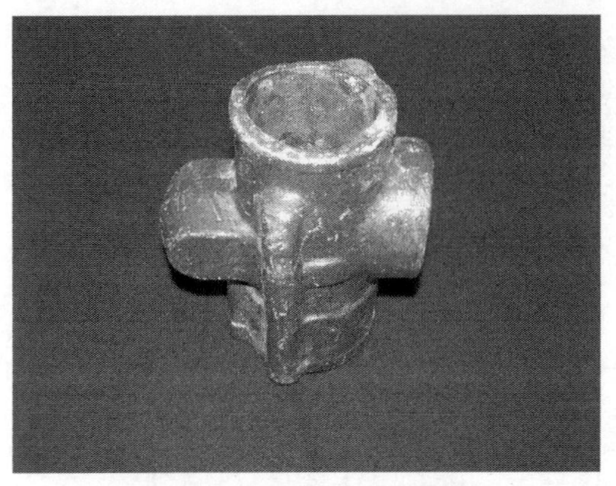

图 16-23　凿岩机缸体实物照片

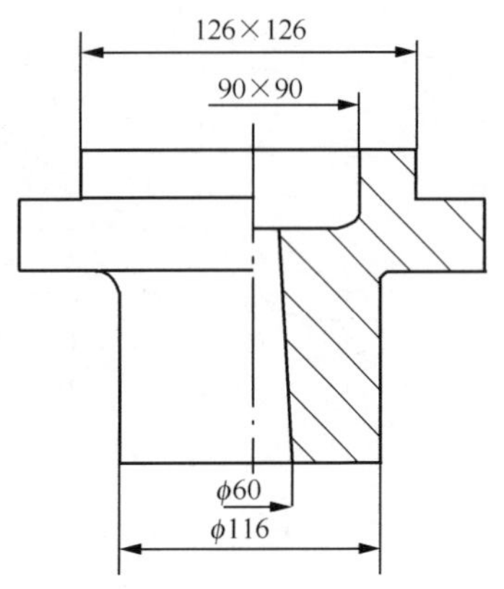

图 16-24　阀盖毛坯尺寸

铁水准备是在冲天炉内进行，模具结构如图 16-25 所示。工艺参数为：比压选取 40MPa、80MPa、120MPa 三种；保压 20s；模具温度为 150～250℃；采用油基石墨作涂料，用喷枪喷涂。压制后毛坯实物如图 16-26 所示，表面光滑，无缺陷。硬度及机械性能见表 16-10。由表看出，比压 $40MN/m^2$ 为最佳比压，其综合性能较好。

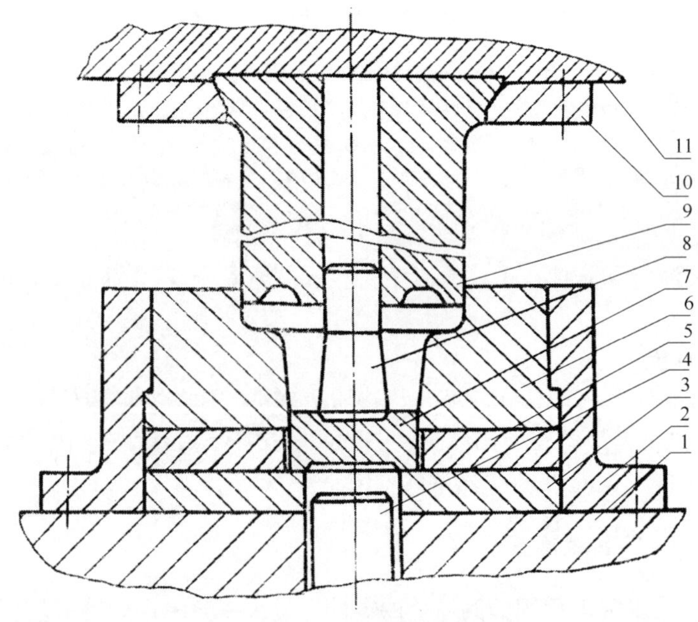

图 16-25　Dg80、5163 阀盖液态模锻模具图[2]

1-下模垫板；2-外套模；3-垫板；4-顶出杆；5-垫板；6-内模；7-活块；8-芯子；9-上模；10-紧固压板；11-上模垫板

图 16-26　阀盖毛坯实物图

表 16-10　阀盖液态模锻件硬度及力学性能[2]

编号	比压/(MN/m^2)	状态	HB*	σ_b/(MN/m^2)
1	砂铸		131	—
2	40	原始	138	—
3	80		152	—
4	120	原始	154	—
5	砂铸		162	170
6	40	正火	156	201.6
7	80		153	207
8	120		135	214.8
9	砂铸		90	—
10	40	退火	126	—
11	80		122	—
12	120		124	—

* 表中 HB 数值为平均值。

在压力下凝固，石墨细化呈蔷薇状，数量增多；石墨间距变小，随压力增大片状石墨量减少而蔷薇状或团絮状、球状石墨量增加(表 16-11)。

表 16-11　压力下凝固石墨结构的比例

铸铁阀盖部位	比压/(MN/m^2)	各占比例/%	
		片状	球状
1	40	90	10
	80	75	25
	120	60	40

续表

铸铁阀盖部位	比压/(MN/m²)	各占比例/%	
		片状	球状
2	40	95	5
	80	90	10
	120	80	20

在压力作用下,片状石墨的弥散度增大。压力小时行程粗而分瓣较少的A型石墨[图16-27(a)]压力增高,形成弥散度较大的B型石墨的倾向增大[图16-27(b)],在不同部位还出现A型与B型石墨混合而成的石墨[图16-27(c)],其四周为A型石墨。硅量不高的低碳当量铸铁在压力下凝固还可获得明显沿初生奥氏体枝晶方向排列的E型石墨[图16-27(d)]。压力下凝固,不同部位片状石墨数量及大小见表16-12。

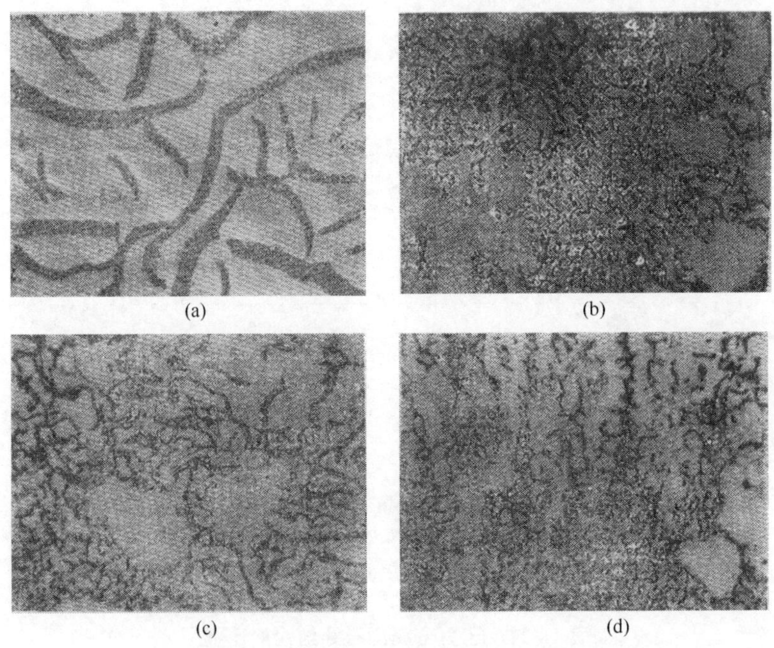

图16-27 压力下凝固铸铁的片状石墨形态变化

亚共晶铁水在冷却时,首先析出初生奥氏体。压力下的过冷作用除加快初生奥氏体树枝晶体形核和长大外,同时也加快了石墨核心在奥氏体晶体缝隙中沉淀和析出。晶核在共晶温度以上长大成团絮状或球状。共晶转变时,在铁水-石墨界面上由于铁水过饱和而析出奥氏体。与奥氏体形成共晶胞的石墨最后发展成片状,同一部位不同压力下凝固的金相组织差异主要表现在片状、球状石墨比例及石墨

表 16-12　压力凝固各石墨类型比例与等级

铸铁阀盖部位	比压/(MN/m²)	A型		B型		D型		E型	
		比例	等级	比例	等级	比例	等级	比例	等级
1	40					100	7		
	80	—	—	—	—	100	7	—	—
	120					100	7		
2	40	60	4		30	7	10	7	
	80	20	4	—	60	7	20	7	—
	120	10	4		70	7	20	7	
3	40	60	5	40	6				
	80	50	5	40	7	10	7	—	—
	120	40	5	45	7	15	7		
4	40					60	7	40	7
	80	—	—	—	—	70	7	30	7
	120					80	7	20	7

比例类型的不同(图 16-28)。

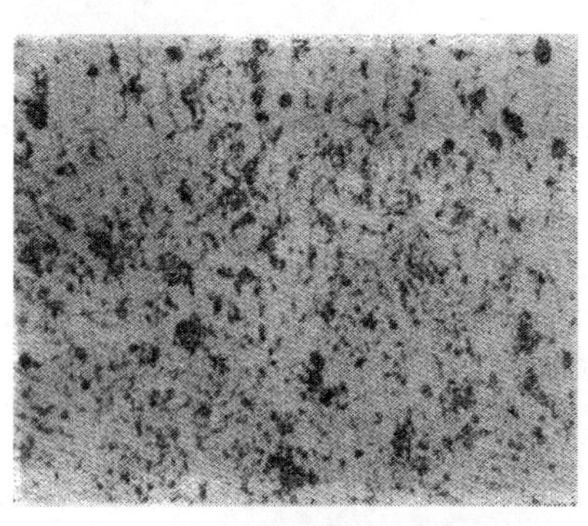

(a) 比压40MPa

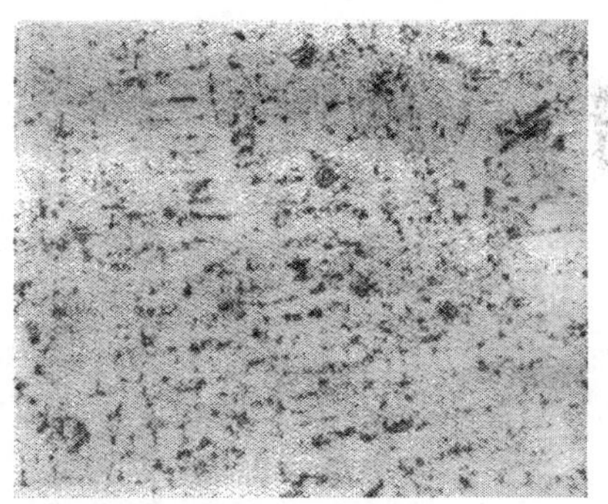

(b) 比压80MPa

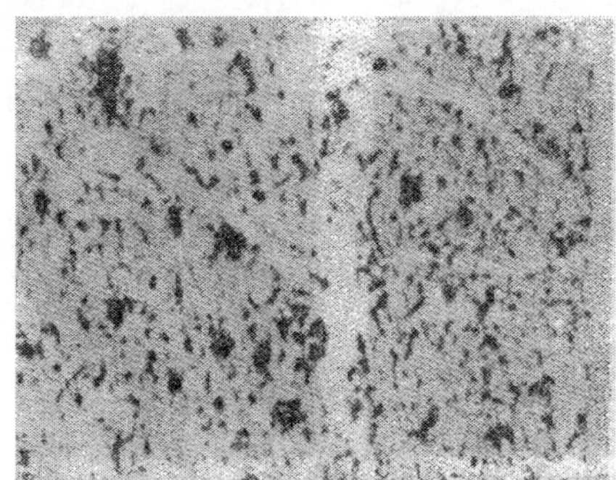

(c) 比压120MPa

图 16-28　同一部位不同压力下凝固的铸铁石墨形态

基体组织主要取决于共析转变。铁水在压力下凝固结束，施压也就终止。因此，共析转变是在常压下进行的，但凝固阶段获得的组织对以后的共析转变仍有很大影响。

由于压力的作用，初生奥氏体晶粒细化，并使共晶团奥氏体与初生奥氏体连接，树枝结构不明显。对经 950℃正火的试样观察发现：压力低时奥氏体冷却发生珠光体转变；随着压力增大，奥氏体冷却发生珠光体转变的同时发生石墨化，基体为珠光体＋铁素体。共析转变时，由于石墨破碎，奥氏体晶粒细化，碳原子不需作长距离的迁移，而在奥氏体-石墨界面上直接沉淀。这样，有相当一部分奥氏体贫碳，直接转变成铁素体，显然，压力越大，石墨越破碎，奥氏体-石墨界面越大，铁素体形核和长大机会越多。

参考文献

[1] 罗守靖，何绍元，王尔德，等. 钢质液态模锻. 哈尔滨：哈尔滨工业大学出版社，1990.

[2] 罗守靖，彭其凤，王尔德，等. 灰口铸铁压力下凝固的金相组织特征. 铸造，1985，(1)：33-35.

第 17 章　有色金属液态模锻

17.1　铝合金件液态模锻生产实例

铝合金液态模锻(挤压铸造)件,其生产工艺最成熟,在液态模锻生产中占比例最大。液态模锻用材料涵盖铸造铝合金、变形铝合金及铝基复合材料等。其产品覆盖交通机械、军械零件、仪器仪表、家用产品等诸多方面。

17.1.1　汽车铝轮毂

1. 应用背景

汽车铝轮毂具有质量轻、结构强度高、耐磨性好、耐冲击、美观大方、节约能耗等特点。在相同行驶条件下,与使用钢轮毂相比,使用铝合金轮毂汽车可节约油耗5%,震动可减轻12%。因此,世界上工业发达国家都逐渐采用铝合金轮毂代替钢轮毂。1987年日本建成挤压铸造铝合金轮毂专用生产线,其年生产能力达100万~150万件。我国近年来,一些厂家从国外引进了低压铸造铝合金轮毂生产线,其生产能力可达年产2000万件。可满足国内市场的需要。而液态模锻技术生产汽车铝轮毂生产线,1997年也投入生产。

2. 工艺性分析

生产铝轮毂技术有多种:重力铸造、低压铸造、液态模锻、旋压和热模锻。除了一些大型、批量小的铝轮毂采用重力铸造外,主要采用低压铸造生产,但也存在不足:废品率达15%~20%;毛刺多,清理工作量大,综合性能低于挤压铸造。采用挤压铸造技术,在废品率、毛刺和性能方面,大大优于低压铸造,应该说它也是低压铸造工艺的补充和发展。

3. 工艺方案分析

挤压铸造生产轮毂工艺存在多种成形方案,主要有三种。

1) 间接挤压

这种方案日本用得较多,称为Ube方案,如图17-1所示,金属流动方向与加压方向一致,其充型性和排气性好。

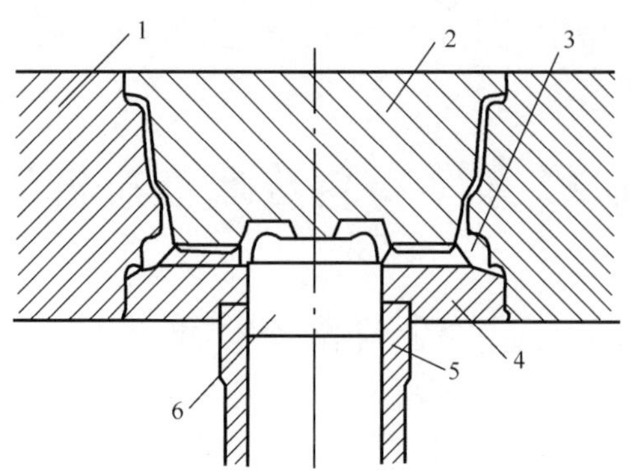

图 17-1　铝轮毂 Ube 成形原理图[1]

1-可分模块；2-上模芯；3-挤压铸造件；4-下模芯；5-压套；6-压头

2）直接加压

其原理图如图 17-2 所示，其金属流动方向与加压方向相反，型腔内气体容易排出，且压力直接加在制件表面上，这点大大优于 Ube 方法。

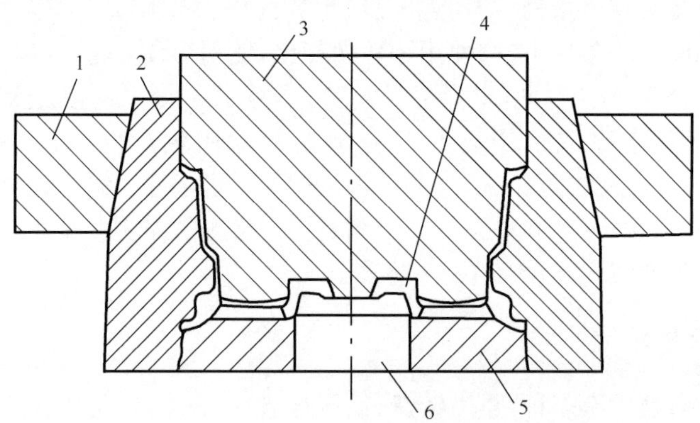

图 17-2　直接加压成形铝轮毂原理图[1]

1-锁模套；2-可分模块；3-上模芯；4-挤压铸造杆；5-下模芯；6-顶杆

3）复合加压

实际上，复合加压是把前两种方法综合而成，其原理图和间接挤压相似。其充型采用下压头注入，然后采用上型芯（压头）加压，即充型精确，并施以高压于制件表面。综上分析，拟采用复合加压法，其模具结构如图 4-6 所示。

4. 工艺参数

目前材料选用 A356，其工艺参数如下：

(1) 浇注温度：720～800℃。

(2) 模具温度:160～240℃。

(3) 比压:180～200MPa。

(4) 保压时间:45～60s。

5. 设备选用[2]

目前,国内使用的加压设备主要是改造现有的液压机,图 17-5 为经过改造的 15000kN 液压机,其特点是:在液压机旁安装一台合金液的保温炉;装有侧向加压的压力缸;加装 PLC 控制系统。

图 17-5　经改造的 15000kN 液压机[2]

6. 制件组织与性能

图 17-4 为制件的外观照片。表 17-1 为不同工艺方法生产的铝轮毂性能[2]。

图 17-4　铝轮毂制件的外观图[2]

表 17-1　用不同方法铸造的铝轮毂规格及力学性能

规格特性		挤压铸造	金属型铸造
铝轮毂设计		碟形	碟形
直径×宽度		330.2mm×152.4mm	330.2mm×139.7mm
质量/kg		5.2	5.3～6.3
热处理状态		淬火＋人工时效	淬火＋人工时效
合金种类		A356.0	A356.0
力学性能	σ_b/MPa	303～338	155～251
	$\sigma_{0.2}$/MPa	237～268	126～212
	δ/%	6.0～15.9	2.4～2.8
	硬度(HRF)	84～90	60～92

17.1.2　摩托车铝轮毂

用液态模锻工艺生产摩托车铝轮毂，使用立式的和卧式的两种液态模锻设备。图 17-5 为一种立式液态模锻模具图。所使用的设备是合模力为 3500～5000kN 四柱通用液压机。其工作原理如下。铝液浇注前分型面Ⅰ-Ⅰ为比闭合状态，分型面Ⅱ-Ⅱ为打开状态。挤压头 2 处于下位。待铝液浇入料缸 3 之后，迅速闭合分型

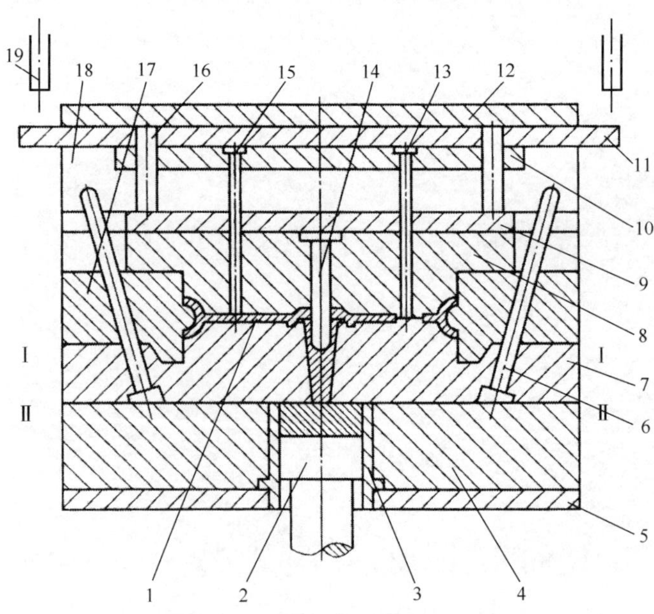

图 17-5　摩托车液态模锻模具图[2]

1-制件；2-挤压头；3-料缸；4-底板；5-垫板；6-斜销；7-下模芯；8-上模芯；9-上模垫板；10-固定板；11-推料板；12-上板；13-复位杆；14-分流锥；15-推料杆；16-导柱；17-滑块；18-垫块；19-推杆

面Ⅱ-Ⅱ，并将主缸压力升至额定高压，再启动下顶缸将挤压头 2 上推，将料缸中铝液通过内浇口分流锥 14 推入型腔中充型并保压，待保压完毕后，上、下油缸卸压并将分型面Ⅱ-Ⅱ打开，并拉断内浇道，继续上推挤压头 2，并将料饼从料缸 3 中推出。待清理、喷涂完料缸 3、挤压头 2 后，将分型面Ⅱ-Ⅱ关闭，再启动油压机活动横梁回程，将分型面Ⅰ-Ⅰ打开，此时逐渐被四个滑块 17 抱住也带在上模上。随着分型面Ⅰ-Ⅰ不断打开，斜销 6 将四个滑块 17 水平方向打开，并与铝轮毂件脱离。待活动横梁升至一定高度后，推料板 11 触及推杆 19，通过推料杆 15，将逐渐从上模芯 8 上推下取出。待型腔被清理、喷涂完后，再闭合分型面Ⅰ-Ⅰ，开始下一个生产流程。

摩托车轮毂所用铝合金材料大多用 ZL101 合金(或 A356 合金)。此方式生产的工艺参数及轮毂力学性能见表 17-2 及表 17-3，其制件是经 T6 热处理。

表 17-2　摩托车铝轮毂液态模锻工艺参数[2]

型号	压力/MPa	保压时间/s	升压时间/s	模具温度/℃	浇注温度/℃	涂料
16～18	80～120	15～25	≤15	150～250	680～720	水剂胶体石墨

表 17-3　摩托车铝轮毂液态模锻力学性能(制件解剖)[2]

合金材料	热处理	σ_b/MPa	δ_5/%	HB
ZL101	T6	≥225	≥1	≥70

图 17-6 为一种卧式挤铸机上生产的 18in(1in＝2.54mm)×14in 摩托车铝轮毂毛坯及其挤压距离、挤压速率位置图。所使用的设备为日本宇部公司 HVSC-800 型卧式液态模锻机。此设备的工作程序如图 17-7 所示。由于此模具是垂直分型，其液态金属是从下方进料充型，故毛坯下方设置有料饼和浇道，有利于型腔充型和排气，并且压力传递效果好，可减少压力损失[2]。

在模具设计及工艺安排中，还采取了如下措施：

(1) 挤压头采用四段压射速率(图 17-6)。其压射速率与其压射距离的关系见表 17-4。

表 17-4　挤压头压射距离段相应速率设置[2]

挤压头压射距离段/mm	30(D_1)～150(D_2)	150(D_2)～235(D_3)	235(D_3)～455(D_4)	455(D_4)～470(D_5)
挤压头压射速率/(m/s)	v_1 0.3	v_2 0.2	v_3 0.08	v_4 0.2

(2) 对铝轮厚大的中心轮毂部位，在模具上采用了二次补压措施。即在挤压头保压 2～3s 后，中心补压头实施补压，以消除该部位的缩松等缺陷。

此挤压铸造的其他工艺参数，见表 17-5。

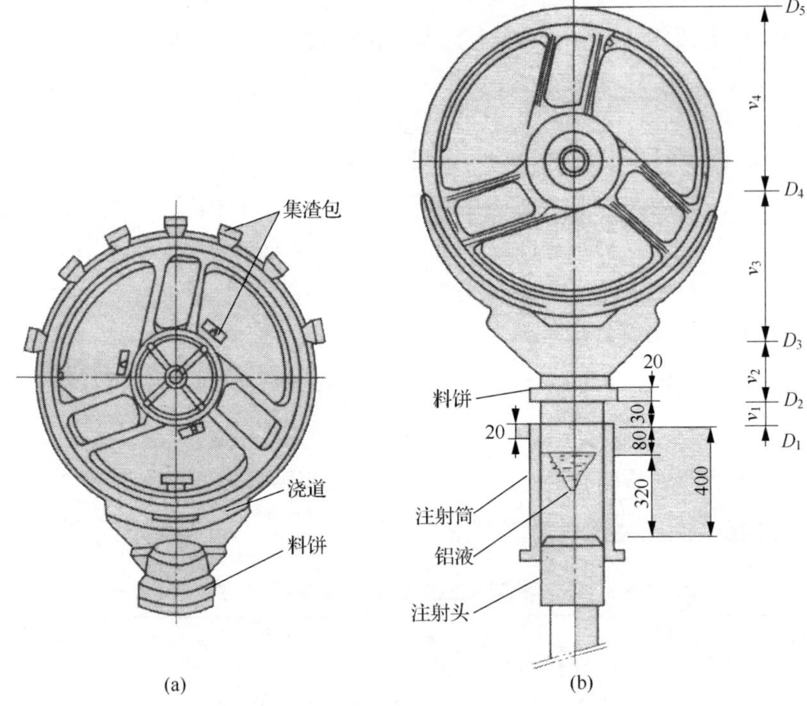

图 17-6 摩托车铝轮毂毛坯及其挤压距离、速率位置图[2]

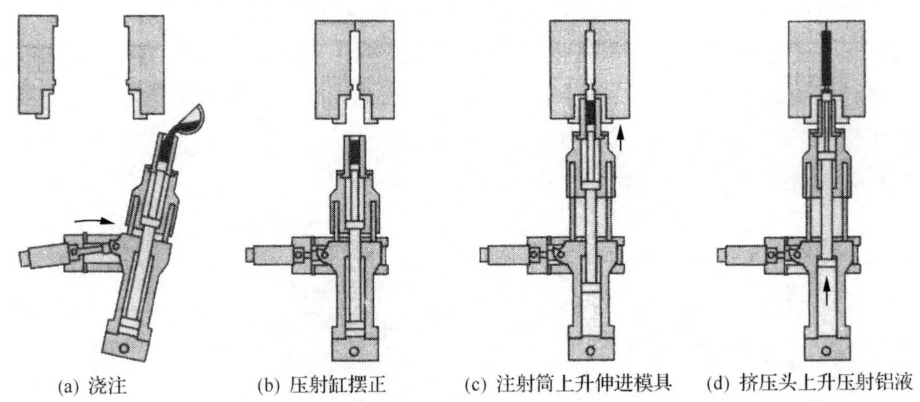

图 17-7 HVSC-800 型挤压铸造机工作程序[2]

表 17-5 铝轮液态模锻工艺参数(卧式机)[2]

项目	合模力/kN	挤压力/kN	浇注温度/℃	模具温度/℃	保压时间/s
参数	8000	1000	690～750	150～250	35～45

此轮毂也采用 ZL101A 铸造铝合金，使用日本 SER300 型连续燃油熔化保温炉，氮气连续除气，熔炉取液室前配有过滤板，可使合金针孔达一级。本制件出模后实施铸造淬火，再经人工时效，即可满足铝轮技术要求。

17.1.3　铝合金薄壁板件液态模锻

1. 应用背景

薄壁板类制件，是一种大型零部件，多采用铝合金冲压零件经铆接组装而成，有的也用型材锻坯经机械加工而成。采用液态模锻，可简化工序，降低材料消耗，提供一种现实的可能。

2. 成形原理

材料采用 ZL104 铝合金。在浇注前，进行变质处理后，经拔塞式漏斗，注入模具中。图 17-8 给出了工艺过程：浇注时，活动型板与固定型板呈 30°，浇注结束，动型采用电动机通过离合器和变速箱带动曲柄连杆机构进行合模(或开模)。

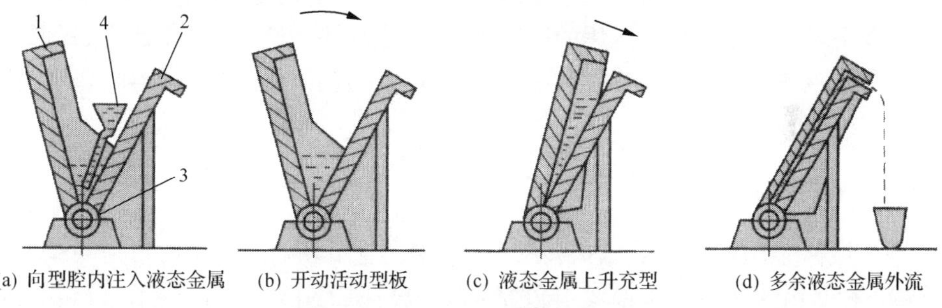

图 17-8　型板挤压铸造工作原理[2]

1-活动型板；2-固定型板；3-转轴；4-浇注漏斗

模具下部是铝液接收器，由动型和定型底座、转轴和两侧板组成；上部是安装在动型底座上的金属凹模和安装在定型底座上的砂芯组成。金属凹模采用线膨胀系数较小的铸铁制造，成形板件外表面。使用前，金属凹型型腔表面需喷涂绝缘涂料。涂料的成分是 30%～40%经高温焙烧的细石棉粉、1%～2%水玻璃，其余为水。砂芯用以成形壁板制件的内表面，它是在铝制沙箱和铸铁芯骨上造型。芯砂配制成分为 82%～88%天然石英砂(70/140)、5%～6%水分和 12%～18%耐火黏土。技术条件要求芯砂的湿压强度为 0.04～0.06MPa，干压强度为 0.2～0.5MPa，透气性不小于 50cm²/(min · kPa)，并保证在挤压过程中能承受 0.2～0.3MPa 的工作压力。砂芯中在成形制件筋条和圆形、叉形等凸台的部位需放置冷铁，以控制这些部分的冷却速率和壁板大致相同，从而达到组织均匀，避免缩孔等缺陷。冷铁应进行吹砂，涂 T99-1 泥芯油，表面均匀撒砂和(200～250)℃×1h 烘干等工序。砂芯制好后，其表面需均匀喷撒一层涂料，其成分为 27%滑石粉、4%黏土和 69%水。砂芯在(280～300)℃×(2～3)h 条件下烘干，炉冷至室温，挤压铸造前一小时出炉。

壁板工艺制度为：金属凹型预热温度为 200～250℃，需按一定的预热规范进行；铝液出炉温度为 780～800℃，挤压铸造前铝液温度为 610～630℃，出型时间为 3～5min，挤压铸造时工作压力为 0.2～0.3MPa，合型过程中，铝液流速是随时间逐渐增加的，在 4～6s，铝液流速约 1.5～18m/s(ZL104 合金由层流到紊流的临界值为 1.8m/s)，ZL104 合金整体壁板经(535±5)℃×(3～5)h 水冷淬火和自然时效处理，力学性能已满足 $\sigma_b \geqslant 180$MPa、$\delta \geqslant 1.5\%$的技术要求。

17.2 铜合金件的生产实例

在液态模锻的生产应用中，铜合金也是使用较早、工艺较为成熟的材料之一，早期多用于轴瓦、轴套等零件，后来逐渐发展到形状较复杂的制件。目前国内采用的液态模锻零件有各种供锻压用的铸锭毛坯、实心制件、齿轮、套筒形零件、杯形零件、法兰盘、涡轮、高压阀体、管接头和光学镜架等。应用的合金涉及各种青铜、黄铜、紫铜。

17.2.1 滑块壳体液态模锻

滑块锻件[图 17-9(a)]的液态模锻工艺如图 17-10 所示。滑块材料是 QA110-2 青铜。模具由整体凹模 5、横梁 1 和带有两个导柱 2 的冲头 3 组成的。滑块制件 4(图 17-10)是按下列程序制造的：先将模具预热至 120～200℃并涂以润滑剂(油

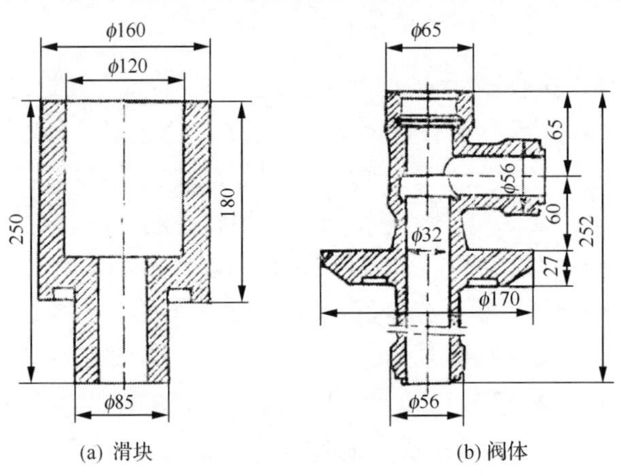

(a) 滑块　　(b) 阀体

图 17-9　液态模锻的滑块和阀体[3]

基石墨)，再将 1120～1140℃的液态金属浇入模膛内，冲头对液态金属施加压力并保压 3～4min，使液态金属结晶、冷凝、收缩直至结束。上述工艺是在 7.5MN 的液压机上进行的。当液体压力为 121MPa，变形力达 3MN 时，即可获得质量好的锻件。模锻时利用 71kg 的锭料，每个滑块锻件只需材料 30kg，还节余 41kg。每个锻件减少机械加工工时 1h，而且锻件表面光滑、没有缺陷，其内部具有密实、细小的结晶组织。所有性能指标均相当于同一牌号铜合金的热模锻件的技术指标。

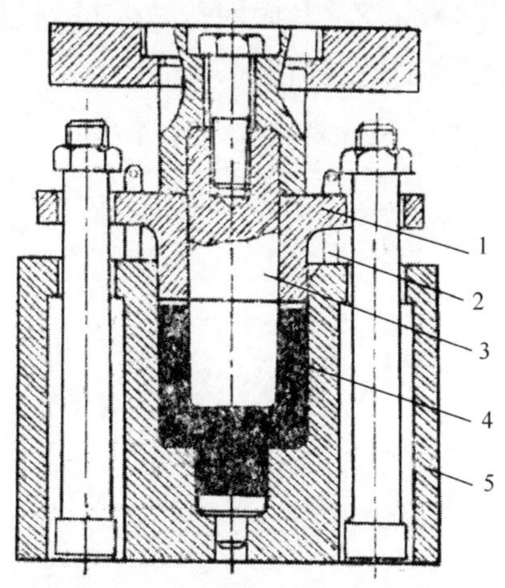

图 17-10　QA110-2 滑块的液态模锻工艺图[3]

1-横梁；2-导柱；3-冲头；4-制件；5-凹模

外形复杂的阀套锻件[图 17-9(b)]是用 QA19-2 青铜合金经液态模锻而成。液态模锻工艺的模具如图 17-11 所示。模具由两块半模 3 和 1 组成，上面有浇孔 4 和放气孔 5，这两个孔还可用来使锻件脱模。两半模间用销 6 定位，侧向冲头 2 向液态金属施加压力实现模锻。阀体锻件经机械加工还要进行液压实验。

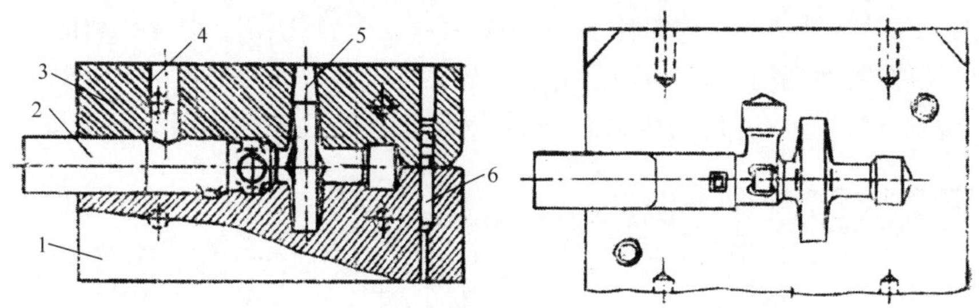

图 17-11　QA19-2 阀体液态模锻的模具[3]

1、3-半模；2-侧向冲头；4-浇孔；5-放气孔；6-定位销

锻模的预热温度对锻件质量有很大的影响。选择正确的锻模预热温度可以防止模膛内金属沿模膛周围快速凝固，从而使制件表面光滑，正确的模具预热温度是

100～160℃。当模具预热温度过低时，液态合金与模壁的接触表面产生强烈冷却，使锻件外表形成结晶硬壳甚至形成氧化皮。当预热温度过高时，则模具强度会降低。为了防止冲头加热温度较低而使冲头下金属迅速冷却以及由于冲头加热温度较高造成液态金属与冲头的楔固现象产生，冲头应加热至 200～250℃。

从制造阀体锻件的传统工艺可知，采用液态模锻工艺制造阀体锻模的经济效益很可观；节省有色金属材料 36kg(原工艺消耗 50.5kg，而新工艺只用 14.5kg)；劳动工时(锻造和机械加工)减少 8h(其中锻造减少 6h，机械加工减少 2h)。表 17-6 是部分零件锻造与液态锻模的效益情况[3]。

表 17-6　液态模锻件与锻件的经济效益

零件名称	材料牌号	制造工艺方法	消耗金属/kg	单件质量/kg	制造坯料的单件工时定额/h	机械加工单件工时定额/h
阀体	MNi56-3	锻造	65	57	4	42
		液态模锻	21	18	2	34
		经济效益	44	39	2	8
滑板	QA110-2	锻造	71	50.5	3	4
		液态模锻	30	30	4	3
		经济效益	41	20.5	1	1
阀体	QA19-2	锻造	50.5	37.5	8	8
		液态模锻	14.5	12.5	2	6
		经济效益	36.0	25	6	2

17.2.2　黄铜阀体

铜合金阀体的材料为 40-2 铅黄铜。阀体长 155mm，高 70mm，最宽处为 78mm。阀体内有直径大小不等的 10 个孔相贯通，形状复杂。图 17-12 为铜阀体制件图。该铸体外形与阀体零件基本相同，其中 4 个斜孔、2 个细深孔和前后两段的孔填没，左右两端的孔改为锥孔(为后道加工定位)，上面两个孔由于是型芯加压而成，所以改为平底孔，此挤压制件质量为 480g。取中心对称面为分型面，对分

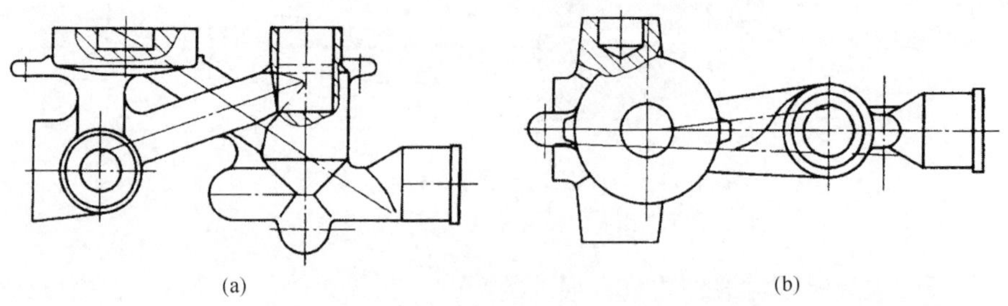

(a)　　(b)

图 17-12　铜阀体挤压制件图[2]

左、右凹模合模形成型腔，在上部浇注后利用两个型芯直接加压成形，成形设备可选用 1000kN3 梁 4 柱通用液压机。

阀体挤压铸造模具如图 17-13 所示[2]，主要由对分左、右凹模 6 和 7，模座 4，顶块 2，大、小型芯 11 和 12，燕尾 5，压板 9，弹簧 14 等零件组成。对分左、右凹模在模座内由燕尾导向，闭合形成型腔，顶块上顶使之开模，下拉完成合模。合模后从打孔处定量浇入液态铜合金。浇注完毕，上模部分随即下压，压板上的导销进入对分左、右凹模，使之锁紧，大、小型芯先后压入液态铜合金，施压使之成形。经过一定时间的保压，挤压制件在压力下凝固后，上模部分卸压上升。由于弹簧的作用，压板紧压于左、右凹模上，先使大、小型芯从挤压制件中脱出，再由压板带着导销从对分凹模中脱出。当上模上升到一定高度后，液压机下顶出缸上升，通过顶块顶起对分凹模。顶出距离为 180mm，对分凹模可分开 90mm，便于从型腔中取出制件。经过清理模具与喷涂润滑剂，再由顶块将对分凹模拉回模座合模，开始下一次浇注。开模时挤压制件留在右侧凹模，用一根端部与小型芯尺寸相同的取件杆插入挤压制件的小型芯孔，侧向敲击使之脱开右凹模，即可取出。

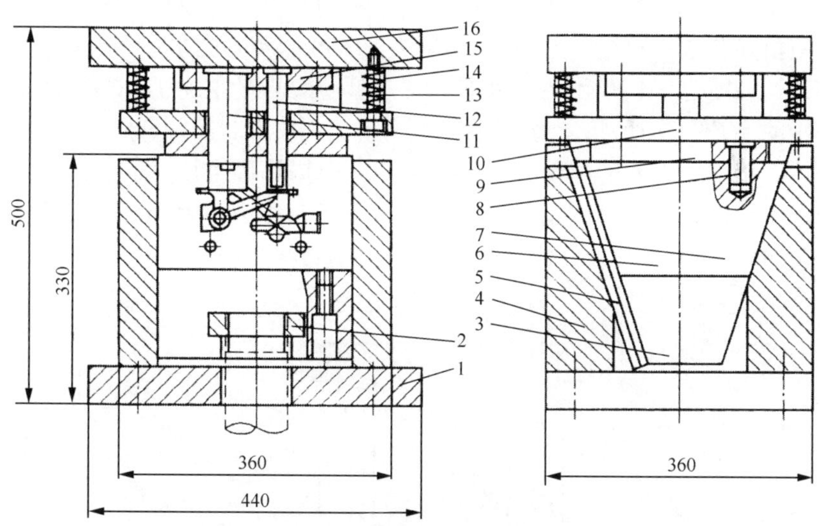

图 17-13　阀体挤压铸造模具总装图[2]

1-下模板；2-顶块；3-垫块；4-模座；5-燕尾；6、7-对分左右凹模；8-导向销；9-压板；10-弹压板；11-大型芯；12-小型芯；13-卸料螺钉；14-弹簧；15-型芯固定板；16-上模板

模具的设计要点如下：

(1) 模具间隙。对分左、右凹模分型面间隙不大于 0.05mm，凸模(大、小型芯)与凹模间，单边间隙取 0.06mm。

(2) 拔模斜度。型芯拔芯取 1∶20 的锥度。

(3) 排气和溢流。液态铜合金是从大型芯孔浇入型腔，气体可从小型芯孔及分型面顺利地排出，不易造成堵气。但为了更可靠地排气，在左凹模分型面的前、后、下方开深为 0.15mm、宽为 10mm 的排气槽。因型腔无特别狭窄难以充填的部位，故不需开设溢流槽。

(4) 模具材料。模具材料选用 3Cr2W8V，对分凹模热处理后的硬度为 38～42HRC，大、小型芯热处理后的硬度为 42～46HRC。

液态模锻工艺参数的选取见表 17-7。

表 17-7 铜阀体液态模锻工艺参数

浇注温度/℃	挤压压力/MPa	加压开始时间/s	保压时间/s	润滑剂
960～1000	120	<6	20	5%石墨粉(200 目)-95%锭子油

17.3 锌合金液态模锻

17.3.1 增氧机锌合金涡轮

增氧机涡轮是一种直径为 ϕ130、厚度为 64mm 的实心圆饼形制件。其挤压铸造模具结构如图 17-14 所示，它采用带有活动型芯的凹模，由挤压冲头和活动型芯形成涡轮的上、下表面形状。为了脱模顺利，形成涡轮形状的凹、凸位的斜度、圆角取得大些。挤压冲头采用台阶形式与冲突固定板连接，固定板固定于活动横梁上，凹模固定于垫板上，而垫板固定在工作台上。开模过程中，利用工作台下面液压缸推出机构向上运动，带动顶杆作用到活动型芯上，将涡轮制件顶出。

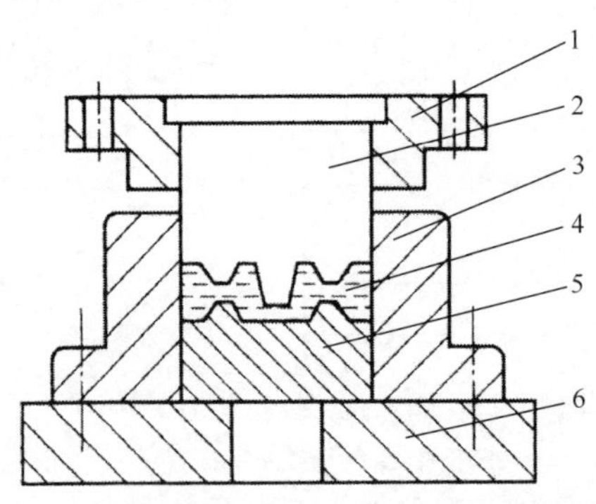

图 17-14 锌合金涡轮挤压铸造磨具结构图[2]

1-冲头固定板；2-挤压冲头；3-凹模；4-涡轮制件；5-活动型芯；6-垫板

挤压冲头与凹模的配合间隙设计为 0.1mm，冲头与凹模封闭高度为 40mm，凹模的壁厚设计为 50mm。模具排气主要利用冲头与凹模之间的间隙。

模具材料的选择为：冲头、活动型芯、凹模采用 3Cr2W8V。模具在制造过程中，一定要达到设计的表面粗糙度、精度，这样挤压出的制件表面光洁程度较高，脱模容易。

锌合金材料选用 ZA27 高铝锌合金，使用的挤压铸造设备是 YB-2000 型 2000kN 四立柱万能液压机。工艺参数如下：比压为 75～100MPa；挤压速率为 156mm/s；保压时间为 45～60s；模具温度为 150～200℃；浇注温度为 550℃；合金液定量为每勺 2.5kg，使用定量浇勺；涂料为机油＋石墨或水基涂料。

为了达到消除缩松、气孔的目的，实践证明，比压选 75～100MPa，能够挤压出理想制件。采用直接挤压法，金属液浇入铸型后，加压应尽量快，以避免金属液迅速冷却形成硬壳，影响压力传递，最后影响制件的力学性能。模具加热方式，是在工作前套上电阻丝发热套来加热，既简单又操作方便。浇注温度采用 550℃，较低的浇注温度可减少制件的收缩，减少金属液的含气量，有利于制件的致密度。合理的挤压铸造工艺参数制造的 ZA27 涡轮制件达到的技术指标如下：抗拉强度在 400MPa 以上；伸长率在 10%以上；冲击韧性＞100J/cm^2；摩擦因数为 0.0014；硬度为 117～120HB。而原来用 10-1 锡青铜涡轮，抗拉强度为 220～250MPa；伸长率为 3%～5%；硬度为 80～90HB；摩擦因数为 0.004。高铝锌基合金作为一种结构材料和耐磨减摩材料，在力学性能、工艺性能、经济性等方面都有很大优越性。应用高铝锌基合金代替铜合金制作增氧机涡轮，适应效果良好，经济效益显著。原材料价格：锌合金仅为铜合金的 50%；密度：锌合金为铜合金的 60%；能耗：熔炼锌合金比熔炼铜合金节约能耗 40%，且工艺简单；比强度：锌铝合金抗拉强度比青铜高一倍左右，且密度小很多，因此比强度较青铜高，零件可大大减薄；总体成本：原来用 10-1 锡青铜的涡轮成本为 110 元/个，现用高铝锌基合金的涡轮成本为 45 元/个，使用寿命相同。用高铝锌基合金代替铜合金做耐磨件、结构件，已广泛应用到渔业机械、糖业机械、纺织机械、港口机械、农业机械、塑料机械等方面。

17.3.2　锌合金齿轮

高强度锌铝合金齿轮制件如图 17-15 所示，其挤压铸造模具如图 17-16 所示。此模具安装在 3 梁 4 柱通用液压机上，上模板 1 安装在活动横梁上，下模板 14 安装在下横梁工作台面上。工作时，液压机活动横梁带动上模部分上升到一定高度，用定量勺将熔炼的液态金属浇入模具型腔，液压机活动横梁带动上模部分下降，合模、加压、保压一定时间，使液态金属在高压下成形，并在高压作用下结晶凝固。加压成形时，上模镶块 6 先与液态金属接触，使之初始成形。随着活动横梁的下降，型芯 4 逐步插入液态金属，进一步压实、补缩，直至液态金属在高压下完全凝固。齿轮挤压铸造成形后，液压机活动横梁带动上模部分上升，由于弹簧 7 的作用，型芯 4 先从挤压铸造齿轮中脱出，然后整个上模部分上升，上升到一定高度，液压机下顶缸带动顶杆 15 上升，将齿轮挤压铸造件顶出下模 12，取出挤压铸造件后，液压机下顶缸带动顶杆 15 回复到起始位置，模具经清理、喷涂润滑剂，开始下一循环。模具结构简单,动作可靠,满足齿轮挤压铸造件的成形要求。

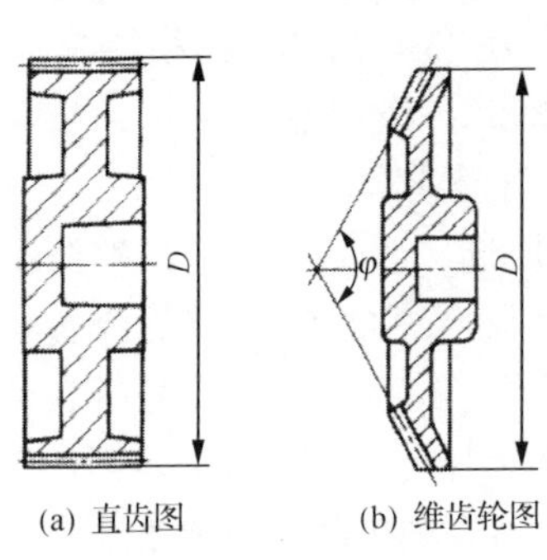

图 17-15 高强度锌铝合金齿轮液态模锻件[2]

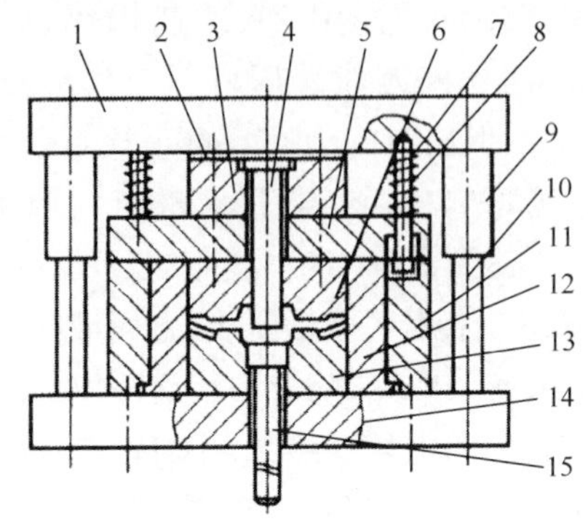

图 17-16 锌合金齿轮挤压铸造模具图[2]

1-上模板;2-垫板;3-型芯固定板;4-型芯;5-弹压板;6-上模镶块;7-弹簧;8-卸料螺钉;9-导套;10-导柱;11-下模套;12-下模;13-下模镶块;14-下模板;15-顶杆

模具的成形零件型芯 4、上模镶块 6、下模 12、下模镶块 13、顶杆 15 用热模钢 3Cr2W8V 或 4Cr5MoSiV1 制造。下模的上口设置有斜度,以保证上模镶块精确导入下模。更换模具的成形零件型芯 4、上模镶块 6、下模 12、下模镶块 13、顶杆 15 就可以挤压铸造成形尺寸不同或类型不同的齿轮,如圆柱齿轮或圆锥齿。

高强度锌铝合金齿轮液态模锻工艺参数如下:合金浇注温度为 580～600℃;模具预热温度为 220～240℃;液态模锻压力为 80～100MPa;保压时间根据制件壁厚取 0.8～1s/mm。实践表明,此高强度锌铝合金具有良好的力学性能和耐磨性,适合制造齿轮,尤其是有防爆阻燃要求的危险场合工作的齿轮。挤压铸造成形齿轮工艺简便,可靠,生产成本低,经济效益好。

17.4 镁合金液态模锻

17.4.1 镁合金轴筒

镁合金轴筒毛坯如图 17-17 所示,材质采用 AZ91HP[4]。其结构比较简单,壁厚变化较大,最薄处约 5mm,厚处约 15mm。该制件要求有良好的表面质量,内部致密,无缩孔、缩松,特别是要求有较高的强度和塑性。

图 17-17 镁合金轴筒毛坯图[4]

液态模锻模具机构如图 17-18 所示。其动模部分安装在液压机的移动横梁上，定模部分安装在液压机的工作台面上，动、定模间采用导柱 16 进行定位。当合金液定量浇入定模型腔后，横梁向下运动封闭型腔使合金流动充型，并在高压下结晶，保压一定时间后，动模升起，进行脱模。定模型腔由通过圆柱销 18 定位的两半斜镶块 8 组成，顶出时两半斜镶块 8 沿定模套板 7 上的燕尾槽滑动面左右分开实现脱模。模具所能承受的最高保压压力可达 200MPa。AZ91HP 镁合金锭成分见表 17-8。

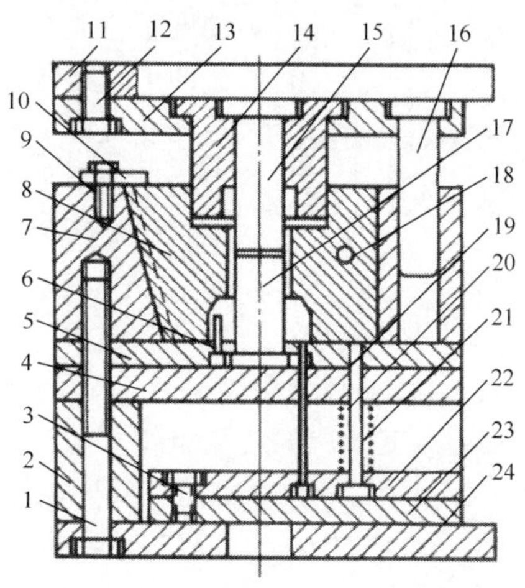

图 17-18 镁合金轴筒液态模锻模具图[4]

1、3、9、12-螺栓；2-垫块；4-垫板；5-定模固定板；6、17-定模型芯；7-定模套板；8-型腔镶块；10-挡块；11-动模座板；13-动模固定板；14-动模；15-动模型芯；16-导柱；18-圆柱销；19-推杆；20-复位杆；21-弹簧；22-推杆固定板；23-推杆座板；24-定模座板

表 17-8 AZ91HP 镁合金锭成分 （单位：%）

成分	Al	Zn	Mn	Si	Cu	Ni	Fe	Cl	Mg
含量	8.920	0.600	0.224	0.022	0.0037	0.0005	0.0007	0.001	余量

镁合金熔炼在带有 KSW-12-12S 型电炉温度控制器的 SG2-7.5-10 型坩埚电阻炉中进行，采用不锈钢坩埚。熔铸工艺为：炉温 450℃时，以 3L/min 氩气吹细坩埚及炉膛 2min，加入镁合金锭；熔化后升温至 720℃保温 10min；用炉料 1%的 C_2Cl_6进行变质处理，1L/min 氩气吹洗精炼共 3min；升温至 750℃静置 10min，调整温度至 650℃时进行浇注；熔炼过程用 2 号溶剂覆盖。

液态模锻在 YT32-200C 四柱液压机上进行。对制件保压压力为 80MPa，保压时间为 30s，模具温度为 150℃。制件热处理在箱式炉中进行，固溶处理工艺为 380℃ × 2h ＋ 410℃ × 16h ＋ 水淬，0.5L/min 氩气保护；时效处理工艺为 200℃×20h。

经检验制件内表面光洁，各部位均没有裂纹、冷隔、流纹等表面缺陷。经高温热处理内外表面也未见气泡鼓起。剖面各部位，特别是在普通压铸时常出现气孔的位置均未发现可见的气孔、缩孔。因此，采用的直接液态模锻工艺可生产出表面质量良好、组织致密、可高温热处理的镁合金轴筒制件。

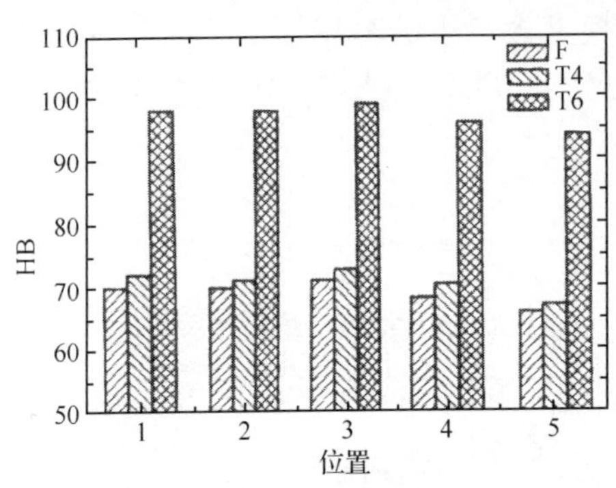

图 17-19　镁合金轴筒各部位硬度分布

图 17-19 所示为各部位铸态（F）、固溶处理状态（T4）和时效处理状态（T6）的布氏硬度。可见，制件各部位硬度基本均匀，没有较大的差异。铸态的平均布氏硬度为 68，经固溶处理后硬度提高不多，但经随后的时效处理后平均硬度大幅度提高到 97，与铸态相比提高了 25～29。镁合金热处理前后屈服强度的变换也有相似的规律。

经金相组织观察表面，此挤压制件铸态组织由细小的等轴晶粒组成，平均晶粒大小约为 60μm，没有出现铸态下发达的枝晶组织。经 380℃×2h＋410℃×16h 固溶处理后，割裂基体的 β-$Mg_{17}Al_{12}$ 相已全部熔入基体，从而使制件塑性及抗拉强度均大幅度提高。经 200℃×20h 较长时间人工时效处理后，β-$Mg_{17}Al_{12}$ 相在 α-Mg 基体中析出，呈连续的弥散分布，使制件屈服强度大幅度提高，同时塑性降低到了适中的程度。

17.4.2　镁合金壳体

挤压设备为 2000kN 四柱式万能液压机。其上横梁移动距离可达 850mm，下缸的挤压力最大为 600kN，最大合模速率为 100mm/s，最大挤压速率为 65mm/s。

图 17-20 为镁合金壳体件结构[2]，该零件要求耐冲击、抗凹陷，外观美观，内在组织致密，制件内腔需精加工。材质为 AZ91D。其合金成分见表 17-9。

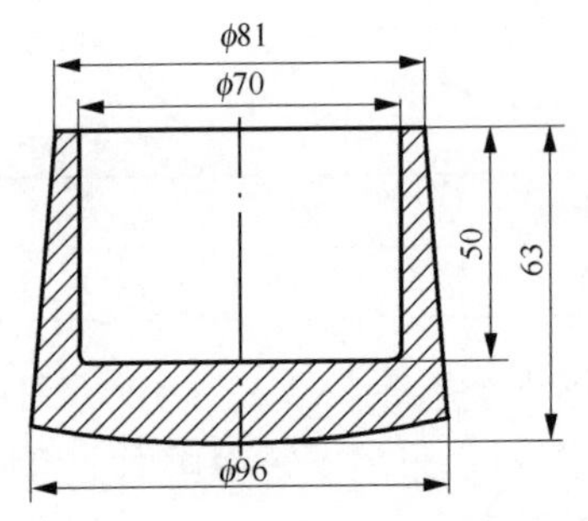

图 17-20　镁合金壳体件结构示意图[2]

表 17-9　AZ91D 镁合金的化学成分　　（单位：%）

成分	Al	Zn	Mn	Be	Si	Cu	Fe	Ni	Mg
含量	9.03	0.73	0.205	0.001	0.001	0.001	0.0012	0.0003	余量

合金的熔炼保护气体采用体积分数为 2%～5%的 SF_6 与 Ar 混合。高温镁合

金液采用全封闭式气体定量输送装置输送至压模中的定量室，有效避免镁合金液在运转、浇注过程中发生氧化和燃烧反应。为防止镁合金液在挤压模中及在挤压充型流动过程中与空气作用，试验采用了 N_2 或 Ar 排除挤压模腔中的空气，特别是挤压活塞上部定量室中的空气，使镁合金在挤压成形的整个工艺过程中，与空气隔离。试验表明，挤压模型腔未采用保护气体对空气进行隔离处理，则镁合金在成形过程中产生烟气，挤压制件易产生气孔及夹杂。

AZ91D 的浇注温度控制在 690～720℃。AZ91D 镁合金液的黏度小、流动性好，为防止其在充型过程中流动速率过大，充型速率控制在 0.85～0.91m/s；同时，AZ91D 的热容量小、冷却快，要尽可能缩短开始加压时间。试验表明，当开始加压时间大于 7s，则易产生浇不足、流痕等缺陷；增大挤压力、延长保压时间，有利于增强挤压制件的补缩效果，提高挤压制件的力学性能和表面质量。挤压力过小，保压时间过短，挤压制件的表面品质和内在品质达不到要求；挤压力过大，对性能的提高不十分明显，还容易使模具损坏；保压时间过长，则延长生产周期，增大变形抗力，降低模具的寿命。对该零件采用的保压时间为 36～40s，挤压力为 60～65MPa，可达到满意的挤压效果。表 17-10 和表 17-11 分别列出了挤压压力、保压时间和充型速率对制件成形质量的影响。

表 17-10　挤压压力及保压时间对成形的影响[2]

挤压压力/MPa	保压时间/s	成形特征
50	60	成形性差，制件局部有凹陷、内有孔洞
65	36	成形性好，组织致密
80	30	成形性好，组织致密，易产生飞溅、毛刺

表 17-11　挤压充型速率对成形的影响[2]

充型速率/(m/s)	成形特征
2.10	紊流流动，制件易产生夹杂、卷入性气孔
0.91	层流流动，充型性好
0.56	充型流动性差，制件易产生流痕、浇不足

虽然镁合金不与铁固溶和反应，不易产生粘模现象，但为利于脱模，防止取模时刮伤模具，仍采用喷刷涂料。图 17-21 为设计的挤压模结构示意图。模具采用中心浇道挤压、一型两件及自下而上的间接挤压方式。工作时，喷刷涂料，用 N_2 或 Ar 排除型腔中的空气。将定量的镁合金液输送至定量室浇口套 14 内，上工作台带动动型下移合模。合模后，开动液压机下方辅助液压缸，使挤压活塞 17 以设定的速率上升，镁合金液通过浇道挤入型腔。充满型腔后保压一定时间，然后上工作台回升，同时，辅助液压缸上升使挤压活塞升高一定高度，保证余料和定型分离。

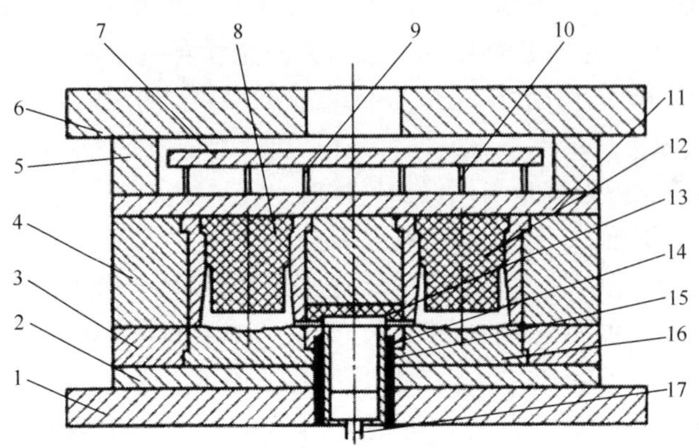

图 17-21　镁合金壳体液态模锻模具结构示意图[2]

1、6-定模固定板；2-定模垫板；3-定型套板；4-定模套板；5-垫块；7-推板；8-型芯；9-推杆；10-复位杆；11-动模垫板；12-动型镶块；13-流道镶块；14-定量室浇口套；15-铜加热器；16-定型镶块；17-挤压活塞

随动型上移，上工作台回程一定距离后，液压机横梁上设置的顶杆将推板 7 推出挤压件，实现脱模。挤压模的加热对镁合金的挤压成形非常关键。

模具的铸体加热采用电热管加热方式。为保证镁合金液在定量室存储时不发生过大的降温，模具采用独立的哈弗型高温铜加热器对挤压活塞 17 及定量室浇口套 14 加热，加热温度控制在 450～500℃。挤压活塞 17 与定量室浇口套 14 之间的配合间隙要适当。试验表明，对 AZ91D 镁合金，其之间的单边配合间隙选取 0.02～0.02mm 为适宜。为便于推出挤压件，在型芯上设计 2.5°的拔模斜度。该零件质量要求高，推杆不宜直接和零件接触，在零件上设置 3 个推杆工艺凸台。最先进入型腔的镁合金液温度较低，易被污染，品质不高。为保证挤压件的铸造质量，设计溢流槽，用其导出最先进入型腔的镁合金液。模具型腔中存在的保护性 N_2或 Ar，在镁合金液充型时需排出型腔，故在分型面上设置排气槽，利于气体排出。

参 考 文 献

[1] 陈炳光. 铝合金车轮毛坯挤压铸造工艺方案探讨. 特种铸造及有色合金压铸专刊. 2001 年中国压铸、挤压铸造、半固态加工学术年会，2001：120-121.

[2] 罗守靖，陈炳光，齐丕骧. 液态模锻与挤压铸造技术. 北京：化学工业出版社，2007.

[3] 阿·彼·阿特拉申克，彼·依·费德罗夫. 锻压节材工艺. 霍文灿，高乃光，侯松玉，等译. 北京：机械工业出版社，1991.

[4] 赵鸿金，康永林，王朝辉，等. 直接挤压铸造合金轴筒件的研究. 2005 年中国压铸、挤压铸造、半固态加工学术年会专刊，2005：184-186.

第 18 章　半固态成形工艺应用

18.1　半固态成形工艺应用现状及前景分析

18.1.1　流变成形应用

流变成形与触变成形相比，具有流程短、节省能源、成形件余料可回炉再利用；生产成本低、生产效率高；制件组织均匀、疏松与氧化夹杂低。但浆液保存和输送难度大，对设备有特殊的要求，大大影响其应用。因此，流变成形的应用总体发展缓慢，但又是一个开拓方向。

1. 新流变模锻成形工艺的分析

现行流变工艺很多，其中新的流变模锻成形（new rheocasting processing，NRC）工艺比较典型，下面进行分析。

1）工艺过程

工艺过程如图 18-1 所示。

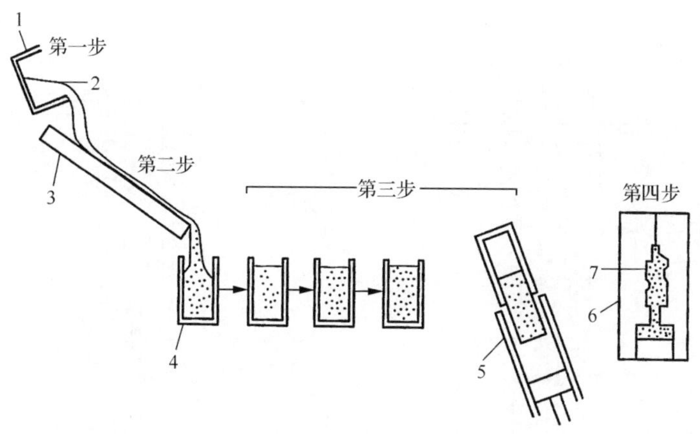

图 18-1　低过热度倾斜板浇注式流变成形工艺示意图

1-熔化坩埚；2-合金液；3-倾斜板；4-收集坩埚；5-压射室；6-压铸型；7-铸件

将熔融金属控制在液相线温度以上几度范围内，将其倒入隔热容器中，由于容器的冷却作用，在熔融金属内部产生大量的初生相晶核，容器上下用陶瓷片覆盖，防止过多的局部散热；利用风冷将金属冷却到设定的半固态温度；通过隔热容器外部的高频感应加热器调整浆料的温度，调整金属浆料的固相体积分数，满足成形需要，这个过程需要 3～5min；翻转隔热容器，将半固态浆料倒入套筒，这样浆料上表面的氧化层沉到套筒底部，可防止氧化层进入铸件；将浆料直接推到模腔中，并迅速成形。图 18-2 所示为成形工序示意图[1]。

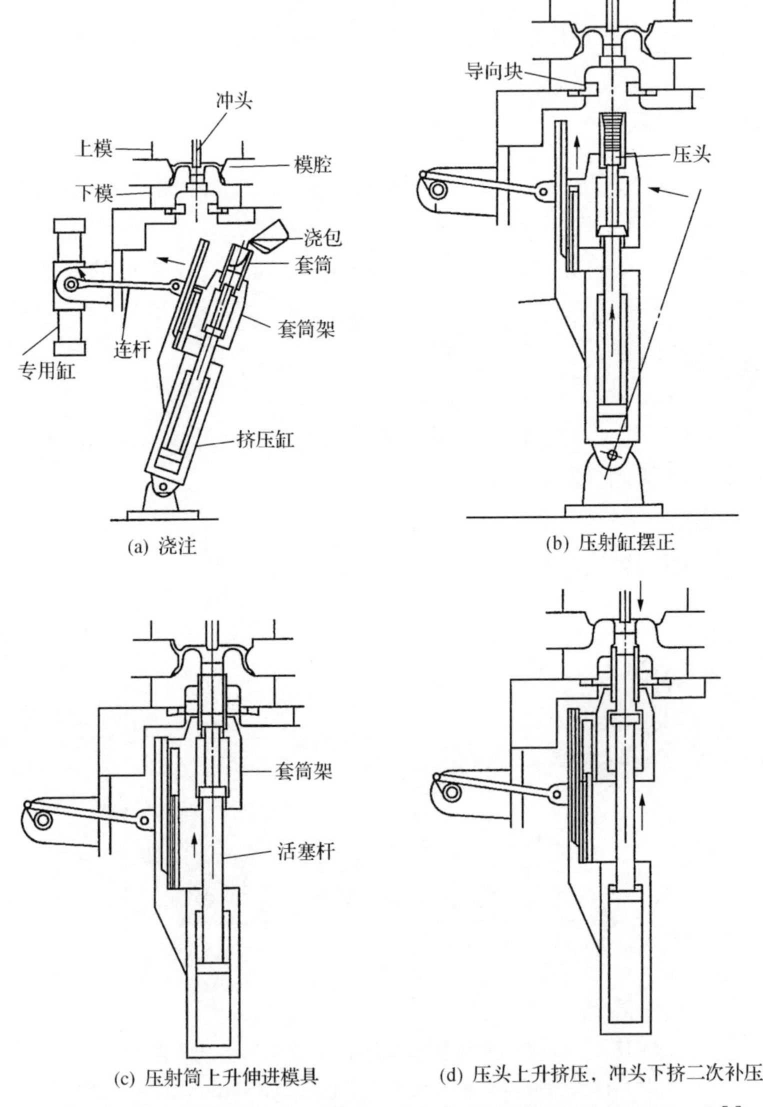

图 18-2　NRC 工艺中半固态镁合金浆料在挤压铸造机内的成形工序[1]

NRC 工艺在浆料制备方面与冷却斜槽法有一定的相似处，不同之处在于它是将含有大量晶核的熔体导入绝热容器，从熔融金属中直接制备出含有球状晶的半固态浆料，而不采用搅拌技术。控制冷却条件，获得一定固相体积分数的具有球状组织的半固态浆料（容器外面既有冷却装置，又有加热装置），再直接注入模腔成形。NRC 法广泛用于各种轻合金，尤其是镁合金。

2）平面布置图

图 18-3 为 NRC 平面布置图。由熔炼/静置炉系统、浆液制备系统、转移系统、液体模锻机（HVSC 机）和清理/涂覆系统组成。

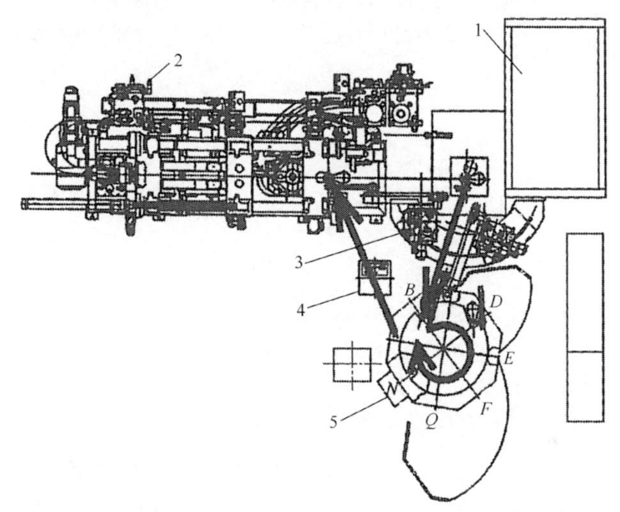

图 18-3　NRC 设备平面布置图[1]

1-熔炼/静置炉；2-流变铸造成形机；3-浆料转运机械手；4-处理用机械手；5-浆料制备机

3）应用概况

世界上采用 NRC 工艺生产的第一个工厂坐落在意大利 Borgaro 的 Stampal S. p. A，如图 18-4 所示。该公司采用 UBE NRC 的 800t HVSC（水平夹持，垂直压

图 18-4　Stampal S. p. A 内的 NRC 设备示意图[1]

制)装置,为FIAT的PUNTO生产V8发动机支架。表18-1为该公司采用触变和流变成形生产同样的发动机支架工艺参数的对比[1]。

表18-1　S. p. A公司采用触变和流变成形生产同样的发动机支架工艺参数的对比[1]

特点	触变成形	流变成形
材料	MHD制备的A357坯料供应商:Pechiney	A357合金锭,无特殊要求
半固态坯料准备	切割坯料,中频感应加热炉中加热至半固态温度区间	熔炼炉熔炼,静置炉中处理,倒入特制坩埚中冷却至半固态温度
浆料温度/℃	577±2	579±2
所需金属质量/g	4 000	47 000
金属损耗/%	10	1
工具	4柱2室模	2柱2室模
铸造	水平,坯料平躺注射靴	垂直,浆料倒入注射靴
循环时间/s	59	52
废屑利用	返回供应商	本车间
废屑率	3%(目测)+2%(X射线)	1%(目测)+0.5%(X射线)

图18-5为采用NRC流变工艺制造的发动机支架件[1]。其中图18-5(a)为上控制臂(upper control arm),材质为A356,T6处理;图18-5(b)为悬挂件(suspension),材质为A357,T5处理;图18-5(c)为发动机支架(engine bracket),材质为A357,T5处理。

(a) 上控制臂

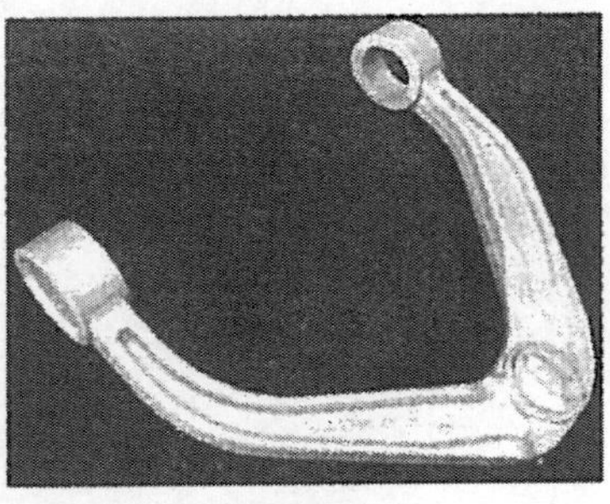

(b) 悬挂件

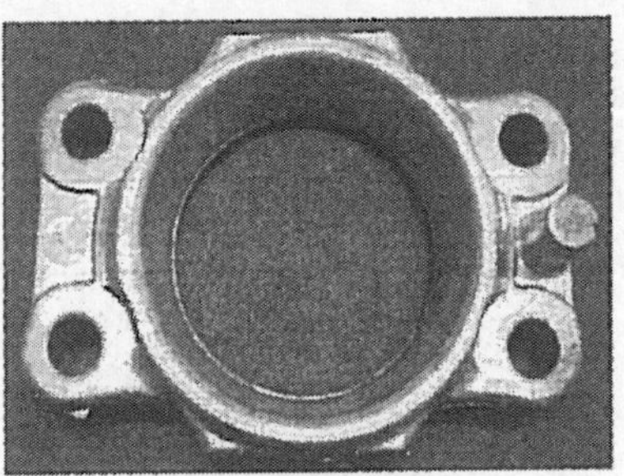

(c) 发动机支架

图18-5　流变成形零部件(NRC工艺)[1]

2. 双螺旋流变压铸

双螺旋流变压铸是英国 Brunel 大学 Fan 等采用双螺旋制浆技术，开发的一个成形机组，由液态金属浇入系统、高速双螺旋剪切挤压系统、组合模具系统和中央控制系统组成。双螺旋剪切装置由筒体和一对相互紧密啮合的同向旋转螺旋组成。螺旋轴的齿形经过特殊设计，能使金属熔体得到较高的剪切速率和较高的湍流强度。在挤压筒外沿着挤压机轴线方向分布着加热单元和冷却单元，形成一组加热-冷却带，温度控制精度可达到±1℃，能准确地控制半固态金属浆料固相体积分数。

成形零件时，定量的金属液经浇注系统进入双螺旋剪切系统，液态金属快速冷却至半固态温度区间的同时承受双螺旋剪切系统的剪切、挤压作用，至预定的固相体积分数和较为理想的非枝晶组织结构后，经过注射杆的挤压作用以预定的压力和速率注入预先加热的模具成形，这一过程完全由中央控制系统连续控制完成。在镁合金成形时，为减少流变成形过程中镁合金的氧化，熔炼和流变成形过程采用 N_2+(0.5～1)%SF_6保护。通常用于成形 AZ91D 合金零件，图 18-6 为双螺旋流变成形设备示意图。

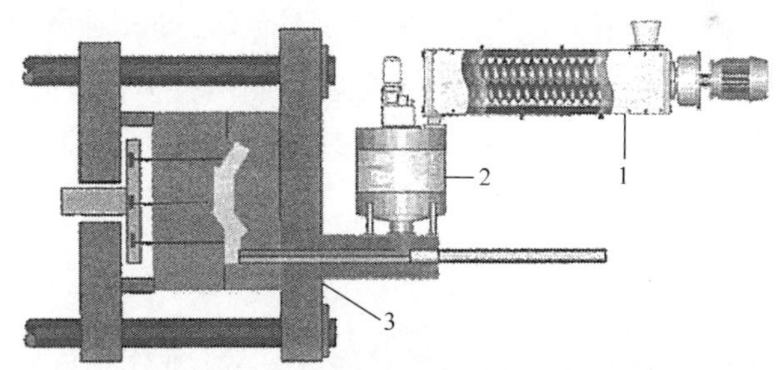

图 18-6　双螺旋流变成形设备示意图[1]

1-双螺旋浆料制备单元；2-浆料收集与定量输送单元；3-压铸单元(HPDC)

由于双螺旋流变成形工艺是在密封的环境中完成浆料剪切、注射等过程，因此具有如下特点：成形零件微观组织均匀，缩松显著降低，趋近于 0；具有较宽的半固态加工温度窗口，即可在较宽的固相体积分数范围内进行零件成形；可以在较低的浆料温度下成形，模具寿命长；精确的温度控制，保证浆料和零件组织的均匀；较短的工作循环时间，成形零件材料性能较高，使得成形零件的成本降低。

3. SSR 流变压铸

基于新 MIT 制浆工艺，Idraprince 公司建立了以此制浆技术为基础，带有 1400t 压铸机的半固态流变压铸生产线 SSR(semi-solid rehocast)，如图 18-7

所示[1]。

图 18-7　装有 1400t 压铸机的 SSR 生产线[1]

在所有的设备装置中，制浆设备是关键，其中冷却棒(搅拌器)又是关键部件之一。冷却棒采用内水冷的石墨制成，利用了石墨高热导率和与熔融金属不润湿的性能。

SSR 生产工艺流程如下：通过机械手将圆筒中的铝合金液转运至 SSR 生产线，当机器人抓住圆筒的同时，石墨杆深入合金液中，并快速冷却 5～20s，通过 PLC 根据合金的类型、杆的温度和炉子的温度控制搅拌时间。待撤除冷却杆后，部分凝固的合金直接送入冷室压铸机中成形或进一步冷却以提高固相体积分数，SSR 生产线工作循环时间少于铸造生产线。

18.1.2　触变成形应用

触变成形指坯料制备与成形分离，其具有易实现工业化和自动化的特点，因此受到广泛的关注和重视。目前半固态金属加工大部分为触变成形加工，半固态金属触变压铸(thixo-die casting)和触变铸造(thixoforging)是当今金属半固态成形中主要的工艺方法。成形设备主要是压铸机和锻压机，并配有机械手，用来搬运坯料和抓取毛坯。表 18-2 为触变成形工艺与其他加工工艺的比较。

表 18-2　半固态触变成形与其他加工工艺的比较[1]

比较项目	触变成形	压铸	压铸(真空)	重力铸造	挤压铸造	锻造
投资成本	高	中高	中高	低	高	中
原材料成本	中高	低	低	中低	中低	高
工具成本	高	中高	高	中低	中低	高
总成本	中	低	低	中低	中	高
生产率	中高	中高	中高	中	中	高

续表

比较项目	触变成形	压铸	压铸(真空)	重力铸造	挤压铸造	锻造
自动化程度	高	高	高	中高	高	中
热处理	需要	不需要	需要	需要	需要	需要
焊接性	高	低	中	中	高	高
阳极氧化	中低	无	无	中低	中低	高
材料回收再利用	不需要	需要	需要	需要	需要	不需要
零件复杂形状程度	高	高	高	中等	高	中低
壁厚	薄	薄	薄	厚	中等	中低
近终形程度	高	高	高	中低	中高	中低
力学性能	中高	低	低	中	中高	高
表面光洁度	中高	中	中	中	中高	高
机械加工性能	高	高	高	中高	高	中高
可否用于 MMC 生产	不能	不能	不能	不能	能	不能
质量结构(疏松)	中高	低	中低	中低	中高	高

1. 链轮支架触变压铸

上海通用汽车(SGM)有限公司 Buick 轿车中的从动链轮支架采用触变压铸进行了试生产。

试验采用 Osprey 喷射沉积法制备半固态 A356 铝合金坯料,主要是考虑到其快捷和适于小批量试样的特点。用于制备半固态 A356 铝合金坯料的合金锭料化学成分(质量分数,%)为:7Si,0.45Mg,Fe≤0.2,其余为 Al。喷射沉积半固态 A356 铝合金坯料的显微组织特征为粒度 10～25μm 的细小球状初生 α 相等轴晶颗粒,其余为深色片状铝硅共晶体。细小球状显微组织的形成,一方面是由于高压高速氮气流与熔体强烈对流热交换使雾化沉积合金凝固时获得很高的冷却速率($10^3 \sim 10^4$ K/s);另一方面是高速气流带动的雾化熔滴在沉积时以很高的速率(50～100m/s)撞击基板或沉积体表面,其冲击动能所产生的剪切应力和剪切速率足以将半固态雾化熔滴中的枝晶打碎,形成非枝晶初生 α-Al 球状颗粒。所形成的半固态合金中初生固相颗粒与共晶液相的相对比例约为 4∶6。圆棒坯料尺寸为 ϕ75×260mm,高径比一般不超过 2.5。

2. 坯料二次加热

采用中频感应穿透加热装置对半固态 A356 合金坯料进行二次加热。中频感应加热时,半固态坯料表面存在集肤效应,当中频频率为 1400Hz,功率为 10kW

时，坯料芯部与表面温差约为 10℃。在大批量工业生产时，一般采用加热功率-时间曲线来保证加热要求。

图 18-8 为半固态 A356 铝合金坯料二次加热工艺曲线，坯料中共晶组织完全熔化温度为 $T_{en}=575$℃，由于感应加热的集肤效应，半固态坯料表面与芯部之间存在温度梯度。经反复试验，确定半固态坯料二次加热的温度应为：$T_{en}<T<T_{en}+10$℃。优化后的加热程序为：先用 10kW 功率加热 12min 左右至 550℃，再用 5～7kW 功率加热 3min 左右至 575～580℃，然后用 5kW 功率均热 1min 左右。

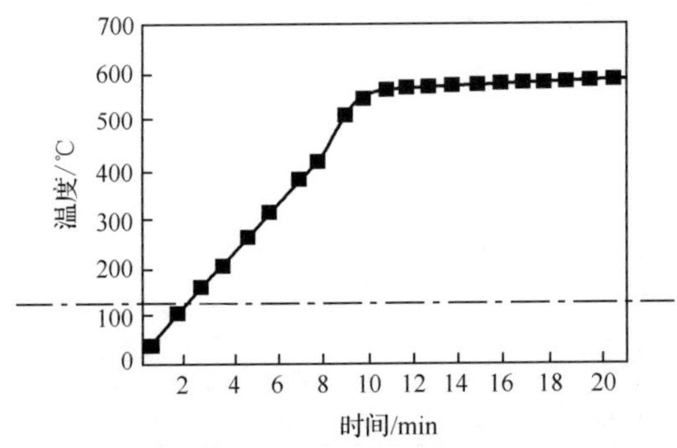

图 18-8　半固态 A356 铝合金坯料二次加热工艺曲线[1]

3. 半固态压铸

将坯料二次加热至固相体积分数为 40%～60%的半固态，随即用工具夹持到压铸机压射室中，压铸成形。其主要工艺参数包括压射比压、压射速率、压射时间、型温和压射室温度等。压射比压是压射室内半固态坯料所受的静压力，是半固态铝合金压铸最重要的工艺参数之一。由于半固态铝合金压铸时，坯料黏度较大，流动性较液态金属差，为了充分利用半固态铝合金坯料的流变性，其压射比压应较液态金属压铸时高 20%～30%。压射速率为压射室内压塞的推进速率。半固态金属由于不存在液态金属压射时的喷射、紊流和卷气现象，因此该阶段的压射速率可比液态金属压铸时快，有利于提高充型速率，缩短充型时间，提高铸件表面质量。压铸机进口料尺寸应根据半固态金属的特点，按坯料大小来设计，并考虑半固态坯料经二次加工后的直径膨胀。压射室的预热温度应足够高，保证半固态坯料在压射室内不出现预凝固，并应保持稳定。半固态铝合金压铸时，铸型的温度也应比液态金属压铸时要高，且要求温度稳定，一般应控制在 280～350℃。对型内浇注系统的要求与对挤压铸造浇注系统的要求相似，采用开放式浇注系统，浇道流程短，浇道位置不远离制件。用于夹持二次加热半固态铝合金坯料的夹具应具有对坯料的夹紧、整形、搬运等功能，同时应保证坯料在夹持、搬运过程中的温度不超过 5℃。

4. 链轮支架制件

从动链轮支架是该车动力系统的关键铸件，国产化率仅为 1.01%。该铸件毛坯净重 1.85kg，壁厚在厚壁处为 15～40mm，薄壁处为 5～7mm，为典型的壁厚不均匀铸件。制件机械加工后须经气密性试验合格方可使用，零件中心部位的渗漏量在试验气压下要求小于 500mL/min。目前进口的北美 CKD 铸件，在试验气压下渗漏量要求在小于 700 mL/min 的情况下，合格率为 70%～80%。为了提高合格率，采用半固态成形技术来生产该铸件。图 18-9 为试制成功的半固态压铸 Buick 车从动链轮支架，与用普通压铸法生产的铸件相比，抗拉强度由 310～330MPa 提高到 330～357MPa，伸长率由小于 3%提高到 10%左右，力学性能明显提高，X 射线和荧光探伤及金相组织观察表明，该铸件内部显微组织均匀致密、各向同性，无气孔、缩松等缺陷，由于凝固收缩减小，半固态压铸件外形轮廓清晰，尺寸精度高，表面不存在普通压铸件常有的流纹等缺陷，气密性试验合格。该产品在中试阶段的合格率高达 95%[1]。

图 18-9　半固态 A356 铝合金压铸的 SGM Buick 车从动链轮支架铸件[1]

18.2　铝合金半固态成形

18.2.1　在汽车领域应用

1. 多连接悬挂架

1）应用背景

为减少悬挂架后端的质量，初始为砂型铸造（A356，T6），需要人工矫直。图 18-10 显示的是多连接悬挂架（multilink suspension）组件。这种部件的生产工艺需要从铝合金的砂型铸造转变处理，以降低其成本，此外，也需要更进一步提高其强度、可焊性以及降低其质量。

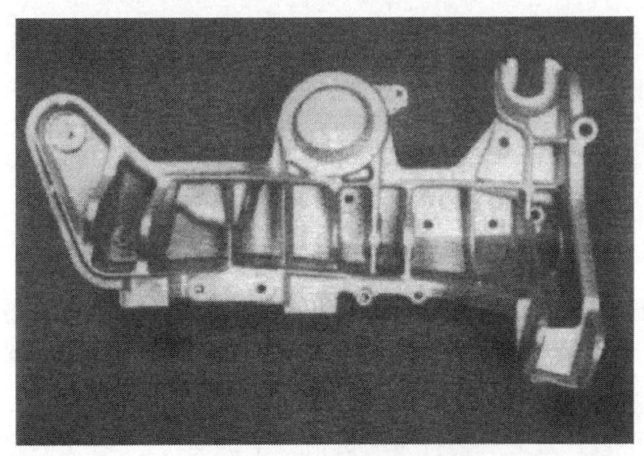

图 18-10　多连接悬挂架组件[2]

2）研究历史

图 18-10 展示的多连接悬挂架组件是最大的半固态铸造部件，质量为 15lb(6.804kg，1lb=0.453 592kg)。这个组件包括了完整悬挂架后端，它是一个早在 1995 年前的欧洲汽车产品。左端和右端是用 3 块 A6061 合金挤压材料焊接在一起的。多连接悬挂架要经过充分的 T5 热处理，由直径 5in(127mm)的半固态坯料在 18000kN SC 机器上生产而成。用半固态铸造的生产方式，相对于铝合金砂型铸造，这个组件更具有经济性，因为半固态成形技术能够直接铸造出的产品很多特征。表 18-3 是多连接悬挂架组件相关资料。

表 18-3　多连接悬挂架组件相关资料[2]

<table>
<tr><td>零件名称</td><td>多连接悬挂架组件</td><td>零件名称</td><td>多连接悬挂架组件</td></tr>
<tr><td>应用</td><td>悬挂架后端支撑装置</td><td rowspan="2">需求</td><td rowspan="2">质量轻、高强度、良好的可焊性</td></tr>
<tr><td>市场</td><td>汽车工业</td></tr>
<tr><td>质量</td><td>15lb(6.804kg)</td><td>新零件或替代品</td><td>替代钢板组件</td></tr>
<tr><td>合金型号</td><td>A357</td><td rowspan="2">用户</td><td rowspan="2">Alfa Romeo</td></tr>
<tr><td>热处理</td><td>T5</td></tr>
</table>

2. 连接管

1）问题描述

连接管(junction pipe)是复杂零件，在 MIG 埋弧焊后需要承受较大的压力，焊接质量需要等同于板材和板材，或者板材和挤压材之间的焊接质量。当然，薄壁部位也需要具有承受大压力的能力。

2）解答描述

如图 18-11 所示的零件，是用半固态铸造 SAG 触变成形加工出来的，可以满足所有的要求，甚至 2～5mm 厚的薄壁部位也能满足。表 18-4 为连接管的有关资料。

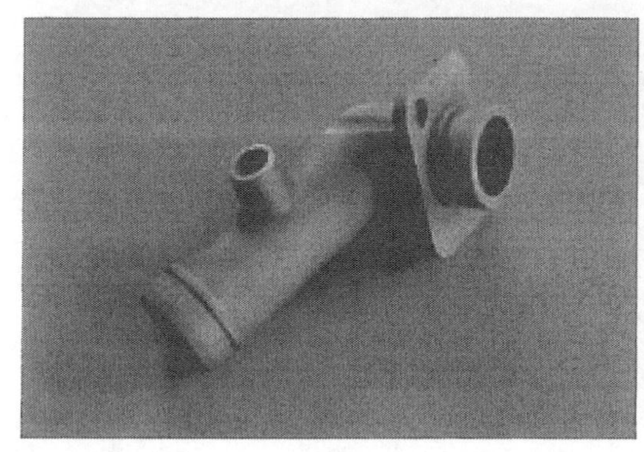

(a)

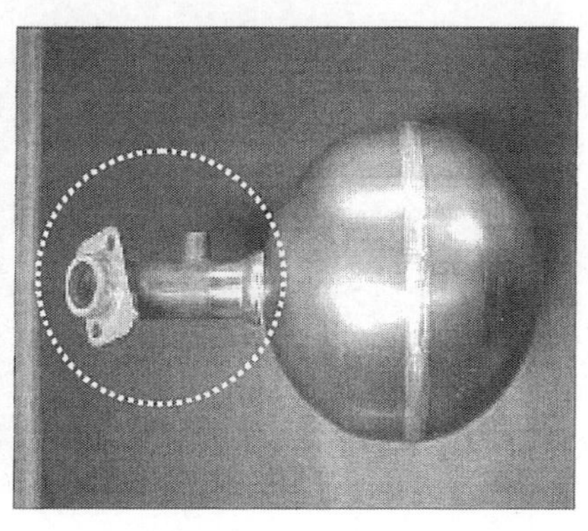

(b)

图 18-11　VM 公司蓄水池连接管[2]

表 18-4　连接管有关资料[2]

<table>
<tr><td>零件名称</td><td>连接管</td><td>零件名称</td><td>连接管</td></tr>
<tr><td>应用</td><td>VMD1 蓄水池管道</td><td rowspan="2">需求</td><td rowspan="2">良好的可焊性，壁较薄，形状较复杂</td></tr>
<tr><td>市场</td><td>汽车工业</td></tr>
<tr><td>质量</td><td>0.1kg</td><td rowspan="2">新零件或替代品</td><td rowspan="2">铝合金锻造零件的替代品</td></tr>
<tr><td>合金型号</td><td>A356</td></tr>
<tr><td>热处理</td><td>无</td><td>用户</td><td>VM</td></tr>
</table>

3. 汽车轮毂

1）应用背景

汽车制造商在全世界范围内寻找质量较轻的零件材料，以提高性能和减少燃料的消耗。Ultralite 就是这样一种由汽车制造商和澳大利亚 CyCo 国际组织找到的相对于传统的钢可以减轻质量，相对于传统的铝合金铸件具有更好的耐磨性能的材料。

2）研究历史

图 18-12 所示为汽车轮毂(automotive pulley)，其材料为 Ultralite 金属复合材料，采用半固态技术成形。Ultralite 是澳大利亚 CyCo 国际组织开发的一种“铝

灰”金属基复合材料。除了高的生产率，半固态成形还提供了一个近净成形的零件，且回避了液态成形普通金属基复合材料所面对的粒子隔离问题。对该轮毂的耐磨试验表明，其抵抗飘尘的耐磨性接近 30%。表 18-5 为汽车轮毂有关资料。

图 18-12　汽车轮毂[2]

表 18-5　汽车轮毂有关资料[2]

零件名称	轮毂	零件名称	轮毂
应用	汽车动力转向泵	需求	质量轻、耐磨性好
市场	汽车工业	新零件或替代品	耐磨性好的铁制品的替代品
质量	0.55lb(0.249 48kg)		
合金型号	Ultralite 金属复合材料	顾客	Prototype、Ford(福特)以及其他潜在的用户
热处理	无		

4. 发动机固定架

1) 应用背景

顾客都想减少 C 类交通工具的质量，提高抵抗震动的能力。由于可利用的空间有限，零件的尺寸也是一个问题。较之于通过重力铸造或者高压压铸得到的组件，这类组件需要具有更好的延展性和疲劳强度。

2) 研究历史

相对于液态模锻需要 T6 热处理方案，半固态成形技术由于可以运用 T5 热处理方案而被选中。图 18-13 所示的半固态组件满足了所有顾客的要求，同时质量也减轻了 20%。表 18-6 为发动机固定架(engine mount)相关资料。

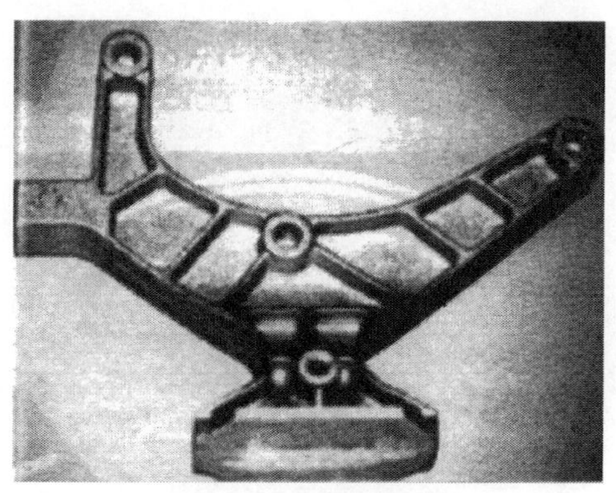

图 18-13　发动机固定架[2]

表 18-6　发动机固定架资料[1]

零件名称	发动机固定架	零件名称	发动机固定架
应用	汽车	热处理	T5
市场	汽车工业	需求	近净成形
质量	1.8lb(0.816 48kg)	新零件或替代品	新零件
合金型号	A357	用户	FLAT Auto(菲亚特汽车公司)

5. 制动鼓

1) 应用背景

汽车制造商曾长期寻求铝合金组件,来减轻弹簧,进而提高车辆的性能。铁制刹车系统的组件,如鼓、盘等都是很重的,因此成为要转换的首批目标。但是,通常铝合金铸造组件由于耐磨性能和高温强度(刚度)的不同,而不适合应用在这个方面。

2) 解答历史

由 Reynolds 金属公司开发的 A390 铝合金,应用在裸孔发动机躯体上,展示了优异的耐磨性能和不同寻常的高温属性。在处理诸如 A390 这样的合金上,半固态技术是一种比较理想的技术,因为这种技术可以避免由于高温而引起的 Si 熔化和原始相的分离,而这些问题是液态模锻所经常遇到的。表 18-7 所示的是半固态铸造的制动鼓(brake drum)(图 18-14)有关资料。

表 18-7　半固态铸造的制动鼓有关资料[2]

零件名称	制动鼓	零件名称	制动鼓
应用	车辆刹车系统	需求	质量轻,耐磨性好
市场	汽车工业	新零件或替代品	铸钢的替代品
质量	3.7lb(1.678 32kg)	用户	FIAT Research Center(菲亚特研究中心)
合金型号	A390		
热处理	T5		

图 18-14 制动鼓

6. 转向节

1) 应用背景

汽车制造商希望减少汽车质量，以提高性能和降低燃料消耗。铝 A357 或者 A356 是唯一可以在强度和延展性上接近球墨铸铁的轻金属，利用半固态等加工的方法，铝合金零件可以被设计、近净成形制造，而性能还要优于它们要替代的钢铁零件。

2) 研究历史

转向节(steering knuckle)已经利用半固态技术成功地制备(图 18-15)，目前正在测试。与铸造的钢铁零件相比，它的成本较高，这是目前这种商业化生产的唯一障碍。铸造人员计划用 UBE 新的流变铸造工艺生产一个新系列的组件，这种方法可以把稀有原料和边角废料都重新利用起来，预计可以降低成本 20%。表 18-8 是转向节有关资料。

图 18-15 转向节[2]

表 18-8　转向节有关资料[2]

零件名称	转向节	零件名称	转向节
应用	汽车转向支撑装置	热处理	T6
市场	汽车工业	需求	质量轻,高强度
质量	4.8lb(2.177 28kg)	新零件或替代品	双密度铸钢的替代品
合金型号	A357	用户	Alfa Romeo

18.2.2　在非汽车领域中应用

本节将介绍几个非汽车应用的例子,包括小发动机零件、自行车摩托车组件或其他满足美学需要的娱乐用零件。

1. 上叉形盘

1) 应用背景

欧洲曾发起一场半固态成形技术在没有迫切需要的零件上的可行性的研究,这个零件是其中之一。

2) 研究历史

图 18-16 展示了触变成形的上叉形盘(upper fork plate)。采用这种方法成形的零件,可以降低 20%的机加工成本,同时零件的表面质量也有巨大的提高。表 18-9 是上叉形盘的有关资料。

图 18-16　上叉形盘[2]

表 18-9　上叉形盘有关资料[2]

零件名称	上叉形盘	零件名称	上叉形盘
应用	摩托车	热处理	T5
市场	休闲娱乐用	需求	减少机加工量
质量	1.8lb(0.816 48kg)	新零件或替代品	重力浇注铝合金的替代品
合金型号	A357	用户	Derbi(西班牙厂家)

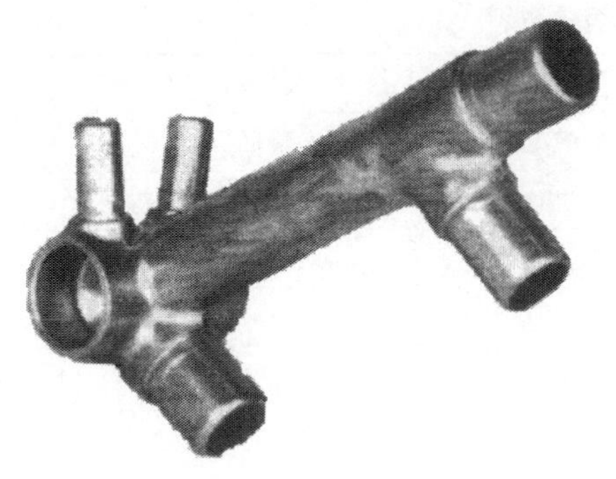

图 18-17 曲柄壳体

2. 曲柄壳体[2]

1）应用背景

图 18-17 所示的曲柄壳体(lower crank housing)包含有不同厚度的部分，不能采用挤压铸造的方法一次成形。生产这个零件，需两步挤压铸造，一次连接操作才能完成。此外，这个零件对强度和延展性都有要求，还需要近净成形。

2）研究历史

由于独特的近净成形和薄壁能力，半固态成形技术可成形这个零件。表 18-10 是曲柄壳体有关资料。

表 18-10 曲柄壳体有关资料[1]

零件名称	曲柄壳体	零件名称	曲柄壳体
应用	轻便自行车	热处理	T6
市场	休闲娱乐美观	需求	质量轻，强度高
质量	1.1lb(0.498 96kg)	新零件或替代品	两步挤压铸造的替代品
合金型号	A356	用户	日本自行车厂商

18.3 镁合金半固态成形

半固态镁合金近年来获得广泛应用，得益于美国 Dow 化学公司在塑性注射基础上，于 1989 年发明了半固态镁合金触变注射技术(thixomolding)。截至 2002 年初，全球市场拥有 thixomolding 工艺技术使用权的企业或公司达 47 家，拥有设备达 230 台，分布于美国、加拿大和日本等地[3]。

1. 在电子通信领域中应用

表 18-11 为日本采用半固态成形技术成形的镁合金薄壁件，图 18-18 为薄壁电器件产品[4]。

表 18-11 日本最近采用镁合金成形的最新电子通信设备上的薄壁件

年份	制造商	制品	应用部位	壁厚/mm	成形	生产厂家
1996	SONY	MD. MA-E50	筐体	1.0	Thixo	MG Precision
1997	东芝	笔记本电脑 Libretto50	筐体	0.7	Thixo	高田 Physica

续表

年份	制造商	制品	应用部位	壁厚/mm	成形	生产厂家
1997	富士 Film	数码相机	筐体	0.8～1.0	Thixo	MG Precision
1997	松下电器	笔记本电脑 A4CF-35	筐体	1.0	Thixo	高田 Physica
1997	三菱电器	笔记本电脑 A4-Pedion	筐体	1.0	Thixo	高田 Physica
1997	Sharp	Digital cam VL-PDI	筐体	0.8～1.0	Thixo	NIFUKO
1997	NEC	笔记本电脑	筐体	1.0	Thixo	KORUKOUT
1997	东芝	B5 版 PTOEGE 300	筐体	0.7	Thixo	

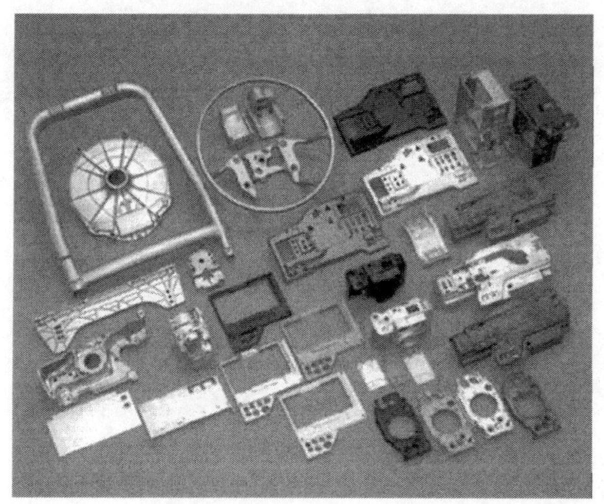

图 18-18　采用触变铸造技术成形的镁合金薄壁电器件产品

2. 其他半固态成形镁合金制件

1) 汽车座椅靠背

采用镁合金制件座椅靠背框架，主要因为其具有成形性好、密度小、减质和简化结构效果好等优点，同时采用压铸法制造镁合金座椅容易实现零件一体化，提高抗震性。图 18-19(a)为汽车座椅后背架，尺寸为 560mm×460mm，由 8500kN 触变铸造设备生产。

2) 复印机齿轮

齿轮零件不需要机械加工，可直接取代原来的一些配件，而原装配件由 2 零件经螺栓连接组成，且需要加工齿轮，如图 18-19(b)所示。

3) 汽车方向盘

方向盘芯件采用 AM 系合金(一般为 AM50 或 AM60)，具有质量轻、操作性

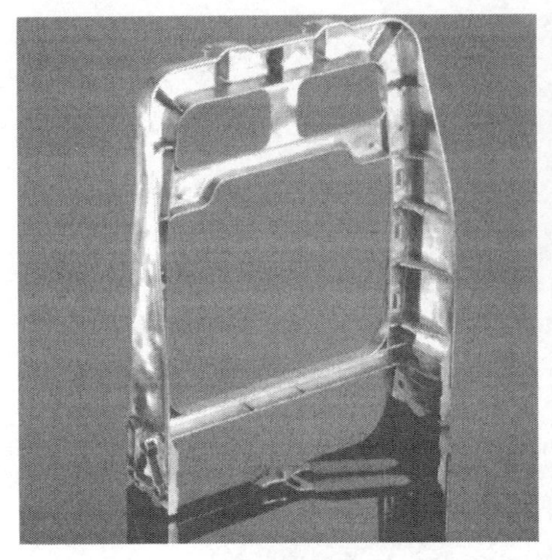

(a) 汽车座椅靠背

(b) 复印机齿轮

图 18-19　半固态触变射注的镁合金零件

好、价格便宜等优点，图 18-20 为镁合金半固态成形的汽车方向盘。

图 18-20　镁合金半固态成形的汽车方向盘

4) 轮毂

轮毂是减质效果最好的零件，图 18-21 为镁合金轮毂，其中意大利生产的第二代镁合金轮毂质量为 5.4kg，比铝轮毂(7.4kg)减质 28%。

(a) 汽车轮毂

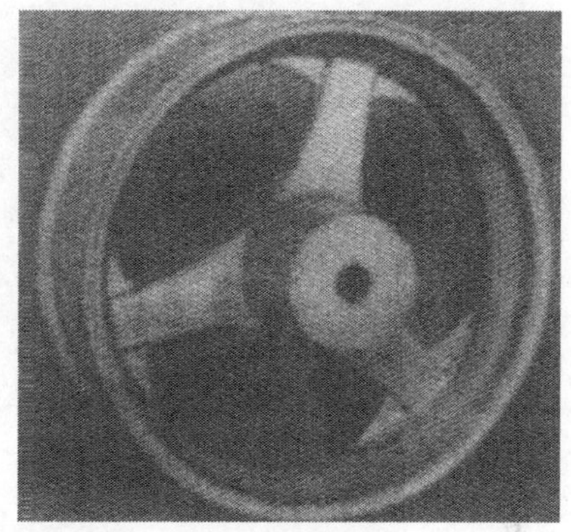
(b) 摩托车轮毂

图 18-21　半固态成形的镁合金轮毂

18.4　高熔点合金半固态成形

以钢铁材料为代表的高熔点合金材料，由于其特殊性能，可满足特殊环境（高压、高温、耐磨性）下使用，受到研究者关注。但具有这种特殊性能的材料，其工艺性差，采用常规的铸、锻，甚至机械加工也很难达到设计者要求。寻找新的成形工艺在所难免。半固态加工的属性，可能有利于高熔点材料成形，因而得到研究者重视。图 18-22 为 C7065 钢触变成形连杆[4]；图 18-23 为高碳钢 C80 的触变锻造成形件[4]；图 18-24 为钢铁材料（HS6-5-2 和 X_5CrNi_{1810}）半固态连接[4]；图 18-25 为球墨铸铁触变压铸连杆[4]。

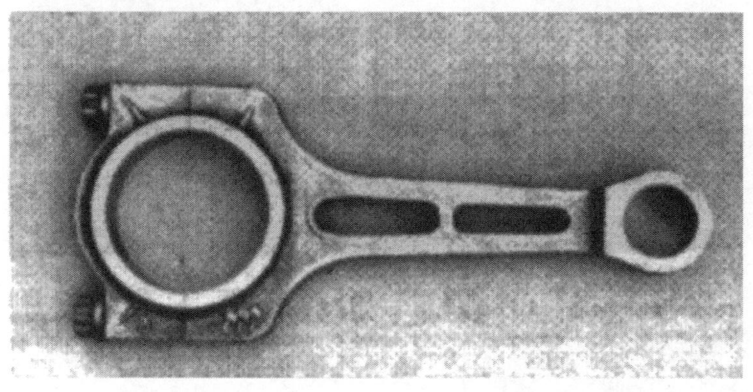

图 18-22　C7065 钢触变成形连杆

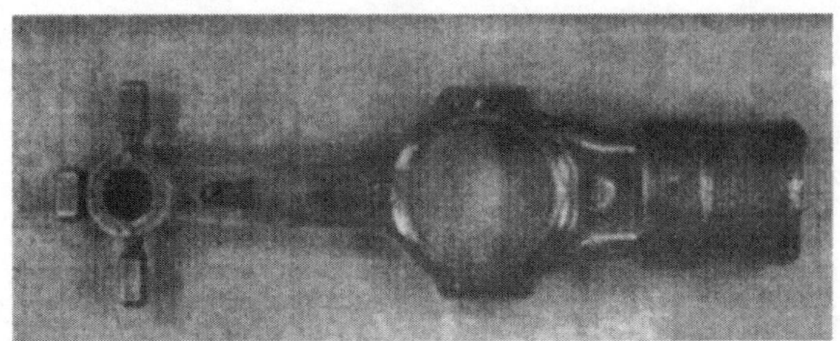

图 18-23　高碳钢 C80 的触变锻造成形件

图 18-24　钢铁材料(HS6-5-2 和 X_5CrNi_{1810})半固态连接

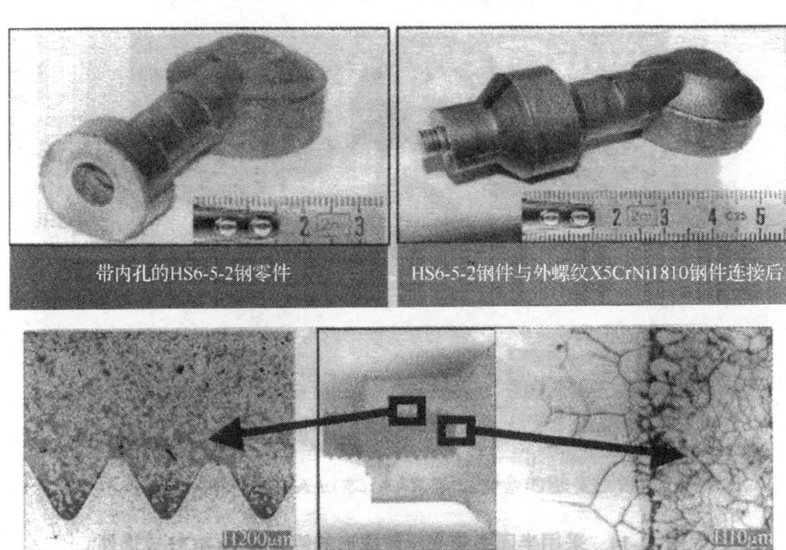

图 18-25　球墨铸铁触变压铸连杆

参 考 文 献

[1] 谢水生,李兴刚,王浩,等. 金属半固态加工技术. 北京:冶金工业出版社,2012.

[2] Figueredo cle Anacleto. Science and technology of semi-solid metal processing. Worcester: Worcester Polytechnic Institute, 2004.

[3] Wulukas D M, Vining R E, leBeau S E, et al. Effect of process variables in thixomolding. Proceedings of the 7th International Conference on Semi-Solid Processing of Alloys and Composites, Tsukuba, 2002: 101-108.

[4] 康永林,毛为民,胡壮麟. 金属材料半固态加工理论与技术. 北京:科学出版社,2004.

第19章　金属基复合材料固-液成形工艺

19.1　固-液模锻工艺

1. 工艺原理

1）固-液模锻压力浸渗复合法

此工艺的基本原理是将一种或多种非连续的纤维增强材料，按设计要求做成一定形状一定体积分数的(即有一定孔隙度的)刚性预制件；再将此预制件置于模具的指定部位，然后把熔炼好的合金液浇入模具中并进行施压，使液态金属在模具中渗入预制件并在压力下凝固成形，以获得整体或局部(特定部位)为复合材料的制件。

2）搅融复合固-液模锻法

此工艺基本原理是将一种(或多种)颗粒，或一种短纤维或颗粒与短纤维混杂等增强方式，使增强体均匀地搅拌进金属液中，以形成金属基复合材料浆料，然后将此浆料注入模具中，进行施压以成形整体复合材料制件。

2. 工艺过程

工艺过程如图19-1所示。图19-1 (a)为浸渗复合，图19-1(b)为搅融复合。

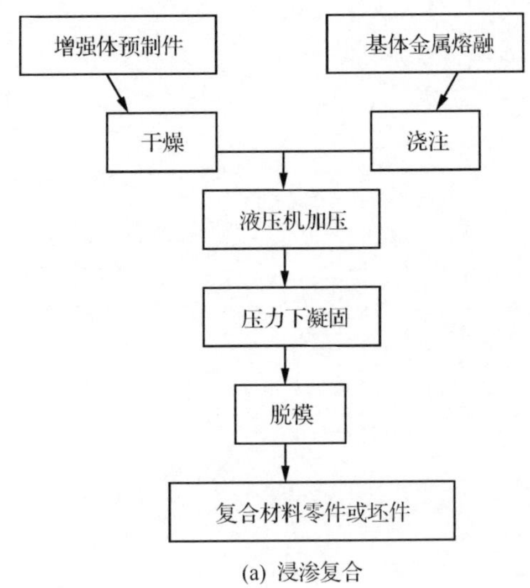

(a) 浸渗复合

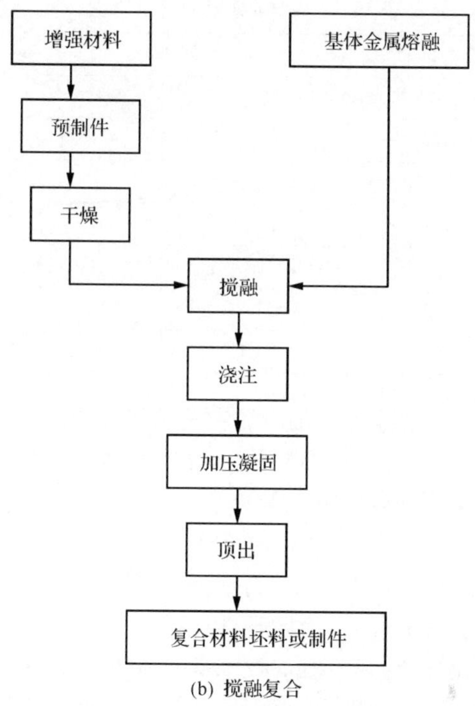

(b) 搅融复合

图 19-1　复合材料固-液模锻成形工艺图[1~3]

19.1.1　关键技术

1. 预制件制备技术

现在以 Al_2O_{3sf} 预制块制备过程进行讨论。其制备过程如图 19-2 所示。

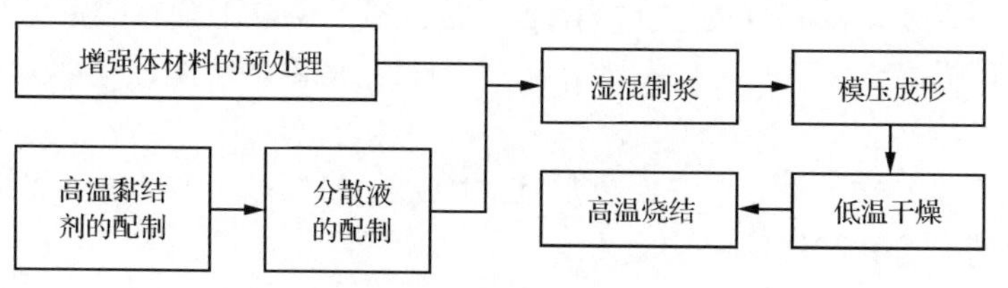

图 19-2　预制块的制备流程

1) 增强体原料的预处理及称取

试验中使用的 Al_2O_3 纤维选用了洛阳耐研陶瓷纤维有限公司生产的 A95 晶体纤维 DNX-1600 型号。该产品的各项参数见表 19-1。

表 19-1　Al_2O_3 纤维的各项参数

参数		数值
工作温度/℃		1600
堆积密度/(kg/m^3)		30～50
纤维直径/μm		3～10
渣球含量/%(质量分数)		≤5
化学组成/%	Al_2O_3	～95
	$Al_2O_3+SiO_2$	>99
	Fe_2O_3	<0.06
	K_2O+Na_2O	<0.07

在使用 Al_2O_3 纤维之前除去纤维产品中夹杂的异物。

根据要制备的复合材料的预定体积、增强体的体积分数及密度确定 Al_2O_3 纤维的质量。基体合金也用同样的方法计算。

$$w = \rho c V \tag{19-1}$$

式中：w 为增强体或基体的质量，kg；c 为增强体或基体的体积分数，%；V 为要制备的复合材料的预定体积，m^3；ρ 为增强体或基体的密度，kg/m^3。在称取增强体质量时需要考虑制作预制块过程中的损失，采取带少许余量的称取。本试验中制备了 5%（体积分数）Al_2O_{3sf} 增强体预制块，为后续工序做准备。

2）高温黏结剂的配制

采用中性磷酸铝高温黏结剂，其配置方法依据其反应式：

$$Al(OH)_3 + 3H_3PO_4 = Al(H_2PO_4)_3 + 3H_2O \tag{19-2}$$

Al 和 P 按 1∶3 的物质的量比例称取 $Al(OH)_3$ 粉末和 H_3PO_4，先将 H_3PO_4 加热到 150℃，然后将 $Al(OH)_3$ 粉末少量缓慢地加入 H_3PO_4，同时搅拌均匀，使反应尽量充分进行，反应物中有效成分为 $Al(H_2PO_4)_3$。因为 $Al(OH)_3$ 是弱碱，H_3PO_4 是中强酸，所以要使其充分反应比较困难。按过量的磷酸配置磷酸铝黏结剂（即酸性磷酸铝）可提高 $Al(H_2PO_4)_3$ 的黏结效率，但过量的磷酸会腐蚀 Al_2O_3 纤维，本研究使用中性磷酸铝。

$Al(H_2PO_4)_3$ 在 500℃左右发生反应，生成的 $Al(PO_3)_3$（即偏磷酸铝）具有高温强度，起到高温黏结作用。

$$Al(H_2PO_4)_3 \xrightarrow{\triangle} Al(PO_3)_3 + 3H_2O \tag{19-3}$$

3）分散液的配制

分散液的作用是使增强体均匀分散。

分散液的制备方法是：先将水加热到 90℃以上，然后加入聚乙烯醇（PVA），边加热保持水温边搅拌到全部溶解为止，再加入丙三醇（甘油）和磷酸二氢铝搅拌均匀。加热是为了溶解 PVA，因为 PVA 在较低温的水中难溶解，易溶解于较高温的水中。

表 19-2 为分散液的配方和各成分的作用。PVA 的水溶液主要起发泡作用；甘油是 PVA 溶液的增塑剂，对发泡具有辅助作用；又由于 PVA 和甘油的水溶液具有胶黏作用，所以还起到实现湿态强度和低温黏结的作用。因为烧制分散液时水分会蒸发，所以最终溶液体积小于加入的水量 200mL。从本试验的具体情况出发，液态浸渗制备复合材料的过程中 Al_2O_3 纤维与基体镁合金熔液如果直接接触就会发生化学反应，足量的 $Al(PO_3)_3$ 黏结剂覆盖 Al_2O_3 纤维表面可防止 Al_2O_3 纤维与基体反应。

表 19-2　分散液配方及各成分的作用

成分	PVA	甘油	$Al(H_2PO_4)_3$	水	配成 165mL 溶液
用量	5g	5mL	20(×68%)	200mL	
作用	发泡剂	PVA 溶液增塑剂	高温黏结剂	溶剂	

制备增强体浆料采用了湿混的方法，先制成增强体浆料再压制成预制块。先取适量的分散液倒入搅拌杯中，用搅拌桨进行搅拌，在搅拌的同时少量多次地将 Al_2O_3 纤维放入分散液中搅拌打散；若要制备混合增强的预制块，在纤维全部放入之后少量多次地加入颗粒，搅拌打散使两种增强体混合均匀。

4）预制块的模压成形

制备好的浆料要放入预制块的压制模具中模压成形。图 19-3 为预制块的压制模具示意图，用限位块保证预制块的高度；压制时需要使一部分分散液渗出才能正常成形，所以底盖上设计了较细小的通孔，并用布过滤垫遮挡；压到指定高度后静置 1～2min 不再渗出分散液时取出预制块。需要注意的是，把浆料加进凹模时尽量控制不要夹入空气，夹入空气会使压出的预制块内部出现大孔洞。

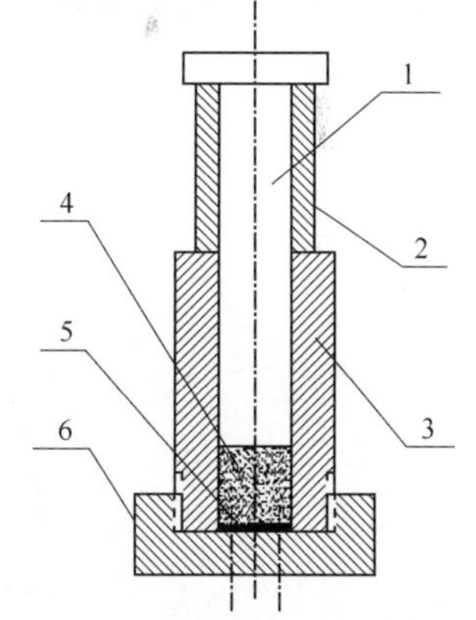

图 19-3　预制块的压制模具示意图

1-压头；2-限位块；3-凹模；4-预制件；5-过滤垫；6-底盖(带细通孔)

5）预制块的干燥和脱胶及烧结

预制块压制后，按序进行下面操作：

(1) 预制块的干燥。低温干燥是在低于 100℃使预制块干燥。低温干燥的目的是除去预制块中的绝大部分水分。但低温干燥的工艺决定了预制块各部位的强度分布情况。高温干燥是在 100～120℃使预制块干燥，低温干燥后升温至此区间，保温 24h；原则是在此温度区间尽可能长时间保温，其主要目的是排除残余水汽。

(2) 预制块的脱胶。继续从 100～120℃缓慢升温至 300℃，在 300℃保温 4h；在 200～300℃升温过程中，由于有机胶黏剂挥发、烧毁和碳化，有大量烟气冒出。

(3) 预制块的烧结。继续从 300℃缓慢升温至 500℃,在 500℃保温 4h;500℃左右是中性 $Al(H_2PO_4)_3$ 转变成 $Al(PO_3)_3$ 的适宜温度,$Al(PO_3)_3$ 起到高温黏结剂的作用。继续从 500℃缓慢升温至 800℃,在 800℃保温 4h;然后随炉降温。

2. 搅融混合技术

在搅融混合液态模锻成形复合材料制件过程中,混合是关键。其中复合方法及工艺参数影响着混合的质量。其原因是:①加入增强颗粒细小(一般为 10～30μm),且与基体润湿差,不易进入和均匀分散在熔体中,并易重新团聚和上浮;②强烈搅拌易使熔体氧化和吸气。因此,正确选择搅融工艺参数(搅拌速率、熔体温度、颗粒加入速率)的同时,还需要采取相应辅助措施,其中包括:①添加改善润湿性的合金元素,如在铝液中加入钙、镁、锂等;②在复合前,对颗粒进行预热处理,使附在颗粒表面的有害物在高温下挥发掉;③颗粒表面镀层;④控制复合过程气氛,即搅拌是在真空或惰性气体保护下进行;⑤采用高速旋转搅拌方式(包括机械、超声波或电磁等)进行复合。

图 19-4 是作者采用的搅拌实验装置,其主要特点是:①为了弥补转速不可调,将搅拌电动机设计成可沿电机导轨 9 上下运动,从而使 SiC_p 分布均匀;②为了防止不锈钢搅拌器及坩埚中的铁元素在搅拌中进入 Al 液,在二者表面进行镀层处理。

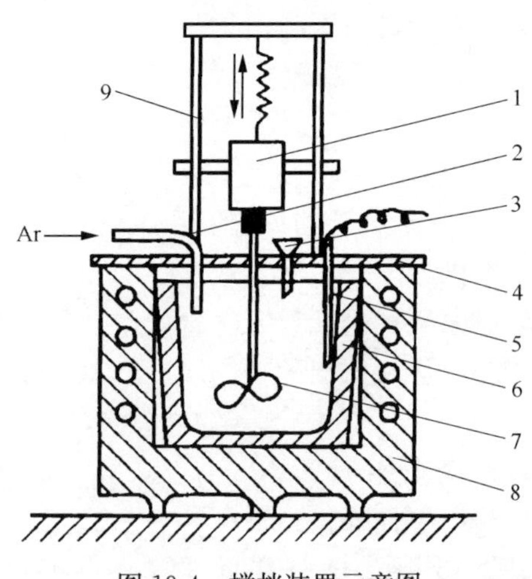

图 19-4　搅拌装置示意图

1-电动机;2-保护气;3-加料器;4-密封装置;5-热电偶;6-坩埚;7-搅拌器;8-电阻炉;9-电机导轨

3. 液态模锻工艺参数及控制

1) 浸渗液态模锻

原则上浸渗液态模锻成形复合材料制件或毛坯,制备与成形在一个过程中,分阶段连续完成。预制件形状、尺寸与制件(或毛坯)形状、尺寸相接近。因此,当注入基体金属浸渗预制件中,即完成复合材料制备阶段,即第一阶段。这时施加的压力是有限的,仅保证基体金属能顺利渗入预制件体中,但又使预制件不变形。当渗入结束后,即进行第二阶段,施以高压,使其未凝固的基体金属实现高压凝固过程。该阶段复合材料制件不会发生大的成形流动,仅使增强体与基体之间显微疏松获得消除。

2) 搅融液态模锻

搅融液态模锻与浸渗液态模锻的区别在于:复合材料制件成形是在搅融后,注入模具内,并合模施压完成。这时,复合材料做大的充填型腔运动,这是浸渗液态模锻所没有的。当充填结束,同样要经历高压下凝固过程。

3) 固-液模锻力学参数

固-液模锻主要的工艺参数有力学参数和温度参数两种。

(1) 压力。压力的选择应在保证制件质量的前提下取低值。通常应考虑基体合金的特性、制件形状、零件使用要求和加压方式。一般规律是:①以相同条件下所需的压力而论,浸渗固-液模锻要高于空心搅融固-液模锻;间接液态模锻要高于直接固-液模锻。②为消除气孔、缩松所需的压力,对浸渗固-液模锻,随着直径的增加而减少;对搅融固-液模锻,随着壁厚的增加而减小(表 19-3);对所有制件,随着制件高度的增加而增加。③趋于逐层凝固方式的基体合金,所需压力要高于糊状凝固方式的合金。因此,以所需的临界压力而论,铝-硅共晶合金高于铝-铜、铝-镁系固溶体型合金。必须指出,对于厚壁制件,过小的压力不但无益反而有害。因为这将增加制件中心产生缩松的可能性。

表 19-3　搅融固-液模锻所需的最低压力[4,5]

工艺方案		压力/MPa		
		大空腔制件	小空腔制件	实心制件
基体金属处液态时的模锻	薄壁制件	40	50	60
	厚壁制件	30	40	50
基体金属冷到液-固态后模锻	薄壁制件	100	90	110～120
	厚壁制件	80	70	80～100

(2) 开始加压时间。合金浇入模具至开始加压的时间间隔,称为开始加压时间,一般应尽量短。这样就可以最大限度地减薄金属自由结壳的厚度,以提高制件的质量。为保证生产条件下的制件质量,应考虑各种工艺参数的波动,为此生产时采用的压力,一般应高于实验值。对某些易产生偏析的基体合金,为防止产生偏析,也需延长开始加压时间。

(3) 保压时间。压力保持的时间,一般应控制到制件完全凝固时为止。保压时间过短，当制件心部未完全凝固时就卸压，则心部得不到压力补缩，而残留缩松或缩孔等缺陷，组织也不均匀；保压时间过长，制件温度较低，线收缩加大，势必增加制件本身的内应力，使制件脱模困难，加之模具温度较高，对模具寿命和制件表面均有不利影响。保压时间可根据制件的壁厚进行粗略的计算：对于铝合金 ϕ50 以下的制件，平均每毫米需 0.5s；壁厚 ϕ100 以上的制件，平均每毫米需用 1.0～1.5s。

(4) 加压速率。加压速率是指合模时冲头接触到复合材料以后的运动速率。加压速率必须选择合适范围。过慢时，复合材料自由结壳太厚而影响加压效果；过快(如超过 0.8m/s)时，易使复合材料形成涡流而卷入气体，增加复合材料的飞溅，促使制件形成劈缝，甚至产生裂纹。为了保证制件质量，冲头模锻时的合适速率，小制件一般为 0.2～0.4m/s；大制件一般为 0.1m/s。采用大功率的压力机，其加压速率可以减慢些。

4) 固-液模锻温度参数

固-液模锻温度参数包括浇注温度和模具温度。

(1) 浇注温度。液态模锻所采用的浇注温度，应比同种基体合金的砂型、金属型铸造时略低一些。一般控制在合金液相线温度以上 50～100℃，对形状简单的厚壁实心制件可取温度下限；对形状复杂或薄壁制件应取上限。采用低温浇注，可减少制件的收缩和因收缩而产生的缺陷，提高模具寿命，减少液态金属的喷溅和劈缝，细化晶粒组织，减少金属中的气体含量等，因而有利于改善复合材料的组织与性能。由于固-液模锻是靠压力低速充型，复合材料流动性的好坏无关紧要，故有条件实现低温浇注。但浇注温度过低将增加自由凝固的结晶硬壳厚度，妨碍以后的冲头施压，这也是不利的。

(2) 模具温度。模具温度的高低，直接影响到制件的质量和模具的寿命。模具温度过低，浇注的复合材料迅速凝固，加压前即形成厚的结晶硬壳，影响以后的加压效果；另外，金属中温度梯度的增加，也促使制件形成大的柱状晶。此外，模温低还增加冷隔、冷痘和涂料夹杂等缺陷。模具温度过高，会加速模具表面的机械磨损，增加模具的热应力，促使复合材料与型腔表面的粘焊，因而降低模具寿命，使制件脱模困难。适宜的模具温度与制件金属的种类、毛坯形状和工艺条件等均有关。对于基体铝合金，模具温度低于 100℃即出现上述缺陷，高于 300℃则有粘焊、渗铝的倾向。因而，一般模具的预热温度为 150～200℃，工作温度为 200～300℃。对薄壁制件应适当提高模具的预热温度和基体合金的浇注温度。在实际大批量连续生产时，模具温度往往会超出允许的范围，必须采用水冷或风冷措施。

5) 热处理

固-液模锻时，复合材料以低速充型，不会卷入大量气体。因此，制件可以进行固溶处理。

一般情况下，制件可选用与同种合金金属型制件相似的热处理制度。由于固-液模锻时冷却速率快、枝晶偏析少、晶粒细化，第二相分布比较均匀以及位错密度高，可以适当缩短固溶处理、均匀化、退火、时效等热处理工艺的保温时间。在某些情况下，由于制件的合金相组成有一定的变化，因而需选用新的温度规范，甚至改用新的热处理制度。这需通过实验方法来选定。

19.1.2　典型复合材料液态模锻件成形与组织性能

1. 复合材料成形

碳纤维增强铝基复合材料采用低压渗入-高压凝固（液态模锻）成形，渗入与凝固依序分阶段在一个过程中完成，下面予以分析[2,3]。

1）碳纤维的处理及预制块的制备

碳纤维是一种高强度、高模量、低密度的新型纤维，是非常理想的增强材料，如图 19-5 所示。但碳纤维微观组织是一种乱层石墨结构，表面活性很低，与液态铝的润湿角大约为 160°，基本不润湿。这就给浸渗法制造碳纤维复合材料带来了巨大的困难。为此，研究者对碳纤维涂层作了大量的研究，其中比较成功的是 Ti+B 涂层。近来有研究者用 Al_2O_3 作涂层，也取得了不错的效果。但工艺普遍复杂。涂层的研究仍是目前碳纤维复合材料的热点问题之一。为了简化工艺，探索更具实用性的碳纤维复合技术，本研究采用了碳纤维表面去胶后直接制备预制块的方法，挤压浸渗工艺较快的浸渗过程及冷却速率可以减少有害的界面反应，使简化碳纤维的表面处理工艺成为可能。

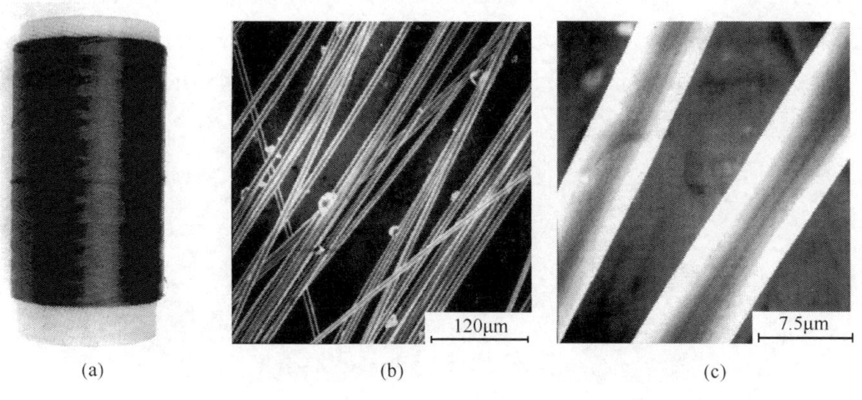

图 19-5　碳纤维的形貌[3]

M40 纤维的性能见表 19-4，由于碳纤维在出厂时表面经过了涂胶处理，制备金属基复合材料时会造成界面结合不良。本研究把碳纤维切成 2～3mm 的短纤维后，在 Ar 保护下 450℃去胶 30min，这样可增加碳纤维的表面活性，为预制块的制备提供有利条件。把低温黏结剂、无机高温黏结剂和少量直径为 3μm 的 Al_2O_3 颗粒加蒸馏水混合搅拌 5min，搅拌均匀后逐步加入纤维，再搅拌 10～15min，纤维分散均匀后，倒入压制模具，去除水分后取出，自然干燥后，350℃烧结 30min，以去除杂质和水分，并使无机胶发挥作用，使预制块达到要求的强度。具体制作工艺如图 19-6 所示。

表 19-4　M40 石墨纤维的性能

直径/μm	强度/MPa	模量/GPa	应变/%	密度/(g/cm³)	长度/mm
6.5	2650	430	0.70	1.84	0.05～1.5

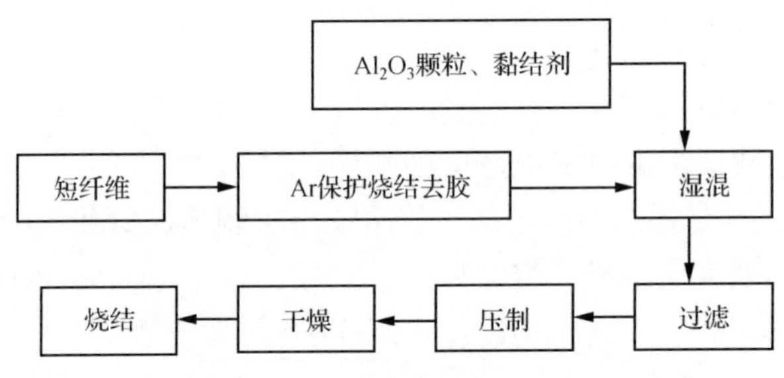

图 19-6　预制块制备工艺

加 Al_2O_3 颗粒是为了便于分散碳纤维，防止加压浸渗时纤维被压合，不利于浸渗的进行。预制块及纤维分布如图 19-7 所示。浸渗工艺要求预制块具有一定的高温强度，合适的纤维长度及一定的体积分数和分布，因此必须选择合适的黏结工艺才能达到工艺要求。

(a) 预制块　(b) 碳纤维分布

图 19-7　预制块及碳纤维分布[3]

2) 浸渗

浸渗是在 2000kN 压力机上进行的(压力可调)。纤维随模具一起在 Ar 保护下加热到 350～400℃，把熔炼好的铝合金熔体浇入模具，凸模下行加压，金属液体在压力作用下渗入纤维预制体，气体从气孔排除，保压一段时间后顶出。

3) 金属浇注温度与纤维预制体的预热温度

为了降低浸渗阻力，需要浇注的金属有一定的过热度。在本实验中，浇注温度的选取原则为合金液相线温度以上 100～150℃，而温度过高，不但液态金属本身严重吸气氧化，质量下降，也会使碳纤维发生氧化，失去增强作用。浇注温度一般取 750～800℃ 为宜。780℃ 的均匀浸渗组织与复合材料中宏观浸渗分界面如图 19-8与图 19-9 所示。

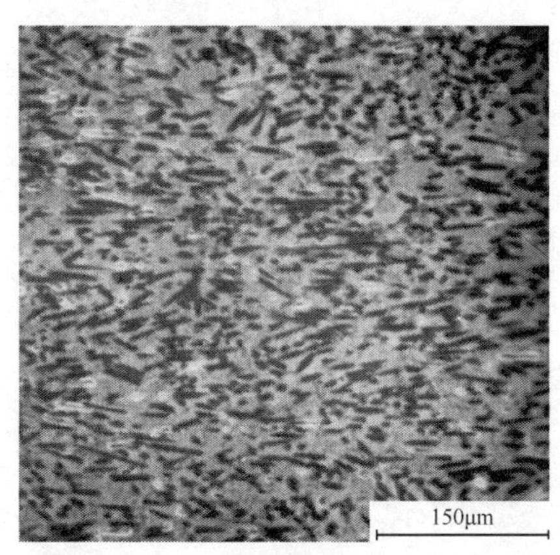

图 19-8　浇注温度 780℃均匀浸渗组织

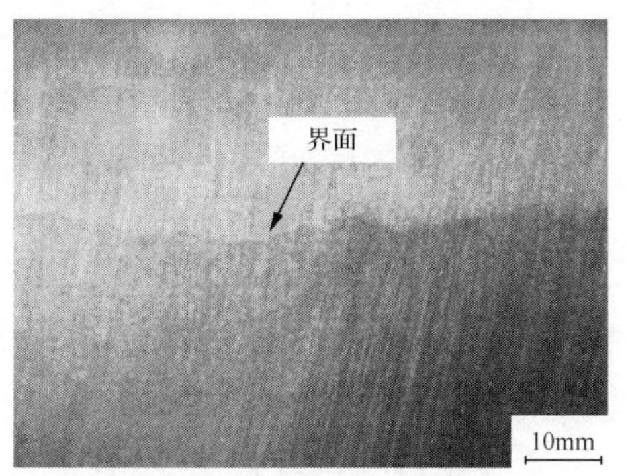

图 19-9　780℃浸渗后复合材料与基体的宏观界面

为了增加浸润性和浸渗距离，适当增加纤维预热温度比单纯增加金属液的浇注温度好。但碳纤维的预热不宜超过 400℃，否则会因氧化而降低强度，一般取 350～400℃。为了防止碳纤维预热和浸渗过程中氧化，实验中采用氩气保护。

4) 浸渗速率与压力

根据浸渗过程的动力学分析可知，浸渗压力与浸渗距离成正比，并与浸渗速率、毛细管半径的平方成正比。实验时，通过调整液压机的压下速率，选择合适的浸渗速率，一般为 2～4mm/s，纤维的体积分数及分布决定了平均毛细半径，这时浸渗压力主要取决于浸渗深度和浸渗温度条件，图 19-10 给出了浇注温度为 780℃、预热温度为 380℃时的浸渗距离与浸渗压力的关系。值得注意的是，实际浸渗压力远大于理论压力。这是由于计算的毛细管半径是平均值，而短纤维分布必然存在两根纤维交叉的节点，所形成锐角处的毛细管半径小于平均半径。

5) 纤维分布及体积分数

为了保证浸渗质量，必须充分分散开。图 19-11 是未加入颗粒时局部纤维束没有分散开的浸渗组织。为此在溶液中加入少量 Al_2O_3 颗粒（图 19-12 中的白色

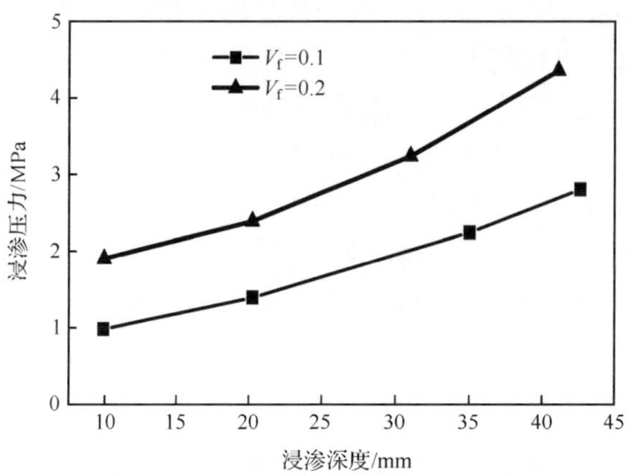

图 19-10 浸渗深度与浸渗压力关系曲线

颗粒)。束状的短纤维在悬浊液的剪切力作用下分散成均匀分布的短纤维。Al_2O_3颗粒和黏结剂的加入还使交叉纤维节点处形成框架结构,保证了毛细半径不致过小,在挤压浸渗时,较高的压力可以实现较完全的浸渗。

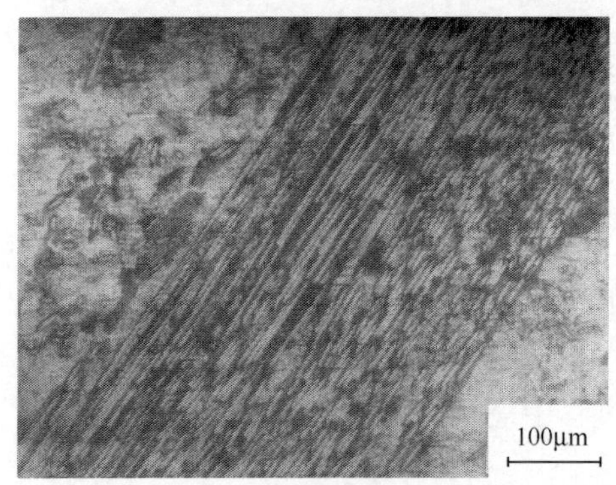

图 19-11 不均匀的复合材料组织

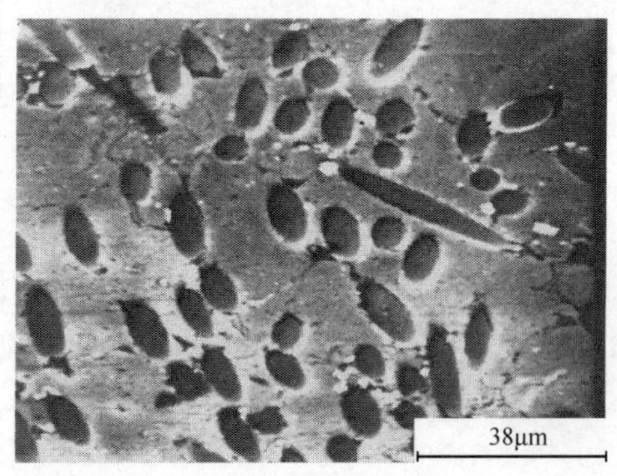

图 19-12 加入 Al_2O_3颗粒后组织及纤维分布

随着搅拌时间和搅拌速率的增加,纤维的平均长度下降。对于碳纤维,只要纤维长度大于 70μm 就能充分起到增强作用。一般情况下,预制块的纤维长度都远高于此值。经过过滤压制,最终得到如图 19-7 所示的预制块及纤维分布。短纤维预制块与长纤维的另一个不同是体积分数,它的最大体积分数受到纤维长度的限制。由于碳纤维具有很高的强度和弹性模量,纤维太长时,预制加压时会使纤维弯曲变形,卸载时的回弹会破坏黏结结构。一般情况下,长度为 0.5mm 以下的纤维体积分数最高可达 30%。随着长度的下降,最大体积分数还可以增加。显然,随着纤维体积分数的增加,毛细半径减小,浸渗压力也将增加。但压力太高时,会使预制块体积分数变大，甚至压碎预制块。这也是制约碳纤维预制块体积分数不能过高的原因之一。

6）工艺参数优化

当浸渗结束以后（一般时间很短），进入加压凝固阶段。浸渗压力，可以按计算选定，也可以依据设备情况实验确定。也可以借用合模时，模具自重进行浸渗，不必另外加压；或在合模后，自动升压，保证浸渗过程自始至终保持一定压力。浸渗结束后施以高压，以保证浸入的基体金属在高压下结晶，消除因凝固收缩产生的缩松，并使碳纤维与基体金属结合紧密。工艺参数选用见表 19-5。

表 19-5　浸渗工艺参数[3]

预制块预热温度/℃	350～400
铝液浇注温度/℃	740～800
浸渗压力/MPa	2～5
浸渗速率/(mm/s)	2～4
液态模锻压力/MPa	40～60
保压时间/s	30

2. C_{sf}/2A12 复合材料的组织

图 19-13(a)、(b)分别为 20％和 30％体积分数的碳纤维预制块经 2A12 合金在浸渗速率为 3mm/s、温度为 780℃浸渗后的组织[3]。从图中可以看出，基体组织致密，晶粒较小，且许多晶粒间是以纤维为晶界的。纤维的分布宏观上是均匀的，

(a) C_{sf}为20%体积分数

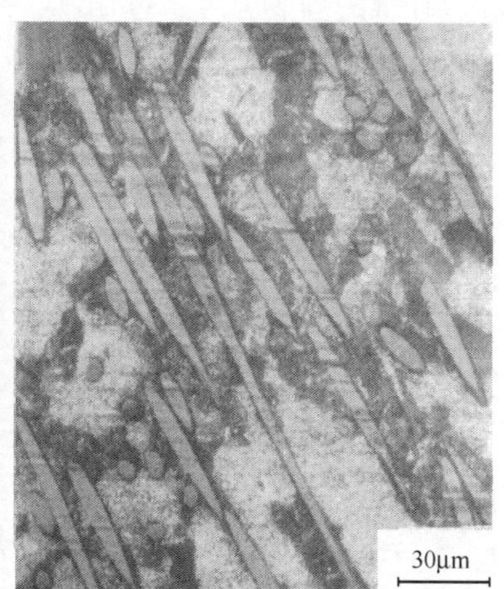

(b) C_{sf}为30%体积分数

图 19-13　C_{sf}/2Al2 复合材料的典型组织

没有明显的方向性。由于纤维的方向不同,有的纤维呈圆截面,有的呈短纤维状。从溶出纤维图(图 19-14)看,长径比远大于 10,符合设计要求。纤维的表面完整,没有被侵蚀。

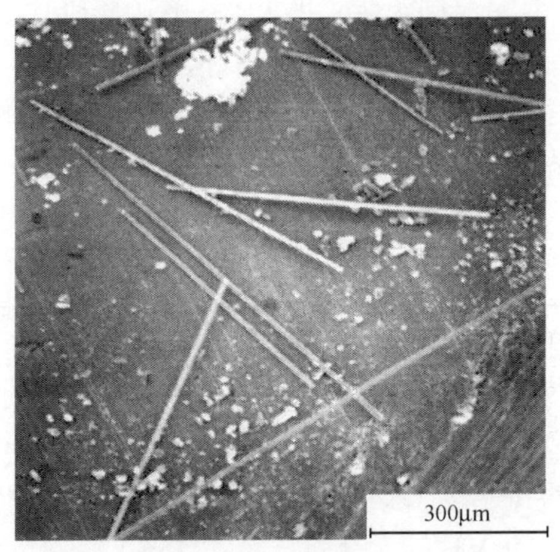

图 19-14　溶出纤维

适当提高纤维的预热温度和浇注温度,可以提高基体与纤维的润湿能力,使小间隙的浸渗成为可能。图 19-15(a)为两根相距很近的纤维($<1\mu m$)在 780℃时完全浸渗的情况。但如果两根纤维相交叉,提高浸渗温度和浸渗压力都无法完全浸渗,如图 19-15(b)所示。不完全浸渗留下的间隙在受力时将有可能成为裂纹源,导致材料的低应力破坏。但在非真空条件下浸渗,必须防止纤维的氧化,除了用氩气进行保护,纤维的预热温度超过 400℃和铝液的浇注温度大于 800℃时,碳纤维

(a) 小间隙完全浸渗

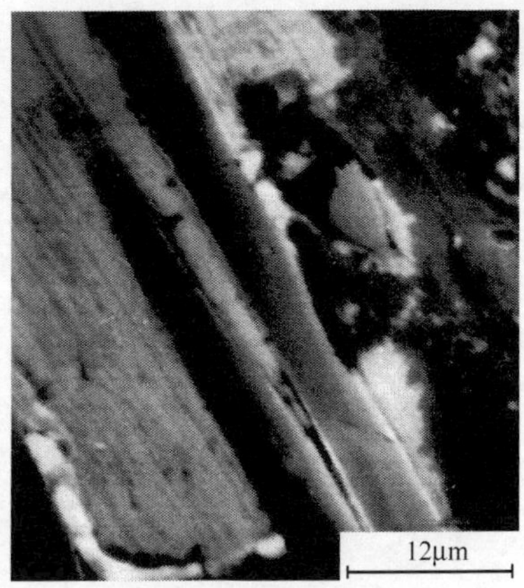

(b) 纤维交叉无法完全浸渗

图 19-15　小间隙的浸渗

件开始氧化，如图 19-16(a)所示。

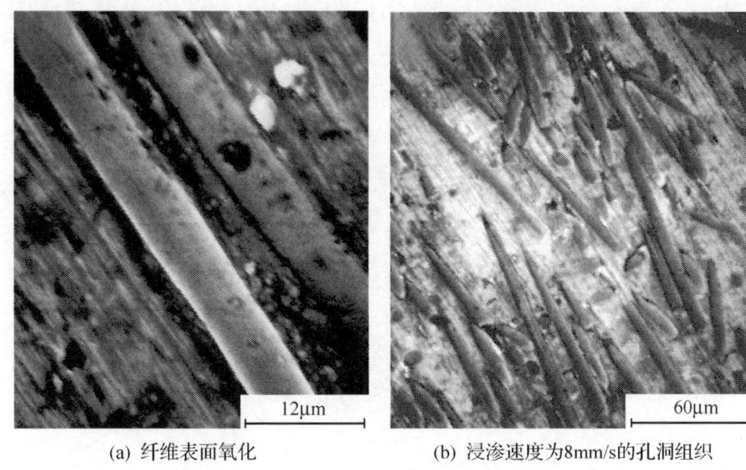

(a) 纤维表面氧化　(b) 浸渗速度为8mm/s的孔洞组织

图 19-16　工艺参数对组织的影响[3]

浸渗速率对获得良好的浸渗组织很关键。浸渗速率太低，浸渗前沿金属的温度在流动中逐渐降低，浸润性变差，甚至凝固，无法完成浸渗。浸渗速率太快，虽然有利于浸渗的完成，但前端的金属会发生紊流，加上短纤维预制块中浸渗通道的复杂性，流动前沿的金属会发生侧向流动，与后面的金属形成封闭的未浸渗空间，使气体无法顺利排出，形成缺陷，如图 19-16(b)所示。因此必须结合纤维的体积分数、预热温度和金属浇注温度等因素综合考虑浸渗速率。一般以 2～5mm/s 为宜。

3. C_{sf}/2A12 复合材料的拉伸性能

图 19-17 为 15%～30%体积分数的 C_{sf}/Al 复合材料 T6 热处理的拉伸性能曲线。从曲线中可以看出，材料呈现低塑性特征。按其变形过程和断裂过程，可分为

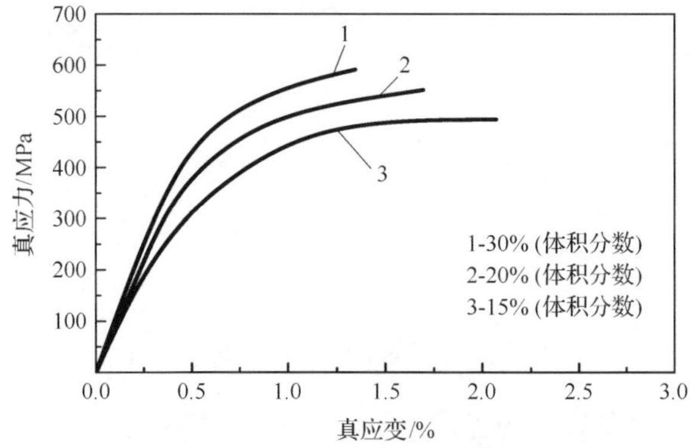

图 19-17　不同体积分数的 C_{sf}/2Al2 复合材料的真应力-真应变曲线

三个阶段：①纤维和基体的变形都是弹性的，C_{sf}/Al 复合材料的弹性极限明显小于基体材料，不到 0.2%；②纤维变形仍是弹性的，但基体的变形是非弹性的，这一阶段占绝大部分；③界面断裂，进而复合材料断裂（见图 19-18）。

图 19-18　C_{sf}/2Al2 复合材料拉伸的宏观断口

复合材料的屈服点不明显。断裂强度随着体积分数的提高而呈线性增加。如图 19-19 所示，最高可达 590MPa，比基体强度增加近 40%。值得注意的是，复合材料的性能对组织十分敏感，随着碳纤维体积分数的增加，浸渗阻力增大，碳纤维密集的地方有可能存在浸渗不完全的情况，形成裂纹源，从而造成个别试件性能失常。材料的性能具有一定的分散性。

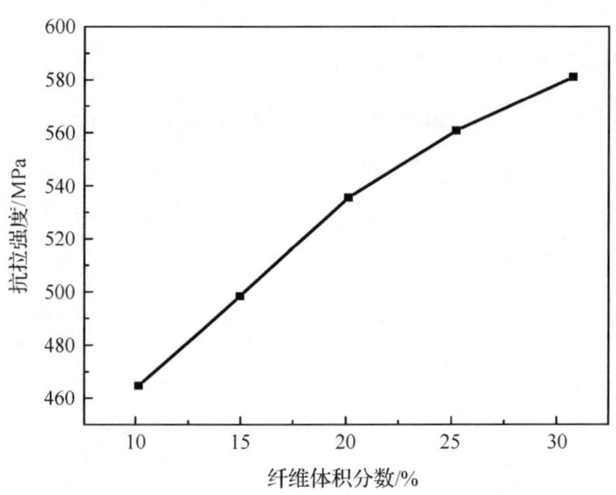

图 19-19　碳纤维体积分数与抗拉强度

弹性模量比基体有较大的提高，可达 105GPa，增加了 45.8%，并与纤维含量成正比，如图 19-20 所示。复合材料模量的增加主要是因为高模量的碳纤维

(400GPa)阻止基体材料变形,短纤维的增强效果介于长纤维和颗粒材料之间,并与纤维的长径比和分布有关。

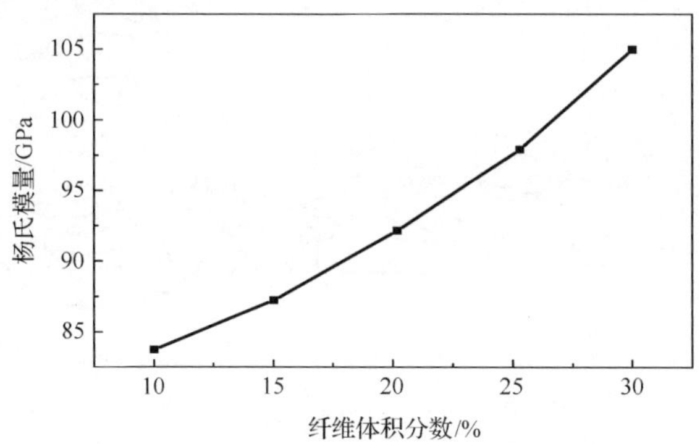

图 19-20 纤维体积分数与模量的关系曲线

19.1.3 应用实例

1. 压力浸渗固-液模锻复合成形铝活塞

图 19-21 为活塞结构示意图。其陶瓷增强材料的预制件是由专门工艺制作的。图 19-22 是一种预制件示意图。

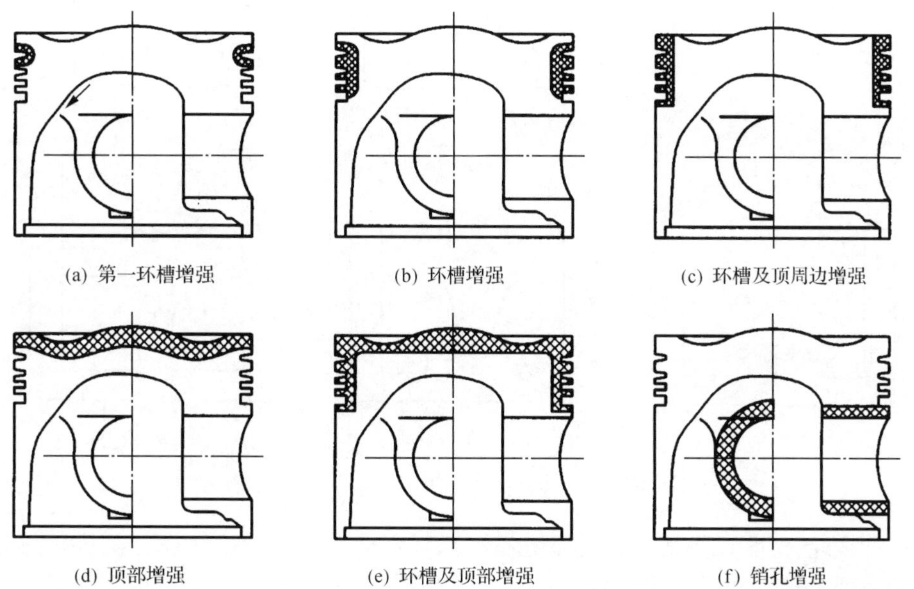

图 19-21 铝基复合材料活塞的增强结构示意图(阴影处为复合材料增强部位)

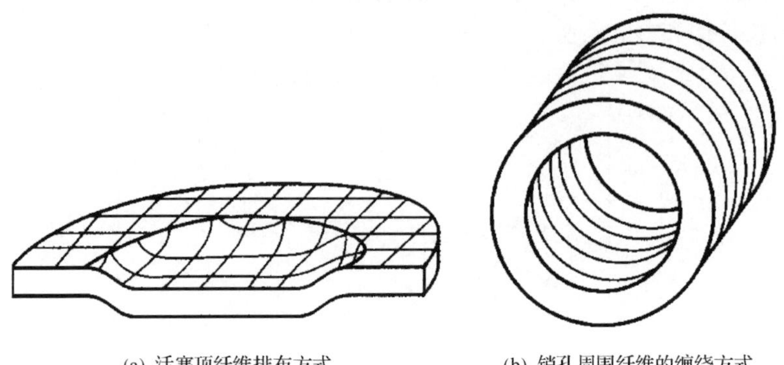

(a) 活塞顶纤维排布方式　　(b) 销孔周围纤维的缠绕方式

图 19-22　连续纤维预制块示意图

复合材料活塞的固-液模锻过程如图 19-23 所示[6]。它是将已预热好的纤维预制件置于模具的特定部位，浇入铝合金液后合模，使合金液在高机械压力下渗入纤维预制件的孔隙中以形成复合材料，并模锻成形活塞毛坯。

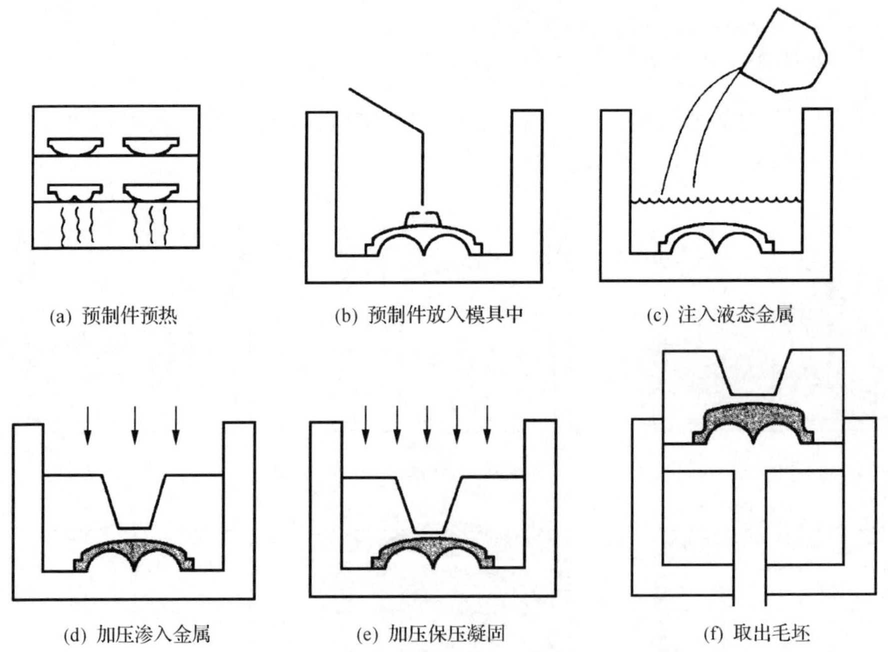

(a) 预制件预热　　(b) 预制件放入模具中　　(c) 注入液态金属

(d) 加压渗入金属　　(e) 加压保压凝固　　(f) 取出毛坯

图 19-23　复合材料活塞挤压铸造过程示意图

用固-液模锻工艺制成的局部增强铝基复合材料活塞可按常规工艺进行热处理和表面处理。在纤维体积分数不太高(如 20%～30%)条件下，也可用硬质合金刀具进行机械加工。

复合材料与铝基体之间能达到良好的结合，表 19-6 列出了 Al_2O_3 增强铝基复合材料和高镍铸铁镶圈与活塞基体铝合金的界面结合强度。由表可见，复合材料与铝基体融为一体，其结合力也明显高于铸铁镶圈与铝基体之间的结合力。

表 19-6　基体铝合金(SAE332)**与镶制件界面结合强度**(T5 状态)

镶制件材料	工艺方法	结合强度/MPa
高镍奥氏体制件	金属型铸造	75
	挤压铸造	102
Al_2O_3短纤维增强铝基复合材料	挤压铸造	176

表 19-7 列出了几种材料物理性能的比较。从表中看出，复合材料的密度不足镍奥氏体铸铁的一半，而与基体铝合金相接近；复合材料的线膨胀系数与高镍奥氏体铸铁相接近，而明显低于基体铝合金的线膨胀系数。

表 19-7　几种材料物理性能的比较

物理性能项目	活塞铝基体合金(共晶 Al-Si 合金)	铝基复合材料(体积分数为 20%的 Al_2O_3短纤维增强共晶 Al-Si 合金)	高镍奥氏体铸铁
密度/(g/cm³)	2.71	2.8～2.85	7.2
热导率(20～300℃)/[W/(m·K)]	155	100	31
比热容/[J/(kg·K)]	960	1012	507
线膨胀系数/($10^{-6}K^{-1}$)(20～200℃)	21	16	17
弹性模量/GPa	80.7	93	176

Al_2O_3短纤维增强铝基复合材料有良好的耐磨性能，图 19-24 和表 19-8 是 Al_2O_3短纤维增强铝基复合材料与基体铝合金、高镍奥氏体铸铁和活塞环铸铁的耐磨性比较。从中可以看出，其耐磨性与高镍奥氏体铸铁和活塞环铸铁相当，而明显优于铝合金。

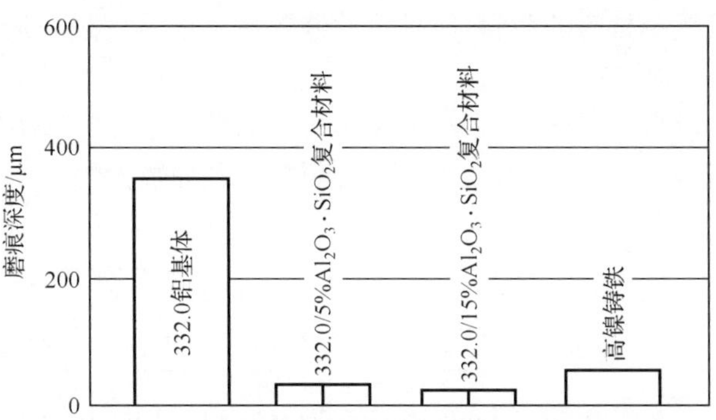

图 19-24　Al_2O_3增强铝基复合材料耐磨性能(耐磨深度)与其基体和高镍奥氏体铸铁的比较

表 19-8　短纤维增强铝基复合材料和铸铁活塞及环槽的磨损量比较

环槽磨损量/mm		活塞环磨损量/mm	
铝基复合材料	铸铁	铝基复合材料	铸铁
0.010①	0.020	0.010①	0.000
0.020②	0.020	0.010②	0.010
0.020③	0.020	0.023③	0.000

①15% Al_2O_3纤维增强。

②7%莫来石纤维增强。

③5%硅酸铝纤维增强。

早在 20 世纪 80 年代初，日本丰田公司和 ART 公司合作，丰田公司首先在轿车的柴油机上使用陶瓷纤维增强的铝基复合材料活塞。其使用的增强材料为英国产的氧化铝和碳酸铝短纤维，用以局部增强活塞环和活塞顶，来取代高镍奥氏体铸铁镶圈。到 80 年代中期，丰田公司已有 23 种车型使用了这种活塞，月产量 10 万件以上；在 ART 公司已建成了铝基复合材料活塞的全自动化液态模锻生产线。日本宇部公司开发生产的碳化硅长纤维局部增强活塞顶的铝基复合材料活塞，也是采用液态模锻工艺。

在美国，康明斯公司、克列威特(Clevite)公司和德纳(DANA)公司等均生产和使用了柴油机用铝基复合材料活塞。在俄罗斯和一些欧洲国家也有研制开发此类活塞的报道。

在我国，从 20 世纪 80 年代中期开始相继进行了 SiC 颗粒、硅酸铝短纤维、氧化铝纤维和 SiC 晶须混杂增强的铝基复合材料活塞的研制，并在“解放”、“东方”汽油机和大马力风冷柴油机上成功进行考核，已形成批量生产。

2. 搅融复合固-液模锻法制备履带板

此工艺的基本原理是将一种或多种颗粒或短纤维增强材料均匀地搅拌进金属液中形成金属基复合材料的浆料，然后将此浆料注入模具中进行固-液模锻以成形金属基复合材料的制件。

复合材料选择超高强度 Al-Zn-Mg-Cu 系的 7A04 合金为基体(设计成分见表 19-9)。增强体为 Al_2O_3颗粒，粒度为 W10，颗粒体积分数大约为 10%。

表 19-9　7A04 化学成分

元素	Zn	Mg	Cu	Mn	Cr	Fe	Al
含量	4.5%	1.5%	1.3%	0.3%	0.15%	<0.3%	余量

复合材料的制备工艺如下：基体合金在刷有涂料的坩埚内熔化后，至 720℃左右进行精炼除气，清理表面夹渣，随后进行降温处理。当降到固-液态时将搅拌器

插入铝液中，并以一定的速率搅拌，同时用氮气进行保护。待铝液形成漩涡后，把已经进行预热处理的 Al_2O_{3p} 按一定的速率加到铝液中，直至加完颗粒。在固-液态下继续保持搅拌 30min 左右，在搅拌的同时提高铝液的温度。达到浇注温度后取出搅拌器，清理干净铝液表面的杂质，等待铝液的浇注。

履带板板体零件的外形结构如图19-25 所示，毛坯质量大约为 3kg。

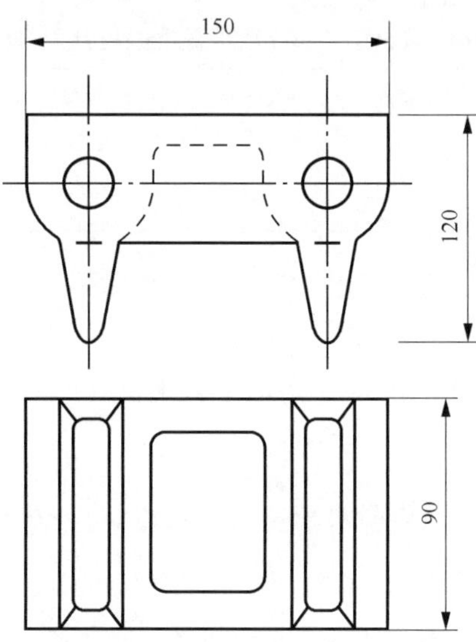

图 19-25　履带板板体的外形结构

履带板板体的固-液模锻模具结构如图 19-26 所示。模具结构采用直接固-液模锻形式，冲头的形状与履带板的上表面相同，为方形，通过其直接加压到制件上，接触面即为分型面。这样直接加压有利于制件成形，也有利于提高制件的质量。

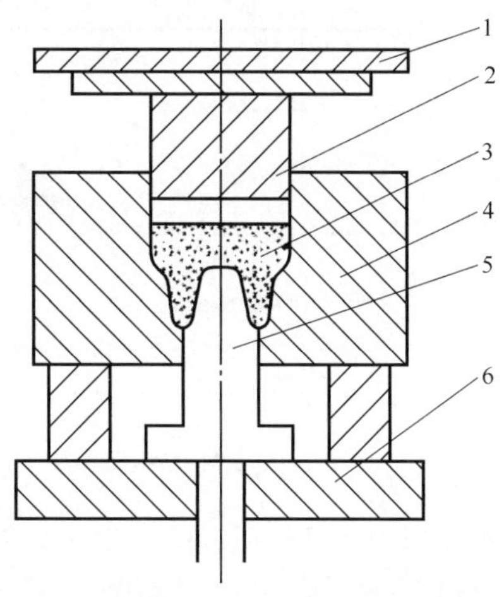

图 19-26　履带板板体固-液模锻模具结构[5]

1-上压板；2-冲头；3-制件；4-阴模；5-下芯头；6-工作台面

固-液模锻工艺为：当铝液和模具都准备好后，将模具预热到一定温度，喷上水基涂料，清理干净模具型腔，快速地将已经达到浇注温度的复合材料浇入型腔。接着马上压下压头，对制件加压，并保压一定的时间。最后压头回升，顶出制件，退回芯头，等待下一个循环。

工艺参数见表 19-10。

表 19-10　Al_2O_{3p}/7A04 履带板搅融复合固-液模锻

工艺名称	Al_2O_{3p}预热温度/℃	搅拌时间/min	模具预热温度/℃	浇注温度/℃	固-液模锻压力/MPa	保压时间/min
参数	700	40	＞250	800	100	2

由复合材料金相组织可以看出，Al_2O_{3p}在基体中分布较均匀。从宏观上看，Al_2O_{3p}无明显聚集或结团现象，基体呈单颗粒分布，Al_2O_{3p}与基体紧密结合，没有明显的缺陷，但在较小尺寸范围内或高倍下，Al_2O_{3p}仍显示出一定的不均匀分布，在晶界处 Al_2O_{3p}较富集。

3. 混杂增强铝基复合材料耐磨圈与负重轮本体固-液复合工艺

1）实验准备工作

首先进行毛坯设计和耐磨圈预制体的制备。图 19-27 为负重轮毛坯图。

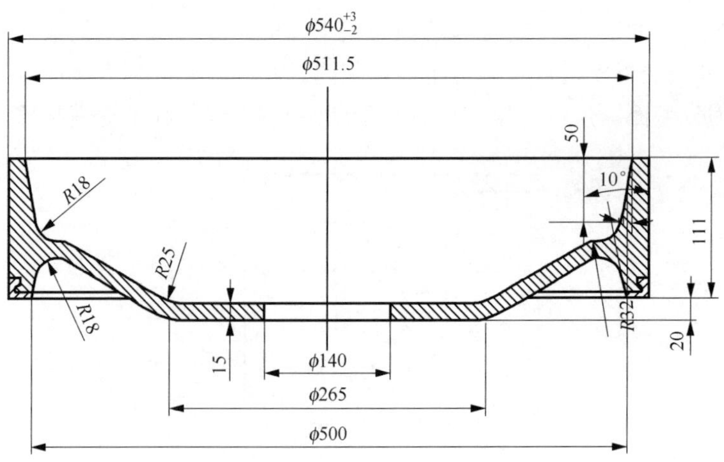

图 19-27　负重轮毛坯图

实验材料：①负重轮本体材料为 2A14、2A50、7A04；②耐磨圈基体材料与负重轮本体材料相同；③增强材料为 $Al_2O_{3sf}\cdot SiC_p$，两者含量为体积分数 1∶1，增强体在耐磨圈的体积分数为 25％。

2）预制件制备

耐磨圈固-液坯制备分两步：第一步，制作增强预制体，使 Al_2O_{3sf} · SiC_p 呈均匀分布，如图 19-28 所示。第二步，液态金属渗入，但这一步与本体复合工艺同步进行。

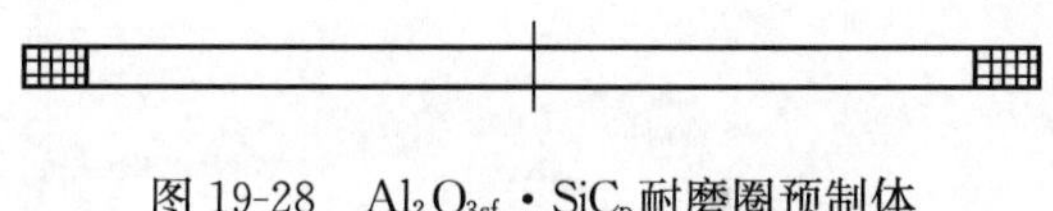

图 19-28　Al_2O_{3sf} · SiC_p 耐磨圈预制体

3）复合材料圈与负重轮本体固-液态复合模锻

复合模具如图 19-29 所示。把预制体预热至 680～700℃，置于模具内，模具预热温度为 260～300℃。先将温度为 780～800℃ 的铝液浇入预制体上，使其渗入，而后把 740℃ 的铝液再注入模具中。上凸模下行施压，封闭模具，进行复合材料环与本体复合。在复合成形过程中，负重轮本体在凸模施压下液态模锻成形。当本体成形时(图 19-29)，由于轮毂与轮辐的结合处截面尺寸大，存在最后凝固区，此时呈固-液态；另外复合材料耐磨圈也呈固-液态，在外凸模的作用下进行固-液模锻成形。

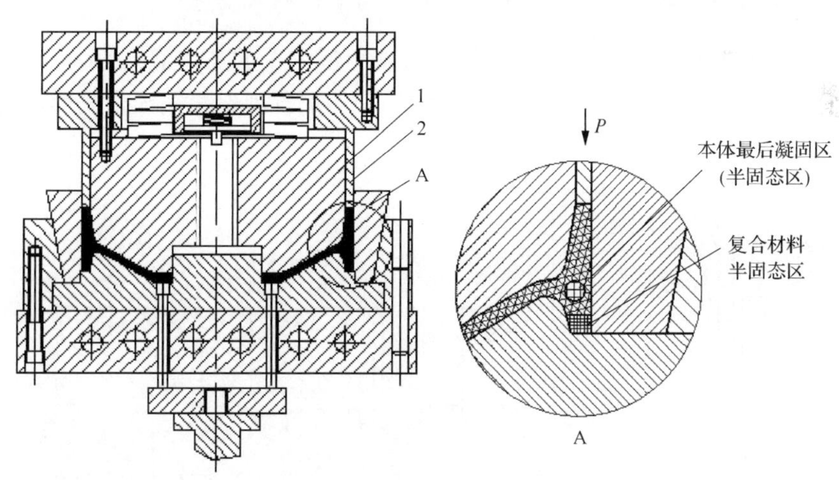

图 19-29　负重轮模具图[5,7]

1-内凸模；2-外凸模

4）装车考核

图 19-30 是固-液模锻法生产的具有 Al_2O_{3sf} · SiC_p/Al 复合材料耐磨圈的负重轮制件，现已完成 5000km 试车，证明复合材料局部增强制件的耐磨性优于采用钢质耐磨圈制件。

图 19-30　固-液模锻生产的具有 $Al_2O_{3sf} \cdot SiC_p/Al$ 复合材料耐磨圈的铝合金负重轮

4. 纤维增强铝基复合材料汽车连杆局部液态模锻成形工艺

本田技研工业株式会社，率先在无人驾驶小型汽车的连接部采用了 5 万根不锈钢纤维强化铝合金连杆，如图 19-31 所示。采用局部液态模锻工艺成形，其模具图如 19-32 所示，工业流程如图 19-33 所示。

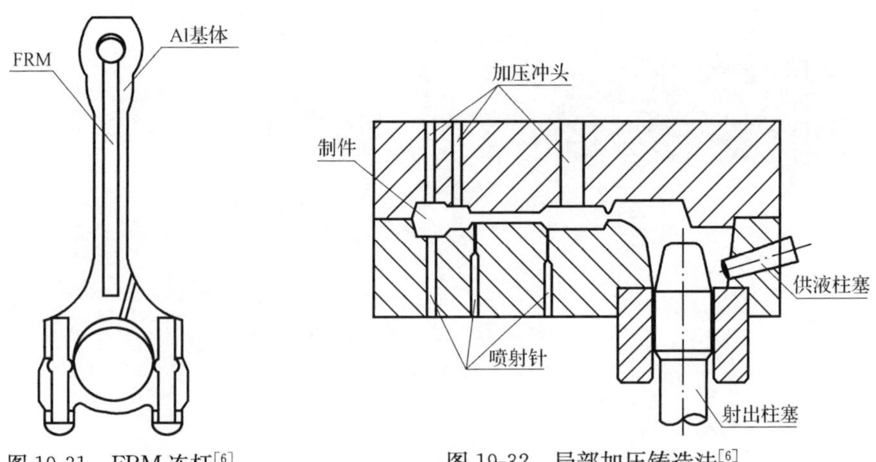

图 19-31　FRM 连杆[6]

FRM-fiber reinforced materials 的缩写，即纤维增强材料

图 19-32　局部加压铸造法[6]

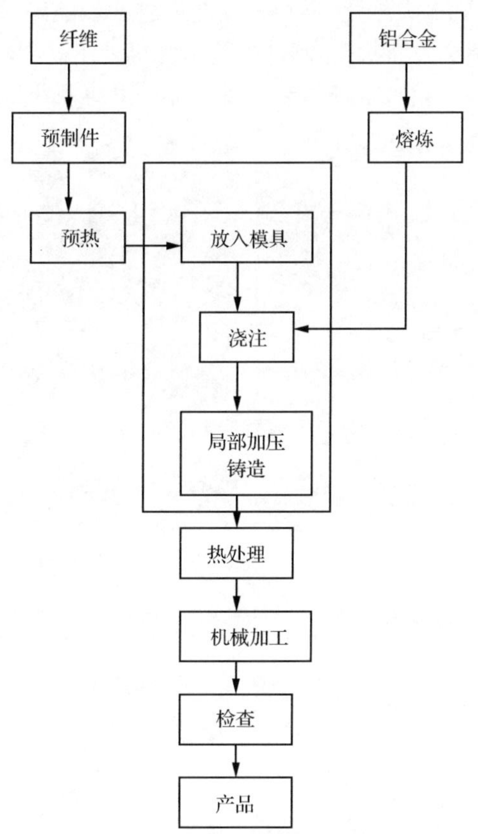

图 19-33　铝 FRM 连杆的制造流程

19.2　液态浸渗后直接挤压 Al_2O_{3sf}/Al 复合材料组织与性能研究

19.2.1　Al_2O_{3sf}/Al 复合材料组织研究

1. 基体组织

图 19-34～图 19-37 分别为浸渗后直接挤压成形的 Al_2O_{3sf}/Al-1.5Mg、$Al_2O_{3sf}/Al6061$、$Al_2O_{3sf}/2A12$ 复合材料棒材制件和浸渗后直接挤压工艺所获的复合材料。其基体组织致密，无任何显微孔洞等缺陷存在，组织为典型细小的变形再结晶组织。对于 Al6061 和 2A12 基体合金，除主晶相 α 以外的其他初晶偏析相均细小均匀地分布于基体中。这时由于在浸渗时纤维对液态金属的激冷作用，在挤压时液态金属发生压力下结晶和流动凝固，使得枝晶晶粒和枝晶间低熔点共晶

相和其他偏析相都得到大大细化，再经挤压变形进一步破碎，加上挤压变形发生在材料的固-液态或刚刚凝固完状态，制件被挤出时仍处于高温状态而再结晶。因此对复合材料的原始组织进行观察时，未发现明显的纤维状组织或挤压流线。

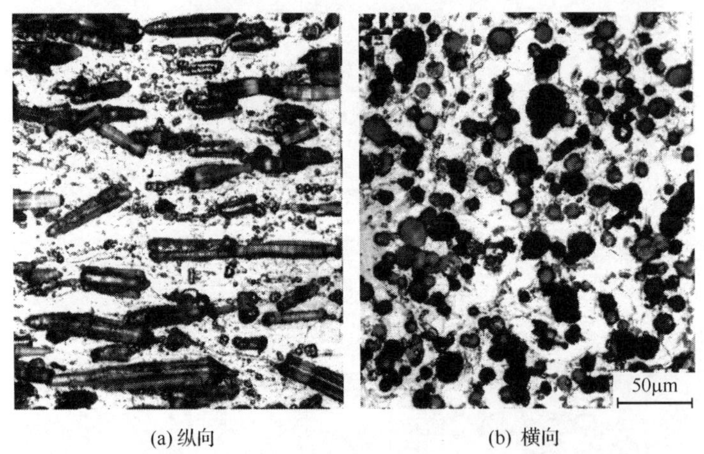

(a) 纵向　　(b) 横向

图 19-34　渗后直接挤压 Al_2O_{3sf}/Al-1.5Mg 复合材料棒材组织

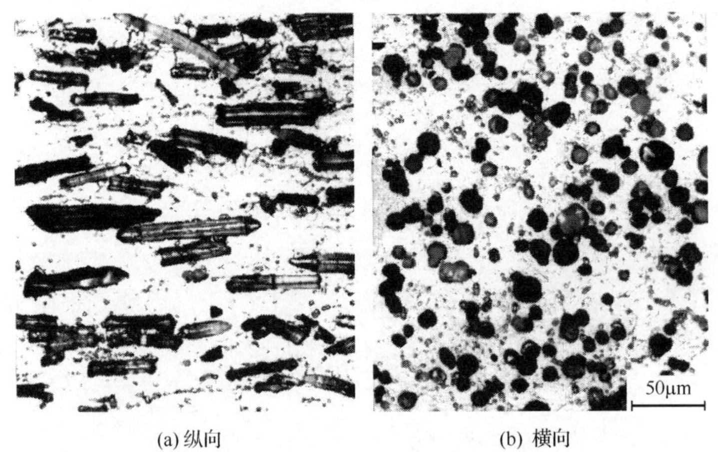

(a) 纵向　　(b) 横向

图 19-35　渗后直接挤压 Al_2O_{3sf}/Al 6061 复合材料棒材组织

2. 纤维分布形态

从图 19-34～图 19-37 可以看出，渗后直接挤压工艺获得的 Al_2O_{3sf}/Al 复合材料，其纤维分布具有如下两个明显的特点：①纤维分布非常均匀，不存在纤维间的搭桥、成束聚集等纤维相互直接接触缺陷；②纤维分布呈现出一定的规律性。对于棒材，纤维沿挤压方向（棒材轴向）呈准一维分布（图 19-34～图 19-36）；对于板材，

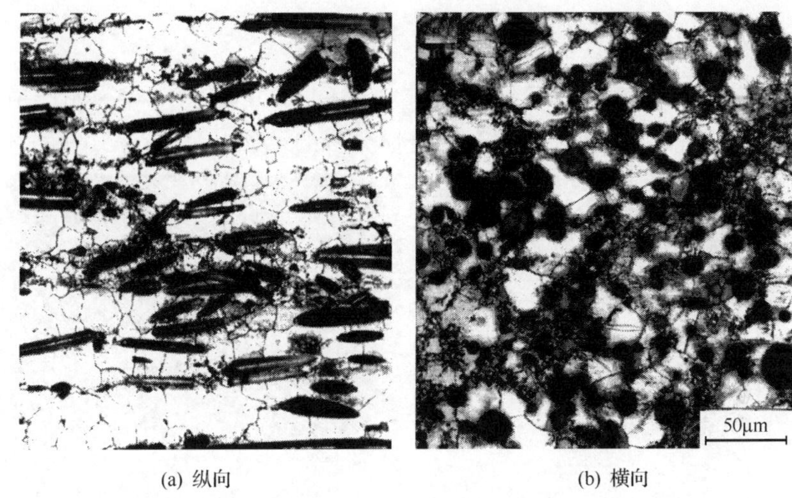

(a) 纵向　(b) 横向

图 19-36　渗后直接挤压 Al_2O_{3sf}/2A12 复合材料棒材组织

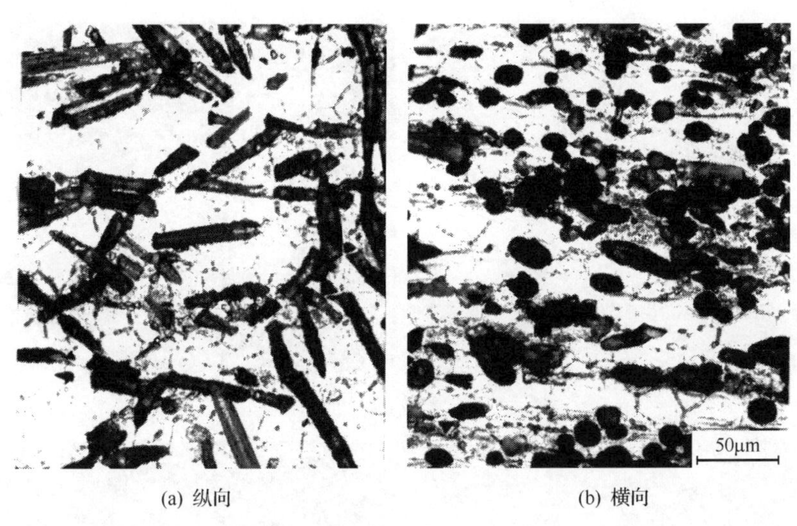

(a) 纵向　(b) 横向

图 19-37　渗后直接挤压 Al_2O_{3sf}/Al-1.5Mg 复合材料板材组织

绝大多数纤维分布于板平面内，即呈现出二维分布特征(图 19-37)。前者主要是由于在挤压过程中，变形区以上挤压筒内的液态基体金属始终受到冲头压力作用，并且液态金属和增强纤维之间存在相对运动，从而有效地改善了液态金属和纤维的相互浸润效果。后者则主要是由于挤压时变形区内的基体金属始终维持在固-液态或刚刚凝固完状态，材料的流动应力极小，纤维易于以转动的形式来适应基体金属的大塑性流动。

19.2.2　Al_2O_{3sf}/Al 复合材料界面研究

图 19-38 为用电子探针(WDS)对 Al_2O_{3sf}/Al-1.5Mg、Al_2O_{3sf}/Al6061、Al_2O_{3sf}/2A12 复合材料界面近旁微区成分进行定性分析的结果。可见,采用三种不同基

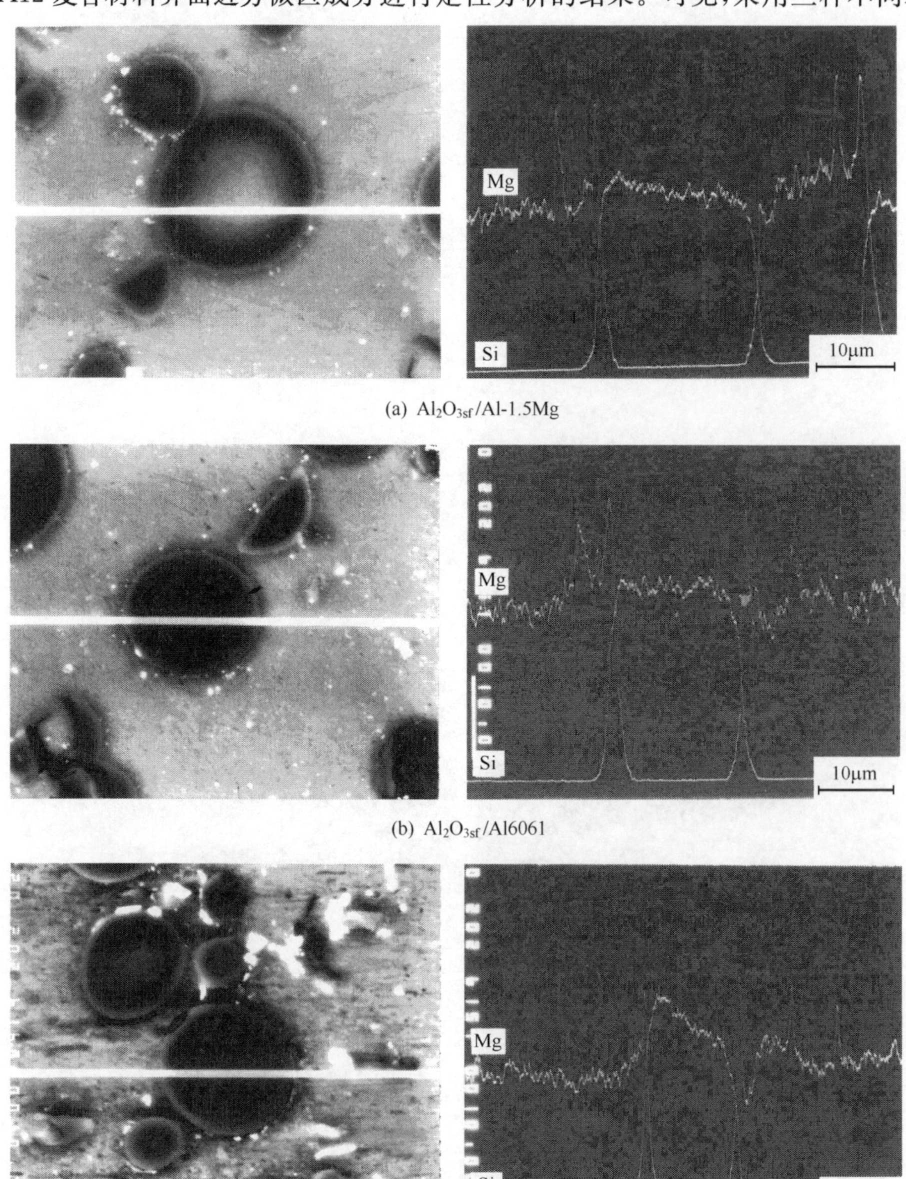

(a) Al_2O_{3sf}/Al-1.5Mg

(b) Al_2O_{3sf}/Al6061

(c) Al_2O_{3sf}/2Al2

图 19-38　Al_2O_{3sf}/Al 复合材料的背散射电子像和电子探针成分分析结果

体材料制作的 Al_2O_{3sf}/Al 复合材料，其纤维、基体界面处的元素分布特点相同。在三种复合材料的纤维/基体界面上，镁元素富集，其浓度比纤维内部及基体中均高得多。硅的浓度分布规律则是：纤维中心硅浓度最高、基体中浓度最低，在纤维、基体界面附近，存在一个由高到低的过渡区。据此，可以推断：在 Al_2O_{3sf}/Al 复合材料的制作过程中，由于三种不同基体合金 Al-1.5Mg、Al6061、2A12 中均含有一定量的镁，液态基体金属中的 Mg 元素向纤维表面偏聚，吸附于纤维表面，并与纤维发生了界面反应，置换出了一部分纤维中的 Si 元素。Si 被置换出来后，将会从固、液相界面处向熔体中扩散。由于复合材料的整个制作过程时间很短，液态基体金属凝固较快，因而 Si 的扩散并不充分，故在纤维、基体界面近旁存在一个 Si 浓度高于基体中 Si 浓度但低于纤维中心 Si 浓度的过渡区。图 19-39 和图 19-40 分别为 Al_2O_{3sf}/Al-1.5Mg 和 Al_2O_{3sf}/2A12 复合材料界面的透射电镜(TEM)图像及其相应的定点 X 射线能谱(EDS)成分分析结果。可以看出，在纤维、基体的界面处，存在着一个明显的界面反应层，其厚度约为 20nm。但由于界面反应层太薄，

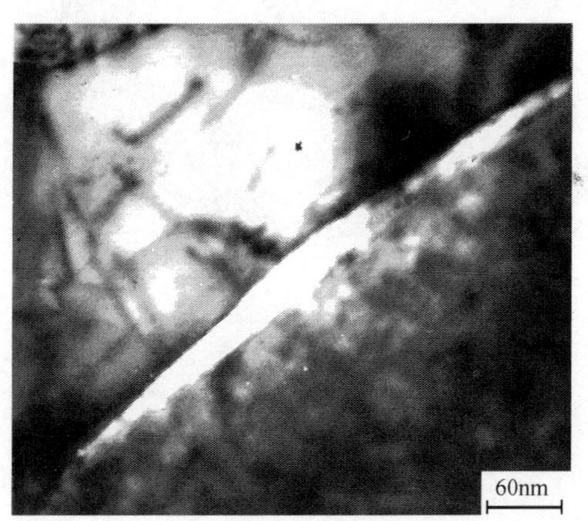

(a) 界面透射电镜图像

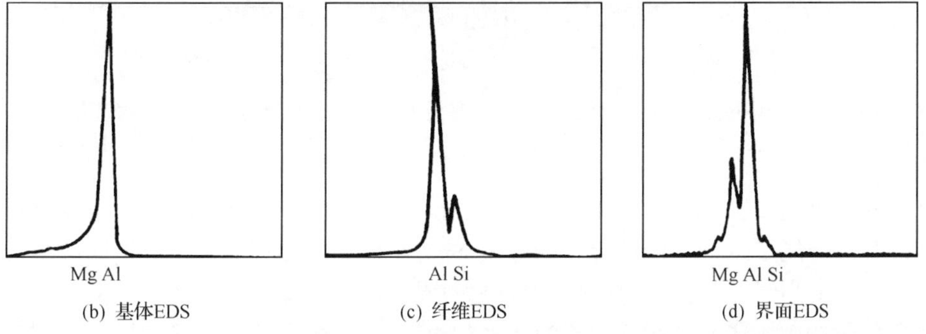

(b) 基体EDS　(c) 纤维EDS　(d) 界面EDS

图 19-39　Al_2O_{3sf}/Al-1.5Mg 复合材料界面的透射电镜图像(a)和定点 X 射线能谱(EDS)成分分析结果(b)、(c)、(d)

对反应层的选区衍射没有成功，因而无法确定界面反应物的具体相结构。对纤维中心，纤维、基体界面，基体内部的 X 射线能谱定点成分分析结果，与前面电子探针成分分析结果相一致，且更为明显。为了确定 Al_2O_{3sf}/Al 复合材料界面反应产物的相结构，用 NaOH 溶液将复合材料的基体腐蚀掉，以便 Al_2O_3 增强纤维从复合材料中分离出来，进行 X 射线结构分析。图 19-41 为分别对原始 Al_2O_3 纤维和复合材料中的 Al_2O_3 纤维进行 X 射线结构分析的结果。可知，原始 Al_2O_3 纤维中并没有镁铝尖晶石（$MgAl_2O_4$）的存在，而复合材料中分离出来的纤维中却存在一定量的 $MgAl_2O_4$。

(a) 界面透射电镜图像

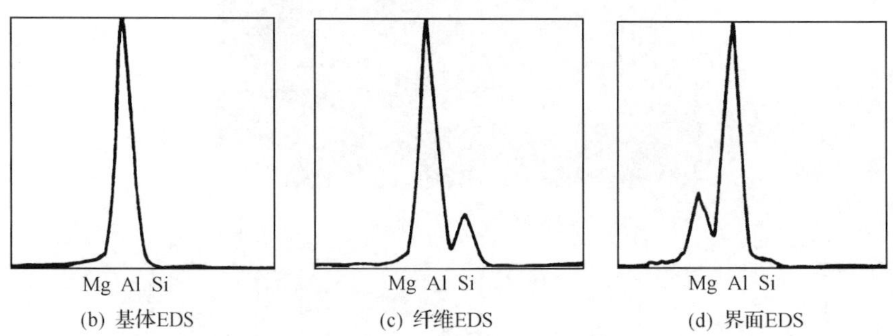

(b) 基体EDS (c) 纤维EDS (d) 界面EDS

图 19-40 Al_2O_{3sf}/2A12 复合材料界面的透射电镜图像 a 和定点 X 射线能谱(EDS)成分分析结果(b)、(c)、(d)

界面反应产物 $MgAl_2O_4$ 是一种极其稳定的化合物，作为一种中间相，它与纤维及基体均能产生良好的结合。因此，它的存在将大大增强基体与纤维间的结合，当其厚度适当时，有益于提高复合材料的性能。但是，$MgAl_2O_4$ 是一种脆性相，当由这种脆性相构成的界面反应层的厚度超过一定的值后，由于复合材料在承载时将优先于界面反应层内产生微裂纹，从而不仅无益，反而有损复合材料的性能。

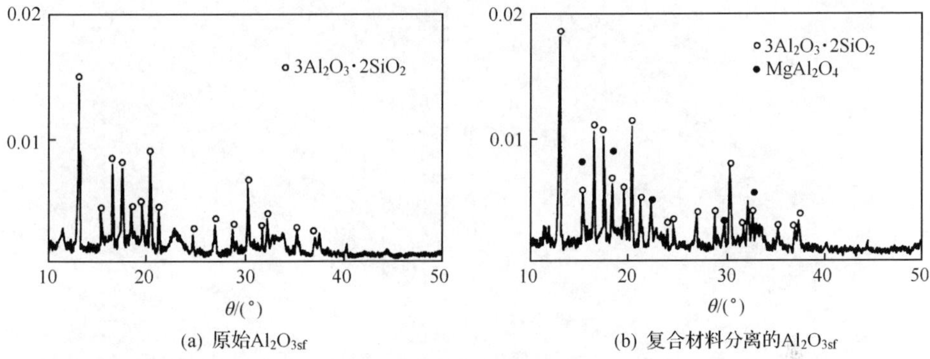

图 19-41　原始 Al_2O_{3sf}和复合材料中的 Al_2O_{3sf}的 X 射线结构分析结果对比

Metcalfe 定义了一个用于判断复合材料在承受连续载荷时裂纹是否优先于界面反应层内产生的界面反应层第一临界厚度$(X_{crit})_1$ [1]，其计算公式为

$$(X_{crit})_1 = \left(\frac{E_f}{10B\sigma_{fu}}\right)^2 R \tag{19-4}$$

式中，E_f 为增强纤维的弹性模量，Pa；σ_{fu} 为纤维的拉伸强度，Pa；R 为裂纹源的半径，m；B 为与裂纹形状及其他因素有关的系数，一般为 1～2。

本实验所用 Al_2O_3纤维弹性模量约为 240GPa，拉伸极限强度约为 600MPa，若取裂纹源半径 R 的值为 0.8075nm（$MgAl_2O_4$ 的晶格常数），B 为 2，则可算得 Al_2O_{3sf}/Al复合材料的界面反应层第一临界厚度$(X_{crit})_1 = 323$nm。可知，根据式(19-4)计算出的 Al_2O_{3sf}/Al 复合材料的界面反应层第一临界厚度，即复合材料的界面反应层最大许可厚度比实验所测得的 Al_2O_{3sf}/Al 复合材料界面反应层实际厚度大 15nm 以上。因此，本节研究的 Al_2O_{3sf}/Al 复合材料界面反应物$MgAl_2O_4$的存在，对提高复合材料的性能完全是有益的。

为进一步考察液态浸渗后直接挤压 Al_2O_{3sf}/Al 复合材料的基体/纤维界面结合实际情况，用扫描电镜对 Al_2O_{3sf}/Al 复合材料拉伸断口进行观察(图 19-42)。结果表明：浸渗后直接挤压 Al_2O_{3sf}/Al 复合材料的基体/纤维界面结合良好，复合材料在破坏前，其基体产生了明显的大塑性变形，增强纤维没有被拔出的现象，有效地起到了增强载荷作用，材料的破坏并不在纤维/基体界面，而是以纤维的拉断和基体的破坏为主要形式。这一点可从拉伸断口上露出的纤维表面留下有明显变形痕迹的基体金属黏附物看出。从而证实了渗后直接挤压 Al_2O_{3sf}/Al 复合材料中界面反应产物 $MgAl_2O_4$的存在，对增强纤维与基体的结合和提高复合材料的性能确实起到了有益的作用。

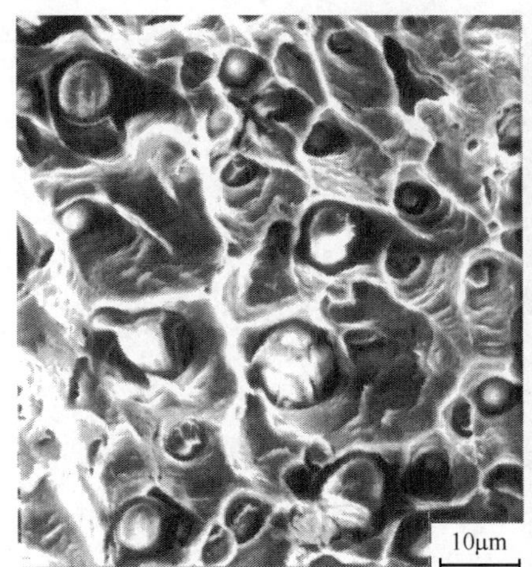

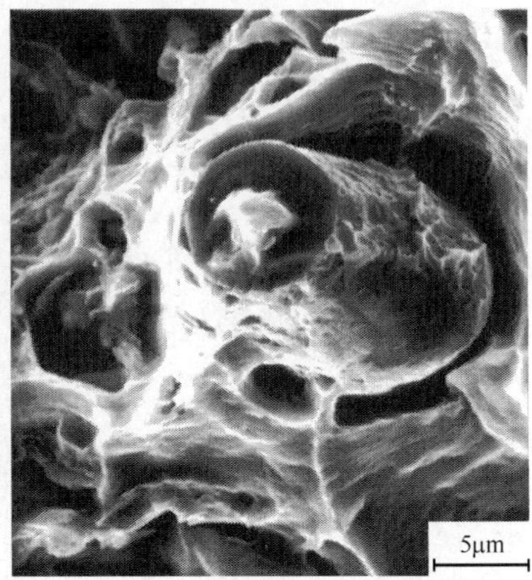

图 19-42　Al_2O_{3sf}/Al 复合材料室温拉伸断口扫描电镜图像

19.2.3　Al_2O_{3sf}/Al 复合材料性能研究

(1) Al_2O_{3sf}/Al 复合材料的室温力学性能。为了测定液态浸渗后直接挤压 Al_2O_{3sf}/Al 复合材料的主要室温力学性能指标 E、$\sigma_{0.2}$、σ_{UTS}、δ，分别从 Al_2O_{3sf}/Al-1.5Mg、Al_2O_{3sf}/Al6061、Al_2O_{3sf}/2A12 复合材料棒材的纵向和 Al_2O_{3sf}/Al-1.5Mg 复合材料的板材的纵、横方向切取材料加工成拉伸试样，在 Instron 标准材料实验机上进行拉伸实验。拉伸实验的几何形状与尺寸如图 19-43 所示。拉伸时，试样中部均置引伸计，以准确确定材料的弹性模量与延伸率。拉伸方式为恒位移拉伸，其速率为 0.5mm/min，引伸计标距为 12mm。表 19-11～表 19-13 分别为拉伸实验所测得的液态浸渗后直接挤压 Al_2O_{3sf}/Al-1.5Mg、Al_2O_{3sf}/Al6061、Al_2O_{3sf}/2A12 复合材料的室温力学性能数据。可见，尽管本节研究中所采用的国产的 Al_2O_{3sf} 的性能较差，其拉伸极限强度仅为 600MPa 左右，但采用液态浸渗后直接挤压工艺所获得的 Al_2O_{3sf}/Al 复合材料，却具有良好的力学性能。与基体材料相比，渗后挤压 Al_2O_{3sf}/Al 复合材料的弹性模量 E、屈服强度 $\sigma_{0.2}$、拉伸极限强

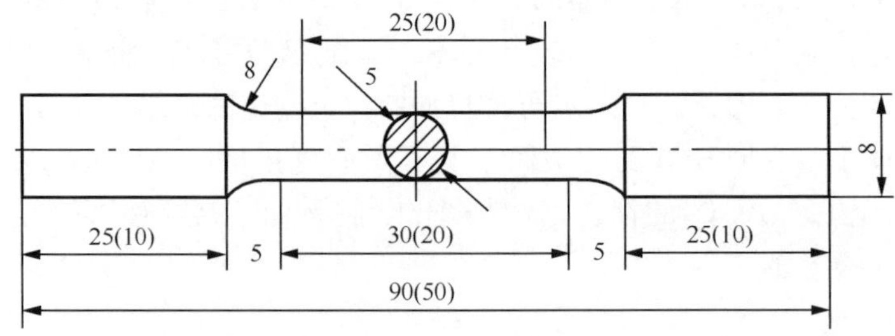

图 19-43　Al_2O_{3sf}/Al 复合材料室温拉伸试样尺寸(括号内为板材横向试样尺寸)

度 σ_{UTS} 均有不同程度提高，即 Al_2O_{3sf}起到了良好的增强承载作用。Al_2O_{3sf}/Al 复合材料的延伸率与基体材料相比虽有较大幅度的下降，但仍保持了较高水平，与其他工艺方法所获得的同类复合材料延伸率高得多。

表 19-11　Al_2O_{3sf}/Al-1.5Mg 复合材料的室温力学性能

材料	弹性模量/GPa	屈服强度/MPa	抗拉强度/MPa	延伸率/%	备注
Al-1.5Mg	70.8	97.5	187.0	19.8	棒
Al_2O_{3sf}/Al-1.5Mg(v_f=0.1)	83.0	118.6	203.4	7.6	棒
	81.0	117.5	202.0	6.8	板材纵向
	79.6	116.0	200.4	6.7	板材横向
Al_2O_{3sf}/Al-1.5Mg(v_f=0.2)	94.6	136.4	226.3	5.9	棒
	93.0	132.0	224.8	5.4	板材纵向
	91.9	129.8	223.5	5.2	板材横向

表 19-12　Al_2O_{3sf}/Al6061 复合材料的室温力学性能

材料	弹性模量/GPa	屈服强度/MPa	抗拉强度/MPa	延伸率/%
Al6061—T6	70.0	281.2	328.0	14.6
Al_2O_{3sf}/Al6061—T6 (v_f=0.1)	82.4	305.4	346.5	6.2
Al_2O_{3sf}/Al6061—T6 (v_f=0.2)	93.8	324.7	365.0	4.3

表 19-13　Al_2O_{3sf}/2A12 复合材料的室温力学性能

材料	弹性模量/GPa	屈服强度/MPa	抗拉强度/MPa	延伸率/%
2A12—T4	69.5	324.0	480.0	13.8
Al_2O_{3sf}/2A12—T4 (v_f=0.1)	82.0	343.2	492.1	5.8
Al_2O_{3sf}/2A12—T4 (v_f=0.2)	93.7	358.0	483.8	3.7

(2) Al_2O_{3sf}/Al 复合材料的高温力学性能。液态浸渗后直接挤压 Al_2O_{3sf}/Al 复合材料的高温力学性能 $\sigma_{0.2}$、σ_{UTS}、δ 通过高温拉伸实验测定。高温拉伸试样的形状尺寸如图 19-44 所示。拉伸实验温度分别为 200℃和 350℃，拉伸前试样的恒温保温时间为 10min，拉伸速率为 0.5mm/min。表 19-14 为高温拉伸实验所测得的渗后直接挤压 Al_2O_{3sf}/Al 复合材料棒材的高温瞬时力学性能数据。由表 19-14 可知，渗后直接挤压 Al_2O_{3sf}/Al 复合材料在 200℃时，仍具有高的力学性能，且纤维含量越高，其性能越好。

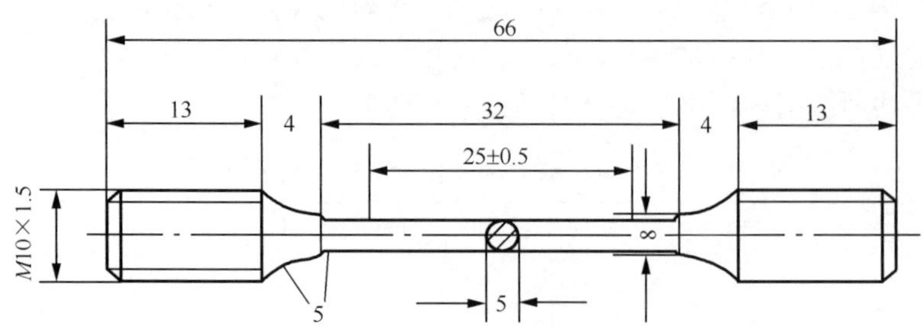

图 19-44 Al_2O_{3sf}/Al 复合材料高温拉伸试样尺寸

表 19-14 Al_2O_{3sf}/Al 复合材料棒材的高温瞬时力学性能

材料	体积分数	温度/℃	$\sigma_{0.2}$/MPa	σ_b/MPa	δ_5/%
Al_2O_{3sf}/Al-1.5Mg	0.1	200	115.0	201.1	9.2
	0.1	350	61.8	69.0	11.8
	0.2	200	132.3	214.2	7.1
	0.2	350	75.9	83.6	9.0
Al_2O_{3sf}/Al6061—T6	0.1	200	238.1	253.4	7.0
	0.1	350	66.4	75.8	9.1
	0.2	200	256.0	273.8	5.8
	0.2	350	83.4	94.0	7.4
Al_2O_{3sf}/2A12—T4	0.1	200	263.2	334.8	6.7
	0.1	350	78.0	88.4	8.6
	0.2	200	281.6	352.8	5.1
	0.2	350	90.4	101.8	6.8

(3) Al_2O_{3sf}/Al 复合材料的热膨胀性。热膨胀性是复合材料的重要物理性能之一，复合材料制件受热后其尺寸变化情况如何，即制件的尺寸稳定性如何，将直接取决于复合材料的热膨胀性能。表征材料热膨胀性能的参数是线膨胀系数。为了研究渗后直接挤压 Al_2O_{3sf}/Al 复合材料的热膨胀性，本研究采用示差式光学膨胀仪分别对 Al_2O_{3sf}/Al-1.5Mg、Al_2O_{3sf}/Al6061、Al_2O_{3sf}/2A12 复合材料棒材纵向的线膨胀系数进行了实验测定，其结果见表 19-15。由表 19-15 可知，Al_2O_{3sf}/Al 复合材料的线膨胀系数与基体材料相比有较大的下降，且其下降幅度与 Al_2O_{3sf}的加入量成比例，这是由于 Al_2O_{3sf}本身的线膨胀系数比基体材料低很多。

表 19-15　Al_2O_{3sf}/Al 复合材料棒材的热膨胀系数(单位:℃$^{-1}$)

温度范围/℃	Al_2O_{3sf}/Al-1.5Mg			Al_2O_{3sf}/Al6061		Al_2O_{3sf}/2A12	
	$v_f=0$	$v_f=0.1$	$v_f=0.2$	$v_f=0.1$	$v_f=0.2$	$v_f=0.1$	$v_f=0.2$
20～100	24.3×10^{-6}	21.4×10^{-6}	18.7×10^{-6}	21.3×10^{-6}	18.5×10^{-6}	21.2×10^{-6}	18.3×10^{-6}
20～200	25.2×10^{-6}	22.3×10^{-6}	19.3×10^{-6}	21.8×10^{-6}	19.0×10^{-6}	21.5×10^{-6}	19.0×10^{-6}
20～300	26.0×10^{-6}	23.1×10^{-6}	19.8×10^{-6}	22.5×10^{-6}	19.6×10^{-6}	22.1×10^{-6}	19.4×10^{-6}

19.3　金属基复合材料半固态成形

19.3.1　引言

半固态成形可以涵盖半固态压铸、半固态模锻、半固态轧制和半固态挤压等。但本章所研究的是金属基复合材料半固态成形原理、半固态压铸和半固态模锻，不涉及其他工艺方法。特别一提的是，金属基复合材料半固态挤压，在第 4 章固-液挤压引用的文献中，多处提到过。它与本章提到的半固态挤压区别在于挤压前坯(浆)料的组织不同。固-液挤压的坯料，在固-液温度区间经搅拌与增强体混合，基体固相颗粒仍呈枝晶状，流动性差，因此，混合一旦结束，必须再加温至液相线以上进行浇注和挤压。而半固态，在固-液温度区间内除搅融混合过程外，还有一个初晶细化-球晶化过程，即获得的坯(浆)料组织是由球晶、增强体和液相组织组成，具有剪切变稀的流变特性，只要有外力作用，便可挤压成形，不需要再升温至液相线以上。

采用半固态方法成形金属基复合材料的优势在于：增强体经混合、均匀分布在基体中后，不易上浮和重新积聚，且成形温度和成形力低，可成形复杂制件，并确保其高的使用性能要求。采用半固态方法也有一定局限性，即采用浸渗方法制坯(浆)其基体初晶组织很难球晶化。因此，采用半固态方法成形颗粒型增强金属基复合材料是本章研究重点。

19.3.2　基本原理

合金在正常情况下，出现 20%固相时，内部形成结晶骨架，合金难以流动。若凝固时进行搅拌，有 40%～60%凝固体，搅成固相粒子，浆料可以流动。因搅拌使树枝晶无法形成，固相质点呈球状，悬浮在母液中。利用其流动性，把陶瓷粒子加入，实现陶瓷与基体均匀复合。因此采用半固态法制备金属基复合材料坯或浆液，主要有两个过程：初生晶细化-球化过程和增强体与基体混合过程。实现两过程，存在三种工艺路线：先混合，后球晶化；先球晶化，后混合；球晶化与混合同步进行。当金属基复合材料坯或浆液制备后，同样存在两种半固态成形过程，即流变或触变。本章仅研究半固态触变模锻成形。

19.3.3　金属基复合材料半固态坯(浆)料制备方法

1. 电磁搅拌法

电磁搅拌是利用旋转电磁场在金属液中产生感应电流，在感应电流产生的洛伦兹力作用下将析出的树枝晶破碎成颗粒状。采用电磁搅拌法制备颗粒型金属基复合材料的主要工艺流程如图 19-45 所示。

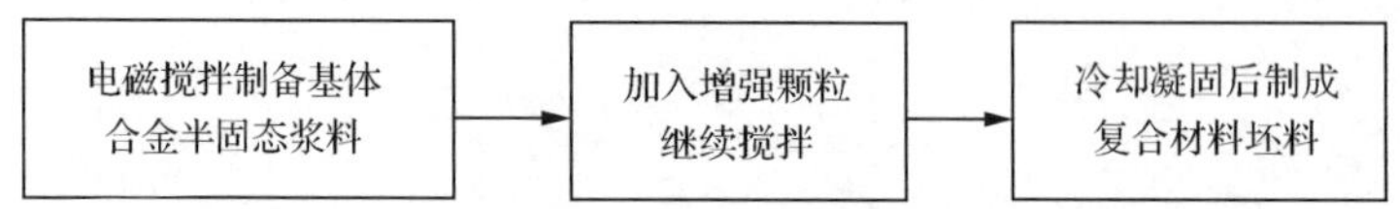

图 19-45　电磁搅拌法制备金属基复合材料[7]

基体合金处于半固态时，其黏度较全液态合金的黏度大，因此当增强颗粒加入其中时，可以由固相基体俘获，以防止其偏聚或沉降，达到均匀分布。此外，它还具有另一个重要的优点，由于基体合金与增强体复合时，基体合金处于半固态温度区间，与液态金属相比，基体与增强体界面形成时的温度较低，大大减小了界面反应层的厚度，并可以防止在界面处形成有害物质[8]。尽管电磁搅拌法具有以上优点，但由于搅拌过程中冷却速率、颗粒尺寸和固相体积分数之间关系复杂，因此无法随意决定材料微观组织形态[9-11]。此外，用搅拌法制备金属基复合材料时，增强体的体积分数不可随意控制，不可能得到较大的体积分数，并且当体积分数在 20%左右时，颗粒偏聚现象不可避免[12]。

2. 原位反应-电磁搅拌法[13]

原位反应生成的颗粒具有颗粒细小、在基体中分布均匀、颗粒表面不受污染、与基体润湿性及结合力好等优点。生成后，在基体随后的冷却凝固过程中，其初生晶粒呈混合枝晶分布，不具有细小、球晶特征，很难实现在半固态温度下，经剪切变稀恢复其流动性，实现充填，必须重新升至基体液相线以上，才能成形。因此，在增强体生成后，再施以电磁搅拌，使基体在随后冷却过程中，获得大的剪切变形，晶粒破碎细化。从而在二次重熔过程中，实现晶粒球化。

3. 喷射沉积法

一些独特凝固工艺也用来生产半固态金属基复合材料。喷射沉积法[14,15]是将基体合金熔化成液态后，雾化为熔滴颗粒，在喷射气体作用下部分凝固的微滴与增强颗粒一起沉积在收集基板上，得到致密的固体。当每个熔滴的冲击能够产生足够的剪切力打碎熔滴内部形成的枝晶时，凝固后便成为颗粒状组织，经加热到局部熔化时，也可得到具有球形颗粒固相的半固态金属浆料。该方法中如何控制喷射是一个主要的工程问题，与其他几种方法相比，成本较高，只适用于制备特殊要求的大尺寸坯料。

4. 粉末法

由英国 Surrey 大学 Clyne 等[9]发明的基于粉末的特殊方法，用来制备半固态金属基复合材料，该方法的主要工艺流程如图 19-46 所示。

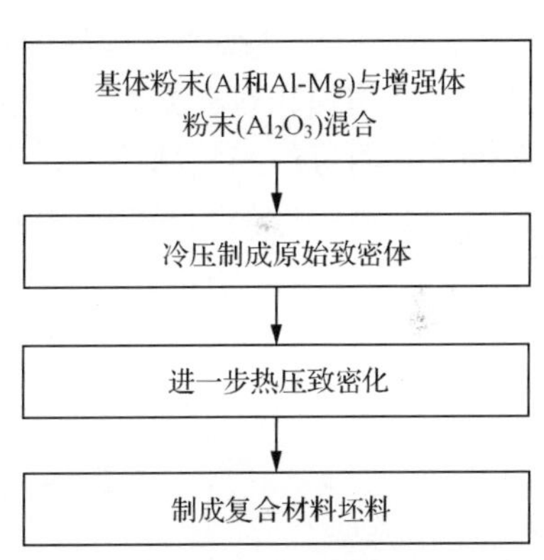

图 19-46　粉末法制备金属基复合材料工艺流程图

粉末法主要基于不同粉末的混合与致密化。该工艺的英文简称为 COMPASS（consolidation of mixed powders as synthetic slurry）[9]。在整个工艺过程中，原始坯料的加热在石墨坩埚内进行，同时使用惰性气体进行保护，防止氧化。热压致密化可以使颗粒被液态富溶质相包围，从而导致更低的孔隙率。在工艺过程中，温度控制极为重要，过热可能会导致部分枝晶结构的生成[9,16]。采用该工艺制备金属基复合材料时，当界面形成时，基体处于半固态，因此可以获得良好的界面结合，防止界面处显微气孔的存在。该工艺是使用粉末法使基体与增强体混合，体积分数可以随意调整。通过选用合适的粉末尺寸，可以获得均匀的增强体分布。

19.3.4　电磁搅拌制备颗粒增强金属基复合材料

电磁搅拌制备颗粒增强金属基复合材料，仅研究先制浆后混合过程。

1. 混合机制

1) 混合

当熔体呈半固态浆液时，就可以向其加入增强体颗粒。由于搅拌熔体产生漩涡,颗粒随漩涡便可进入熔体内部。由于搅拌时的剪切力作用,一方面半固态浆料不因颗粒的加入表现出黏度提升,保持相当的良好流动性。另一方面,在剪切力搅动下,使积聚在一起的粒团被打碎,使其分散开。由于熔体中固相颗粒的存在,可以阻止增强体颗粒上浮和下沉,产生新的积聚团。显然这有利于颗粒弥散均匀分布于熔体中。

2) 冷却凝固中界面交换作用[17]

在复合材料电磁搅拌法的制备过程中,增强颗粒对凝固过程的影响反映在形核和生长两个方面。如果增强颗粒能够成为有效的异质形核核心,则将促进基体材料的形核,起到晶粒细化的作用。在生长过程中,增强颗粒与凝固界面的交互作用是复合材料凝固过程的一个重要影响因素。它决定着增强颗粒分布的弥散程度,从而对材料的使用性能产生影响。

现在从分析新生固相与增强颗粒的接触角入手来讨论增强颗粒与凝固界面的交互作用。当增强颗粒与凝固界面具有较强的亲和力时,接触角 θ 小于或接近 90°,此时,增强颗粒很容易被凝固界面俘获;而当 θ 接近 180°时,增强颗粒与凝固界面互相排斥。增强颗粒在凝固过程中的再分配与凝固速率有着很大的关系。

在凝固界面附近的固相颗粒所受到的力应包括:界面张力引起的排斥力 F_σ,由于颗粒与合金液密度的不同而形成的浮力 F_b,增强颗粒的移动过程受到的黏滞力 F_n(图 19-47)。其中 F_σ 由式(19-5)计算,即

$$F_\sigma = \Delta\sigma A \tag{19-5}$$

其中

$$\Delta\sigma = \Delta\sigma_0 \left(\frac{l_0}{l}\right)^n \tag{19-6}$$

$$\Delta\sigma_0 = \sigma_{PS} - \sigma_{PL} - \sigma_{SL} \tag{19-7}$$

式中,σ_{PS}、σ_{PL}、σ_{SL} 分别为增强颗粒与固相、液相以及固-液相的界面能,J/m^2;$\Delta\sigma_0$ 为固相颗粒被凝固界面俘获时引起的界面能的变化,J/m^2;l 为增强颗粒与凝固界面的间隙距离,m;l_0 为增强颗粒与凝固界面间隙的最小距离,通常相当于原子距离,m;A 为增强颗粒与固相的界面面积,应正比于增强颗粒的横截面积,m^2,即

$$A = c\pi D^2 \tag{19-8}$$

式中,c 为比例常数;D 为增强颗粒直径,m。

当 $\Delta\sigma_0 > 0$ 时,凝固界面与增强颗粒相互排斥;反之,当 $\Delta\sigma_0 < 0$ 时,二者相互吸引。

假定凝固界面为平面,并且自下向上推进,增强颗粒近似为球形,其直径为 D,则 F_b 的计算公式为

$$F_b = \frac{4}{3}\pi\left(\frac{D}{2}\right)^3 g(\rho_L - \rho_P) \tag{19-9}$$

式中，g 为重力加速度，$g=9.81\text{m/s}^2$；ρ_L 为合金液的密度，kg/m^3；ρ_P 为 SiC 颗粒的密度，kg/m^3。

而此时 F_n 的计算公式为

$$F_n = 3\pi D\eta u_P \tag{19-10}$$

式中，η 为合金液的动力黏度，Pa · s；u_P 为增强颗粒在合金液中的移动速率，m/s。

根据增强颗粒移动过程受力的平衡条件

$$F_n = F_b + F_\sigma \tag{19-11}$$

可以得出

$$u_P = \frac{D}{3\eta}\left[\frac{1}{6}g(\rho_L - \rho_P) + c\Delta\sigma_0\left(\frac{l_0}{l}\right)^n\right] \tag{19-12}$$

从式(19-12)可以看到，当凝固界面的凝固速率 $R > u_P$ 时，增强颗粒将被凝固界面俘获，进而均匀地分布在基体中；相反，当 $R < u_P$ 时，颗粒将被推至晶粒之间，形成不均匀分布。

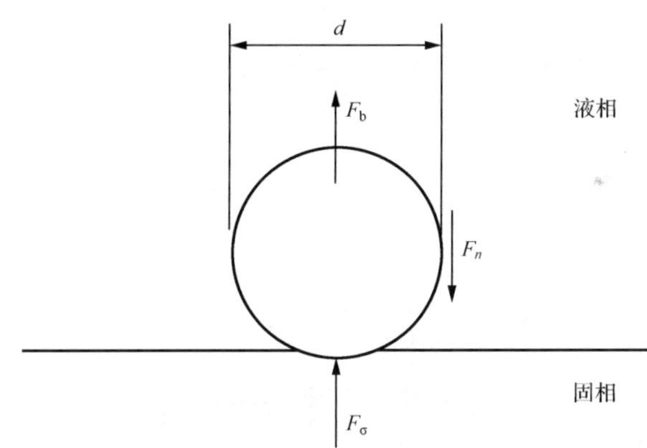

图 19-47　增强颗粒在凝固界面的受力状态

3）界面润湿性改善

基体与增强体颗粒缺乏相容，润湿性差。尽管半固态浆液有剪切变稀流变特性，大大降低颗粒加入引起的黏度的提升，流动性变差的影响。但它并不能很好地改善基体与增强颗粒之间的润湿性。如熔体不润湿增强颗粒，则对其有排斥作用。因此，增强颗粒弥散分布的难易程度取决于熔体与增强颗粒之间的润湿性。改善其润湿性就成为提高复合材料性能的关键。利用机械球磨，使 SiC 颗粒表面包覆一层能与基体合金润湿非常好的包覆层，是一种可行的方法。

2. SiC_p/Fe-Cr-Ni 复合材料半固态制备

1）制备过程

基体合金为 Fe-Cr-Ni，其成分见表 19-16。

表 19-16　Fe-Cr-Ni 化学成分

元素	C	Cr	Ni	P	S	Fe
含量/%	0.08	18.4	9.1	0.002	0.01	72.38

Fe-Cr-Ni 合金液相线和固相线分别为 1485℃和 1450℃，采用 SiC(平均直径为 50μm)，并与 Ni 粉(纯度为 99.99%)作为包覆材料。SiC_p和 Ni_p的混合比分别为 1∶1、1∶1.2 和 1∶2 三种。球料比为 5∶1，球磨时间分别为 0.3h、1h、2h、3h、4h 和 6h 六种。

Fe-Cr-Ni 合金基复合材料是在半固态喷铸直接成形设备上进行的。设备如图 19-48 所示。使用超音频感应炉熔化，其带导流管的石英坩埚置于上腔体感应线圈中。铂-铑/铂热电偶与温度控制仪连接来控制温度。导流管口由装有热电偶的塞杆塞堵，使上腔体与抽真空并放置模具的下腔体隔离开。合金熔化后保温 5min，并降至液相线温度，在固-液温度区间施以搅拌，获得半固态浆液后加入经过不同球磨工艺球磨并预热的 SiC 颗粒，与此同时进行搅拌，直至达到所需要的搅拌时间，而后拔出塞杆。由于上下腔体存在压差，合金被快速喷铸到模具中。

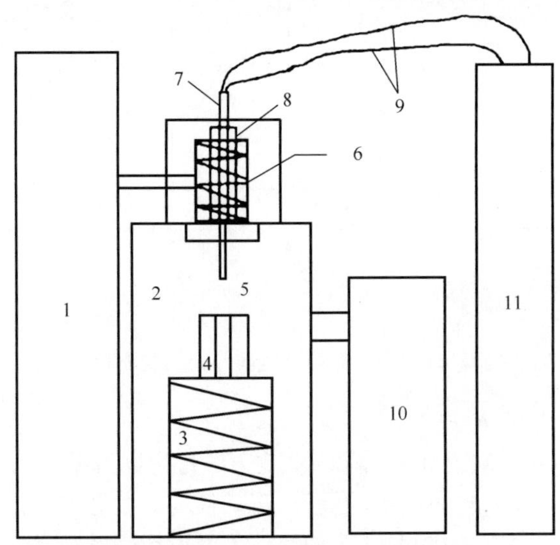

图 19-48　半固态喷铸直接成形设备简图[17]

1-超频感应电源；2-真空腔体；3-升降台；4-模具；5-导流管；6-感应线圈；7-塞杆；8-石英坩埚；9-热电偶；10-真空机组；11-温控仪

2）实验结果

如图 19-49、图 19-50 和图 19-51 所示，球磨时间以 1h 为佳。时间过短，Ni 不足以包覆住 SiC 颗粒；而时间过长，很多 Ni 和 SiC 颗粒只是进一步机械地混合在一起，因而削弱了球磨效应，且 SiC 颗粒非常细小(平均尺寸为 5μm)，如图 19-50

(d)、(e)所示，加入以后很容易聚合且不均匀地分布在基体中。从另外的角度来看，只与 Ni 简单机械混合的 SiC 颗粒非常细小，会相对地增加与基体接触的表面积，这势必增加了与基体的反应机会，因而很有可能会引起组织的改变。

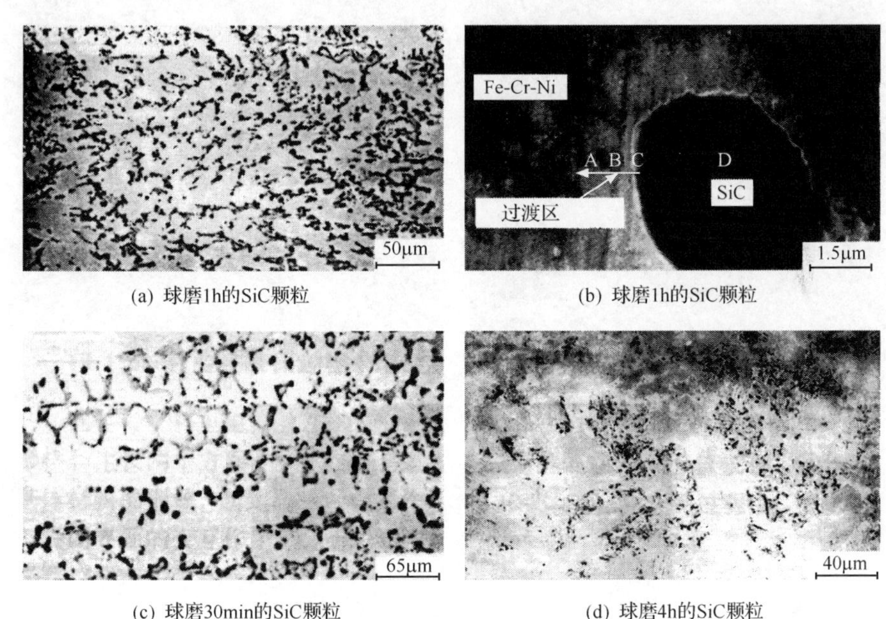

(a) 球磨1h的SiC颗粒　(b) 球磨1h的SiC颗粒

(c) 球磨30min的SiC颗粒　(d) 球磨4h的SiC颗粒

图 19-49　在合金加入不同球磨时间的 SiC 颗粒而制备的 Fe-Cr-Ni/SiC 复合材料的显微组织

此外，使 Ni 包覆 SiC 颗粒不仅起到增加润湿性的作用，而且也起到形成一个良好的界面层的作用。从力学性能来说，良好界面层具有好的传递效应、阻断效应以及不连续效应。从扩散的角度来看，界面层可起到防止增强材料与基体之间的扩散、渗透和反应阻挡层的作用。Ni 的作用正是如此。能谱分析表明，从 SiC 颗粒到基体的过渡层中，Ni 的含量逐渐降低直至达到基体所具有的 Ni 含量，见表 19-17。

表 19-17　过渡层不同位置的化学成分分布　（单位：%）

元素	Ni	Fe	Cr	Si	C
A 点元素含量	10.01	69.27	18.01	1.81	0.90
B 点元素含量	30.28	45.53	9.68	10.50	4.01
C 点元素含量	43.32	18.56	1.44	24.48	12.20
D 点元素含量	5.66	2.90	0.74	60.60	30.10

SiC 颗粒加入熔体时间，同样影响着复合材料的组织。图 19-52 为球磨的 Ni 和 SiC 加入熔融合金中不同时间的显微组织。从图中可以看到，随着 SiC 颗粒加

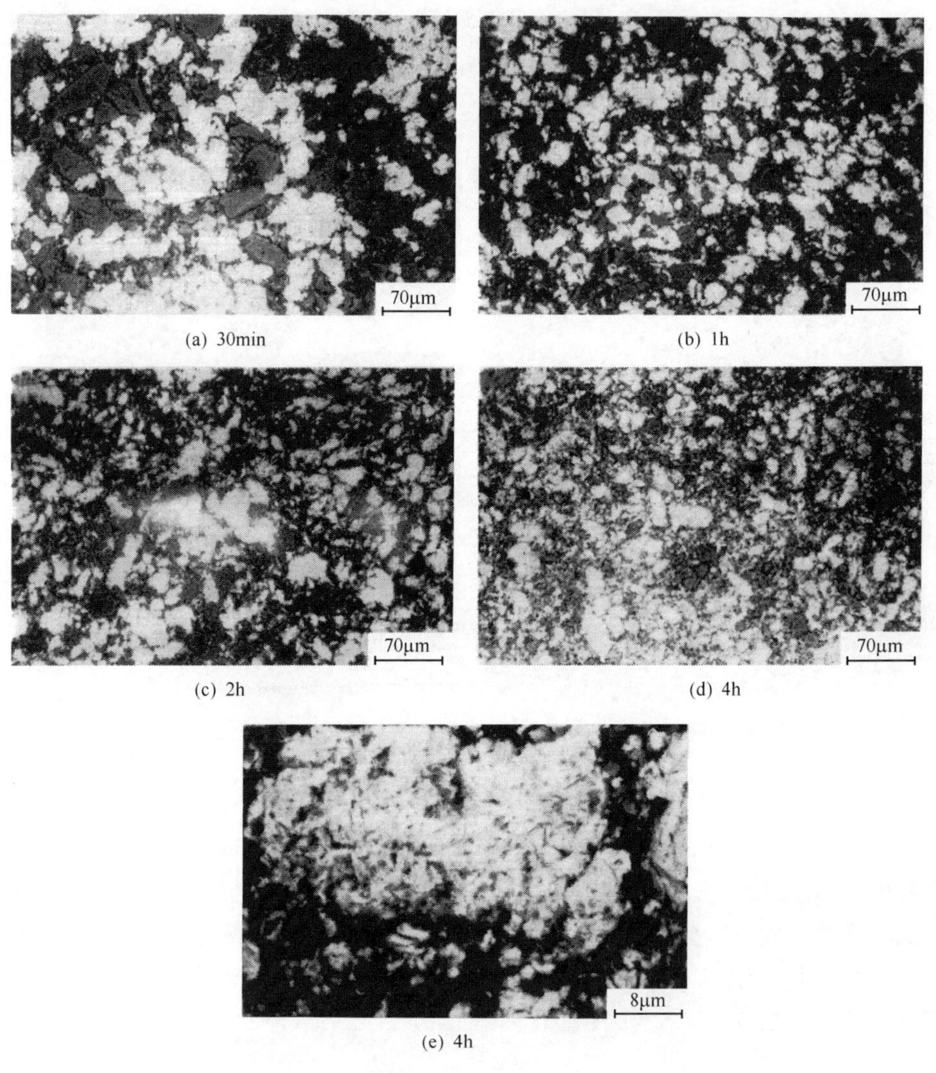

(a) 30min (b) 1h (c) 2h (d) 4h (e) 4h

图 19-50 SiC 颗粒和 Ni 粉球磨不同时间的形貌

入时间的不断增加，其数量也逐渐减少，显微组织也同时发生很大的改变。图 19-52(c)中 SiC 颗粒加入时间较长(5min)，尽管半固态搅拌温度相对较低(高于 1450℃)，但大部分的 SiC 颗粒已经和基体母合金反应，能谱成分分析表明，新的反应产物为脆性的 $Fe_x(C,Si)$，以至于浇注后的合金样品较脆。因此，SiC 颗粒加入时间也是一个非常重要的影响因素。

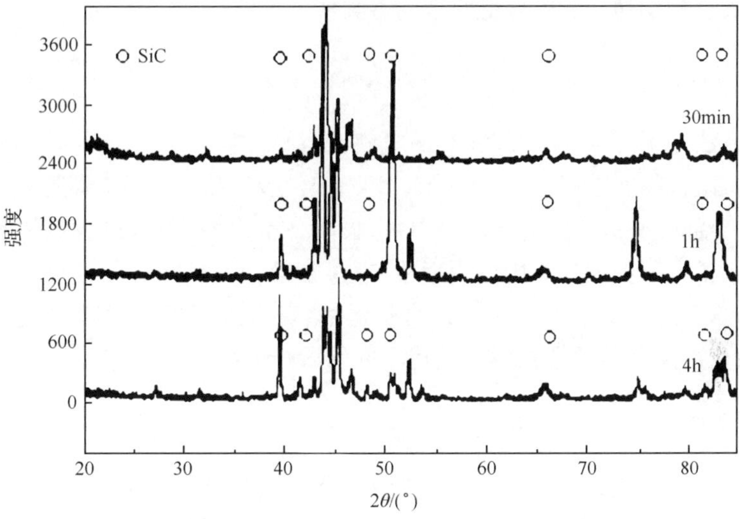

图 19-51　在合金中加入球磨不同时间的 SiC 颗粒而制备的复合材料的 X 射线衍射图谱

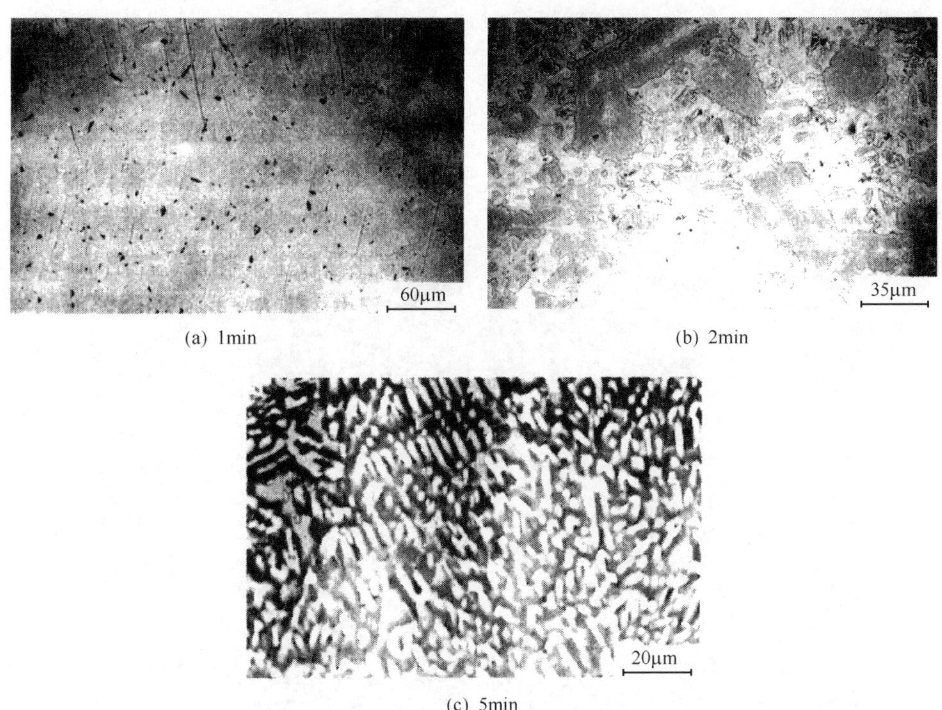

(a) 1min　(b) 2min　(c) 5min

图 19-52　球磨的 SiC 颗粒加入不同时间而制备的复合材料的显微组织

19.3.5　碳化物颗粒/Cu复合材料半固态制备

1. 颗粒强化Cu基复合材料的半固态制备方法

制备方法是用纯度ω=99.99%的电解铜，添加纯度w=0.5%～30%的碳化物微粒子。碳化物微粒子主要有WC、TaC、TiC、VC和NbC，其颗粒直径为1～2μm(WC仅为0.68μm)。实验过程中，先将制备室内抽真空，再将铜块和碳化物颗粒放入制备室下部加热炉内的坩埚中，通过加热使铜熔化并使温度达到铜熔点以上100K的高温，保温30min使其均质化，然后在连续冷却过程中进行机械搅拌，通过改变冷速和转动搅拌速率获得不同的微观组织。

2. 微观组织

图19-53为加入ω=5%的不同碳化物颗粒，在转动搅拌速率为25r/s条件下获得的Cu基颗粒增强复合材料微观组织。可见，加入的碳化物颗粒都均匀地分散在基体中。但实验发现，当碳化物颗粒的含量从2%减到0.5%时，出现碳化物颗粒局部偏聚倾向，而当碳化物颗粒含量从10%增加到30%时，碳化物颗粒的均匀程度都得到改善。

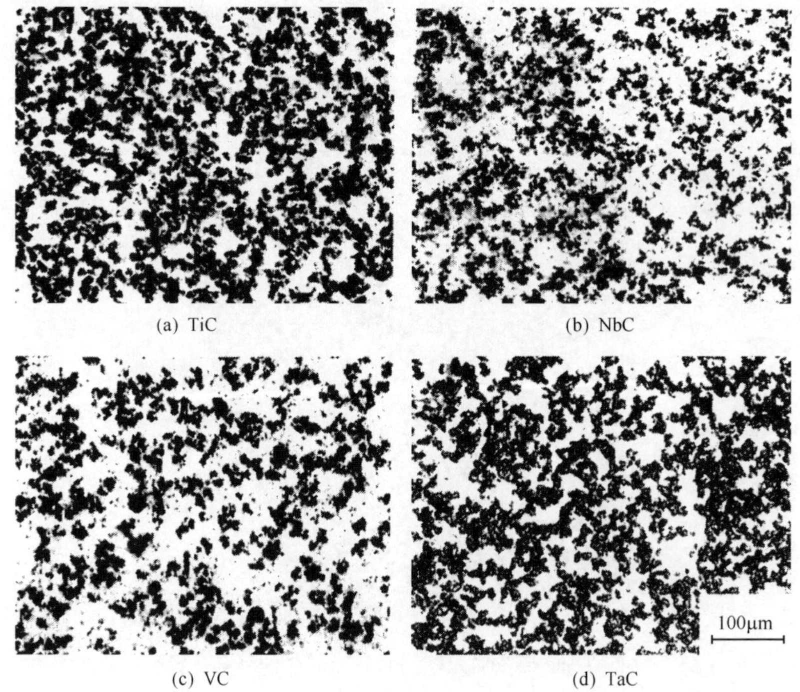

图19-53　在转动搅拌速率为25r/s，加入5%的碳化物颗粒的Cu基颗粒增强复合材料微观组织[17]

3. 材料特性

1）导电性

图 19-54 为将碳化物颗粒量按体积分数为 22％加到 Cu 中测定的碳化物颗粒体积分数与电导率的关系（转子转速为 25r/s）。实验采用的纯度为 99.99％电解铜的电导率为 103.3％IACS。该图表明，碳化物颗粒强化铜的电导率随 WC、TaC、TiC、VC 和 NbC 等碳化物颗粒量的增加而降低。

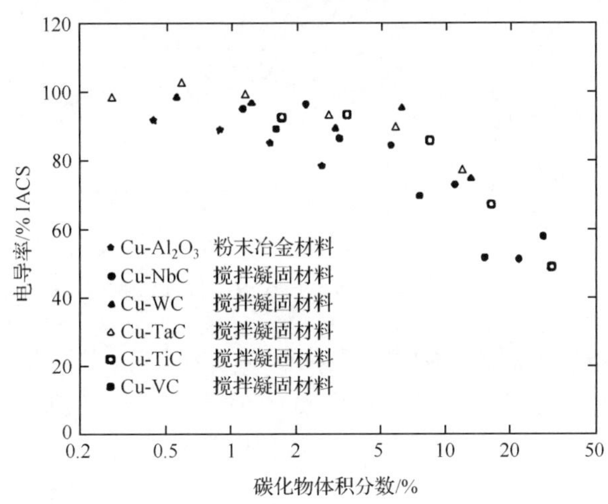

图 19-54　Cu 中碳化物颗粒体积分数与电导率的关系

根据分析，颗粒分散强化 Cu 的电导率的测定值与基体 Cu 的电导率、Cu 与强化粒子的面积比服从式(19-13)，从而可算出强化颗粒的电导率。

$$E_c = E_{cM}A_{fM} + E_{cP}A_{fP} \tag{19-13}$$

式中，E_c 为颗粒分散强化 Cu 的电导率，％IACS；E_{cM} 为基体 Cu 的电导率，％IACS；A_{fM} 为基体 Cu 的面积比；E_{cP} 为强化颗粒的电导率，％IACS；A_{fP} 为强化颗粒的面积比。

碳化物强化颗粒的电导率的计算值与已公布的碳化物的电导率值基本一致。如果复合材料的电导率的下限定位为 60％IACS，则根据式(19-13)计算的各碳化物添加量的上限为 42％～46％。分布如下：WC 系为 46％，TaC 系为 44％，TiC 系为 43％，VC 系为 42％，NbC 系为 43％。

2）硬度及抗拉强度

图 19-55 为碳化物颗粒增加量达到 $\varphi=33\%$ 以下的颗粒强化铜的维氏硬度随碳化物颗粒增加量的变化。实验用电解铜的硬度为 HV＝53.4。从图 19-55 可以看出碳化物颗粒强化铜的硬度随碳化物颗粒量的增加而上升。

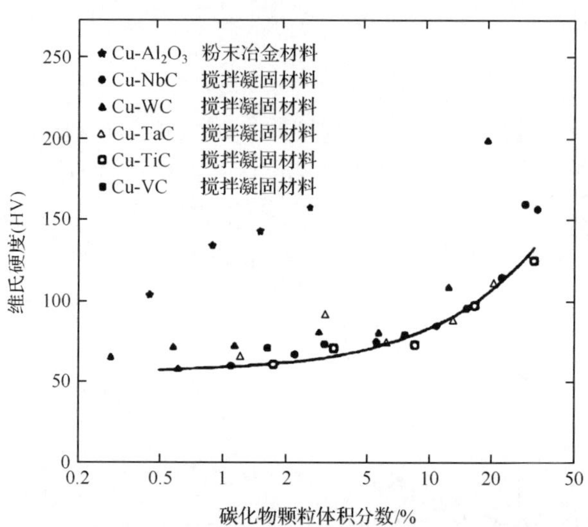

图 19-55 颗粒强化铜的维氏硬度随碳化物颗粒添加量的变化

根据在室温条件下对碳化物颗粒强化铜的拉伸实验,得到碳化物颗粒强化铜的抗拉强度与碳化物颗粒添加量的关系,如图 19-56 所示。实验中,电解铜的抗拉强度为 142MPa。该图表明,碳化物颗粒强化铜抗拉强度随 WC、TaC、TiC、VC、NbC 碳化物颗粒添加量的增加而增加。此复合材料的抗拉强度 F_u 可用下述经验公式计算:

$$F_u = F_{uM} \cdot A_{fM} + F_{uP} \cdot A_{fP} \tag{19-14}$$

式中,F_u 为颗粒强化 Cu 的抗拉强度;F_{uM} 为基体 Cu 的抗拉强度;A_{fM} 为基体 Cu 的面积比;F_{uP} 为强化颗粒材料的抗拉强度;A_{fP} 为强化颗粒的面积比。

强化颗粒材料的抗拉强度分布如下:WC 系为 961MPa,TaC 系为 539MPa,TiC 系为 568MPa,VC 系为 641MPa,NbC 系为 755MPa。

19.3.6 应用实例

1. SiC_p/2A12 复合材料角框件半固态触变成形

1) 工艺方案的选择和试验装置设计

SiC_p/2A12 复合材料角框件是种航天结构件,特殊的应用场合对其力学性能、形状尺寸及表面质量等各方面提出了较高的要求。由于 SiC_p/2A12 复合材料角框件属于薄壁件,一直采用方材机械加工制造,材料利用率低(仅为 18%),加工工时长,成本较高。而采用二次塑性加工又困难,因此半固态加工可能成为加工 SiC_p/2A12 复合材料角框件的加工方法之一。

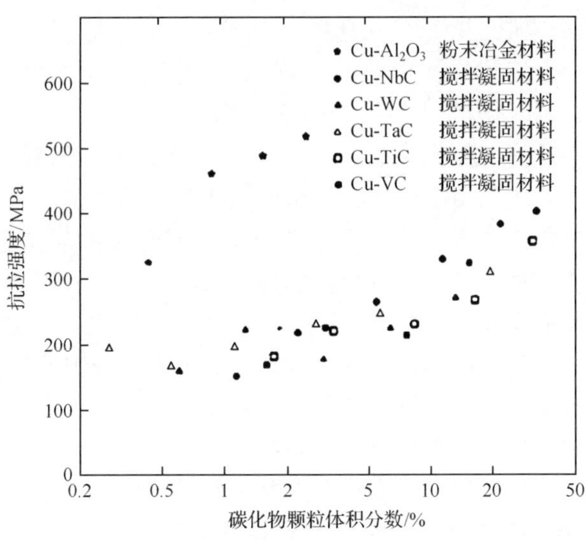

图 19-56　碳化物颗粒强化铜的抗拉强度与碳化物颗粒添加量的关系

为保证 SiC_p/2A12 复合材料角框件成形工艺能够顺利进行并满足角框件的各项力学性能指标，采用的成形工艺应满足以下几点：

(1) 避免在高温下长时间处理，防止粉末颗粒的氧化及“象足”的产生。

(2) 保证足够大的应力和剪切变形，提高致密化效果，保证增强颗粒与基体紧密结合并保证增强颗粒分布的均匀性。

(3) 要求坯料具有良好的流动性，保证薄壁件的完美充型。

根据以上分析，半固态触变成形工艺具有简便、易于操作的特点，并能保证半固态触变成形制品的性能，因此成为成形 SiC_p/2A12 复合材料卫星角框件的最佳工艺方案，其成形模具如图 19-57 所示。分模方式为内套上半模分模，加外套以保证模具型腔的精度。

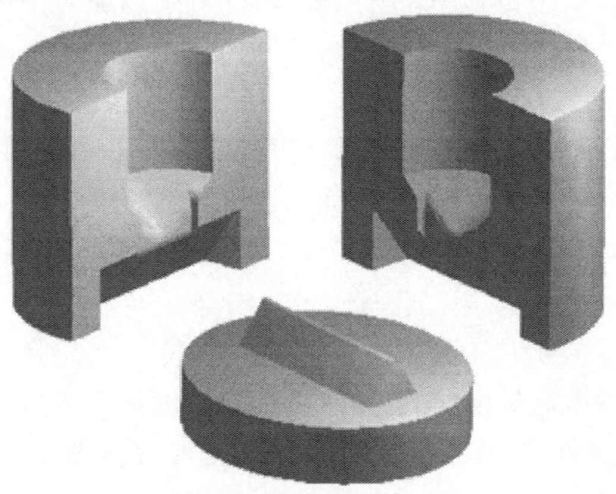

图 19-57　SiC_p/2A12 复合材料角框件的成型模具

2) 半固态触变成形工艺参数的选择

半固态触变成形工艺参数主要包括坯料重熔温度、模具预热温度、冲头压下速率、成形后保压时间和压力等。下面分别进行讨论。

(1) 坯料重熔温度。在半固态触变成形之前,先要对坯料进行局部重熔,以获得半固体成形所需要的固相体积分数及理想的球形组织结构。通常,重熔温度的提高可以降低材料的流动应力,能将形状复杂的模腔充满,所需成形力小。但对于 $SiC_p/2A12$ 复合材料而言,重熔温度过高,SiC 颗粒易与基体发生界面反应生成 Al_4C_3 脆性相,严重损害成形件的力学性能。因此,坯料重熔温度的选择是非常重要的。根据文献[18]对 $SiC_p/2A12$ 复合材料的二次加热组织演化规律的分析,选择二次加热温度为 590℃和 620℃,保温 30min。

(2) 模具预热温度。预热方式采用直接内加热方式。为了保证半固态复合材料能够顺利流入模腔且保持一定的液相体积分数,从而实现稳定的半固态成形过程,模具应具有一定的预热温度。为研究模具预热温度对 $SiC_p/2A12$ 复合材料在半固态下充填行为以及对最终制件性能的影响规律,采用的模具预热温度分别为 250℃、350℃和 450℃。

(3) 冲头压下速率。冲头压下速率是一个重要的工艺参数,直接影响半固态成形过程,对所成形的 $SiC_p/2A12$ 角框件的性能和表面质量具有决定性影响。冲头压下速率太快,熔融的基体合金与固相颗粒的流动不协调,容易产生表面裂纹并导致 SiC 颗粒的偏聚。冲头压下速率太慢,熔融的基体合金开始凝固,使坯料的流动性下降,变形抗力增大,不利于充型。理想的冲头压下速率是使半固态成形过程能够平稳进行,同时获得好的制件表面质量。本研究选择液压机横梁的工作速率为 15mm/s 和 30mm/s。

(4) 保压时间。如果含有一定液相体积分数的半固态材料充满型腔后,在不施加压力的条件下冷却,坯料内部残余液相的收缩会使成形件的尺寸明显减小,同时也影响制件的微观组织致密性和力学性能。因此,材料充满模具型腔后的保压时间同样是一个非常重要的工艺参数。本研究为研究保压时间的影响,在 350MPa 压力下分别保压 0s、1s 和 2s。

(5) 压力。压力对坯料与模具制件的传热系数产生很大的影响,传热系数的大小直接决定成形件的冷却速率,这也必然影响材料微观组织中晶粒的大小,最终影响制件的力学性能。本研究采用的压力分别为 150MPa 和 350MPa。

3) 角框件半固态触变成形

试验所采用的材料是基于粉末混合的半固态挤压工艺制得的 $SiC_p/2A12$ 复合材料。将坯料放进电阻炉中加热,加热到预定温度后立即放入模具内成形。角框件半固态成形在 2000kN 液压机上进行,其成形装置如图 19-58 所示。

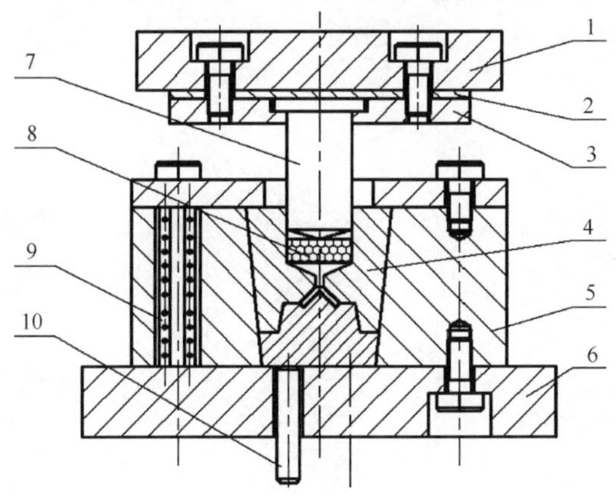

图 19-58　角框件半固态触变成形装置示意图[19]

1-上模板；2-垫板；3-固定板；4-凹模；5-外凹模；6-下模板；7-凸模；8-坯料；9-电阻丝；10-顶杆

图 19-59 为 15mm/s 压下速率下，模具预热温度为 350℃时，获得完美充型的 SiC_p/2A12 复合材料角框件。

图 19-59　角框件照片

4）角框件的力学性能

从角框件上截取材料加工成拉伸试样，在 Instron 标准材料试验机上进行拉伸试验。图 19-60 为不同工艺规范下半固态触变成形的 SiC_p/2A12 复合材料角框件的抗拉强度。由图可见，随模具预热温度的增强，抗拉强度基本无变化。随施加压力的增加，抗拉强度增加，这些结果与 Idegomori 等[20]基于 70～100MPa 压力情况下针对 A356 合金的研究结果相吻合。抗拉强度随施加压力的增加而增加。其原因是随施加压力的增加，其组织更加细小、致密。由于半固态材料是在压力下完全充填模具型腔，因此抗拉强度与模具预热温度是无关的。由图还可以看出，随坯料重熔温度的提高，抗拉强度明显减小。

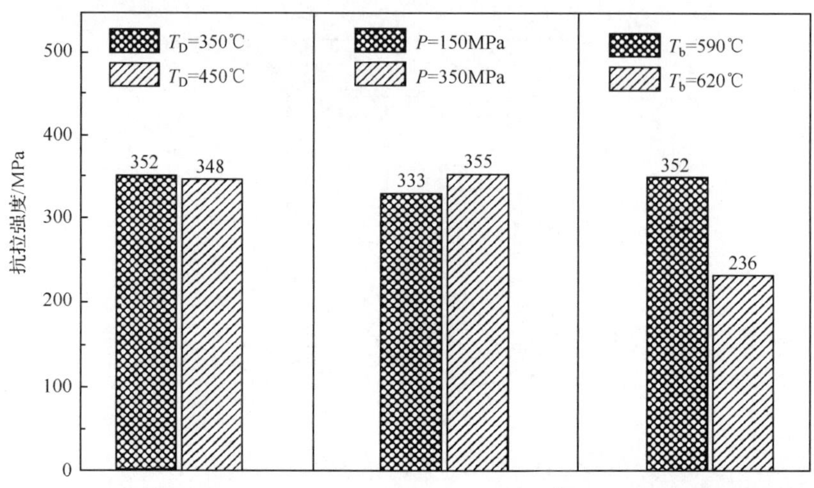

图 19-60　不同工艺规范下制得的 SiC_p/2A12 复合材料角框件的抗拉强度

T_D-模具预热温度；P-压力；T_b-重熔温度

不同工艺规范下触变成形制得的 SiC_p/2A12 复合材料角框件的伸长率如图 19-61所示。由图可见，当模具预热温度从 350℃增加到 450℃，伸长率有减小的趋势，从 2.1%减小到 1.9%. 当压力从 150MPa 增加到 350MPa，伸长率从 2.1%增加到 2.4%，但是伸长率的改变并不明显，说明模具预热温度和压力对材料伸长率几乎不产生影响。当坯料重熔温度从 590℃增加到 620℃时，伸长率从 2.1%减小到 0.9%。

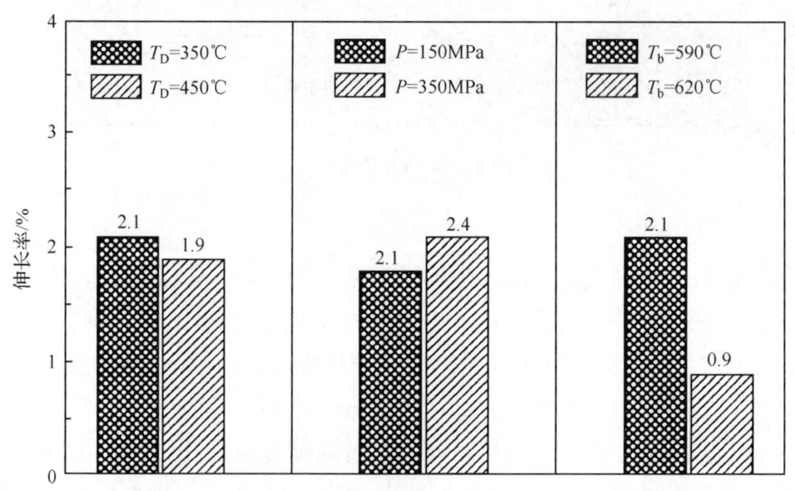

图 19-61　不同工艺规范下制得的 SiC_p/2A12 复合材料角框件的伸长率

T_D-模具预热温度；P-压力；T_b-重熔温度

不同工艺规范下触变成形制得的 SiC_p/2A12 复合材料角框件的弹性模量如图 19-62 所示。由图可见，模具预热温度与压力对材料弹性模量的影响不大。但是弹性模量随坯料重熔温度的提高而降低，从 112GPa 减少到 90GPa。

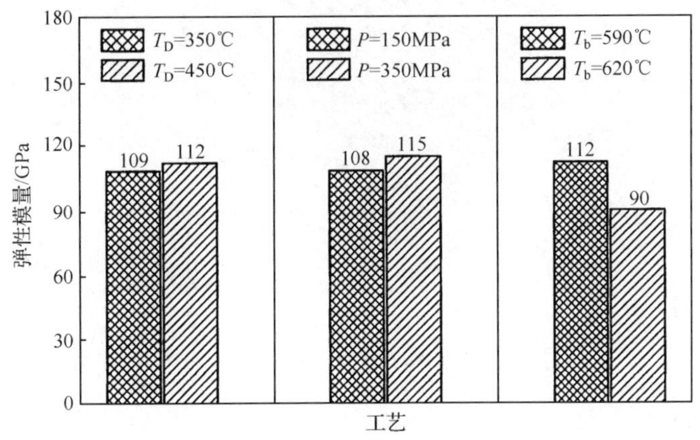

图 19-62　不同工艺规范下制得的 SiC_p/2A12 复合材料角框件的弹性模量

T_D-模具预热温度；P-压力；T_b-重熔温度

2. SiC_p/2A12 汽车活塞半固态成形

采用喷射沉积法制备的 SiC_p/2A12 半固态坯，毛坯尺寸为 ϕ60mm×60mm。工艺过程如下：使 2A12 真空熔化，再触变模锻。模具图如图 19-63 所示，其工艺参数如下：二次加热温度为 580℃；保温时间为 10min；模具预热温度为 350℃；比压为 15MPa；保压时间为 12s。成形件如图 19-64 所示。

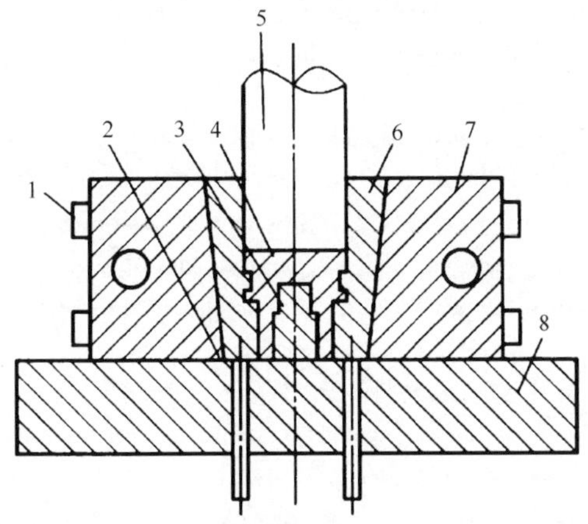

图 19-63　汽车活塞半固态成形模具示意图[7]

1-定位柄；2-顶杆；3-芯子；4-制件；5-上冲头；6-下凹模；7-外套；8-下模板

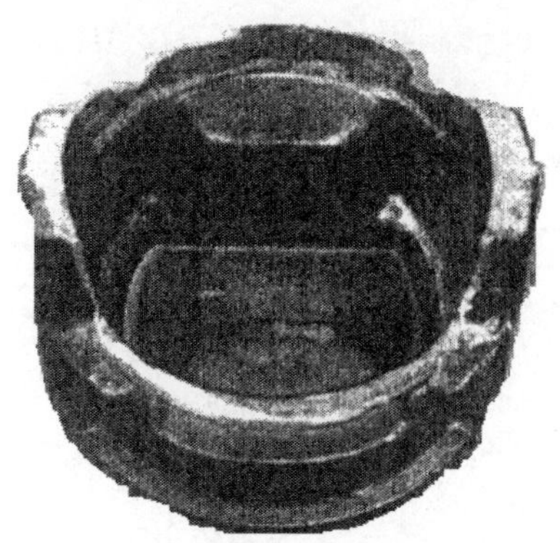

图 19-64　SiC_p/2A12 汽车活塞半固态成形件

参 考 文 献

[1] 罗守靖. 复合材料液态挤压. 北京:冶金工业出版社,2002.

[2] 李吉南. Al_2O_{3sf}/AZ91D 复合材料制备及其等径角挤剪切变形研究. 哈尔滨:哈尔滨工业大学博士学位论文,2007.

[3] 张广安. C_{sf}/2A12 复合材料的高压浸渗制备及热挤压研究. 哈尔滨:哈尔滨工业大学博士学位论文,2003.

[4] 罗守靖,陈炳光,齐丕骧. 液态模锻与挤压铸造技术. 北京:化学工业出版社,2007.

[5] 杜之明. Al_2O_{3sf} · SiC_p/Al 复合材料半固态模锻制备及热挤压变形行为. 哈尔滨:哈尔滨工业大学博士学位论文,2003.

[6] 鈴木鎮夫,井澤紀久,深沢好雄. 溶湯鍛造法を利用した複合材料加工技術関る実習. 鋳造技術実践講座テキスト,昭和 61 年 10 月 4 日:13-15.

[7] 罗守靖,杜之明,姜巨福. 复合材料和半固态加工技术. 特种铸造及有色合金,2003(增刊):244-246.

[8] Kirkwood D H. Semisolid metal processing. International Materials Reviews, 1994, 39(5):173-189.

[9] Young R M K, Clyne T W. A powder mixing and preheating route to slurry production for semisolid diecasting. Powder Metall,1986, 29(3):195-199.

[10] Young R M K, Clyne T W. A powder-based approach to semisolid processing of Metals for Fabrication of die-casting and composites. Jonrnal of Materials Science,1986, (21): 1057-1069.

[11] Stanford B C A, Young R M K, Clyne T W. Fabrication of metal matrix composites by powder-based routes including semi-solid processing and extrusion, 1987:447-450.

[12] Flemings M C. Behavior of metal alloys in the semisolid state. Metallurgical Transactions, 1991, (22A): 957-981.

[13] 陶杰,赵玉涛,潘蕾,等. 金属基复合材料制备新技术导论. 北京:化学工业出版社,2007:132-147.

[14] Yong K P. Semi-solid metal forming. Japan-U. S. cooperative science program seminar on solidification. Processing of Advanced Materials, Oiso, 1989:181-193.

[15] Kapranos P, Kirkwood D H. Semi-solid processing of alloys. Metals and Materials, 1989, 15(1): 16-19.

[16] Lee J C, Byun J Y, Oh C S, et al Effect of various processing methods on the interfacial reactions in SiC_p/2A12 Al composites. Acta Metallurgica et Materialia, 1997, 45(12):5303-5315.

[17] 康永林，毛卫民，胡壮麒. 金属材料半固态加工理论与技术. 北京：科学出版社，2004：252-370.

[18] 祖丽君. SiC_p/2A12 复合材料半固态触变成形研究. 哈尔滨：哈尔滨工业大学博士学位论文，2001.

[19] 孙家宽. SiC_p/2A12 复合材料半固态变形力学行为及机制. 哈尔滨：哈尔滨工业大学博士学位论文，1999.

[20] Idegomori T，Hirono H，Ito O，et al. The manufacturing of automobile parts using semi-solid metal processing. Proceedings of the 5th International Conference on Semi-solid Processing of Alloys and Composites，Colorado，1998：71-77.

第 20 章　金属材料固-液成形质量及控制

20.1　液态模锻缺陷形成及对策

液态模锻(挤压铸造)缺陷与普通铸造一样,存在各种缺陷[1]。

1. 模膛充填不满

制件棱角处未充满,甚至不成形,头部呈光滑圆弧。产生的原因如下:

(1) 模温和浇注温度低,挤压力不足或加压太迟,液态金属加压前已凝固成厚壳,随后加压无法使其变形,以充填棱角。

(2) 涂料涂敷不均匀,或棱角处涂料积聚太多,阻碍了金属的充填。

(3) 模膛边角尺寸不合理,不易充填。

防止对策如下:

(1) 适当提高模具预热温度和挤压力。

(2) 尽快施压。

(3) 改进模腔设计,便于金属流动。

(4) 涂料采用喷涂,切忌堆积。

2. 冷隔

冷隔的外观特征是制件表面有规则的明显下陷纹路(有穿透的和不穿透的两种),形状细小而狭长,在外力作用下有发展趋势。其形成原因如下:

(1)多浇包同时浇注,使两股金属流对接,但未完全熔合而又无夹杂存在其间,两层金属结合极弱。

(2) 多浇包顺序浇注,前后两包断流时间太长。

(3) 模具温度低。

改进措施如下:

(1) 适当提高模温和挤压力。

(2) 多浇包按序浇注时,两包间避免断流。

3. 挤压冷隔

当金属液在型腔中停留较长时间才合模施压,而且金属液上挤充型,使这部分金属与原浇注液面之间形成一圈冷隔。型腔中有一层较厚氧化皮，挤压成形后，外圈的氧化皮基本上仍在原来位置，导致这一部位的金属与另外金属间没有熔合，即出现冷隔。

挤压冷隔形成与制件成形方法相关。即凸式冲头加压中，这种冷隔在所难免。其防止措施有：提高模温和浇注温度；工艺节拍许可时，尽量缩短加压前停留时间；选择不易氧化的合金等。

这些措施，只能降低冷隔的危害程度，但无法根本消除，倘若不许可存在，只能改变成形方法如下：

(1) 设计模具时，将制件位置倒过来，以便用平冲头加压代替凸式冲头加压。

(2) 采用先合模、挤入液态金属，然后立即施压。

4. 气孔

金属在熔融状态时能溶解大量气体。在冷凝过程中由于溶解度随温度降低而急剧减小，致使气体从金属中释放出来。若此时尚未凝固的金属液被已凝固壳包围，逸出的气体无法排除，就包在金属中，形成一个个气孔。它具有光滑的表面，形状规则，呈圆形或椭圆形。形成原因如下：

(1) 由于炉料不干净或熔炼温度过高，金属液含有大量的气体，在随后的结晶凝固中来不及浮至液面逸出，产生析出气孔。气孔壁具有光亮的金属光泽。

(2) 挤压速率过快，液态金属充型流动时产生涡流而卷入大量气体，形成侵蚀性气孔。由于金属在高温时与空气中氧气作用而发生氧化，气孔壁呈灰褐色或暗色。

(3) 由于模温低，涂料积聚，浇注前的涂料未干涸，与金属液发生化学反应，形成反应性气孔。

(4) 浇注至开始加压的时间间隔太长，由于液态金属表面结壳或黏度增加，液态金属液冷却析出的气泡不能顺利逸出，随后加压中，被保留或压扁在制件中。

(5) 压力能使气体在金属中溶解度增加。压力不足，无法抑制气泡形成，而使气孔形成概率增加。

防止对策如下：

(1) 使用干燥而洁净的炉料，不使合金过烧，并很好除气。

(2) 涂料涂敷薄而均匀，严禁积聚；提高模温，保证浇注前涂料干固。

(3) 选取足以阻止气孔形成的比压值，并尽量缩短加压前停留时间。

5. 缩孔和缩松

缩孔和缩松是金属在凝固时体收缩，而外壳又已经凝固得不到补缩所产生的。孔洞大的叫缩孔；细小分散的叫缩松。凡是液相与固相温差大的金属，产生缩松的可能性大,共晶合金是在一定温度下结晶,易产生集中缩孔。区别缩孔与气孔,可看孔的内壁光整与否。气孔内有气体存在,所以孔壁光滑圆整;缩孔因得不到补缩,孔壁被拉成不平的皱皮,而且集中在最后凝固部位。它们往往和气孔混合在一起。产生原因如下:

(1) 施加压力低,未能保证金属液始终在压力下结晶凝固,直至过程的结束。

(2) 浇注至开始加压的时间间隔太长,使液态金属与型腔接触面自由结壳太厚,减弱了冲头的加压效果。

(3) 保压时间短,金属未完全凝固即卸压,使随后凝固部位得不到压力补缩。

(4) 浇注温度过低或过高,降低了对制件的压力补缩效果。

(5) 制件壁厚差过大,挤压时冲头被凝固早的薄壁部位所支撑,使厚壁的热节部位得不到压力补缩。

(6) 制件热节处离加压冲头过远,由于存在压力损失,而降低对该部位的加压效果。

改进措施如下:

(1) 提高比压,选取合适的保压时间。

(2) 降低浇注温度,使之刚刚高于合金的液相线温度,以减小厚壁部位金属液的过热程度。

(3) 模具上与制件厚壁部位相对应区域,设法予以激冷,厚壁部位应离施压端最近。

(4) 将冲头设计成可相互运动的两部分,以便对不同凝固部位,施以不同压力。

(5) 对制件重新设计,使其截面比较均匀。

6. 挤压偏析

挤压铸造的凝固速率快,故微观偏析比其他铸造方法要轻些。但是凹陷较深的零件在挤压铸造时,容易产生一种独特的宏观偏析——挤压偏析。挤压偏析的形成机理为:液态金属浇入型腔后,首先在型壁处形核,长大,结成硬壳。随着已凝固层不断由型腔壁向前推进,与之相邻接的液相中的溶质元素越来越富集,一旦合模加压,这部分液体就会挤至制件的边缘部位。偏析部位溶质元素含量高,低熔点相也多。

控制挤压偏析的措施如下:

(1) 先合模,再将金属液经由浇口注入,然后加压,缩短了金属液在施压前模具中的停留时间。

(2) 提高模具温度,以减轻合模前合金凝固的程度及溶质元素的富集现象。

7. 异常偏析

分配系数 $K_0<1$，溶质元素在合金凝固时，由于选择结晶结果，此元素在先凝固的制件表层浓度总是低于制件心部，出现正偏析。挤压铸造往往促使正偏析的产生，出现所谓“挤压铸造异常偏析”，即在普通铸造方法不易出现的严重正偏析。对于某些结晶温度间隔宽的合金，如锡青铜、铅青铜、Al-Cu4%和 Al-Si2.5%等合金，和合金中偏析系数大的溶质元素，当合金浇注温度过高，温度梯度太大，外周呈现发达的柱状晶时，这种倾向明显。对于共晶的 Al-Si 合金和 Al-Mg(5%～10%)合金，这种倾向不明显。

防止对策如下：

(1) 降低浇注时液态金属的过热度，以便在接近液相线温度时进行施压。

(2) 施压方向与凝固方向一致。

8. 枝晶偏析

挤压铸造时，由于过程进行的速率很快，溶质来不及均匀扩散，有利于成分均匀，以获得无偏析制件，这是问题的一方面。另一方面，施压前凝固前沿已有溶质积聚，并在自然对流影响下，迅速扩散或沉积。一旦施压，这些低熔点溶质挤入结晶前沿的枝晶中去，形成严重的枝晶偏析。虽然过程进行得很快，但选择结晶依然存在，熔点低的元素，在金属流动的带动下，也要作近程迁移，稍一积累，就可能在压力作用下，挤入凝固前沿的枝晶间隙中去。周而复始，无论早期凝固，还是晚期凝固的组织，均不同程度存在枝晶偏析。

改进措施如下：

(1) 提高模具温度，降低金属浇注温度，以降低熔体的温度梯度。

(2) 选取最佳的热处理工艺，是消除枝晶偏析切实可行的措施。

9. 裂纹

制件的金属基体被破坏或裂开，形成细长的、不规则线形的缝隙，在外力作用下有进一步发展趋势，这种缺陷称裂纹。裂纹有热裂纹、冷裂纹和缩裂之分。热裂纹断面被强烈氧化，呈暗灰色或黑色，无金属光泽；冷裂纹断面洁净，有金属光泽；缩裂是与缩孔、缩松并存的一种内部缺陷。形成原因如下：

(1) 制件厚薄过于不均，使截面急剧变化处冷却不均而产生内应力，将脆弱地方拉裂。

(2) 制件未凝固完毕就出模(保压时间不足)，未凝固部位出现自由结晶凝固，不仅产生缩孔和缩松，而且产生缩裂。

(3) 由于金属芯子没有退让性，制件脱模太迟，模芯将对制件收缩产生阻碍，使制件承受拉应力,脆弱部位将被拉裂。

(4) 模温低,尤其模芯温度过低,压力太小或加压太迟,使制件得不到压力补缩。

(5) 合金含脆性杂质太多,或合金易氧化,降低了制件金属的热塑性或降低了抵抗高氧化能力。

改进措施如下:

(1) 重新设计制件,使其厚薄相差不要太大,并加大过渡的圆角半径。

(2) 保证制件在压力下结晶凝固,有足够的保压时间。

(3) 提高比压值,使制件一旦产生热裂,能产生塑性变形,进而愈合。

(4) 降低浇注温度,减轻偏析现象。

(5) 带有模芯的制件,需及时脱芯,且脱芯操作应平稳。

(6) 提高合金质量,注意熔炼操作。

20.2 液态挤压缺陷形成及控制

20.2.1 液态挤压缺陷分析

1. 表面划痕

这是一种最易出现的缺陷,不论是管材、型材、棒材均有出现的可能。首先,若金属粘膜,会造成划痕;其次,模具的粗糙度高,尤其是成形模的粗糙度高也会造成划痕,在成形模上有沟或划痕,必然会影响到挤出的制件。因此保证成形模的粗糙度以及无划伤十分重要。此外,模具间隙也是一个重要因素,如间隙不合理,挤入间隙内一些硬质点,在压制及回程时这些硬质点会在挤压筒内壁或成形模上造成划痕,随后便会影响到制件,当然如果模具硬度足够好,则不容易发生这类划伤。但由于模具长期在高温下工作,时间长硬度必然降低,因此必须注意这一点。

2. 表面裂纹

表面裂纹也是在管、棒、型材挤压中都有出现的可能。分析其原因,主要有以下方面:

(1) 管材挤压时芯子位置有一定偏差,导致管材壁厚不同,厚的一边金属下流快,薄的一边金属下流慢,致使薄的一边受到拉应力,由于此时金属仍处于很高温度,强度较低,所以可能导致拉裂。

(2) 挤压型材或棒材时,金属流入成形模模角后,为了增加变形特设计成带有一定的锥度,如图 20-1 所示。如果表面粗糙度较高,致使周边部位的金属流动受阻,中心部位的金属流动速率则较快,由此挤出型材和棒材的外表面受到较大拉应力，超过变形极限，就会产生裂纹。

(3) 定径带高度的影响，如图 20-1 中 a 的大小。液态挤压时，因考虑挤出的制件必须是完全凝固状态，为了增大冷却带的长度，定径带的长度一般比较大，所以也就增大了外表面所受摩擦力，导致外表面金属比中部金属的流动速率慢得更多，因此表面裂纹出现的可能性更大。

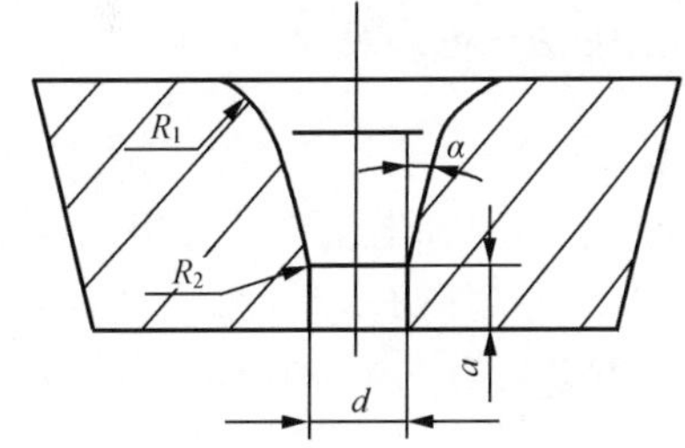

图 20-1　带锥度的成形模[2]

(4) 对于型材，若模具粗糙度不一致，一面粗糙度低，一面粗糙度高，则一面金属流动阻力小，另一面阻力大，阻力大的一面金属流动慢，承受拉应力，也有产生裂纹的可能。

3. 断层减径现象

挤压棒材时，如果带锥度的模孔处粗糙度过高，润滑不好，且该锥度部分与下面定径带相交部位的角度(图 20-1 中的 R_2)不圆滑，则会出现在金属内部沿剪切带分层的现象，也就是说外部金属变成死区，如图 20-2 中的黑色部分，内部金属通过剪切带挤出，实际上也就是发生减径分层现象，这种现象的出现，只能说明金属通过剪切带撕裂流出比带动外层金属克服摩擦力一起流动还要困难。这样撕裂挤出的棒料直径比定径带的直径小，圆度不能保证，还易出现表面裂纹，因分层是由于模孔锥度部分的摩擦力大，而周边摩擦力不一定十分一致，摩擦力大处分层会厚一些，摩擦力小处分层则薄一些，由此导致内部金属通过剪切带撕裂挤出所需要的力也不均匀，致使挤出速率不均，流动有快有慢。

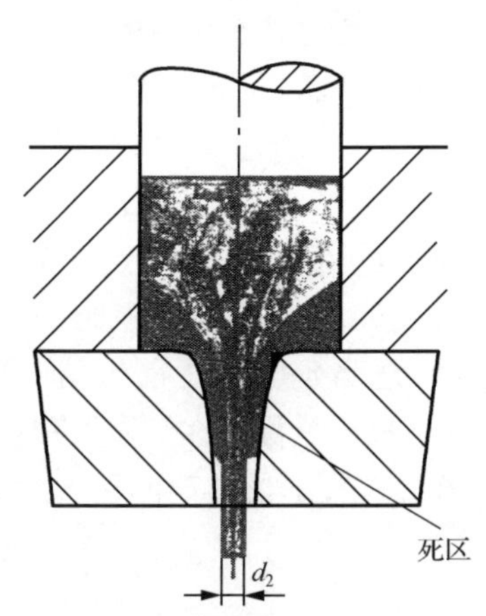

图 20-2　内部金属通过剪切带撕裂挤出的示意图[2]

类似于挤压棒材时的减径分层，挤压型材时有出现撕裂的可能。这表明在角型材的一个边模具粗糙度高，阻流了这个边的金属，导致此部分金属成为死区，靠近角部及另一边的金属通过剪切撕裂面流出。角型材两个边的模孔宽度加工得不一样，一宽一窄，也可能出现这种问题；另外阻流块放置不均衡，一半易于挤出，另一半不易挤出，也会阻流一部分金属，出现撕裂。由于型材液体挤态的温度比固态挤压高，出现撕裂现象比较容易，因此模具加工的质量一定要保证，以免此缺陷在生产中出现。

4. 表面气泡和起皮

表面气泡和起皮的原因也是多方面的，但最重要的一条仍是表面层金属向内部回流，表面的氧化层流入内部，不可能和其他部分紧密结合，必然会造成此结果；此外，润滑剂涂刷不均、过厚，也容易卷入制件皮下；再者，润滑剂没有完全干燥就浇入液态金属会产生气体，此气体也会使气泡出现和起皮。

5. 液态金属挤出

液态挤压最基本的要求是挤出的制品通过定径带后必须完全凝固，否则难以成形，挤压也无任何意义。在液态挤压过程中，完全控制金属内部的冷却凝固速率比较复杂，控制压制速率也不易实现，因此理想状态是不存在的。实际情况一般是压下速率均大于凝固速率，所以如果控制不当，极易造成在挤出一段制品后挤出仍处于液态的金属，这样一来，制品必然断开，如图 20-3 所示即为管材挤压出现这种情况的熔断断口，对于生产而言，这是绝对不允许的。为此若能调节压力机的压下速率当然最好，但调节压力机的速率就需调节加压泵的供油速率，且在挤压比大时压下速率也需适当变大，这样反复调节就不太方便。所以只能调节加压前停留时间，适当延长加压前停留时间，使下液面高于变形区，这样留有一定缓冲带。一般地，只要能保证在挤压过程猛然开动，高速下行阶段液态金属挤不出成形模，则在随后一般不易出现问题，当然还受模具温度的影响。

图 20-3　液态金属挤出导致的管材断开

6. 管材的内壁冷隔与贴层

图 20-4 与图 20-5 分别显示了管材液态挤压时出现的内壁冷隔及内壁贴层，这是管材液态挤压所特有的可能出现的缺陷。其形成原因均与芯轴插入成形模孔内的深度有关。如果插入的长度过短，则内部液态金属会沿芯轴挤过其下端头部后挤入管内。图 20-6 给出了管材内壁冷隔和贴层的形成过程示意图。在浇入液态金属后开始加压时，由于挤压筒内壁、成形模、冲头及芯轴的温度都比较低，靠近这些部位的液态金属会很快凝固，形成完整的硬壳，未凝固的液态金属类似一个环状被包覆其中，如图 20-6(a)所示；随加压持续进行，由于芯轴四周均被刚凝固及未凝固的液态金属所包围，温度升高很快，贴近芯轴形成的一层凝固层受内部未凝

固-液态金属环的加热可能会局部重新熔化，同时由于芯轴的摩擦作用，已凝固薄层比未凝固的环形区流动慢，这样就使该薄凝固层承受了一定的拉应力，这个拉应力也会把薄层拉断。所以流动形成的拉应力配合热传导带来的温升，两方面的作用就出现了图 20-6(b)所示的情况，即局部的液态金属与芯轴靠合；随变形的继续，由于液态金属与芯轴摩擦力小，所以会推动下部靠近芯轴的凝固层随压下进行而下流，导致液态金属与芯轴的直接接触面越来越大，如图 20-6(c)所示；直至仍处于液态的金属沿芯轴头部挤出，如图 20-6(d)所示。此时金属流动的实际情况如图 20-7 所示，也就是在本来壁厚中部流动较快的基础上沿内壁又快速流出一部分，形成从内壁向外快、慢、快、慢的混乱格局。

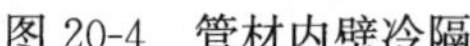

图 20-4　管材内壁冷隔

材料: ZA27和Al

图 20-5　管材内壁贴层

如果芯轴位置不是太靠上，插入的长度不是太短，且此时压下速率不是很大，则挤出的金属量不是很多，就会形成如图 20-4 所示的内壁冷隔；如果芯轴插入成形模中的更短，且压下速率也较大，则会挤出较多的液态金属，在已成形的管子内部形成如图 20-5 所示的内贴层。这样会严重影响管子的内部质量，在液态金属挤入部位，即接近芯轴头部造成管内壁粗糙，而在下部管壁造成粘合、划痕，且很难清除，同时也造成了液态金属的浪费。

20.2.2　影响制件质量的主要因素

根据实验和前面的分析，影响制品质量的主要因素除各项过程参数外，主要还取决于模具粗糙度、润滑质量高低，对管材液体挤压而言还有芯轴插入深度等。

1. 模具粗糙度

模具粗糙度直接影响到金属流动形式，所以也直接影响到制品的内外质量。多处缺陷均由模具粗糙度过高所致，粗糙度低，摩擦小，金属流动比较均匀，对内部

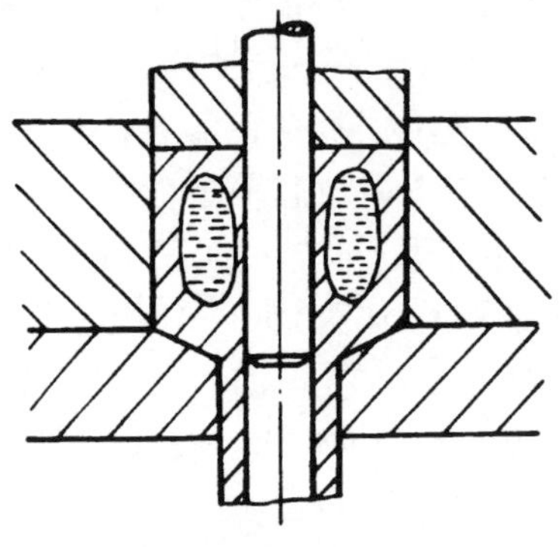

(a) 开始加压时的液态金属所处位置

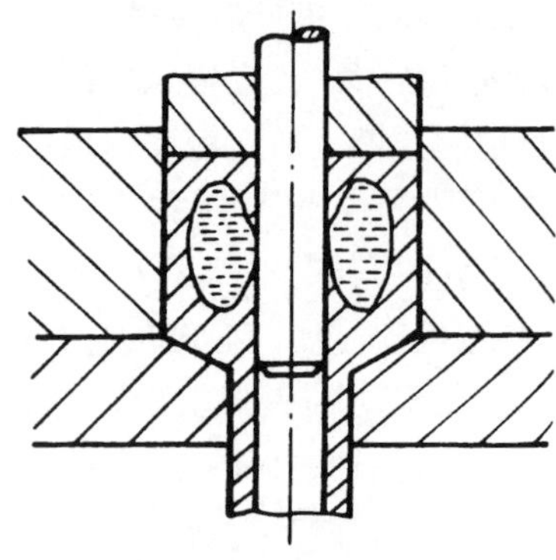

(b) 热传导及流动导致液态金属靠近芯轴

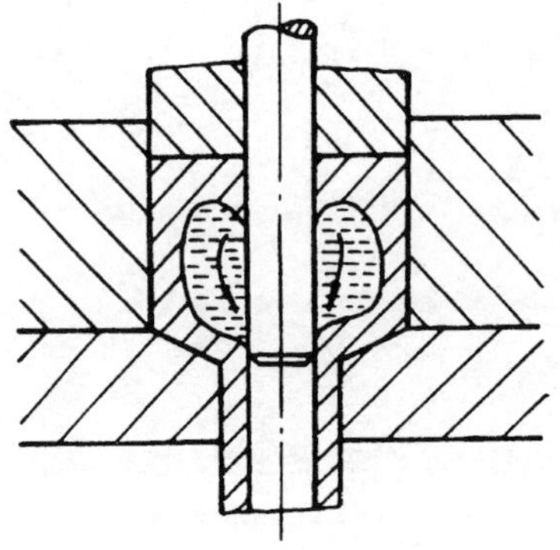

(c) 继续变形使靠近芯轴的液相增多

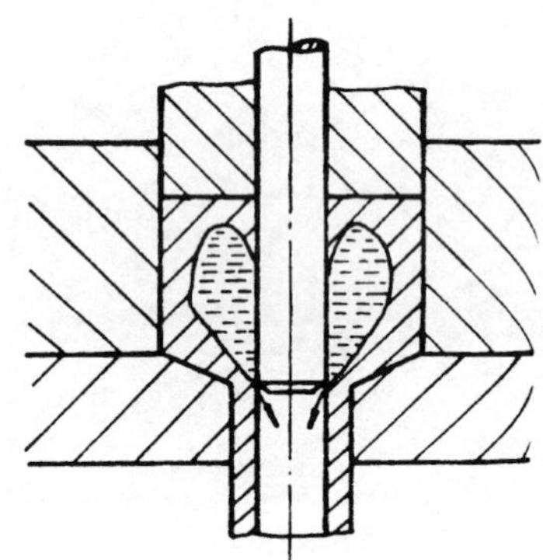

(d) 液态金属通过芯轴下端挤入管内

图 20-6　管材内壁冷隔及贴层形成过程示意图

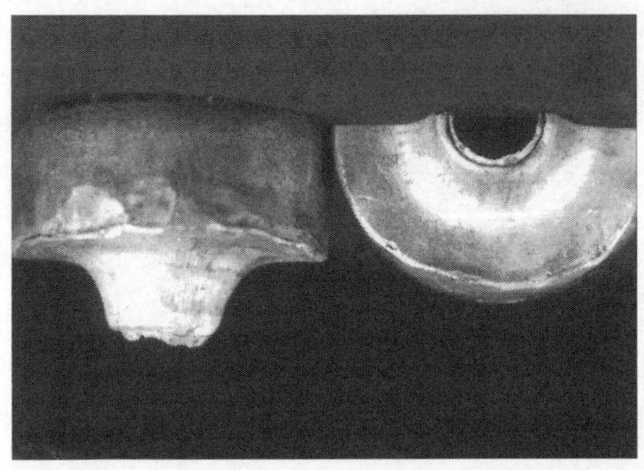

图 20-7　液态金属从芯轴头部挤出时的金属流动

质量也有好处。因此模具设计应高度注意，尤其是成形模的粗糙度低更为重要。

2. 润滑

液体挤压的润滑作用主要有两点：一是减少模具与坯料的摩擦力，以保证内部金属较均匀地流动；二是保护模腔，以免被高温金属液直接浸蚀和擦伤。此外，润滑还有另外一个作用，就是在某种程度上提高制件的表面质量，保证制件的外观。但对液体挤压而言，如果连续工作，则最需要润滑的成形模部件一直涂不上润滑剂，这就对成形模本身提高了要求。

润滑层的厚薄也是值得重视的一个问题，过薄起不到润滑的目的，但涂的不均匀或过厚也容易给制件带来多种表面缺陷，如皮下气泡、起皮等。一般润滑剂应尽量涂刷得一致均匀，防止积聚，同时涂刷后要待水分或油蒸发完再浇注液态金属，以免其产生气体。

3. 芯轴插入深度

管材挤压时，芯轴插入成形模的深度直接影响制件质量，有时甚至会导致报废。实际生产中，要注意防止芯轴插入过短，若出现此种现象不仅减小其背压的作用，同时会导致管子内壁冷隔和贴层缺陷。但芯轴也不能插入过长，以免芯轴受拉力过大出现断裂。根据实验，一般芯轴插入成形模孔内 10～30mm 为宜，插入深度根据挤压比、管子壁厚和芯轴粗糙度调节，挤压比大、壁厚小，可适当取短一点；挤压比小，壁厚大则需插入深一点；如芯轴粗糙度低，摩擦力小，也可以插入深一些。

20.3　半固态铸造的缺陷分析

1. 喷射

喷射通常是指材料像窄流一样进入模腔，快速流动进入空腔部位，直至碰到相对的表面。传统的压铸工艺主要的特点就是喷射，甚至雾化。但是这些方法在半固态铸造中还没有出现。半固态金属的等效表观黏度要比液态金属的表观黏度高几个数量级，因此，如果正确设计浇道口，可以获得最大注射速率，并且半固态金属应该可以避免喷射。

2. 微观偏析或偏聚

半固态金属在模腔内流动过程中或者在高压压缩过程中，坯料的相分离可能导致微观偏析或者偏聚发生。在凝固的最后阶段高压压制过程中会发生相集中现象，迫使共晶体进入前收缩区，恰好在浇道口里面。高压也可以使半固态材料的前收缩区和亏料区之间的结构坍塌，导致一些分离后被压实的区域的形成。如果将加热坯料垂直放置进入模腔，且尾段面对浇道口，坯料在加热过程中溢出部分流入模腔内，便会导致共晶体的集聚。

3. 润滑剂的表面反应

和模具润滑剂的反应，通常可以造成制件表面很多的小斑点，这些斑点很少有光亮(可能都是黑点)。有时这种反应也能把制件粘着在模具上。挥发的残存润滑剂能和流动金属发生反应，直接在制件表面下产生微小气孔、层状结构和针样的小孔。

4. 黏着

大多数情况下，对半固态铸造，黏着都不是一个严重的问题。一些特定的环境下，可以采用增加 0.6%的镁到半固态合金中的方法，以阻止黏着的发生。

5. 缩孔

无论是通过成分的设计还是控制模具和零件的温度状况，都可以促进制件直接凝固，阻止缩孔的产生。可以通过模腔和浇口的定位来避免缩孔，也可以通过计算机充填和凝固模型来模拟直接凝固行为。

半固态铸造最后施加在部分凝固金属上的挤压压力可以减少甚至消除易产生缩孔区域尺寸，补缩缩孔。

20.4 金属基复合材料固-液成形质量分析

(1) 金属基复合材料成形方法有液态模锻、液态挤压及半固态成形三种方法。因此，方法不同，出现的缺陷各异。可以参考 20.1 节、20.2 节、20.3 节三节的分析，对其可能出现的缺陷提出科学的分析。

(2) 金属基复合材料，其增强相与基体的复合及增强相在基体中的分布，是最容易生成缺陷的成因[3]，直接影响到材料本身的力学性能或物理性能。应在工艺方面寻找成因，提出改正的措施。

参 考 文 献

[1] 罗守靖，陈炳光，齐丕骧. 液态模锻与挤压铸造技术. 北京：化学工业出版社，2007.
[2] 罗守靖. 复合材料液态挤压. 北京：冶金工业出版社，2002.
[3] 赵祖德，罗守靖. 轻合金半固态成形技术. 北京：化学工业出版社，2007.